Pietuch Magdalena

Einführung in die thermischen Trennverfahren

Trennung von Gas-, Dampf- und Flüssigkeitsgemischen

von
Prof. Dr.-Ing. Burkhard Lohrengel

2., überarbeitete Auflage

Oldenbourg Verlag München

Burkhard Lohrengel war nach dem Studium der Verfahrenstechnik an der TU Clausthal von 1987 bis 1990 Wissenschaftlicher Mitarbeiter am Institut für Thermische Verfahrenstechnik der TU Clausthal. Nach der Promotion zum Dr.-Ing. 1990 arbeitete er bis 1994 als Projektmanager bei der Wintershall AG in Kassel. Seit 1994 ist der Autor Professor an der Hochschule Heilbronn im Studiengang Verfahrens- und Umwelttechnik.

Bibliografische Information der Deutschen Nationalbibliothek

Die Deutsche Nationalbibliothek verzeichnet diese Publikation in der Deutschen Nationalbibliografie; detaillierte bibliografische Daten sind im Internet über http://dnb.d-nb.de abrufbar.

© 2012 Oldenbourg Wissenschaftsverlag GmbH
Rosenheimer Straße 145, D-81671 München
Telefon: (089) 45051-0
www.oldenbourg-verlag.de

Das Werk einschließlich aller Abbildungen ist urheberrechtlich geschützt. Jede Verwertung außerhalb der Grenzen des Urheberrechtsgesetzes ist ohne Zustimmung des Verlages unzulässig und strafbar. Das gilt insbesondere für Vervielfältigungen, Übersetzungen, Mikroverfilmungen und die Einspeicherung und Bearbeitung in elektronischen Systemen.

Lektorat: Dr. Martin Preuß, Birgit Zoglmeier
Herstellung: Constanze Müller
Einbandgestaltung: hauser lacour
Gesamtherstellung: Grafik & Druck GmbH, München

Dieses Papier ist alterungsbeständig nach DIN/ISO 9706.

ISBN 978-3-486-70889-9
eISBN 978-3-486-71743-3

Inhalt

Vorwort zur 2. Auflage XI

Vorwort XI

1	**Grundlagen Verfahrenstechnik**	1
1.1	Unit Operations	1
1.2	Thermische und mechanische Trennverfahren	4
1.3	Thermische und physikalisch-chemische Trennverfahren	6
2	**Thermische Trennverfahren**	11
2.1	Absorption und Desorption	11
2.1.1	Absorption	11
2.1.2	Desorption	17
2.2	Extraktion	19
2.2.1	Flüssig-Flüssig-Extraktion	21
2.2.2	Fest-Flüssig-Extraktion	24
2.2.3	Hochdruckextraktion	27
2.3	Adsorption, Ionenaustausch, Chromatographie	30
2.3.1	Adsorption	30
2.3.2	Ionenaustausch	35
2.3.3	Chromatographie	37
2.4	Membranverfahren	38
2.4.1	Mikro- und Ultrafiltration	40
2.4.2	Umkehrosmose	41
2.4.3	Pervaporation	43
2.4.4	Gaspermeation	44
2.4.5	Dialyse	44
2.4.6	Elektrodialyse	46
2.5	Destillation	48
2.6	Rektifikation	55
2.7	Kristallisation	60

3	**Reine Stoffe und Stoffgemische**	**65**
3.1	Reine Stoffe	65
3.1.1	Gase	67
3.1.2	Flüssigkeiten	69
3.1.3	Feststoffe	72
3.2	Gemische	74
4	**Phasengleichgewichte**	**81**
4.1	Grundlagen der Gleichgewichtsberechnung	81
4.2	Gibbssche Phasenregel	84
4.3	Phasengleichgewicht Gasphase-Flüssigphase	85
4.3.1	Gleichgewicht für Absorption	88
4.3.2	Gleichgewicht für Destillation und Rektifikation	97
4.4	Phasengleichgewicht Flüssigphase-Flüssigphase	102
4.4.1	Vollständige Unlöslichkeit von Trägerstoff und Extraktionsmittel	103
4.4.2	Teilweise Löslichkeit von Trägerstoff und Extraktionsmittel	106
4.5	Phasengleichgewicht unter Beteiligung einer Feststoffphase	114
4.5.1	Adsorption	115
4.5.2	Fest-Flüssig-Extraktion	121
4.5.3	Kristallisation	121
5	**Stoffaustauschapparate**	**125**
5.1	Betriebsformen	125
5.2	Aufgabe von Stoffaustauschapparaten	127
5.3	Stoffaustauschapparate für den Stoffaustausch zwischen gasförmiger und flüssiger Phase	129
5.3.1	Dispergierung der flüssigen Phase	130
5.3.2	Dispergierung der Gasphase	133
5.3.3	Gas und Flüssigkeit als zusammenhängende Phasen	138
5.4	Stoffaustauschapparate für den Stoffaustausch zwischen zwei flüssigen Phasen	146
5.4.1	Anforderungen an Flüssig/Flüssig-Stoffaustauschapparate	146
5.4.2	Mixer-Settler	148
5.4.3	Zentrifugalextraktoren	150
5.4.4	Kolonnen ohne äußere Energiezufuhr	150
5.4.5	Kolonnen mit äußerer Energiezufuhr	152
5.5	Stoffaustauschapparate unter Beteiligung einer festen Phase	157
5.5.1	Diskontinuierlich betriebene Fest/Fluid-Stoffaustauschapparate	157
5.5.2	Kontinuierlich betriebene Fest/Fluid-Stoffaustauschapparate	159
5.6	Stoffaustauschapparate unter Beteiligung einer Membran	161

6	**Bilanz**	**165**
6.1	Grundlagen der Bilanzierung	165
6.2	Allgemeine Bilanzgleichungen	167
6.2.1	Stoffbilanz	167
6.2.2	Energie- und Wärmebilanz	169
6.3	Bilanz- oder Arbeitslinie	172
6.4	Bilanzlinie für Absorption	173
6.4.1	Grundsätzliches	173
6.4.2	Bilanzlinie für Gleichstromoperationen	174
6.4.3	Bilanzlinie für Kreuzstromoperationen	178
6.4.4	Bilanzlinie für Gegenstromoperationen	180
6.5	Bilanzlinie für Adsorption	186
6.6	Bilanzlinie für Extraktion	188
6.6.1	Bilanzlinie im Y_m,X_m-Beladungsdiagramm	188
6.6.2	Bilanzlinie im Dreiecksdiagramm	191
6.7	Bilanz für Destillation	207
6.7.1	Diskontinuierliche einfache Destillation	207
6.7.2	Kontinuierliche einfache Destillation	209
6.7.3	Rektifikation	212
6.8	Bilanz für Kristallisation	228
6.8.1	Lösungseindampfung	228
6.8.2	Kristallisation	231
7	**Theorie der theoretischen Trennstufen**	**235**
7.1	Theoretische Trennstufe	235
7.2	Stufenmodell für Absorption	237
7.3	Stufenmodell für Adsorption	244
7.4	Stufenmodell für Rektifikation	245
7.4.1	Stufenkonstruktion	245
7.4.2	Zulaufboden	246
7.4.3	Azeotroprektifikation	249
7.5	Stufenmodell für Extraktion	253
7.5.1	Stufenmodell im Y_m,X_m-Beladungsdiagramm	253
7.5.2	Stufenmodell im Dreiecksdiagramm	254
7.6	Praktische Stufenzahl	258
7.6.1	Praktische Stufenzahl für Bodenkolonnen	259
7.6.2	Praktische Stufenzahl für Füllkörper und Packungen	262

8 Stofftransport — 269

- 8.1 Berechnung der Kolonnenhöhe — 269
- 8.2 Grundlagen des Stofftransports — 270
- 8.3 Diffusion — 273
- 8.4 Stofftransport zwischen Phasen — 277
  - 8.4.1 Modellvorstellungen für den Stofftransport — 277
  - 8.4.2 Stoffübergang — 278
  - 8.4.3 Stoffdurchgang — 280
- 8.5 HTU/NTU-Modell — 285
  - 8.5.1 HTU/NTU-Modell für einseitigen Stofftransport — 286
  - 8.5.2 HTU/NTU-Modell für äquimolaren Stofftransport — 290
  - 8.5.3 Bestimmung des NTU-Werts — 291
  - 8.5.4 Bestimmung des HTU-Werts — 299
  - 8.5.5 Stoffübergangskoeffizienten — 302
  - 8.5.6 HTU/NTU-Modell für Chemisorption — 306
- 8.6 Stofftransport bei Adsorption — 310
  - 8.6.1 Filmtheorie bei der Adsorption — 310
  - 8.6.2 Adsorption im Partikelbett — 314
- 8.7 Stofftransport bei Membrantrennverfahren — 322
  - 8.7.1 Kenngrößen — 322
  - 8.7.2 Porenmembranen — 324
  - 8.7.3 Porenfreie Membranen — 325

9 Fluiddynamik — 331

- 9.1 Strömung in Stoffaustauschapparaten — 331
  - 9.1.1 Strömungszustände — 331
  - 9.1.2 Strömungsbeeinflussung durch Einbauten — 333
  - 9.1.3 Gegenstrom in Stoffaustauschapparaten mit Einbauten — 334
- 9.2 Grundlagen Druckverlust — 338
  - 9.2.1 Kenngrößen von Einbauten — 338
  - 9.2.2 Bernoulli-Gleichung — 340
- 9.3 Hydrodynamische Kolonnenauslegung — 342
  - 9.3.1 Gas-Flüssigkeitsströmungen — 342
  - 9.3.2 Flüssig-Flüssig-Strömungen — 359
  - 9.3.3 Fluid-Feststoff-Strömungen — 377
- 9.4 Druckverlust — 377
  - 9.4.1 Gas-Flüssigkeitsströmungen — 377
  - 9.4.2 Fluid-Feststoff-Strömungen — 384

10	**Regeneration**	**389**
10.1	Absorption	389
10.1.1	Regeneration durch Entspannung	391
10.1.2	Regeneration durch Temperaturerhöhung	391
10.1.3	Regeneration durch Strippung	391
10.1.4	Regeneration durch Fällung	396
10.1.5	Keine Regeneration des Absorbats	396
10.1.6	Kombination von Regenerationsmöglichkeiten	397
10.2	Extraktion	398
10.2.1	Rektifikation	398
10.2.2	Rektifikation mit anschließender Strippung	400
10.2.3	Reextraktion	401
10.2.4	Kristallisation	401
10.2.5	Membrantrennverfahren	401
10.2.6	Extraktion ohne Regeneration	401
10.3	Adsorption	403
10.3.1	Spülen mit unbeladenem Fluid	403
10.3.2	Temperaturwechselverfahren	405
10.3.3	Druckwechselverfahren	409
10.3.4	Verdrängungsdesorption	410
10.3.5	Extraktion mit Lösungsmitteln	411
10.3.6	Thermische Reaktivierung	412
10.3.7	Entsorgung des beladenen Adsorpts	412

Formelzeichen — **413**

Literaturverzeichnis — **419**

Stichwortverzeichnis — **423**

Vorwort zur 2. Auflage

Wahrscheinlich ist es unmöglich, die 1. Auflage eines Buches absolut ohne Fehler zu erstellen. Die 2. Auflage ist daher nochmals intensiv überarbeitet und verbessert worden. In diesem Zusammenhang bedanke ich mich bei allen Lesern, die mit Hinweisen und Anmerkungen dazu beigetragen haben, Fehler und Ungenauigkeiten zu erkennen und mir mitzuteilen. Einige kleinere Umstellungen wurden vorgenommen, um die Lesbarkeit zu verbessern. Die Abbildungen wurden größtenteils überarbeitet. Hier bedanke ich mich bei Frau Dipl.-Ing. (FH) Ineke Feuerherd, die sich dieser zeitintensiven Arbeit angenommen hat. Ich hoffe, dass das Buch in der vorliegenden Form noch besser dazu beiträgt, die Thermischen Trennverfahren zu verstehen.

Bad Rappenau im April 2012 Dr. Burkhard Lohrengel

Vorwort

Thermische Trennverfahren werden in vielen Bereichen der Technik benötigt. Die chemische, pharmazeutische und petrochemische sowie Grundstoff- und Lebensmittelindustrie sind ohne thermische Trennverfahren nicht denkbar. In den letzten Jahren hat der Umweltschutz stark an Bedeutung gewonnen. Auch hier liefern thermische Trennverfahren einen entscheidenden Beitrag zur Reinigung von Abgasen sowie Abwässern. Das vorliegende Lehrbuch beschäftigt sich ausschließlich mit den thermischen sowie physikalisch-chemischen Trennverfahren Rektifikation, Kristallisation, Absorption, Adsorption, Extraktion sowie Membrantrennverfahren.

Das vorliegende Buch ist speziell für die neuen Bachelor- und Masterstudiengänge konzipiert, die selbstständiges Arbeiten der Studierenden einfordern. Es gibt in der Literatur einige Bücher, die die thermischen Trennverfahren behandeln, aber kaum Lehrbücher, die konsequent didaktisch aufgebaut sind. Dieser Versuch wird in dem vorliegenden Buch unternommen. Es werden Lernziele definiert, am Ende eines Abschnitts werden die wesentlichen Punkte kurz zusammengefasst. Durchgerechnete Übungsaufgaben vertiefen den theoretischen Teil und erleichtern die Anwendung des Gelernten.

Aus Vorlesungen über viele Jahre hinweg weiß ich, wie schwierig es den Studierenden teilweise fällt, sich in die Problematik thermischer Trennverfahren einzuarbeiten. Stofftransportvorgänge im molekularen Bereich erfordern ein gewisses Abstraktionsvermögen. Für die Lehrenden bedeutet dies einen erhöhten Erklärungsbedarf. In diesem Buch wird daher versucht, speziell die Grundlagen ausführlich zu behandeln, grundsätzliche Fragestellungen zu erklären. Da Ingenieure i. d. R. über ein gutes grafisches Vorstellungsvermögen verfügen, in „Bildern denken", sind in den Textteil zum Verständnis sehr viele Bilder integriert. Bei Bedarf können die Abbildungen von der Homepage des Verlags (http://www.oldenbourg-verlag.de) heruntergeladen werden, um sie für ähnliche Vorlesungen oder Präsentationen zu nutzen.

Zum Abschluss noch ein paar persönliche Bemerkungen: Ich hätte nicht gedacht, dass das Entwickeln eines Buchs aus einem Vorlesungsmanuskript so arbeitsintensiv ist. Daher hoffe ich, dass sich die Arbeit gelohnt hat, ihnen als Leser das Buch gefällt, sie hiermit arbeiten können. Auch nach mehrmaligem Durchlesen des Manuskripts fallen mir immer noch Fehler und Unzulänglichkeiten auf. Ich halte es daher für ausgeschlossen, in der ersten Version ein fehlerfreies Buch vorzustellen. Falls ihnen Fehler irgendwelcher Art auffallen oder sie Verbesserungsvorschläge haben, wenden sie sich bitte direkt an mich (lohrengel@hs-heilbronn.de) oder den Verlag. Hierfür im Voraus schon vielen Dank.

Zum Schluss sind mir einige Danksagungen wichtig und unerlässlich: Den Studierenden des Studiengangs Verfahrens- und Umwelttechnik der HS Heilbronn danke ich für die Diskussionen in den Vorlesungen, die dazu geführt haben, dass das Buch in der jetzigen Form entstanden ist. Herrn Dipl.-Ing. M. Muth danke ich für das sehr arbeits- und zeitintensive Anfertigen der Bilder. Dem Oldenbourg Verlag, speziell Frau Mönch, bin ich für die technische Unterstützung beim Erstellen des Manuskripts dankbar. Mein ganz besonderer Dank gilt meiner Frau Nicole, die es mit Geduld ertragen hat, nur noch meinen Rücken am Schreibtisch inmitten einer chaotischen Ordnung von Manuskripten, Texten, Bildern, Büchern etc. zu sehen. Ohne ihre Unterstützung und ihr Verständnis wäre dieses Buch wahrscheinlich nicht entstanden. Widmen möchte ich dieses Buch meinen Eltern, die mich auf meinem Lebensweg jederzeit unterstützt haben und immer für mich da waren.

Bad Rappenau   Dr. Burkhard Lohrengel

1 Grundlagen Verfahrenstechnik

> **Lernziel:** Mit Hilfe der Grundoperationen (Unit Operations) sollen die Aufgaben und Ziele der Verfahrenstechnik erkannt werden. Die Unterschiede zwischen thermischen und mechanischen sowie zwischen thermischen und physikalisch-chemischen Trennverfahren müssen verstanden sein.

1.1 Unit Operations

Verfahrenstechnik ist die Ingenieurdisziplin, die Stoffänderungsverfahren erforscht, entwickelt und verwirklicht. Sie befasst sich damit, mittels physikalischer, chemischer, biologischer und nuklearer Prozesse Stoffe in ihrer Art, ihren Eigenschaften oder ihrer Zusammensetzung umzuwandeln mit dem Ziel, nutzbare Zwischen- oder Endprodukte zu erzeugen /1/. Die Verfahrenstechnik entwickelt somit Verfahren im industriellen Maßstab, bei denen die zu verarbeitenden Stoffe bezüglich ihrer inneren Struktur und/oder der physikalischen und chemischen Eigenschaften verändert werden. Da Stoffe sich in der Regel nicht ohne Einwirkung äußerer Kräfte umwandeln, muss diesen Prozessen Energie zugeführt werden. Bei anderen verfahrenstechnischen Prozessen kann aber auch Energie freiwerden (exotherme Prozesse). Gemeinsam ist allen verfahrenstechnischen Prozessen, dass sowohl Stoff als auch Energie (häufig in Form von Wärme) übertragen wird.

Um eine Stoffänderung zu erreichen und ein verkaufsfähiges Produkt zu erzeugen, können verfahrenstechnische Prozesse einen sehr komplexen Umfang annehmen (siehe Abbildung 1.1). Um diese Prozesse einer Berechnung zugänglich zu machen, werden sie in ihre „Bausteine" zerlegt, die so genannten **Grundoperationen (Unit Operations)**. Die verschiedenen Unit Operations werden berechnet und zu einer Gesamtanlage zusammengefügt (Prozesssynthese). Tabelle 1.1 zeigt beispielhaft einige Unit Operations der Verfahrenstechnik. Die Verfahren werden allgemein nach ihrem Zweck in Reagieren, Vereinigen, Trennen, Zerteilen, Wärmeübertragen sowie Lagern, Verpacken, Fördern und Formgeben eingeteilt. Um den Zweck zu erreichen, sind physikalische, chemische oder biologische Kräfte erforderlich, wodurch die speziellen Unit Operations festgelegt werden (auf die kernphysikalischen Kräfte wird hier nicht näher eingegangen).

> **Beispiel Unit Operations:** Verschiedene Unit Operations können an Hand von Abbildung 1.1 (Stromerzeugung in einem Kohlekraftwerk) diskutiert werden.

Tabelle 1.1: Unit Operations der Verfahrenstechnik (Beispiele)

Reagieren	Vereinigen	Trennen	Zerteilen	Wärmeübertragen	Lagern, Verpacken, Fördern, Formgeben
Chemisch -Rührreaktor -Rohrreaktor -Katalysator -Verbrennung Biologisch -Gärung -Fermentation -biol. Abwasser- reinigung	Mechanisch -Rührer -Mischer -Kneter	Thermisch -Destillation -Rektifikation -Extraktion -Adsorption -Kristallisation -Absorption -Membrantechnik Mechanisch -Sichtung -Filtration -Sedimentation -Zentrifugieren -Membrantechnik	Mechanische Zerkleinerung -Brecher -Mühlen -Schneiden	Thermisch -Rekuperatoren -Absorptions- kälteanlagen -Dampfstrahl- kälteanlagen -Trocknung -Dampferzeuger	Fördern -Gurtförderer -Becherwerke -pneumatische Förderer -Schnecken- förderer -Pumpen -Verdichter Lagern -Silos -Behälter -Becken Formgeben -Tablettieren

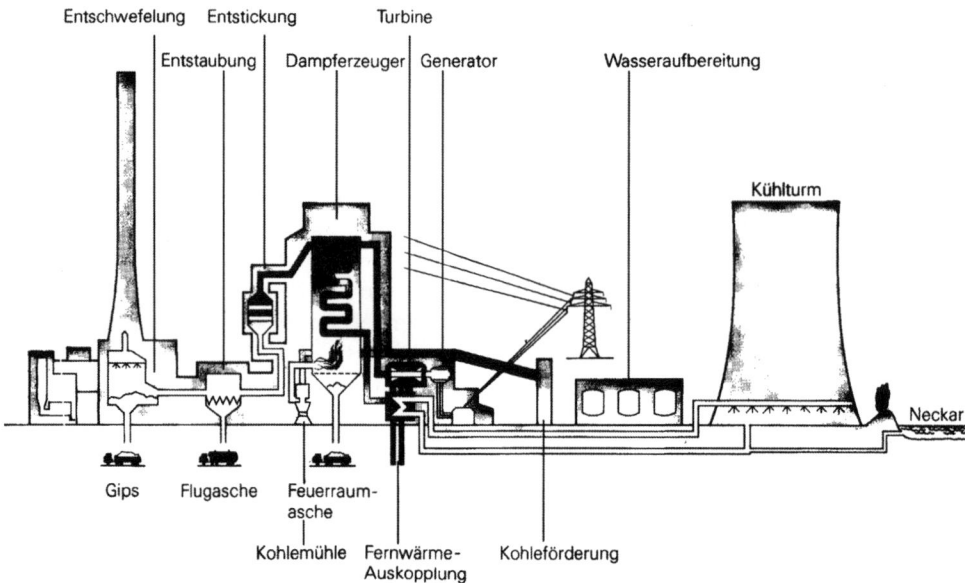

Abbildung 1.1: Funktionsschema Heizkraftwerk Heilbronn /2/

Die angelieferte Kohle gelangt über Fördereinrichtungen zur Kohlemühle. Hier wird die Kohle staubfein zermahlen und mit vorgewärmter Luft getrocknet. Zusammen mit der Verbrennungsluft wird die Kohle in die Brennkammer des Kessels eingeblasen und verbrannt. Bei der Oxidation der Kohle wird durch die exotherme Reaktion Wärme frei und es entstehen heiße Verbrennungsgase. Diese durchströmen den Dampferzeuger des Kessels. Hierbei handelt es sich um ein von Wasser durchflossenes Wärmetauschersystem. Das Wasser nimmt die Wärme der Verbrennungsgase auf und verdampft dadurch bei hohen Temperaturen (über 500°C) und

1.1 Unit Operations

Drücken (200 bar). In der Dampfturbine gibt der Dampf die in ihm gespeicherte Wärmeenergie als mechanische Energie an die Turbine ab. Die sich dadurch mit etwa 3000 Umdrehungen pro Minute drehende Welle der Turbine überträgt ihre Bewegungsenergie auf den Generator. Der Generatorläufer dreht sich in seinem Magnetfeld und wandelt dadurch seine Bewegungsenergie in elektrische Energie um. Der Strom wird als Produkt an die Kunden verkauft.

Die Energie des aus der Turbine austretenden Dampfs reicht nicht mehr aus, um hiermit Strom zu erzeugen, ist aber noch groß genug, um Dampf und Heißwasser zu Heizzwecken (Fernwärme) bereitzustellen. Die nicht nutzbare Wärme wird im Kondensator über das Kühlwasser als Abwärme abgegeben, der Dampf kondensiert, das Kühlwasser erwärmt sich. Das kondensierte Wasser strömt zum Dampferzeuger und wird in einem erneuten Kreislauf verdampft. Das erwärmte Kühlwasser gibt im Kühlturm die aufgenommene Wärme an die Umgebungsluft ab. Die dabei verdunstende Wassermenge muss dem Kühlkreislauf wieder zugeführt werden. In diesem Beispiel wird Wasser aus einem Fluss (Neckar) entnommen und in der Wasseraufbereitung aufbereitet.

Die im Dampferzeuger abgekühlten Verbrennungsgase (Rauchgase) können nicht direkt an die Umwelt abgegeben werden, da bei der Verbrennung von Kohle als umweltbelastende Emissionen Stickoxide, Staub und Schwefeldioxid anfallen, die aus dem Abgasstrom entfernt werden müssen. Hier wird ein weiteres Aufgabengebiet der Verfahrenstechnik deutlich, der Umweltschutz. Mittels eines katalytischen Verfahrens (DENOX) werden in der Entstickungsanlage unter Eindüsung von Ammoniak die Stickoxide zu elementarem Stickstoff reduziert. Die Entstaubung erfolgt mittels elektrischer Abscheider (Elektrofilter). Dieses elektrostatische Verfahren sorgt für die Abscheidung der in den Rauchgasen mitgeführten Flugasche. Die Rauchgasentschwefelungsanlage (REA) bildet den Abschluss der Rauchgasreinigung. In Waschtürmen (Absorption) wird das Rauchgas mit einer Kalksuspension besprüht. Das Schwefeldioxid reagiert mit dem Kalkstein zu Gips, der in die Bauindustrie verkauft wird. Das Rauchgas verlässt die Anlage gereinigt über den Kamin.

Für das Beispiel Kraftwerk gemäß Abbildung 1.1 können u. a. folgende Unit Operations identifiziert werden:

- Lagerung (Kohlehalde),
- Förderung (Kohleförderung über Gurtförderer),
- mechanische Zerkleinerung (Kohlemühle),
- chemische Reaktion (Verbrennung),
- Wärmeübertragung (Dampferzeuger),
- katalytische chemische Reaktion (Entstickung),
- mechanische Trennung (Entstaubung),
- thermische Trennung (Entschwefelung durch Absorption),
- direkte Wärmeübertragung (Kühlturm).

> **Zusammenfassung:** Die Verfahrenstechnik beschäftigt sich mit Stoffänderungsverfahren. Um komplexe Verfahren beschreiben zu können, werden diese in ihre Grundoperationen (Unit Operations) zerlegt.

Die thermischen Trennverfahren, mit denen sich dieses Buch ausschließlich beschäftigt, bilden mit 53 verschiedenen Trennoperationen /3/ die umfangreichste Gruppe. Um das Prinzip thermischer Trennverfahren verstehen zu können und diese einer Vorausberechnung zugänglich zu machen, muss die Unterscheidung zwischen thermischen und mechanischen Trennverfahren bekannt sein.

1.2 Thermische und mechanische Trennverfahren

Trennverfahren beschreiben allgemein das Auftrennen eines Stoffgemischs in seine Bestandteile. Das Stoffgemisch kann aus einer Phase oder mehreren Phasen bestehen. Als **Phase** wird jeder homogene (und damit gradientenfreie) Teil eines Systems bezeichnet. Eine Phase kann aus einem oder mehreren Komponenten bestehen, deren Eigenschaften (z. B. Temperatur, Druck, Zusammensetzung) örtlich konstant sind. Phasen kommen als feste, flüssige oder gasförmige Aggregatzustände vor. Durch Trennverfahren ist eine Trennung sowohl homogener als auch heterogener Stoffgemische möglich:

- ein **homogenes Gemisch** besteht aus einer Phase, bei Trennverfahren immer einer Mischphase, die Zustandsvariablen sind an jeder Stelle im System gleich,
- ein **heterogenes Gemisch** ist immer ein Mehrphasensystem, die Zustandsvariablen im System sind unregelmäßig.

Während eine **Mischphase** aus einer Phase mit mehreren Komponenten besteht, sind **Mehrphasensysteme** aus mehr als einer Phase zusammengesetzt, wie z. B. Nebel (gasförmig/flüssig), Stäube (gasförmig/fest) oder Suspensionen (flüssig/fest).

> **Beispiel Rauchgasreinigung:** Die Zusammenhänge werden an Hand der Rauchgasreinigung des in Abbildung 1.1 gezeigten Kraftwerks verdeutlicht. Das durch Verbrennung erzeugte Rauchgas besteht hauptsächlich aus der Verbrennungsluft (Sauerstoff O_2 und Stickstoff N_2) sowie den Verbrennungsprodukten der Kohle Kohlenstoffdioxid CO_2, Stickstoffoxid NO_x, Schwefeldioxid SO_2 und Asche (siehe Abbildung 1.2). Der ebenfalls enthaltene Wasserdampf wird hier vernachlässigt. Das Rauchgas ist ein Mehrphasensystem, bestehend aus der Gasphase und den festen Aschepartikeln. Die Gasphase ist eine Mischphase aus den gasförmigen Molekülen O_2, N_2, CO_2, NO_x, SO_2.

Nach dem Dampferzeuger strömt das Rauchgas der Rauchgasreinigung zu. Hier werden die umweltschädlichen Stoffe abgeschieden oder in ungefährliche umgewandelt. Zuerst wird in der Entstickung das NO_x in einer katalytisch-chemischen Reaktion zu elementarem Stickstoff reduziert. In der Entstaubung werden die Aschepartikeln abgeschieden. Hierbei handelt es sich um ein typisches mechanisches Trennverfahren. Die Feststoffphase wird von der Gasphase getrennt. Eine hundertprozentige Ascheabscheidung vorausgesetzt, besteht das Rauchgas jetzt nur noch aus einer gasförmigen Mischphase. In der letzten Unit Operation werden die Schwefeldioxidmoleküle aus dem Gasstrom abgeschieden. Die Trennung des SO_2 vom Restgasgemisch findet innerhalb einer Phase und somit im molekularen Bereich statt. Dies ist ein typisches thermisches Trennverfahren (Absorption). Das gereinigte Rauchgas verlässt das Kraftwerk danach gereinigt über den Kamin.

1.2 Thermische und mechanische Trennverfahren

- Aschepartikel

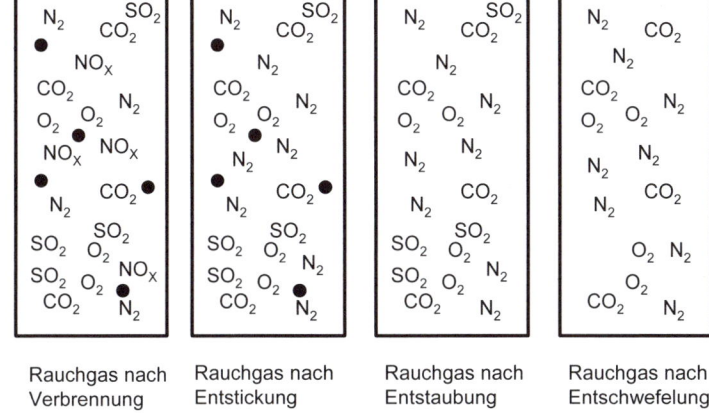

Abbildung 1.2: Thermische und mechanische Trennverfahren in der Rauchgasreinigung

Thermische und mechanische Trennverfahren weisen folgende charakteristische Unterschiede auf:

1. Die Zerlegung heterogener Gemische in deren homogene Teile (Phasen) erfolgt durch **mechanische Trennverfahren** (siehe Entstaubung in Abbildung 1.2).

2. Die Zerlegung homogener Gemische in Teilströme (Komponenten, Fraktionen) erfolgt durch **thermische Trennverfahren** (siehe Entschwefelung in Abbildung 1.2).

3. Die Bewegung makroskopisch großer Einzelteile (Feststoffe, Flüssigkeitstropfen) wird durch die Gesetze der Mechanik beschrieben. Die Geschwindigkeit dieser Teilchen wird durch äußere Kräfte (z. B. Schwerkraft, Fliehkraft, Trägheitskraft) bestimmt, thermische Molekularbewegungen können vernachlässigt werden. Bei der Abtrennung makroskopisch großer Einzelteile dominieren die mechanischen Trennverfahren.

4. Dominiert die ungeordnete, chaotische Bewegung von Molekülen (Brownsche Molekularbewegung), ist eine Trennung nur durch thermische Trennverfahren möglich.

5. Die Masse der Teilchen entscheidet somit, ob der Trennvorgang mit den Gesetzen der Mechanik (mechanische Tennverfahren) oder den Gesetzen der Thermodynamik (thermische Trennverfahren) zu berechnen ist.

> **Zusammenfassung:** Die Trennung homogener Gemische im molekularen Bereich erfolgt durch thermische Trennverfahren, durch mechanische Trennverfahren lassen sich heterogene Gemische zerlegen.

Die thermischen Trennverfahren werden unterschieden in thermische und physikalisch-chemische Trennverfahren. Die Unterscheidung wird im nächsten Abschnitt diskutiert.

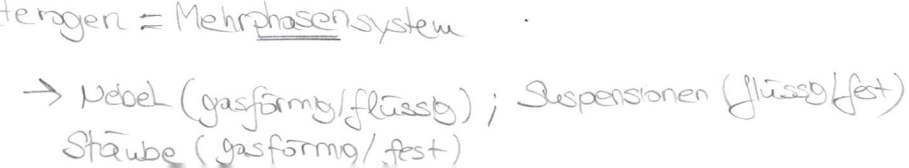

1.3 Thermische und physikalisch-chemische Trennverfahren

Thermische und physikalisch-chemische Trennverfahren werden sehr häufig unter dem Oberbegriff thermische Trennverfahren zusammengefasst, da beide den gleichen Gesetzmäßigkeiten gehorchen. **Es findet jeweils die Trennung eines homogenen Stoffgemischs in Fraktionen oder Komponenten statt.**

> **Beispiel Luftzerlegung:** Der Einfachheit halber wird angenommen, dass das Stoffgemisch Luft nur aus den Komponenten Sauerstoff und Stickstoff besteht (Abbildung 1.3). **Komponenten** sind die Bestandteile, aus denen die in einem Prozess auftretenden Stoffe zusammengesetzt sind. Komponenten ändern sich während des Prozesses nicht. Bei einem physikalischen Prozess werden in der Regel Moleküle betrachtet, bei chemischen Reaktionen Atomarten oder Atomgruppen.
>
> Durch thermische Trennung wird das homogene Ausgangsgemisch (Luft) in zwei Teilströme, die so genannten **Fraktionen**, zerlegt. Die sauerstoffreiche Fraktion besteht aus Sauerstoff mit Spuren von Stickstoff, die stickstoffreiche aus Stickstoff mit Spuren von Sauerstoff, da in der Praxis Fraktionen selten vollständig rein gewonnen werden.

Abbildung 1.3: Erklärung der Begriffe Fraktion und Komponente am Beispiel der Luftzerlegung

Ein homogenes Stoffgemisch ist ein stabiles System, das sich nicht ohne Einwirkung äußerer Kräfte trennen lässt. Bei thermischen Trennverfahren wird die benötigte Trennarbeit durch Zufuhr von Energie (in der Regel als Wärme) bereitgestellt, bei den physikalisch-chemischen Trennverfahren wird eine Zusatzphase zur Trennung benötigt (siehe Abbildung 1.4), die eine Komponente des zu trennenden Stoffgemischs (hier Komponente 2) löst.

> **Beispiel Alkoholdestillation als thermisches Trennverfahren:** Bei der Alkoholdestillation (Abbildung 1.5) muss ein homogenes flüssiges Gemisch, bestehend aus Wasser und Alkohol (Ethanol), aufgetrennt werden. Da beide Komponenten unterschiedliche Siedepunkte aufweisen (Wasser 100°C, Ethanol 78°C jeweils bei $1 \cdot 10^5$ Pa), wird dem Flüssigkeitsgemisch so lange Energie zugeführt, bis der Siedepunkt des Ethanols überschritten ist. Das Ethanol verdampft und wird nach der Kondensation als Flüssigkeit im Vorlagegefäß aufgefangen. Das Wasser verbleibt im Destillationsgefäß.

1.3 Thermische und physikalisch-chemische Trennverfahren

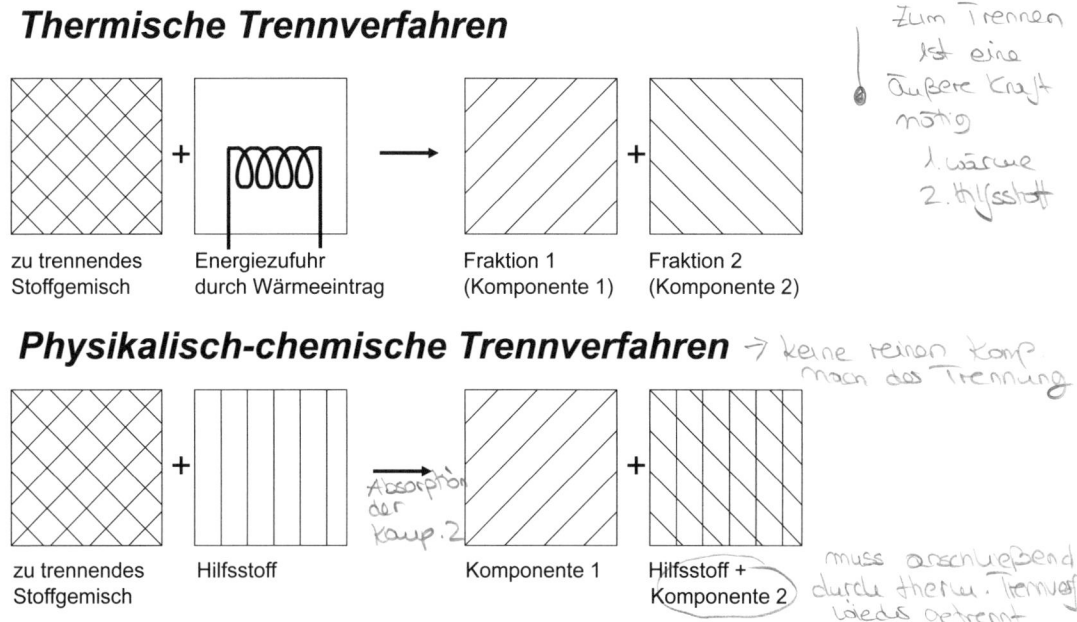

Abbildung 1.4: Grundprinzip thermischer und physikalisch-chemischer Trennverfahren

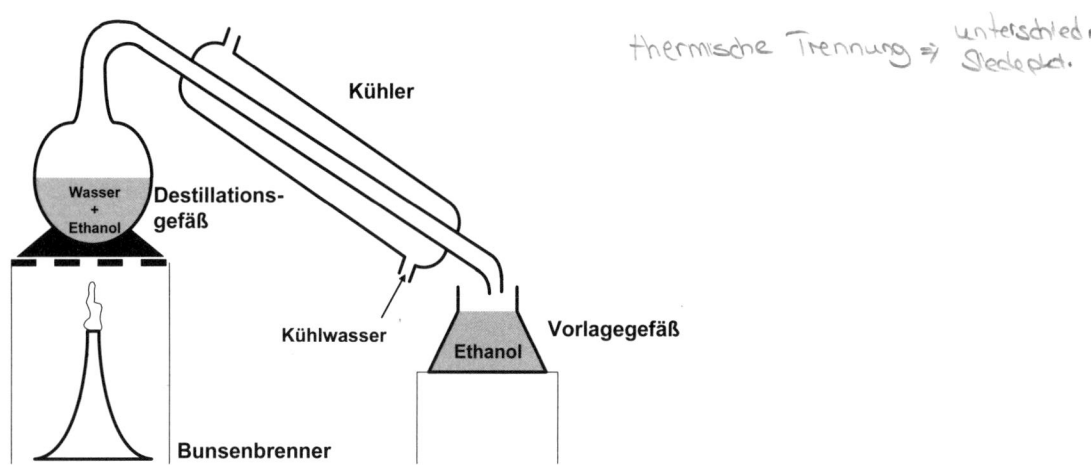

Abbildung 1.5: Alkoholdestillation

Bei physikalisch-chemischen Trennverfahren wird zur Trennung des Stoffgemischs ein Hilfsstoff zum Aufbau einer Zusatzphase benötigt (siehe Abbildung 1.4). Dieser Hilfsstoff muss in der Lage sein, eine Komponente des zu trennenden Stoffgemischs zu lösen. Im Gegensatz zu den thermischen Trennverfahren wird also primär keine Energie zugeführt. Dafür lassen sich nach der Trennung keine reinen Komponenten darstellen, da der Hilfsstoff mit der aus dem Stoffgemisch abgeschiedenen Komponente (hier Komponente 2) verunreinigt ist.

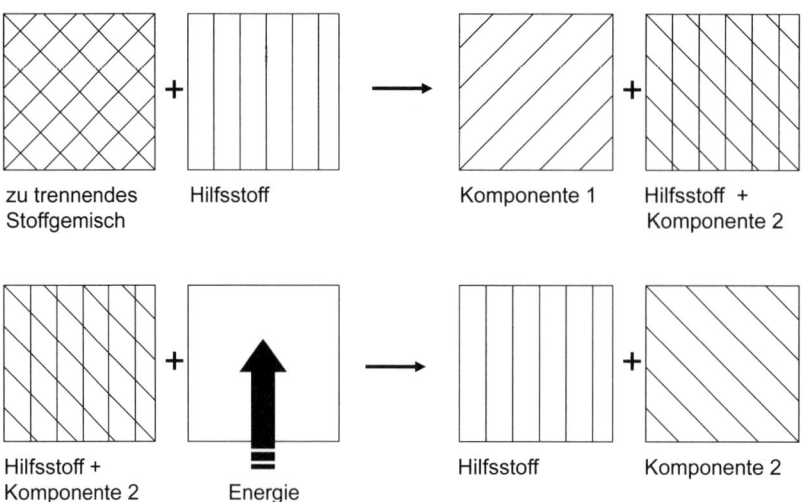

Abbildung 1.6: Grundprinzip physikalisch-chemischer Trennverfahren zur Reindarstellung aller Stoffe

Die abgeschiedene Komponente geht mit dem Hilfsstoff entweder eine physikalische oder eine chemische Bindung ein. Daher wird der Begriff **physikalisch-chemische Trennverfahren** verwendet. Um zu reinen Komponenten und damit einem geschlossenen Kreislauf zu kommen, ist gemäß Abbildung 1.6 ein zweites Trennverfahren zur Aufbereitung des Hilfsstoffs erforderlich.

Beispiel Abgasentschwefelung: Bei der Abgasentschwefelung (siehe Abbildung 1.1) wird der im Abgasstrom unerwünschte Stoff (SO_2) mittels eines flüssigen Hilfsstoffs aus dem Rauchgas „ausgewaschen" (absorbiert). Das SO_2 kann physikalisch oder chemisch im Hilfsstoff gebunden werden, wie Abbildung 1.7 verdeutlicht. Wie später gezeigt wird, handelt es sich hier um eine Absorption.

Bei der physikalischen Absorption wird das SO_2 physikalisch im Hilfsstoff (Lösungsmittel) gebunden (Van-der-Waals-Kräfte). Bedingt durch die schwachen Bindungskräfte kann in einer nachfolgenden Regeneration unter Energiezufuhr das SO_2 vom Hilfsstoff getrennt und rein zur Weiterverarbeitung gewonnen werden. Der Hilfsstoff wird ebenfalls rein dargestellt und im Kreislauf erneut der Absorption zugeführt. Bei der chemischen Absorption findet dagegen eine chemische Bindung (Ionenbindung) des Schwefeldioxids im Hilfsstoff (hier wässrige $CaCO_3$-Lösung) statt. Durch die chemische Bindung entsteht gemäß

$$CaCO_3 + SO_2 + \frac{1}{2}O_2 + 2H_2O \rightarrow CaSO_4 \cdot 2H_2O \text{ (Gips)} + CO_2 \qquad (1\text{-}1)$$

ein neues Produkt (Gips). Eine Regeneration des Lösungsmittels oder eine Reindarstellung des SO_2 ist nicht möglich.

1.3 Thermische und physikalisch-chemische Trennverfahren

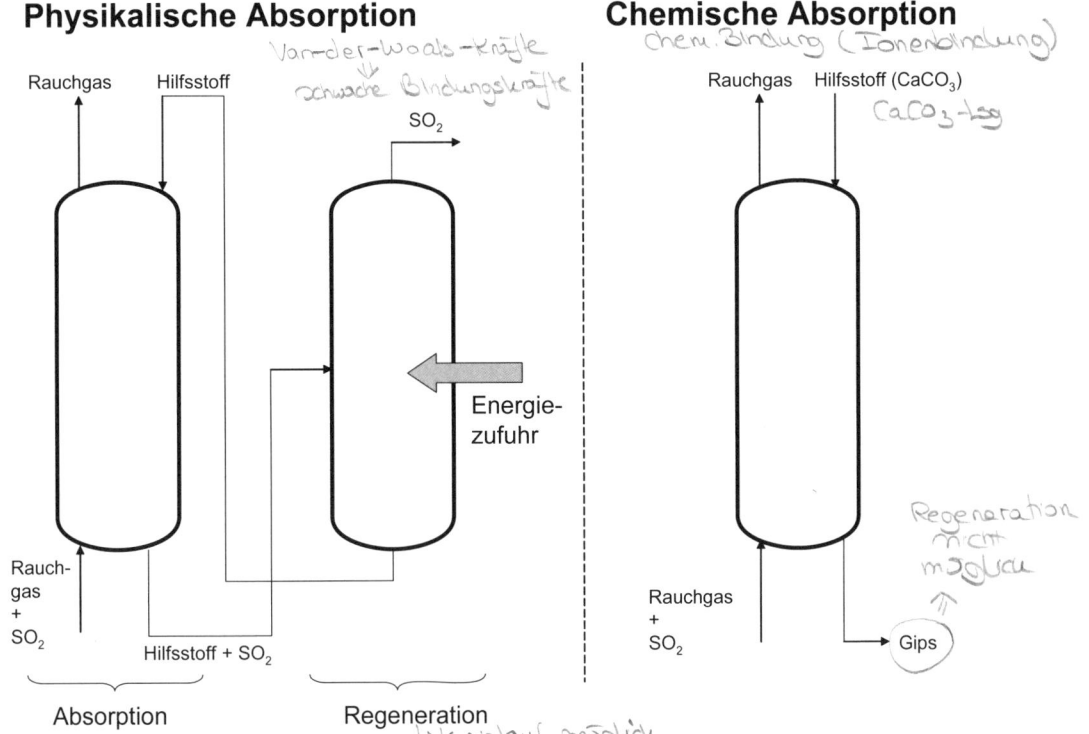

Abbildung 1.7: Prinzip der physikalischen und chemischen Abscheidung (Absorption) von SO_2 aus Rauchgas

Obwohl thermische und physikalisch-chemische Trennverfahren die oben gezeigten Unterschiede aufweisen, werden sie zusammen behandelt, da die physikalischen Grundprinzipien und damit die Vorgehensweise bei der Auslegung die gleichen sind:

- Trennung homogener Stoffgemische,
- Erzeugung einer 2. Phase, um die Trennung zu realisieren (bei thermischen Verfahren durch Energiezu- oder -abfuhr, bei physikalisch-chemischen Verfahren durch einen Zusatzstoff),
- Stoff- und Wärmeaustausch zwischen diesen beiden Phasen.

Der Einfachheit halber wird im Folgenden nur von thermischen Trennverfahren gesprochen.

Tabelle 1.2 zeigt die thermischen Trennverfahren. Neben dem Namen des Trennverfahrens können der Tabelle folgende Eigenschaften entnommen werden: Erzeugung der erforderlichen zweiten Phase, die an der Trennung beteiligten Phasen, unterteilt in das zu trennende Ausgangsgemisch und die zur Trennung benötigte zweite Phase sowie das Trennprinzip.

Fluid ist der übergeordnete Begriff für Gas oder Flüssigkeit.

Tabelle 1.2: Thermische Trennverfahren

Thermisches Trennverfahren	Erzeugung 2. Phase	beteiligte Phasen Ausgangsgemisch / 2. Phase	Trennprinzip
Destillation	Wärmezufuhr	flüssig / gas	unterschiedliche Flüchtigkeit
Rektifikation	Wärmezufuhr	flüssig / gas	unterschiedliche Flüchtigkeit
Kristallisation	Wärmezu- oder abfuhr	flüssig / fest	unterschiedliche Löslichkeiten
Absorption	Zusatzstoff	gas / flüssig	unterschiedliche Löslichkeiten
Adsorption	Zusatzstoff	fluid / fest	unterschiedliche Anreicherung an Feststoffoberflächen
Ionenaustausch	Zusatzstoff	flüssig / fest	unterschiedliche Anreicherung an Feststoffoberflächen
Extraktion	Zusatzstoff	flüssig / flüssig fest / flüssig	unterschiedliche Löslichkeiten
Membranverfahren	Zusatzstoff (Membran)	flüssig / fest gas / fest	unterschiedliche Permeabilitäten

Zusammenfassung: Thermische und physikalisch-chemische Trennverfahren erfordern zur Trennung eine Zusatzphase. Sie unterscheiden sich in der Bereitstellung der Zusatzphase, die entweder durch Zufuhr von Energie oder durch einen Hilfsstoff erfolgen kann.

Kapitel 2 beschreibt die Funktionsprinzipien der in Tabelle 1.2 gezeigten thermischen Trennverfahren. Ausgehend hiervon können in den folgenden Kapiteln die Auslegungsgrundlagen diskutiert werden.

2 Thermische Trennverfahren

> **Lernziel:** Die verschiedenen thermischen Trennverfahren müssen bekannt sein. Das Trennprinzip, der Einsatzbereich sowie die physikalischen und chemischen Grundlagen der einzelnen Verfahren müssen beherrscht werden.

In diesem Kapitel wird die Funktionsweise der thermischen Trennverfahren besprochen. Es werden Gemeinsamkeiten und Unterschiede aufgezeigt, um die den Verfahren eigenen physikalischen und chemischen Grundlagen besprechen zu können. Umfangreiche Beispiele erläutern die Verfahrensweisen.

2.1 Absorption und Desorption

2.1.1 Absorption

Unter Absorption wird die Aufnahme und Auflösung von Gasen und Dämpfen in Flüssigkeiten verstanden.

Abbildung 2.1 zeigt das Verfahrensprinzip. Aus einem homogenen Gasgemisch sollen eine oder mehrere Komponenten entfernt werden (z. B. SO_2 aus Rauchgas bei der Rauchgasentschwefelung nach Kraftwerken). Die zu entfernende Komponente wird **Absorptiv** genannt. Um das Absorptiv aus dem Gas entfernen zu können, ist ein flüssiger Hilfsstoff, das **Absorbens** (auch als Wasch-, Lösungs- oder Absorptionsmittel bezeichnet), erforderlich. Es handelt sich somit um ein physikalisch-chemisches Trennverfahren.

Das Absorbens wird so gewählt, dass die Löslichkeit des Absorptivs hierin besser ist als im Gas. Dadurch bildet sich ein Konzentrationsgefälle bezüglich des Absorptivs zwischen Gas und Flüssigkeit aus. Das Absorptiv wandert ins Absorbens und wird hier entweder physikalisch (**Physisorption**) oder chemisch (**Chemisorption**) gebunden. Das Absorptiv wird aus dem Gas entfernt und im Absorbens angereichert. Das im Absorbens gebundene Absorptiv wird als **Absorpt** bezeichnet, die flüssige Phase (Absorbens plus Absorpt) als **Absorbat**. Der Umkehrvorgang zur Absorption ist die **Desorption**.

Um Absorbens und Absorpt rein zu gewinnen (siehe Abbildung 1.6), muss das Absorbat einer weiteren Reinigungsstufe (**Regeneration**) zugeführt werden, wie Abbildung 2.2 in vereinfachter Form zeigt. Der **Absorber** ist der Apparat, in dem die Absorption stattfindet. Hier wird das Rohgas vom Absorptiv gereinigt und verlässt den Absorber als gereinigtes Gas. Das Absorbat wird in der Regeneration in gereinigtes Absorbens und Absorptiv aufgetrennt. Das

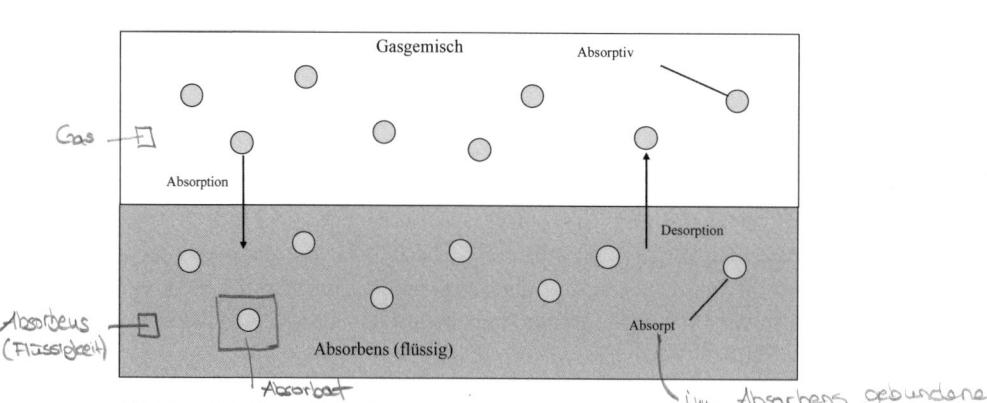

Abbildung 2.1: Absorption und Desorption

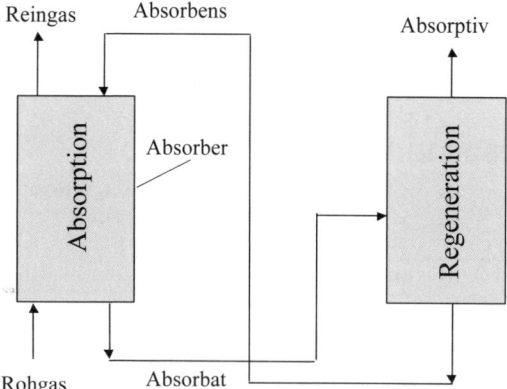

Abbildung 2.2: Absorption mit nachgeschalteter Regeneration des Absorbats

Absorbens durchläuft einen erneuten Absorptionszyklus, das Absorptiv wird rein gewonnen und kann weiterverarbeitet oder erneut in den Produktionsprozess eingespeist werden.

Wie in Abbildung 2.3 gezeigt, wird die Absorption eingesetzt zur

- **Gasreinigung**,
  - Abgasreinigung zur Einhaltung von gesetzlich vorgeschriebenen Grenzwerten,
  - Reinigung von Produktgasen zur Erreichung vorgeschriebener Qualitäten,
- **Trennung von Gasgemischen**,
- **Sättigung einer Flüssigkeit** mit einem Gas sowie zur
- **chemischen Reaktion zwischen Gas und Flüssigkeit** zur Erzeugung eines neuen Produkts.

An Hand verschiedener Beispiele werden die Einsatzgebiete der Absorption besprochen, um das Verständnis zu erleichtern.

2.1 Absorption und Desorption

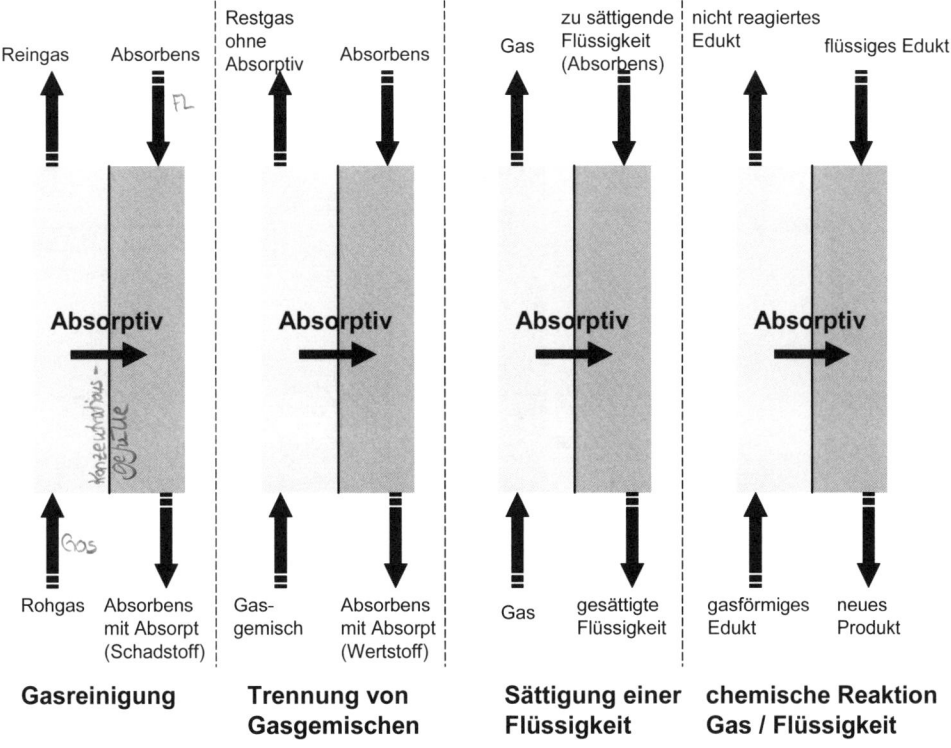

Abbildung 2.3: Haupteinsatzgebiete der Absorption

Beispiel Rauchgasentschwefelung: Abbildung 2.4 zeigt als Beispiel die Entschwefelung von Rauchgasen zur Einhaltung der gesetzlich vorgeschriebenen Schwefeldioxidgrenzwerte in Abgasen. Wie bereits in Abbildung 1.7 und Gleichung (1-1) gezeigt, handelt es sich um eine Chemisorption, das Absorptiv (SO_2) wird chemisch im Absorbens (Kalksuspension) gebunden. Zur Herstellung des Absorbens wird im Absorber-Versorgungstank der Kalkstein ($CaCO_3$) in Wasser gelöst. Diese wässrige Suspension wird dem Absorber zugeführt. Das Rauchgas wird unten in den Absorber eingeleitet und mit der Kalksuspension in Kontakt gebracht. Dadurch findet ein Stoffaustausch zwischen Gas und flüssigem Absorbens statt, das SO_2 wird aus dem Rauchgas herausgelöst und geht in das Absorbens über. Durch die im Absorbens stattfindende chemische Reaktion wird Kalziumsulfit ($CaSO_3$) gebildet. Die unten im Absorberturm zugeführte Luft oxidiert das Sulfit zum Sulfat auf ($CaSO_4$). Mittels Hydrozyklon und Vakuumbandfilter findet eine Entwässerung des Gipses statt. Dies wiederum sind typische mechanisches Trennverfahren, es werden 2 Phasen (flüssig/fest) voneinander getrennt. Im Gipstrockner (thermisches Verfahren) wird die restliche Feuchte aus dem Gips entfernt. Der Gips wird im Gipssilo gelagert. Das im Kopf des Absorbers zugeführte Prozesswasser wäscht mitgerissene Tröpfchen aus dem Gasstrom aus und löst im Versorgungstank den Kalkstein. Das Reingas wird vor dem Austritt aus dem Absorber aufgeheizt und dann an die Umwelt entlassen.

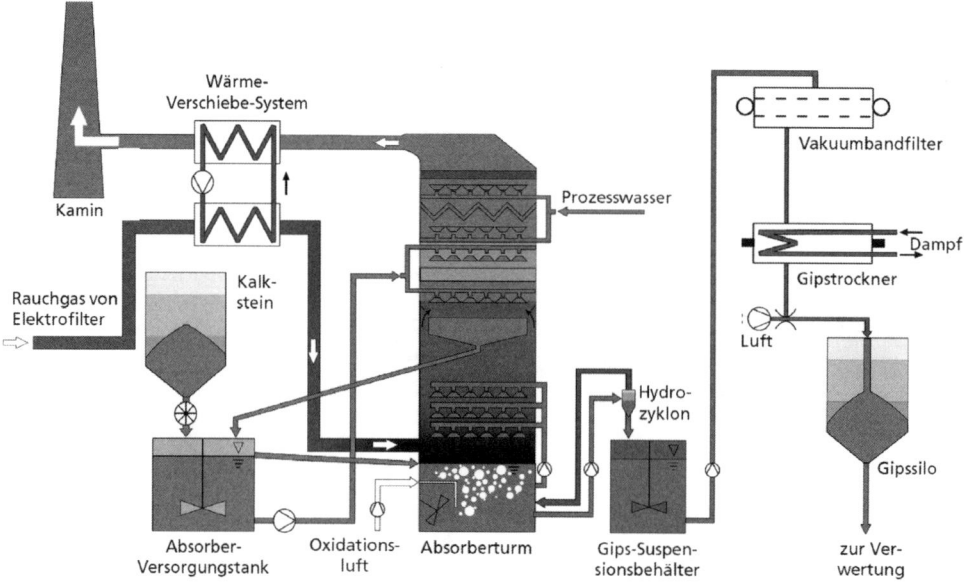

Abbildung 2.4: Gasreinigung durch Absorption am Beispiel der Entschwefelung von Rauchgasen /4/

Beispiel Erdgastrocknung: Abbildung 2.5 zeigt am Beispiel der Erdgastrocknung, wie Produktgase zur Erreichung vorgeschriebener Qualitäten durch Absorption gereinigt werden. Um die gesetzlich vorgeschriebene Gasqualität einzuhalten, muss feuchtes Erdgas getrocknet werden. Die Abscheidung des im Erdgas gelösten Wasserdampfs erfolgt durch physikalische Absorption mit Triethylenglykol als Absorbens bei Drücken größer $40 \cdot 10^5$ Pa. Das verkaufsfähige Erdgas verlässt den Absorber im Kopf der Kolonne, das mit Wasser beladene Absorbens im Sumpf. Da der Wasserdampf nur physikalisch gelöst ist, kann das Triethylenglykol regeneriert werden, um es im Kreislauf erneut der Absorption zuzuführen. Wie später gezeigt wird, lösen sich Gase besonders gut in Flüssigkeiten bei hohem Druck und tiefer Temperatur. Die Regeneration erfolgt im Gegensatz zur Absorption durch Entspannung (niedriger Druck) und Rektifikation (hohe Temperatur, siehe unten). Der Wasserdampf wird aus dem Absorbens ausgetrieben und als Brüdengas entsorgt. Bei diesem Beispiel wird deutlich, dass die Regeneration in der Regel aufwändiger und mit höheren Kosten verbunden ist als die Absorption.

2.1 Absorption und Desorption

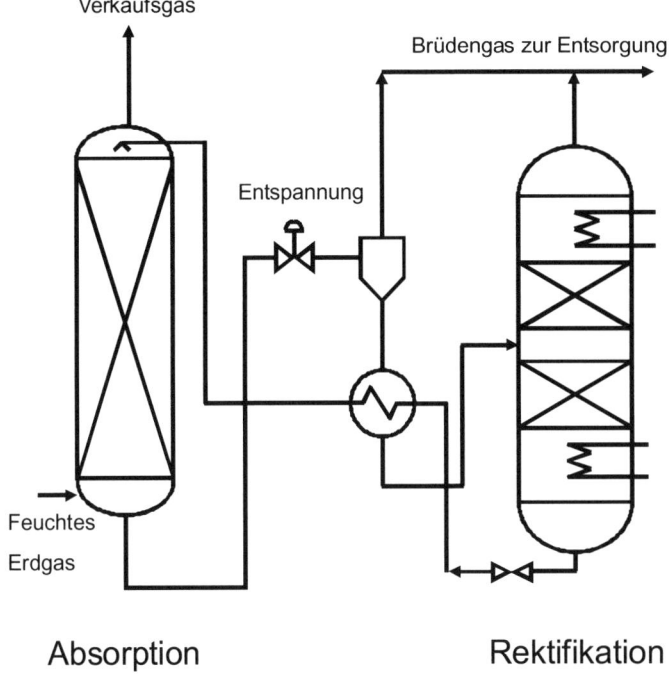

Absorption   Rektifikation

Abbildung 2.5: Reinigung von Produktgasen durch Absorption am Beispiel der Erdgastrocknung

Beispiel Druckölwäsche: Als Beispiel zur Trennung von Gasgemischen zeigt Abbildung 2.6 das vereinfachte Fließbild einer Druckölwäsche, wie sie zur Gewinnung von höheren Kohlenwasserstoffen aus Naturgas oder Raffineriegas verwendet wird. Das kohlenwasserstoffhaltige Rohgas wird im Absorber mit einem Waschöl (Absorbens) gewaschen, wodurch die höheren Kohlenwasserstoffe rein physikalisch im Absorbens gebunden werden. Durch die Physisorption ist eine Regeneration des Absorbats relativ einfach möglich. Dies ist hier von besonderem Interesse, da das Absorpt (höhere Kohlenwasserstoffe) rein gewonnen werden soll. Zur Regeneration wird das beladene Waschöl entspannt, wodurch als Entspannungsgas C_3- und C_4-Kohlenwasserstoffe (Flüssiggas) entstehen. In der nachfolgenden Desorption (Stripper) wird Dampf als Strippdampf eingeblasen. Die Kohlenwasserstoffe lösen sich im Dampf und werden so aus dem Waschöl, das erneut der Absorption zugeführt wird, abgeschieden. Im Kühler nach der Strippung kondensieren der Wasserdampf und die desorbierten Kohlenwasserstoffe. Im Abscheidebehälter werden Wasser und das Produkt höhere Kohlenwasserstoffe (Benzin) voneinander getrennt.

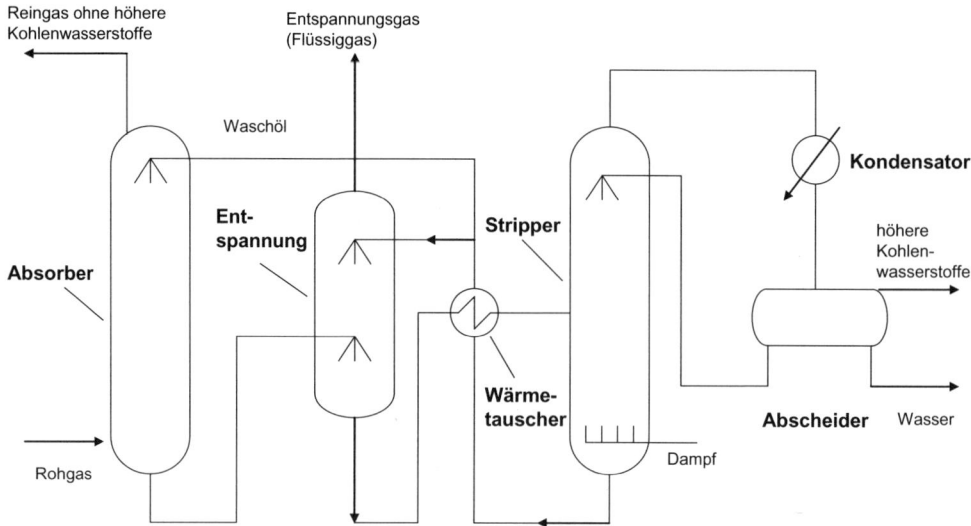

Abbildung 2.6: Trennung von Gasgemischen am Beispiel der Druckölwäsche /nach 5/

Beispiel Sättigung einer Flüssigkeit: Die Sättigung einer Flüssigkeit mit einem Gas durch Absorption wird an Hand der Abwasserreinigung verdeutlicht (Abbildung 2.7). Das mit organischen Schadstoffen verschmutzte Abwasser wird dem Belebungsbecken zugeleitet und mit dem Belebtschlamm (Bakteriensuspension) vermischt. Die Bakterien nutzen die organischen Schadstoffe als Nährstoffe und wandeln sie in ungefährliche Abbauprodukte (CO_2, H_2O) und neue Zellsubstanz um. Für diesen Vorgang ist Sauerstoff erforderlich, den die Bakterien aus dem Wasser entnehmen:

$$\text{Org. Schadstoffe} + O_2 \xrightarrow{\text{Bakterien}} CO_2 + H_2O + \text{neue Zellen} . \qquad (2\text{-}1)$$

Durch Einblasen von Luft in das Belebungsbecken geht das Absorptiv (Sauerstoff) in das Wasser (Absorbens) über. Das Wasser wird mit Sauerstoff gesättigt. Im Absetzbecken wird das gereinigte Wasser vom Bakterienschlamm (Belebtschlamm) getrennt (mechanisches Trennverfahren). Da neue Zellsubstanz gebildet wird, muss ein Teil des Schlamms als Überschussschlamm abgeführt werden.

Die chemische Reaktion zwischen Gas und Flüssigkeit zur Erzeugung eines neuen Produkts wird hier nicht besprochen, da diese Problemstellung in der chemischen Reaktionstechnik behandelt wird. Der Übergang zur Chemie ist hier fließend.

Zusammenfassung: Durch Absorption werden gas- oder dampfförmige Komponenten in Flüssigkeiten (Absorbens) gelöst und somit aus dem Gasstrom entfernt.

2.1 Absorption und Desorption

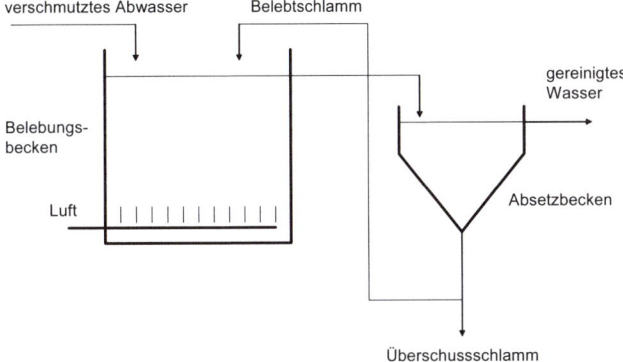

Abbildung 2.7: Sättigung einer Flüssigkeit mit einem Gas durch Absorption am Beispiel der Abwasserreinigung

2.1.2 Desorption (Strippung)

Die Desorption, auch als Strippung bezeichnet, ist der Umkehrvorgang zur Absorption. Mit Hilfe eines Strippgases wird eine molekular gebundene Komponente aus einer Flüssigkeit herausgelöst.

Im **Desorber** wird mittels des Strippgases die unerwünschte Übergangskomponente aus der zugeführten Flüssigkeit herausgelöst (siehe Abbildung 2.8). Die Flüssigkeit verlässt den Desorber gereinigt, die Übergangskomponente befindet sich im **Strippgas**.

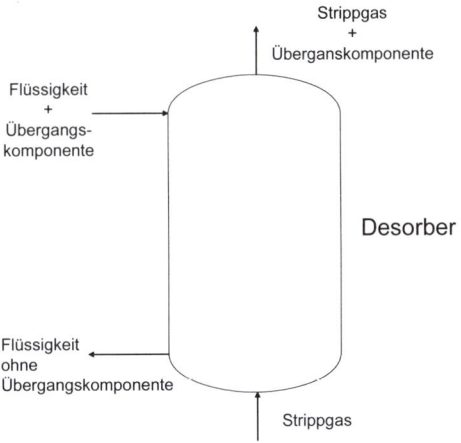

Abbildung 2.8: Desorption

Haupteinsatzgebiete der Desorption sind
- die Regeneration des in der Absorption anfallenden Absorbats sowie
- die Abwasserreinigung.

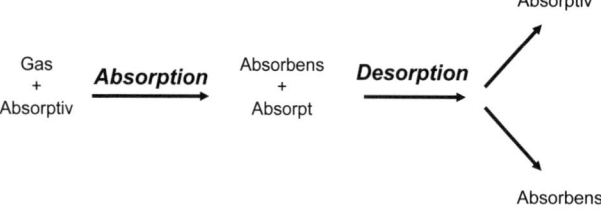

Abbildung 2.9: Regeneration des in der Absorption anfallenden Absorbats

Die Regeneration des in der Absorption anfallenden Absorbats wurde bereits in Abbildung 2.5 und Abbildung 2.6 gezeigt. Das Absorptiv wird in der Absorption im Absorbens gebunden und aufkonzentriert. In der Desorption wird das Absorptiv wieder aus dem Absorbens entlöst und dadurch rein dargestellt (Abbildung 2.9).

Beispiel Regeneration des in der Absorption anfallenden Absorbats: Als Strippgas wird gemäß Abbildung 2.10 sehr häufig Wasserdampf verwendet, wenn das Absorptiv nicht in Wasser löslich ist. Der Wasserdampf wird mit dem Absorbat im Desorber in Kontakt gebracht. Das Absorptiv löst sich besser im Dampf und kann aus dem Absorbens entfernt werden. Das Absorbens wird rein gewonnen, das Gasgemisch aus Dampf und Absorptiv kondensiert. Da Dampf und Absorptiv nicht ineinander löslich sind, können sie im nachfolgenden Abscheider auf Grund ihrer Dichte (mechanisches Trennverfahren) getrennt werden. Das Absorptiv wird rein gewonnen und kann der Wiederverwertung zugeführt werden, das Wasser wird in der Abwasserreinigung aufbereitet.

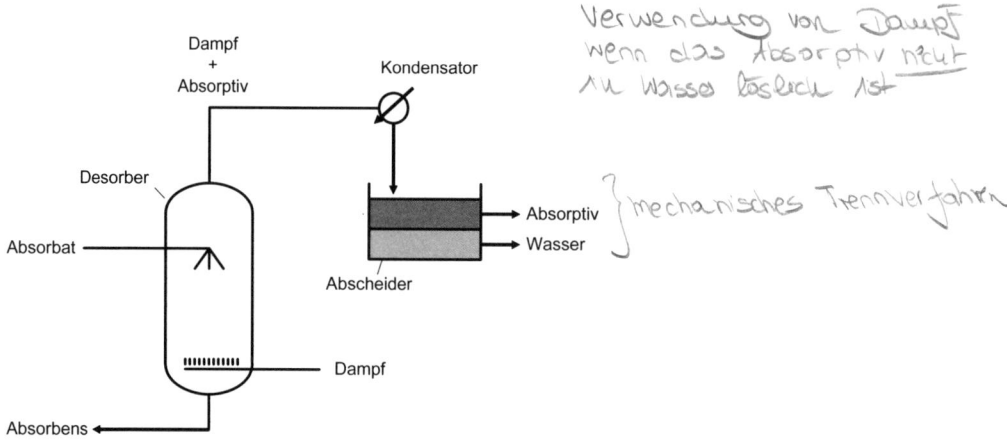

Abbildung 2.10: Desorption mit Wasserdampf als Strippgas

2.2 Extraktion

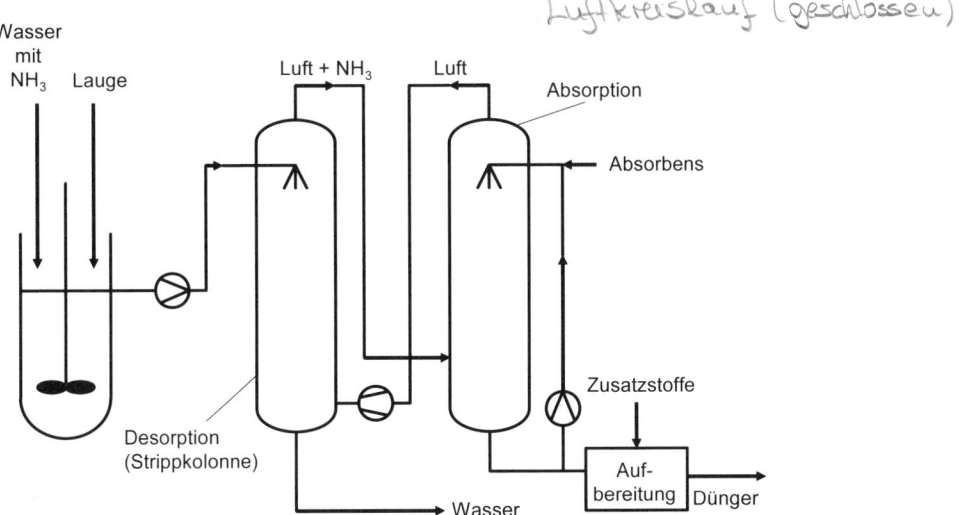

Abbildung 2.11: Entfernung von Ammoniak aus Abwasser durch Desorption

(handschriftlich: Luftkreislauf (geschlossen))

Beispiel Abwasserreinigung: Die Reinigung von Abwasser durch Desorption ist in Abbildung 2.11 am Beispiel der Entfernung von Ammoniak gezeigt. Dem feststofffreien Abwasser wird Lauge zugegeben, um einen pH-Wert von 10–11 einzustellen. Durch diesen pH-Wert wird sichergestellt, dass das gesamte Ammoniak (NH_3) physikalisch im Abwasser gebunden ist und somit durch Strippung entfernt werden kann. In der Desorption (Strippkolonne) wird das Ammoniak durch Einblasen von Luft aus dem Wasser entfernt. Es entsteht ein Gasgemisch aus Luft und Ammoniak, das auf Grund der hohen Ammoniakkonzentration nicht direkt an die Umwelt abgegeben werden kann. In der nachgeschalteten Absorption wird das Ammoniak durch ein geeignetes Absorbens aus der Luft entfernt. Die Luft wird zur Desorption zurückgeleitet, um einen geschlossenen Kreislauf zu gewährleisten. Bei Bedarf kann in der Aufbereitung Dünger als Verkaufsprodukt erzeugt werden.

Zusammenfassung: Die Desorption ist der Umkehrvorgang zur Absorption. Durch Einleiten eines Strippgases können gelöste Stoffe aus Flüssigkeiten entfernt werden.

2.2 Extraktion

(handschriftlich: Raffinat = Ausgangsstoff – Übergangskomponente)

Unter Extraktion wird das Herauslösen bestimmter Substanzen (Übergangskomponente) aus festen oder flüssigen Stoffgemischen (Abgeberphase) mit Hilfe flüssiger Extraktionsmittel (Aufnehmerphase) verstanden.

Aus der Abgeberphase wird bei Produktionsprozessen der Wertstoff, bei Reinigungsverfahren der Schadstoff herausgelöst und in die Aufnehmerphase überführt. Zur Extraktion wird wie bei der Absorption ein Hilfsstoff (**Extraktionsmittel**) benötigt (Abbildung 2.12).

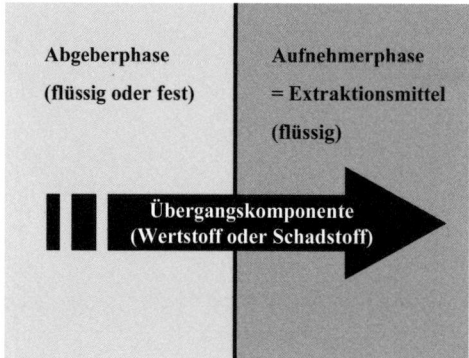

Abbildung 2.12: Grundprinzip der Extraktion

Die Extraktion als physikalisch-chemisches Trennverfahren führt somit ebenfalls nicht direkt zu reinen Komponenten. Das den Extraktor verlassende Extraktionsmittel enthält die molekular gelöste Übergangskomponente. Um eine Reindarstellung der Stoffe zu erreichen, ist ein weiterer Trennprozess, die **Extraktionsmittelaufbereitung**, im Verbund mit der Extraktion erforderlich (Abbildung 2.13). Das Extraktionsmittel wird im Kreis zur Extraktion zurückgeführt, die Übergangskomponente rein gewonnen.

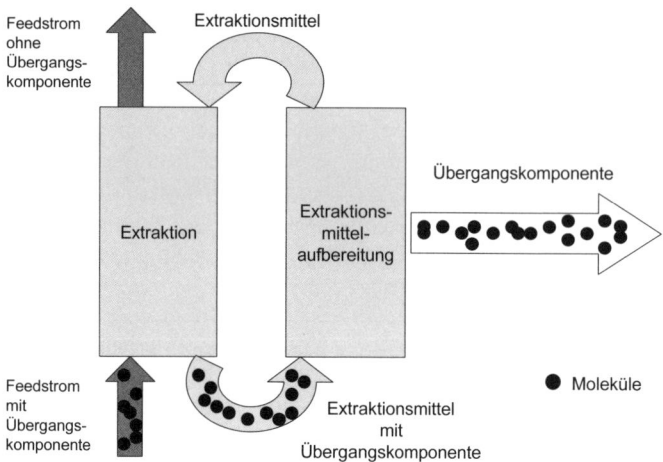

Abbildung 2.13: Extraktion als Verbundprozess

Der Feedstrom, bestehend aus dem **Trägerstoff A** und der **Übergangskomponente C**, wird der Extraktion zugeführt, siehe Abbildung 2.14, und hier mit dem **Extraktionsmittel B** vermischt. Die Übergangskomponente wird dabei aus dem Feedstrom ausgetrieben und vom Extraktionsmittel aufgenommen. Der an Übergangskomponente verarmte Feedstrom verlässt den Extraktor als Raffinat. Das mit Übergangskomponente angereicherte Extraktionsmittel verlässt den Extraktor als Extrakt.

2.2 Extraktion

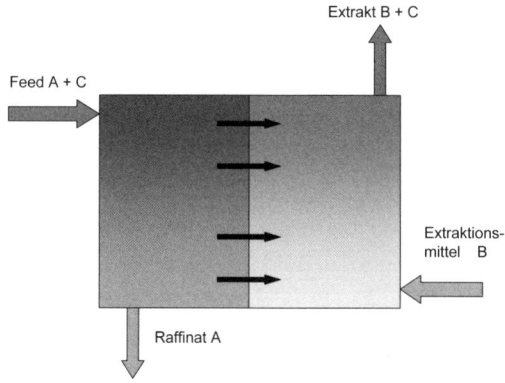

Abbildung 2.14: Bezeichnung der zu- und abgeführten Ströme

Die Extraktionsverfahren werden unterschieden in

- Flüssig-Flüssig-Extraktion,
- Fest-Flüssig-Extraktion und
- Hochdruckextraktion.

2.2.1 Flüssig-Flüssig-Extraktion (solvent extraction)

An der Flüssig-Flüssig-Extraktion, auch Lösungsmittel-Extraktion oder „solvent extraction" genannt, sind zwei flüssige Phasen beteiligt. Der flüssige Feedstrom wird mit dem flüssigen Extraktionsmittel in Kontakt gebracht (Abbildung 2.15). Gemäß Abbildung 2.14 findet ein Stoffübergang der Übergangskomponente in das Extraktionsmittel statt. Es entstehen Raffinat und Extrakt. Das Extrakt wird einer Aufbereitung zugeführt, siehe Abbildung 2.13, wenn sowohl die Übergangskomponente als auch das Extraktionsmittel rein gewonnen werden sollen.

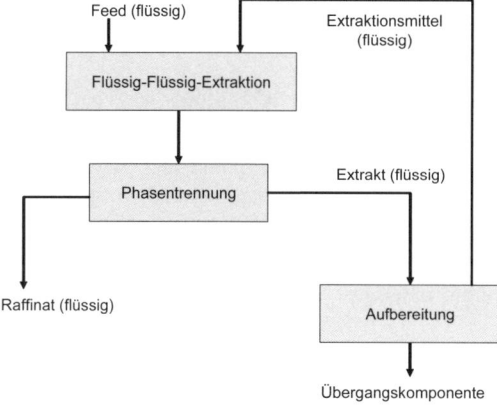

Abbildung 2.15: Verfahrensweise der Flüssig-Flüssig-Extraktion

Die Flüssig-Flüssig-Extraktion wird eingesetzt zur

- Abtrennung geringkonzentrierter Stoffe aus Flüssigkeiten aus Gründen des Umweltschutzes (Übergangskomponente ist ein Schadstoff),
- Trennung von flüssigen Gemischen (Übergangskomponente ist ein Wertstoff).

Beispiel Abtrennung geringkonzentrierter Schadstoffe: Abbildung 2.16 zeigt den Einsatz der Flüssig-Flüssig-Extraktion zur Reinigung von Flüssiggas, aus dem H_2S entfernt werden muss, damit bei der Verbrennung von Flüssiggas zur Energieerzeugung kein SO_2 als Verbrennungsprodukt entsteht. H_2S liegt im Flüssiggas in relativ geringer Konzentration (ca. 2000 ppm) vor. Durch Extraktion mit einem Amin (MDEA) als Extraktionsmittel wird das H_2S bis auf eine geringe Restkonzentration (kleiner 100 ppm) aus dem Flüssiggas entfernt. Das aus dem Extraktor austretende beladene Extraktionsmittel kann einer Aufbereitung zugeführt werden.

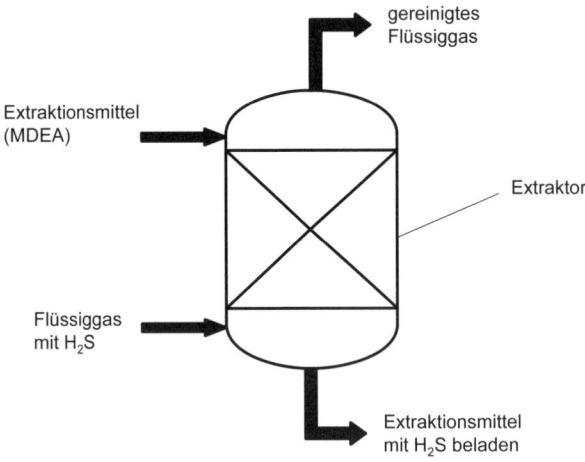

Abbildung 2.16: H_2S-Entfernung aus Flüssiggas

Beispiel Abwasserreinigung zur Wertstoffrückgewinnung: Abbildung 2.17 zeigt als weiteres Verfahrensbeispiel in vereinfachter Darstellung die Rückgewinnung von Essigsäure aus Prozesswasser. Die Essigsäure ist im Prozesswasser ein Schadstoff, so dass das Wasser ohne Reinigung nicht an die Umwelt abgegeben werden darf. Gleichzeitig ist die Essigsäure aber auch ein Wertstoff, deren Wiedergewinnung von großer wirtschaftlicher Bedeutung ist, so dass die Extraktion hier sowohl aus Umweltschutzgründen als auch zur Abtrennung eines Wertstoffs aus flüssigen Gemischen eingesetzt wird.

2.2 Extraktion

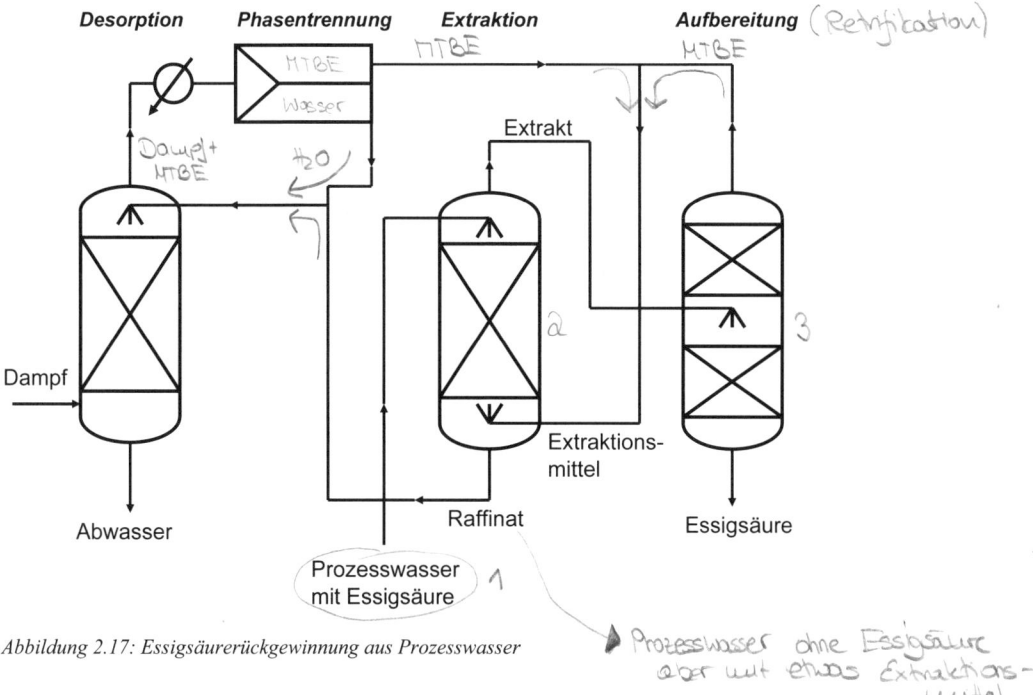

Abbildung 2.17: Essigsäurerückgewinnung aus Prozesswasser

In der Extraktion wird mittels eines geeigneten Extraktionsmittels (meistens MTBE: $C_5H_{12}O$) das mit Essigsäure verunreinigte Prozesswasser aufgetrennt. Das aus Extraktionsmittel und Essigsäure bestehende Extrakt wird der Aufbereitung (Rektifikation) zugeführt. Aufgrund der unterschiedlichen Siedepunkte (Essigsäure 118°C, MTBE 55°C) kann sowohl die Essigsäure als auch das Extraktionsmittel, das im Kreislauf erneut der Extraktion zugeführt wird, rein gewonnen werden. Das Raffinat besteht hauptsächlich aus Wasser, allerdings löst sich hierin etwas Extraktionsmittel, so dass das Wasser nicht direkt abgeleitet werden kann. In der erforderlichen Desorption wird Dampf eingeleitet, der das Extraktionsmittel aufnimmt. Das Abwasser wird abgeleitet, der mit Extraktionsmittel verunreinigte Dampf kondensiert. In der nachfolgenden Phasentrennung wird das Extraktionsmittel vom Wasser getrennt.

Beispiel Gewinnung eines Wertstoffs: Abbildung 2.18 zeigt abschließend die Trennung flüssiger Gemische zur Gewinnung von Wertstoffen am Beispiel der Extraktion ätherischer Öle. Das ätherische Öl wird mittels wässrigem Alkohol als Extraktionsmittel in Raffinat und Extrakt zerlegt. Das Extrakt enthält die ätherischen Essenzen und wird in der nachfolgenden Aufbereitung durch Rektifikation (siehe unten) aufgetrennt. Der Alkohol wird erneut der Extraktion zugeführt. Typische Aromen, die mit diesem Verfahren gewonnen werden, sind z. B. Orangenöl, Zitronenöl oder Pfefferminzöl.

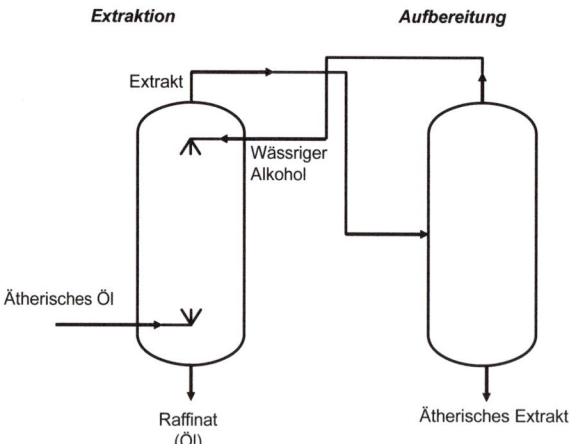

Abbildung 2.18: Extraktion von Aromen und Geschmacksstoffen

Zusammenfassung: Durch Flüssig-Flüssig-Extraktion können mit einem flüssigen Extraktionsmittel als Zusatzphase homogen gelöste Stoffe aus einer flüssigen Phase abgetrennt werden.

2.2.2 Fest-Flüssig-Extraktion

Bei der Fest-Flüssig-Extraktion wird die Übergangskomponente vom flüssigen Extraktionsmittel aus einer festen Abgeberphase herausgelöst. Dieser Vorgang wird auch als Auslaugen oder „leaching" bezeichnet.

Abbildung 2.19 zeigt ein vereinfachtes Verfahrensschema der Fest-Flüssig-Extraktion. Das feste Rohgut wird entsprechend vorbereitet (zerkleinert), um eine große Oberfläche zu erhalten. Durch Mischung mit dem Extraktionsmittel wird im Extraktor die Übergangskomponente aus dem Rohgut herausgelöst. Durch Phasentrennung wird das flüssige Extrakt vom festen Raffinat getrennt. Abschließend wird das Extrakt in der Aufbereitung in Extraktionsmittel und Übergangskomponente zerlegt.

Auch bei der Fest-Flüssig-Extraktion kann die Übergangskomponente entweder ein

- zu gewinnender Wertstoff (Produktionsprozess) oder ein
- aus dem Feststoff zu entfernender Schadstoff (Umweltschutz)

sein.

2.2 Extraktion

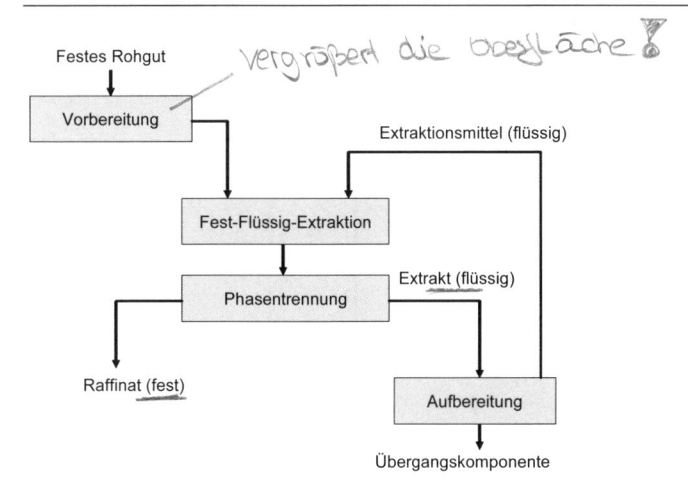

Abbildung 2.19: Verfahrensweise bei der Fest-Flüssig-Extraktion

Beispiel Kaffeekochen: Das einfachste und anschaulichste Beispiel der Fest-Flüssig-Extraktion ist das Kaffeekochen (Abbildung 2.20). Als Vorbereitung auf den Extraktionsprozess werden die Kaffeebohnen in einer Mühle gemahlen. Das Kaffeepulver wird dem Kaffeefilter, in dem sich die Filtertüte befindet, zugeführt. Durch das Mahlen zu feinem Kaffeepulver wird eine große Oberfläche erzeugt, so dass das Extraktionsmittel (heißes Wasser) die erwünschten Übergangskomponenten (Koffein und Geschmacksstoffe) aus dem Kaffee herauslösen kann. Die Phasentrennung zwischen Raffinat (ausgelaugtes Kaffeepulver nach der Extraktion) und Extrakt (Kaffee) erfolgt im Extraktionsapparat (Kaffeefilter) durch die eingelegte Filtertüte. Das Raffinat wird entsorgt (kompostiert). Für das Extrakt ist keine weitere Aufbereitung gemäß Abbildung 2.19 erforderlich, da der Kaffee das Endprodukt darstellt.

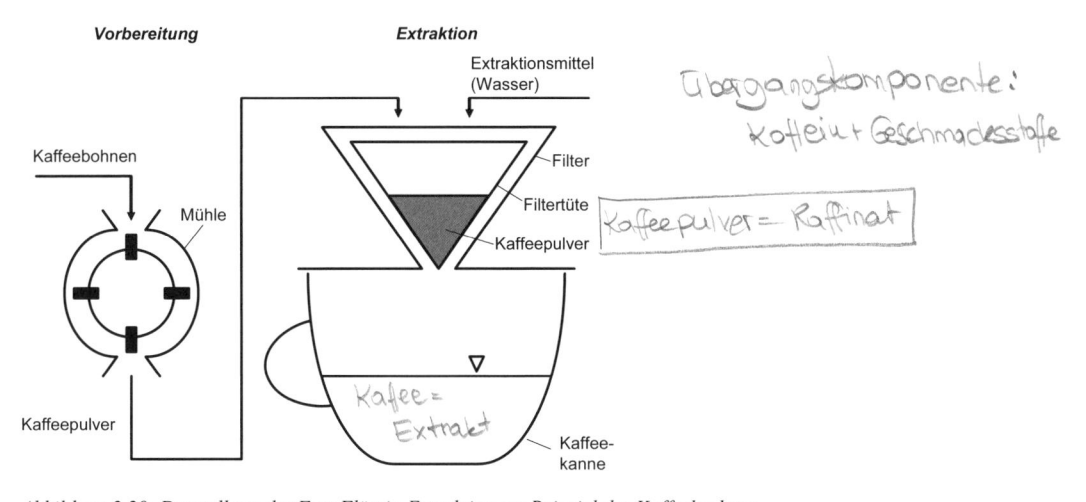

Abbildung 2.20: Darstellung der Fest-Flüssig-Extraktion am Beispiel des Kaffeekochens

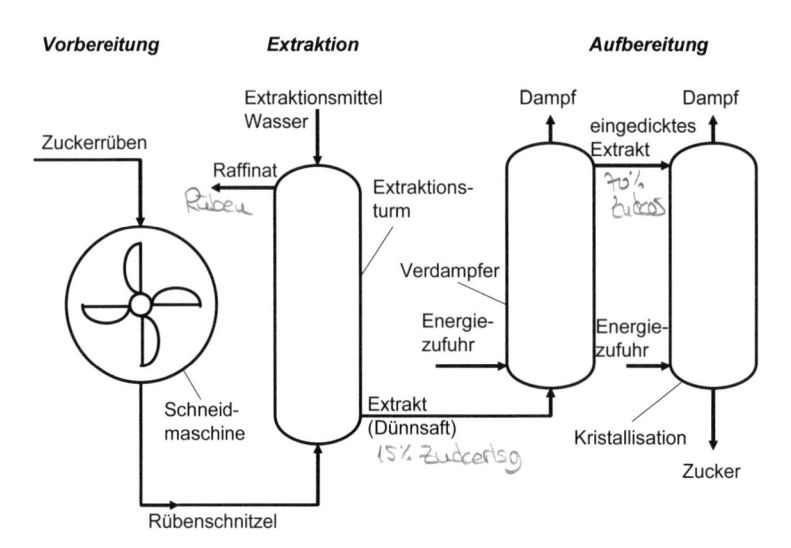

Abbildung 2.21: Zuckergewinnung aus Zuckerrüben

Beispiel Zuckergewinnung aus Zuckerrüben: Bei der Gewinnung von Zucker aus Zuckerrüben gemäß Abbildung 2.21 ist der Zucker der durch Fest-Flüssig-Extraktion zu gewinnende Wertstoff. In der Vorbereitung werden die gewaschenen Zuckerrüben in einer Schneidmaschine zu Rübenschnitzeln zerkleinert, um die für die Extraktion erforderliche große Oberfläche zu erzeugen. Im Extraktionsturm werden die Schnitzel mit Wasser vermischt. Das Wasser extrahiert den Zucker aus den Rübenschnitzeln. Als Raffinat entstehen zuckerfreie Schnitzel, die als Viehfutter Verwendung finden. Das Extrakt ist eine 15 %ige Zuckerlösung (Dünnsaft). Diese muss weiter aufbereitet werden, um reinen Zucker zu erzeugen. Im Verdampfer wird dem Dünnsaft durch Energiezufuhr Wasser entzogen, wodurch ein Dicksaft mit 70 % Zucker entsteht. In der Kristallisation (siehe unten) bilden sich Zuckerkristalle, die auskristallisieren. Es entsteht ein Kristallbrei, der in einer Zentrifuge vom Restwasser befreit wird.

Beispiel Schadstoffentfernung aus Feststoffen: Als Beispiel aus dem Bereich des Umweltschutzes sei die Reinigung schadstoffbelasteter Böden angeführt (Abbildung 2.22). Der schadstoffbelastete Boden wird im Extraktor mit dem Extraktionsmittel Wasser vermischt. Die im Boden enthaltenen Schadstoffe werden vom Wasser gelöst. Der gereinigte Boden (Raffinat) kann wieder verwendet werden. Das Extrakt besteht aus dem schadstoffbeladenen Wasser, das einer Abwasserreinigung zur Aufbereitung zugeführt werden muss.

Zusammenfassung: Unter Fest-Flüssig-Extraktion wird das Herauslösen von Stoffen aus einem Feststoff mittels eines flüssigen Extraktionsmittels verstanden. Der extrahierte Stoff kann entweder ein Schad- oder Wertstoff sein.

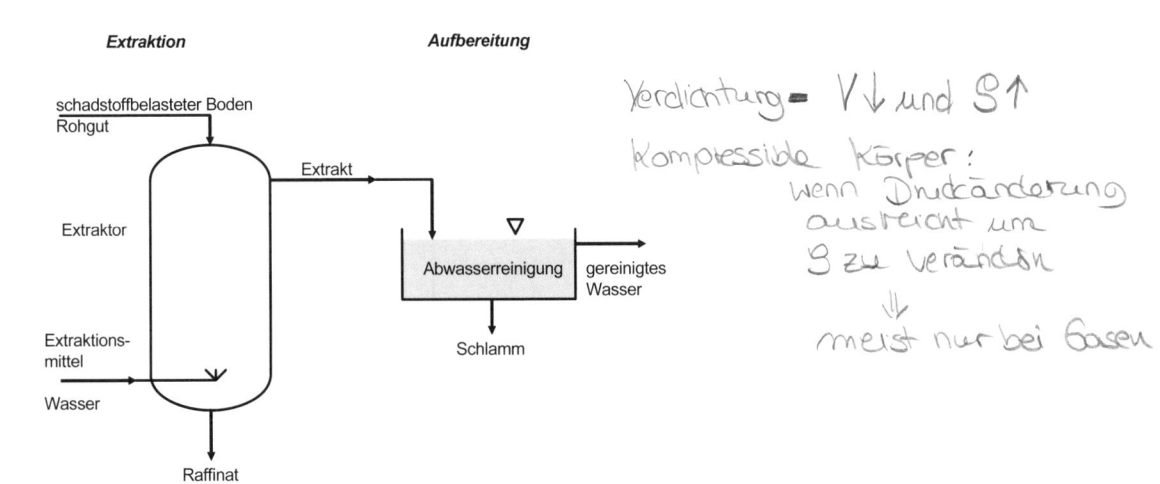

Abbildung 2.22: Reinigung schadstoffbelasteter Böden durch Fest-Flüssig-Extraktion

2.2.3 Hochdruckextraktion

Bei der Hochdruckextraktion dienen komprimierte Gase im überkritischen Zustand als Extraktionsmittel. Im überkritischen Zustand haben Gase ähnliche Eigenschaften wie Flüssigkeiten, so dass es sich bei der Hochdruckextraktion um eine Sonderform der Fest-Flüssig-Extraktion handelt.

Überkritische Fluide weisen flüssigkeitsähnliche Dichten (überkritische Fluide 200 kg/m³ – 500 kg/m³, Flüssigkeiten 800 kg/m³ – 1000 kg/m³) und damit ein gutes Lösungsvermögen auf. Die geringeren Viskositäten (10^{-4} g·cm^{-1}·s^{-1} gegenüber 10^{-2} g·cm^{-1}·s^{-1}) und relativ hohen Diffusionskoeffizienten sind dagegen eher gastypisch und begünstigen den Stoffübergang der Übergangskomponente in das Extraktionsmittel. Um den kritischen Punkt zu erreichen, sind allerdings teils hohe Drücke erforderlich (z. B. Kohlenstoffdioxid: kritische Temperatur 31,3°C, kritischer Druck $73{,}8 \cdot 10^5$ Pa).

Abbildung 2.23 zeigt schematisch das Prinzip der Hochdruckextraktion. Das Rohgut und das hochverdichtete Extraktionsmittel (Betriebsdrücke $50 \cdot 10^5$ Pa bis $300 \cdot 10^5$ Pa und Temperaturen zwischen 10°C und 100°C über den kritischen Daten) werden in der Hochdruckextraktion miteinander in Kontakt gebracht. Nach Beendigung des Extraktionsvorgangs wird das Raffinat abgezogen und das Extrakt der Aufbereitung (i. d. R. Entspannung) zugeleitet. Hier erfolgt die Trennung von Extraktionsmittel und Übergangskomponente. Das Extraktionsmittel wird erneut auf den erforderlichen Druck verdichtet und der Hochdruckextraktion zugeführt.

Da es sich durch die Verdichtung von Gasen um einen energieintensiven Prozess handelt, gleichzeitig aber eine thermisch schonende Abtrennung der Übergangskomponente möglich ist, wird die Hochdruckextraktion eingesetzt zur

- Gewinnung von hochpreisigen Wertstoffen aus Rohgut sowie zur
- schonenden Entfernung unerwünschter Komponenten aus einem Rohgut.

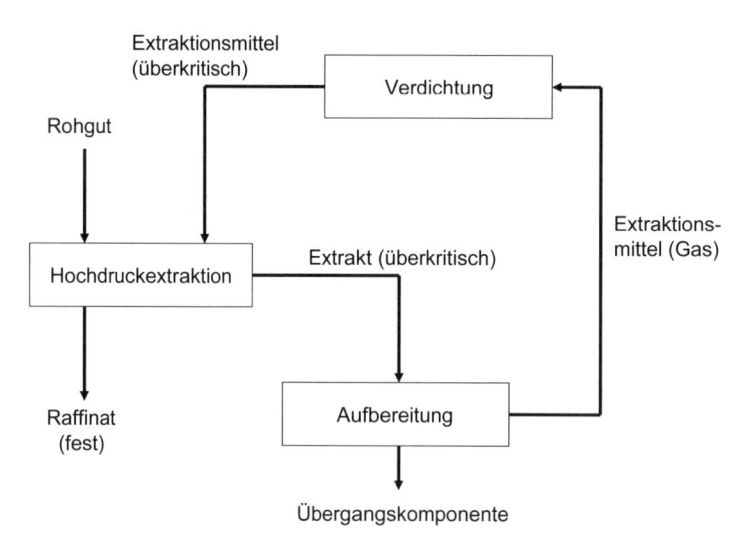

Abbildung 2.23: Verfahrensweise bei der Hochdruckextraktion

Beispiel Espressomaschine: Zur Verdeutlichung der Verfahrensweise und des Unterschieds zur Fest-Flüssig-Extraktion wird im Gegensatz zur Erzeugung von Kaffee gemäß Abbildung 2.20 die Herstellung von Espresso gezeigt (Abbildung 2.24). Die Kaffeebohnen müssen auch hier gemahlen werden, das Kaffeepulver wird im Extraktor (Espressomaschine) vorgelegt. Im Gegensatz zur Kaffeeerzeugung wird die Extraktion hier nicht mit heißem Wasser, sondern mit Dampf (bei Espressomaschinen allerdings nicht überkritisch) durchgeführt. Ist der geforderte Dampfdruck erreicht, strömt der Dampf durch das Kaffeepulver und entlöst die erwünschten Substanzen. Der Dampf kondensiert, das Extrakt ist der Espresso, das Raffinat das extrahierte Kaffeepulver, welches bei Espressomaschinen selbstständig in den Tresterbehälter ausgeworfen wird und als biologisch verwertbarer Abfall entsorgt werden muss.

Beispiel Lebensmittelindustrie: Die Gewinnung von Wertstoffen aus Rohgut zeigt Abbildung 2.25. Das Rohgut wird der Extraktion zugeführt. Das Extraktionsmittel, in der Lebensmittelindustrie meistens CO_2, wird aus dem Vorratsbehälter entnommen, mit dem Verdichter auf den gewünschten Druck verdichtet und der Extraktion zugeleitet. Nach Beendigung der Extraktion enthält das Raffinat keinen Wertstoff mehr und wird entsorgt oder weiterverarbeitet. Das aus Extraktionsmittel und Wertstoff bestehende Extrakt wird der Aufbereitung zugeführt. Durch Entspannung in einem oder mehreren Separatoren wird der Wertstoff in der gewünschten Qualität gewonnen. Das Extraktionsmittel wird im Vorratsbehälter aufgefangen. Einsatzgebiete finden sich vornehmlich in der Lebensmittel- und pharmazeutischen Industrie zur Gewinnung von Gewürz- und Drogenextrakten, zur Aufbereitung von pflanzlichen Ölen und Fetten sowie zur Aroma- und Geschmackstoffgewinnung bei Hopfen und Gewürzen. Als Extraktionsmittel wird hierzu immer das gesundheitlich völlig unbedenkliche Kohlenstoffdioxid verwendet.

2.2 Extraktion

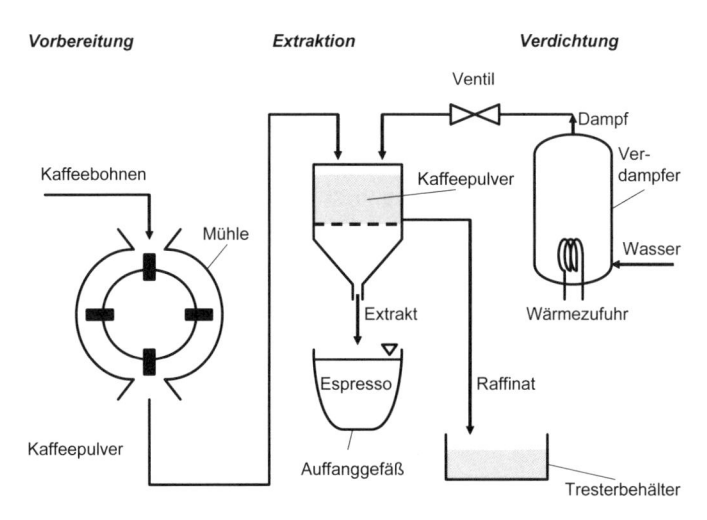

Abbildung 2.24: Herstellung von Espresso in Espressomaschinen

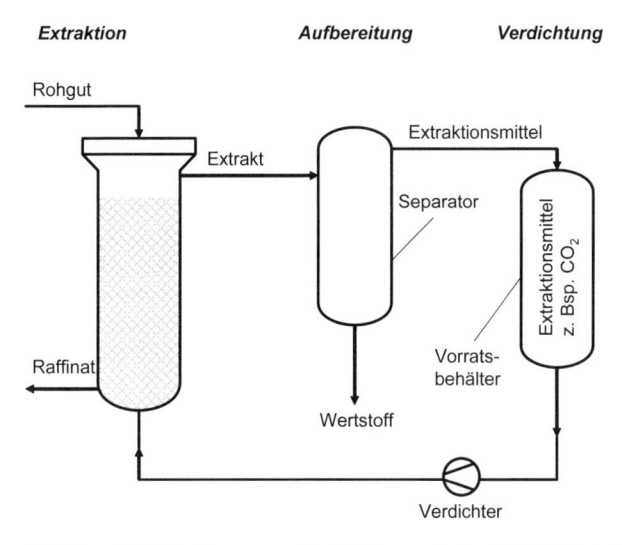

Abbildung 2.25: Gewinnung von Wertstoffen aus Rohgut mittels Hochdruckextraktion

Als Beispiel für die schonende Entfernung unerwünschter Komponenten aus einem Rohgut sei die Entkoffeinierung von Kaffee sowie die Entfernung von Nikotin aus Tabak angeführt. Die Verfahrensweise ähnelt der in Abbildung 2.25 gezeigten, allerdings ist hier das Raffinat das erwünschte Produkt, z. B. entkoffeinierter Kaffee.

Zusammenfassung: Mittels überkritischer Gase als Extraktionsmittel wird bei der Hochdruckextraktion Wertstoff aus einem festen Rohgut gewonnen.

2.3 Adsorption, Ionenaustausch, Chromatographie

2.3.1 Adsorption

Unter Adsorption wird die Anlagerung und Bindung bestimmter Komponenten aus einer fluiden Phase an eine feste Phasengrenzfläche verstanden. Die fluide Abgeberphase kann sowohl flüssig als auch gasförmig sein.

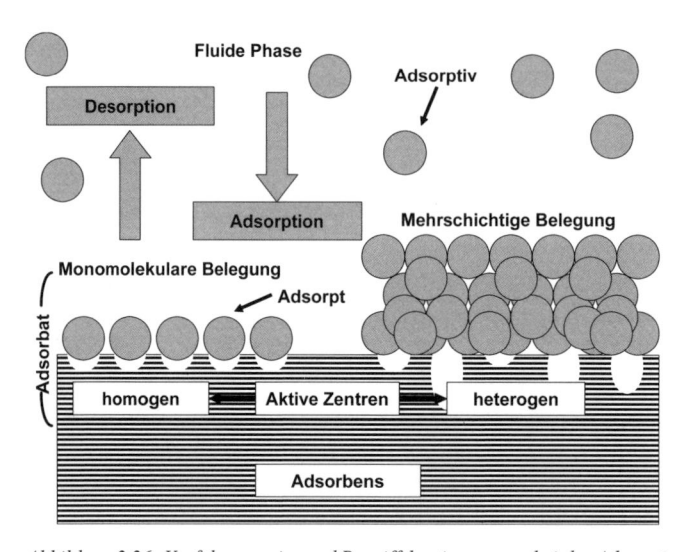

Abbildung 2.26: Verfahrensweise und Begriffsbestimmungen bei der Adsorption

Verfahrensweise und Begriffsbestimmungen der Adsorption können Abbildung 2.26 entnommen werden. Die aus der fluiden Phase durch Adsorption abzuscheidende Komponente wird als **Adsorptiv**, der als Aufnehmerphase benötigte Feststoff als **Adsorbens** bezeichnet. Um möglichst viel Adsorptiv aufnehmen zu können, müssen die Feststoffe eine große Oberfläche aufweisen. Dies wird durch hochporöse Adsorbentien mit großer innerer Oberfläche erreicht. Ein häufig eingesetztes Adsorbens ist z. B. Aktivkohle. Im adsorbierten, gebundenen Zustand wird das Adsorptiv als **Adsorpt** bezeichnet. Die Bindung erfolgt durch aktive Zentren auf der Adsorbensoberfläche, die hierauf homogen oder heterogen verteilt sein können. Die Bindung kann rein physikalisch (Physisorption) oder chemisch (Chemisorption) erfolgen. Adsorpt und Adsorbens werden als **Adsorbat** bezeichnet. Der Umkehrvorgang zur Adsorption ist die Desorption:

$$\text{Adsorbens} + \text{Adsorptiv} \underset{\text{Desorption}}{\overset{\text{Adsorption}}{\rightleftarrows}} \text{Adsorpt/Adsorbens} = \text{Adsorbat}. \qquad (2\text{-}2)$$

Diese Grundlagen gelten ebenfalls für Ionenaustausch und Chromatographie.

2.3 Adsorption, Ionenaustausch, Chromatographie

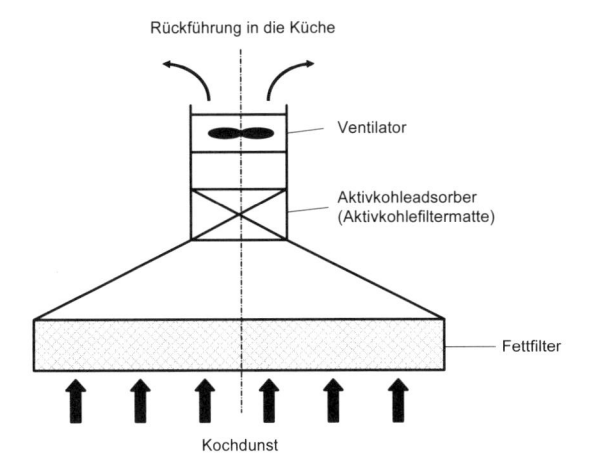

Abbildung 2.27: Adsorption von Geruchsstoffen in im Umluftbetrieb arbeitenden Dunstabzugshauben

Die Adsorption wird eingesetzt zur

- Reinigung von Ab- und Prozessgasen,
- Trocknung von Luft,
- Trennung von Gasgemischen sowie
- Reinigung und Aufbereitung von Wasser.

Der Schwerpunkt der Adsorption liegt im Bereich des Umweltschutzes. Zur Trocknung wird die Adsorption in Druckluftanlagen verwendet.

Beispiel Dunstabzugshaube: Als einfaches bekanntes Beispiel zeigt Abbildung 2.27 die Adsorption von Geruchsstoffen in Dunstabzugshauben. Die beim Kochen entstehenden Dämpfe werden vom Ventilator angesaugt. Jede Dunstabzugshaube enthält einen Fettfilter, der als mechanisches Trennverfahren Fetttröpfchen aus der Abluft abscheidet. Im Abluftbetrieb wird der Dunst nach dem Fettfilter direkt ins Freie geleitet. Da im **Umluftbetrieb** der Dunst wieder in die Küche zurückgeführt wird, ist neben dem Fettfilter ein Aktivkohleadsorber erforderlich, der die organischen Bestandteile des Dunstes (Geruchsstoffe) adsorbiert, um Geruchsbelästigungen zu vermeiden. Die Aktivkohlematte muss nach Sättigung (vollständige Beladung mit Adsorpt) ausgetauscht werden.

Beispiel Rückgewinnung von Lösungsmitteln: Als industrielles Beispiel zeigt Abbildung 2.28 die Adsorption zur Rückgewinnung von Lösungsmitteln. Das Lösungsmittel enthaltende Rohgas wird dem Adsorber zugeführt und durch die Adsorbensschüttung geleitet. Das Lösungsmittel wird an der Adsorbensoberfläche (i. d. R. Aktivkohle) adsorbiert. Das Reingas verlässt den Adsorber. Ist das Adsorbens mit Adsorpt beladen, ist eine weitere Adsorption nicht möglich, das Adsorbens muss regeneriert werden. In dem hier gezeigten Beispiel wird Dampf durch das beladene Adsorbens geleitet, wodurch das Adsorpt vom Adsorbens gelöst wird und in den Dampf übergeht. Der Dampf wird kondensiert und das flüssige Gemisch einem Trenngefäß zugeleitet. Unter der Voraussetzung, dass Lösungsmittel und Wasser ineinander unlöslich sind, kann durch einfache Schwerkrafttrennung das Lösungsmittel rein zurückgewonnen werden. Finden Ad- und Desorption im gleichen Apparat statt, sind mindestens zwei Adsorber erforderlich, um einen kontinuierlichen Betrieb zu gewährleisten.

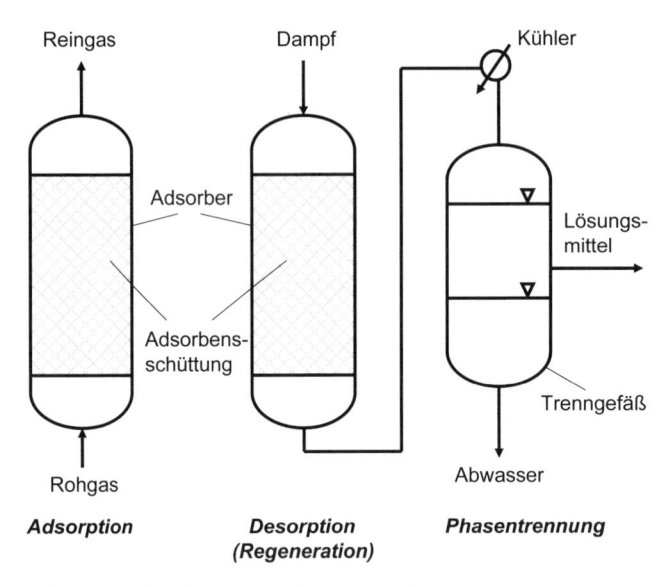

Abbildung 2.28: Adsorption von Lösungsmitteln

Beispiel Trocknung feuchter Luft: Das Trocknen von Luft durch Adsorption ist ein weit verbreitetes Verfahren. Beim Kauf von Lederartikeln (Taschen, Koffer etc.) befindet sich ein kleiner Beutel mit Adsorbens (weißes Silikagel) zum Schutz vor Feuchtigkeit in dem Lederartikel. Das Silikagel adsorbiert vorhandene Feuchtigkeit aus der Luft, so dass eine Kondensation von Feuchtigkeit und damit eine Beschädigung des Lederartikels verhindert wird.

Industriell wird feuchte Luft in Druckluftanlagen durch Adsorption getrocknet. Das Verfahrensprinzip zeigt Abbildung 2.29. Die feuchte Luft wird bei hohem Druck dem Adsorber zugeführt. Der Wasserdampf adsorbiert am Adsorbens, die getrocknete Luft wird dem Druckluftnetz zugeleitet. Die Regeneration des beladenen Adsorbens erfolgt durch Entspannung, da das Adsorbens bei hohem Druck mehr Adsorptiv aufnehmen kann als bei niedrigem, wie später gezeigt wird. Der desorbierte Wasserdampf entweicht an die Umgebung. Eventuell kann die Desorption durch einen Spülgasstrom unterstützt werden.

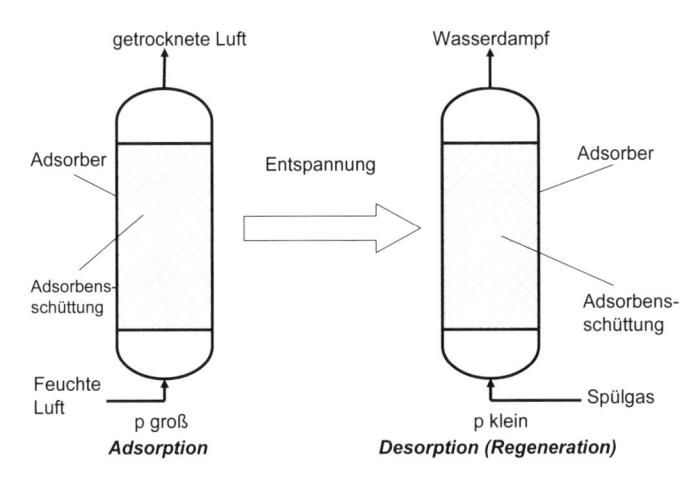

2.3 Adsorption, Ionenaustausch, Chromatographie

Abbildung 2.29: Trocknung von Luft durch Adsorption

Zwar wird die Adsorption hauptsächlich im Bereich der Gasreinigung eingesetzt, ist aber auch in Produktionsanlagen zur Reindarstellung einer Komponente geeignet. Als Beispiele seien genannt:

- Abtrennung von Wasserstoff aus wasserstoffhaltigen Gasen,
- Zerlegung von Luft in Stickstoff und Sauerstoff,
- Anreicherung von Ozon,
- Trennung von Kohlenwasserstoffen,
- Abtrennung von Helium bei Tauchatmungsgasen.

Beispiel Luftzerlegung: Als Konkurrenzverfahren zur standardmäßig eingesetzten Luftzerlegung durch Rektifikation bei tiefen Temperaturen zeigt Abbildung 2.30 die Stickstoffgewinnung aus Luft durch Adsorption. Ähnlich wie bei der Trocknung von Luft erfolgt die Adsorption bei hohem Druck. Der Sauerstoff wird wesentlich besser vom Adsorbens adsorbiert als der Stickstoff. Stickstoff entweicht daher als Produktgas aus dem Adsorber. In der Desorptionsphase bei geringem Druck wird der Sauerstoff vom Adsorbens desorbiert und kann ebenfalls rein gewonnen werden.

Beispiel Wasseraufbereitung: Ein weiteres wichtiges Einsatzgebiet der Adsorption ist die Reinigung von Flüssigkeiten. Aus dem täglichen Leben ist die Wasseraufbereitung durch haushaltsübliche Trinkwasseradsorber (Wasserfilter) bekannt (Abbildung 2.31). Das aus der Leitung entnommene Wasser wird in einem Vorlagegefäß vorgelegt, von wo es durch die Adsorbenspatrone ins Auffanggefäß fließt, aus dem das gereinigte Wasser entnommen werden kann. Das sich in der Patrone befindliche Adsorbens bindet die unerwünschten Abwasserinhaltsstoffe. Daher muss die Patrone in bestimmten Zeitabständen ausgetauscht werden, wenn das Adsorbens beladen ist. Eine weitere Adsorption ist dann nicht möglich, im Extremfall kann das Leitungswasser sogar die bereits gebundenen Wasserinhaltsstoffe wieder vom Adsorbens entlösen.

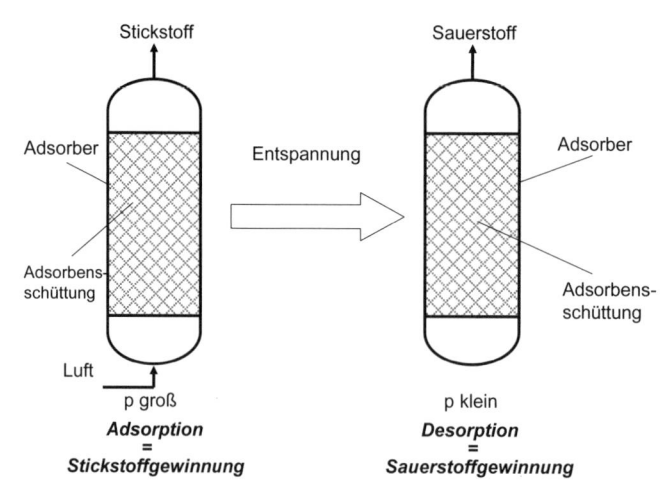

Abbildung 2.30: Lufterlegung durch Adsorption

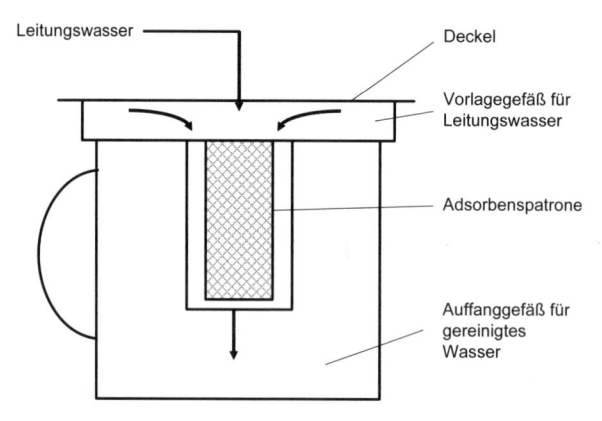

Abbildung 2.31: Wasseraufbereitung durch haushaltsübliche Trinkwasseradsorber (Wasserfilter)

In der Abwasserreinigung wird die Adsorption zur

- Abscheidung von Trübstoffen,
- Klärung und Entfärbung von Lösungen sowie
- Abtrennung organischer, biologisch nicht oder schlecht abbaubarer Stoffe

eingesetzt. Als Adsorbens wird fast ausschließlich Aktivkohle verwendet.

Beispiel Abwasserreinigung: Abbildung 2.32 zeigt mögliche Einsatzgebiete der Adsorption bei der Abwasserreinigung. Die Behandlung von Teilströmen (a) durch Adsorption erweist sich häufig sowohl technisch als auch wirtschaftlich als sinnvoll, um die im Abwasser enthaltenen Stoffe zurückzugewinnen und in den Produktionsprozess rückzuführen oder um durch Herabsetzen der Schmutzfracht die Einleitungsgebühren in die Kläranlage zu minimieren. Die Adsorption kann weiterhin vor der biologischen Reinigungsstufe eingesetzt werden, um bakterientoxische Stoffe zu entfernen (b). Zur Abscheidung schwerabbaubarer Abwasserinhaltsstoffe besteht die Möglichkeit, pulverförmige Aktivkohle in das Belebungsbecken der Kläranlage einzurühren (c). Eine Anordnung der Adsorption nach dem Belebungsbecken ist dann angezeigt, wenn vor Einleitung in den Vorfluter persistente Abwasserinhaltsstoffe abgeschieden werden müssen (d).

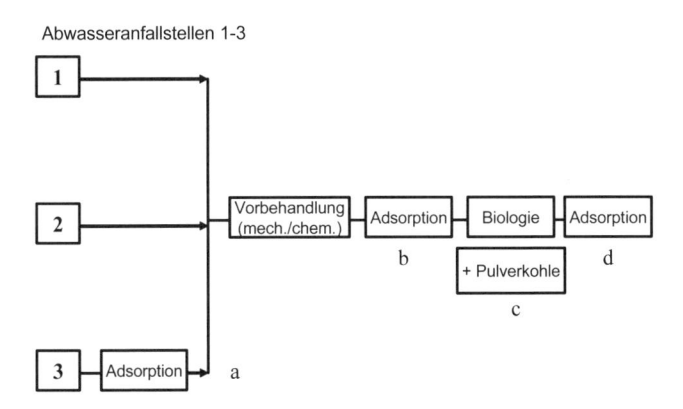

a) Teilstrombehandlung
b) Adsorption vor der biologischen Reinigung bei toxischen Inhaltsstoffen
c) kontinuierliche Zugabe von Aktivkohle in das Belebungsbecken
d) weitergehende Reinigung bei persistenten Abwasserinhaltsstoffen

Abbildung 2.32: Adsorption in der Abwasserreinigung

Zusammenfassung: Unter Adsorption wird die Anlagerung und Bindung eines Adsorptivs aus Flüssigkeiten oder Gasen an einem festen Adsorbens mit großer Oberfläche verstanden. Mit der Adsorption kann eine Reinigung des Fluids bis auf geringste Endkonzentrationen erfolgen, weshalb sie häufig im Bereich des Umweltschutzes Anwendung findet.

2.3.2 Ionenaustausch

Beim Ionenaustausch handelt es sich um eine besondere Form der Adsorption, bei der eine mit unerwünschten Ionen belastete wässrige Lösung gereinigt wird, indem sie in einem Ionenaustauscher mit einem Ionenaustauscherharz in Kontakt gebracht wird.

Abbildung 2.33 zeigt das Verfahrensprinzip eines Ionenaustauschers. Die in der Lösung unerwünschten Ionen (hier Kationen) werden gemäß Abbildung 2.34 am festen Ionenaustauscherharz adsorbiert und durch eine äquivalente Menge anderer Ionen des Ionenaustauscherharzes ersetzt (daher der Name Ionenaustauscher). Beim Ionenaustauscherharz handelt es sich um eine Polymermatrix (Harz) mit der für den Ionenaustausch verantwortlichen funktionellen Gruppe. Bei Kationenaustauscherharzen besteht die funktionelle Gruppe aus Kationen, entsprechend beim Anionenaustauscher aus Anionen. Da es sich um einen Ionenaustausch handelt, werden gefährliche unerwünschte Ionen durch ungefährliche ersetzt.

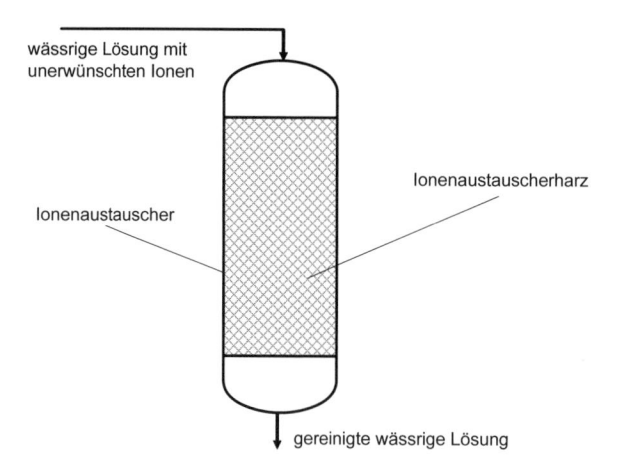

Abbildung 2.33: Ionenaustauscher

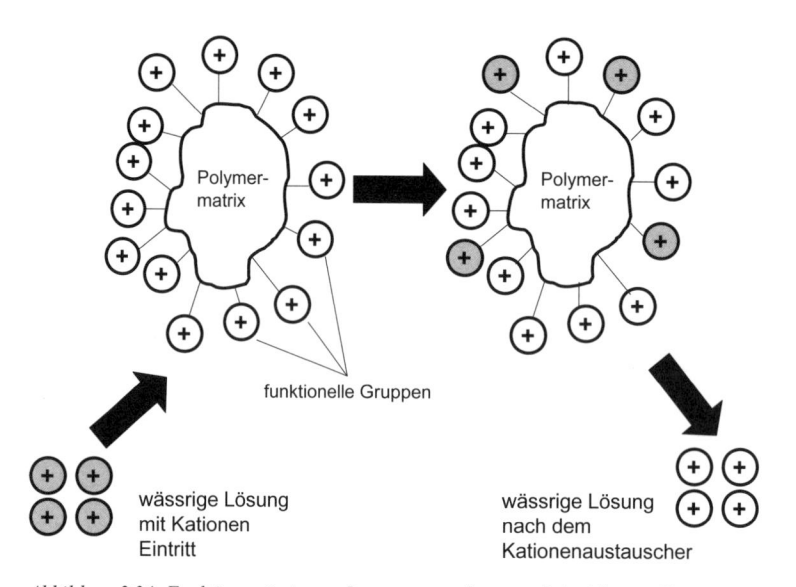

Abbildung 2.34: Funktionsprinzip von Ionenaustauschern am Beispiel eines Kationenaustauschers

Die Einsatzgebiete von Ionenaustauschern sind:
- Entfernung von Ionen,
- Trennung von Ionen sowie
- Substitution von Ionen.

Beispiel Abwasserreinigung: Die Entfernung von Ionen zeigt Abbildung 2.35 am Beispiel der Abwasserreinigung. Sehr häufig werden Kat- und Anionenaustauscher in Reihe geschaltet, um eine vollständige Reinigung des Abwassers von Ionen zu gewährleisten. Im vorgeschalteten Filter werden mechanische Verunreinigungen abgeschieden, die die Ionenaustauscher verstopfen könnten. Im Kationenaustauscher werden z. B. Natriumionen (Na^+) nach der Reaktionsgleichung

$$R^-COOH^+ + Na^+OH^- \rightarrow R^-COONa^+ + H_2O \tag{2-3}$$

abgeschieden, im Anionenaustauscher dagegen Anionen wie z. B. Chloridionen (Cl^-) nach der Reaktionsgleichung

$$R^+OH^- + H^+Cl^- \rightarrow R^+Cl^- + H_2O \, . \tag{2-4}$$

Das Harz (R) enthält als funktionelle Gruppe H^+- oder $(OH)^-$-Ionen, so dass alle im Abwasser unerwünschten Ionen entfernt und durch Wasser ersetzt werden. Ist die Kapazität des Ionenaustauscherharzes erschöpft, muss es regeneriert werden.

Abbildung 2.35: Ionenaustauscher in der Abwasserreinigung

Zusammenfassung: Ionenaustauscher werden eingesetzt, um Ionen aus einer flüssigen Phase zu entfernen.

2.3.3 Chromatographie

Durch unterschiedliche Verzögerungszeiten in einer mit einem geeigneten Adsorbens gefüllten chromatographischen Trennsäule können Komponenten voneinander getrennt werden.

Die Chromatographie ist bekannt als analytisches Messverfahren zur Konzentrationsbestimmung in fluiden Phasen. In einem chromatographischen Reaktor wird i. d. R. eine chemische oder biologische Reaktion mit der gleichzeitigen Trennung der Komponenten kombiniert. Hier soll nur die Auftrennung von Gemischen in ihre Komponenten behandelt werden. Ein flüssiges oder gasförmiges Gemisch bestehend aus den zu trennenden Komponenten A und B wird der **chromatographischen Trennsäule** impulsförmig zugegeben, siehe Abbildung 2.36. Die Trennsäule ist mit einem festen Adsorbens gefüllt. Die Komponenten A und B werden unterschiedlich gut ad- und desorbiert. Dies führt zu unterschiedlichen Verzögerungszeiten in der Trennsäule. Da A besser adsorbiert und somit länger in der Trennsäule zurückgehalten wird, erreicht die Komponente B zuerst den Austritt aus der Säule.

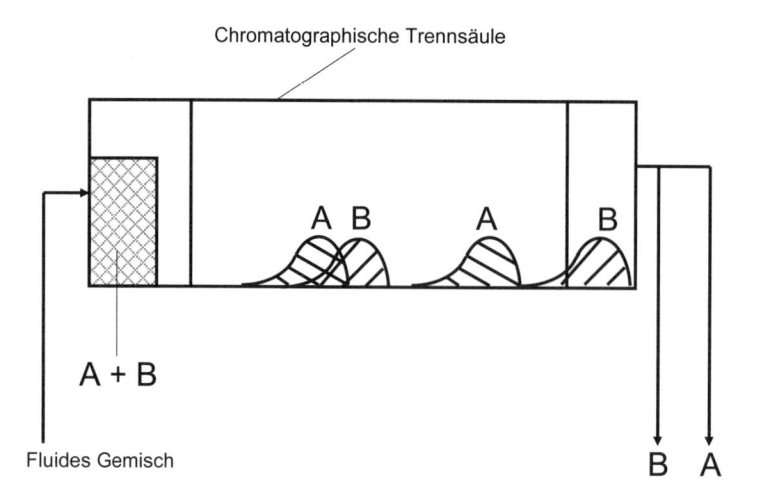

Abbildung 2.36: Funktionsprinzip der chromatographischen Trennung fluider Gemische

2.4 Membranverfahren

Membranverfahren werden hauptsächlich zur Trennung flüssiger Gemische eingesetzt, aber auch gasförmige Gemische können getrennt werden. Der zur Trennung benötigte Hilfsstoff ist hier die ortsfeste Membran.

Der aus den Komponenten A und B bestehende Feedstrom wird dem Membranreaktor zugeführt. Die Membran ist gemäß Abbildung 2.37 nur für einen Stoff, hier die Komponente A, durchlässig, wodurch der Feedstrom in **Retentat** (B) und **Permeat** (A) zerlegt wird.

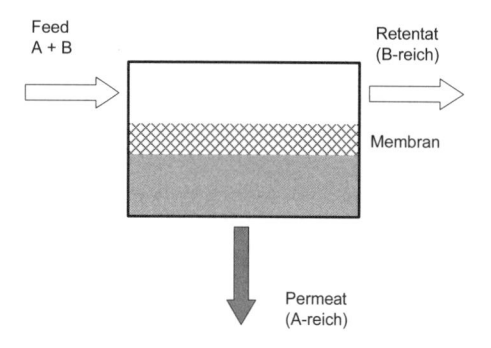

Abbildung 2.37: Trennprinzip von Membranverfahren

Membranverfahren werden unterteilt in (siehe Abbildung 2.38)
- Mikrofiltration,
- Ultrafiltration,

2.4 Membranverfahren

- Nanofiltration,
- Umkehrosmose,
- Pervaporation,
- Gaspermeation,
- Dialyse sowie
- Elektrodialyse

und müssen je nach Trennprinzip entweder den mechanischen (Siebeffekte) oder den physikalisch-chemischen Trennverfahren (Sorption/Diffusion) zugeordnet werden. Die Triebkräfte, die für den Transport einer Komponente durch die Membran sorgen, können Druckdifferenzen, Partialdruckgefälle, Konzentrationsgefälle oder ein elektrisches Potenzialgefälle sein. Als Membranen kommen Porenmembranen oder porenfreie Lösungs-Diffusionsmembranen zum Einsatz, so dass als Trennprinzip je nach eingesetzter Membran Siebeffekte oder Sorptions-Diffusions-Effekte zum Tragen kommen.

Membranverfahren	Mikrofiltration	Ultrafiltration	Nanofiltration	Umkehrosmose	Pervaporation	Gaspermeation	Dialyse	Elektrodialyse
Prinzipskizze	p1 > p2 / p2	p1 > p2 / p2	p1 > p2 / p2	p1 > p2 / p2	p1 / p2 < p_L^o	p1 > p2 / p2	p1 / p2 ~ p1	p1 / p2 ~ p1
Phasen (Feed / Retentat / Permeat)	fl / fl / fl	fl / fl / fl	fl / fl / fl	fl / fl / fl	fl / fl / g	g / g / g	fl / fl / fl	fl / fl / fl
Triebkraft	Druckdifferenz $\Delta p_{12} < 5 \cdot 10^5$ Pa	Druckdifferenz $\Delta p_{12} < 10 \cdot 10^5$ Pa	Druckdifferenz $\Delta p_{12} < 20 \cdot 10^5$ Pa	Druckdifferenz $\Delta p_{12} < 200 \cdot 10^5$ Pa	Druckdifferenz, Absenkung permeatseitiger Partialdruck	Druckdifferenz $\Delta p_{12} < 150 \cdot 10^5$ Pa	Konzentrationsdifferenz Δc	elektrisches Potenzialgefälle
Membrantyp	Porenmembran	Porenmembran	Lösungs-diffusionsmembran (LDM)	LDM	LDM	LDM	Porenmembran	ionenselektive Membran (porenfrei)
Trennprinzip	Siebeffekt	Siebeffekt	Sorption / Diffusion	Sorption / Diffusion	Sorption / Diffusion	Sorption / Diffusion	Sorption (Ladungsdiffusion)	Ladungsdiffusion
durch die Membran transportierte Stoffe	Lösungsmittel / gelöste Stoffe	Lösungsmittel / gelöste Stoffe	Lösungsmittel / gelöste Stoffe	Lösungsmittel / gelöste Stoffe	verdampfbare Stoffe	Gasmoleküle	Ionen / Moleküle	Ionen
Anwendung	Reinigung wässriger Lösungen von Feststoffen	Reinigung wässriger Lösungen von Makromolekülen	Fraktionierung gelöster Stoffe in wässriger Lösung	Aufbereitung wässriger Systeme	Abtrennung von Spurenstoffen aus Lösungen	Trennung von Gasmolekülen	Abtrennung von Molekülen aus Lösungen	Abtrennung von Ionen aus wässrigen Lösungen

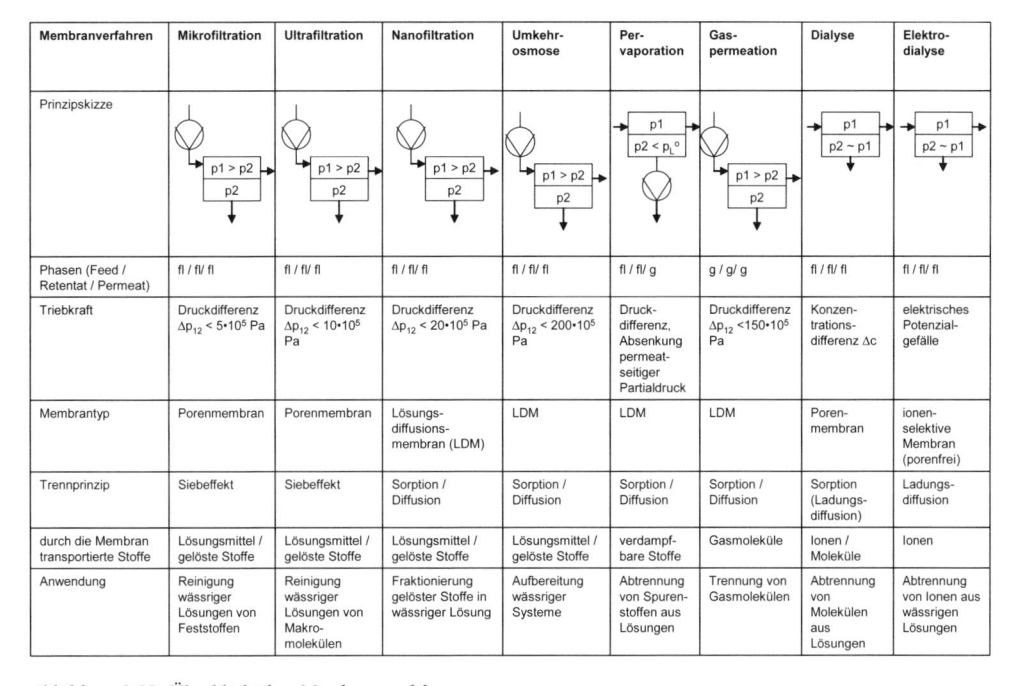

Abbildung 2.38: Überblick über Membranverfahren

Zusammenfassung: Membranverfahren gehören teils zu den mechanischen, teils zu den physikalisch-chemischen Trennverfahren. Als Hilfsstoff dient eine selektive Membran.

2.4.1 Mikro- und Ultrafiltration

Bei Mikro- und Ultrafiltration handelt es sich um druckgetriebene Flüssig-Fest-Filtrationsprozesse. Gegenüber der konventionellen Filtration können feinere Partikeln abgetrennt werden.

Abbildung 2.39 zeigt die Trenngrenzen verschiedener Trennverfahren sowie die Partikelgröße verschiedener abzutrennender Substanzen. Mikro- und Ultrafiltration arbeiten nach dem gleichen Verfahrensprinzip (Abbildung 2.40), lediglich die Drücke und die abzuscheidende Partikelgröße unterscheiden sich. Der Feedstrom (Feststoff in Flüssigkeit) wird unter Druck der Membrananlage zugeführt. Die Flüssigkeit dringt durch die Poren der Membran und wird als Permeat rein gewonnen. Das verbleibende Retentat ist eine aufkonzentrierte feststoffhaltige Lösung. Um die Reinheit zu verbessern sowie die Strömungsgeschwindigkeit in der Anlage zu erhöhen, kann ein Teil des Retentats rezirkuliert werden. Eine hohe Strömungsgeschwindigkeit ist erforderlich, um eine Deckschichtbildung auf der Membran zu vermeiden bzw. zu verringern. Dieses Verfahren wird als **Cross-Flow-Filtration** bezeichnet. Mikro- und Ultrafiltration finden ihre Anwendung z. B. in folgenden Bereichen:

- Abtrennung feinstdisperser Feststoffe (siehe Abbildung 2.39),
- Rückgewinnung feindisperser Katalysatoren,
- Aufkonzentrierung von Farbpigmentlösungen,
- Klärung von Fermentationsbrühen,
- Produktabtrennung aus Fermentern (z. B. Enzyme).

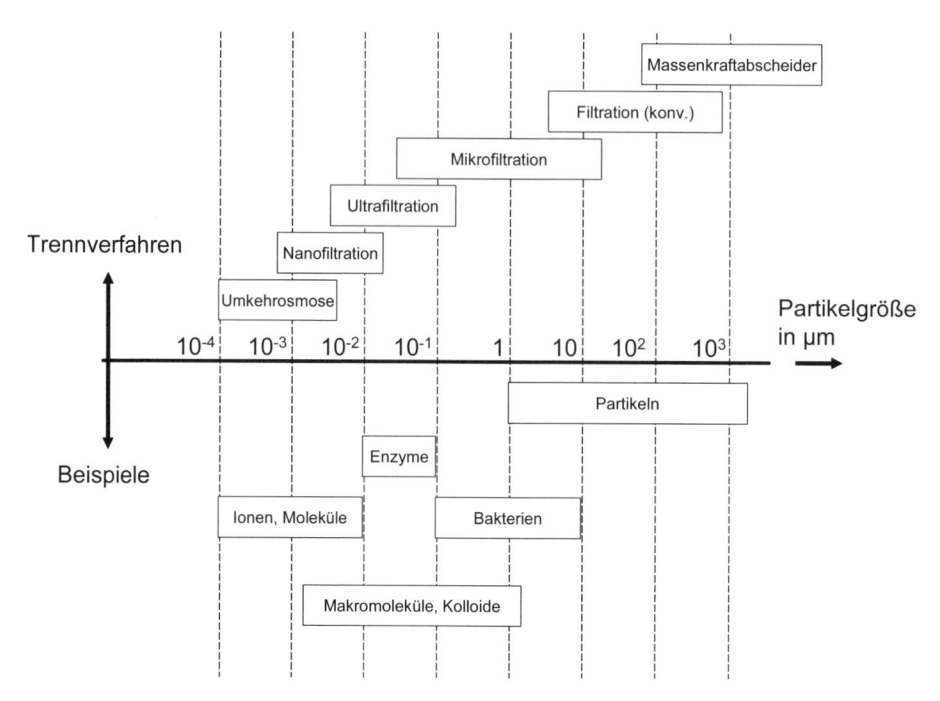

Abbildung 2.39: Trenngrenzen verschiedener Filtrationsprozesse

2.4 Membranverfahren

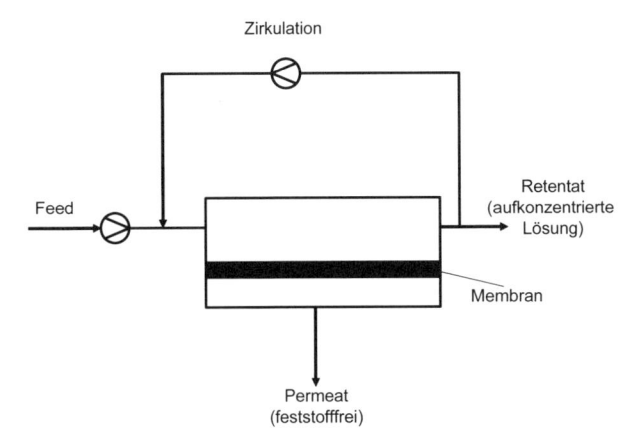

Abbildung 2.40: Verfahrensprinzip von Mikro- und Ultrafiltration

Diese Verfahren werden im Folgenden nicht weiter behandelt, da es sich um ein rein mechanisches Trennverfahren handelt.

> **Zusammenfassung:** Mit Mikro- und Ultrafiltration können Partikeln und teilweise Makromoleküle aus Flüssigkeiten abgeschieden werden. Es handelt sich um ein mechanisches Trennverfahren, das nach der Partikelgröße trennt.

2.4.2 Umkehrosmose

Nanofiltration und Umkehrosmose finden ihre Anwendung im Grenzbereich zwischen mechanischer und physikalisch-chemischer Verfahrenstechnik. Durch die porenfreie Membran können Makro- und Mikromoleküle abgeschieden werden, da sie nicht durch die Membran hindurchdiffundieren können.

Mit Nanofiltration und Umkehrosmose können Mikromoleküle aus Flüssigkeiten abgeschieden werden (siehe Abbildung 2.41). Es werden jeweils porenfreie Membranen eingesetzt. Während mit der Nanofiltration bei Drücken bis zu $20 \cdot 10^5$ Pa Moleküle bis zu einer Größe im Nanometerbereich abgeschieden werden können, lassen sich mit der Umkehrosmose Ionen aus dem Wasser entfernen (siehe Abbildung 2.39). Nachteilig sind die anzuwendenden höheren Drücke (bis zu $200 \cdot 10^5$ Pa) gegenüber der Nanofiltration. Die Umkehrosmose wird eingesetzt zur

- Meerwasserentsalzung,
- Deponiesickerwasseraufbereitung,
- Grundwasserreinigung sowie
- Rückgewinnung von Wertstoffen aus Abwasser.

Partikel	●●●●●●●●●●●	Membran	
Makromoleküle	■■■■■■■■■■ ■ ■		*Mikrofiltration*
Mikromoleküle Trägerflüssigkeit	▲▲▲▲▲▲▲▲▲▲ ▲ ▲		

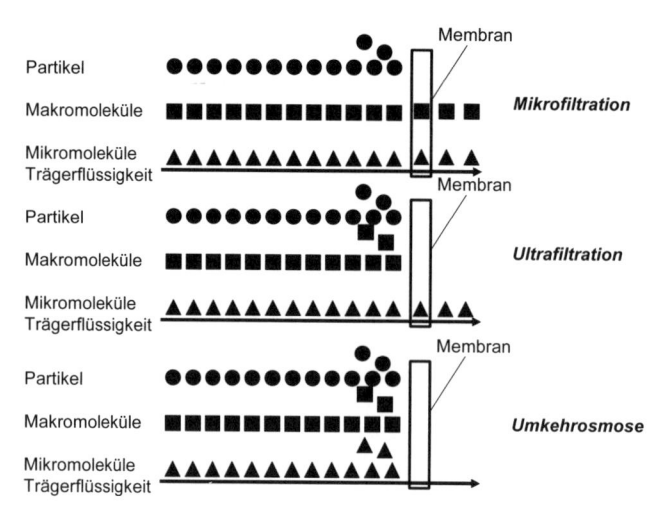

Abbildung 2.41: Schematische Darstellung des Trennverhaltens verschiedener druckgetriebener Membranverfahren

Beispiel Meerwasserentsalzung: Abbildung 2.42 zeigt das Prinzip der Umkehrosmose am Beispiel der Meerwasserentsalzung. Eine Salzlösung mit 4 % Salz (NaCl) ist durch eine Membran von reinem Wasser getrennt. Es handelt sich um eine porenfreie Membran, die nur für Wasser durchlässig ist. Bei dem natürlichen Prozess der Osmose dringt das Wasser durch die Membran in die Salzlösung, um diese zu verdünnen, damit physikalisch ähnliche Lösungen entstehen. Der Flüssigkeitsstand des Reinwassers sinkt dadurch, der der immer weiter verdünnten Salzlösung steigt. Nach einer gewissen Zeit stellt sich das osmotische Gleichgewicht ein, es fließt genauso viel Wasser von der Reinlösung in die Salzlösung wie umgekehrt, die Flüssigkeitsstände bleiben konstant. Der sich jetzt einstellende osmotische Druck Δp_{osm} zeigt an Hand der Flüssigkeitsstände von verdünnter Salzlösung und Reinwasser an, wie stark die Salzlösung verdünnt wurde. Wie das Druck-Konzentrations-Diagramm für NaCl zeigt, ist der osmotische Druck von der Salzkonzentration abhängig. Bei 4 % NaCl stellt sich ein osmotischer Druck von ca. $30 \cdot 10^5$ Pa ein. Bei der Umkehrosmose wird der natürliche Vorgang der Osmose durch Einwirkung äußerer Kräfte umgekehrt. Es wird ein Druck auf die Salzlösung ausgeübt, der größer ist als der osmotische Druck. Um diesem Druck auszuweichen, wird Wasser durch die Membran hindurch auf die Reinwasserseite gefördert. Je höher der Druck wird, desto weiter wird die Salzlösung aufkonzentriert, die Menge an entsalztem Wasser nimmt zu. In der Praxis wird die Umkehrosmose kontinuierlich betrieben. Das Meerwasser wird der Membrananlage unter Druck zugeführt, das Wasser kann die Membran passieren und wird als entsalztes Wasser gewonnen. Das aufkonzentrierte Meerwasser wird abgeführt.

Zusammenfassung: Nanofiltration und Umkehrosmose arbeiten mit porenfreien Membranen bei Drücken zwischen $20 \cdot 10^5$ Pa und $200 \cdot 10^5$ Pa, so dass Mikromoleküle und Ionen aus Flüssigkeiten abgeschieden werden können.

2.4 Membranverfahren

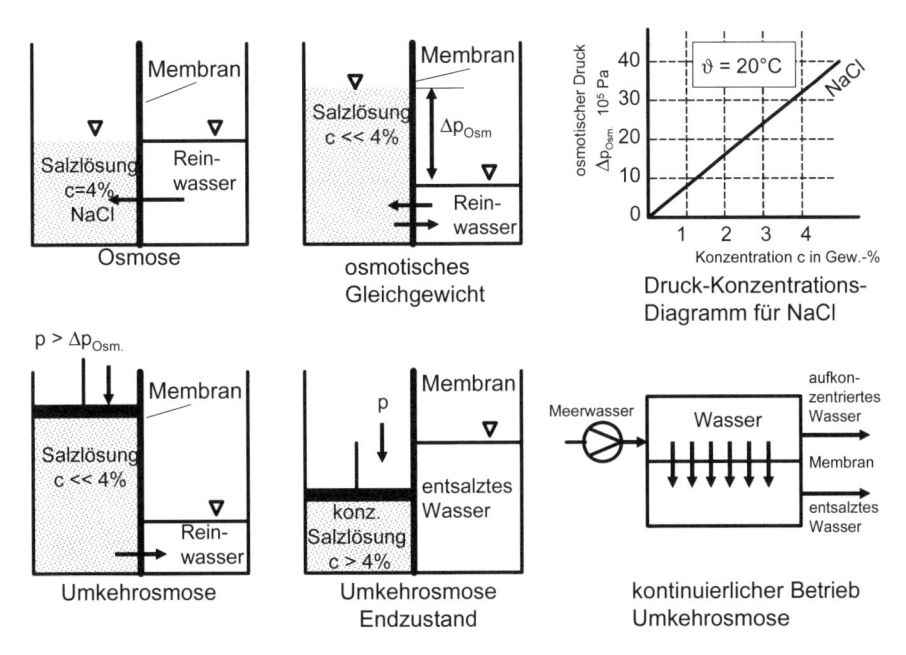

Abbildung 2.42: Umkehrosmose zur Meerwasserentsalzung

2.4.3 Pervaporation

Bei der Pervaporation erfolgt ein Phasenwechsel des durch die Membran hindurchtretenden Stoffes von der flüssigen Phase vor der Membran in die gasförmige Phase nach der Membran.

Bei der Pervaporation wird der Feedstrom gemäß Abbildung 2.43 der Membrananlage flüssig zugeführt und das Retentat flüssig abgezogen. Auf der Permeatseite wird ein Unterdruck zwischen $15 \cdot 10^2$ Pa und $30 \cdot 10^2$ Pa erzeugt. Die abzutrennende Komponente muss einen

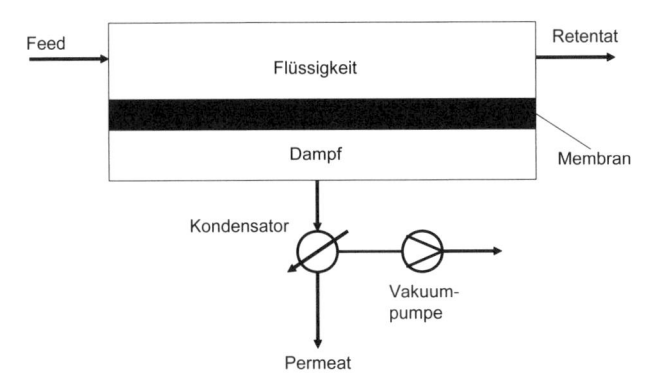

Abbildung 2.43: Verfahrensprinzip der Pervaporation

hinreichenden Dampfdruck besitzen, damit sie durch die Membran hindurch verdampfen kann. Der Dampf wird außerhalb der Membraneinheit kondensiert. Durch die Membran und den angelegten Unterdruck erfolgt eine Verschiebung des Dampf/Flüssig-Gleichgewichts (siehe Kapitel 4). Das Trennverfahren ist daher dem der Destillation ähnlich. Einsatzgebiete der Pervaporation sind:

- Entwässerung engsiedender und azeotroper Gemische,
- Reaktionsgleichgewichtsverschiebung durch Wasserabtrennung sowie die
- Prozesswasseraufbereitung.

2.4.4 Gaspermeation

Die Gaspermeation ist das einzige Membrantrennverfahren, das zur Trennung gasförmiger Gemische eingesetzt werden kann. Das Trennprinzip beruht auf den unterschiedlichen Transportgeschwindigkeiten (Permeationsraten) gasförmiger Komponenten durch die Membran.

Abbildung 2.44 zeigt Permeationsraten verschiedener Gaskomponenten. Die schnell permeierende Übergangskomponente wird als Permeat abgezogen. Es lassen sich nur befriedigende Ausbeuten erzielen, wenn als treibende Kraft ein hoher Druck zwischen $30 \cdot 10^5$ Pa und $100 \cdot 10^5$ Pa vorliegt. Aus energetischen Gründen wird dieses Verfahren dort eingesetzt, wo das Gas bereits mit hohem Druck anfällt. Einsatzgebiete sind z. B.

- Wasserstoffabtrennung aus Synthesegasen,
- Kohlenstoffmonooxid-Anreicherung in Synthesegasen,
- Wasserstoffrückgewinnung in Raffinerien,
- Heliumanreicherung aus Erdgas,
- Entfernung von SO_2 und H_2S aus Abgasen,
- Aufbereitung von Methangas (z. B. Biogas),
- Rückgewinnung von Dämpfen aus Tanklagerabluft.

Eine Endreinigung auf sehr geringe Endkonzentrationen ist auf Grund der dann vorliegenden sehr geringen Permeationsraten pro Quadratmeter nur mit großem Aufwand bzw. großer Membranfläche möglich.

N_2 CH_4 CO Ar O_2 CO_2 H_2S He H_2 H_2O →

langsam permeierend   schnell permeierend

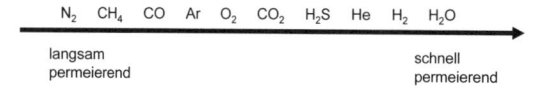

Abbildung 2.44: Permeationsraten verschiedener Gase

2.4.5 Dialyse

Die Dialyse arbeitet mit Porenmembranen. Die Triebkraft des drucklosen Verfahrens bildet das Konzentrationsgefälle.

Die Dialyse arbeitet nahezu drucklos. Da das Konzentrationsgefälle die Triebkraft bildet, sind gute Reinigungseffekte dann zu erzielen, wenn durch kontinuierlichen Abtransport der zu permeierenden Komponenten ein großes Konzentrationsgefälle aufrechterhalten wird.

2.4 Membranverfahren

Beispiel Dialyse: Bekannt ist das Verfahren aus der Medizintechnik zur Blutwäsche chronisch nierenkranker Patienten. Die normalerweise durch die Niere aus dem Blut entfernten harnpflichtigen Komponenten (siehe Abbildung 2.45) wandern durch die Membran (Porengröße bis zu 100 Å) vom Blut in das Dialysat. Kleinmolekulare Stoffe (Molekulargewicht zwischen 1 und 300 Dalton) können die Membran passieren, mittelgroße (Molekulargewicht 300 bis 20000 Dalton) nur mühsam und große Moleküle wie Eiweiße, Fette, Blutzellen oder Bakterien gar nicht. Harnpflichtige Stoffe wie z. B. Elektrolyte, Glucose, Phosphat, Harnstoff, Harnsäure, Kreatin, Barbiturate, Giftstoffe und Wasser permeieren dagegen durch die Membran in das **Dialysat**. Das Dialysat entfernt die aus dem Blut ausgewaschenen Stoffe aus dem Dialysator und verhindert gleichzeitig den Verlust lebenswichtiger körpereigener Stoffe aus dem Blut, indem es den Gradienten für diese Stoffe klein hält. Das Dialysat enthält daher die Stoffe Natriumbikarbonat, Natriumchlorid sowie Kalzium-, Kalium- und Magnesiumchlorid /6/.

Einsatzgebiete der Dialyse sind:
- Blutwäsche (künstliche Niere),
- NaOH-Rückgewinnung aus cellulosehaltiger Ablauge,
- Abtrennung niedrigmolekularer Bestandteile aus Lösungen.

Auf Grund geringer Permeationsraten durch den drucklosen Betrieb ist der industrielle Einsatz stark eingeschränkt.

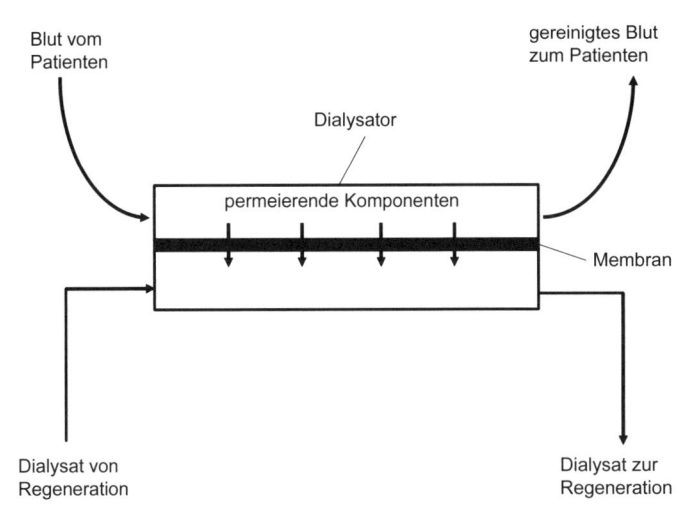

Abbildung 2.45: Dialyse zur Blutwäsche

Zusammenfassung: Die Dialyse arbeitet drucklos. Durch die Porenmembran werden kleinmolekulare Stoffe aus flüssigen Lösungen abgetrennt.

2.4.6 Elektrodialyse

Mit der Elektrodialyse lassen sich durch Anlegen eines elektrischen Feldes Ionen selektiv aus Lösungen entfernen.

In einem elektrischen Feld, gebildet durch die Elektroden Anode und Kathode, sind abwechselnd Anionen- und Kationenaustauschermembranen angebracht (siehe Abbildung 2.46). Fließt ein elektrischer Strom durch das System, können Anionen nur die Anionenaustauschermembran passieren und Kationen nur die Kationenaustauschermembran. In den Kammern zwischen den benachbarten Membranen kommt es dadurch abwechselnd zu einer Konzentrierung (Konzentrat) und Verdünnung (Diluat) der Lösung. Die Elektrodialyse kann damit sowohl zur Aufkonzentrierung als auch zur Demineralisierung von Lösungen verwendet werden. Einsatzgebiete der Elektrodialyse sind:

- Entfernung von Salzen aus wässrigen Lösungen,
- Anreicherung von Ionen in wässrigen Lösungen,
- Trennung von Ionen und Molekülen.

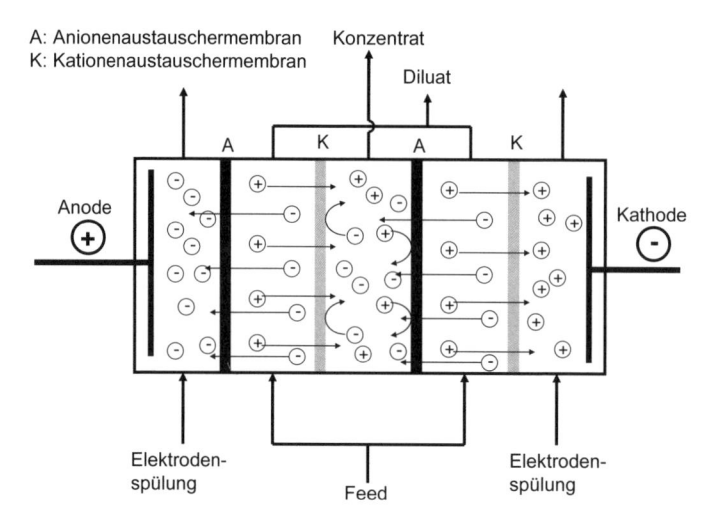

Abbildung 2.46: Verfahrensprinzip der Elektrodialyse

Beispiel Brennstoffzelle: Abbildung 2.47 zeigt den schematischen, nicht maßstabsgetreuen Aufbau einer PEM-Brennstoffzelle (PEMFC: Proton Exchange Membran Fuel Cell), wie sie als Antriebsaggregat für Fahrzeuge eingesetzt wird. Die Brennstoffzelle besteht aus dem Gasverteilersystem (Flowfield und Gasdiffusionsschicht), das für eine gleichmäßige Verteilung der zugeführten Gase über die gesamte Elektrodenfläche sorgt, sowie der Membran-Elektroden-Einheit. Die Elektoden, bestehend aus Trägersubstanz und Edelmetallkatalysator, sind direkt auf die Membran (elektrisch nicht leitfähige Kunststoffmembran) aufgetragen. Während der elektrochemischen Umsetzung laufen in einer PEMFC folgende Teilschritte ab:

2.4 Membranverfahren

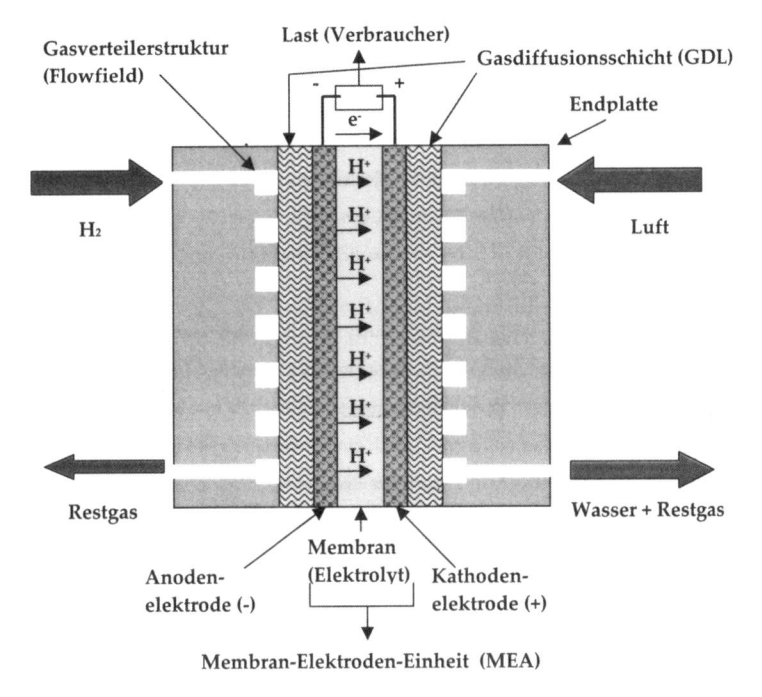

Abbildung 2.47: Schematischer Aufbau einer PEM-Brennstoffzelle

1. Die auf unterschiedlichen Seiten über das Gasverteilersystem zugeführten Gase Sauerstoff (O_2) und Wasserstoff (H_2) wandern vom Gasraum in den Katalysator.

2. Die Wasserstoffmoleküle werden durch den Katalysator in zwei Protonen (H+) gespalten, wobei jedes Wasserstoffatom ein Elektron abgibt:

$$H_2 \rightarrow 2H \rightarrow 2H^+ + 2e^-. \qquad (2\text{-}3)$$

3. Die Protonen wandern durch die protonendurchlässige Membran zur Kathodenseite.

4. Die Elektronen wandern zur Kathode und bewirken so einen elektrischen Stromfluss, der einen Verbraucher mit elektrischer Energie versorgt.

5. An der Kathode rekombinieren die Elektronen mit einem Sauerstoffmolekül

$$O_2 \rightarrow 2O + 4e^- \rightarrow 2O^{2-}. \qquad (2\text{-}4)$$

6. Die Sauerstoffionen reagieren mit den durch die Membran diffundierenden Wasserstoffprotonen zu Wasser

$$2H^+ + O^{2-} \rightarrow H_2O. \qquad (2\text{-}5)$$

Der Vorteil der Brennstoffzelle besteht darin, dass als Emission nur Wasserdampf entsteht.

> **Zusammenfassung:** Membranverfahren zeichnen sich durch unterschiedliche Trennprinzipien und damit einen weiten Einsatzbereich aus. Allen Verfahren gemeinsam ist der Durchtritt eines Stoffes durch die Membran.

2.5 Destillation

Durch Destillation können Flüssigkeitsgemische getrennt werden. Im Gegensatz zu den bisher beschriebenen Verfahren wird zur Destillation kein zusätzlicher Hilfsstoff benötigt, die Trennung erfolgt ausschließlich durch Wärmezufuhr unter Ausnutzung der unterschiedlichen Siedepunkte der Gemischkomponenten. Es handelt sich gemäß Abbildung 1.4 somit um ein rein thermisches Trennverfahren.

Die Destillation ist eine Sonderform der Trennung durch Verdampfen. Während bei der Verdampfung mindestens ein Stoff nicht flüchtig ist, sind bei der Destillation die zu trennenden Komponenten flüchtig. Abbildung 2.48 verdeutlicht dies.

> **Beispiel Verdampfung:** Wird einem flüssigen Gemisch aus Wasser und Salz (NaCl) Energie (Heizdampf) zugeführt, so verdampft das Wasser, das nicht flüchtige Salz bleibt zurück. Eine Trennung von Wasser und Salz ist somit durch einfache Verdampfung möglich.

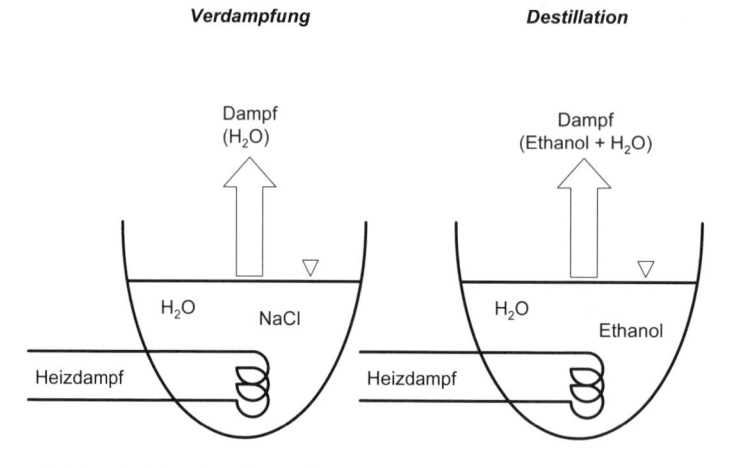

Abbildung 2.48: Verdampfung und Destillation

Flüchtige Komponenten (z. B. Wasser und Ethanol) lassen sich durch Destillation trennen (siehe auch Abbildung 1.5). Wird die homogene Flüssigkeit bestehend aus Wasser und Ethanol durch Energiezufuhr verdampft, bildet sich neben der flüssigen Phase eine Gas- bzw. Dampfphase aus. Da beide Komponenten flüchtig sind, befinden sich in beiden Phasen gemäß Abbildung 2.49 sowohl Wasser- als auch Ethanolmoleküle. Auf Grund des niedrigeren

2.5 Destillation

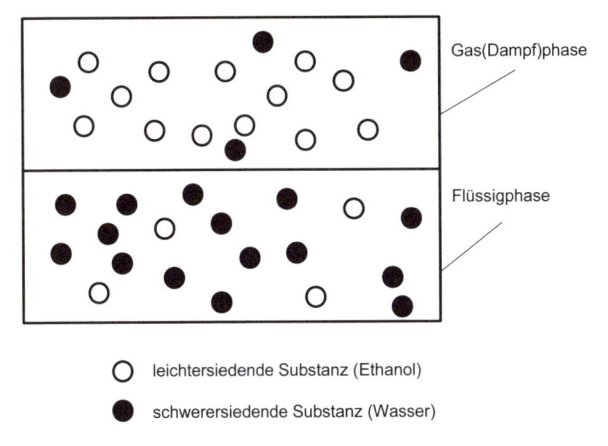

Abbildung 2.49: Grundprinzip der Destillation

isobar = konst Druck

Siedepunkts verdampft Ethanol schneller als Wasser. In der Gasphase wird die leichtersiedende Komponente mit dem geringeren Siedepunkt (hier Ethanol) angereichert, während die schwerersiedende Komponente (Wasser) in der Flüssigphase angereichert wird. **Durch einfache Destillation ist keine vollständige Trennung möglich, sondern nur eine Anreicherung einer Komponente**. Je stärker sich die im Gemisch befindlichen Substanzen in ihrem Siedeverhalten unterscheiden, desto einfacher gestaltet sich die destillative Abtrennung, desto reiner können die einzelnen Komponenten gewonnen werden.

Die Destillation ist eine Kombination aus Verdampfung, Abtrennung der Gasphase und anschließender Kondensation (siehe Abbildung 2.50). Durch Wärmezufuhr wird die Flüssigkeit isobar bis zum Siedepunkt erhitzt. Ein Teil der Flüssigkeit verdampft. Die Gasphase wird von der Flüssigphase getrennt und in einem Kondensator kondensiert. Dadurch entstehen zwei

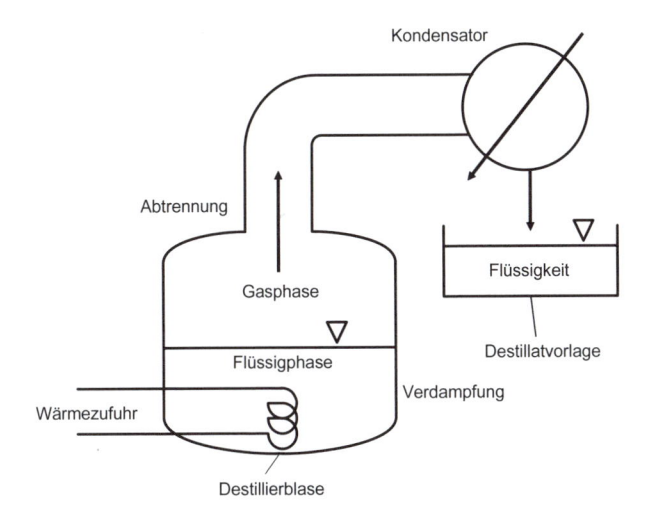

Abbildung 2.50: Verfahrensschritte der Destillation

Flüssigkeiten unterschiedlicher Zusammensetzung. Im Idealfall besteht die Flüssigphase in der Destillierblase nach Abschluss der Trennung nur aus der schwerersiedenden Komponente, die Flüssigkeit in der Destillatvorlage nur aus der leichtersiedenden Komponente. Im Realfall entstehen zwei Phasen gemäß Abbildung 2.49, in denen alle Komponenten vertreten sind, so dass nur eine mehr oder weniger vollständige Gemischzerlegung möglich ist.

Die Destillation kann ausgeführt werden als

- diskontinuierliche offene Destillation, (Rayleigh-Destillation)
- kontinuierlich betriebene einfache offene Destillation,
- Entspannungsdestillation oder
- Trägerdampfdestillation.

Die **diskontinuierliche einfache offene Destillation**, auch als diskontinuierliche partielle Destillation oder Rayleigh-Destillation bezeichnet, wurde bereits in Abbildung 2.50 bzw. am Beispiel Alkoholdestillation in Abbildung 1.5 und Abbildung 2.48 diskutiert.

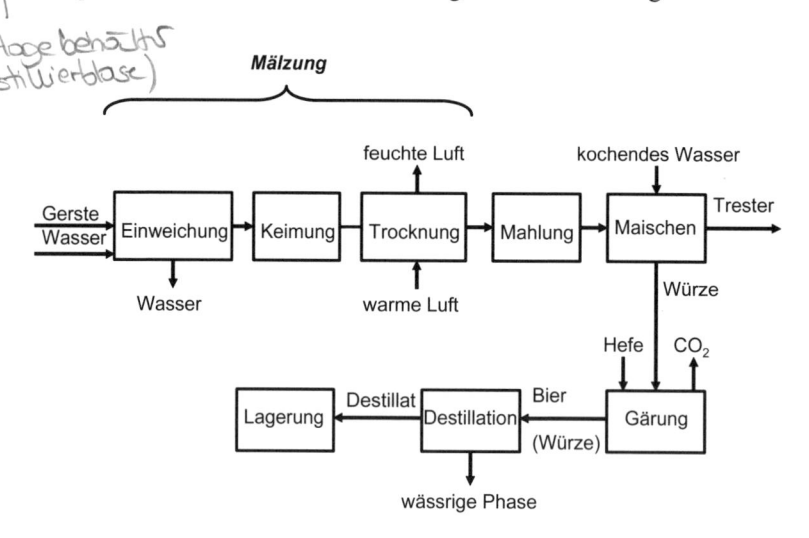

Abbildung 2.51: Herstellung von Single Malt Whisky

Beispiel Whisky-Herstellung: An Hand der Produktion von „Single Malt Whisky" (Abbildung 2.51) soll dieser Vorgang nochmals erläutert werden. Für Single Malt Whisky wird nur Gerste verwendet. Diese wird in Wasser eingeweicht, bis sie zu keimen beginnt. Die Gerste wird vom Wasser getrennt und bei gleich bleibender Temperatur etwa 7 Tage keimen gelassen. Durch die Keimung werden die natürlichen Fermente in der Gerste freigesetzt und produzieren lösliche Stärke. Die Keimung wird durch Trocknung der Gerste gestoppt. Die Trocknung hat wiederum einen großen Einfluss auf den Geschmack des Whiskys, da die zur Trocknung verwendete warme Luft Torfrauch in unterschiedlichen Konzentrationen enthalten kann. Teilweise findet die Trocknung vollständig über Torffeuer statt. Danach wird das getrocknete Malz zu Malzschrot (Grist) zermahlen und in einem Maischebottich mit kochendem Wasser versetzt. Das Wasser löst den Zucker, der sich aus

2.5 Destillation

der Stärke bildet. Die entstehende Würze (Wort) wird am Boden des Maischebottichs abgezogen, gekühlt und den Gärbottichen zugeleitet. Die verbleibenden festen Bestandteile (Trester) werden als Viehfutter verkauft. Durch Zusatz von Hefe findet die alkoholische Gärung statt. Der Zucker setzt sich in Alkohol um, CO_2 wird freigesetzt. Nach ca. 48 Stunden entsteht ein „Bier" mit einem Alkoholgehalt von etwa 7,5 %. In der anschließenden Destillation als Herzstück der Whisky-Herstellung wird aus diesem Bier der typische Single Malt Whisky gewonnen.

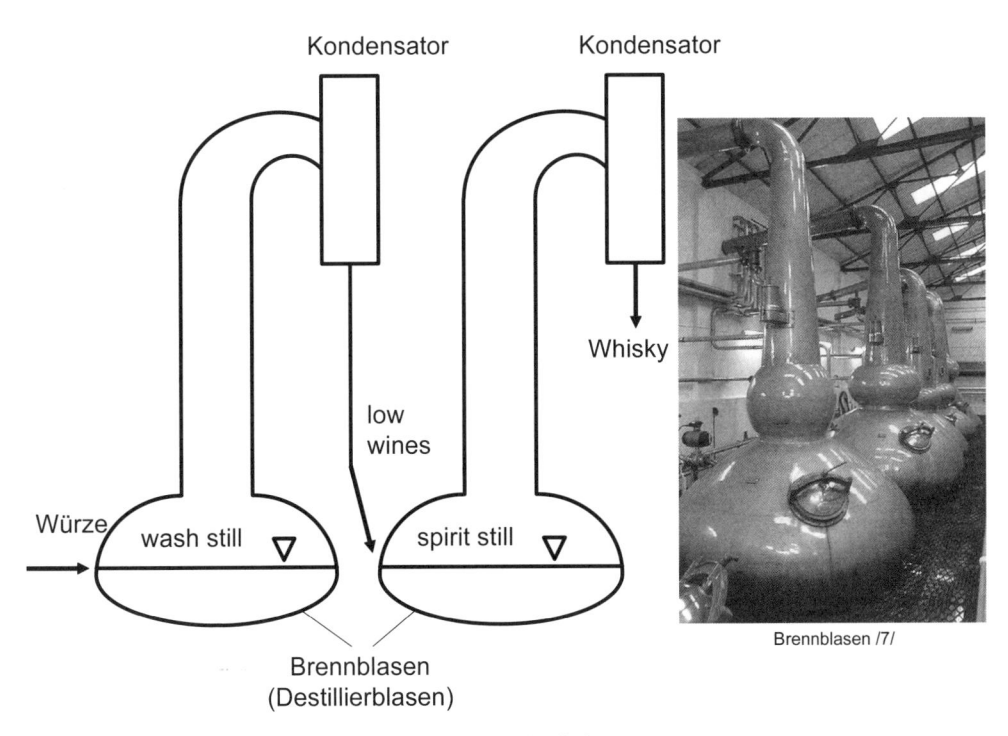

Abbildung 2.52: Destillation zur Herstellung von Single Malt Whisky

Normalerweise wird Malt Whisky in zwei Destillationsvorgängen gewonnen, wie Abbildung 2.52 zeigt. In der ersten, größeren Brennblase („wash still") wird die Würze „gekocht". Der gesamte Alkohol und ein Großteil des Wassers wird abdestilliert. Das als „low wines" bezeichnete Destillat mit ca. 30 % Alkohol muss in einer zweiten Destillationsblase („spirit still") aufbereitet werden. Hier erfolgt die Destillation in Alkohol und Wasser (siehe oben). Das gewonnene farblose Destillat (Whisky) darf noch nicht als Whisky bezeichnet werden, sondern muss noch mehrere Jahre in Fässern reifen. Die Fasstypen und die Lagerzeit sind für den Geschmack des Whiskys von großer Bedeutung.

Besteht das zu destillierende Flüssigkeitsgemisch aus mehreren Komponenten, können diese gemäß Abbildung 2.53 (Trennung eines flüssigen Gemischs aus 4 Komponenten) durch **fraktionierte Destillation** getrennt werden. Auch hier wird das Flüssigkeitsgemisch in einer

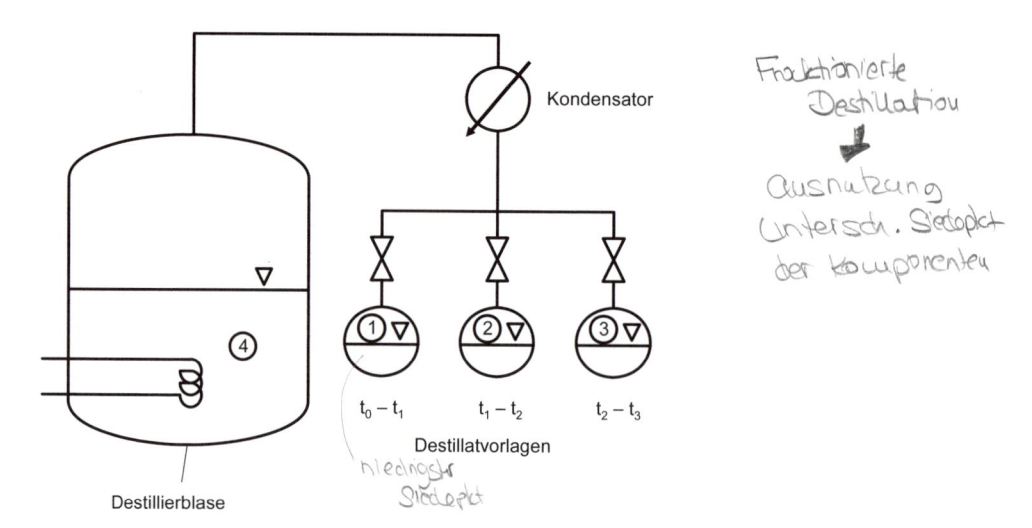

Abbildung 2.53: Fraktionierte einfache Destillation

Destillierblase vorgelegt, bis zum Siedepunkt erhitzt und teilweise verdampft. Zuerst verdampft die am leichtesten flüchtige Komponente. Diese wird in der Destillatvorlage 1 in der Zeitspanne zwischen t_0 und t_1 aufgefangen. Zum Zeitpunkt t_1 nimmt die Konzentration der leichtflüchtigsten Komponente ab, es wird auf Destillatvorlage 2 umgeschaltet, die zweitflüchtigste Komponente wird abgeschieden. Zum Zeitpunkt t_2 wird dann auf die dritte Destillatvorlage umgeschaltet. Zum Zeitpunkt t_3 wird die Destillation abgebrochen. Die Komponente mit dem höchsten Siedepunkt verbleibt in der Destillierblase.

Die diskontinuierliche einfache Destillation wird eingesetzt, wenn

- nur geringe Mengen zu trennen sind,
- das zu trennende Stoffgemisch nicht kontinuierlich oder in unterschiedlicher Zusammensetzung anfällt,
- in der gleichen Trennanlage verschiedene Gemische getrennt werden sollen oder
- sonstige Gründe (z. B. geschmackliche bei der Whiskyherstellung) dafür sprechen.

Bei der **kontinuierlich betriebenen einfachen offenen Destillation** wird der Destilliereinrichtung stetig ein zu trennendes Flüssigkeitsgemisch zugeleitet und teilweise verdampft. Als Destilliereinrichtungen werden Verdampfer (Umlaufverdampfer, Durchlaufverdampfer, Dünnschichtverdampfer) verwendet. Abbildung 2.54 zeigt ein einzelnes Rohr eines Verdampfers. Der Feedstrom läuft als Flüssigkeitsfilm an der Rohrwandung herab und wird durch Wärmezufuhr teilweise verdampft. Sowohl Dampf (Destillat) als auch der flüssige Destillationsrückstand werden kontinuierlich abgezogen. Wird bei der im nächsten Abschnitt besprochenen Rektifikation ein Verdampfer zur Erzeugung des Dampfstromes eingesetzt, so wirkt dieser als erste Trenneinheit.

2.5 Destillation

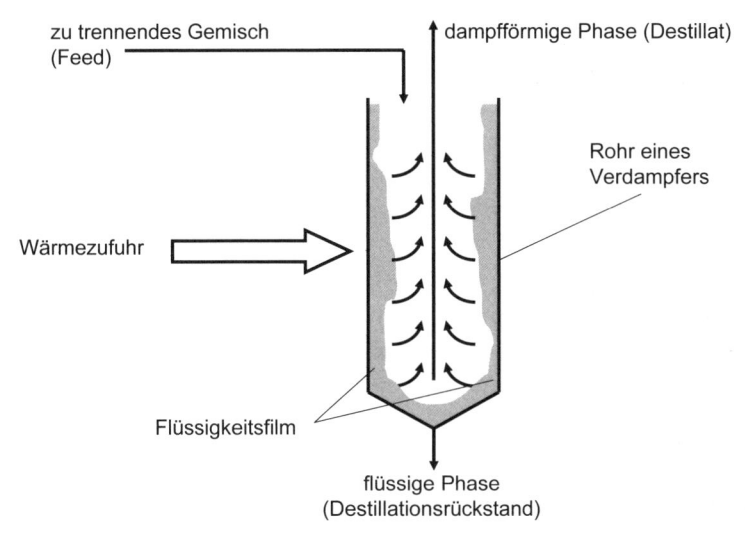

Abbildung 2.54: Kontinuierliche einfache offene Destillation

Beispiel Vorkonzentrierung von Schwefelsäure: Zur Aufkonzentrierung 20%iger Schwefelsäure auf 70 % werden Umlaufverdampfer (hier beispielhaft 3) eingesetzt, die gemäß Abbildung 2.55 in Reihe geschaltet sind. Stufe I arbeitet bei Umgebungsdruck, die Stufen II und III bei reduziertem Druck. Zur Energieeinsparung werden in Stufe II die Brüdendämpfe von Stufe I zur Beheizung genutzt. Der bei der offenen Destillation entstehende Wasserdampf wird kondensiert und als Kondensat abgeleitet. Dadurch wird die Schwefelsäure von Stufe zu Stufe weiter aufkonzentriert.

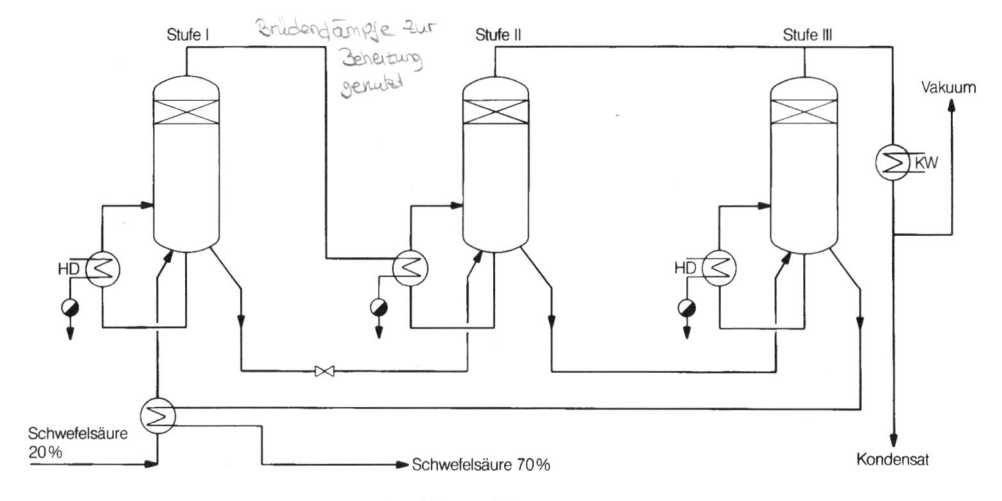

Abbildung 2.55: Vorkonzentrierung von Schwefelsäure /8/

Beispiel Entalkoholisierung von Bier: Als alkoholfrei dürfen nach deutschem und schweizer Lebensmittelrecht Getränke bezeichnet werden, die maximal 0,5 Vol-% Alkohol enthalten. Bei den ersten Versuchen zur Herstellung von alkoholfreiem Bier wurde die Gärung kurz vor Erreichung eines Alkoholgehaltes von 0,5 Vol-% unterbrochen, was geschmackliche Nachteile des Bieres zur Folge hatte. Technisch erfolgt die Alkoholreduktion beim Bier heute über Dialyseverfahren, Umkehrosmoseverfahren und durch Vakuumverdampfung. Umkehrosmose- und Dialyseverfahren sind problematisch zur Erzielung geringster Restalkoholgehalte. Durch Vakuumverdampfung hingegen kann der Alkoholgehalt fast beliebig reduziert werden.

Abbildung 2.56 zeigt eine zweistufige Fallfilmverdampferanlage zur Entalkoholisierung von Bier. Zur schonenden Alkoholentfernung arbeitet die Anlage unter Vakuum und bei Temperaturen unter 45°C. Das alkoholhaltige Bier (A) wird schonend erwärmt und in den Fallfilmverdampfern (Stufe 2 und Stufe 1) auf den gewünschten Restalkoholgehalt reduziert. Die Beheizung der Fallfilmverdampfer erfolgt durch Frischdampf (D). Der stark alkoholhaltige Brüden wird im Kondensator (3) kondensiert und flüssig abgeführt (C_B). Das bei der Destillation verlorene CO_2 wird in einer Karbonisierungsstufe wieder zugesetzt, das alkoholfreie Bier (B) verlässt die Anlage.

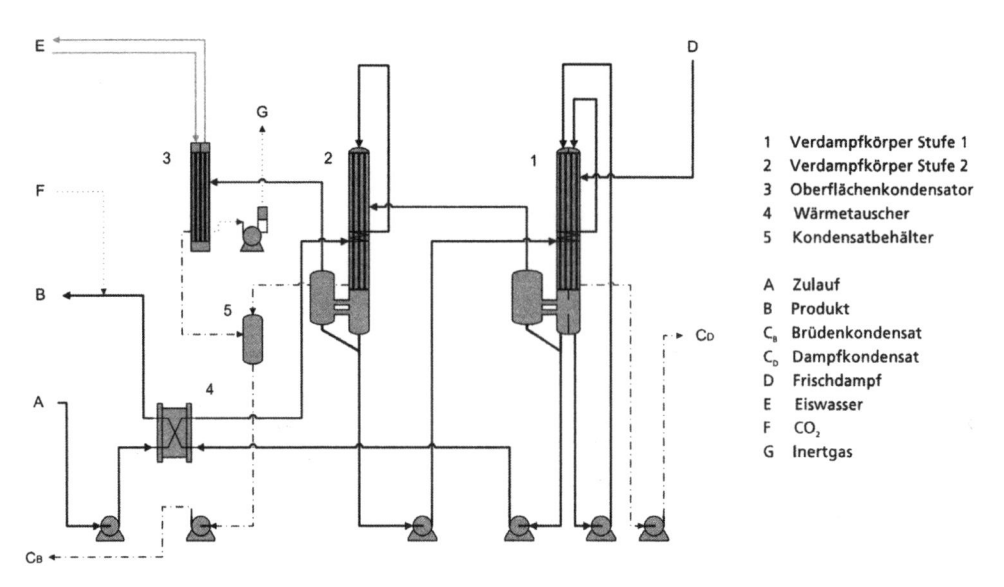

Abbildung 2.56: Entalkoholisierung von Bier durch kontinuierliche einfache Destillation (Fallfilmverdampfer) /53/

1 Verdampfkörper Stufe 1
2 Verdampfkörper Stufe 2
3 Oberflächenkondensator
4 Wärmetauscher
5 Kondensatbehälter

A Zulauf
B Produkt
C_B Brüdenkondensat
C_D Dampfkondensat
D Frischdampf
E Eiswasser
F CO_2
G Inertgas

Bei der **Entspannungsdestillation („flash destillation")** wird gemäß Abbildung 2.57 ein bei hohem Druck vorliegendes flüssiges Gemisch in einen Abscheider hinein entspannt (Thermodynamik: isenthalpe Drosselung). Die siedende Flüssigkeit wird dabei in Flüssigkeit und Dampf zerlegt und im Abscheider voneinander getrennt. Da im Dampf der Anteil der leichter siedenden Komponente größer ist, erfolgt durch Entspannungsdestillation eine partielle Auf-

isenthalp = konst. Enthalpie

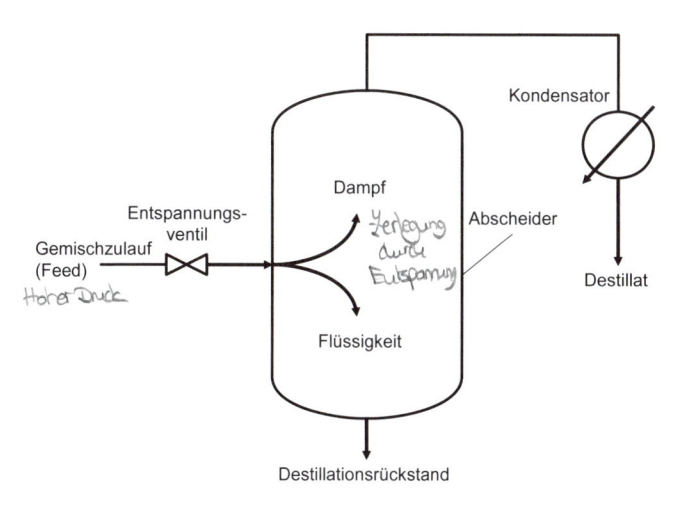

Abbildung 2.57: Prinzip der Entspannungsdestillation

trennung des Gemischs. Optimal eignet sich dieses Verfahren, wenn das Flüssigkeitsgemisch einer bei höherem Druck betriebenen Reaktionsstufe entstammt, so dass keine weitere Kompressionsarbeit aufzuwenden ist.

> **Zusammenfassung:** Die Destillation als typisches thermisches Trennverfahren nutzt zur Trennung die unterschiedlichen Siedepunkte der zu trennenden Komponenten aus. Als Verfahrensvarianten stehen die diskontinuierliche offene Destillation, die kontinuierlich betriebene einfache offene Destillation, die Entspannungsdestillation sowie die Trägerdampfdestillation zur Verfügung. Durch einfache Destillation ist i. d. R. keine hundertprozentige Reinheit der Stoffe zu erreichen.

2.6 Rektifikation

Die Rektifikation ist das am häufigsten eingesetzte thermische Trennverfahren zur Trennung flüssiger Gemische. In der Literatur werden Destillation und Rektifikation häufig unter dem Oberbegriff Destillation zusammengefasst.

Im Gegensatz zur Destillation handelt es sich bei der Rektifikation, auch Gegenstromdestillation genannt, immer um einen kontinuierlichen Prozess, der im Gegenstrom von Dampf und Flüssigkeit betrieben wird.

Abbildung 2.58 zeigt das Verfahrensprinzip der Rektifikation. Der Feedstrom wird der Rektifikationskolonne flüssig zugeführt. Der Dampf wird am Kopf der Kolonne abgezogen und kondensiert. Ein Teil des Kondensats wird als Kopfprodukt entnommen, der andere Teil als flüssiger Rücklauf erneut der Kolonne zugeleitet. Hierdurch wird im **Verstärkungsteil** der Rektifikationskolonne ein Gegenstrom von Dampf und Flüssigkeit sichergestellt. Das gleiche

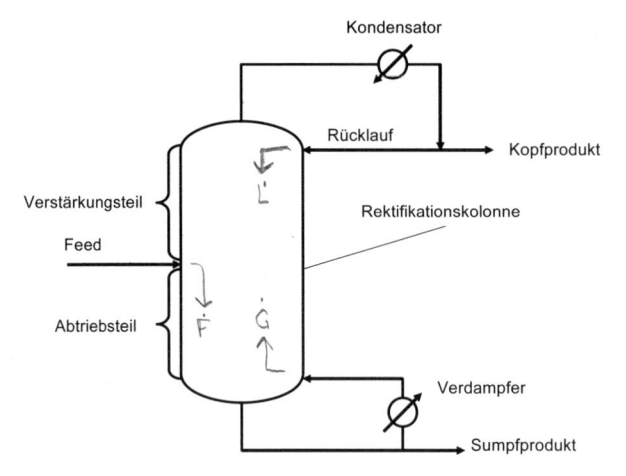

Abbildung 2.58: Rektifikation

gilt für den **Abtriebsteil**, da ein Teil des aus der Kolonne abgezogenen Sumpfprodukts wieder verdampft wird.

Durch diese Fahrweise können beliebig reine Produkte erzeugt werden, da die Rektifikation als Hintereinanderschaltung (Kaskade) mehrerer einfacher offener Destillationen betrachtet werden kann. Abbildung 2.59 zeigt beispielhaft eine Rektifikationskolonne, die das gleiche Trennverhalten aufweist wie zehn hintereinander geschaltete einfache offene Destillationen. Die in einer der zehn Stufen (Destillationseinheiten) anfallenden Dampf- bzw. Flüssigkeitsströme werden der nächst höheren bzw. nächst tieferen Stufe zugeleitet, wo es jeweils erneut

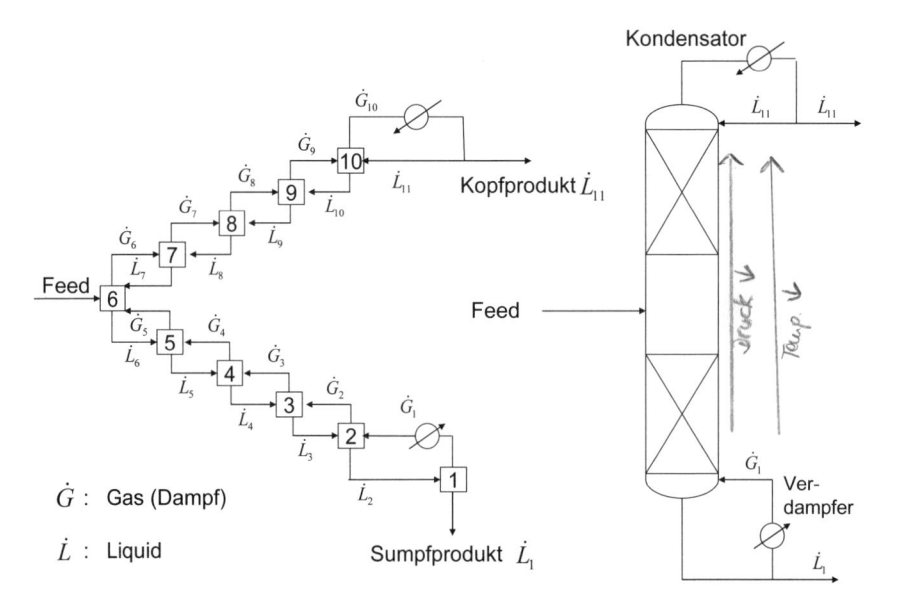

$\dot{G}$: Gas (Dampf)

$\dot{L}$: Liquid

Abbildung 2.59: Ersatzschaltbild der Rektifikation

2.6 Rektifikation

zu einer Stofftrennung kommt. Somit ist eine beliebig häufige Trennung und damit auch eine beliebig reine Darstellung sowohl des Dampfes (leichtsiedende Komponente) als auch von Flüssigkeit (schwersiedende Komponente) möglich.

Abbildung 2.60 verdeutlicht das Trennprinzip durch Rektifikation. Die Gasphase enthält überproportional viel leichtersiedende Komponente, da diese bei geringerer Temperatur verdampft als die schwersiedende Komponente, die sich daher in der Flüssigphase anreichert. Zwischen Dampf- und Flüssigphase kommt es über die gesamte Höhe der Rektifikationskolonne zu einem Wärme- und Stofftransport. Ein Molekül der schwersiedenden Komponente kondensiert aus der Dampfphase in die flüssige Phase. Dadurch wird die Kondensationsenthalpie frei. Durch diesen Energieeintrag in die flüssige Phase ist es möglich, dass im Gegenzug ein Molekül der leichtersiedenden Komponente aus der Flüssigkeit in die Dampfphase verdampft, siehe Abbildung 2.60. Dadurch reichert sich die leichter siedende Komponente immer weiter im Dampf an, die schwersiedende Komponente in der Flüssigkeit, die Reinheit wird in den beiden Phasen immer weiter erhöht. Da der Dampf nach oben zum Kopf der Rektifikationskolonne strömt, wird der Dampf immer „reiner" und besteht im Idealfall im Kopf der Rektifikationskolonne nur aus leichtersiedender Komponente.

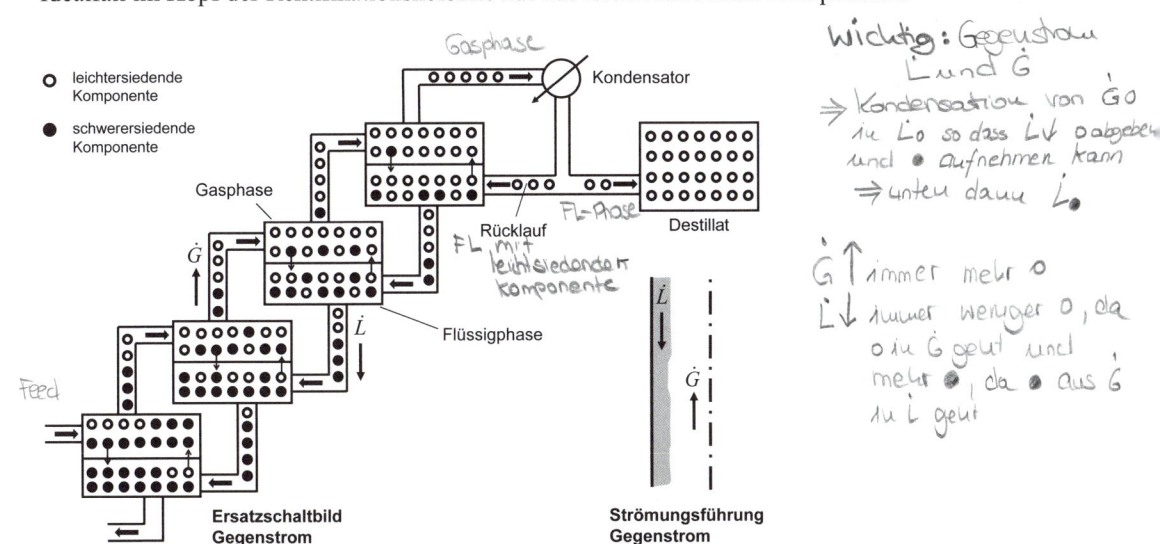

Abbildung 2.60: Erhöhung der Reinheit von Gas und Flüssigkeit durch Hintereinanderschaltung mehrerer Destillationsstufen (Rektifikation)

Da am Kopf der Rektifikationskolonne der Dampf nur aus leichtersiedender Komponente besteht, kann auch keine schwersiedende Komponente kondensieren. Im Kopf der Kolonne wäre daher keine flüssige Phase mehr vorhanden, der Stoffaustausch käme zum erliegen. Um das zu verhindern, wird die reine leichtersiedende Komponente im Kopf der Rektifikationskolonne kondensiert und ein Teil als flüssiger Rücklauf der Rektifikation erneut zugeführt. Hierdurch ist auch im Kopf ein direkter Kontakt zwischen Dampf und Flüssigkeit gewährleistet, die noch im Dampfstrom enthaltene schwersiedende Komponente wird vom reinen Rücklauf aus dem Dampf „ausgewaschen".

Der umgekehrte Vorgang läuft im Sumpf der Kolonne ab, wo ein Teil der Flüssigkeit, die aus reiner schwerersiedender Komponente besteht, verdampft wird. Der aufsteigende Dampf aus reiner schwerersiedender Komponente löst Reste der leichtersiedenden Komponente aus der Flüssigkeit heraus. Dadurch können im Kopf und Sumpf beliebige Reinheiten erreicht werden. Im Idealfall einer hundertprozentigen Trennung besteht das **Sumpfprodukt** nur aus schwerersiedender Komponente, das Kopfprodukt (**Destillat**) nur aus leichtersiedender Komponente.

Abbildung 2.61 verdeutlicht nochmals den gerade beschriebenen äquimolaren Stoffaustausch in Rektifikationskolonnen. Damit ein Mol der schwerersiedenden Komponent aus dem Dampf in die Flüssigkeit kondensieren kann und dadurch ein Mol der leichtersiedenden Komponente aus der Flüssigkeit in den Dampf übergeht, <u>muss über die gesamte Kolonnenhöhe ein Gegenstrom von Dampf und Flüssigkeit gewährleistet sein</u>. Das Sumpfprodukt wird daher teilweise verdampft (Abbildung 2.61). Der in die Kolonne zurückgeleitete Dampf ($\dot{G}$) besteht wie das aus der Kolonne abgezogene Sumpfprodukt ($\dot{L}$) ausschließlich aus schwerersiedender Komponente. Der Dampf kommt in Kontakt mit der herabrieselnden Flüssigkeit, die noch leichtersiedende Komponente enthält. Die leichtersiedende Komponente wird vom Dampf aus der Flüssigkeit herausgelöst, im Gegenzug geht schwersiedende Komponente in die Flüssigkeit über. Die Flüssigkeit kann rein gewonnen werden. Im Kolonnenkopf hat der Rücklauf ebenfalls die gleiche Konzentration wie das Destillat. Schwersiedende Verunreinigungen werden aus dem aufsteigenden Dampf herausgewaschen, das Destillat kann in der gewünschten Reinheit gewonnen werden.

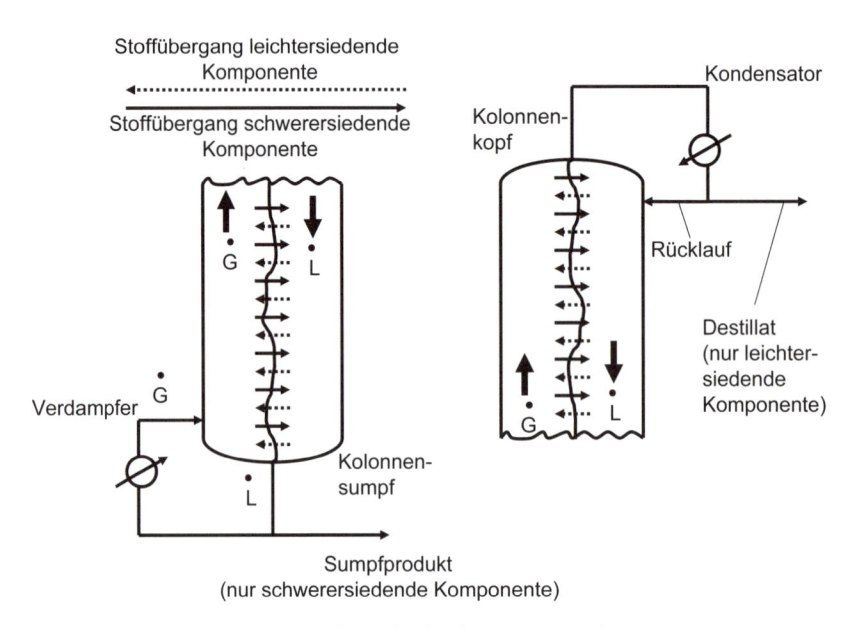

Abbildung 2.61: Stoffübergang in Kolonnenkopf und Kolonnensumpf

2.6 Rektifikation

Beispiel Rohölaufbereitung: Abbildung 2.62 zeigt ein stark vereinfachtes Schema der Rohölaufbereitung. Die Rohölaufbereitung besteht aus vier Rektifikationskolonnen, da sowohl die atmosphärische Rektifikation als auch die Vakuumrektifikation eine Seitenkolonne zur Erzeugung der gewünschten Produkte besitzen. In der atmosphärischen Rektifikation werden Gase, Rohbenzin, Kerosin und leichtes Gasöl abgezogen. Der Rückstand wird in einem Röhrenofen bis ca. 400°C erhitzt und in der nachfolgenden Vakuumrektifikation in Vakuumgasöl, Vakuumdestillat und Vakuumrückstand zerlegt.

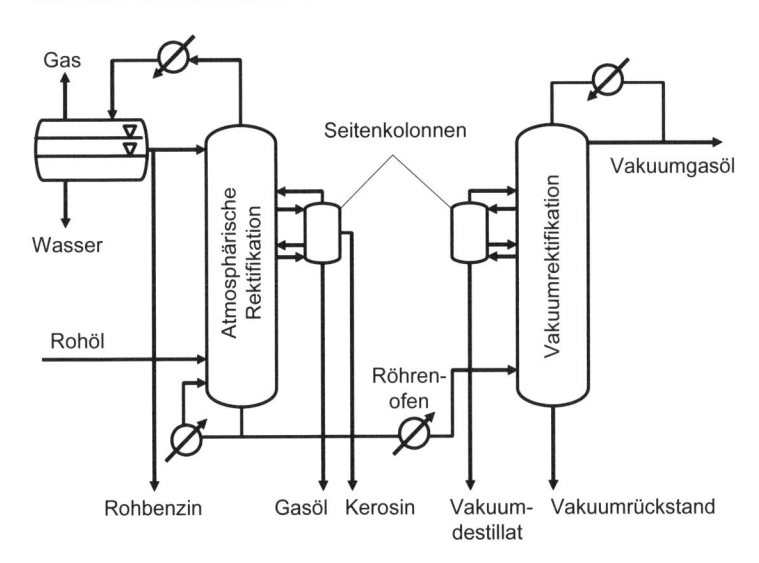

Abbildung 2.62: Vereinfachtes Schema der Rohölaufbereitung durch Rektifikation

Beispiel Luftzerlegung: Abbildung 2.63 zeigt ein einfaches Schema der Luftzerlegung durch Rektifikation nach dem Linde-Verfahren. Die angesaugte Luft wird zuerst auf ca. $6 \cdot 10^5$ Pa verdichtet und auf Umgebungstemperatur abgekühlt (1). Im Adsorber (2) werden alle Stoffe außer Stickstoff und Sauerstoff adsorbiert. Im nachfolgenden Wärmetauscher (3) wird die Luft mit kaltem gasförmigen Stickstoff aus der Rektifikation auf eine Temperatur von −180°C abgekühlt. Im nachfolgenden Expansionsventil erfolgt die weitere Temperaturabsenkung auf die erforderlichen −193°C. Zur Trennung werden in der nachfolgenden Rektifikationskolonne die unterschiedlichen Siedetemperaturen von Sauerstoff (−183°C) und Stickstoff (−196°C) ausgenutzt. Als Trennergebnis wird das Kopfprodukt (flüssiger Stickstoff) und das Sumpfprodukt (flüssiger Sauerstoff) erhalten.

Zusammenfassung: Die Rektifikation ist das am häufigsten eingesetzte thermische Trennverfahren. Es lassen sich beliebige Reinheiten von Kopf- und Sumpfprodukt erzielen. Die Rektifikation kann als Hintereinanderschaltung mehrerer Destillationsstufen betrachtet werden.

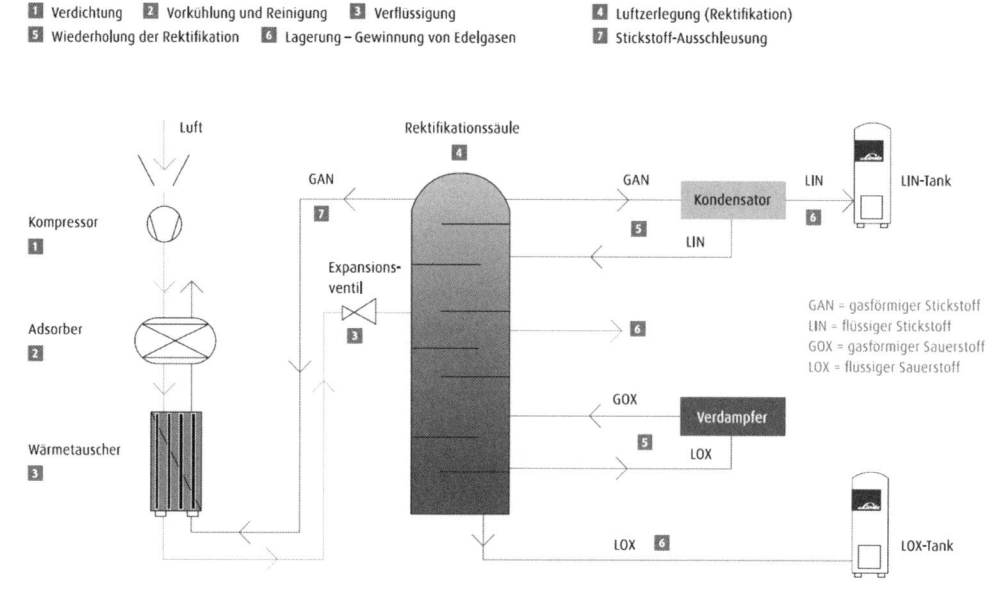

Abbildung 2.63: Luftzerlegung durch Rektifikation nach dem Linde-Verfahren /54/

2.7 Kristallisation

Unter Kristallisation wird das Überführen eines nichtkristallinen Stoffes in den kristallinen Zustand verstanden.

Bei der Kristallisation wird die

- amorphe (Kristallisation aus der Schmelze),
- flüssige (Kristallisation aus der Lösung) oder
- gasförmige (Desublimation)

Eingangslösung (Ausgangsphase) einem Kristallisator (Abbildung 2.64) zugeführt. Durch Energieeintrag erfolgt die Auftrennung in das gewünschte Kristallisat (feste Kristalle) sowie Brüden bei Wärmezufuhr (**Verdampfungskristallisation**) oder Lösungsmittel bei Wärmeabfuhr (**Kühlungskristallisation**).

Die Löslichkeit eines Feststoffs in einer Flüssigkeit (Lösungsmittel) ist nicht unbegrenzt, wie die Auflösung von Zucker in Kaffee oder Tee zeigt. Ab einer bestimmten Sättigungskonzentration, die von der Temperatur abhängt, kommt der Lösungsvorgang zum Erliegen, der Sättigungszustand ist erreicht. Wird der Sättigungszustand überschritten (übersättigte Lösung) fallen Kristalle aus, die von der Lösung abgetrennt werden können. Um aus einer ungesättigten oder verdünnten Lösung (Einphasengebiet) eine Komponente auszukristallisieren, muss die **Löslichkeitskurve** überschritten werden (Abbildung 2.65). Dies ist durch Eindampfen oder Kühlen möglich. Wird eine Lösung (Zustandspunkt Z) abgekühlt (Kühlungskristallisation), wird bei der Temperatur T_K die Löslichkeitskurve erreicht, es beginnen sich Kristalle

2.7 Kristallisation

Verdampfungskristallisation   **Kühlungskristallisation**

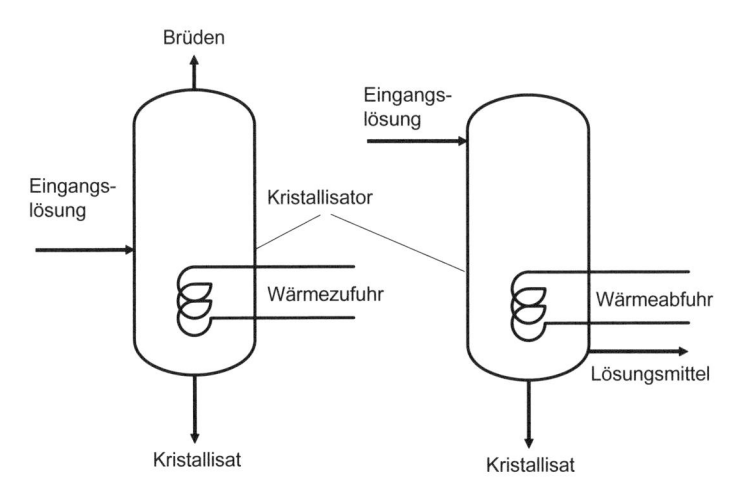

Abbildung 2.64: Kristallisation

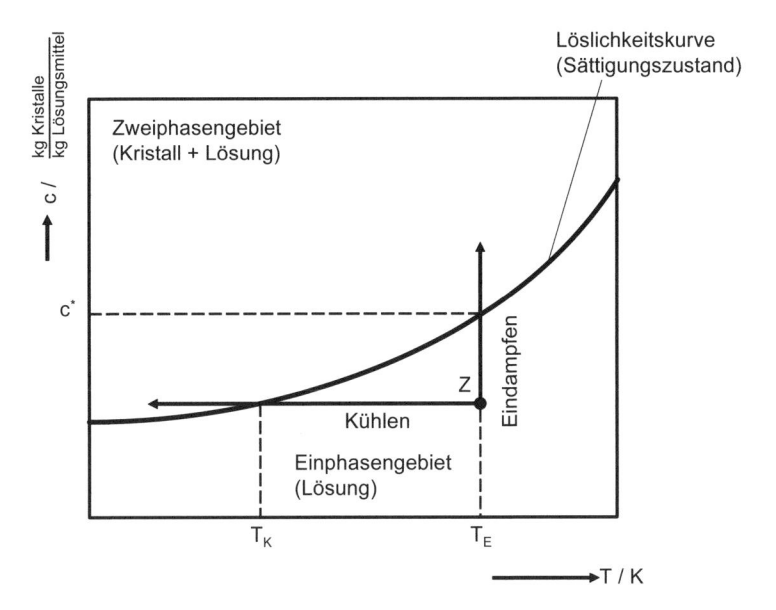

Abbildung 2.65: Temperatur-Löslichkeits-Diagramm

zu bilden, die aus dem Zweiphasengebiet abgeschieden werden können. Bei der Verdampfungskristallisation muss die Ausgangstemperatur T_E nicht verändert werden. Durch Zufuhr von Energie wird ein Teil der Lösung verdampft, es erfolgt eine Eindickung, die Kristallkonzentration in der Lösung steigt. Bei der Konzentration c* ist wiederum die Löslichkeitskurve erreicht, die Bildung von Kristallen beginnt.

```
                    Lösung
                      │
                      ▼
            ┌──────────────────┐
            │  Kristallisation │
            └──────────────────┘
                      │
                      ▼
            ┌──────────────────┐     Mutterlauge
            │   Fest-Flüssig-  │───▶ (Lösungsmittel)
            │     Trennung     │
            └──────────────────┘
                      │ Rohkristallisat
                      ▼
Waschlösung ──────▶ ┌──────────┐ ───▶ Waschfiltrat
                    │  Wäsche  │
                    └──────────┘
                      │ Reinkristallisat
                      ▼
            ┌──────────────────┐
            │     Trocknung    │───▶ Abluft
            └──────────────────┘
                      │
                      ▼
                 Fertigprodukt
```

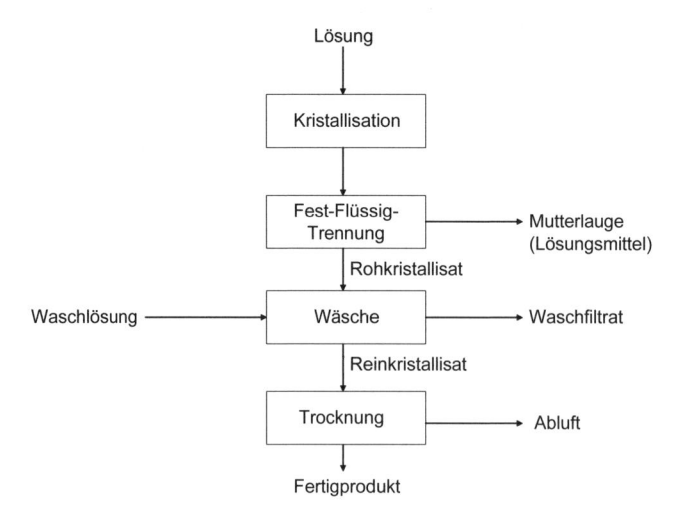

Abbildung 2.66: Reindarstellung des Kristallisats durch Nachbehandlung

Vorteilhaft bei der Kristallisation gegenüber der Rektifikation sind die niedrigeren erforderlichen Temperaturen, nachteilig ist allerdings, dass kein direkt brauchbares Endprodukt erzielt wird, die Kristalllösung muss aufbereitet werden (Abbildung 2.66). Durch mechanische Verfahren muss der Feststoff von der Mutterlauge getrennt werden. Dies geschieht durch Zentrifugieren, Filtrieren oder Sedimentieren. Das Rohkristallisat muss danach häufig gewaschen werden, um Verunreinigungen zu entfernen. Das gewaschene Reinkristallisat wird getrocknet und steht als fertiges Produkt zur Verfügung.

Die Kristallisation wird eingesetzt zur

- Reinigung von Flüssigkeiten oder Gasen,
- Erzeugung eines kristallinen Produkts,
- Erzeugung bestimmter Kristallformen.

Beispiel Zuckerherstellung: Abbildung 2.67 zeigt am Beispiel der Zuckerherstellung die Erzeugung eines kristallinen Verkaufsprodukts (siehe auch Abbildung 2.21). Der eingedickte Saft (Dicksaft) wird in der Filtration von festen Verunreinigungen befreit und im Dicksaftbehälter zwischengelagert. Im Kristallisator erfolgt durch Wärmezufuhr die Verdampfungskristallisation. Es entsteht eine Maische, in der sich die Zuckerkristalle befinden. In der nachfolgenden Zentrifuge werden die Kristalle von der Lösung getrennt. In der Kühl- und Trockentrommel wird das restliche Wasser vom Zucker entfernt, es entsteht das Verkaufsprodukt Kristallzucker.

2.7 Kristallisation

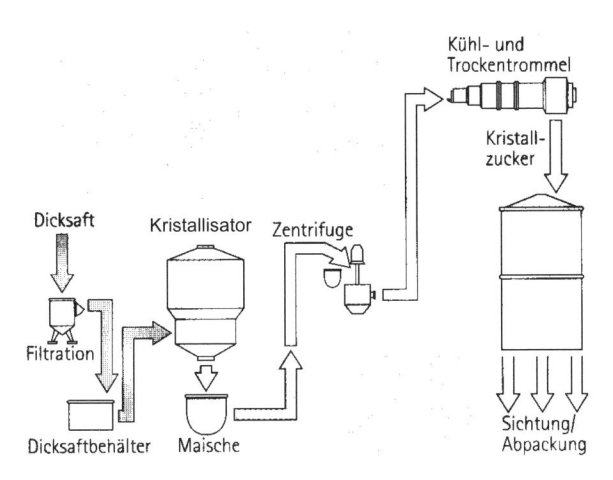

Abbildung 2.67: Zuckerherstellung durch Kristallisation /9/

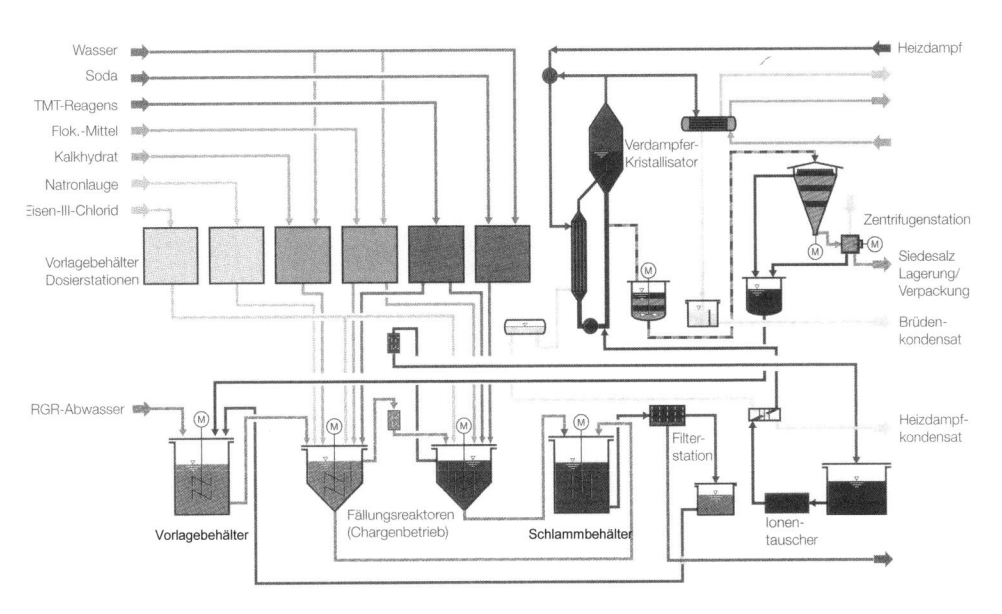

Abbildung 2.68: Aufarbeitung von Abwasser aus der Rauchgasreinigung von Müllverbrennungsanlagen /10/

Beispiel Abwasserreinigung: Die Reinigung von Flüssigkeiten durch Kristallisation zeigt Abbildung 2.68 am Beispiel der Aufarbeitung des Abwassers der Rauchgasreinigung einer Müllverbrennungsanlage. Das saure Abwasser aus der Rauchgasreinigung wird im Vorlagebehälter gesammelt. In zwei Fällungsreaktoren werden diverse Chemikalien sowie Flockungshilfsmittel in das Abwasser dosiert. Die ausgefällten Stoffe (Schwermetalle) werden als Schlamm abgezogen, im Schlammbehälter gesammelt und nach der Filtration einer Wertstoffrückgewinnung zugeführt. Das vorgereinigte und mit Natronlauge oder Soda neutralisierte Abwasser wird über einen Ionenaustauscher dem Kristallisator zugeführt. Hier erfolgt die Kristallisation mit dem Ziel, NaCl oder Mischsalz zu gewinnen, das in der nachfolgenden Zentrifuge abgeschieden wird. Heizdampf, der zusammen mit dem Brüden in der Brüdenkompression verdichtet wird, dient als Energiequelle.

3 Reine Stoffe und Stoffgemische

> **Lernziel:** Die physikalischen Zustände reiner Stoffe müssen beschrieben werden können. Die Konzentrationsmaße für Gemische aus verschiedenen Stoffen müssen beherrscht werden.

Bei sämtlichen thermischen Trennverfahren sind am Trennvorgang immer zwei Phasen beteiligt, zwischen denen Stoff und Wärme ausgetauscht wird. Die Phasen liegen in den Aggregatzuständen

- fest,
- flüssig oder
- gasförmig

vor. Die Aggregatzustände der beteiligten Stoffe können sich während des Trennvorgangs ändern, z. B. bei der Kristallisation (flüssig zu fest) oder der Rektifikation (flüssig zu gasförmig bzw. umgekehrt bei der Kondensation des Dampfes).

3.1 Reine Stoffe

Die Aggregatzustände reiner Stoffe lassen sich im p,T-Diagramm darstellen.

Abbildung 3.1 zeigt beispielhaft das p,T-Diagramm für Wasser. Die Aggregatzustände sind durch die Kurven

- **Dampfdruckkurve** zwischen gasförmigem und flüssigem Zustand,
- **Schmelzdruckkurve** zwischen flüssigem und festem Zustand sowie
- **Sublimationsdruckkurve** zwischen gasförmigem und festem Zustand

getrennt. Die drei Kurven schneiden sich im für jeden Stoff charakteristischen Tripelpunkt: Gas, Flüssigkeit und Feststoff stehen miteinander im Gleichgewicht (für Wasser: $T = 273{,}16$ K, $p = 0{,}00611 \cdot 10^5$ Pa). Die Dampfdruckkurve endet im kritischen Punkt, oberhalb dessen keine klare Unterscheidung zwischen Gas und Flüssigkeit mehr möglich ist (für Wasser: $T = 647{,}1$ K, $p = 220{,}6 \cdot 10^5$ Pa). Überkritische Gase werden z. B. als Extraktionsmittel bei der Hochdruckextraktion eingesetzt (siehe Abschnitt 2.2.3).

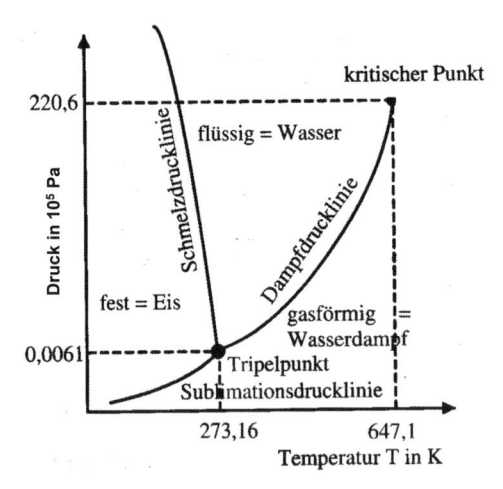

Abbildung 3.1: p,T-Diagramm für Wasser /11/

Dampf-, Schmelz- und Sublimationsdruckkurve lassen sich mit der Clausius-Clapeyron-schen-Beziehung

$$\frac{dp}{dT} = \frac{\Delta h}{T(v''-v')} \tag{3-1}$$

beschreiben. Δh ist die Verdampfungs-, Schmelz- oder Sublimationsenthalpie, je nach betrachteter Zustandskurve, v" und v' sind die spezifischen Volumina der energiereicheren bzw. energieärmeren Phase.

Gase, Flüssigkeiten und Feststoffe unterscheiden sich sehr stark in ihren Eigenschaften, was hauptsächlich durch die unterschiedlichen Molekülabstände bedingt ist, siehe Abbildung 3.2. Daraus resultieren sehr unterschiedliche Stoffwerte wie z. B. Dichte und Viskosität.

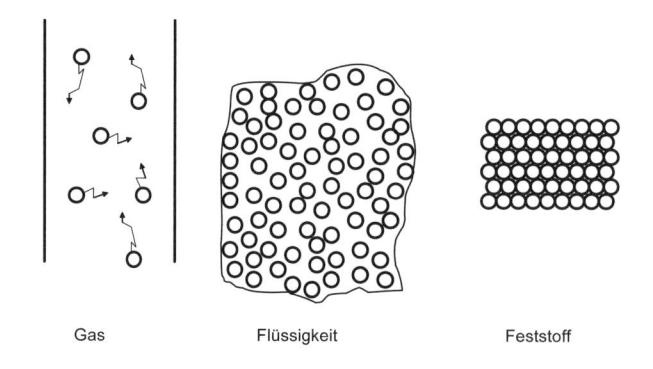

Abbildung 3.2: Gas, Flüssigkeit, Feststoff

Beispiel Gas: Im gasförmigen Zustand ist die Dichte der Materie so gering, dass die Gasteilchen (Atome oder Moleküle) sehr weit voneinander entfernt sind. Die Gasteilchen bewegen sich sowohl sehr schnell (Luft bei 20°C ca. 500 m/s) als auch völlig zufällig und ungeordnet (Brownsche Molekularbewegung), wodurch sie dauernd sowohl untereinander als auch mit der Gefäßwand zusammenstoßen.

Beispiel Flüssigkeit: Die Dichte von Flüssigkeiten ist ca. um den Faktor 1000 größer als die von Gasen. Die Teilchen rücken näher zusammen, der Abstand zwischen Molekülen ist wesentlich geringer als bei Gasen. Flüssigkeiten verhalten sich daher i. d. R. real, die Wechselwirkungen zwischen den Molekülen sind nicht zu vernachlässigen. Flüssigkeiten bilden den Übergang zwischen gasförmigem und festem Zustand. Während das Füllverhalten dem von Gasen entspricht (das gesamte vorhandene Volumen wird ausgefüllt), entspricht die molekulare Struktur eher der von Feststoffen. In den Flüssigkeiten herrschen starke Anziehungskräfte (Kohäsionskräfte), die für den inneren Zusammenhalt der Moleküle verantwortlich sind. Flüssigkeiten besitzen keine Gestaltelastizität wie Festkörper, ihre äußere Form kann ohne großen Widerstand verändert werden.

Beispiel Feststoff: Sind sehr viele Atome durch interatomare und intermolekulare Kräfte miteinander verknüpft, handelt es sich physikalisch um einen Feststoff. Feststoffe können amorph oder kristallin sein. Die Kräfte, die zur chemischen Bindung führen, sind jeweils elektrischer Natur. Kristalle (siehe Kristallisation) stellen die stabilste aller möglichen Anordnungen dar. Die regelmäßige Anordnung der Gitterbausteine führt zur makroskopisch sichtbaren Gestalt der Kristalle.

3.1.1 Gase

Auf Grund des großen Abstandes der Gasteilchen untereinander können Wechselwirkungen sehr häufig vernachlässigt werden, Gase verhalten sich bei kleinen Drücken daher näherungsweise ideal.

Ein **ideales Gas** erfüllt die Voraussetzungen:
- unendliche kleine Abmessungen der Gasteilchen im Vergleich zu den Teilchenabständen,
- keine Wechselwirkungen der Teilchen untereinander, also auch keine Anziehungs- oder Abstoßungskräfte,
- völlig elastische Stöße untereinander und mit der Wand,
- keine Aufnahme von Rotations- oder Schwingungsenergien.

Für ideale Gase hat das **ideale Gasgesetz**

$$p \cdot V = m \cdot R_i \cdot T, \tag{3-2}$$

oder

$$p \cdot v = R_i \cdot T \qquad \text{Ri bei Masse} \qquad (3\text{-}3)$$

mit dem spezifischen Volumen

$$v = \frac{V}{m} \qquad \text{spez. Volumen} \qquad (3\text{-}4)$$

Gültigkeit. R_i ist die für einen Stoff i gültige individuelle oder spezielle Gaskonstante. Wird nicht mit der Masse m sondern der Stoffmenge n als Zustandsgröße gearbeitet, ergibt sich für das ideale Gasgesetz

$$p \cdot V = n \cdot \tilde{R} \cdot T \qquad \tilde{R} \text{ bei Stoffmenge} \qquad (3\text{-}5)$$

mit der allgemeinen oder universellen Gaskonstante $\tilde{R}$ ($\tilde{R}$ = 8,314 J·mol^{-1}·K^{-1}). Die Stoffmenge n ist definiert zu

$$n = \frac{N}{N_A} \qquad \text{Stoffmenge} \qquad (3\text{-}6)$$

Sie gibt das Verhältnis der Teilchenzahl N bezogen auf die Avogadro-Konstante (N_A = 6,022·10^{23} Teilchen/mol) an. Es gilt die Umrechnungsbeziehung

$$m = M \cdot n \qquad (3\text{-}7)$$

mit der für jeden Stoff charakteristischen Molmasse M. Somit lässt sich die individuelle Gaskonstante einfach zu

$$R_i = \frac{\tilde{R}}{M} \qquad \text{individuelle Gaskonstante} \qquad (3\text{-}8)$$

berechnen. Die Gasgesetze können auch mit den Dichten

$$\rho_i = \frac{m_i}{V} = \frac{p}{R_i \cdot T} \qquad (3\text{-}9)$$

bzw. der molaren Dichte

$$\tilde{\rho}_i = \frac{n_i}{V} = \frac{p}{\tilde{R} \cdot T} \qquad (3\text{-}10)$$

gebildet werden. Im Normzustand T_N = 273,15 K, p_N = 1,013·10^5 Pa nimmt ein Kilomol eines idealen Gases das Volumen von 22,42 m³ ein (molares Normvolumen V_N = 22,4 m³·kmol^{-1}). Bei realen Gasen muss die ideale Gasgleichung durch einen Korrekturfaktor (Realgasfaktor Z) an die realen Verhältnisse angepasst werden:

$$p \cdot V = Z \cdot m \cdot R_i \cdot T. \qquad (3\text{-}11)$$

3.1 Reine Stoffe

> **Beispiel Realgasfaktoren für Luft:** Wie Tabelle 3.1 am Beispiel der Realgasfaktoren für Luft zeigt, können die meisten Gase bis ca. $20 \cdot 10^5$ Pa als ideal angesehen werden ($Z \approx 1$).

Tabelle 3.1: Realgasfaktoren für Luft

p / Pa \ T / K	273,15	373,15	473,15
$1 \cdot 10^5$	0,999	1	1
$10 \cdot 10^5$	0,994	1,001	1,003
$50 \cdot 10^5$	0,978	1,009	1,017
$100 \cdot 10^5$	0,970	1,024	1,038
$1000 \cdot 10^5$	1,972	1,749	1,625

> **Zusammenfassung:** Auf Grund des großen Teilchenabstandes verhalten sich Gase bei nicht zu hohen Drücken und Temperaturen ideal. Für diesen Fall können Zustandsänderungen mit dem idealen Gasgesetz beschrieben werden.

3.1.2 Flüssigkeiten

Die **Dampfdruckkurve** trennt Flüssigkeiten von Gasen. Da das spezifische Volumen der Flüssigkeit i. d. R. gegenüber dem des Gases vernachlässigt werden kann, vereinfacht sich Gleichung (3-1) bei Gültigkeit des idealen Gasgesetzes zu

$$\frac{dp}{p} = \frac{\Delta h \cdot M}{\tilde{R} \cdot T^2} dT \ . \tag{3-12}$$

Die Integration liefert unter der Voraussetzung konstanter Verdampfungsenthalpie

$$\ln \frac{p}{p_0} = \frac{\Delta h \cdot M}{\tilde{R} \cdot T_0} \cdot \left(1 - \frac{T_0}{T}\right) \tag{3-13}$$

und lässt sich gemäß Abbildung 3.3 als Gerade (Dampfdruckkurve) darstellen.

Der Übergang von der flüssigen zur gasförmigen Phase erfolgt am Siedepunkt. **Eine Flüssigkeit siedet dann, wenn ihr Dampfdruck gleich dem vorherrschenden Außendruck ist**. Die Siedetemperatur ist damit vom Druck abhängig, wie Abbildung 3.3 verdeutlicht.

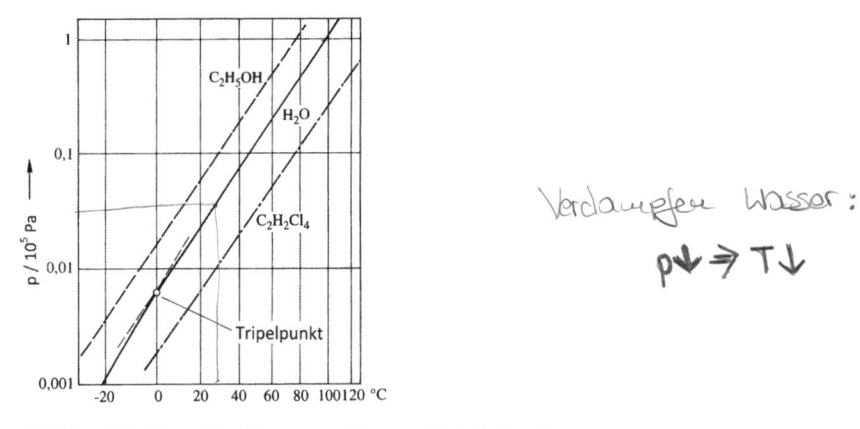

Abbildung 3.3: Dampfdruckkurven von Wasser, Ethylalkohol (C_2H_5OH) und Tetrachlorethan ($C_2H_2Cl_4$) /12/

Beispiel Wasser: $p = 1 \cdot 10^5$ Pa → $T_S = 100°C$, $p = 2,5 \cdot 10^3$ Pa → $T_S = 23°C$.

Der Druck, der durch Verdampfen bzw. Verdunsten einer Flüssigkeit entsteht, wird als **Dampfdruck** bezeichnet. Der Dampfdruck hängt vom verdampfenden Stoff sowie der Temperatur ab. Abbildung 3.4 zeigt die Zusammenhänge. Eine Flüssigkeit ist bei tiefer Temperatur (T_1) von einem beweglichen Kolben verschlossen. Es existiert keine Dampfphase, der Dampfdruck (p^0) ist null. Wird die Flüssigkeit durch Energiezufuhr auf die höhere Temperatur T_2 erwärmt, bildet sich neben der flüssigen Phase auch eine Dampfphase aus. Einige Moleküle besitzen durch die Energiezufuhr eine ausreichend hohe kinetische Energie, um die intermolekularen Anziehungskräfte in der Flüssigkeit zu überwinden. Die freigesetzten Moleküle üben einen Druck auf die Gefäßwände aus, der Kolben wird angehoben. Der entstandene Dampfdruck kann gemessen werden. Durch weitere Wärmezufuhr wird die Flüssigkeit bis zur Siedetemperatur T_3 erwärmt. Es verdampft immer mehr Flüssigkeit, der Flüssigkeitsanteil wird dadurch immer geringer, der Dampfanteil und damit der Dampfdruck steigt weiter an. Während des Siedevorgangs bleibt die Temperatur bei kontinuierlicher Energiezufuhr annähernd so lange konstant, bis die Flüssigkeit verdampft ist.

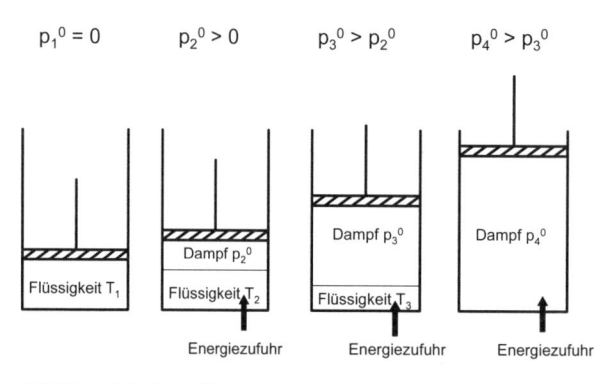

Abbildung 3.4: Dampfdruck

3.1 Reine Stoffe

Der Dampfdruck für eine Komponente i (p_i^0) lässt sich sehr gut mit der von Antoine vorgeschlagenen Korrelationsbeziehung

$$\log p_i^0 = A - \frac{B}{\vartheta + C} \qquad (3\text{-}14)$$

beschreiben. A, B und C sind stoffabhängige Konstanten. Der Druck p_i^0 wird i. d. R. in bar, die Temperatur ϑ in °C angegeben.

Beispiel Dampfdruck Benzol: Für Benzol gilt: A = 4,0306; B = 1211,033; C = 220,79. Zu ermitteln ist der Dampfdruck bei den Temperaturen 0°C, 20°C sowie 125°C!

Die Antoine-Gleichung lautet für Benzol

$$\log p_i^0 = 4,0306 - \frac{1211,033}{\vartheta + 220,79}.$$

Einsetzen der Temperaturen führt zu den gewünschten Dampfdrücken:

6°C: p_{Benzol}^0 = 0,049 bar, 20°C: p_{Benzol}^0 = 0,1003 bar, 125°C : p_{Benzol}^0 = 3,376 bar.

Obwohl die thermischen Trennverfahren dazu genutzt werden, homogene Gemische zu trennen, sind an dem Trennprozess mindestens zwei Phasen beteiligt (Dampf und Flüssigkeit bei der Destillation, Gas und Feststoff bei der Adsorption usw.). Daher spielen die **Wechselwirkungen zwischen den Phasen** auch für die thermischen Trennverfahren eine Rolle. Diese sind häufig nur mit den Gesetzmäßigkeiten der mechanischen Verfahrenstechnik zu beschreiben.

Um für Stoffaustauschprozesse eine große Oberfläche sicherzustellen, werden Flüssigkeiten häufig zu Tropfen zerteilt. Zur Bestimmung der Tropfengröße ist die Kenntnis der **Oberflächenspannung** von Bedeutung. Die Anziehungskräfte zwischen Molekülen in einer Flüssigkeit (Kohäsionskräfte) sind stärker als die zwischen gasförmigen Molekülen. An der Flüssigkeitsoberfläche befindliche Teilchen werden daher verstärkt ins Flüssigkeitsinnere gezogen, die Folge ist eine Oberflächenverkleinerung. In Abwesenheit anderer Grenzflächen nimmt die Flüssigkeit Kugelgestalt (Tropfen) an. Die Oberflächenspannung σ ist ein Maß dafür, wie leicht sich eine Flüssigkeit in Tropfen zerteilen lässt. Eine geringe Oberflächenspannung führt zu kleinen Tropfen, da weniger Arbeit erforderlich ist, um die Oberfläche zu bilden.

Beispiel: Bei 20°C ergeben sich folgende Oberflächenspannungen: Quecksilber: $\sigma_{Quecksilber}$ = 923 · 10^{-3} N/m, Wasser: σ_{Wasser} = 72 · 10^{-3} N/m, Seifenlösung: $\sigma_{Seifenlösung}$ = 30 · 10^{-3} N/m /13/. Die Seifenlösung lässt sich leichter zu Tropfen zerteilen als Quecksilber, es bilden sich kleinere Tropfen.

Grenzt die Flüssigkeit dagegen an einen festen Körper, muss die **Grenzflächenspannung** σ_G berücksichtigt werden, die die Grenzfläche zwischen Flüssigkeit und Feststoff zu vergrößern sucht. Aus einem Kräftegleichgewicht zwischen Ober- (σ) und Grenzflächenspannung (σ_G) gemäß Abbildung 3.5 ergibt sich der Grenzwinkel φ

$$\cos\varphi = \frac{-\sigma_G}{\sigma}, \qquad (3\text{-}15)$$

der ein Maß dafür ist, ob die Flüssigkeitsmoleküle in der Grenzschicht mehr von der festen Oberfläche oder mehr von den anderen Flüssigkeitsmolekülen angezogen werden. Im Falle der Benetzung fester Wände nimmt σ_G negative Werte an, der Grenzwinkel wird kleiner 90°. Ist die Grenzflächenspannung größer als die Oberflächenspannung ($\sigma_G > \sigma$), wird φ zu null, die feste Oberfläche wird vollständig von der Flüssigkeit benetzt (rechtes Teilbild in Abbildung 3.5), ein für Stoffaustauschapparate wichtiger Vorgang zur Oberflächenvergrößerung.

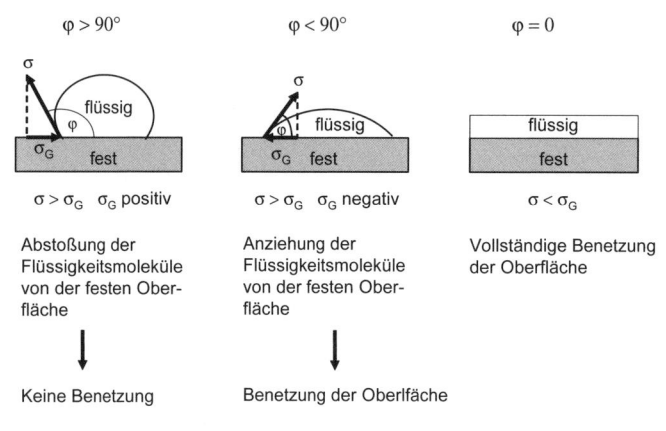

Abbildung 3.5: Oberflächen- und Grenzflächenspannung /nach 13/

Zusammenfassung: Der Druck, der durch Verdampfen bzw. Verdunsten einer Flüssigkeit entsteht, wird als Dampfdruck bezeichnet. Der Dampfdruck hängt vom verdampfenden Stoff sowie der Temperatur ab. Eine Flüssigkeit siedet dann, wenn ihr Dampfdruck gleich dem vorherrschenden Außendruck ist. Das Verhältnis von Grenz- zu Oberflächenspannung beschreibt die Benetzung fester Oberflächen durch Flüssigkeiten.

3.1.3 Feststoffe

Feststoffe treten als Phase bei den Trennverfahren Kristallisation, Adsorption sowie Fest-Flüssig-Extraktion und Hochdruckextraktion auf. Die Kenntnis der **Sinkgeschwindigkeit** ist hier von großer Bedeutung, um Feststoffe aus Lösungen abzuscheiden (Kristallisation) oder einen Gegenstrom von Feststoffen mit einer anderen Phase in Stoffaustauschapparaten zu gewährleisten (Adsorption). Die gleichen Grundlagen gelten für Flüssigkeitströpfchen in Gas- (Absorption) oder Flüssigkeitsströmungen (Extraktion), wo ein Gegenstrom zweier Phasen durch den Stoffaustauschapparat sichergestellt werden muss.

3.1 Reine Stoffe

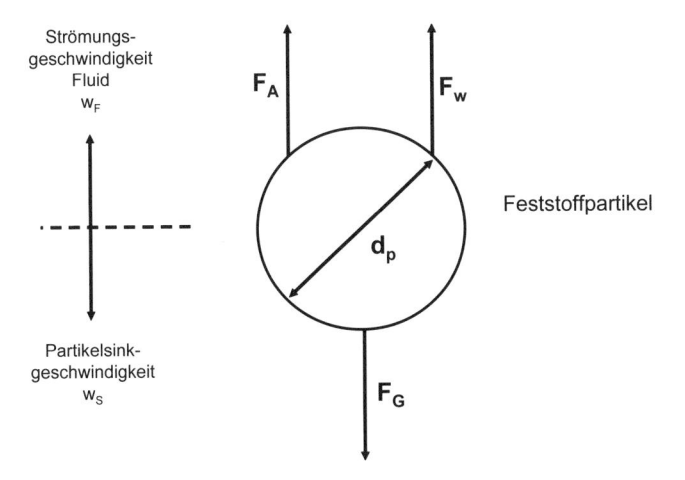

Abbildung 3.6: Sinkgeschwindigkeit von Partikeln

Ein Kräftegleichgewicht gemäß Abbildung 3.6 zwischen Gewichtskraft der Partikel (F_G), Auftriebskraft (F_A) und Widerstandskraft (F_W) in einem ruhenden Medium

$$F_G - F_A = F_W \tag{3-16}$$

ergibt

$$V_P \cdot \rho_P \cdot g - V_P \cdot \rho_F \cdot g = \frac{1}{2} \cdot c_W(Re) \cdot A_P \cdot \rho_F \cdot w_S^2. \tag{3-17}$$

Die **stationäre Sinkgeschwindigkeit** berechnet sich für kugelförmige Partikeln bei Gültigkeit des Stokesschen Widerstandsgesetzes (Re < 1)

$$c_W(Re) = \frac{24}{Re} = \frac{24 \cdot \eta_F}{w_S \cdot d_P \cdot \rho_F} \tag{3-18}$$

zu

$$w_S = \frac{(\rho_P - \rho_F) \cdot g \cdot d_P^2}{18 \cdot \eta_F}. \tag{3-19}$$

Wird nun statt eines ruhenden Mediums der Partikelsinkgeschwindigkeit eine Fluidströmung mit der Geschwindigkeit w_F überlagert, gilt für den Grenzfall einer sich im Gleichgewicht befindlichen Partikel, die weder absinkt noch mit dem Fluidstrom mitgerissen wird (siehe linke Seite in Abbildung 3.6):

$$w_S = w_F = \frac{\dot{V}_F}{A}. \tag{3-20}$$

Gilt die Voraussetzung Re < 1 nicht, lässt sich für das Kräftegleichgewicht an einer sedimentierenden Partikel ohne Angabe eines speziellen Widerstandsgesetzes für Kugeln die folgende Gleichung ableiten:

$$w_S = \sqrt{\frac{4}{3} \cdot \frac{\rho_P - \rho_F}{\rho_F} \cdot \frac{g}{c_W(Re)} \cdot d_P} \; . \tag{3-21}$$

Der **Widerstandsbeiwert** wird i. d. R. durch dreigliedrige Approximationsgleichungen bestimmt. Die von Kaskas veröffentlichte Gleichung

$$c_W(Re) = \frac{24}{Re} + \frac{4}{Re^{1/2}} + 0,4 \tag{3-22}$$

gibt den interessierenden c_w-Wert-Bereich zwischen $0 < Re < 2 \cdot 10^5$ mit guter Genauigkeit wieder. Bei Kenntnis des c_W-Werts kann die Sinkgeschwindigkeit für Partikeln berechnet werden.

> **Zusammenfassung:** Für die bei den thermischen Trennverfahren erforderliche disperse Phase muss die Sinkgeschwindigkeit bekannt sein, damit ein Gegenstrom von disperser und kohärenter Phase sichergestellt wird.

3.2 Gemische

Bei Mischphasen ist die Einführung von Konzentrationsmaßen zur Beschreibung der zwischen den Phasen ablaufenden Vorgänge unerlässlich. Es ist die Verwendung unterschiedlicher Konzentrationsmaße möglich, die im Folgenden diskutiert werden.

An den thermischen Trennprozessen sind, wie oben besprochen, mindesten 2 **Phasen** beteiligt, bei denen es sich nicht um reine Phasen, sondern **Mischphasen** handelt. Eine Mischphase ist eine Phase, die aus mehreren Komponenten besteht.

> **Beispiel Absorption:** Am Absorptionsprozess (Abbildung 3.7) sind 2 Phasen (Gas und Flüssigkeit) beteiligt. Die Gasphase besteht aus den Trägergasmolekülen und dem Absorptiv, das aus dem Gas entfernt werden soll. Das Absorptiv wird besser im Absorbens gelöst, so dass das Absorptiv in das Absorbens übergeht, wodurch die flüssige Phase aus dem Absorbens und dem vom Absorbens gebundenen Absorptiv (Absorpt) besteht.

Zur Beschreibung der zwischen den Phasen ablaufenden Vorgänge ist die Einführung von Konzentrationsmaßen unerlässlich. Die **molare Konzentration** ist definiert zu

$$c_i = \frac{n_i}{V} , \tag{3-23}$$

3.2 Gemische

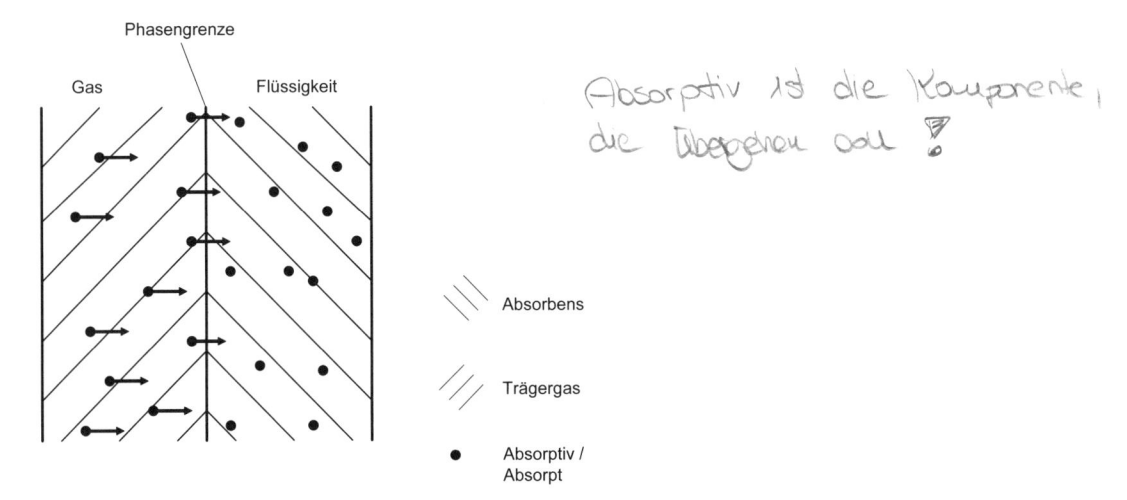

Abbildung 3.7: Mischphasen bei der Absorption

wobei der Index i die Komponente angibt, für die das Konzentrationsmaß ermittelt werden soll.

Beispiel Absorption: Bei der Absorption gemäß Abbildung 3.7 wird das Konzentrationsmaß immer für das Absorptiv angegeben, da nur dieses zwischen den beiden Phasen ausgetauscht wird (i ≡ Absorptiv).

Beim **Massenanteil** (oder Massenbruch)

$$w_i = \frac{m_i}{m_{ges}} \qquad (3\text{-}24)$$

wird die Masse der betrachteten Komponente i auf die Gesamtmasse des Gemischs bezogen. In ähnlicher Weise wird beim **Stoffmengenanteil** x_i oder y_i

$$x_i = \frac{n_i}{n_{ges}}, \quad y_i = \frac{n_i}{n_{ges}} \qquad (3\text{-}25)$$

die Stoffmenge der Komponente i auf die Gesamtstoffmenge bezogen. Der Stoffmengenanteil x beschreibt die Zusammensetzung der schweren Phase, y dagegen die Zusammensetzung der leichten Phase.

Beispiel Absorption: Bei der Absorption ist gemäß Abbildung 3.8 die Flüssigkeit die schwere Phase (Stoffmengenanteil x) und die Gasphase die leichte Phase (Stoffmengenanteil y).

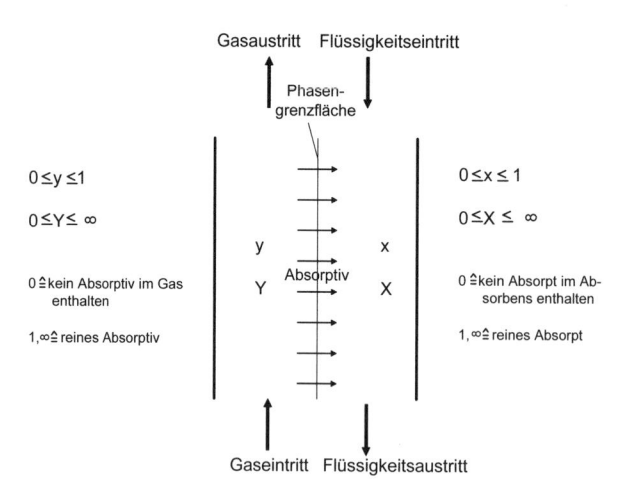

```
                Gasaustritt  Flüssigkeitseintritt
                      ↑    Phasen-    ↓
                           grenzfläche

  0 ≤ y ≤ 1                                    0 ≤ x ≤ 1
  0 ≤ Y ≤ ∞                                    0 ≤ X ≤ ∞
                        y         x
  0 ≙ kein Absorptiv im Gas   Absorptiv        0 ≙ kein Absorpt im Ab-
       enthalten       Y    →→→    X              sorbens enthalten
  1,∞ ≙ reines Absorptiv                       1,∞ ≙ reines Absorpt

                      ↑              ↓
                Gaseintritt    Flüssigkeitsaustritt
```

Abbildung 3.8: Stoffmengenanteile und Beladungen am Beispiel der Absorption

Da gilt

$$m_{ges} = \sum_k m_k, \quad n_{ges} = \sum_k n_k, \qquad (3\text{-}26)$$

gilt für Massen- und Stoffmengenanteile: $0 \leq x, y, w \leq 1$.

Als weiteres Konzentrationsmaß wird die **Beladung** mit der Definition

$$X_i = \frac{\text{Stoffmenge der Komponente i in der schweren Phase}}{\text{Stoffmenge der schweren Phase ohne i}} = \frac{n_i}{n_{inert,SP}}, \qquad (3\text{-}27)$$

$$Y_i = \frac{\text{Stoffmenge der Komponente i in der leichten Phase}}{\text{Stoffmenge der leichten Phase ohne i}} = \frac{n_i}{n_{inert,LP}} \qquad (3\text{-}28)$$

eingeführt. Bezugsgröße ist hier nicht die gesamte Stoffmenge n_{ges} sondern jeweils die Stoffmenge der inerten schweren Phase ($n_{inert,SP}$) bzw. der inerten leichten Phase ($n_{inert,LP}$) ohne Stoff i (inert bedeutet hier: inert gegenüber Stoff i, da dieser im Nenner nicht berücksichtigt wird), für den die Konzentration angegeben werden soll. Die Beladung kann daher Werte zwischen null und unendlich ($0 \leq X, Y \leq \infty$) annehmen.

Beispiel Absorption: Bei der Absorption (Abbildung 3.8) wird die Stoffmenge des Absorptivs (Komponente i) auf das reine Absorbens ($X = X_{Absorptiv} = n_{Absorptiv}/n_{Absorbens}$) bezogen. Für die Gasphase gilt entsprechend: $Y = Y_{Absorptiv} = n_{Absorptiv}/n_{Trägergas}$. Während die Stoffmengenanteile x bzw. y Werte zwischen 0 (kein Absorptiv in der jeweiligen Phase) und 1 (Phase besteht aus reinem Absorptiv) annehmen können (siehe Gleichung (3-26)), läuft das Konzentrationsmaß der Beladung X bzw. Y zwischen den Werten 0 (kein Absorptiv in der jeweiligen Phase) und ∞ (Phase besteht aus reinem Absorptiv).

3.2 Gemische

Die Beladung kann auch als **Massenbeladung**

$$X_{m,i} = \frac{\text{Masse der Komponente i in der schweren Phase}}{\text{Masse der schweren Phase ohne i}} = \frac{m_i}{m_{inert,SP}}, \quad (3\text{-}29)$$

$$Y_{m,i} = \frac{\text{Masse der Komponente i in der leichten Phase}}{\text{Masse der leichten Phase ohne i}} = \frac{m_i}{m_{inert,LP}} \quad (3\text{-}30)$$

angegeben werden. Für ideale Gase ist der **Volumenanteil**

$$r_i = \frac{V_i}{V} \quad (3\text{-}31)$$

gleich dem Stoffmengenanteil ($r_i = y_i$). Die mittlere molare Masse eines Gemischs kann aus der molaren Masse der k Einzelkomponenten

$$M = \sum_k x_k \cdot M_k \quad (3\text{-}32)$$

bestimmt werden. Tabelle 3.2 zeigt wichtige Umrechnungsbeziehungen.

Tabelle 3.2: Umrechnungsbeziehungen

		Massenanteil w_i	Stoffmengenanteil x_i	Partialdichte ρ_i	Massenbeladung $X_{m,i}$
Massenanteil	$w_i = \dfrac{m_i}{\sum_i m_i}$	w_i	$\dfrac{x_i \cdot M_i}{M} = \dfrac{x_i \cdot M_i}{\sum_i x_i \cdot M_i}$	$\dfrac{\rho_i}{\rho}$	$\dfrac{X_{m,i}}{1 + X_{m,i}}$
Stoffmengenanteil	$x_i = \dfrac{n_i}{\sum_i n_i}$	$\dfrac{\dfrac{w_i}{M_i}}{\sum_i \dfrac{w_i}{M_i}} = w_i \cdot \dfrac{M}{M_i}$	x_i	$\dfrac{\dfrac{\rho_i}{M_i}}{\sum_i \dfrac{\rho_i}{M_i}} = \dfrac{\dfrac{\rho_i}{M_i}}{\dfrac{\rho}{M}}$	$\dfrac{X_{m,i} \cdot M}{M_i \cdot (1 + X_{m,i})}$
Partialdichte	$\rho_i = \dfrac{m_i}{V}$	$w_i \cdot \rho$	$\dfrac{x_i \cdot M_i}{M} \rho$	ρ_i	$\dfrac{X_{m,i} \cdot \rho}{1 + X_{m,i}}$
Massenbeladung	$X_{m,i} = \dfrac{m_i}{m_{L,T}}$	$\dfrac{w_i}{1 - w_i}$	$\dfrac{x_i \cdot M_i}{M - x_i \cdot M_i}$	$\dfrac{\rho_i}{\rho_{L,T}} = \dfrac{\rho_i}{\rho - \rho_i}$	$X_{m,i}$

Das Konzentrationsmaß kann frei gewählt werden. Bei den rein thermischen Trennverfahren (Rektifikation) wird mit Stoffmengenanteilen gearbeitet, da ein äquimolarer Stoffaustausch stattfindet: ein Mol der leichter siedenden Komponente wandert von der schweren in die leichte Phase (Stoffübergang x → y) und umgekehrt ein Mol der schwerer siedenden Komponente von der leichten in die schwere Phasen (y → x). Daduch bleibt die gesamte Stoffmenge in einer Phase konstant ($\dot{n}_{ges}$ = const.), der Nenner der Stoffmengenanteile x und y (siehe Gleichung 3-25) ändert sich nicht. Die Stoffmengenanteile x_i und y_i sind somit direkt proportional zur Stoffmenge der Übergangskomponente n_i, was die Darstellung und das

Verständnis erleichtert. Wie später gezeigt wird, wird die Bilanzlinie zu einer Geraden, was die Berechnung von Stoffaustauschprozessen vereinfacht. Bei den Sorptionsverfahren (physikalisch-chemische Trennverfahren) wird dagegen i. d. R. mit Beladungen gerechnet, da dann der Nenner in den Gleichungen (3-27) bis (3-30) unverändert bleibt.

Beispiel Absorption: Abbildung 3.9 verdeutlicht wiederum für die Absorption die Wahl des Konzentrationsmaßes. Findet keine chemische Reaktion statt und löst sich kein Trägergas im Absorbens sowie umgekehrt kein Absorbens im Gas, so sind die Stoffströme $\dot{n}_{G,T}$ (Trägergas G,T als Träger des Absorptivs, leichte Phase) und $\dot{n}_{L,T}$ (Absorbens L,T als schwere Phase) über die Kolonnenhöhe konstant, lediglich das Absorptiv wandert aus dem Gas in die Flüssigkeit. Wird mit Beladungen als Konzentrationsmaß gearbeitet, kann der Stoffübergang des Absorptivs direkt verfolgt werden, da der Nenner (Trägerströme) konstant bleibt. Dagegen ändern sich durch den Stoffübergang des Absorptivs aus dem Gas in die Flüssigkeit die Gesamtstoffströme $\dot{n}_{G,ges}$ und $\dot{n}_{L,ges}$. Der Gasstrom am Eintritt $\dot{n}_{G,ges,E}$ ist größer als der Gasstrom $\dot{n}_{G,ges,A}$ am Austritt aus dem Absorber, da am Eintritt in den Absorber noch das gesamte Absorptiv im Gasstrom enthalten ist. Gleiches gilt mit umgekehrtem Vorzeichen für das Absorbens als Aufnehmerphase.

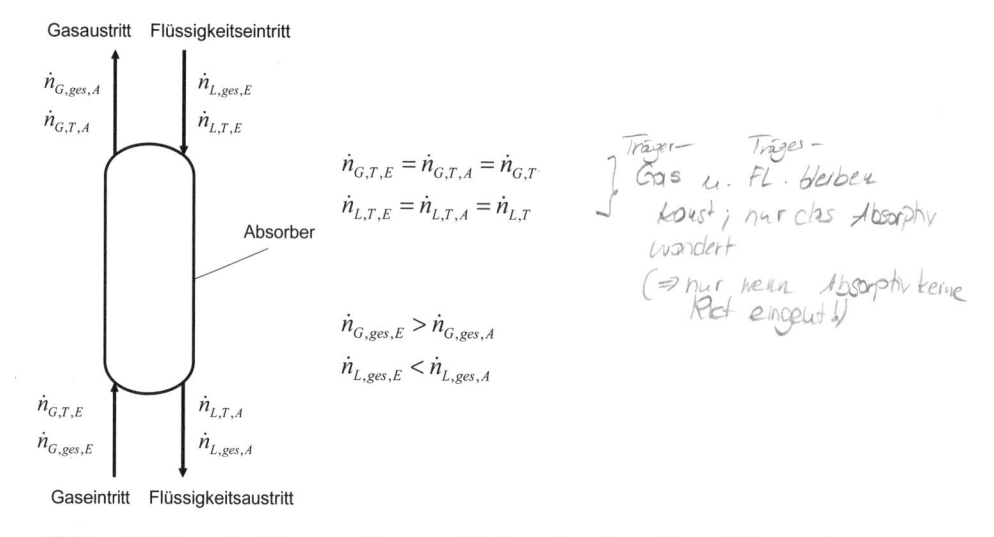

Abbildung 3.9: Veranschaulichung von Gesamt- und Trägermolenströmen (Beispiel Absorption)

Der Gesamtstrom $\dot{n}_{ges}$ setzt sich additiv aus dem reinen Trägerstrom $\dot{n}_T$ und dem Strom der Übergangskomponente i $\dot{n}_i$ zusammen

$$\dot{n}_{ges} = \dot{n}_T + \dot{n}_i, \tag{3-33}$$

so dass mit

$$\dot{n}_i = \dot{n}_{ges} \cdot y \tag{3-34}$$

3.2 Gemische

als Umrechnungsbeziehung

$$\dot{n}_T = \dot{n}_{ges} - \dot{n}_i = \dot{n}_{ges} - \dot{n}_{ges} \cdot y = \dot{n}_{ges} \cdot (1-y) \tag{3-35}$$

benutzt werden kann. Aus den Gleichungen 3-27 und 3-28 folgt, dass Stoffmengenbeladung und Stoffmengenanteil einfach ineinander umgerechnet werden können:

$$X_i = \frac{x_i}{1-x_i}, \quad Y_i = \frac{y_i}{1-y_i}, \quad x_i = \frac{X_i}{1+X_i}, \quad y_i = \frac{Y_i}{1+Y_i}, \quad \dot{n}_T = \frac{\dot{n}_{ges}}{1+Y}. \tag{3-36}$$

Zusammenfassung: Um Mischphasen beschreiben zu können, ist die Einführung von Konzentrationsmaßen erforderlich. Die Konzenterationsmaße können entweder auf Stoffmengen, Massen oder Volumina bezogen sein.

Beispielaufgabe Konzentrationsangaben für Gemische: Im Normzustand ($1{,}013 \cdot 10^5$ Pa, $273{,}15$ K) fällt ein Gasgemisch der Zusammensetzung 5 Vol.-% Wasserstoff (M_{H2} = 2 kg/kmol), 28 Vol.-% Kohlenstoffmonooxid (M_{CO} = 28 kg/kmol), 15 Vol.-% Kohlenstoffdioxid (M_{CO2} = 44 kg/kmol) und 52 Vol.-% Stickstoff (M_{N2} = 28 kg/kmol) an, das bei dem Druck als ideal angesehen werden kann. Zu bestimmen sind die Normdichten der Einzelgase und des Gasgemischs, die mittlere molare Masse sowie die individuelle Gaskonstante des Gasgemischs, die jeweiligen Stoffmengen- und Massenanteile sowie die Kohlenstoffdioxidbeladung, wenn diese auf das verbleibende Restgasgemisch bezogen wird.

Lösung:
Die Normdichten der Einzelgase bestimmen sich zu:

$$\rho_i = M_i / V_N$$

und somit

$$\rho_{H_2} = \frac{M_{H_2}}{V_N} = \frac{2 \text{ kg} \cdot \text{kmol}}{\text{kmol} \cdot 22{,}42 \text{ m}^3} = 0{,}089 \text{ kg/m}^3.$$

Für die anderen Gase gilt entsprechend:

$$\rho_{CO} = 1{,}249 \text{ kg/m}^3, \quad \rho_{CO_2} = 1{,}963 \text{ kg/m}^3, \quad \rho_{N_2} = 1{,}249 \text{ kg/m}^3.$$

Für die mittlere Dichte des Gasgemischs gilt:

$$\rho_{Gemisch} = \sum_i \rho_i \cdot r_i \;=\; 0{,}05 \cdot 0{,}089 \;+\; 0{,}28 \cdot 1{,}249 \;+\; 0{,}15 \cdot 1{,}963 \;+\; 0{,}52 \cdot 1{,}249$$

$$= 1{,}298 \text{ kg/m}^3.$$

Die mittlere Molmasse des Gasgemischs lässt sich zu:

$$M_{Gemisch} = \sum_i y_i \cdot M_i$$

berechnen. Da für ein ideales Gas $y_i = r_i$ gilt, folgt:

$$M_{Gemisch} = \sum_i y_i \cdot M_i = \sum_i r_i \cdot M_i$$

und somit

$$M_{Gemisch} = 0,05 \cdot 2 + 0,28 \cdot 28 + 0,15 \cdot 44 + 0,52 \cdot 28 = 29,1 \text{ kg/kmol}.$$

Mit der mittleren Molmasse lässt sich die individuelle Gaskonstante des Gemischs zu:

$$R_{Gemisch} = \tilde{R}/M_{Gemisch} = 8,314/29,1 = 0,286 \text{ kJ} \cdot \text{kg}^{-1} \cdot \text{K}^{-1}$$

bestimmen.

Unter der Voraussetzung eines idealen Gasgemischs folgt für die Stoffmengenanteile:

$y_i = r_i$ und somit

$$y_{H_2} = r_{H_2} = 0,05; \; y_{CO} = 0,28; \; y_{CO_2} = 0,15; \; y_{N_2} = 0,52;$$

Probe: $\sum_i y_i = 0,05 + 0,28 + 0,15 + 0,52 = 1.$

Massenanteile:

Gemäß Tabelle 3.2 gilt:

$$w_i = \frac{y_i \cdot M_i}{\sum_i y_i \cdot M_i} = \frac{y_i \cdot M_i}{M_{Gemisch}},$$

und somit für die einzelnen Gaskomponenten

$$w_{H_2} = \frac{y_{H_2} \cdot M_{H_2}}{M_{Gemisch}} = \frac{0,05 \cdot 2}{29,1} = 0,0034;$$

$$w_{CO} = 0,27; \; w_{CO_2} = 0,23; \; w_{N_2} = 0,50,$$

Probe: $\sum_i w_i = 0,0034 + 0,27 + 0,23 + 0,50 = 1,0034 \sim 1$ (bedingt durch Rundungsungenauigkeiten).

Kohlenstoffdioxidbeladung:

$$Y_{CO_2} = \frac{\text{Stoffmenge CO}_2}{\text{Stoffmenge Restgas ohne CO}_2} = \frac{y_{CO_2}}{y_{H_2} + y_{CO} + y_{N_2}} = \frac{0,15}{0,05 + 0,28 + 0,52} = 0,176$$

oder

$$Y_{CO_2} = \frac{y_{CO_2}}{1 - y_{CO_2}} = \frac{0,15}{1 - 0,15} = 0,176.$$

4 Phasengleichgewichte

> **Lernziel:** Die Bedeutung des Phasengleichgewichts muss verstanden sein. Die Darstellung sowie Vorausberechnung von Gleichgewichten zwischen Phasen muss beherrscht werden.

In unserem täglichen Leben spielt der Übergang von Substanzen aus einer Phase in eine andere eine wichtige Rolle (siehe Kapitel 2). Wenn wir morgens unseren Kaffee kochen, werden die wasserlöslichen Bestandteile aus dem Kaffeepulver herausgelöst. Mittels unserer Lungen wird der Sauerstoff aus der Luft im Blut gelöst, während das im Blut gelöste schädliche Kohlenstoffdioxid in die ausgeatmete Luft übergeht. **Ein Stofftransport tritt immer dann auf, wenn zwei Phasen miteinander in Kontakt gebracht werden, die im Ungleichgewicht stehen. Der Stofftransport hält so lange an, bis die Drücke, Temperaturen und Konzentrationen in beiden Phasen konstante Werte angenommen haben.** Ist dieser Zustand erreicht, ist ein weiterer Stofftransport nicht möglich, der **Gleichgewichtszustand** ist eingestellt. Da bei allen thermischen Trennverfahren ein Stoffaustausch zwischen Phasen stattfinden muss, ist die Kenntnis des Gleichgewichts von entscheidender Bedeutung, um die Betriebsbedingungen so zu wählen, dass das Gleichgewicht gestört wird.

4.1 Grundlagen der Gleichgewichtsberechnung

Herrscht ein Ungleichgewicht zwischen zwei Phasen, bildet sich eine Triebkraft aus, die dafür sorgt, dass so lange ein Stoffaustausch stattfindet, bis sich das Gleichgewicht eingestellt hat, die Triebkraft zu null wird.

> **Beispiel Absorption:** Solange ein Ungleichgewicht zwischen den Phasen herrscht, wird gemäß Abbildung 4.1 Absorptiv vom Gas in die Flüssigkeit übertragen. Der Stofftransport findet so lange statt, bis sich das Gleichgewicht einstellt und die Triebkraft zu null wird. Nach Einstellung des Gleichgewichts wird genauso viel Stoff (Absorptiv) vom Gas in die Flüssigkeit wie von der Flüssigkeit ins Gas transportiert, eine Änderung der Konzentrationen in Gas und Flüssigkeit ist nicht weiter möglich.

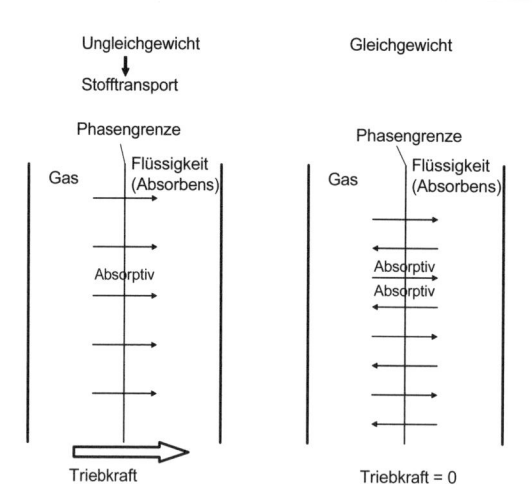

Abbildung 4.1: Phasengleichgewicht und Triebkraft am Beispiel der Absorption

Abbildung 4.2: Phasengleichgewicht

Werden gemäß Abbildung 4.2 zwei Phasen unterschiedlicher Temperatur und Zusammensetzung sowie unterschiedlichen Drucks miteinander in Kontakt gebracht, wird die **Triebkraft** so lange abgebaut, bis keine Ausgleichsprozesse mehr stattfinden. Hat sich das **Gleichgewicht** eingestellt gilt:

$$p_1 = p_2 \quad \text{(mechanisches Gleichgewicht)}, \tag{4-1}$$

$$T_1 = T_2 \quad \text{(thermisches Gleichgewicht)}, \tag{4-2}$$

$$\mu_1 = \mu_2 \quad \text{(stoffliches Gleichgewicht)}. \tag{4-3}$$

Neben dem **mechanischen und thermischen Gleichgewicht** stellt sich ein **stoffliches Gleichgewicht** ein, bei dem die chemischen Potenziale der Phasen µ gleich sein müssen. Dies bedeutet für die thermischen Trennverfahren, dass infolge der unterschiedlichen zwischenmolekularen Wechselwirkungen die Stoffmengen der einzelnen Komponenten in den Phasen bei eingestelltem Phasengleichgewicht (Gleichgewichtskonzentrationen) unterschiedlich sind:

$$n_{i,1} \neq n_{i,2}. \tag{4-4}$$

4.1 Grundlagen der Gleichgewichtsberechnung

Gleiches gilt selbstverständlich auch beim Vorhandensein mehrerer Phasen.

Die Vorausberechnung von Gleichgewichten liefert Zusammensetzung, Druck und Temperatur in einer bestimmten Phase, die sich mit einer oder mehreren anderen Phasen gegebener Zusammensetzung, Druck und Temperatur im Gleichgewicht befindet.

Diese Kenntnis ist zwingend erforderlich, da zur Auslegung thermischer Trennverfahren quantitative Aussagen über die Gleichgewichtszusammensetzung benötigt werden. Die Vorausberechnung von Phasengleichgewichten hängt vom Aggregatzustand der Phasen ab, die in Tabelle 4.1 zusammengestellt sind. In den folgenden Kapiteln wird die Vorausberechnung dieser Gleichgewichte beschrieben.

Tabelle 4.1: Phasengleichgewichte thermischer Trennverfahren

Phase 1	Phase 2	Gleichgewicht	Trennverfahren
Gas	Flüssigkeit	GLE	Absorption
Dampf	Flüssigkeit	VLE	Destillation, Rektifikation
Flüssigkeit	Flüssigkeit	LLE	Extraktion
Feststoff	Flüssigkeit	SLE	Adsorption Ionenaustauscher Kristallisation Extraktion
Feststoff	Gas	SGE	Adsorption

VLE: Vapor-Liquid-Equilibrium GLE: Gas-Liquid-Equilibrium
LLE: Liquid-Liquid-Equilibrium SLE: Solid-Liquid-Equilibrium
SGE: Solid-Gas-Equilibrium

Bei der Berechnung muss unterschieden werden, ob es sich um ideale oder reale Mischphasen handelt. Bei der idealen Mischung realer Fluide kann analog zur Mischung idealer Gase angenommen werden, dass die Komponenten in jedem Verhältnis ineinander löslich sind und die Wechselwirkungen zwischen ungleichartigen Molekülen denen gleichartiger Moleküle entsprechen. Ist dieser Zustand gegeben, vereinfacht dies die Gleichgewichtsberechnung erheblich. Bei realen Mischungen dagegen sind die Wechselwirkungen zwischen ungleichartigen Molekülen verschieden von jenen gleichartiger Moleküle. Häufig treten Mischungslücken auf, wie am Beispiel der Extraktion (Flüssig/Flüssig-Gleichgewicht) verdeutlicht wird.

Das Ziel der Gleichgewichtsberechnung ist der Zusammenhang $y_i = f(x_i)$ bzw. $Y_i = f(X_i)$, die Gleichgewichtskurve. Sie gibt an, wie sich im Gleichgewicht nach Abschluss des Stoffaustauschs die Komponente i auf die leichte (y,Y) bzw. schwere Phase (x, X) verteilt.

> **Zusammenfassung:** Bei der Einstellung des Gleichgewichts werden die zwischen den Phasen herrschenden Triebkräfte zu Null. Druck, Temperatur und chemisches Potenzial nehmen in den im Gleichgewicht stehenden Phasen gleiche Werte an.

4.2 Gibbssche Phasenregel

> **Lernziel:** Die Gibbssche Phasenregel sowie deren Bedeutung für die thermischen Trennverfahren müssen verstanden sein.

Mit der Gibbsschen Phasenregel

$$F = K + 2 - P \qquad F = \text{Anzahl der Freiheitsgrade} \qquad (4\text{-}5)$$

lässt sich bei Kenntnis der Anzahl der voneinander unabhängigen Komponenten K sowie der beteiligten Phasen P die Anzahl der Freiheitsgrade F ermitteln.

(handschriftlich: Druck; Temp; konz; Partialdruck)

Der Freiheitsgrad gibt an, wie viele Zustandsvariablen unabhängig voneinander variiert werden können, ohne dass eine der im Gleichgewicht befindlichen Phasen verschwindet.

> **Beispiel Freiheitsgrad für Rektifikation und Absorption:** Betrachtet wird die Rektifikation als reines thermisches Trennverfahren im Vergleich zur Absorption als physikalisch-chemisches Trennverfahren. Für beide Verfahren gilt:
>
> Phasen: P = 2 (Gas/Flüssig bei der Absorption bzw. Dampf/Flüssig bei der Rektifikation).
>
> Während bei der Absorption 3 Komponenten am Trennprozess beteiligt sind (Inertgas, Absorptiv, Absorbens), sind dies bei der Rektifikation nur 2 Komponenten (z. B. Alkohol und Wasser als mischbare Flüssigkeiten), die dann auch im Dampf auftauchen. Damit folgt:
>
> K = 3 bei der Absorption,
>
> K = 2 bei der Rektifikation.
>
> Für den Freiheitsgrad ergibt sich somit:
>
> F = 3 bei der Absorption,
>
> F = 2 bei der Rektifikation.

Dieses Ergebnis lässt sich auf die anderen thermischen bzw. physikalisch-chemischen Trennverfahren übertragen.

Schlussfolgerung: Während bei der Absorption drei Zustandsvariable unabhängig voneinander variiert werden können (Druck, Temperatur und Konzentration bzw. Partialdruck des Absorptivs in der Gasphase), sind dies bei der Rektifikation lediglich zwei (Druck und Konzentration einer Komponente in der Flüssigphase). Bei der Rektifikation sind dann die Konzentration der zweiten Komponente in der Flüssigphase, die Konzentrationen beider Komponenten im Dampf sowie die Temperatur festgelegt. An Hand des Siedediagramms wird dieser Zusammenhang in Abschnitt 4.3 erläutert. Bei der Absorption ist dagegen lediglich die Konzentration des Absorptivs in der Flüssigphase festgelegt (Absorptionsisotherme). Diese Zusammenhänge müssen bei der Gleichgewichtsbetrachtung berücksichtigt werden.

4.3 Phasengleichgewicht Gasphase-Flüssigphase

> **Zusammenfassung:** Mit der Gibbsschen Phasenregel können die Freiheitsgrade für thermische Trennverfahren bestimmt werden. Dadurch liegt fest, wie viele Zustandsvariablen unabhängig voneinander variiert werden können.

4.3 Phasengleichgewicht Gasphase-Flüssigphase

> **Lernziel:** Das Phasengleichgewicht zwischen Gas- und Flüssigphase muss beschrieben werden können. Die Gesetze von Dalton, Raoult und Henry müssen beherrscht werden.

Für die Gasphase gelten die **Daltonschen Beziehungen**

$$p = \sum_{i=1}^{n} p_i \qquad (4\text{-}6)$$

(handschriftlich: Gesamtdruck = Σ der Partialdrücke der Einzelkomponenten i)

und für ein ideales Gas

$$p_i = y_i \cdot p. \qquad (4\text{-}7)$$

Der Gesamtdruck p eines Gasgemischs setzt sich aus der Summe der Partialdrücke p_i der Einzelkomponenten (i = 1...n) zusammen. Der Partialdruck einer Komponente p_i ergibt sich für ein ideales Gas aus dem mit dem Stoffmengenanteil y_i gewichteten Gesamtdruck.

> **Beispiel Partialdruck:** Anschaulich ist der Partialdruck in Abbildung 4.3 für drei Gaskomponenten (i = 1...3) dargestellt. Der Gesamtdruck setzt sich aus der Summe der Partialdrücke der drei Komponenten zusammen (linkes Bild). Werden die beiden gasförmigen Komponenten 2 und 3 aus dem Gefäß entnommen, verringert sich der Druck im Gefäß auf den Druck, den die Komponente 1 ausübt. Dies ist der Partialdruck der Komponente 1.

Durch Volumenänderungen realer Gase muss Gleichung (4-7) mit dem Fugazitätskoeffizienten φ_i korrigiert werden zu

$$p_i = y_i \cdot \varphi_i \cdot p. \qquad (4\text{-}8)$$

(handschriftlich: φ_i kann weg bei $p < 20 \cdot 10^5$ Pa)

Tabelle 4.2 zeigt beispielhaft den Fugazitätskoeffizienten für Ethan. Für Drücke bis zu etwa $20 \cdot 10^5$ Pa können die meisten Gase näherungsweise als ideal betrachtet werden. Bei höheren Drücken ist die Korrektur mit dem Fugazitätskoeffizienten erforderlich.

Tabelle 4.2: : Fugazitätskoeffizienten für Ethan (100°C)

p/Pa	$1 \cdot 10^5$	$10 \cdot 10^5$	$60 \cdot 10^5$	$200 \cdot 10^5$	$500 \cdot 10^5$
φ_i	0,995	0,963	0,796	0,509	0,449

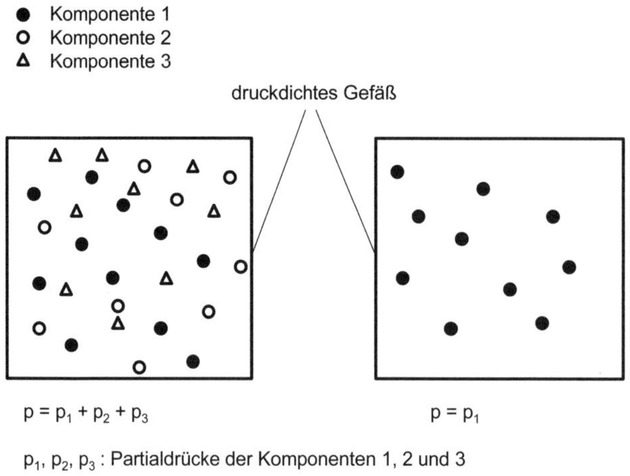

- Komponente 1
○ Komponente 2
△ Komponente 3

druckdichtes Gefäß

$p = p_1 + p_2 + p_3$ $p = p_1$

p_1, p_2, p_3 : Partialdrücke der Komponenten 1, 2 und 3

Abbildung 4.3: Partialdruck

Auch bei der mit der Gasphase im Gleichgewicht stehenden flüssigen Mischphase muss zwischen idealem und realem Verhalten unterschieden werden. Bei Flüssigkeiten wird ideales Verhalten nur angenähert angetroffen. Für ideale flüssige Gemische kann das **Raoultsche Gesetz**

$$p_i = x_i \cdot p_i^0 \tag{4-9}$$

angewendet werden. Der Partialdruck p_i einer Komponente i ist gleich dem Dampfdruck p_i^0 der Komponente gewichtet mit dem Stoffmengenanteil x_i. Bei realem Verhalten muss mit dem Aktivitätskoeffizienten γ_i korrigiert werden:

$$p_i = x_i \cdot \gamma_i \cdot p_i^0 \ . \tag{4-10}$$

Abbildung 4.4 zeigt die Gleichungen im Überblick.

Im Gleichgewichtszustand müssen die Drücke in der Gas- und Flüssigphase gleich sein

$$p_i^G = p_i^L \ , \tag{4-11}$$

wodurch sich für ideales Verhalten

$$y_i \cdot p = x_i \cdot p_i^0 \tag{4-12}$$

der Gleichgewichtszusammenhang

$$y_i = \frac{p_i^0}{p} \cdot x_i \tag{4-13}$$

4.3 Phasengleichgewicht Gasphase-Flüssigphase

```
                    ┌─────────────┐         ┌──────────────────────┐
                    │    Gas      │         │     Flüssigkeit      │
                    └──────┬──────┘         └──────────┬───────────┘
                           │                           │
                   ┌───────┴────────┐         ┌────────┴────────┐
                   │ Daltonsche     │         │  Raoultsches    │  Henrysches Gesetz
                   │ Gesetze        │         │  Gesetz         │
```

Gas → Daltonsche Gesetze: ideal | real
Flüssigkeit → Raoultsches Gesetz: ideal | real ; Henrysches Gesetz: ideal | real

- ideal (Dalton): $p = \sum_i p_i$
- real (Dalton): $p = \sum_i p_i$
- ideal (Raoult): $p_i^L = x_i \cdot p_i^0$
- real (Raoult): $p_i^L = x_i \cdot \gamma_i \cdot p_i^0$
- ideal (Henry): $p_i^L = x_i \cdot H_i$
- real (Henry): $p_i^L = x_i \cdot \gamma_{i,\infty} \cdot H_i$

- ideal: $p_i^G = y_i \cdot p$
- real: $p_i^G = y_i \cdot \varphi_i \cdot p$

Abbildung 4.4: Gesetze von Dalton, Raoult und Henry

und für reales Verhalten

$$y_i = \frac{p_i^0}{p} \cdot \frac{\gamma_i}{\varphi_i} x_i \tag{4-14}$$

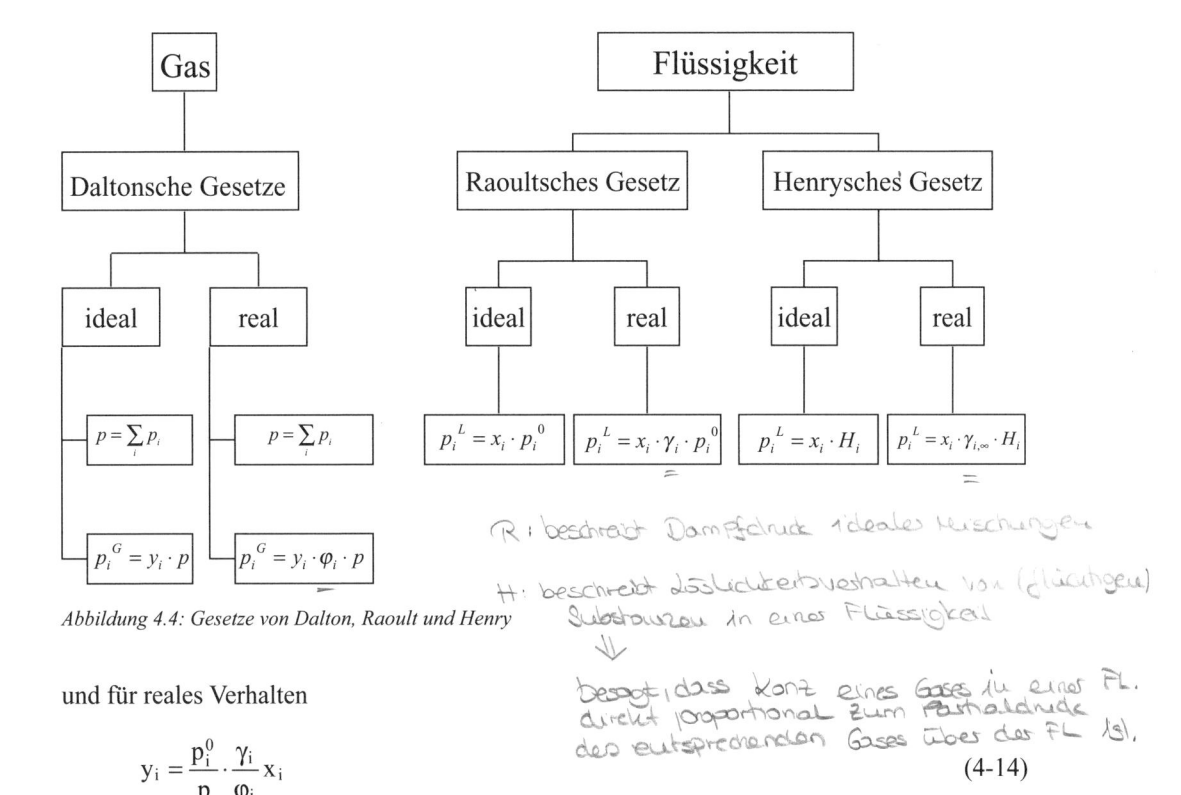

ergibt. **Der Verteilungs- oder Gleichgewichtskoeffizient K_i entspricht der Steigung der Gleichgewichtslinie:**

$$K_i = \frac{y_i}{x_i}. \tag{4-15}$$

Gleichung (4-15) lässt sich für ideale Gemische bei Gültigkeit des Raoultschen Gesetzes schreiben zu

$$K_i = \frac{y_i}{x_i} = \frac{p_i^0}{p}. \tag{4-16}$$

Die **relative Flüchtigkeit** α_{12} eines idealen Zweistoffgemischs ist definiert zu

$$\alpha_{12} = \frac{K_1}{K_2} = \frac{y_1/x_1}{y_2/x_2} = \frac{p_1^0}{p_2^0}. \tag{4-17}$$

Das Raoultsche Gesetz gilt streng genommen nur im Bereich reiner Komponenten ($x \sim 1$). Es ist anschaulich die Asymptote an die reale Partialdruckkurve $y_i(x_i)$ für $x_i \to 1$ (siehe Abbildung 4.5). Bei $x_i = 1$ lässt sich der Dampfdruck p_i^0 ablesen.

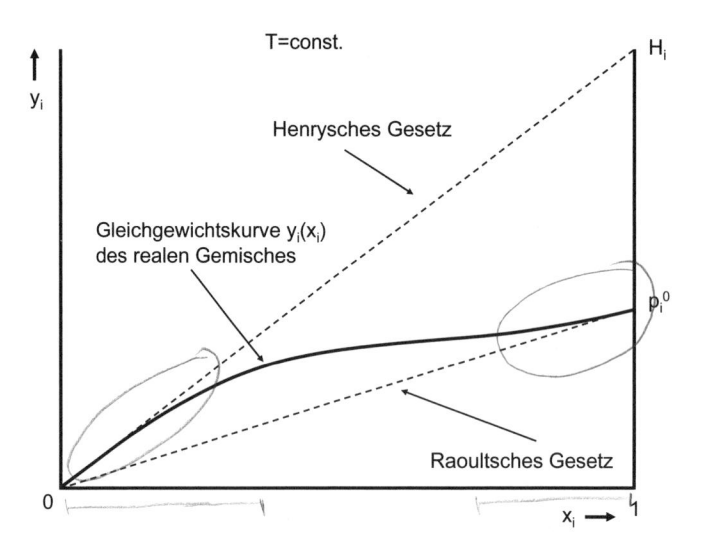

Abbildung 4.5: Raoultsches und Henrysches Gesetz

Das Henrysche Gesetz

$$p_i = x_i \cdot H_i \tag{4-18}$$

gilt dagegen für unendlich verdünnte Flüssigkeiten ($x \sim 0$). Es ist wie das Raoultsche Gesetz ein Grenzgesetz, das die Grenztangente der realen Gleichgewichtskurve für $x_i \to 0$ beschreibt. Der **Henry-Koeffizient**

$$H_i = H_i\,(p, T, \text{Stoff}) \tag{4-19}$$

hängt von Druck, Temperatur und dem Stoffgemisch ab und ist anschaulich in Abbildung 4.5 gezeigt. Für reale Gemische folgt aus Gleichung (4-18)

$$p_i = x_i \cdot \gamma_{i,\infty} \cdot H_i \tag{4-20}$$

mit dem **Grenzaktivitätskoeffizienten** $\gamma_{i,\infty}$.

> **Zusammenfassung:** Durch Verknüpfung des für die Gasphase gültigen Daltonschen Gesetzes mit den für die flüssige Phase gültigen Gesetzen von Raoult bzw. Henry lässt sich eine einfache Gleichgewichtsbeziehung aufstellen.

4.3.1 Gleichgewicht für Absorption

> **Lernziel:** Das Gleichgewicht sowohl für physikalische als auch für chemische Löslichkeit von Gasen in Flüssigkeiten muss beschrieben werden können. Auswirkungen auf die Sorptionsisothermen müssen erkannt werden.

4.3 Phasengleichgewicht Gasphase-Flüssigphase

Handschriftliche Notiz: Bei Absorptionen wird häufig das Henrysche Gesetz zur Beschreibung des GG herangezogen.

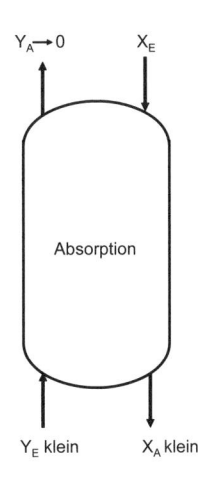

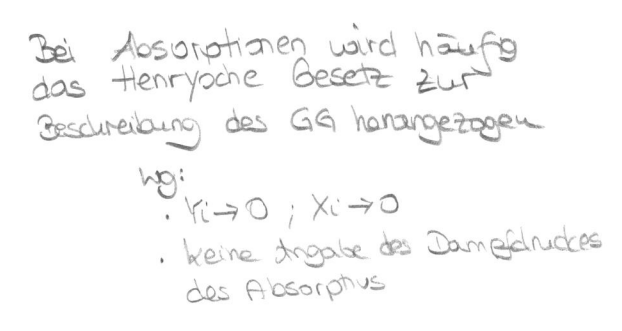

hg:
- $Y_i \to 0$; $X_i \to 0$
- keine Angabe des Dampfdruckes des Absorptivs

Abbildung 4.6: Aufgabenstellung bei der Absorption

Physikalische Gaslöslichkeit

Da die Absorption häufig zur Reinigung von Abgasströmen eingesetzt wird, verlangt die Aufgabenstellung (Abbildung 4.6), dass ein Gasstrom mit kleiner Eintrittsbeladung Y_E auf kleinste Konzentrationen am Austritt (bedingt durch die gesetzlichen Grenzwerte oder innerbetrieblichen Anforderungen) abgereinigt wird ($Y_A \to 0$). Hierdurch stellt sich automatisch eine geringe Beladung der Flüssigkeit am Austritt aus dem Absorber (X_A klein) ein. Wie Abbildung 4.5 zeigt, gilt im Bereich $Y_i \to 0$, $X_i \to 0$ das Henrysche Gesetz. Außerdem wird bei der Absorption das Absorptiv teilweise gasförmig im Absorbens gelöst, so dass kein Dampfdruck des Absorptivs angegeben werden und somit das Raoultsche Gesetz nicht verwendet werden kann. Beide Randbedingungen bewirken, dass bei der Absorption häufig das **Henrysche Gesetz zur Beschreibung des Gleichgewichts** herangezogen wird.

Der Gleichgewichtszusammenhang lautet für ideale Gemische bei Gültigkeit des Henryschen Gesetzes

$$y_i = x_i \cdot \frac{H_i}{p}. \tag{4-21}$$

Diese Gleichung stellt sowohl in einem y_i, x_i- als auch einem p_i, x_i-Diagramm gemäß Abbildung 4.7 eine Gerade dar. Da bei der Absorption normalerweise mit Beladungen gearbeitet wird, folgt mit Gleichung (3-36)

$$Y_i = \frac{X_i \cdot H_i}{p \cdot (1 + X_i) - X_i \cdot H_i}, \quad X_i = \frac{p}{H_i \cdot \left(1 + \frac{1}{Y_i}\right) - p}. \tag{4-22}$$

Im Y_i, X_i-Beladungsdiagramm beschreiben die Gleichungen eine Kurve (siehe Abbildung 4.7). Die Kurven zeigen, dass ein Absorbens aus einem gegebenen Gasgemisch bei konstanter Molbeladung Y_i umso mehr Absorptiv i physikalisch absorbieren kann, je geringer

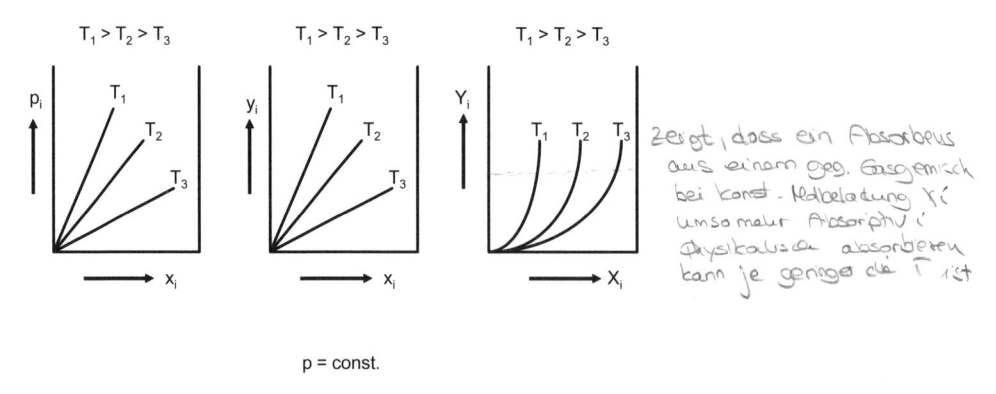

Abbildung 4.7: Sorptionsisothermen (Gleichgewichtskurven)

die Temperatur und je kleiner der Henry-Koeffizient ist. Da der Henry-Koeffizient dem Dampfdruck ähnlich ist, nimmt er mit sinkender Temperatur und steigendem Druck ebenfalls ab. Daraus wird deutlich, dass **bezüglich des Gleichgewichts ein hoher Druck und eine tiefe Temperatur vorteilhaft sind**.

Beispiel Sektflasche: Beim Öffnen einer Flasche Sekt entweicht Kohlenstoffdioxid, da der unter höherem Druck stehende Flascheninhalt auf Umgebungsdruck entspannt wird. Wird der Sekt nicht im Kühlschrank gekühlt, sondern in der Sonne erwärmt, so ist dies nicht nur dem Geschmack abträglich, der Korken wird sich beim Öffnen schlagartig aus der Flasche entfernen, da sich durch die höhere Temperatur ein Teil des Kohlenstoffdioxids aus der Flüssigkeit entlöst hat.

Beispiel Temperatur von Flüssen: Hoher Druck und tiefe Temperatur begünstigen die Löslichkeit von Sauerstoff in Wasser. Die Temperaturabhängigkeit ist in Abbildung 4.8 gezeigt. Hier wird die Problematik deutlich, dass Fischen im Sommer weniger Sauerstoff zur Verfügung steht als im Winter. Industriebetrieben wird daher die maximale Einleittemperatur ihres Wassers vorgeschrieben, der Fluss darf sich nicht zu stark erwärmen, da ein Fischsterben dann nicht auszuschließen wäre.

Abbildung 4.9 zeigt zwei Sorptionsisothermen für unterschiedliche Temperaturen. Bei tieferen Temperaturen ($T_2 < T_1$) verschiebt sich die Sorptionsisotherme in Richtung der Abszisse (siehe auch Abbildung 4.7). Dies ist für den Trennvorgang von Vorteil, da bei vorgegebener Austrittskonzentration der Gasphase Y_A die Flüssigkeit bei tieferer Temperatur (Sorptionsisotherme 2) mehr Absorptiv aufnehmen kann (X_2) als bei höherer Temperatur (Sorptionsisotherme 1, X_1). Dadurch ist weniger Absorbens erforderlich, um den gleichen Trenneffekt zu erzielen. Umgekehrt kann bei vorgegebener Absorptkonzentration X mit Sorptionsisotherme 2 eine geringere Gasaustrittskonzentration Y_{A2} gegenüber Y_{A1} mit Sorptionsisotherme 1 erreicht werden.

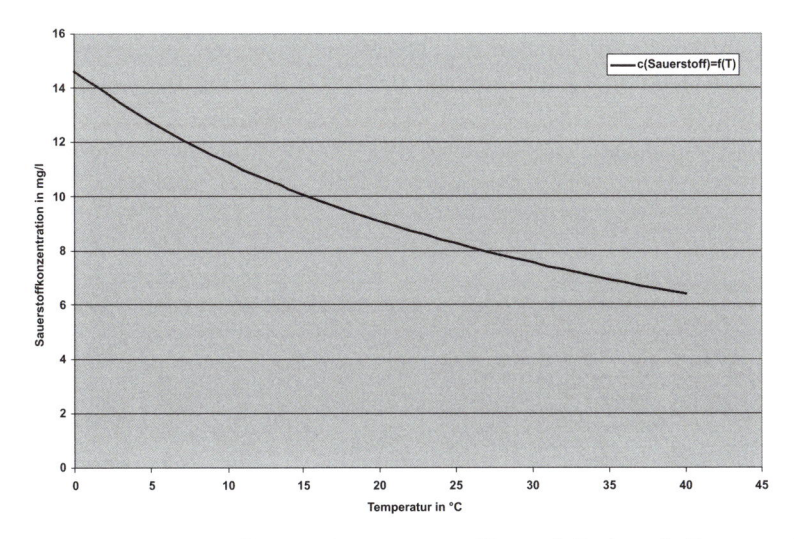

4.3 Phasengleichgewicht Gasphase-Flüssigphase

Abbildung 4.8: Sauerstoffsättigungskonzentration in Wasser als Funktion der Temperatur (Sorptionsisotherme)

Zg. des GG ist $p\uparrow$ und $T\downarrow$ vorteilhaft !

für Trennvorgang von Vorteil:

bei $T\downarrow$ verschiebt sich die Sorptionsisotherme Richtung Abszisse

$\Rightarrow$ bei vorgegebener Austrittskonz. von Gasen (Y_A) z.B. Betrieblich od. Gesetzlich die Flüssigkeit

$\Rightarrow$ Weniger Absorbens erforderlich

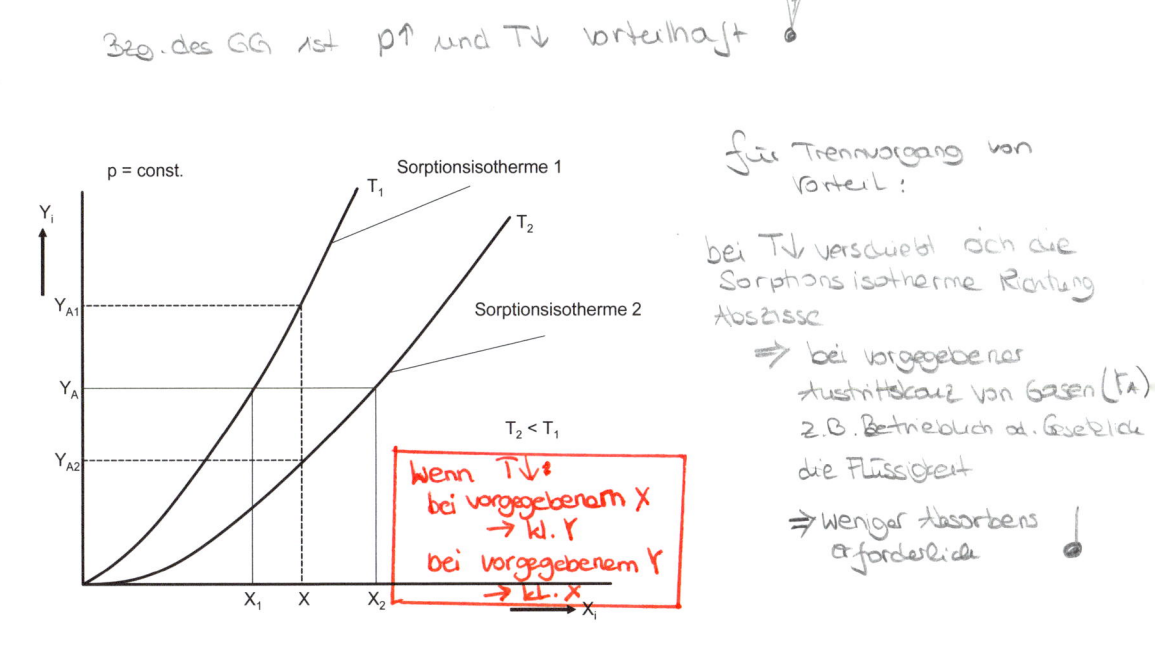

Wenn $T\downarrow$:
bei vorgegebenem X $\rightarrow$ kl. Y
bei vorgegebenem Y $\rightarrow$ kl. X

Abbildung 4.9: Einfluss von Druck und Temperatur auf die Löslichkeit von Gasen in Flüssigkeiten

Beispiel Löslichkeit von CO₂: Abbildung 4.10 zeigt Gleichgewichtskurven für die physikalische Löslichkeit von CO_2 in N-Methylpyrrolidon (C_5H_9NO) für zwei Temperaturen (273 K und 313 K) sowie zwei Drücke (10^5 Pa und $20 \cdot 10^5$ Pa). Auch hier zeigt sich die starke Druck- und Temperaturabhängigkeit des Gleichgewichts. Für die tiefste Temperatur und den höchsten Druck (273 K und $20 \cdot 10^5$ Pa) ist die Löslichkeit des CO_2 im Absorbens am größten.

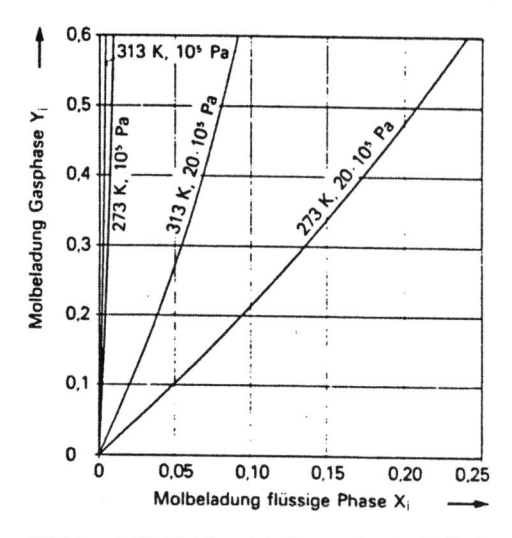

Abbildung 4.10: Gleichgewichtskurven der physikalischen Absorption von CO_2 mit N-Methylpyrrolidon

Beispiel physikalische Löslichkeit unterschiedlicher Gase und Dämpfe in Wasser: Tabelle 4.3 zeigt Henry-Koeffizienten (40°C ≤ T ≤ 50°C) unterschiedlicher Absorptive, wenn Wasser als Absorbens verwendet wird. Die Henry-Koeffizienten erstrecken sich über einen weiten Bereich. Für den wirtschaftlichen Einsatz der Absorption kann als grober Richtwert

$$H_i \leq 10 \text{ bar} \cdot \frac{\text{mol}}{\text{mol}} \tag{4-23}$$

angegeben werden. Aus Tabelle 4.3 wird deutlich, dass Wasser als Absorbens für manche Gase (z. B. Stickstoff, Wasserstoff, Sauerstoff) schlecht geeignet ist, während viele organische Gase und Dämpfe (z. B. Phenol, Ethanol, Anilin, Butanol, Blausäure) sich sehr gut in Wasser lösen. Die schlechte Löslichkeit der Luftbestandteile Stickstoff und Sauerstoff in Wasser ist aber durchaus positiv zu sehen, wenn im Rahmen der Abluftreinigung organische Bestandteile aus Abluftströmen entfernt werden sollen. Gleichzeitig verdeutlicht die schlechte Löslichkeit von Sauerstoff in Wasser die Problematik der ausreichenden Belüftung von Belebungsbecken in Kläranlagen zur biologischen Abwasserreinigung (siehe Abbildung 4.8).

Tabelle 4.3: Henry-Koeffizienten verschiedener Gase in Wasser ($\vartheta = 40°C - 50°C$)

Gas	Henry-Koeffizienten [bar mol/mol] 40-50°C
Stickstoff	115000
Wasserstoff	77500
Kohlenmonoxid	77000
Sauerstoff	59600
Ethylen	18700
Distickstoffoxid	4700
Kohlendioxid	2870
Chlor	903
Dichlormethan	508
Brom	194
Acrylnitril	7,5
Blausäure	5,8
Aceton	4,76
Ammoniak	2,7
i-Butanol	1,79
n-Propanol	1,04
Methanol	0,83
Ethanol	0,75
Anilin	0,28
Acrylsäure	0,052
Phenol	0,044

Chemische Gaslöslichkeit
Bei der **Chemisorption**

$$\text{Chemisorption} = \text{Absorption und chem. Reaktion des Absorptivs mit dem Absorbens} \tag{4-24}$$

werden Absorbentien benutzt, die mit dem Absorptiv eine chemische Bindung eingehen (Beispiel: Entschwefelung nach Kraftwerken, siehe Kap. 2). Dies muss bei der Berechnung des Gleichgewichts berücksichtigt werden. Das Absorptiv muss zuerst vom Gas ins Absorbens übertragen werden, dann wird das Absorptiv chemisch im Absorbens gebunden. Die für die chemische Reaktion anzuwendende **Gleichgewichtskonstante K_c**

$$K_c = \frac{k_{Hin}}{k_{Rück}} \tag{4-25}$$

ist das Verhältnis der **Geschwindigkeitskonstanten k** für die Hin- (k_{Hin}) und die Rückreaktion ($k_{Rück}$). Große Bedeutung bei der Absorption haben Reaktionen, bei denen ein Mol des Absorptivs A mit m Molen des Absorbens B zu n Molen eines Produkts P reagieren:

$$A + m \cdot B \underset{k_{Rück}}{\overset{k_{Hin}}{\rightleftarrows}} n \cdot P. \tag{4-26}$$

Durch die Abhängigkeit der Reaktionsgeschwindigkeit von den Konzentrationen der Reaktionsteilnehmer berechnet sich die Gleichgewichtskonstante K_c nach dem **Massenwirkungsgesetz** zu

$$K_c = \frac{c_P^n}{c_A \cdot c_B^m}. \qquad (4\text{-}27)$$

Bei der Absorption wird gefordert, dass das Gleichgewicht möglichst vollständig auf der rechten Seite von Gleichung (4-26) liegt, K_c muss dementsprechend groß sein.

Beispiel Entschwefelung von Rauchgasen: Die Entschwefelung von Rauchgasen nach dem Gipsverfahren

$$CaCO_3 + SO_2 + 0{,}5 \cdot O_2 \xrightleftharpoons[k_{Rück}]{k_{Hin}} CaSO_4 + CO_2 \qquad (4\text{-}28)$$

führt zu der Gleichgewichtskonstanten

$$K_c = \frac{c_{CaSO_4} \cdot c_{CO_2}}{c_{CaCO_3} \cdot c_{SO_2} \cdot c_{O_2}^{0,5}}. \qquad (4\text{-}29)$$

Abbildung 4.11 zeigt Sorptionsisothermen für Physi- und Chemisorption. Im Gegensatz zur physikalischen Absorption fällt bei der Chemisorption auf, dass die Kurven zuerst wesentlich flacher ansteigen und sich kaum von der Abszisse unterscheiden, die Aufnahmefähigkeit des Absorbens für das Absorptiv ist in diesem Bereich besonders gut. Ab einem kritischen Wert der Molbeladung in der flüssigen Phase steigt die Beladung in der Gasphase Y sehr stark an. Die Flüssigkeit ist gesättigt und kann chemisch kein Absorptiv mehr binden. Dieser Zustandspunkt darf bei der Chemisorption nicht erreicht werden, um ein Durchbrechen des Absorptivs zu vermeiden.

Bedingt durch die unterschiedlichen Sorptionsisothermen bei Gleichgewichtseinstellung weist die Chemisorption einige **Vor- aber auch Nachteile gegenüber der Physisorption** auf. Als Vorteile sind zu nennen:
- verminderter oder überhaupt kein Dampfdruck des Absorptivs über der Flüssigkeit bedingt durch die Reaktion der abzutrennenden Komponente,
- geringer Trennaufwand,
- geringere erforderliche Kolonnenhöhe,
- stärkeres Aufkonzentrieren in der Flüssigphase in Form der Reaktionsprodukte,
- größere Selektivität des Absorbens für die herauszulösende Komponente,
- größeres Aufnahmevermögen des Absorbens,
- höhere Absorptionsgeschwindigkeit.

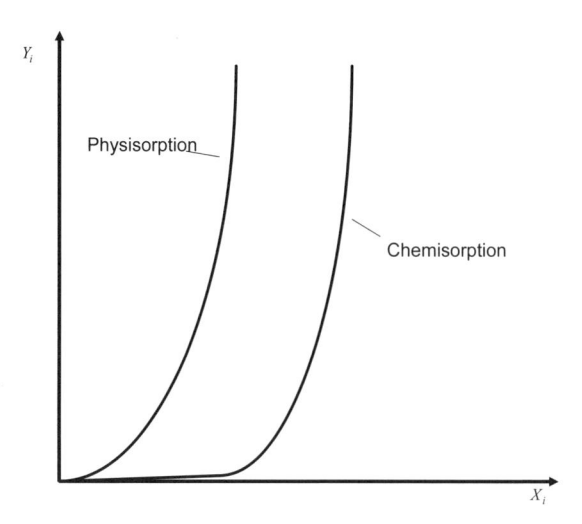

4.3 Phasengleichgewicht Gasphase-Flüssigphase

Abbildung 4.11: Gleichgewichtskurven für Physi- und Chemisorption

Diesen Vorteilen stehen folgende Nachteile gegenüber:

- Regeneration aufwendiger als bei Physisorption, vielfach unmöglich (siehe Gleichung (1-1)),
- Verbrauch des Absorbens, wodurch keine Kreislauffahrweise möglich ist,
- Erzeugung neuer Reaktionsprodukte, die als Reststoffe oder neue Produkte entsorgt werden müssen (z. B. Gips bei der Rauchgasentschwefelung nach Kraftwerken).

Der Übergang zwischen Chemisorption und Reaktionstechnik ist gleitend. Handelt es sich um eine stofftransportlimitierte und schnelle Reaktion ohne Nebenreaktionen, handelt es sich immer um eine Absorption.

Beispiel Sorptionsisothermen für CO_2 bei Chemisorption: Abbildung 4.12 zeigt Sorptionsisothermen für die Chemisorption von CO_2 in wässriger Monoethanolaminlösung. Auch hier zeigt sich, dass ein hoher Druck und eine tiefe Temperatur die Lage des Gleichgewichts begünstigen. Beim Temperatureinfluss muss berücksichtigt werden, dass die Löslichkeit des Absorptivs im Absorbens mit sinkender Temperatur zunimmt, die Reaktionsgeschwindigkeitskonstante k aber mit der Temperatur ansteigt (E_A: Aktivierungsenergie)

$$k = k_0 \cdot e^{-E_A/RT} . \tag{4-30}$$

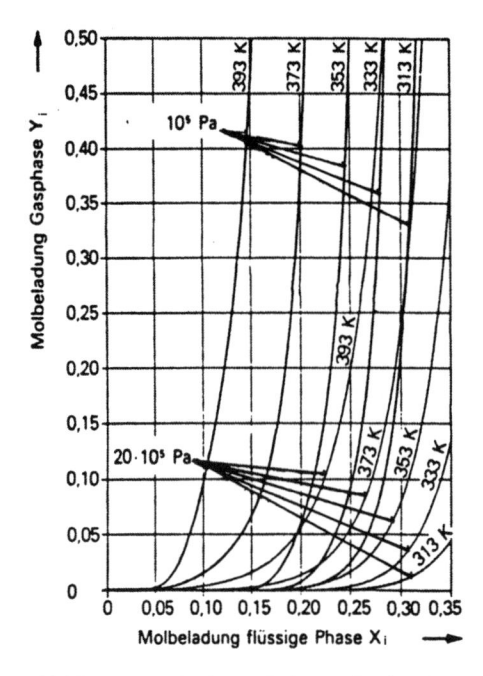

Abbildung 4.12: Gleichgewichtskurven für die Chemisorption von CO_2 in Monoethanolamin/Wasser

Zusammenfassung: Das Gleichgewicht bei der Absorption kann häufig mit dem Henryschen Gesetz beschrieben werden. Ein hoher Druck und eine tiefe Temperatur begünstigen die Absorption. Für Physisorption und Chemisorption ergeben sich unterschiedliche Sorptionsisothermen.

Beispielaufgabe Gleichgewicht für Absorption: Aus einem Abluftstrom (M_{Luft} = 29 kg/kmol) soll Ammoniak (M_{NH3} = 17 kg/kmol) mit Wasser (M_{H2O} = 18 kg/kmol) als Absorbens entfernt werden. Der Henry-Koeffizient für das Stoffsystem beträgt bei einer Temperatur von 50°C 2,7 bar · mol/mol. Die Absorption wird bei einem Druck von $20 \cdot 10^5$ Pa durchgeführt. Zu bestimmen sind der Partialdruck des Ammoniaks in der mit der Lösung (10 Massen-% NH_3) im Phasengleichgewicht stehenden Gasphase sowie die Phasengleichgewichtszusammenhänge (Sorptionsisothermen) für Stoffmengenanteile und Stoffmengenbeladungen.

Lösung:

Für den Partialdruck von Ammoniak in der mit der Lösung im Gleichgewicht stehenden Gasphase gilt nach dem Henryschen Gesetz:

$$p_{NH_3}^L = p_{NH_3}^G = H_{NH_3} \cdot x_{NH_3} .$$

Gemäß Tabelle 3.2 gilt

$$x_{NH_3} = \frac{\frac{w_i}{M_i}}{\sum_k \frac{w_k}{M_k}} = \frac{\frac{w_{NH_3}}{M_{NH_3}}}{\frac{w_{NH_3}}{M_{NH_3}} + \frac{w_{H_2O}}{M_{H_2O}}} = \frac{\frac{0,1}{17}}{\frac{0,1}{17} + \frac{(1-0,1)}{18}} = 0,105$$

und somit

$$p_i = 2,7 \cdot 0,105 = 0,284 \text{ bar} = 28,4 \cdot 10^3 \text{ Pa}.$$

Phasengleichgewichtszusammenhang für Stoffmengenanteile $y_i = f(x_i)$:

Die Verknüpfung der Gesetze von Henry und Dalton liefert den gesuchten Zusammenhang

$$y_{NH_3} = \frac{H_{NH_3}}{p} \cdot x_{NH_3} = \frac{2,7}{20} \cdot x_{NH_3} = 0,135 \cdot x_{NH_3}.$$

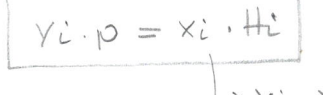

[handschriftlich: $y_i \cdot p = x_i \cdot H_i \rightarrow y_i = \frac{x_i H_i}{p}$]

Es handelt sich um eine Gerade durch den Ursprung mit der Steigung 0,135.

Phasengleichgewichtszusammenhang für Stoffmengenbeladungen $Y_i = f(X_i)$:

Einsetzen von Gleichung (3-36) liefert

$$\frac{Y_{NH_3}}{1+Y_{NH_3}} = \frac{H_{NH_3}}{p} \cdot \frac{X_{NH_3}}{1+X_{NH_3}} = \frac{Y_{NH_3}}{1+Y_{NH_3}} = 0,135 \cdot \frac{X_{NH_3}}{1+X_{NH_3}}$$

oder gemäß Gleichung (4-22):

$$Y_{NH_3} = \frac{X_{NH_3} \cdot 2,7}{20 \cdot (1+X_{NH_3}) - X_{NH_3} \cdot 2,7}.$$

Es handelt sich um eine Kurve durch den Ursprung, deren Verlauf punktweise ermittelt werden muss.

4.3.2 Gleichgewicht für Destillation und Rektifikation

> **Lernziel:** Die Darstellungsmöglichkeiten sowie die Vorausberechnung des Gleichgewichts muss für die Rektifikation beherrscht werden. Der Unterschied zur Absorption ist zu erläutern.

Die Rektifikation unterscheidet sich von der Absorption durch die Anzahl der am Stoffaustausch beteiligten Komponenten, wie Abbildung 4.13 verdeutlicht. Während bei der Absorption nur das Absorptiv vom Gas in das Absorbens übertragen wird, handelt es sich bei der Rektifikation um einen zweiseitigen Stofftransport. Die leichter siedende Komponente 1 (z. B. Ethanol bei der Alkoholdestillation) wird aus der Flüssigkeit in die Dampfphase über-

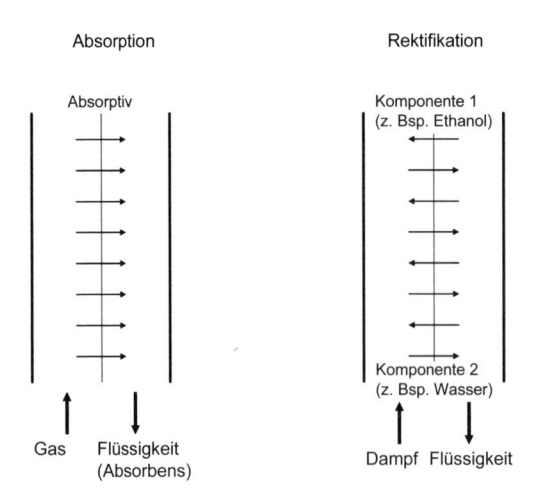

Abbildung 4.13: Am Stoffaustausch beteiligte Komponenten bei Absorption und Rektifikation

tragen, während die schwerer siedende Komponente 2 (hier Wasser) aus dem Dampf in die Flüssigkeit überführt wird. Dadurch verringert sich die Anzahl der Freiheitsgrade (siehe Abschnitt 4.2). Dies ist bei der Beschreibung des Gleichgewichts zu berücksichtigen.

Das Gleichgewicht wird für eine ideale Mischung aus 2 Komponenten beschrieben. Die Kombination von Raoultschem und Daltonschem Gesetz liefert

$$p(x) = p_1 + p_2 = x_1 \cdot p_1^0 + x_2 \cdot p_2^0 = \left(p_1^0 - p_2^0\right) \cdot x_1 + p_2^0. \tag{4-31}$$

Nach der Antoine-Gleichung ist der Dampfdruck jeweils von der Temperatur abhängig. Gleichung (4-31) beschreibt die **Siedelinie p(x)** in einem **Druckdiagramm** und ist eine lineare Funktion des Molenbruchs der flüssigen Phase (siehe Abbildung 4.14, linke Seite). Die **Taulinie p(y)** berechnet sich durch Einsetzen von

$$x_1 = \frac{p}{p_1^0} \cdot y_1 \tag{4-32}$$

in Gleichung (4-31) zu

$$p(y) = \frac{p_1^0 \cdot p_2^0}{p_1^0 - \left(p_1^0 - p_2^0\right) \cdot y_1} = \frac{p_2^0}{1 - y_1 \cdot \left(1 - p_2^0 / p_1^0\right)}. \tag{4-33}$$

Bezüglich des Molenbruchs der Dampfphase y handelt es sich um eine nichtlineare hyperbolische Funktion. Diese Funktion ist als Taulinie in Abbildung 4.14, Mitte, gezeigt. Zwischen Siede- und Taulinie befindet sich das Nassdampfgebiet.

Bei Erreichen der **Siedelinie** beginnt die Flüssigkeit zu sieden. Im **Nassdampfgebiet** liegen Dampf und Flüssigkeit gemeinsam vor, bei Erreichen der **Taulinie** ist der letzte Tropfen verdampft.

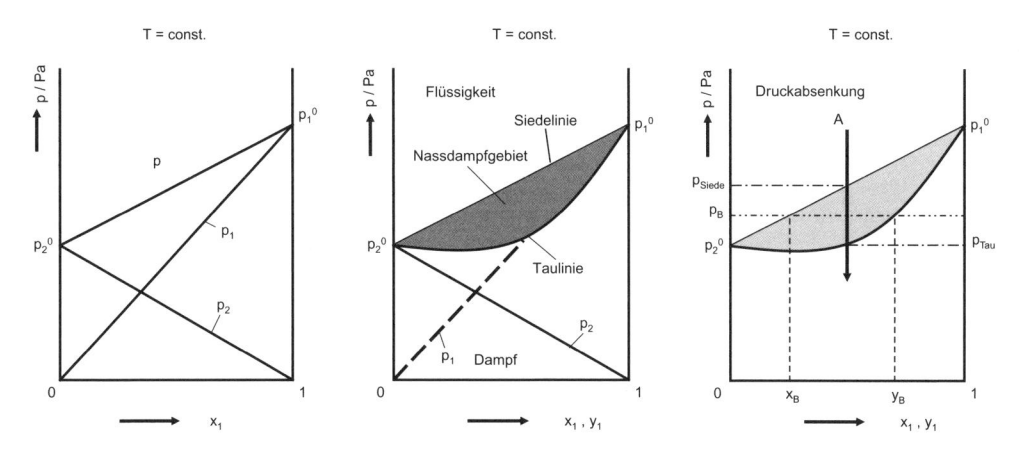

4.3 Phasengleichgewicht Gasphase-Flüssigphase

Abbildung 4.14: Druckdiagramm für ein ideales Zweistoffgemisch

Beispiel Verringerung des Drucks bei einem Zweikomponentengemisch: Abbildung 4.14 rechts zeigt, wie sich eine Verringerung des Systemdrucks auf das Gleichgewicht auswirkt. Wird bei einem flüssigen Gemisch aus 50 % leichtersiedender und 50 % schwerersiedender Komponente der Druck verringert, so beginnt die Flüssigkeit bei dem Druck p_{Siede} zu sieden. Bei geringerem Druck beginnt eine Flüssigkeit bei geringeren Temperaturen zu sieden. Beispiel: Auf Meereshöhe siedet Wasser bei 100°C, in einer Höhe von 2000 m siedet es bereits bei 93°C und in einer Höhe von 8000 m siedet Wasser bei 74°C. Ab dem Siedepunkt bildet sich ein Zweiphasengemisch aus Dampf und Flüssigkeit (Nassdampfgebiet). Dampf und Flüssigkeit stehen miteinander im Gleichgewicht. Wird der Druck bis p_B abgesenkt, bildet sich eine flüssige Phase, deren Zustandspunkt auf der Siedelinie abgelesen werden kann (Konzentration x_B). Die Konzentration (y_B) der hiermit im Gleichgewicht stehenden Dampfphase wird auf der Taulinie abgelesen. Für jeden Druck p ergibt sich somit eine charakteristische Gleichgewichtszusammensetzung y(x). Wir der Druck soweit abgesenkt, dass die Taulinie erreicht wird (p_{Tau}), verdampft der letzte Flüssigkeitstropfen, beide Komponenden sind jetzt vollständig gasförmig.

Eine andere Möglichkeit der Gleichgewichtsdarstellung zeigt Abbildung 4.15 mit Siede- sowie Gleichgewichtsdiagramm (McCabe Thiele-Diagramm). Beim **Siedediagramm** wird der Druck konstant gehalten und die Temperatur über den Stoffmengenanteilen x_1, y_1 aufgetragen. Aus den Gleichungen (4-31) und (4-33) folgt nach x und y aufgelöst:

Siedelinie:

$$x_1(T,p) = \frac{p - p_2^0(T)}{p_1^0(T) - p_2^0(T)}, \qquad (4\text{-}34)$$

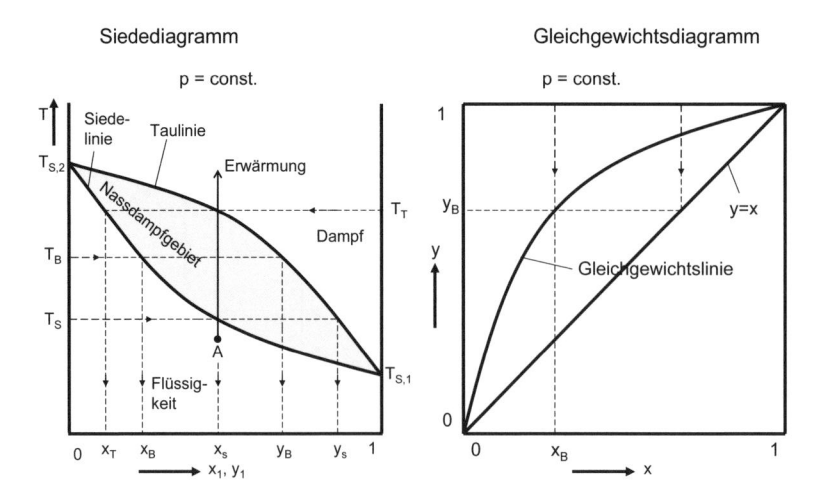

Abbildung 4.15: Siedediagramm und Gleichgewichtsdiagramm (McCabe Thiele-Diagramm)

Taulinie:

$$y_1(T,p) = \frac{p_1^0(T)}{p} \cdot \frac{p - p_2^0(T)}{p_1^0(T) - p_2^0(T)}. \tag{4-35}$$

Beispiel Erwärmung einer Flüssigkeit: An Hand des Siedediagramms (Abbildung 4.15) lässt sich anschaulich erläutern, wie eine Flüssigkeit, bestehend aus zwei Komponenten unterschiedlicher Siedepunkte, auf eine Änderung der Temperatur reagiert. Die reine leichtersiedende Komponente (Index 1) siedet bei der Temperatur $T_{S,1}$. Bei dieser Temperatur erfolgt ein spontaner Übergang der Flüssigkeit in die Dampfphase. Das gleiche passiert für die reine schwerersiedende Komponente (Index 2) bei der Temperatur $T_{S,2}$. Wird eine Flüssigkeit (Zustandspunkt A in Abbildung 4.15), bestehend aus 50 % leichtersiedender Komponente, erwärmt, wird bei der Temperatur T_S der Siedepunkt des Zweikomponentengemischs erreicht, die leichtersiedende Komponente beginnt verstärkt zu sieden und in die Dampfphase überzutreten. Die Flüssigkeit hat die Konzentration x_S, die Dampfphase die höhere Konzentration an leichtersiedender Komponente y_S. Da beide Komponenten unterschiedliche Siedepunkte haben, liegt bei weiterer Temperaturerhöhung ein Gemisch aus Dampf und Flüssigkeit vor, da die Siedetemperatur der reinen schwerersiedenden Komponente noch nicht erreicht ist. Bei der Temperatur T_B hat die Dampfphase die Konzentration y_B, die Flüssigkeit die Konzentration x_B. Es verdampft neben der leichtersiedenden Komponente auch immer mehr schwerersiedende Komponente, so dass mit steigender Temperatur die Konzentration y der leichtersiedenden Komponente im Dampf abnimmt. Wird die Temperatur T_T auf der Taulinie erreicht, ist die gesamte Flüssigkeit verdampft, eine weitere Temperaturerhöhung führt lediglich zu einem Temperaturanstieg des Dampfes. Eine Trennung von leichter- und schwerersiedender Komponente ist nur im Zweiphasengebiet (Nassdampfgebiet) möglich, da hier unterschiedliche Konzentrationen in Dampf und Flüssigkeit vorliegen.

4.3 Phasengleichgewicht Gasphase-Flüssigphase

Beim häufig verwendeten **Gleichgewichtsdiagramm** wird für konstanten Arbeitsdruck die Gleichgewichtszusammensetzung in der Dampfphase y in Abhängigkeit von der Zusammensetzung der Flüssigphase x aufgetragen. Das Gleichgewichtsdiagramm lässt sich grafisch aus dem Siedediagramm ermitteln (siehe Abbildung 4.15) oder mit der Gleichung

$$y_1 = \frac{x_1 \cdot p_1^0}{p} = \frac{p_1^0 \cdot x_1}{p_1^0 \cdot x_1 + p_2^0 \cdot x_2} \qquad (4\text{-}36)$$

berechnen. Durch Einführen der relativen Flüchtigkeit gemäß Gleichung (4-17) folgt

$$y_1 = \frac{\alpha_{12} \cdot x_1}{1 + x_1 \cdot (\alpha_{12} - 1)}. \qquad (4\text{-}37)$$

Das Gleichgewichtsdiagramm wird häufig zur Ermittlung der Höhe einer Rektifikationskolonne (siehe unten) benutzt, da hier direkt der gewünschte Zusammenhang y(x) zu erkennen ist. Gegenüber dem Siedediagramm erfolgt allerdings ein Informationsverlust, da Siede- und Taulinie zur Gleichgewichtslinie zusammengefasst werden. Die Temperatur ist im Gleichgewichtsdiagramm nicht mehr abzulesen.

Abbildung 4.16 zeigt schematisch den Druckeinfluss auf die Rektifikation. **Bei Druckabsenkung entfernt sich die Gleichgewichtskurve immer weiter von der Diagonalen, die relative Flüchtigkeit steigt.** Bei gleicher Flüssigkeitskonzentration x_1 steigt die Dampfkonzentration y_1 an, wodurch die Trennung des Gemischs durch Destillation begünstigt wird. Für die Diagonale wird die relative Flüchtigkeit α zu 1, eine Trennung des Gemischs durch Rektifikation ist nicht möglich (y = x). Unterhalb der Diagonalen gilt: α < 1. Zwischen 0,9 < α < 1,1 liegt die Gleichgewichtskurve so nah an der Diagonalen, dass eine Trennung durch Rektifikation sehr aufwändig wird.

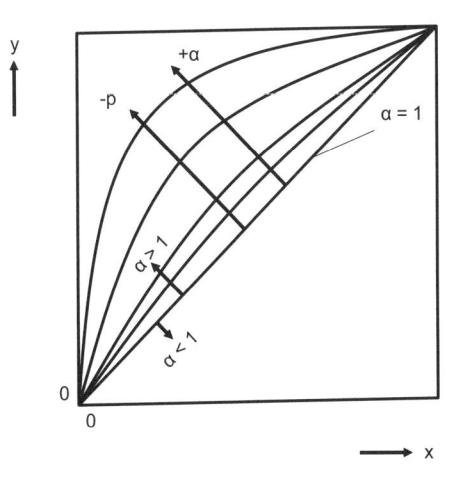

Abbildung 4.16: Druckeinfluss auf die Rektifikation

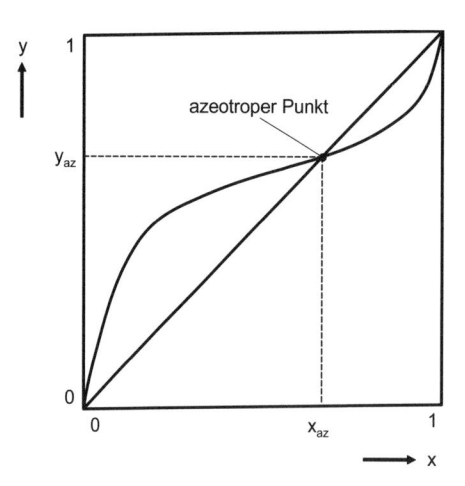

Abbildung 4.17: Azeotroper Punkt

Bei der Trennung vieler Gemische stellt das Auftreten azeotroper Punkte ein Problem dar. Ein **azeotroper Punkt** ist gekennzeichnet durch die Bedingungen:

- relative Flüchtigkeit $\alpha_{az} = 1$,
- Zusammensetzung in Dampf und Flüssigkeit sind gleich ($x_{1,az} = y_{1,az}$, $x_{2,az} = y_{2,az}$).

Abbildung 4.17 verdeutlicht dies. Eine destillative Trennung ist nur zwischen $0 \leq x \leq x_{az}$ sowie $x_{az} \leq x \leq 1$ möglich. Um eine vollständige Auftrennung des Gemischs zu erreichen, muss der azeotrope Punkt verschoben werden. Hierauf wird später eingegangen.

Zusammenfassung: Zur Vorausberechnung des Gleichgewichts bei der Rektifikation wird für ideale Gemische das Raoultsche Gesetz verwendet. Das Gleichgewicht kann im Druck-, Siede- und Gleichgewichtsdiagramm dargestellt werden.

4.4 Phasengleichgewicht Flüssigphase-Flüssigphase

Lernziel: Die Darstellung des Gleichgewichts im Dreiecksdiagramm muss beherrscht werden.

Da wie bei der Absorption an der Flüssig-Flüssig-Extraktion drei Komponenten beteiligt sind (siehe Abbildung 2.14), ergibt sich gemäß Gleichung (4-5) ein Freiheitsgrad von 3. Die Phasendiagramme enthalten somit zwei unabhängige Molenbrüche.

Bei der Berechnung des Gleichgewichts muss unterschieden werden, ob Abgeberphase und Extraktionsmittel zwei vollständig ineinander unlösliche flüssige Phasen bilden oder ob eine teilweise Löslichkeit vorliegt.

4.4.1 Vollständige Unlöslichkeit von Trägerstoff und Extraktionsmittel

Sind **Feed A und Extraktionsmittel B** im Idealfall unabhängig von der Konzentration der Übergangskomponente C **nicht ineinander löslich**, können die Gleichgewichtsverhältnisse analog zur Vorgehensweise bei der Absorption berechnet werden. An Stelle des Henryschen Gesetzes tritt der **Nernstsche Verteilungssatz**, der besagt /12/:

Eine Molekülart, die sich in zwei unvermischbaren Flüssigkeiten unter Beibehaltung ihrer Molekülgröße nach den Gesetzen von Henry und Dalton löst, verteilt sich in ihnen derart, dass das Verhältnis der Konzentrationen in den beiden Phasen unabhängig von der Gesamtmenge jedes der drei anwesenden Stoffe unverändert bleibt.

Hieraus folgt die Definition des Nernstschen Verteilungskoeffizienten K_c^* mit den molaren Konzentrationen c der Übergangskomponente in Extrakt- ($c_{Extrakt}$) und Raffinatphase ($c_{Raffinat}$) zu

$$K_c^*(p,T) = \frac{c_{II}}{c_I} = \frac{c_{Extrakt}}{c_{Raffinat}} = \text{const.} \tag{4-38}$$

Die Umrechnung in Stoffmengenanteile

$$K_x^*(p,T) = \frac{y}{x} = \frac{\rho_{Raffinat} \cdot M_{Extrakt}}{\rho_{Extrakt} \cdot M_{Raffinat}} \cdot \frac{c_{Extrakt}}{c_{Raffinat}} = \frac{\rho_{Raffinat} \cdot M_{Extrakt}}{\rho_{Extrakt} \cdot M_{Raffinat}} \cdot K_c^*, \tag{4-39}$$

sowie Massenanteile

$$K_w^*(p,T) = \frac{w_{Extrakt}}{w_{Raffinat}} = \frac{\rho_{Extrakt}}{\rho_{Raffinat}} \cdot K_c^* \tag{4-40}$$

erfolgt mit den mittleren Dichten sowie mittleren molaren Massen von Raffinat- ($\rho_{Raffinat}$, $M_{Raffinat}$) und Extraktphase ($\rho_{Extrakt}$, $M_{Extrakt}$).

In Gleichung (4-39) sind die beiden am Stoffaustausch beteiligten Phasen ebenfalls mit y und x bezeichnet. Bei der Flüssig-Flüssig-Extraktion wird die **Raffinatphase mit x** (bzw. X) und die **Extraktphase mit y** (bzw. Y) bezeichnet (siehe Abbildung 4.18). Als Gedankenstütze kann hier die Fest-Flüssig-Extraktion herangezogen werden. Die schwere Phase, der Feststoff als Abgeberphase, wird zur x-Phase, die leichte Phase, das flüssige Extraktionsmittel, zur y-Phase.

Für den Nernstschen Verteilungssatz ergibt sich im y,x-Gleichgewichtsdiagramm eine Gerade. Wird als Darstellungsform das Y,X- oder Y_m,X_m-Beladungsdiagramm gewählt (Abbildung 4.19), handelt es sich lediglich näherungsweise (für kleine Konzentrationen X und Y, siehe Absorption) um eine Gerade (GGK I). Die Gleichgewichtskurven GGK II und GGK III verdeutlichen den Fall, dass der Verteilungskoeffizient konzentrationsabhängig ist. Bei der Extraktion wird meistens mit Massenbeladungen bzw. Massenanteilen sowie Massenströmen gearbeitet.

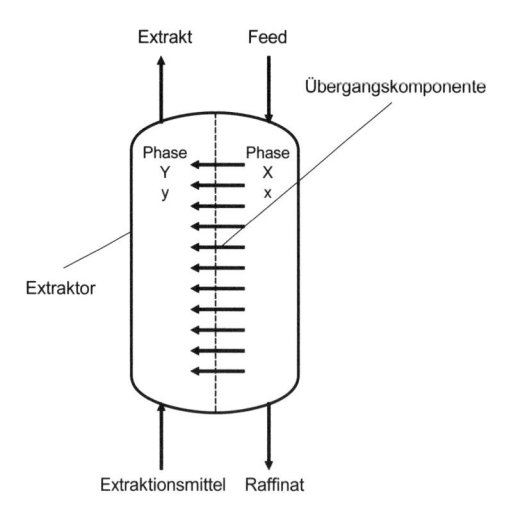

Abbildung 4.18: X- und Y-Phase bei der Extraktion

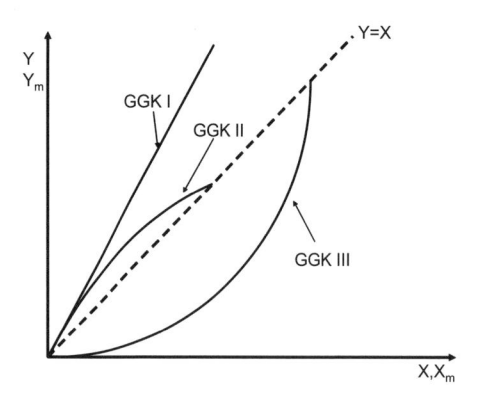

Abbildung 4.19: Gleichgewichtskurven im Y,X- bzw. Y_m, X_m-Beladungsdiagramm

Beispiel Massenbeladungen, Verteilungskoeffizient, Extraktionsausbeute: Wird mit Massenbeladungen gerechnet, gilt für den Verteilungssatz

$$K^*_{X_m}(p,T) = \frac{Y_{m,C}}{X_{m,C}}. \qquad (4\text{-}41)$$

Der Index C verdeutlicht, dass das Konzentrationsmaß für die Übergangskomponente C angegeben wird. Gemäß Abbildung 4.20 wird im Ausgangszustand in einem Extraktor 33 kg/s reines Extraktionsmittel (besteht nur aus B) mit einem gleichgroßen Feedstrom (33 kg/s), der aus Trägerstoff A und zu entfernender Übergangskomponente C besteht, vermischt. Am Ausgang des idealen Extraktors stellt sich nach erfolgter Stofftrennung

4.4 Phasengleichgewicht Flüssigphase-Flüssigphase

Gleichgewicht ein ($Y^*_{m,C}$, $X^*_{m,C}$). Von der Übergangskomponente C sind 4 kg/s in die Extraktphase übergegangen, lediglich ein Rest von 1 kg/s verbleibt in der Raffinatphase. Für diesen Extraktionsvorgang berechnet sich der Verteilungskoeffizient zu 3,4 (siehe Abbildung 4.20). Die Extraktionsausbeute (Wirkungsgrad der Extraktion)

$$\eta = \frac{X_{m,C} - X^*_{m,C}}{X_{m,C}} \cdot 100\% \tag{4-42}$$

beträgt 80 %.

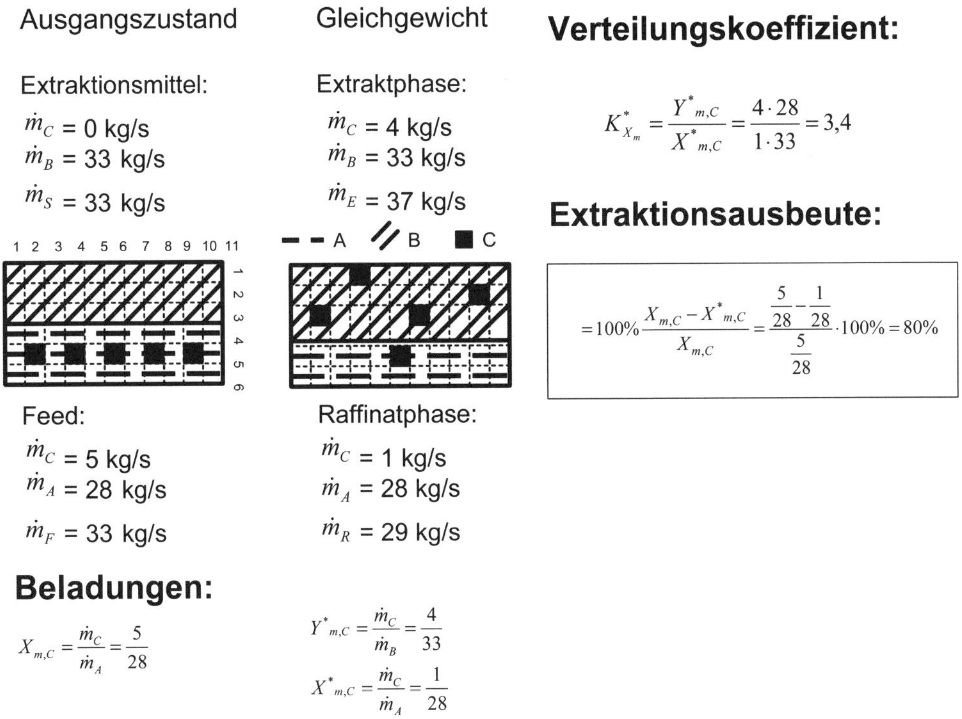

Ausgangszustand

Extraktionsmittel:
$\dot{m}_C = 0$ kg/s
$\dot{m}_B = 33$ kg/s
$\dot{m}_S = 33$ kg/s

Feed:
$\dot{m}_C = 5$ kg/s
$\dot{m}_A = 28$ kg/s
$\dot{m}_F = 33$ kg/s

Gleichgewicht

Extraktphase:
$\dot{m}_C = 4$ kg/s
$\dot{m}_B = 33$ kg/s
$\dot{m}_E = 37$ kg/s

– – A // B ■ C

Raffinatphase:
$\dot{m}_C = 1$ kg/s
$\dot{m}_A = 28$ kg/s
$\dot{m}_R = 29$ kg/s

Verteilungskoeffizient:

$$K^*_{X_m} = \frac{Y^*_{m,C}}{X^*_{m,C}} = \frac{4 \cdot 28}{1 \cdot 33} = 3,4$$

Extraktionsausbeute:

$$= 100\% \frac{X_{m,C} - X^*_{m,C}}{X_{m,C}} = \frac{\frac{5}{28} - \frac{1}{28}}{\frac{5}{28}} \cdot 100\% = 80\%$$

Beladungen:

$$X_{m,C} = \frac{\dot{m}_C}{\dot{m}_A} = \frac{5}{28}$$

$$Y^*_{m,C} = \frac{\dot{m}_C}{\dot{m}_B} = \frac{4}{33}$$

$$X^*_{m,C} = \frac{\dot{m}_C}{\dot{m}_A} = \frac{1}{28}$$

Abbildung 4.20: Massenbeladungen bei der Extraktion

Die Übergangskomponente beeinflusst das Löslichkeitsverhalten von Feed und Extraktionsmittel. Diese sind häufig teilweise ineinander löslich. Für diesen Fall muss das Löslichkeitsverhalten aller drei Komponenten berücksichtigt werden. Hierzu reicht das einfache Beladungsdiagramm gemäß Abbildung 4.19 nicht aus.

4.4.2 Teilweise Löslichkeit von Trägerstoff und Extraktionsmittel

Dreiecksdiagramm

Sind Trägerstoff (A) und Extraktionsmittel (B) merklich ineinander löslich, muss das Löslichkeitsverhalten aller drei Komponenten betrachtet werden. Während zur Darstellung der Zusammensetzung eines binären Gemischs ein Punkt auf einer Linie genügt, ist für ein ternäres Gemisch ein Punkt in einer Fläche erforderlich. Zweckmäßigerweise erfolgt die Darstellung in einem gleichseitigen Dreieck (**Gibbssches Dreieck**) gemäß Abbildung 4.21. **Das Dreiecksdiagramm wird benutzt, um Mengenverhältnisse, Gleichgewichtszustände sowie Arbeitszustände darzustellen.**

Die Ecken des gleichseitigen Dreiecks stellen die reinen Komponenten A, B und C dar. Vereinbarungsgemäß wird der Trägerstoff A in der linken unteren Ecke aufgetragen, das Extraktionsmittel unten rechts und die Übergangskomponente immer oben. Die **Punkte auf den Dreiecksseiten repräsentieren die entsprechenden Zweistoffgemische** AB, AC und BC. **Punkte im Innern des Dreiecks sind Zustandspunkte ternärer Gemische.** Im Gegensatz zu den unlöslichen Systemen bietet es sich bei den hier vorliegenden teillöslichen Systemen an, nicht mit Beladungen, sondern mit Massen- oder Stoffmengenanteilen zu rechnen. Als Konzentrationsmaß in Abbildung 4.21 wurden Massenanteile gewählt (es gilt jeweils $0 \leq w_i \leq 1$). Die Konzentration w_A kann sowohl von C als auch von B ausgehend abgelesen werden, entsprechend laufen die Koordinaten für die Konzentrationen w_B von C bzw. A, die für w_C entsprechend von A bzw. B.

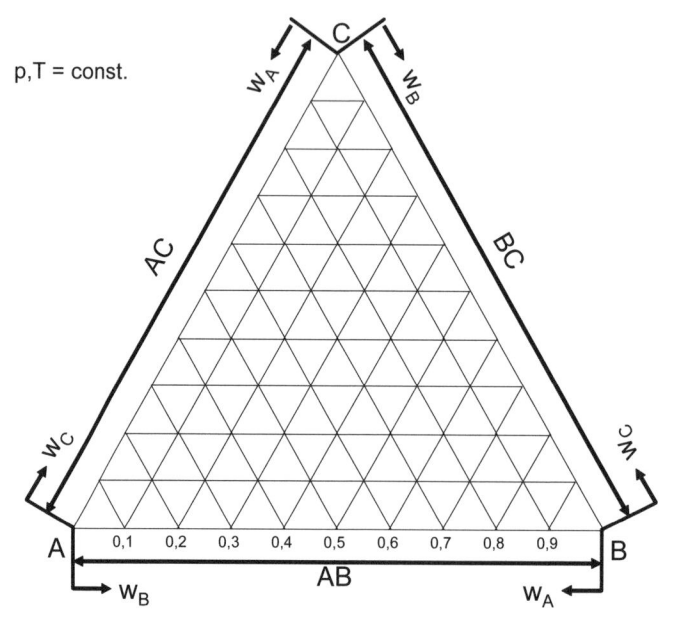

Abbildung 4.21: Dreiecksdiagramm

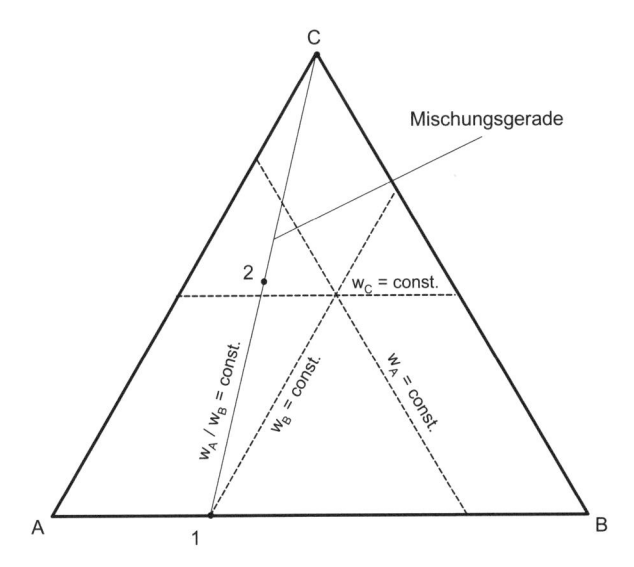

4.4 Phasengleichgewicht Flüssigphase-Flüssigphase

Abbildung 4.22: Darstellung im Dreiecksdiagramm

Die Zusammensetzungen unterschiedlicher Phasen müssen im Dreiecksdiagramm eingetragen bzw. abgelesen werden. Wie Abbildung 4.22 verdeutlicht, **verlaufen Linien konstanter Zusammensetzung parallel zu den entsprechenden Seiten:**

- konstante Zusammensetzung w_A parallel zur Seite BC,
- konstante Zusammensetzung w_B parallel zur Seite AC,
- konstante Zusammensetzung w_C parallel zur Seite AB.

Linien konstanten Verhältnisses zweier Komponenten zueinander gehen durch den Eckpunkt der dritten Komponente:

- Linie w_A/w_B = const. geht durch den Eckpunkt C,
- Linie w_A/w_C = const. geht durch den Eckpunkt B,
- Linie w_C/w_B = const. geht durch den Eckpunkt A.

Abbildung 4.22 zeigt am Beispiel der Geraden mit w_A/w_B = const. das Prinzip der **Mischungsgeraden**. Wird zu einem Zweikomponentengemisch bestehend aus Trägerstoff A und Extraktionsmittel B (Zustandspunkt 1) reine Übergangskomponente C zugemischt, so verschieben sich die neuen Zustandspunkte entlang der Geraden 1C. Je mehr C zugemischt wird, desto weiter verschiebt sich der neue Zustandspunkt Richtung C. Der Zustandspunkt 2 liegt mittig auf der Mischungsgeraden und besteht somit aus einer Mischung von 50 % C und 50 % der Ausgangsmischung 1.

Beispiel Eintragung von Zustandspunkten in das Dreiecksdiagramm: Abbildung 4.23 zeigt, wie Punkte (M_1 und M_2) ins Dreiecksdiagramm eingetragen werden. Wie in Abbildung 4.22 gezeigt, bestehen jeweils zwei Möglichkeiten, die Konzentrationen w_A, w_B und w_C einzutragen. Die jeweiligen Konzentrationen bilden für sich wiederum ein gleichseitiges

Dreieck. Der Zustandspunkt M_1 liegt auf der Dreiecksseite zwischen A und B, da die Konzentration der Übergangskomponente C null ist. Der Zustandspunkt M_2 setzt sich aus den Konzentrationen w_A, w_B, w_C zusammen, so dass er im Inneren des Dreiecks liegt. Die Konstruktion des Punkts M_2 gestaltet sich am einfachsten, wenn die Linien konstanter Zusammensetzung ($w_A = 0{,}4$ = const., $w_B = 0{,}2$ = const., $w_C = 0{,}4$ = const.) eingezeichnet werden. Der Punkt M_2 liegt im Schnittpunkt der drei Geraden.

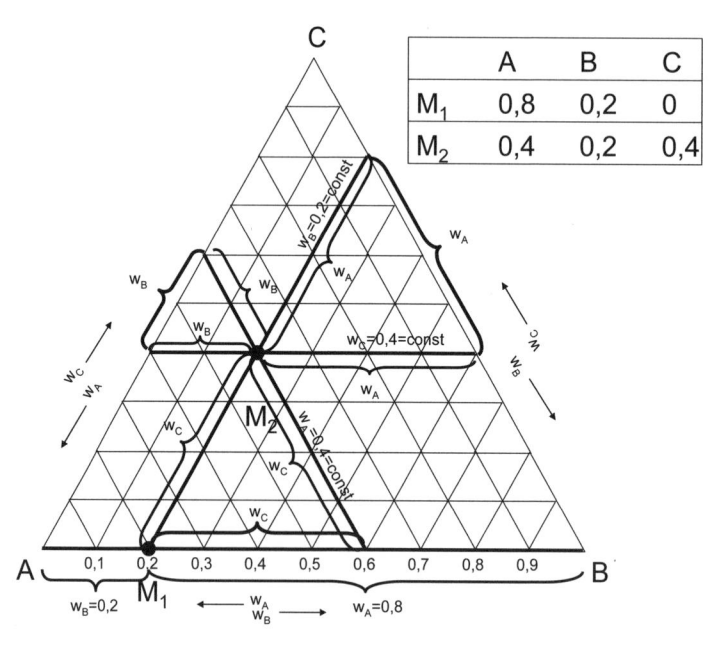

	A	B	C
M_1	0,8	0,2	0
M_2	0,4	0,2	0,4

Abbildung 4.23: Beispiel zur Eintragung von Zustandspunkten unterschiedlicher Zusammensetzung ins Dreiecksdiagramm

Beispiel Mischungsgerade: Abbildung 4.24 zeigt, wie Mischungen im Dreiecksdiagramm dargestellt werden. Da die Zusammensetzung (Massenanteile) der Zustandspunkte R und E gegeben ist, können sie in das Dreiecksdiagramm eingetragen werden. Der sich durch Mischung von R und E ergebende Mischungspunkt M liegt immer auf der Verbindungsgeraden (Mischungsgerade) zwischen R und E. Die Mischungsgerade verbindet die Zustandspunkte der Einzelkomponenten bzw. Ausgangsmischungen. Mit den Hilfsmitteln der technischen Mechanik ausgedrückt, ist der Mischungspunkt das Auflager und die Verbindungsgerade ein Balken. An den beiden Enden des Balkens greifen die Komponenten bzw. Ausgangsmischungen an und belasten den jeweiligen Balkenarm (Hebelarm) mit ihren Mengenanteilen. Nach den Gesetzen der Mechanik befindet sich dieses System dann im Gleichgewicht, wenn das Produkt aus Masse, hier Massenanteilen, und Hebelarm zu beiden Seiten des Auflagers gleich groß ist. Das Beispiel in Abbildung 4.24 verdeutlicht dies.

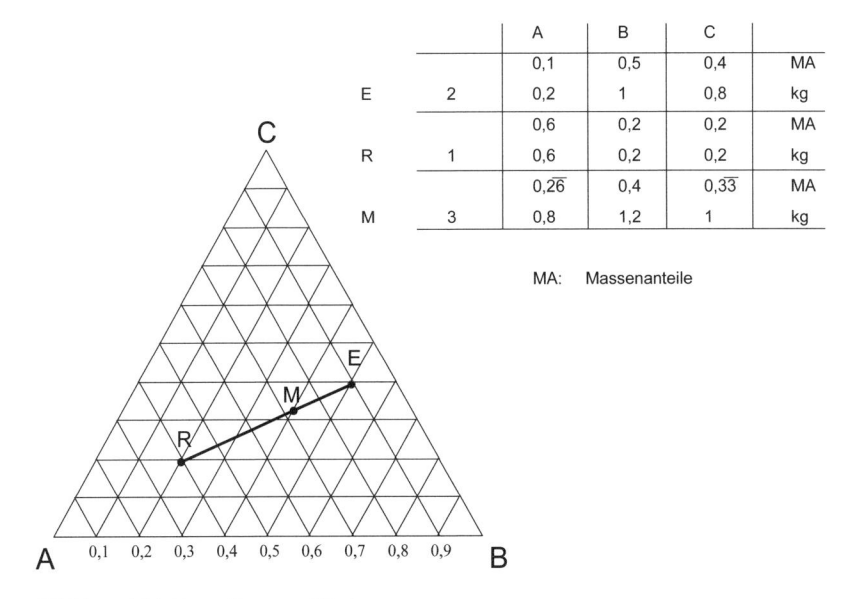

4.4 Phasengleichgewicht Flüssigphase-Flüssigphase

		A	B	C	
E	2	0,1	0,5	0,4	MA
		0,2	1	0,8	kg
R	1	0,6	0,2	0,2	MA
		0,6	0,2	0,2	kg
M	3	$0,2\overline{6}$	0,4	$0,3\overline{3}$	MA
		0,8	1,2	1	kg

MA: Massenanteile

Abbildung 4.24: Darstellung von Mischungen

Werden 2 kg eines durch Zustandspunkt E und 1 kg eines durch Zustandspunkt R charakterisierten Gemischs zusammengegeben, so liegt der Zustandspunkt des resultierenden Gemischs M auf der Verbindungslinie RE. Da die Masse von E größer ist als die Masse von R, muss der Mischungspunkt näher an E liegen. Die Anwendung des Hebelgesetzes liefert:

$$(w_{AM} - w_{AR}) \cdot m_R = (w_{AE} - w_{AM}) \cdot m_E . \tag{4-43}$$

Werden die Konzentrationen durch die entsprechenden Streckenabschnitte in Abbildung 4.24 ersetzt, folgt das Hebelgesetz zu

$$\overline{MR} \cdot m_R = \overline{EM} \cdot m_E . \tag{4-44}$$

Der Mischungspunkt kann über die Streckenabschnitte EM und MR eingezeichnet werden:

$$\frac{m_R}{m_E} = \frac{\overline{EM}}{\overline{MR}} . \tag{4-45}$$

Die genaue Lage des Mischungspunkts M lässt sich rechnerisch aus den Mengenbilanzen bestimmen. Es folgt aus der Gesamtbilanz (zu Bilanzen siehe Kapitel 6)

$$m_R + m_E = m_M \tag{4-46}$$

und aus der Massenbilanz für Komponente A

$$m_R \cdot w_{AR} + m_E \cdot w_{AE} = m_M \cdot w_{AM} . \tag{4-47}$$

Daraus folgt für die unbekannte Konzentration w_{AM}:

$$w_{AM} = \frac{m_R \cdot w_{AR} + m_E \cdot w_{AE}}{m_R + m_E}. \tag{4-48}$$

Mit den Zahlenwerten aus Abbildung 4.24 berechnet sich w_{AM} zu

$$w_{AM} = \frac{1 \cdot 0,6 + 2 \cdot 0,1}{1+2} = 0,2\overline{6}.$$

Die Konzentrationen w_{BM} und w_{CM} werden entsprechend berechnet und in das Dreiecksdiagramm eingetragen, so dass der Mischungspunkt M festliegt.

Darstellung des Gleichgewichts im Dreiecksdiagramm
Grundvoraussetzung für die Extraktion ist, dass sich zwei flüssige Phasen (Raffinat- und Extraktphase) ausbilden, zwischen denen die Übergangskomponente ausgetauscht wird. Der einfachste und in der Extraktionspraxis eines Ternärgemischs zumeist auftretende Fall der **geschlossenen Mischungslücke** ist in Abbildung 4.25 gezeigt. Die Übergangskomponente C ist in Trägerstoff A und Extraktionsmittel B völlig löslich, A und B sind im Konzentrationsbereich zwischen X und Y dagegen nicht ineinander löslich, es bilden sich zwei Phasen. Im Konzentrationsbereich zwischen A und X ist das Extraktionsmittel allerdings im Trägerstoff löslich, genauso wie der Trägerstoff im Konzentrationsbereich zwischen Y und B im Extraktionsmittel löslich ist. Im Dreiecksdiagramm kann sowohl das **homogene Einphasengebiet** als auch das **heterogene Zweiphasengebiet** dargestellt werden. Das Einphasengebiet wird durch die **Binodalkurve (Löslichkeitskurve)** vom Zweiphasengebiet getrennt. Das Zweiphasengebiet, in dem die für die Anwendung der Extraktion erforderlichen zwei Phasen existieren, wird auch als **Mischungslücke** bezeichnet. Die Binodalkurve wird durch den **kritischen Punkt K** in zwei Äste geteilt. Der linke Ast der Binodalkurve ist der geometrische Ort aller möglichen Zusammensetzungen der Raffinatphase (X-Phase), auf dem rechten Ast der Binodalkurve befinden sich alle möglichen Zusammensetzungen der Extraktphase (Y-Phase).

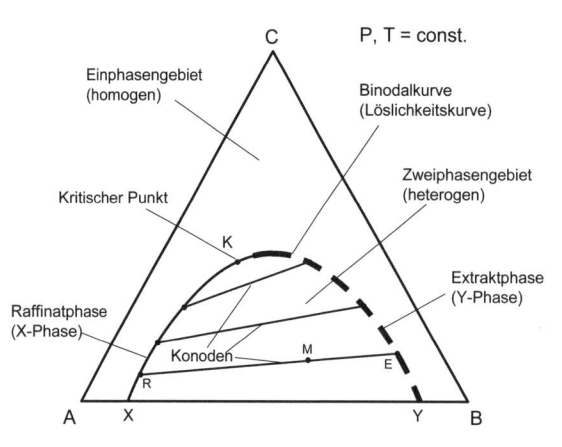

Abbildung 4.25: Phasengleichgewicht im Dreiecksdiagramm

4.4 Phasengleichgewicht Flüssigphase-Flüssigphase

Der aus den drei Einzelkomponenten A, B und C bestehende Mischungspunkt M (Abbildung 4.25) befindet sich im Zweiphasengebiet. Somit ist er nicht stabil und zerfällt in die beiden Phasen R (Raffinat) und E (Extrakt). Die im thermodynamischen Gleichgewicht stehende Raffinat- und Extraktphase sind durch die **Konode** miteinander verbunden.

Ein Mischungspunkt im Zweiphasengebiet zerfällt bei Einstellung des Gleichgewichts entlang der Konode in die entsprechenden Zusammensetzungen der Raffinat- und Extraktphase. Die Konoden stellen das Gleichgewicht im Dreiecksdiagramm dar.

Die Endpunkte der Konoden bilden die Binodalkurve. Je mehr Übergangskomponente C in den beiden koexistierenden Phasen enthalten ist, desto kürzer werden die Konoden und umso mehr rücken die Zustandspunkte R und E zusammen, bis sie schließlich im kritischen Punkt zusammenfallen. Verlaufen die Konoden horizontal, ist der Verteilungskoeffizient $K^* = 1$, bei gegen die Horizontale geneigten Konoden ist K^* je nach Neigungsrichtung größer oder kleiner 1. **Je steiler die Konode verläuft, desto größer ist der Verteilungskoeffizient, desto besser die Trennung durch Extraktion**.

Konoden werden i. d. R. messtechnisch ermittelt, so dass nur eine begrenzte Anzahl von Konoden bekannt ist. Mit Hilfe des in Abbildung 4.26 gezeigten Interpolationsverfahrens kann jede beliebige Konode grafisch bestimmt werden. Mit Hilfe der bekannten Konoden wird die **Konjugatlinie** ermittelt. Ausgehend vom kritischen Punkt K ist sie die Verbindungslinie der Schnittpunkte K_1 bis K_n (hier $K_n = K_3$) der n bekannten Konoden. Die Schnittpunkte K lassen sich grafisch ermitteln, indem Parallelen zu den Dreiecksseiten $\overline{AC}$ und $\overline{BC}$ durch die Konodenendpunkte gelegt werden. Ist die Konjugatlinie bekannt, kann umgekehrt jede Konode bestimmt werden.

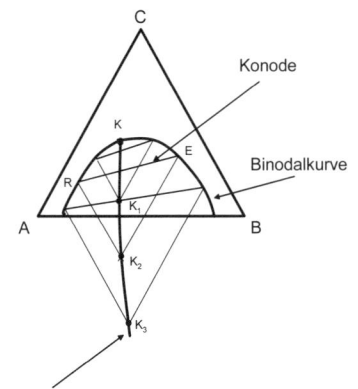

Abbildung 4.26: Interpolationsverfahren zur Bestimmung von Konoden

Die in Abbildung 4.25 gezeigte geschlossene Mischungslücke ist die in der Extraktionstechnik gebräuchliche. In Abbildung 4.27 sind zwei weitere Mischungslücken gezeigt, die sich dadurch auszeichnen, dass sich jeweils zwei Phasen ausbilden. Für den seltenen Fall, dass sich mehr als zwei Phasen ausbilden, gibt es entsprechend mehr als zwei Binodalkurven. Bei

| geschlossene | linksseitig offene | rechtsseitig offene |
| Mischungslücke | Mischungslücke | Mischungslücke |

Beispiele:

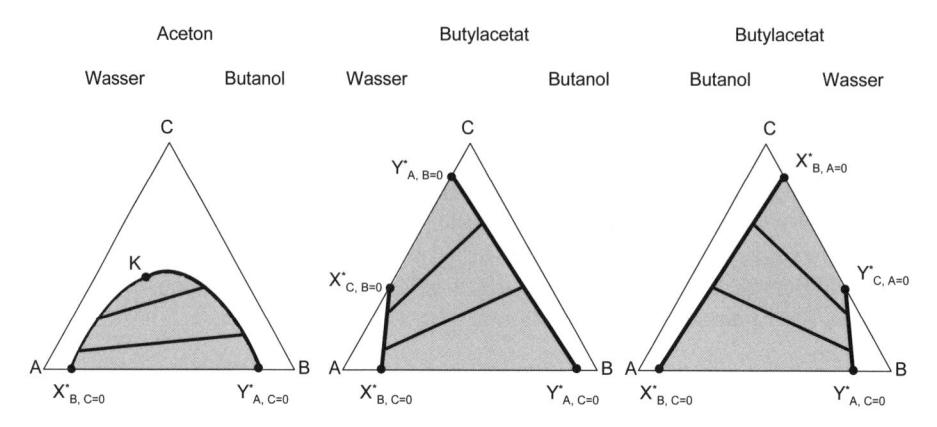

Abbildung 4.27: Mischungslücken

den in Abbildung 4.27 gezeigten Mischungslücken besitzen die Binodalkurven jeweils zwei Grenzpunkte, nämlich

1. die Grenzen der Löslichkeiten von reinem Extraktionsmittel in reinem Trägerstoff $X^*_{B,C=0}$ bzw. umgekehrt $Y^*_{A,C=0}$ sowie

2. den kritischen Punkt bei geschlossener Mischungslücke oder
   - die Löslichkeiten von reiner Übergangskomponente in reinem Trägerstoff $X^*_{C,B=0}$ und $Y^*_{A,B=0}$ oder
   - die Löslichkeiten von reiner Übergangskomponente in reinem Extraktionsmittel $X^*_{B,A=0}$ und $Y^*_{C,A=0}$.

Beispiel Mischungslücken: Die **linksseitig offene Mischungslücke** (Entfernung von Butylacetat aus Wasser mit dem Extraktionsmittel Butanol) stellt für die Extraktion kein prinzipielles Problem dar. In dem Bereich, in dem Butylacetat nicht im Wasser löslich ist, kann eine Abscheidung allein mit mechanischen Verfahren erfolgen (z. B. einfachen Schwerkraftabscheidern). Eine **rechtsseitig offene Mischungslücke** führt bei der Extraktion zu Problemen, da die Übergangskomponente (Butylacetat) zwischen $X^*_{B,A=0}$ und $Y^*_{C,A=0}$ nicht im Extraktionsmittel (Wasser in Abbildung 4.27, rechtes Bild) löslich ist, eine Trennung durch Extraktion ist in diesem Bereich nicht möglich. Bei der Wahl des Extraktionsmittels sollte die Bildung rechtsseitig offener Mischungslücken vermieden werden.

4.4 Phasengleichgewicht Flüssigphase-Flüssigphase

Auch bei teilweiser Löslichkeit von Raffinat- und Extraktphase ineinander besteht die Möglichkeit der Darstellung des Gleichgewichtes in rechtwinkligen Koordinaten. Das **Verteilungsdiagramm** entspricht inhaltlich dem Beladungsdiagramm, statt der Beladungen sind die bei der Extraktion häufig verwendeten Massenbrüche der Übergangskomponente C verwendet. Abbildung 4.28 verdeutlicht, wie das Verteilungsdiagramm aus dem Dreiecksdiagramm entwickelt wird. Auch das Verteilungsdiagramm zeigt, dass die Steigung der Konoden nicht konstant ist, da der Verteilungskoeffizient sich mit der Zusammensetzung der beiden Phasen ändert. Es ergibt sich eine Gleichgewichtskurve. Folgende Punkte werden deutlich:

– Der Ursprung der Gleichgewichtskurve entspricht dem Koordinatenursprung.
– Bei der geschlossenen Mischungslücke endet die Gleichgewichtskurve am kritischen Punkt K. Im kritischen Punkt gilt $K^* = 1$, eine weitere Trennung ist nicht möglich.
– Bei linksseitig offenen Mischungslücken ist i. d. R. gegenüber geschlossenen Mischungslücken mit größeren Verteilungskoeffizienten zu rechnen. Dies beruht darauf, dass sich die Übergangskomponente C nicht in allen Mischungsverhältnissen in dem Trägerstoff A, sehr wohl aber im Extraktionsmittel B löst. Dies deutet auf eine größere Affinität von C zu B als zu A hin. Bei linksseitig offenen Mischungslücken ist i. A. der maximale Verteilungskoeffizient durch die Mischungslücke zwischen A und C gegeben.

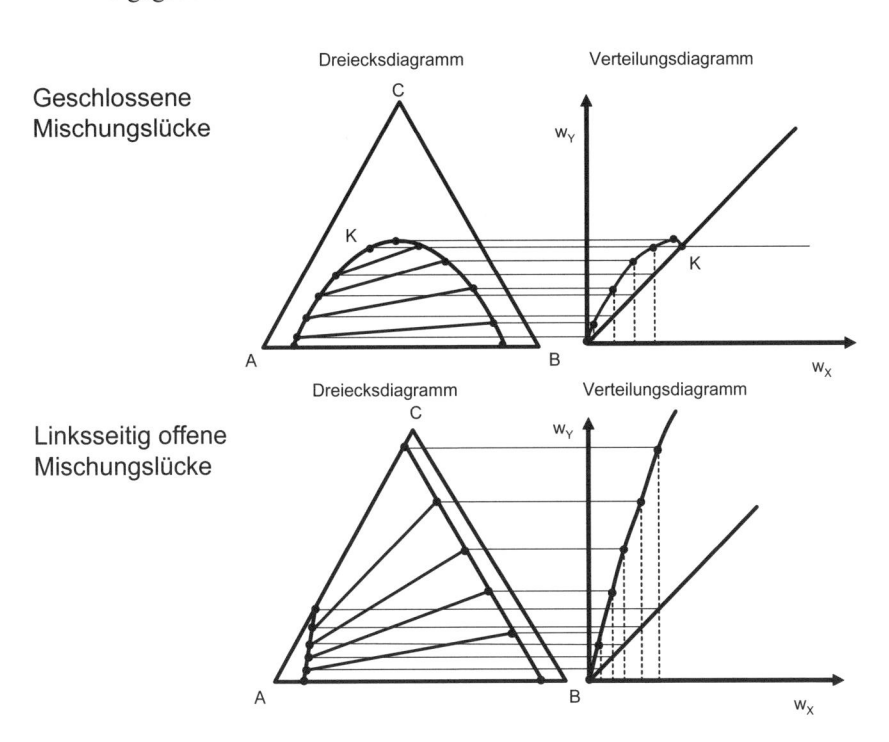

Abbildung 4.28: Darstellung des Verteilungsgleichgewichts bei der Extraktion

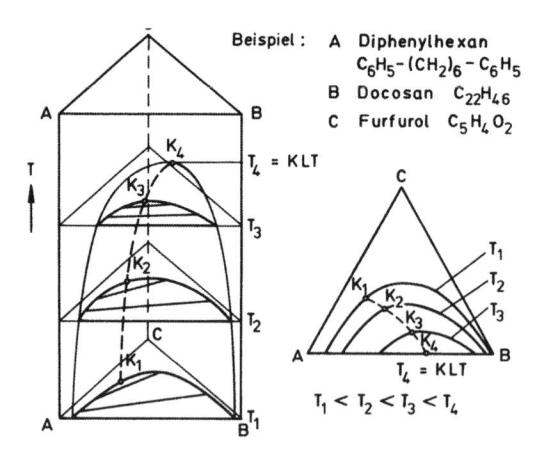

Abbildung 4.29: Temperatureinfluss auf das Gleichgewicht /nach 14/

Alle Diagramme gelten für konstante Temperatur und konstanten Druck. Während der Druckeinfluss im Rahmen der technischen Genauigkeit i. A. vernachlässigt werden kann, ist eine Temperaturänderung auf jeden Fall zu berücksichtigen (siehe Abbildung 4.29). Eine Temperaturerhöhung führt zu einer besseren Mischbarkeit der Komponenten. Die Mischungslücke wird kleiner, die Extraktion verschlechtert. Weiterhin ändert sich die Steigung der Konoden. Eine Temperaturerhöhung verringert die Steigung der Konoden, was zu einer Verschlechterung der Stofftrennung führt. Wird die kritische Lösungstemperatur KLT (hier T_4) erreicht, bilden die drei Komponenten A, B und C unabhängig vom Mischungsverhältnis nur noch eine flüssige Phase. Eine Stofftrennung durch Extraktion ist nicht mehr möglich. Auch bei der Extraktion sind daher als Arbeitsbedingungen eine tiefe Temperatur und ein hoher Druck anzustreben.

Zusammenfassung: Bei der Darstellung des Gleichgewichts muss unterschieden werden, ob Trägerstoff und Extraktionsmittel vollständig ineinander unlöslich sind oder ob eine teilweise Löslichkeit besteht. Die Darstellung des Gleichgewichts erfolgt dementsprechend im Y_m,X_m-Beladungsdiagramm oder im Dreiecksdiagramm. Die Mischungslücke wird durch die Binodalkurve begrenzt, die Konoden stellen das Gleichgewicht dar.

4.5 Phasengleichgewicht unter Beteiligung einer Feststoffphase

Das Phasengleichgewicht unter Beteiligung einer festen Phase muss bekannt sein für Adsorption, Ionenaustausch, Fest-Flüssig-Extraktion sowie Kristallisation. Die Adsorption von Stoffen an eine feste Oberfläche kann sowohl aus einer Gasphase (SGE) als auch aus einer flüssigen Phase (SLE) heraus erfolgen.

4.5.1 Adsorption

Lernziel: Die Darstellung sowie Vorausberechnungsmöglichkeiten des Gleichgewichts bei der Adsorption müssen beherrscht werden.

Darstellung des Adsorptionsgleichgewichts
Das Adsorptionsgleichgewicht wird gekennzeichnet durch die Adsorptivkonzentration in der Fluidphase und die zugehörige Adsorptbeladung der Feststoffphase. Für die grafische Darstellung werden in der Praxis die Möglichkeiten

- Adsorptionsisotherme,
- Adsorptionsisobare und
- Adsorptionsisostere

genutzt (siehe Abbildung 4.30).

Bei der zur Gleichgewichtsdarstellung gebräuchlichen **Adsorptionsisotherme** wird die Beladung $X_{m,i}$ des mit Adsorpt beladenen Adsorbens über der Beladung $Y_{m,i}$ des Adsorptivs in der Fluidphase aufgetragen. Statt der Beladung können auch andere Konzentrationsmaße gewählt werden wie der Partialdruck in der fluiden Phase p_i oder die in der Trocknungstechnik gebräuchliche relative Feuchte Φ_i mit

$$\phi_i = \frac{p_i}{p_i^0}. \tag{4-49}$$

Bei der **Adsorptionsisobare** wird die Adsorptbeladung $X_{m,i}$ über der Temperatur für konstant gehaltene Adsorptivpartialdrücke p_i aufgetragen. Die selten verwendete **Adsorptionsisostere** zeigt die Auftragung der Temperatur über dem Adsorptivpartialdruck mit der Adsorptbeladung $X_{m,i}$ als Parameter. Aus den Abbildungen geht hervor, dass auch bei der Adsorption als Trennverfahren ein hoher Druck und eine tiefe Temperatur das Gleichgewicht und damit den Adsorptionsvorgang positiv beeinflussen.

Ein hoher Druck und eine tiefe Temperatur begünstigen die Adsorption. Der Druckeinfluss ist geringer als der Temperatureinfluss.

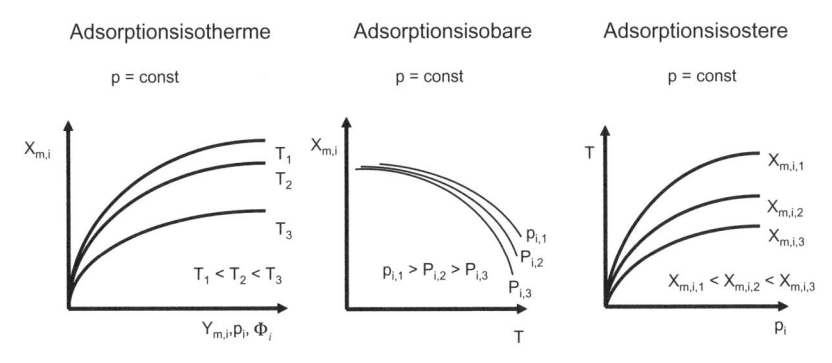

Abbildung 4.30: Adsorptionsisotherme, Adsorptionsisobare, Adsorptionsisostere

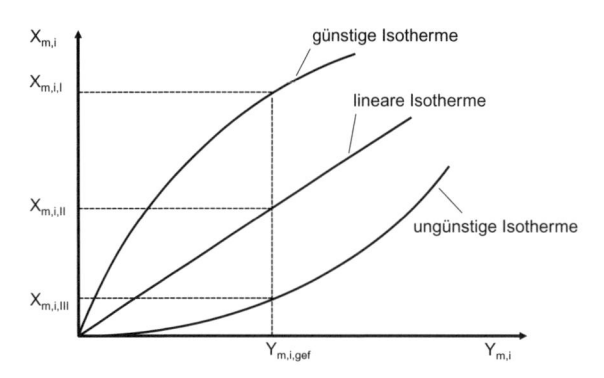

Abbildung 4.31: Adsorptionsisothermentypen

In Abbildung 4.31 sind die Isothermentypen

- günstige Isotherme,
- lineare Isotherme und
- ungünstige Isotherme

gezeigt. Bei einer **günstig verlaufenden Isothermen** lässt sich bei geforderten sehr niedrigen Konzentrationen des Adsorptivs im Fluid ($Y_{m,i,gef}$) noch eine hohe Beladung des Adsorbens ($X_{m,i,I}$) erzielen. Die Masse des benötigten Adsorbens wird dadurch minimiert. Bei der **linearen Isothermen** ändert sich die Beladung des Adsorbens proportional mit der Adsorptivkonzentration (Nernstscher Verteilungssatz). Dieser Verlauf wird in vereinfachten theoretischen Rechenmodellen genutzt. Ein **ungünstiger Isothermenverlauf** liegt vor, wenn die Beladbarkeit des Adsorbens bei abnehmender Fluidbeladung überproportional sinkt. In der Praxis werden Adsorbentien vermieden, die diesen Gleichgewichtsverlauf aufweisen, da für die Adsorption überproportional viel Adsorbens erforderlich wäre. Der Adsorptionsvorgang wird unwirtschaftlich, da das Adsorbens lediglich mit der kleinen maximalen Beladung $X_{m,i,III}$ beaufschlagt werden kann.

Die Form der Adsorptionsisothermen gibt Auskunft über die Stärke der Wechselwirkungen zwischen Adsorbens und Adsorptiv. Hat das Adsorptiv eine hohe Affinität zum Adsorbens, ergeben sich starke Wechselwirkungen und damit ein günstiges Adsorptionsgleichgewicht. Abbildung 4.32 zeigt Auszüge der von Brunauer vorgeschlagenen Klassifizierung von Adsorptionsisothermen. Die Typen III und V verlaufen im Hinblick auf die Abszisse konkav, die Typen I, II und IV konvex. Bei den konvexen Typen handelt es sich um günstige Isothermen mit einer hohen Bindungsenergie zwischen Adsorpt und Adsorbens, die für den praktischen Einsatz geeignet sind, während es sich bei den konkaven Typen um ungünstige Isothermen mit entsprechend geringen Wechselwirkungen handelt.

Isothermen vom Typ I sind gekennzeichnet durch einen sehr steilen Anstieg bei kleinen Adsorptivbeladungen sowie einen Grenzwert ($X_{m,i,Grenz}$), der bereits bei relativ geringen Adsorptivkonzentrationen im Fluid erreicht wird. Es erfolgt lediglich eine monomolekulare Belegung der Adsorbensoberfläche (siehe Abbildung 4.33). Da bei niedrigen Fluidkonzentrationen hohe Adsorbensbeladungen möglich sind, eigenen sich diese Adsorbentien zur Reinigung von Fluiden, speziell wenn gefährliche, toxische oder hochwertige Adsorptive aus dem Gas- oder Flüssigkeitsstrom abgeschieden werden sollen und somit $Y_{m,i} \rightarrow 0$ gefordert ist.

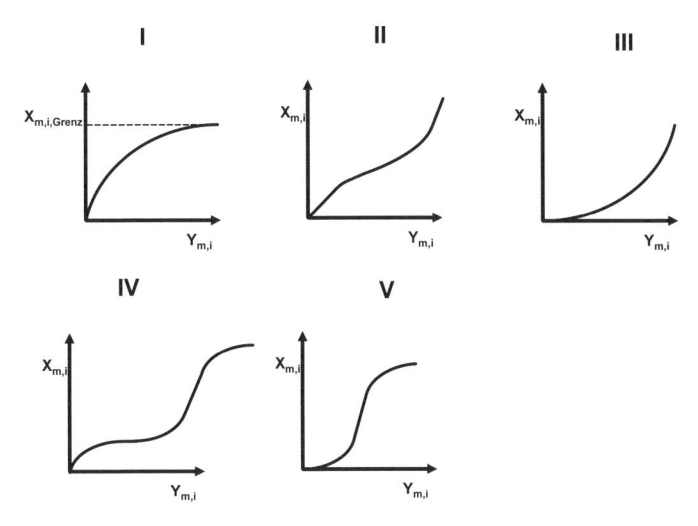

4.5 Phasengleichgewicht unter Beteiligung einer Feststoffphase

Abbildung 4.32: Klassifizierung von Isothermen /nach 15/

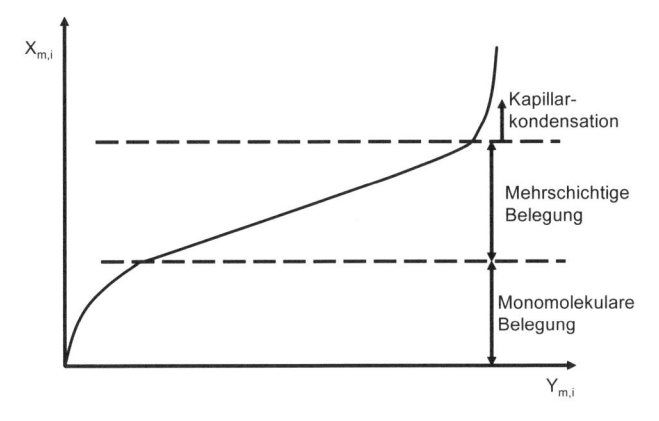

Abbildung 4.33: Sorptionsisothermenbereiche

Bei den Isothermen vom Typ II und IV ist der Anstieg im Anfangsbereich geringer als beim Isothermentyp I, danach erfolgt allerdings ein steilerer Anstieg, der bei hohen Fluidbeladungen $Y_{m,i}$ fast senkrecht verläuft. Während beim Typ IV eine Sättigung zu beobachten ist, ist dies beim Typ II nicht der Fall. Bei beiden Isothermen ist die Aufnahmekapazität insgesamt deutlich höher als beim Typ I. Der Grund ist die hier stattfindende **mehrschichtige Belegung der Adsorbensoberfläche**, die bei hohen Adsorptivbeladungen bis zur **Kapillarkondensation** führt (Abbildung 4.33). Sind die Bindungskräfte des Adsorbens groß genug, können gemäß Abbildung 4.34 mehrere Molekülschichten (bis maximal fünf) übereinander adsorbiert werden. Die adsorbierte Schicht hat die Eigenschaften einer Flüssigkeit, die Moleküle kondensieren auf der Adsorbensoberfläche. Bei Kapillarkondensation wird die Sättigungsbeladung an Adsorpt gegenüber mehrschichtiger Belegung beträchtlich erhöht, da das gasförmige Adsorptiv in die Kapillare hinein kondensiert und diese füllt (siehe Abbildung 4.34). An

Adsorbensoberfläche

Pore

Monomolekulare Belegung   Mehrschichtige Belegung   Kapillarkondensation

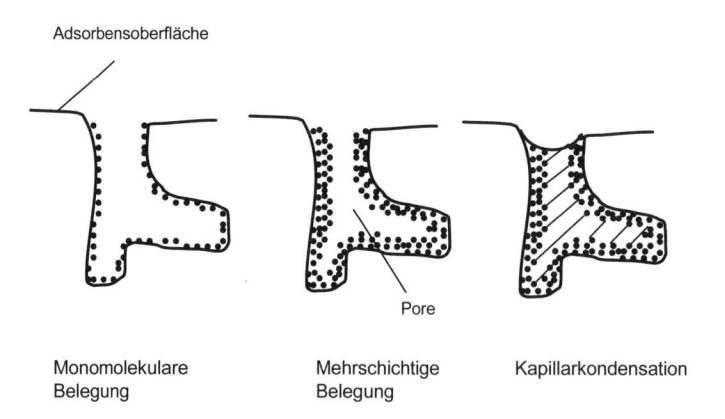

Abbildung 4.34: Möglichkeiten der Belegung der Adsorbensoberfläche mit Adsorpt

den stark konkav gekrümmten Kapillaroberflächen erfolgt durch Oberflächenkräfte eine Absenkung des effektiven Adsorptivdampfdrucks. In feinen Poren kondensiert das Adsorptiv daher bei einem Partialdruck, der weit unter dem Sättigungsdruck über einer ebenen Fläche liegt. Adsorbentien mit diesen Isothermentypen werden dort eingesetzt, wo große Fluidmengen gereinigt werden müssen, ohne dass besonderer Wert auf eine extrem geringe Endkonzentration gelegt wird.

Wie bereits erwähnt, deuten die Isothermentypen III und V durch ihren konkaven Verlauf auf geringe Wechselwirkungen zwischen Adsorptiv und Adsorbens hin. Der steile Kurvenanstieg bei hohen Konzentrationen zeigt wiederum die hier stattfindende Kapillarkondensation.

Beschreibung des Adsorptionsgleichgewichts
Die gebräuchlichsten Korrelationen zur Beschreibung des Adsorptionsgleichgewichts stammen von Freundlich, Langmuir, Brunauer, Emmet, Teller sowie Dubinin.

Gleichung von Freundlich
Die von Freundlich 1906 empirisch abgeleitete Beziehung (Freundlich-Gleichung) lautet

$$X_{m,i} = a \cdot \left(\frac{p_i}{p_i^0}\right)^{1/m} = a \cdot \phi_i^{1/m} = a \cdot Y_{m,i}^{1/m} \tag{4-50}$$

und lässt sich durch die Freundlich-Konstante a und den Freundlich-Exponenten m, die beide temperaturabhängig sind, in weiten Bereichen dem Gleichgewicht anpassen. Die Freundlich-Isotherme liefert in doppeltlogarithmischer Darstellung bei Auftragung von $X_{m,i}$ gegen ϕ_i eine Gerade der Gleichung

$$\log X_{m,i} = \log a + 1/m \cdot \log \phi_i, \tag{4-51}$$

was zu einer guten Auswertbarkeit von Versuchsergebnissen führt. **Die Bedeutung der Gleichung liegt heute überwiegend in ihrer breiten praktischen Anwendung auf verdünnte wässrige Lösungen.**

Gleichung von Langmuir

Von Langmuir wurde 1916 erstmals eine auf einem physikalischen Modell beruhende Isothermengleichung für die Adsorption aus der Gasphase angegeben, wenn das Adsorpt nur in monomolekularer Schicht adsorbiert wird (Langmuir-Gleichung):

$$X_{m,i} = \frac{X_{m,i,mono} \cdot b \cdot \phi_i}{1 + b \cdot \phi_i} = \frac{X_{m,i,mono} \cdot b \cdot Y_{m,i}}{1 + b \cdot Y_{m,i}} . \tag{4-52}$$

$X_{m,i,mono}$ ist die Beladung des Adsorbens bei monomolekularer Belegung mit Adsorbat und b die stoffabhängige Adsorptionskonstante:

$$b = \frac{k_1}{k_2} \cdot \exp\left(\frac{h_B}{\tilde{R} \cdot T}\right), \tag{4-53}$$

mit der Bindungsenthalpie h_B als Differenz zwischen Adsorptionsenthalpie h_{Ad} und Verdampfungsenthalpie des Adsorptivs h_V

$$h_B = h_{Ad} - h_V. \tag{4-54}$$

Mit guter Näherung kann das Verhältnis

$$k_1 / k_2 \cong 1 \tag{4-55}$$

gesetzt werden (k_1 Geschwindigkeitskonstante Adsorption, k_2 Geschwindigkeitskonstante Desorption). Bei einer Auftragung

$$\frac{\phi_i}{X_{m,i}} = \frac{1}{b \cdot X_{m,i,mono}} + \frac{\phi_i}{X_{m,i,mono}} = f(\phi_i) \tag{4-56}$$

kann Gleichung (4-52) als Gerade dargestellt werden.

Die Langmuirsche Sorptionsisotherme beschreibt Isothermen des Typs I, bei technischen Adsorbentien ist die Gültigkeit auf Werte von $\phi_i < 1$ beschränkt. **Praktische Bedeutung hat die Langmuirsche Sorptionsisotherme für die Gasadsorption in mikroporösen Adsorbentien bei niedrigen Bedeckungsgraden und geringer relativer Sättigung sowie für Molekularsiebe als Adsorbentien.**

Gleichung von Brunauer-Emmett-Teller (BET)

Um die Isothermengleichung von Langmuir über monomolekulare Belegung hinaus benutzen zu können, wurde von Brunauer, Emmett und Teller die **Gleichung auf die mehrschichtige Adsorption mit n Moleküllagen** erweitert (BET-Gleichung):

$$X_{m,i} = X_{m,i,mono} \cdot \frac{b \cdot \Phi_i}{1 - \Phi_i} \cdot \left[\frac{1 - (n+1) \cdot \Phi_i^n + n \cdot \Phi_i^{n+1}}{1 + (b-n) \cdot \Phi_i - b \cdot \Phi_i^{n+1}}\right]. \tag{4-57}$$

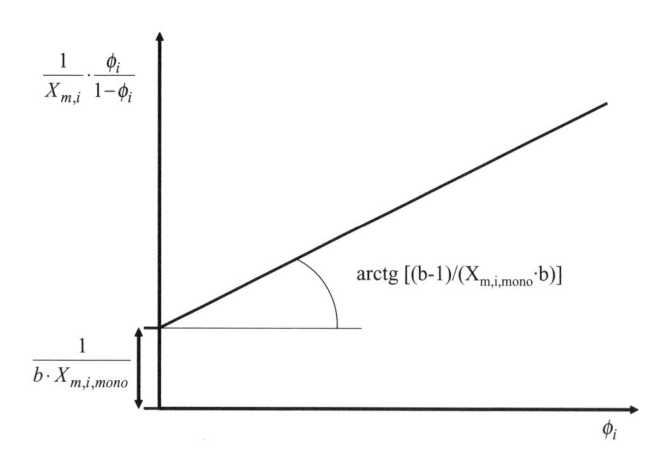

Abbildung 4.35: Darstellung der BET-Gleichung als Geradengleichung

Für monomolekulare Belegung (n = 1) geht Gleichung (4-57) in die Langmuirsche Adsorptionsisotherme über. Für den Grenzübergang n → ∞ vereinfacht sich die BET-Gleichung zu

$$X_{m,i} = X_{m,i,mono} \cdot \frac{\phi_i}{1-\phi_i} \cdot \frac{b}{1+(b-1)\cdot\phi_i} \, . \tag{4-58}$$

Die Parameter $X_{m,i,mono}$ und b entsprechen denen der Langmuirschen Gleichung. Als Geradengleichung ergibt sich

$$\frac{1}{X_{m,i}} \cdot \frac{\phi_i}{1-\phi_i} = \frac{1}{X_{m,i,mono} \cdot b} + \frac{b-1}{X_{m,i,mono} \cdot b} \cdot \phi_i \, . \tag{4-59}$$

Die grafische Auswertung erfolgt in den so genannten BET-Koordinaten gemäß Abbildung 4.35, so dass b und $X_{m,i,mono}$ aus der Steigung und dem Ordinatenabschnitt bestimmt werden können (statt ϕ_i kann als Konzentrationsmaß auch $Y_{m,i}$ benutzt werden).

Gleichung von Dubinin
Die Isothermengleichung von Dubinin

$$\frac{V}{V_S} = \exp\left[-\left(\frac{\tilde{R}\cdot T}{\beta} \cdot \ln\frac{p_i^0(T)}{p_i}\right)^m\right] \tag{4-60}$$

mit dem Affinitätskoeffizienten β und dem adsorptionssystemabhängigen Exponenten m geht auf die Potenzialtheorie von Polanyi zurück. Das adsorbierte Volumen an Adsorpt V wird zum gesamten Porenvolumen V_S ins Verhältnis gesetzt, das bei Sättigung gefüllt werden könnte. Der Exponent m liegt im Bereich 1 < m < 3. Für kohlenstoffhaltige Adsorbentien kann mit guter Näherung m = 2 gesetzt werden. Für m = 1 geht die Gleichung in die von Freundlich über. Die Gleichung gilt unterhalb von Partialdrücken, bei denen Kapillarkondensation einsetzt.

> **Zusammenfassung:** Das Adsorptionsgleichgewicht wird i. d. R. als Adsorptionsisotherme dargestellt. Durch unterschiedliche Wechselwirkungen zwischen Adsorptiv und Adsorbens ergeben sich unterschiedliche Isothermentypen, die monomolekulare und mehrschichtige Belegung der Adsorbensoberfläche sowie Kapillarkondensation berücksichtigen. Zur Vorausberechnung des Adsorptionsgleichgewichts stehen die Gleichungen von Freundlich, Langmuir, BET sowie Dubinin zur Verfügung.

4.5.2 Fest-Flüssig-Extraktion

Die Fest-Flüssig-Extraktion wird ebenfalls im Dreiecksdiagramm dargestellt. Das Gleichgewicht unterscheidet sich allerdings merklich von dem der Flüssig-Flüssig-Extraktion /16/:

1. Ein Teil der Aufnehmerphase bleibt adsorptiv an der Feststoffoberfläche gebunden.
2. Es besteht kein definierter Verteilungskoeffizient.
3. Ein echter Gleichgewichtszustand wie bei den anderen Verfahren wird nicht erreicht, da der Feststoff noch ungelöste Übergangskomponente in den Kapillaren enthält.
4. Die Feststoffoberfläche wird von der Aufnehmerphase mit unterschiedlicher Konzentration an Übergangskomponente benetzt.
5. Somit kann lediglich ein Quasigleichgewicht angegeben werden, wenn die Lösung in den Kapillaren die gleiche Konzentration aufweist wie die freie Lösung.
6. Eine Temperaturerhöhung führt zu einer Begünstigung der Fest-Flüssig-Extraktion, da dann die Übergangskomponente besser in der Aufnehmerphase gelöst werden kann (Beispiel: Kaffeekochen).

Bei der Fest-Flüssig-Extraktion sind Versuche daher unumgänglich.

4.5.3 Kristallisation

> **Lernziel:** Die Bedeutung der Löslichkeitskurve für die Kristallisation muss verstanden sein.

Ähnlich wie bei der Fest-Flüssig-Extraktion begünstigt eine hohe Temperatur die Löslichkeit von Feststoffen in Flüssigkeiten. Die Löslichkeitskurve als Gleichgewichtskurve trennt das Einphasengebiet vom Zweiphasengebiet (siehe Abbildung 2.65). Im Einphasengebiet liegt das Lösungsmittel im Überschuss vor, die Kristalle sind vollständig gelöst. Dieser Zustand wird auch als ungesättigte oder verdünnte Lösung bezeichnet. Im Zweiphasengebiet ist die Lösung übersättigt, Kristalle fallen aus und bilden einen Bodenkörper, der mit der Lösung im Gleichgewicht steht.

Bei der Kristallisation wird als Konzentrationsmaß i. d. R. mit Massenbeladungen gearbeitet. Abbildung 4.36 zeigt verschiedene Löslichkeitskurven. Die oben besprochene Löslichkeitskurve vom Typ 1, bei der die Löslichkeit mit der Temperatur stark zunimmt, stellt den am häufigsten anzutreffenden Löslichkeitskurventyp dar. **Beispiel:** Zucker gelöst in Wasser, Kaffee, Tee usw.

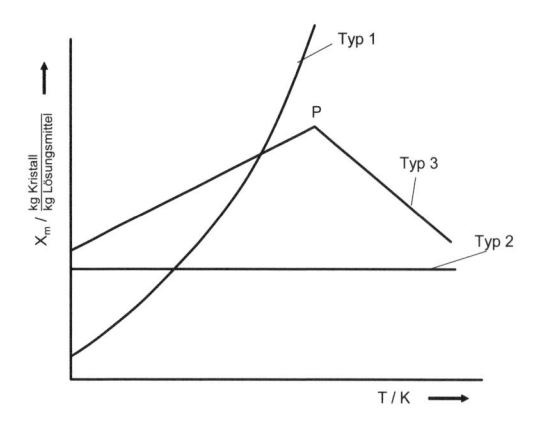

Abbildung 4.36: Verschiedene Formen von Löslichkeitskurven

Die Löslichkeitskurve vom Typ 2 zeigt keine wesentliche Temperaturabhängigkeit. **Beispiel:** Kochsalz in Wasser. Bei Löslichkeitskurven vom Typ 3 nimmt die Löslichkeit zuerst mit der Temperatur zu, ab einem Punkt P zeigt sich allerdings genau der inverse Zusammenhang: die Löslichkeit nimmt mit steigender Temperatur ab. Diese Stoffe sind in der Praxis besonders problematisch, da sie bei höherer Temperatur auf beheizten Flächen auskristallisieren und damit z. B. bei Wärmetauschern den Wärmeübergang verschlechtern. **Beispiel:** Zinksulfat in Wasser.

Das Gleichgewicht wird durch die **Löslichkeitskurve** beschrieben, allerdings muss bei technischen Kristallisationsvorgängen berücksichtigt werden, dass es bei Überschreitung der Löslichkeitskurve nicht sofort zur Kristallisation kommt. Wie Abbildung 4.37 demonstriert, tritt die Keimbildung erst ab einer gewissen Übersättigung an der **Keimbildungsgrenze** ein. Im **metastabilen Bereich** findet keine Kristallbildung statt, es sei denn, dass durch Zugabe von Impfkristallen als Kristallisationskeime ein Abbau der Lösungsübersättigung durch Kristallwachstum und Keimbildung stattfindet.

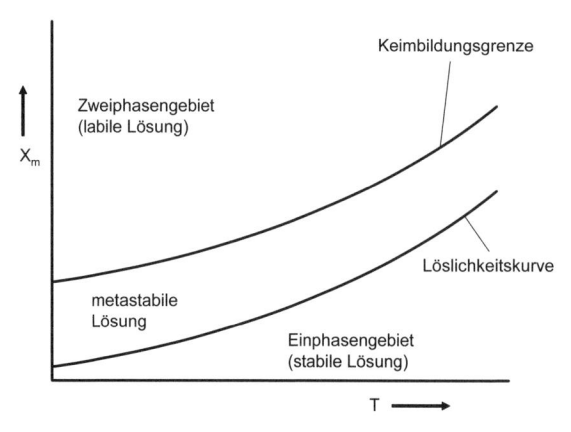

Abbildung 4.37: Keimbildungsgrenze bei der Kristallisation

4.5 Phasengleichgewicht unter Beteiligung einer Feststoffphase

Es wird unterschieden in

- **primäre Keimbildung** durch Bildung zufälliger Kristallcluster aus gelöstem Stoff,
- **primäre heterogene Keimbildung**, die durch bereits vorhandene Keime in der Lösung ausgelöst wird, die als Kristallisationskeime zur Bildung größerer Kristalle aus der Lösung wirken, sowie
- **sekundäre Keimbildung**, bei der durch mechanische Kräfte vorhandene Kristalle in kleinere sekundäre zerfallen, die wiederum als Kristallisationskeime für die Lösung dienen.

Während die primäre Keimbildung nur in der labilen Lösung möglich ist, sind die primäre heterogene Keimbildung sowie die sekundäre Keimbildung auch in der metastabilen Lösung möglich.

Schmelzkristallisation
Bei der Kristallisation aus der Schmelze als Sonderform der Kristallisation wird der Phasenübergang flüssig-fest zur Zerlegung von Gemischen genutzt. Hierzu ist die Kenntnis der **Zustandsdiagramme (Schmelzdiagramme)** erforderlich, bei denen die Temperatur über der Konzentration der Stoffe A und B aufgetragen wird. Abbildung 4.38 zeigt beispielhaft zwei Zustandsdiagramme für ein Zweistoffsystem bestehend aus A und B. Bei vollständiger Löslichkeit beider Komponenten im flüssigen und festen Zustand bilden sich in der festen Phase Mischkristalle aus A und B. Bei vollständiger Unlöslichkeit im festen Zustand bildet sich ein Eutektikum (Eu).

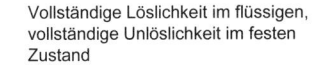

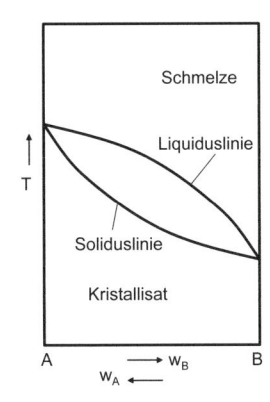

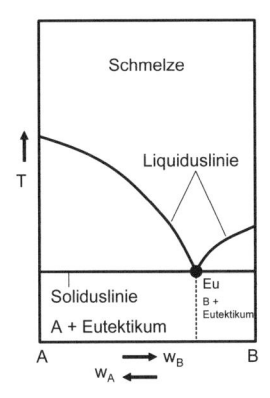

Abbildung 4.38: Zustandsdiagramme flüssig-fest für Zweistoffsysteme

> **Zusammenfassung:** Löslichkeitskurven können verschiedene Formen annehmen. Zur Kristallbildung muss die Löslichkeitsgrenze bis zur Keimbildungsgrenze überschritten werden, wenn keine Impfkristalle zugegeben werden.

5 Stoffaustauschapparate

5.1 Betriebsformen

Thermische Trennverfahren können, wie in Abbildung 5.1 gezeigt,
- kontinuierlich,
- diskontinuierlich oder
- halbkontinuierlich

betrieben werden, wobei für thermische Trennverfahren bis auf wenige Ausnahmefälle die **kontinuierliche Betriebsweise** bevorzugt wird, bei der sowohl die leichte als auch die schwere Phase kontinuierlich zu- und abgeführt werden. Im Stoffaustauschapparat stehen beide Phasen kontinuierlich miteinander in Kontakt. Wie später gezeigt wird, ist mit dieser Betriebsweise eine beliebige Auftrennung bzw. Reinigung der Ströme möglich.

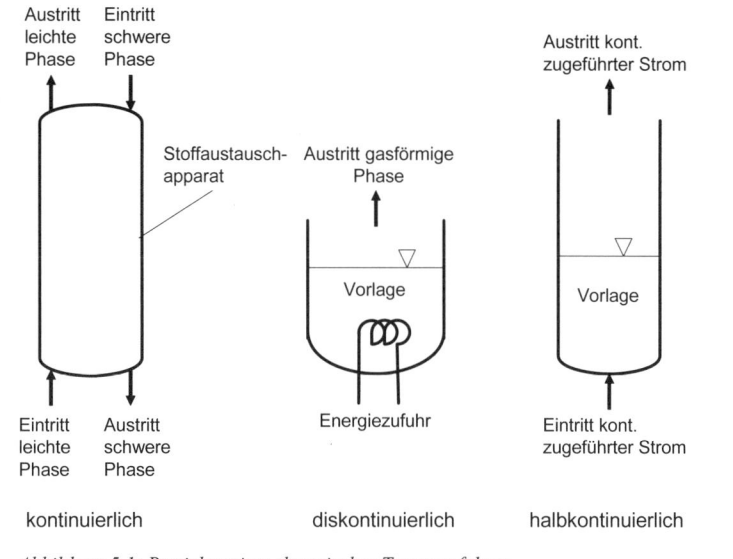

Abbildung 5.1: Betriebsweisen thermischer Trennverfahren

Beim **diskontinuierlichen Betrieb** werden eine oder zwei Phasen vorgelegt. Während einer bestimmten Chargenzeit findet bei eingestellten Druck- und Temperaturbedingungen der Stoffübergang bzw. die chemische Reaktion statt. Am Ende des Trennvorgangs wird die

$\dot{G}_E$: Eintritt leichte Phase
$\dot{G}_A$: Austritt leichte Phase
$\dot{L}_E$: Eintritt schwere Phase
$\dot{L}_A$: Austritt schwere Phase

Gegenstrom   **Gleichstom**   **Kreuzstrom**

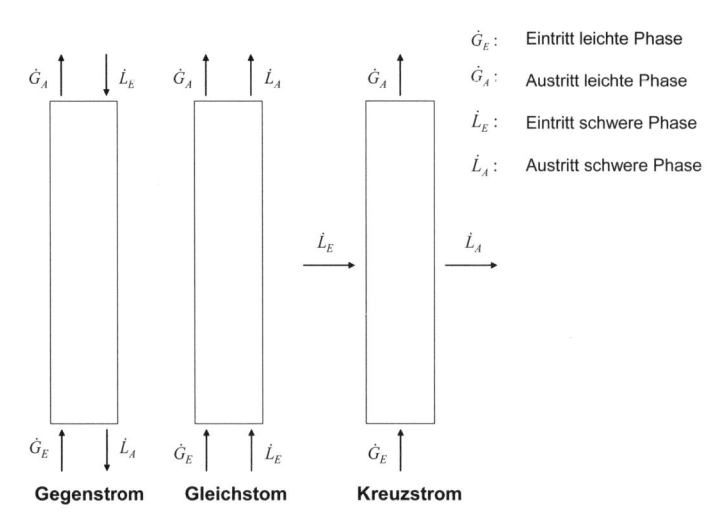

Abbildung 5.2: Phasenführungen

Charge entnommen. Auf Grund der geringen Durchsätze werden thermische Trennverfahren selten diskontinuierlich betrieben, sind aber, wie die Destillation zeigt (siehe z. B. Abbildung 1.5), anzutreffen.

Der **halbkontinuierliche Betrieb** unterscheidet sich vom diskontinuierlichen dadurch, dass eine Phase während des Betriebes kontinuierlich zu- und abgeführt wird, während die zweite als Vorlage im Apparat verbleibt. Ein Anwendungsfall besteht z. B. bei der Absorption, wenn das vorgelegte Absorbens über mehrere Absorptionszyklen mit Absorptiv aufkonzentriert wird, um z. B. ein verkaufsfähiges Produkt zu erzeugen. Bei der Adsorption ist dies der bevorzugte Betrieb, da das Adsorbens als Schüttschicht in den Adsorber eingebracht wird.

Beim kontinuierlichen Betrieb werden Anlagen unterschieden nach der **Phasenführung** (siehe Abbildung 5.2) in

- Gleichstrom,
- Gegenstrom und
- Kreuzstrom.

Bei Gegenstromoperationen werden schwere und leichte Phase im **Gegenstrom** durch den Apparat geführt. Durch diese Fahrweise ist es möglich, beliebige Reinheiten von schwerer und leichter Phase zu erreichen. Bei der **Gleichstromführung** werden beide Phasen entweder im Sumpf (Abbildung 5.2) oder Kopf der Kolonne zugeführt und verlassen den Apparat gemeinsam auf der entgegengesetzten Seite. Wie später gezeigt wird, kann im günstigsten Fall Gleichgewicht zwischen den ausströmenden Phasen erzielt werden. Eine hohe Reinheit bzw. Trennwirkung ist häufig nur möglich, wenn mehrere Gleichstromoperationen hintereinander geschaltet werden. Die **Kreuzstromfahrweise** führt schwere und leichte Phase in einem Winkel von 90° durch den Apparat. Ähnlich wie bei der Gleichstromführung kann maximal Gleichgewicht zwischen den Phasen nach Verlassen des Apparats erreicht werden. Durch die kurzen Verweilzeiten ist die Trennwirkung meistens wesentlich geringer. Soll eine verbesserte Trennwirkung erzielt werden, müssen mehrere Kreuzstromoperationen in Reihe geschaltet werden.

> **Zusammenfassung:** Stoffaustauschapparate können kontinuierlich, halbkontinuierlich oder diskontinuierlich betrieben werden. Die Phasenführung erfolgt im Gleich-, Gegen- oder Kreuzstrom.

5.2 Aufgabe von Stoffaustauschapparaten

> **Lernziel:** Die Aufgaben von Stoffaustauschapparaten müssen bekannt sein. Weiterhin muss verstanden sein, wie ein möglichst großer Stofftransport zwischen zwei Phasen realisiert werden kann.

Aufgabe der thermischen Trennverfahren ist es, die Zusammensetzung einer Phase so weit zu ändern, dass ein vorgegebenes Trennproblem gelöst wird, siehe Kapitel 2. Werden zwei Phasen unterschiedlicher Zusammensetzung miteinander in Kontakt gebracht, stellt sich nach einer gewissen Zeit das in Kapitel 4 beschriebene natürliche Gleichgewicht ein. **Um die Zusammensetzung einer Phase zu ändern, muss die Einstellung des Gleichgewichts verhindert werden, damit es zu einem fortwährenden Stofftransport kommt.** Hierzu wird durch Energiezu- bzw. -abfuhr (thermische Trennverfahren) oder direkte Zugabe eines Zusatzstoffs (physikalisch-chemische Trennverfahren) gemäß Kapitel 2 eine zweite Phase zu der vorhandenen gebildet. Die dadurch entstehende Triebkraft, siehe Abbildung 4.1, sorgt für einen Stoffaustausch zwischen den beiden Phasen. Als Endzustand stellt sich ein neuer Gleichgewichtszustand ein. Dieses neue Gleichgewicht wird wiederum gestört, siehe Abbildung 5.3, bis das gewünschte Trennergebnis erreicht ist. **Um die Triebkraft optimal zu nutzen und den Stoffaustausch zu optimieren, sind Stoffaustauschapparate erforderlich.**

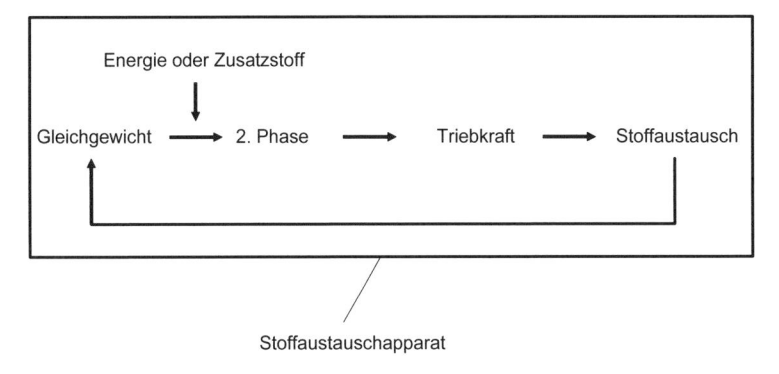

Abbildung 5.3: Funktion von Stoffaustauschapparaten

Bei den Stoffaustauschapparaten ist zu unterscheiden, welche Aggregatzustände die miteinander in Kontakt zu bringenden Phasen haben. Gemäß Tabelle 4.1 sind dies:

- Gas(Dampf)phase und Flüssigphase (Destillation, Rektifikation, Absorption),
- Flüssigphase und Flüssigphase (Flüssig/Flüssig-Extraktion),
- Fluidphase (Flüssigkeit oder Gas) und Feststoffphase (Adsorption, Ionenaustauscher, Kristallisation, Fest/Flüssig-Extraktion) sowie
- Fluidphase und Membran (Membranverfahren).

Je nachdem, bei welchem Trennverfahren die Stoffaustauschapparate eingesetzt werden, werden sie

- Absorber,
- Extraktor,
- Adsorber,
- Destillations- oder Rektifikationskolonne,
- Kristallisator oder
- Membranreaktor

genannt.

Stoffaustauschapparate müssen einen möglichst optimalen Stofftransport sicherstellen. Wie in Kapitel 7 gezeigt wird, lässt sich der von einer Phase in die andere übergehende **Stoffstrom** $\dot{n}$ mit der Gleichung

$$\dot{n} = k \cdot a \cdot \Delta c \tag{5-1}$$

beschreiben. Während die **Konzentrationsdifferenz** Δc durch die Aufgabenstellung vorgegeben ist, kann die **volumenbezogene (spezifische) Phasengrenzfläche a**, über die der Stofftransport zwischen den Phasen stattfindet, sowie der **Stoffdurchgangskoeffizient k** durch Wahl des Stoffaustauschapparats beeinflusst werden. Die volumenbezogene Phasengrenzfläche ist definiert zu

$$a = \frac{A_{Gr}}{V_K} \tag{5-2}$$

und gibt die pro Volumen des Stoffaustauschapparates V_K für den Stoffaustausch zwischen den Phasen zur Verfügung stehende Phasengrenzfläche A_{Gr} an. Der Stoffdurchgangskoeffizient

$$k = f(Re) \tag{5-3}$$

ist von der Reynoldszahl Re und damit von der Turbulenz abhängig.

Eine große volumenbezogene Phasengrenzfläche und eine hohe Turbulenz verbessern den Stofftransport.

Für einen Stofftransportapparat ergeben sich damit folgende Anforderungen:

- Erzeugung einer großen Phasengrenzfläche,
- hohe Turbulenz und damit große Stoffdurchgangskoeffizienten,
- hohe Oberflächenerneuerungsrate der Phasengrenzfläche,

- geringer erforderlicher Energieeintrag zur Realisierung des geforderten großen übergehenden Stoffstroms,
- einfacher und billiger Aufbau,
- ev. Eignung für spezielle Stoffübergangsprobleme (z. B. Korrosion, Verschmutzung).

Die Erzeugung einer großen Phasengrenzfläche bei gleichzeitiger hoher Oberflächenerneuerungsrate sowie ein großer Stoffdurchgangskoeffizient sind erforderlich, um einen effizienten Stoffübergang zu gewährleisten und damit die Baugröße und die Investitionskosten für den Stoffaustauschapparat bei gegebener Trennaufgabe so gering wie möglich zu halten. Um die Betriebskosten zu minimieren, muss der zur Erzeugung der Phasengrenzfläche aufzuwendende Energieeinsatz möglichst gering gehalten werden. Hier liegt eine Optimierungsaufgabe bei der Suche nach dem geeigneten Stoffaustauschapparat. Teilweise wird die Auswahl des geeigneten Apparats durch spezielle, bei dem Verfahren vorherrschende Probleme, wie z. B. Feststoffanfall, große freiwerdende Wärmemengen, Einhaltung exakter Verweilzeiten, Verkrustungsgefahr, außergewöhnliche Belastungszustände oder Behandlung korrosiver Medien stark beeinflusst.

Zusammenfassung: Stoffaustauschapparate müssen einen optimalen Kontakt zwischen den am Stoffaustausch beteiligten Phasen gewährleisten. Dazu ist eine große Phasengrenzfläche und eine hohe Turbulenz bei gleichzeitig möglichst geringem Energieeintrag zu realisieren. Stoffaustauschapparate unterscheiden sich je nach Aggregatzustand der sie durchströmenden Phasen.

5.3 Stoffaustauschapparate für den Stoffaustausch zwischen gasförmiger und flüssiger Phase

Lernziel: Kennenlernen der verschiedenen Möglichkeiten, um Gas und Flüssigkeit zur Realisierung eines optimalen Stofftransports miteinander in Kontakt zu bringen. Verstehen der in den Stoffaustauschapparaten ablaufenden Vorgänge.

Bei Destillation, Rektifikation und Absorption müssen Gas bzw. Dampf und Flüssigkeit intensiv miteinander in Kontakt gebracht werden, damit ein Stoffaustausch zwischen den beiden Phasen stattfindet. Hierzu bestehen folgende Möglichkeiten:
- Die Flüssigkeit wird in das Gas hinein dispergiert, die Gasphase bleibt zusammenhängend (a).
- Das Gas wird in die Flüssigkeit hinein dispergiert, die Flüssigkeit bleibt zusammenhängend (b).
- Gas und Flüssigphase bleiben zusammenhängend, die Flüssigkeit wird als Film im Stoffaustauschapparat verteilt (c).

Strömungs-führung	Gegenstrom	Gegenstrom	Gegenstrom	Gleichstrom	Gleichstrom	Gleichstrom
Gas/Flüssig-Kontakt	Gas und Flüssigkeit zusammen-hängend (c)	Gasphase dispergiert, Flüssigphase zusammen-hängend (b)	Gasphase zusammen-hängend, Flüssigphase dispergiert (a)	Gas und Flüssigkeit zusammen-hängend (c)	Gasphase dispergiert, Flüssigphase zusammen-hängend (b)	Gasphase zusammen-hängend, Flüssigphase dispergiert (a)
Typ	Füllkörper- oder Packungsko-lonne	Bodenkolon-ne	Sprühkolonne	Fallfilm-kolonne	Abstromblasensäule	Venturi-wäscher
Schema Gas Flüssigkeit						

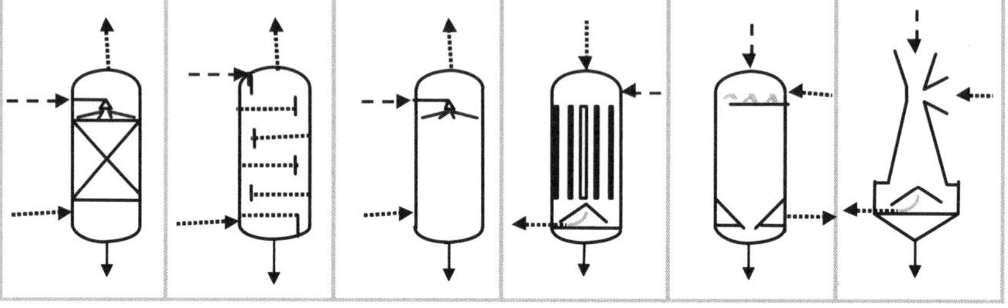

Abbildung 5.4: Kontaktmöglichkeiten zwischen Gas und Flüssigkeit

Abbildung 5.4 zeigt zusammenfassend die verschiedenen Kontaktmöglichkeiten (a, b, c). Die Strömungsführung kann sowohl im Gleich- als auch im Gegenstrom erfolgen. Auf die einzelnen Apparatetypen wird im Folgenden näher eingegangen.

5.3.1 Dispergierung der flüssigen Phase

Um die zum Stoffübergang erforderliche Phasengrenzfläche bereitzustellen, wird die flüssige Phase zu Tröpfchen zerteilt, während die Gasphase zusammenhängend bleibt. Abbildung 5.5 zeigt die sich bei einseitigem und äquimolarem Stofftransport ergebenden Zusammenhänge. Bei **einseitigem Stofftransport (Absorption)** findet der Stoffübergang des Absorptivs von der zusammenhängenden Gasphase in die dispersen Tröpfchen statt. Bei **äquimolarem Stofftransport (Destillation, Rektifikation)** wird ein Stoffstrom $\dot{n}_2$ aus dem Gasstrom in die Tropfen (z. B. Wasser) übertragen, während der Stoffstrom $\dot{n}_1$ vom Tropfen in das Gas (z. B. Alkohol bei der Alkoholdestillation) übergeht.

Zur Erzeugung einer großen Phasengrenzfläche ist ein möglichst kleiner Tropfendurchmesser d_{Tr} sowie eine große Tropfenanzahl n erforderlich:

$$a = \frac{A_{Gr}}{V_K} = \frac{\pi \cdot d_{Tr}^2 \cdot n}{4 \cdot V_K} . \tag{5-4}$$

Der **minimale Tropfendurchmesser** ist bei Phasengegenstrom durch die erforderliche Sinkgeschwindigkeit des Tropfens w_{Tr} begrenzt, da dieser im Gegenstrom zum Gas nach unten sinken muss und nicht vom Gas mitgerissen werden darf. Die Tropfengröße liegt je nach Anwendungsfall zwischen 0,2 mm und 4 mm.

5.3 Stoffaustauschapparate für den Stoffaustausch zwischen gasförmiger und flüssiger Phase

■ Merkmal

Gas: zusammenhängend
- einseitiger Stofftransport (Absorption)
- äquimolarer Stofftransport (Destillation, Rektifikation)

Flüssigkeit: dispers (Tropfen)

Abbildung 5.5: Dispergierung der flüssigen Phase (Phasengegenstrom)

Gas/Flüssig-Stoffaustauschapparate mit Dispergierung der flüssigen Phase (Abbildung 5.6) lassen sich einteilen in

- Sprühkolonne,
- Venturiwäscher sowie
- Stoffaustauschapparate mit rotierenden Einbauten.

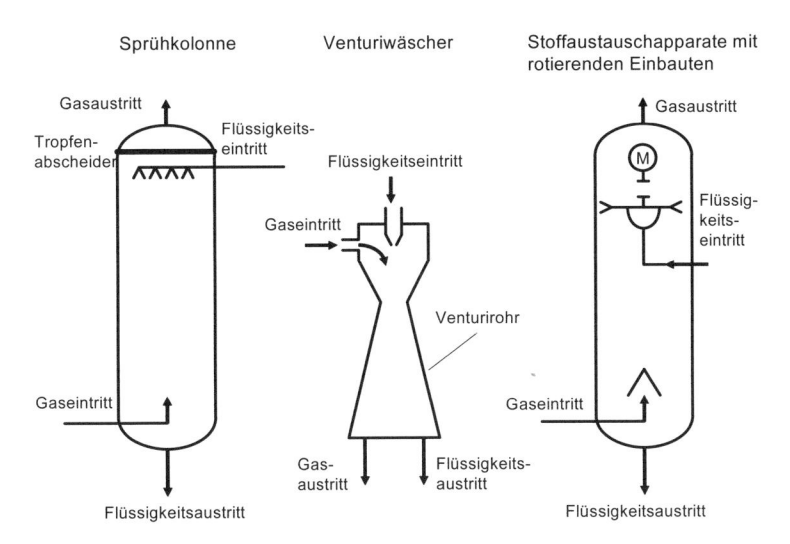

Abbildung 5.6: Stoffaustauschapparate mit Dispergierung der flüssigen Phase

Beispiel Sprühkolonne: Die Sprühkolonne stellt die einfachste Form eines Gas/Flüssig-Stoffaustauschapparats dar. Die Flüssigkeit wird in den Gasstrom hinein versprüht. Als Dispergiereinrichtung dienen normalerweise Düsen, die über den Querschnitt verteilt angeordnet sind. Flüssig- und Gasphase werden meistens im Gegenstrom und seltener im Gleichstrom geführt. Der Druckverlust in Sprühwäschern ist durch das Fehlen von Einbauten auch bei hohen Gasbelastungen sehr gering. Das Problem dieser einfachen und kostengünstigen Bauform ohne Einbauten stellt die Zirkulationsströmung der Gasphase dar. Durch die unerwünschten Rückvermischungseffekte verschlechtert sich die Trennleistung massiv.

Beispiel Venturiwäscher: Beim Venturiwäscher wird die Gasphase unter Überdruck eingedüst, wodurch der Flüssigkeitsvolumenstrom angesaugt wird. Gas und Flüssigkeit werden im engsten Querschnitt des Stoffaustauschapparats intensiv vermischt, woraus eine hohe Turbulenz, eine große Phasengrenzfläche und damit ein hervorragender Stoffaustausch resultiert. Das nachfolgende Venturirohr dient zur Druckrückgewinnung und Einstellung der Verweilzeit der im Gleichstrom durch den Apparat geführten Phasen. Gas und Flüssigkeit verlassen den Venturiwäscher gemeinsam und müssen in einem nachgeschalteten Gas/Flüssig-Abscheider getrennt werden. Venturiwäscher weisen hervorragende Stoffübergangsbedingungen auf. Gleichzeitig sind aber auch die zugeführte Energie und damit die Betriebskosten besonders hoch.

Beispiel Stoffaustauschapparate mit rotierenden Einbauten: Bei Stoffaustauschapparaten mit rotierenden Einbauten (in Abbildung 5.6 als einstufiger Apparat gezeigt) wird die Flüssigkeit mit Hilfe rotierender Elemente (Scheiben, Trichter oder Teller) im Gasstrom versprüht. Durch die Rotationsgeschwindigkeit kann die Tropfengröße eingestellt werden. Vorteile dieses Apparatetyps sind der große Gasdurchsatz bei gleichzeitig geringem Druckverlust und die Unanfälligkeit gegenüber Verstopfungen und Verkrustungen. Der Nachteil liegt in der komplizierten Ausführung der Apparate und dem relativ hohen Energieverbrauch.

Alle in diesem Abschnitt vorgestellten Stoffaustauschapparate werden bei der Absorption eingesetzt, wo mit Hilfe des flüssigen Absorbens ein Abgasstrom gereinigt werden soll. Bei der Destillation oder Rektifikation sind diese Apparate kaum anzutreffen.

Zusammenfassung: Gas/Flüssig-Stoffaustauschapparate mit Dispergierung der flüssigen Phase zu Tropfen (Sprühkolonnen, Venturiwäscher und Apparate mit rotierenden Einbauten) werden hauptsächlich bei der Absorption eingesetzt. Die Oberfläche der Tropfen bildet die Stoffaustauschfläche. Bei Phasengegenstrom ist eine Optimierung der Tropfengröße erforderlich.

5.3.2 Dispergierung der Gasphase

Wird das **Gas zu Blasen zerteilt, während die flüssige Phase zusammenhängend den Apparat durchströmt**, wird bei einseitigem Stofftransport (Absorption) das Absorptiv von der dispersen Gasphase in die zusammenhängende Flüssigphase übertragen (siehe Abbildung 5.7). Für eine große Phasengrenzfläche ist ein möglichst kleiner Blasendurchmesser erforderlich. Der **minimale Blasendurchmesser** ist durch die erforderliche Blasenaufstiegsgeschwindigkeit begrenzt, wenn ein Gegenstrom von Gas und Flüssigkeit gefordert ist. Neben der Gegenstromführung von Gas und Flüssigkeit wird bei diesen Stoffaustauschapparaten häufig auch mit Gleich- oder Kreuzstrom gearbeitet.

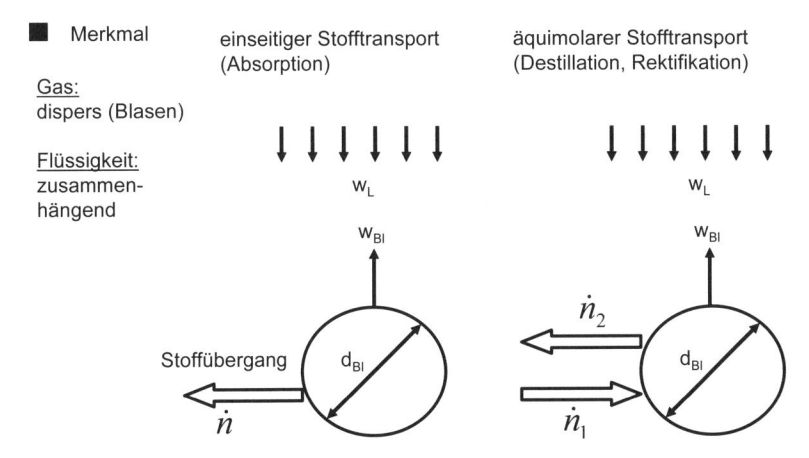

Abbildung 5.7: Dispergierung des Gasstroms (Phasengegenstrom)

Die Dispergierung der Gasphase findet in den Stoffaustauschapparaten

– Rührreaktor,
– Blasensäule,
– Schlaufenreaktor sowie
– Bodenkolonne

Anwendung.

Beispiel Rührreaktor: Bei Rührreaktoren handelt es sich um die Urform des chemischen Reaktors (Abbildung 5.8). Das Gas wird mit Hilfe eines Rührers in der Flüssigkeit dispergiert. Durch Hintereinanderschaltung mehrerer Rührkessel zu einer Rührkesselkaskade ist eine mehrstufige Betriebsweise möglich. Die Blasengröße und die Vermischungscharakteristik kann durch die Rührerdrehzahl beeinflusst werden. Rührkessel bilden das Bindeglied zur chemischen Reaktionstechnik und werden nur dann eingesetzt, wenn kleine Gasmengen mit einer großen Flüssigkeitsmenge bei gleichzeitiger chemischer Reaktion in Kontakt gebracht werden müssen (z. B. bei der Absorption mit nachfolgender chemischer Reaktion).

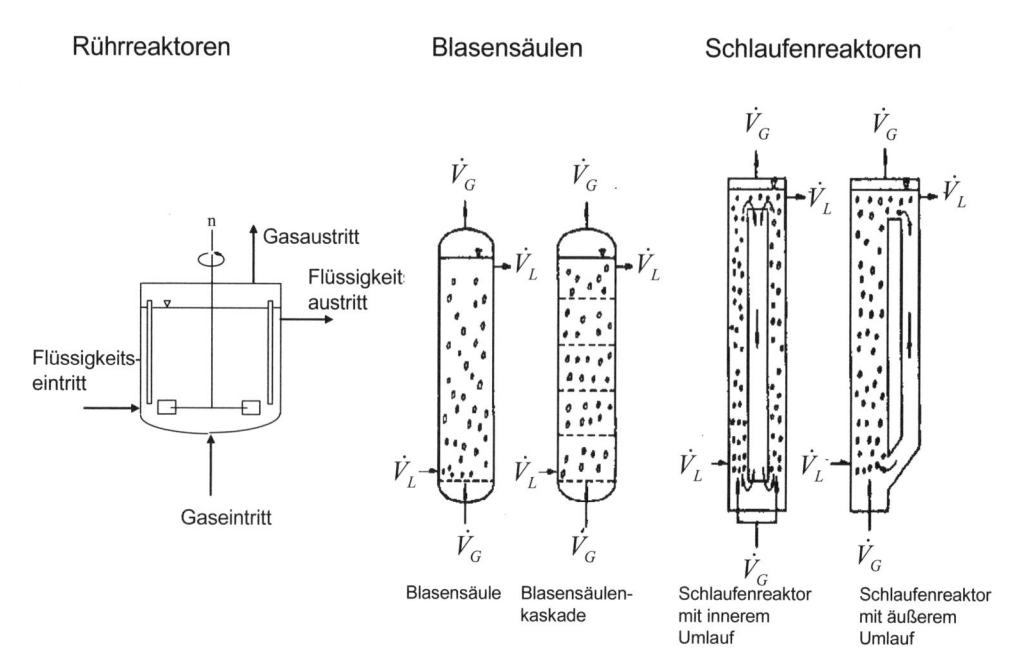

Abbildung 5.8: Stoffaustauschapparate mit Dispergierung der Gasphase

Beispiel Blasensäule: Bei Blasensäulen (Abbildung 5.8 Mitte) handelt es sich um Kolonnen mit einer Dispergiervorrichtung für die Gasphase. Dies können Sinterplatten, Lochplatten, Siebböden oder Düsen sein. Der Gasvolumenstrom wird im Sumpf der Kolonne dispergiert und strömt zusammen mit der Flüssigkeit zum Kopf, wo die Trennung von Gas und Flüssigkeit stattfindet. Auf Grund der Rückvermischung der flüssigen Phase und der verstärkten Blasenkoaleszenz sind im technischen Einsatz häufig Modifikationen von Blasensäulen anzutreffen (siehe **Blasensäulenkaskade**). Das Hauptaugenmerk richtet sich dabei auf die wiederholte Dispergierung der Blasen, durch die der Großblasenanteil herabgesetzt und der Stoffaustausch intensiviert wird. Blasensäulen werden eingesetzt, wenn hohe Gasumsätze bei großen Flüssigkeitsverweilzeiten erzielt werden sollen.

Beispiel Schlaufenreaktor: Um die Flüssigkeitsdurchmischung in Blasensäulen zu erhöhen, eine definierte Umlaufströmung und damit Verweilzeit der Flüssigkeit einstellen zu können und die sich in Blasensäulen ausbildenden Wirbel zu unterdrücken, werden Schlaufenreaktoren eingesetzt (Abbildung 5.8, rechts). Der Flüssigkeitsumlauf kann innerhalb (Schlaufenreaktor mit innerem Umlauf) oder außerhalb des Reaktors (Schlaufenreaktor mit äußerem Umlauf) erfolgen. Bei Blasensäulen und Schlaufenreaktoren handelt es sich um typische Bioreaktoren. Durch das Gas wird der Sauerstoff eingetragen und in der Flüssigkeit absorbiert, die Strömungsführung sorgt für eine intensive Durchmischung von Flüssigkeit und Bakteriensuspension.

5.3 Stoffaustauschapparate für den Stoffaustausch zwischen gasförmiger und flüssiger Phase

Die volumenbezogene Phasengrenzfläche lässt sich bei Kenntnis der Blasengröße d_{Bl} sowie des Gasgehalts ε_G im Stoffaustauschapparat berechnen. Der Gasgehalt ist das Verhältnis des Volumens der Gasphase zum Volumen des Zweiphasengemischs

$$\varepsilon_G = \frac{V_G}{V_G + V_L}. \tag{5-5}$$

Beispiel Ermittlung des Gasgehalts: Werden bei einer sich im Betrieb befindlichen Blasensäule (Abbildung 5.9, links) die Ventile V1 bis V4 geschlossen und somit die Blasensäule außer Betrieb genommen (Abbildung 5.9, rechts), trennen sich Gas und Flüssigkeit, das Volumen der Flüssigkeit V_L sowie das Gasvolumen V_G können bestimmt werden.

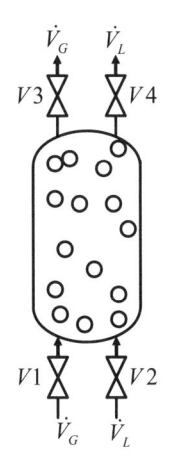

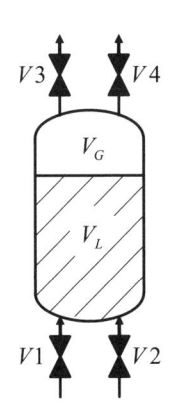

Abbildung 5.9: Gasgehalt

Die volumenbezogene Phasengrenzfläche berechnet sich mit dem gemittelten Sauterdurchmesser der Blasen $d_{B,12}$ zu /17/

$$a = \frac{6 \cdot \varepsilon_G}{d_{B,12}}. \tag{5-6}$$

Bodenkolonnen werden speziell bei Destillation und Rektifikation häufig eingesetzt, sind aber auch bei der Absorption zu finden. Abbildung 5.10 zeigt schematisch die Strömungsführung bei Bodenkolonnen. Gas und Flüssigkeit strömen im Gegenstrom durch die Bodenkolonne. In bestimmten Abständen befinden sich Böden in der Kolonne. Durch die Böden wird das Gas immer wieder zu Blasen zerteilt. Dadurch findet der Stoffaustausch nur auf den Böden statt, zwischen den Böden kommt es zu einer Entmischung von Gas und Flüssigkeit. Charakteristisch für Bodenkolonnen ist daher der stufenweise Kontakt und damit Stoffaustausch über die Höhe der Bodenkolonne auf den Böden. Ein Modell zur Berechnung der

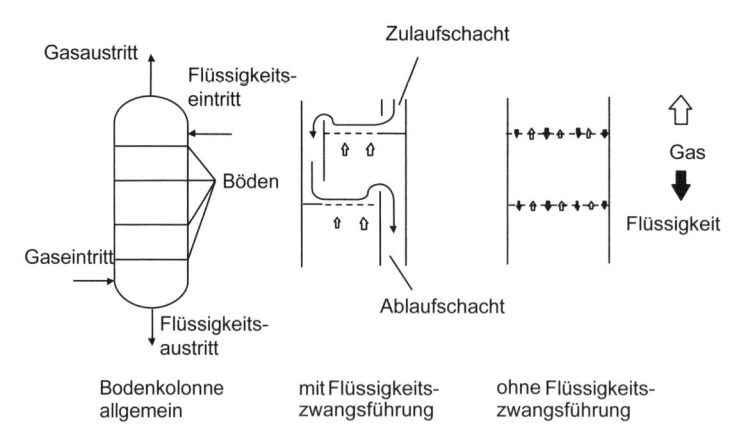

Abbildung 5.10: Bodenkolonnen

erforderlichen Kolonnenhöhe (Theorie der theoretischen Trennstufen) geht als Grundlage von diesem stufenförmigen Kontakt aus. Eine weitere Besonderheit von Bodenkolonnen ist, dass der Stoffaustausch zuerst zwischen Blasen und kohärenter flüssiger Phase stattfindet, dann aber auch zwischen Tropfen und kohärenter Gasphase, wie unten gezeigt wird.

Es wird unterschieden zwischen Bodenkolonnen mit und ohne Zwangsführung der Flüssigkeit. Bei Bodenkolonnen ohne Flüssigkeitszwangsführung, auch **Dual-Flow-Böden** genannt, strömen Gas und Flüssigkeit durch dieselben Löcher im Boden. Beim Durchtritt durch die Löcher wird das Gas zu Blasen dispergiert.

Bei Böden mit Flüssigkeitszwangsführung, auch **Kreuzstromböden** genannt, wird die Flüssigkeit durch einen Zulaufschacht auf den darunter liegenden Boden aufgegeben. Die Flüssigkeit überströmt den Boden als zusammenhängende Phase und verlässt ihn auf der gegenüberliegenden Seite durch den **Ablaufschacht**, um dem nächst tieferen Boden zuzuströmen. Das Gas tritt durch Bodenöffnungen, wird zu Blasen dispergiert und in die Flüssigkeitszone eingeleitet.

Die Strömungsverhältnisse auf einem Kreuzstromboden zeigt Abbildung 5.11. Die Flüssigkeit strömt durch den **Zulaufschacht** auf Boden 1. Das von Boden 2 kommende Gas tritt durch die Öffnungen im Boden und wird zu Blasen dispergiert. Dadurch bildet sich oberhalb des Bodens die **Sprudelzone** aus. Das Gas ist die disperse Phase, die Flüssigkeit liegt als geschlossene (kohärente) Phase vor. Die Flüssigkeitshöhe auf dem Boden wird durch das **Ablaufwehr** festgelegt. Beim Austritt aus der Sprudelzone koaleszieren die Blasen, wodurch Flüssigkeitströpfchen mitgerissen werden. Dadurch bildet sich oberhalb der Sprudelzone eine **Sprühzone** aus. Hier ist die Flüssigkeit die disperse Phase in der homogenen Gasphase. Nach Verlassen der Sprühzone strömt das Gas als zusammenhängende Phase zum nächst höheren Boden. In diesem Bereich findet kein Kontakt zwischen den beiden Phasen mehr statt, die Stoffaustauschvorgänge laufen ausschließlich in der Sprudel- und Sprühzone ab. Die Stoffaustauschfläche wird durch die Gesamtheit der Blasen und Tropfen gebildet.

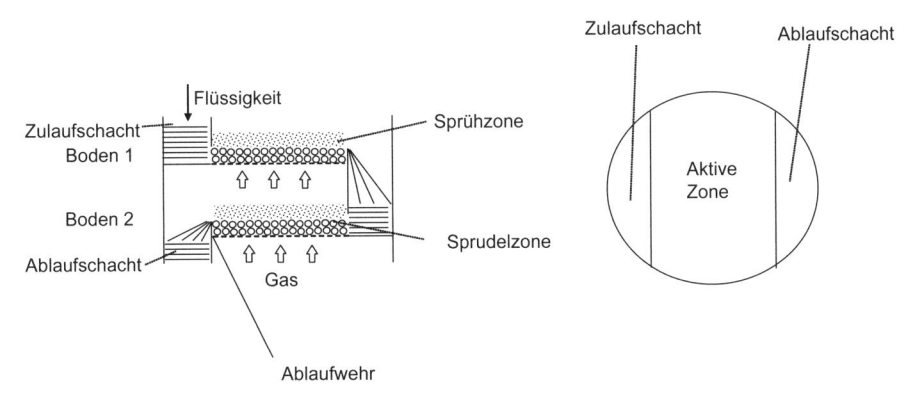

5.3 Stoffaustauschapparate für den Stoffaustausch zwischen gasförmiger und flüssiger Phase 137

Abbildung 5.11: Strömungsverhältnisse bei Böden mit Flüssigkeitszwangsführung

Kolonnenböden sind in großer Vielzahl auf dem Markt erhältlich. Die Bauformen können in

- Böden mit Bohrungen oder Schlitzen,
- Glockenböden,
- Ventilböden und
- Sonderkonstruktionen

unterteilt werden. Abbildung 5.12 zeigt Prinzipskizzen der Bodenarten.

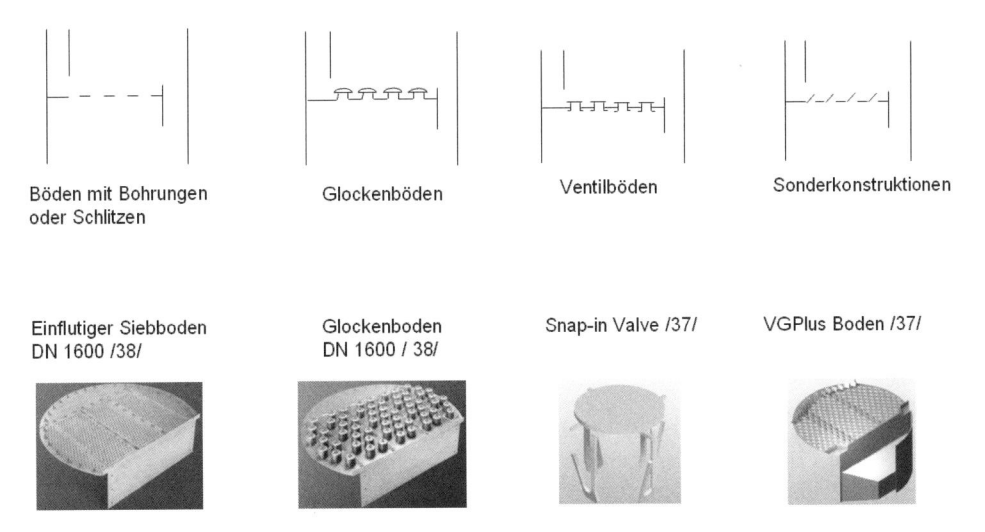

Abbildung 5.12: Bauformen von Kolonnenböden

Beispiel Böden mit Bohrungen: Bei Böden mit Bohrungen oder Schlitzen fließt die Flüssigkeit zwangsgeführt quer über die Bodenplatte (Abbildung 5.12) oder tropft bei Kolonnenböden ohne Flüssigkeitszwangsführung (Dual-Flow-Böden) durch die Bodenöffnungen im Gegenstrom zum aufsteigenden Gas frei nach unten. Diese Bodenbauform ist die einzige, die sich als Dual-Flow-Boden eignet.

Beispiel Glockenböden: Bei Glockenböden handelt es sich um Böden mit Hälsen für den Gasdurchtritt, die von starren Glocken, Kappen oder Hauben überdeckt sind. Auf Grund der Hälse kann die Flüssigkeit auch bei sehr geringen Gasbelastungen nicht im Kurzschluss durch die Löcher des Bodens zum nächst tieferen Boden tropfen. Nachteilig bei Glockenböden sind die hohen Investitionskosten sowie das Gewicht des Bodens.

Beispiel Ventilböden: Ventilböden haben lediglich Bohrungen in der Bodenplatte, die von beweglichen Ventilen überdeckt sind, die sich automatisch der Gasbelastung anpassen. Je nach Gasbelastung öffnen oder schließen die Ventile, so dass ein Flüssigkeitsdurchtritt durch die Gasdurchtrittsöffnungen sicher vermieden wird. Die Flüssigkeit fließt auch hier zwangsgeführt quer über den Boden.

Beispiel Sonderkonstruktionen: Sonderkonstruktionen lassen sich in unterschiedlichste Bauformen einteilen. Die Flüssigkeit bewegt sich zwangsgeführt oder frei über den Boden. Meistens handelt es sich um speziell gestaltete Gasdurchtrittsöffnungen, die für eine Ablenkung der aus der Bodenplatte austretenden Gasstrahlen sorgen und dadurch die Querströmung der Flüssigkeit sowie die Durchmischung fördern (siehe Abbildung 5.12, Sulzer VGPlus-Boden).

Zusammenfassung: Während Rührreaktoren nur bei der Chemisorption und Blasensäulen sowie Schlaufenreaktoren ausschließlich bei der Absorption, speziell als Bioreaktoren, Anwendung finden, handelt es sich bei Bodenkolonnen um einen häufig verwendeten Stoffaustauschapparat. Auf dem Boden wird sowohl das Gas zu Blasen als auch die Flüssigkeit zu Tropfen zerteilt.

5.3.3 Gas und Flüssigkeit als zusammenhängende Phasen

Stoffaustauschapparate, bei denen sowohl die Flüssigkeit als auch das Gas nicht dispergiert werden und zusammenhängend durch den Stoffaustauschapparat strömen, lassen sich in

- **Füllkörperkolonnen** und
- **Packungskolonnen**

einteilen und werden sowohl bei Absorption als auch Rektifikation häufig eingesetzt. Die Forderung nach einer großen volumenbezogenen Phasengrenzfläche für den Stoffaustausch lässt sich für diesen Apparatetyp nur verwirklichen, wenn der Stoffaustauschapparat Einbauten enthält, über die die Flüssigkeit zur Oberflächenvergrößerung rieselt.

5.3 Stoffaustauschapparate für den Stoffaustausch zwischen gasförmiger und flüssiger Phase 139

Beispiel Oberflächenvergrößerung in Stoffaustauschapparaten: Abbildung 5.13 verdeutlicht die Möglichkeit der Oberflächenvergrößerung durch Einbauten am Beispiel eines Würfels. Je nach Art der Einbauten lässt sich die Phasengrenzfläche vergrößern, für das einfache Beispiel in Abbildung 5.13 bis auf den fünffachen Wert (die Wandfläche des Würfels wurde hier nicht berücksichtigt, da sie für alle gezeigten Fälle gleich groß ist).

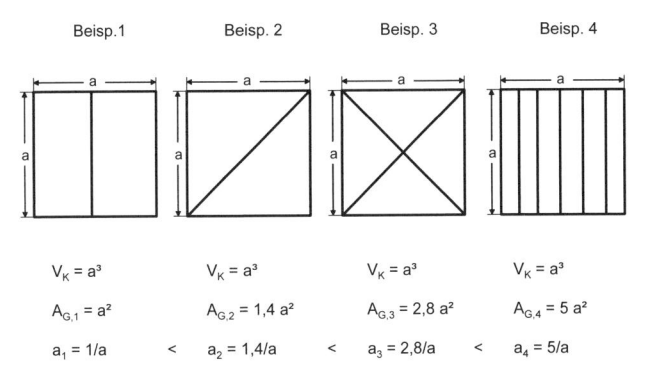

Beisp. 1	Beisp. 2	Beisp. 3	Beisp. 4
$V_K = a^3$	$V_K = a^3$	$V_K = a^3$	$V_K = a^3$
$A_{G,1} = a^2$	$A_{G,2} = 1{,}4\,a^2$	$A_{G,3} = 2{,}8\,a^2$	$A_{G,4} = 5\,a^2$
$a_1 = 1/a$ <	$a_2 = 1{,}4/a$ <	$a_3 = 2{,}8/a$ <	$a_4 = 5/a$

Abbildung 5.13: Volumenbezogene Phasengrenzfläche

Abbildung 5.14 zeigt den prinzipiellen Aufbau von Füllkörper-, Packungs- und Bodenkolonnen. **Die Flüssigkeit strömt bei Füllkörper- und Packungskolonnen in Rieselfilmen oder Rinnsalen von oben nach unten im Gegenstrom zur aufströmenden Gasphase über die Einbauten (Füllkörper, die regellos in die Kolonne geschüttet werden oder geordnete strukturierte Packungen).** Da die Flüssigkeit über die Einbauten rieselt, bildet die Oberfläche der Einbauten gleichzeitig auch die für den Stoffaustausch zur Verfügung stehende Phasengrenzfläche. Füllkörper und geordneten Packungen liegen auf Tragsystemen (Auflageböden). Rückhalteroste verhindern, dass die Einbauten vom Gasstrom nach oben aus dem Stoffaustauschapparat gedrückt werden. Um eine Gleichverteilung und damit einen gleich bleibend hohen Stoffaustausch über die Kolonnenhöhe zu gewährleisten, ist nach einer bestimmten Höhe eine Sammlung und Neuverteilung der Flüssigkeit erforderlich, wie weiter unten gezeigt wird. Auf die gleichmäßige Flüssigkeitsverteilung über den gesamten Querschnitt der Kolonne wird besonderer Wert gelegt, da hierdurch die Gleichverteilung der Flüssigkeit auf den Einbauten und damit die Stoffaustauschleistung bestimmt wird.

An Füllkörper und Packungen sind die Anforderungen zu stellen:
- hohe Belastbarkeit mit Gas und Flüssigkeit,
- große volumenbezogene Phasengrenzfläche bei gleichzeitig geringem Druckverlust,
- Einstellung optimaler Stofftransportbedingungen,
- Ausgleich vorhandener Phasenungleichverteilungen,
- Fähigkeit zur horizontalen Phasenvermischung,
- gute Benetzbarkeit für die Flüssigkeit,
- geringe Neigung zur Bachbildung und Randgängigkeit,
- ausreichende mechanische Festigkeit,

- Fertigung aus unterschiedlichen Werkstoffen,
- geringe Herstellungskosten.

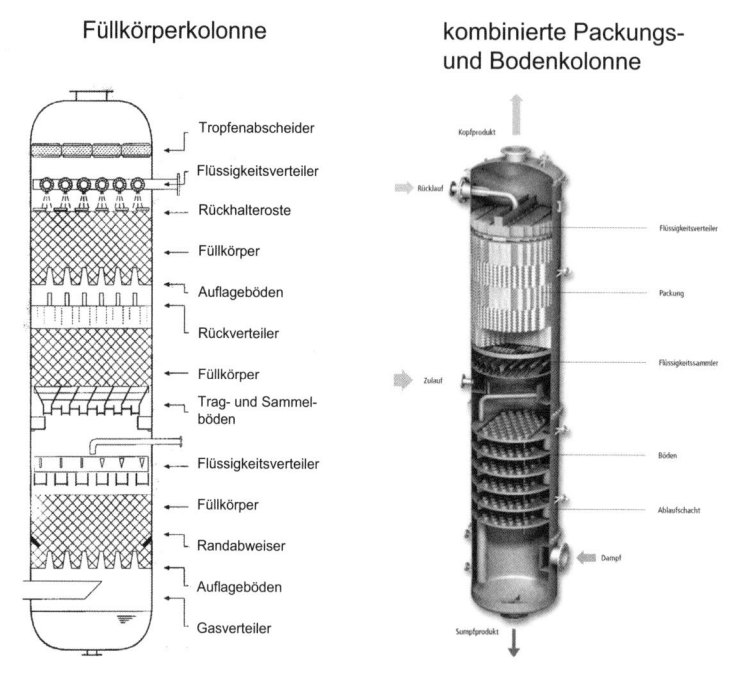

Abbildung 5.14: Aufbau von Füllkörper- und Packungskolonnen /18, 19, 55/

Beispiel Füllkörper: Abbildung 5.15 zeigt eine Übersicht über verwendete Füllkörperarten. **Als Füllkörper werden speziell gefertigte Körper mit zweckmäßigen Geometrien verwendet, die aus fast allen Werkstoffen (Steinzeug, Porzellan, Stahl, Edelstahl, Glas, Kunststoff) hergestellt werden.** Die Grundformen sind Kugeln, Zylinder, Ringe und Sattelkörper. Der zuerst entwickelte Füllkörper ist der Raschig-Ring (1916). Es handelt sich um Rohrsegmente, bei denen der Außendurchmesser gleich der Zylinderhöhe ist. Zur Vergrößerung der Oberfläche sowie zur Verringerung des Strömungsdruckverlusts können die Füllkörper mit Scheidewänden versehen werden (z. B. Hiflow-Ring, Pall-Ring). Einfachster Vertreter der Sattelkörper ist der Berl-Sattel (1931), dessen Weiterentwicklungen sind z. B. Super-Torus-Sattel und Hiflow-Sattel. Kugeln werden i. d. R. nicht als Vollkugeln eingesetzt, sondern zur Oberflächenvergrößerung als Hacketten oder Igel. Die Grundform ringförmiger Füllkörper zeigt die Tellerette (1958), deren Weiterentwicklung z. B. als Nutter-Ring oder Super-Ring angeboten wird.

Packungen mit regelmäßiger Geometrie sorgen mit ihren definierten Durchtrittsbereichen für die Gegenstromphasen bei sorgfältiger Flüssigkeitsaufgabe für eine gleichmäßige Phasenverteilung über den Kolonnenquerschnitt und für erhöhte Phasenturbulenz. Packungen bestehen aus offenen, sich kreuzenden Kanälen. Die Schichten der Kanäle

5.3 Stoffaustauschapparate für den Stoffaustausch zwischen gasförmiger und flüssiger Phase

```
                    regellos geschüttete Füllkörper
         ┌──────────────┬──────────────┬──────────────┐
       Kugeln        Zylinder      Sattelkörper      Ringe
                    Raschig-         Berl-          Tellerette
                    Ring             Sattel
```

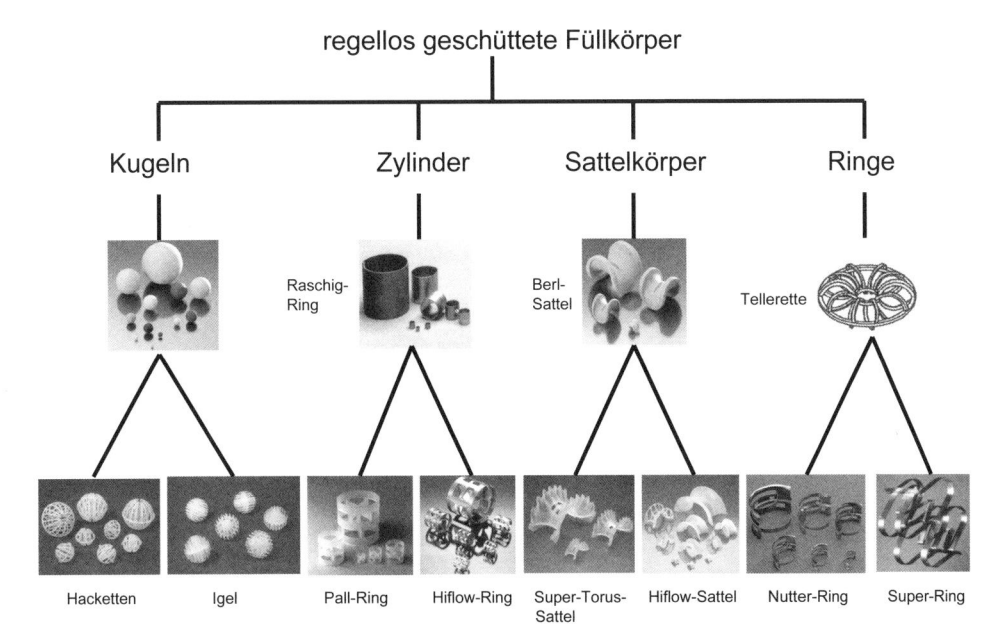

Hacketten | Igel | Pall-Ring | Hiflow-Ring | Super-Torus-Sattel | Hiflow-Sattel | Nutter-Ring | Super-Ring

Abbildung 5.15: Übersicht über Füllkörperarten /18, 20, 21, 22/

sind i. d. R. um 45° zueinander versetzt, siehe Abbildung 5.16. Die Kanäle sind häufig rautenförmig ausgeführt und mit Öffnungen versehen, so dass die Flüssigkeit durch die Kanäle tropfen kann. Die Aufbördelung der Ränder der Öffnungen sorgt für eine ständige Durchmischung des Flüssigkeitsfilms auf der Packungsoberfläche (Abbildung 5.16 Mitte). Einzelne Packungselemente werden um 90° versetzt in die Kolonne eingebaut, um die Quervermischung zu fördern.

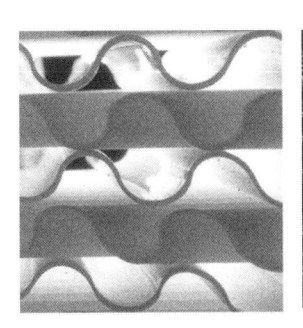

Rautenförmige Kanäle um 45° zueinander versetzt | Kanäle mit Öffnungen | Packungselemente um 90° zueinander versetzt (Packungselement 1, Packungselement 2)

Abbildung 5.16: Prinzipieller Aufbau von Packungen /19/

Beispiel Packungen: Abbildung 5.17 zeigt einige Beispiele technisch eingesetzter Packungen mit regelmäßiger Geometrie. Die Unterscheidung erfolgt in Struktur- und Gewebepackungen. Strukturpackungen bestehen aus gegeneinander geneigten Kanälen. Die minimale Wandstärke liegt bei etwa 0,1 mm. Die Kanäle haben häufig Löcher und eine aufgeraute Oberfläche zur Erhöhung der Turbulenz des Flüssigkeitsfilms. Bei Gewebepackungen bestehen die Kanalwände aus gewebtem Material.

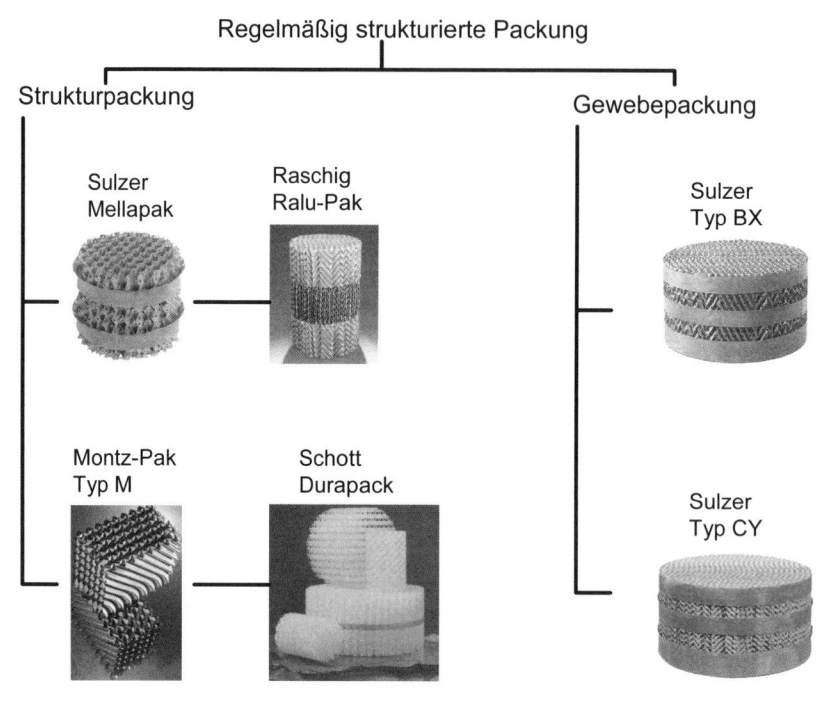

Abbildung 5.17: Übersicht über regelmäßige Packungen /19, 23, 24, 25/

Tabelle 5.1 zeigt zusammenfassend Kenndaten für Füllkörper und Packungen. Der **Lückengrad** ε (relatives freies Lückenvolumen)

$$\varepsilon = \frac{V_K - V_{Pk,Fk}}{V_K} = 1 - \frac{V_{Pk,Fk}}{V_K} \tag{5-7}$$

gibt an, welcher Raum innerhalb der Stoffaustauschkolonne V_K zur Durchströmung der Gasphase zur Verfügung steht und nicht durch das Volumen der Füllkörper oder Packungen $V_{Pk,Fk}$ blockiert ist. Je geringer der Lückengrad ist, desto weniger Platz steht dem Gasstrom in der Kolonne zur Verfügung. Bei gegebenem Gasvolumenstrom erhöht sich dann die Gasgeschwindigkeit. Dies führt zu einer Verbesserung des Stoffübergangs, gleichzeitig aber auch zu einer Erhöhung des Druckverlusts. Die Forderung besteht nach einer möglichst großen volumenbezogenen Oberfläche bei gleichzeitig hohem Lückengrad.

Tabelle 5.1: Kennzahlen für Füllkörper und Packungen

Füllkörper / Packung	Typ	Werkstoff	Abmessung (mm)	a (m²/m³)	ε (-)	Stückzahl pro m³	Schüttdichte kg/m³
Füllkörper	Raschig-Ring	Steinzeug	25 × 25 × 3	195	73	46.000	620
Füllkörper	Raschig-Ring	Stahl	25 × 25 × 0,8	220	93	51.000	640
Füllkörper	Pall-Ring	Steinzeug	25 × 25 × 3	220	73	46.000	620
Füllkörper	Hacketten	Kunststoff	45	135	93		63
Füllkörper	Berl-Ring	Steinzeug	25	260	69	75.000	700
Füllkörper	Nutter-Ring	Metall	No 1.0	168	97,7	67.100	179
Füllkörper	Super-Ring	Metall	25	180	98	46.500	
Packung	Mellapak 250.Y	Metall		250	97		
Packung	Mellapak 500.Y	Metall		500	95		
Packung	Ralu-Pak 250 YC	Metall		250	96		
Packung	Durapack 280	Glas		280	82		
Packung	Montz-Pak B1-300	Metall		300	97		

Wie Tabelle 5.1 verdeutlicht, geht eine große spezifische Oberfläche (und damit kleine Füllkörper- bzw. enge Packungsabmessungen) immer mit einer Verringerung des Lückengrads einher. Bei der Wahl der geeigneten Einbauten muss durch Optimierungsrechnungen der geeignete Kompromiss zwischen großer volumenbezogener Oberfläche und geringem Druckverlust gefunden werden. Der Vorteil geordneter Packungen gegenüber Füllkörpern wird aus Tabelle 5.1 ebenfalls deutlich: Es können sehr große volumenbezogene Phasengrenzflächen bei gleichzeitig großem Lückengrad und damit verhältnismäßig geringem Druckverlust erreicht werden. Allerdings sind die Investitionskosten für Packungen auch höher als für Füllkörper.

Bei Kolonnen mit regellos geschütteten Füllkörpern und geordneten Packungen ist im Sinne einer bestmöglichen Nutzung der benetzbaren Oberfläche darauf zu achten, dass die Einbauten gleichmäßig mit Flüssigkeit beaufschlagt werden. Da das relative freie Lückenvolumen ε speziell in Füllkörperschüttungen, aber auch in Packungen, in der wandnahen Zone größer ist als im Zentrum, gelangt die ablaufende Flüssigkeit mit größer werdendem Abstand vom Verteilerquerschnitt (punktförmige Flüssigkeitszugabe in der Kolonnenmitte in Abbildung 5.18) immer mehr in den Randbereich.

Um diese einbautenspezifisch unterschiedlich ausgeprägte **Randgängigkeit** zu begrenzen, wird die Gesamtschüttung durch **Flüssigkeitssammler und -rückverteiler** in Einzelschüttungen unterteilt, bevor es zu einer ausgeprägten Ungleichverteilung kommt. Abbildung 5.19 zeigt eine Wiederverteilsektion in Packungskolonnen. Der Flüssigkeitsfänger muss so aufgebaut sein, dass die gesamte Flüssigkeitsmenge aufgefangen wird, gleichzeitig aber dem Gas kein Strömungswiderstand entgegengebracht wird. Beim Flüssigkeitsverteiler ist entscheidend, dass eine gleichmäßige Verteilung über den gesamten Kolonnenquerschnitt sichergestellt ist.

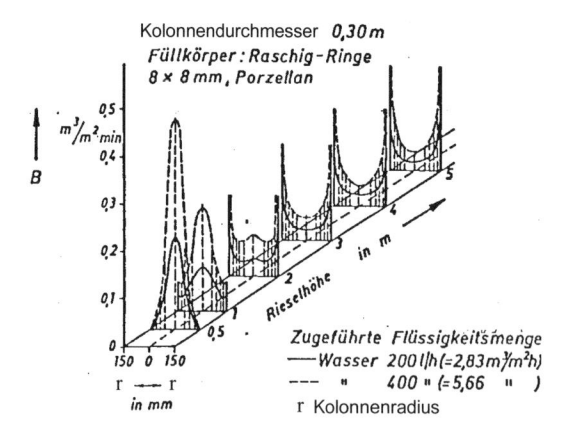

Abbildung 5.18: Randgängigkeit in einer Füllkörperkolonne /38/

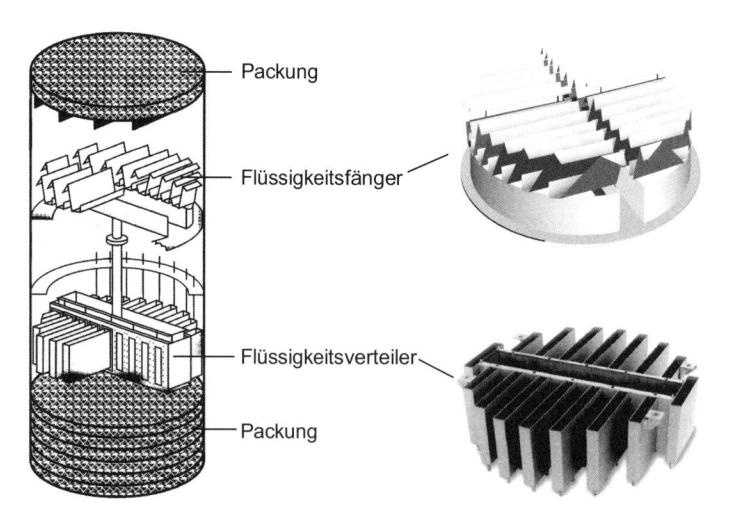

Abbildung 5.19: Wiederverteilsektion in einer Packungskolonne /19/

Beispiel maximale Pakethöhe: Abbildung 5.20 zeigt Richtwerte für die maximale Pakethöhe von Füllkörpern und Packungen, um eine gleichmäßige Flüssigkeitsverteilung zu gewährleisten. Weiterhin ist die Höhe des Zwischenverteilers angegeben. Ist die Kolonne mit Mannlöchern ausgerüstet, muss die Zwischenverteilung so groß sein, dass sie für Personen zu Reinigungs- oder Reparaturzwecken zugänglich ist. Es wird deutlich, dass durch eine Packung mit großer volumenbezogener Phasengrenzfläche die Flüssigkeit besser verteilt wird. Dadurch gelangt die Flüssigkeit rein statistisch auch eher in den Randbereich der Kolonne, die Randgängigkeit beginnt früher, die maximale Pakethöhe einer Packung mit einer volumenbezogenen Phasengrenzfläche von $a = 750$ m²/m³ beträgt lediglich 2 m bevor eine erneute Zwischenverteilung erforderlich ist gegenüber einer maximalen Pakethöhe von 7 m bei $a = 125$ m²/m³.

5.3 Stoffaustauschapparate für den Stoffaustausch zwischen gasförmiger und flüssiger Phase

Einbauten		max. Pakethöhe
Blechpackung	a – 125 m²/m³	7 m
	a – 250 m²/m³	7 m
	a – 500 m²/m³	4 m
Gewebepackung	a – 500 m²/m³	4 m
	a – 750 m²/m³	2 m
Füllkörper	d – 25 mm	2,0 – 3,5 m
	d – 35 mm	3,0 – 4,0 m
	d – 50 mm	4,0 – 7,0 m

	Kolonnendurchmesser	Höhe Zwischenverteiler
Kolonne geflanscht	1,5 m	0,8 m
Kolonne mit Mannloch	1,5 m	1,5 m
	1,5 – 4,0 m	2,0 m
	4,0 m	2,5 m

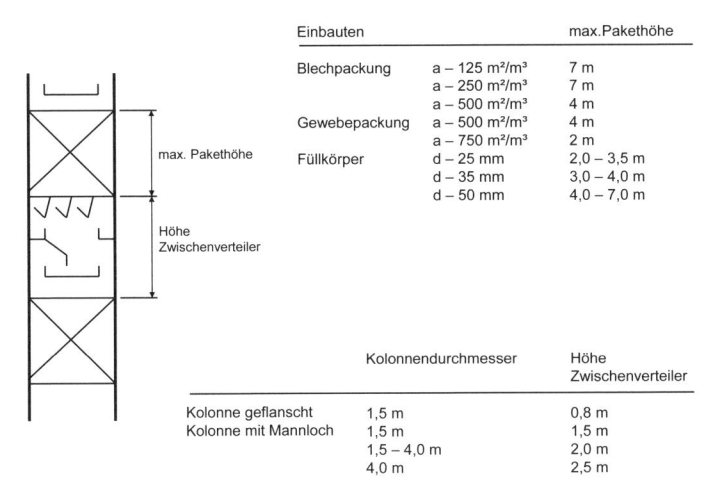

Abbildung 5.20: Richtwerte für die maximale Pakethöhe von Packungen und Füllkörpern

Abbildung 5.21 zeigt abschließend eine Checkliste, um eine Vorauswahl für die geeigneten Kolonneneinbauten zu treffen.

Einbauten \ Merkmal	Glocken-boden	Ventil-boden	Sieb-boden	Dual-flow-boden	Füll-körper	Blech-packung	Gewebe-packung
großer Durchmesser	+	+	+	0	+	++	+
kleiner Durchmesser	-	-	0	0	++	+	++
hoher Gasbelastungsfaktor	0	0	0	0	+	++	+
hohe Flüssigkeitsbelastung	0	0	0	+	+	+	-
geringe Flüssigkeitsbelastung	++	0	-	--	0	+	++
geringer Betriebsinhalt	--	-	-	0	+	++	++
hoher Betriebsinhalt	++	+	+	-	-	--	--
geringer Druckverlust pro Trennstufe	--	0	0	-	+	+	++
stabiles Trennverhalten bei Belastungsschwankungen	+	+	0	--	+	+	++
begrenzte Bauhöhe, hohe Stufenzahl pro Meter	+	+	+	-	+	+	++
Unempfindlichkeit gegen Feststoffe	-	0	0	++	0	0	--
gute Reinigungsmöglichkeiten	-	0	+	++	0	--	--
geringe Anschaffungskosten	0	0	+	++	+	+	-
exotische Werkstoffe	-	0	0	+	+	+	+

++ sehr gut geeignet
+ gut geeignet
0 brauchbar
- nicht zu empfehlen
-- ungeeignet

Abbildung 5.21: Checkliste Kolonneneinbauten

> **Zusammenfassung:** Füllkörper- und Packungskolonnen zählen zu den Standardapparaten bei Rektifikation und Absorption. Durch Einbauten, über die die Flüssigkeit rieselt, wird eine große volumenbezogene Oberfläche bei gleichzeitig geringem Druckverlust erreicht. Sowohl Füllkörper als auch Packungen sind in unterschiedlichsten Ausführungsformen erhältlich.

5.4 Stoffaustauschapparate für den Stoffaustausch zwischen zwei flüssigen Phasen

> **Lernziel:** Die für den Stoffaustausch zwischen zwei flüssigen Phasen verwendeten Stoffaustauschapparate müssen bekannt sein. Ihre Funktionsweise und die Unterschiede zu den Gas/Flüssig-Stoffaustauschapparaten müssen verstanden sein.

5.4.1 Anforderungen an Flüssig/Flüssig-Stoffaustauschapparate

Bei Flüssig/Flüssig-Stoffaustauschapparaten besteht im Gegensatz zu Abschnitt 5.2 nur eine Möglichkeit, die beiden flüssigen Phasen miteinander in Kontakt zu bringen: **Eine der beiden flüssigen Phasen muss zu Tropfen dispergiert werden, während die andere flüssige Phase zusammenhängend bleibt.** Es kann sowohl die schwerere als auch die leichtere Phase zu Tropfen dispergiert werden, wie Abbildung 5.22 zeigt. Wird die leichte Phase dispergiert,

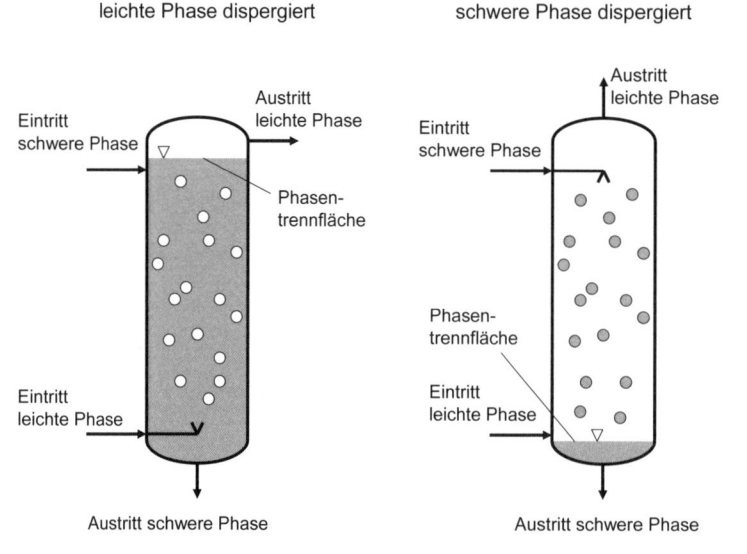

Abbildung 5.22: Phasenführung bei Flüssig/Flüssig-Stoffaustauschapparaten

muss sie im Gegenstrom zur schweren Phase von unten nach oben durch den Flüssig/Flüssig-Stoffaustauschapparat strömen. Nach erfolgtem Stoffaustausch koalesziert die leichte Phase am Kopf des Apparats, um aus dem Extraktor abgeführt werden zu können. Wird die schwere Phase dispergiert, bewegen sich die Tropfen entsprechend vom Kopf zum Sumpf des Stoffaustauschapparats, die Phasentrennfläche liegt im Sumpf.

Flüssig/Flüssig-Stoffaustauschapparate müssen den Anforderungen

- schnelle Tropfenbildung,
- enges Tropfengrößenspektrum,
- Vermeidung von Tropfenkoaleszenz,
- homogene Tropfenverteilung in der zusammenhängenden (kohärenten) Phase,
- große volumenbezogene Phasengrenzfläche und hohe Turbulenz zur Intensivierung des Stofftransports bei gleichzeitig geringem Energieeintrag,
- optimale Phasenführung,
- Vermeidung von Rückvermischungseffekten,
- ausreichende Zeit für den Phasenkontakt sowie
- gute Phasentrennung

genügen. Abbildung 5.23 zeigt eine **Klassifizierung der in der Praxis eingesetzten Flüssig/Flüssig-Stoffaustauschapparate (Extraktoren)**. Grundsätzlich kann der Stoffaustausch einstufig oder mehrstufig erfolgen. Während einstufig Mixer-Settler eingesetzt werden, reicht die Bandbreite bei mehrstufiger Betriebsweise über Mixer-Settler und Zentrifugalextraktoren bis zu Kolonnen, die im Gegensatz zu den Gas/Flüssig-Stoffaustauschapparaten mit oder ohne Energieeintrag betrieben werden können.

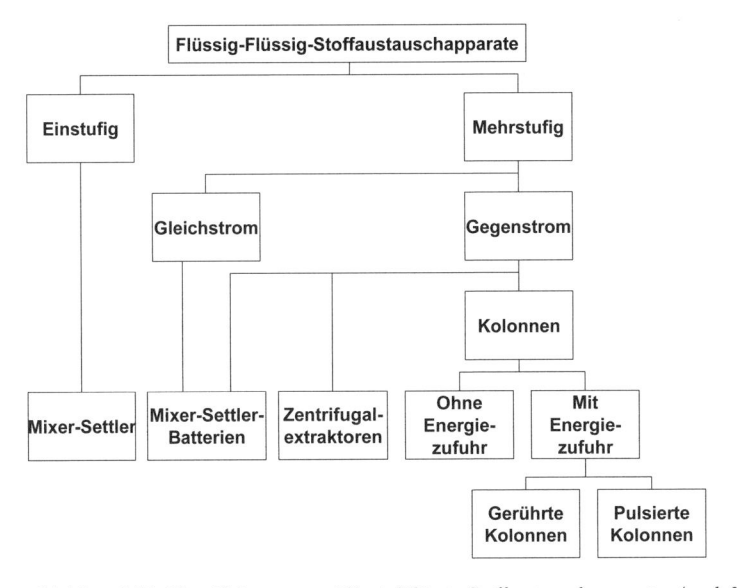

Abbildung 5.23: Klassifizierung von Flüssig/Flüssig-Stoffaustauschapparaten /nach 26/

Der **Energieeintrag** in Flüssig/Flüssig-Stoffaustauschapparaten kann durch
- potentielle Energie durch Schwerkraft (Kolonnen ohne Energiezufuhr),
- potentielle Energie durch Zentrifugalkraft (Zentrifugalextraktoren),
- kinetische Energie durch Pulsation (pulsierte Kolonnen) sowie
- kinetische Energie durch Rühren (Mixer-Settler, gerührte Kolonnen)

erfolgen. Die **potentielle Energie** führt über die Dichtedifferenz zu einer Differenzgeschwindigkeit Δw

$$\Delta w \sim d_{Tr}^2 \cdot g \cdot \Delta \rho \tag{5-8}$$

zwischen den Tropfen und die sie umgebende kohärente Phase. Bei Stoffsystemen mit kleiner Grenzflächenspannung und großer Dichtedifferenz genügt bereits die Schwerkraft, um eine ausreichende Dispergierung einer Phase zu Tropfen und einen Gegenstrom von disperser und kohärenter Phase durch den Stoffaustauschapparat zu gewährleisten.

Ist die Dichtedifferenz für die Aufrechterhaltung eines Phasengegenstroms in Kolonnen zu klein oder die anschließende Koaleszenz der Tropfen zu langsam, kann im Zentrifugalfeld (Zentrifugalextraktoren) gearbeitet werden:

$$\Delta w \sim d_{Tr}^2 \cdot b \cdot \Delta \rho. \tag{5-9}$$

Die Höhe der Zentrifugalbeschleunigung

$$b = r \cdot \omega^2 \tag{5-10}$$

hängt vom Rotordurchmesser r und der Winkelgeschwindigkeit ω ab. Durch zusätzlichen Energieeintrag kinetischer Energie durch Pulsation oder Rühren kann die Dispergierung einer Phase zu Tropfen und damit der Stoffaustausch gefördert werden.

Zusammenfassung: Bei Flüssig/Flüssig-Stoffaustauschapparaten muss eine der beiden flüssigen Phasen zu Tropfen dispergiert werden, während die andere Phase zusammenhängend bleibt. Häufig ist der Eintrag von Energie erforderlich, um eine Phase zu Tropfen zu zerteilen und einen Gegenstrom durch den Stoffaustauschapparat zu gewährleisten.

5.4.2 Mixer-Settler

Der einfachste Flüssig/Flüssig-Stoffaustauschapparat ist der Mixer-Settler (Mischer-Abscheider). Abbildung 5.24 zeigt schematisch das Funktionsprinzip. Leichte und schwere Phase werden dem Mischer zugeführt. Auf Grund der durch den Rührer eingetragenen Energie wird die leichter zerteilbare Phase zu Tropfen dispergiert. Die Phasen werden intensiv vermischt und für die erforderliche Dauer des Stoffaustauschs in Kontakt gehalten. **Der Mischer dient ausschließlich dem Stoffaustausch, der am Austritt aus dem Mischer abgeschlossen ist. Der Abscheider sorgt für die Phasentrennung, um leichte und schwere Phase aus dem Apparat entfernen zu können.**

5.4 Stoffaustauschapparate für den Stoffaustausch zwischen zwei flüssigen Phasen

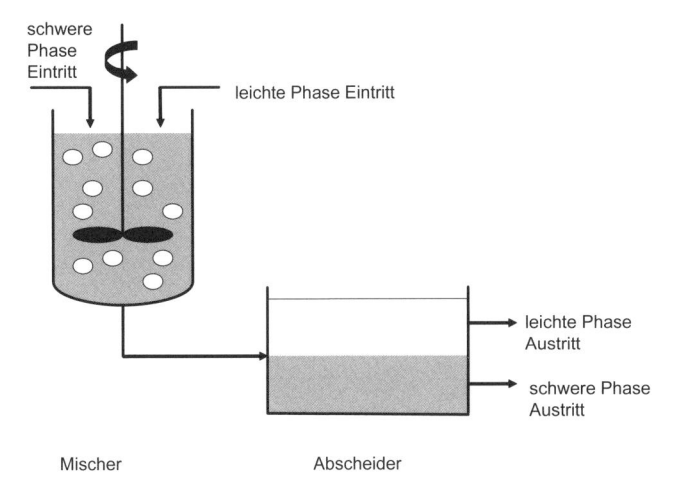

Abbildung 5.24: Funktionsprinzip Mixer-Settler

Reicht der mit einem Apparat erzielte Trenneffekt nicht aus, können mehrere Mischer-Abscheider zu einer Kaskade zusammengeschaltet werden. Diese **Mischer-Abscheider-Batterie (Mixer-Settler-Battery)** kann im Gleich- oder Gegenstrom betrieben werden. Abbildung 5.25 zeigt einen achtstufigen Mischer-Abscheider in Kastenbauweise bei Gegenstromführung. Bei der Kastenbauweise sind die einzelnen Stufen nebeneinander angeordnet und die Misch- und Abscheidezonen durch Wehre voneinander getrennt.

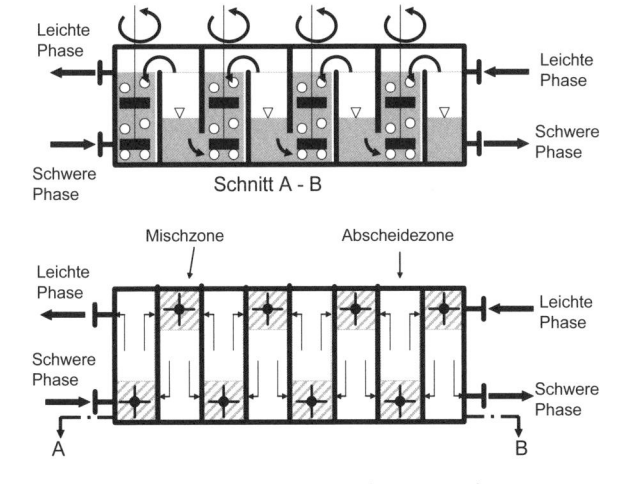

Abbildung 5.25: Achtstufiger Mixer-Settler in Kastenbauweise

Mixer-Settler werden eingesetzt, wenn wenige Trennstufen zur Trennung des Gemischs ausreichen (siehe Kapitel 6), bei Reaktiv-Extraktionen, Feststoffanfall sowie Extraktion von Lösungen, in denen die Übergangskomponente nicht vollständig gelöst ist.

> **Zusammenfassung:** Mixer-Settler können ein- oder mehrstufig eingesetzt werden. Der Mischer dient zum Stoffaustausch, im Abscheider werden die beiden Phasen voneinander getrennt.

5.4.3 Zentrifugalextraktoren

In Zentrifugalextraktoren werden Phasenmischung, Phasengegenstrom und Phasentrennung im Fliehkraftfeld erzwungen. Sie bestehen aus einer rotierenden Trommel, in welcher durch die Zentrifugalkräfte die schwere Phase nach außen und die leichte Phase nach innen gedrängt wird. Zentrifugalextraktoren erlauben speziell die Verarbeitung von Stoffsystemen niedriger Dichtedifferenz, die bei anderen Flüssig/Flüssig-Stoffaustauschapparaten erhebliche Probleme bezüglich Transport im Gegenstrom sowie Trennung der beiden Phasen nach der Extraktion mit sich bringen. Die Betriebskosten von Zentrifugalextraktoren liegen allerdings höher als bei anderen Flüssig/Flüssig-Stoffaustauschapparaten.

5.4.4 Kolonnen ohne äußere Energiezufuhr

Als Gegenstromkolonnen ohne äußere Energiezufuhr werden

- Sprühkolonnen,
- Siebbodenkolonnen,
- Füllkörperkolonnen und
- Packungskolonnen

eingesetzt. Der Gegenstrom kommt durch Dichtedifferenzen sowie durch den Einfluss der Schwerkraft zustande.

Die **Sprühkolonne** (Abbildung 5.26) als einfachster Flüssig/Flüssig-Stoffaustauschapparat besteht aus einem Kolonnenschuss ohne Einbauten. Da zwei Phasen ähnlicher Dichte im Gegenstrom durch den Stoffaustauschapparat gefördert werden müssen, können sich bei

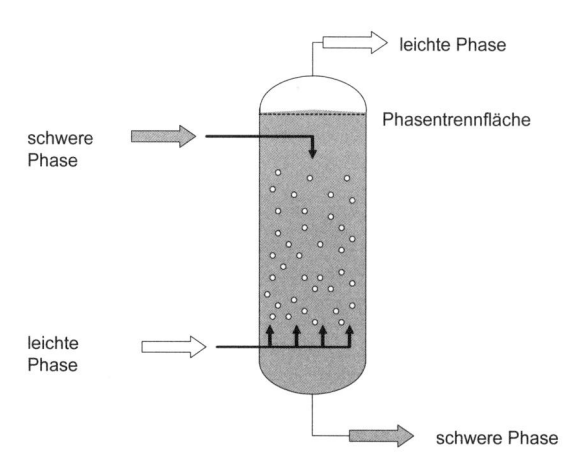

Abbildung 5.26: Sprühkolonne

Sprühkolonnen großräumige Wirbel ausbilden, die zu einer axiale Vermischung (Rückvermischung) führen. Dadurch verringert sich das für den Stofftransport maßgebliche treibende Konzentrationsgefälle längs der Kolonne, die Trennwirkung verschlechtert sich.

Um eine Rückvermischung zu verhindern, werden Flüssig/Flüssig-Stoffaustauschapparate daher i. d. R. gemäß Abbildung 5.27 mit

- **Siebböden,**
- **Füllkörpern oder**
- **geordneten Packungen**

als Einbauten bestückt.

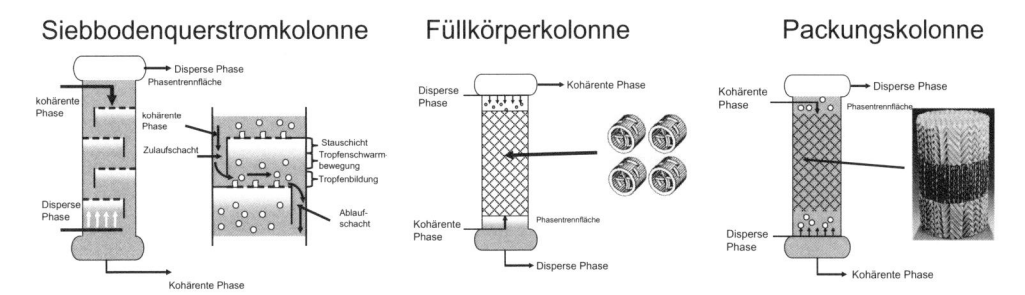

Abbildung 5.27: Siebboden-, Füllkörper- und Packungskolonne

Die Einbauten unterscheiden sich prinzipiell nicht von den in Abschnitt 5.2 besprochenen, erfüllen in Flüssig/Flüssig-Stoffaustauschapparaten aber eine andere Funktion. Sie dienen sowohl

- zur Bildung von Phasengrenzfläche als auch
- zur Verhinderung von Rückvermischungseffekten.

Bei der **Bildung von Phasengrenzfläche** ist zu beachten, dass hierfür die Oberfläche des gesamten Tropfenkollektivs maßgeblich ist und nicht die volumenbezogene Oberfläche der Einbauten. Die Tropfen dürfen die Einbauten des Flüssig/Flüssig-Stoffaustauschapparats nicht benetzen, da diese dadurch koaleszieren würden.

Gemäß Abbildung 5.28 werden Tropfen durch die Einbauten zerkleinert (dispergiert). Bei **Siebböden** (bei Extraktionskolonnen ohne Energieeintrag immer Querstromsiebböden) werden die Tropfen an jedem Boden neu gebildet. Die disperse Phase muss sich durch die Löcher des Siebbodens hindurchbewegen, wodurch große Tropfen durch Scherkräfte zu kleineren zerteilt werden. Bei **Füllkörpern und geordneten Packungen** dominiert die Tropfenzerteilung durch Strömungsumlenkung und Kollision an den Ecken und Kanten. Füllkörper mit vielen scharfen Kanten und Ecken haben hinsichtlich der Tropfenzerteilung und damit der Bildung von Stoffaustauschfläche Vorteile gegenüber geordneten Packungen. Der Hauptvorteil geordneter Packungen liegt in der Verhinderung der Rückvermischung bei sehr geringem Druckverlust.

| Siebboden | Füllkörper | geordnete Packung |

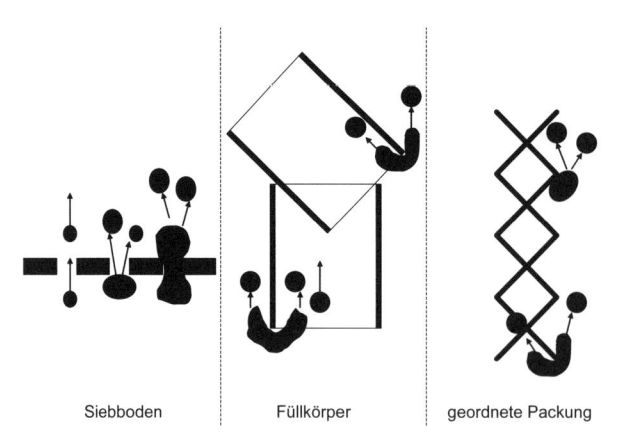

Abbildung 5.28: Tropfendispergierung an Einbauten von Flüssig/Flüssig-Stoffaustauschapparaten

> **Zusammenfassung:** Kolonnen ohne äußere Energiezufuhr werden zur Verhinderung von Rückvermischungseffekten sowie zur Tropfendispergierung i. d. R. mit Einbauten (Böden, Füllkörper, Packungen) versehen. Die Einbauten dürfen nicht von der dispersen Phase benetzt werden, um eine Tropfenkoaleszenz zu verhindern. Die volumenbezogene Phasengrenzfläche entspricht der Oberfläche des Tropfenkollektivs.

5.4.5 Kolonnen mit äußerer Energiezufuhr

Um speziell bei Stoffsystemen großer Grenzflächenspannung eine verbesserte Tropfenneubildung und Oberflächenerneuerung und damit eine verbesserte Trennwirkung zu erreichen, werden Gegenstromkolonnen mit Energiezufuhr eingesetzt. Die Energiezufuhr wird entweder durch Pulsation oder durch Rührsysteme erreicht.

Pulsierte Kolonnen
Als pulsierte Kolonnen werden die in Abbildung 5.27 gezeigten Füllkörper-, Packungs- und Siebbodenkolonnen eingesetzt. Bei pulsierten Siebbodenkolonnen werden statt Querstromsiebböden Dual-Flow-Siebböden verwendet. Abbildung 5.29 zeigt die Wirkungsweise pulsierter Kolonnen. Der Pulsator im Kolonnensumpf bewirkt eine Auf- und Abwärtsbewegung des Kolonneninhalts (linkes Bild in Abbildung 5.29).

> **Beispiel pulsierte Siebbodenkolonne:** Die rechte Seite von Abbildung 5.29 zeigt einen Ausschnitt aus einer pulsierten Siebbodenkolonne. Beim Aufwärtshub wird die leichte Phase, hier die disperse Phase, durch die Löcher des Siebbodens hindurchgedrückt, beim Abwärtshub wird demgegenüber die schwere Phase, hier die kohärente Phase, durch den Siebboden nach unten gesogen. Damit wird zur Verbesserung des Stoffaustauschs ständig neue Phasengrenzfläche geschaffen. Durch den Energieeintrag werden die Tropfen dispergiert, Koaleszenz erschwert sowie die Mischung der beiden Phasen und damit der Stoffübergang verbessert.

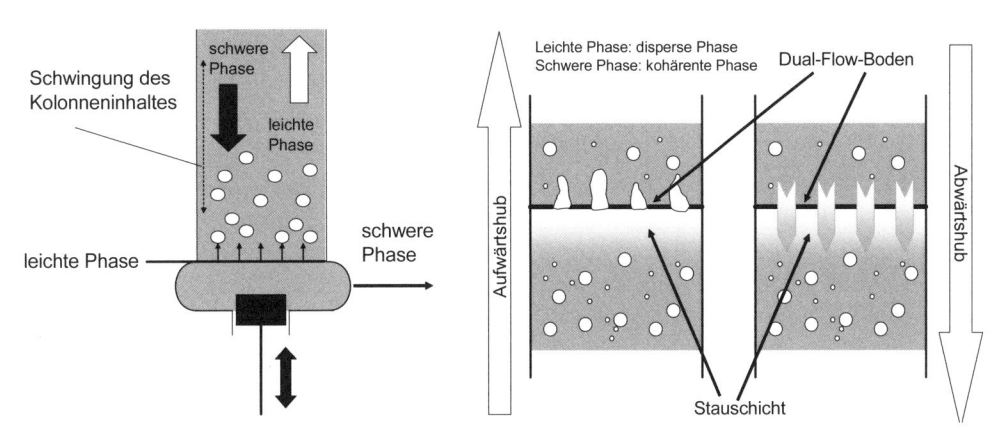

5.4 Stoffaustauschapparate für den Stoffaustausch zwischen zwei flüssigen Phasen

Abbildung 5.29: Wirkungsweise pulsierter Kolonnen

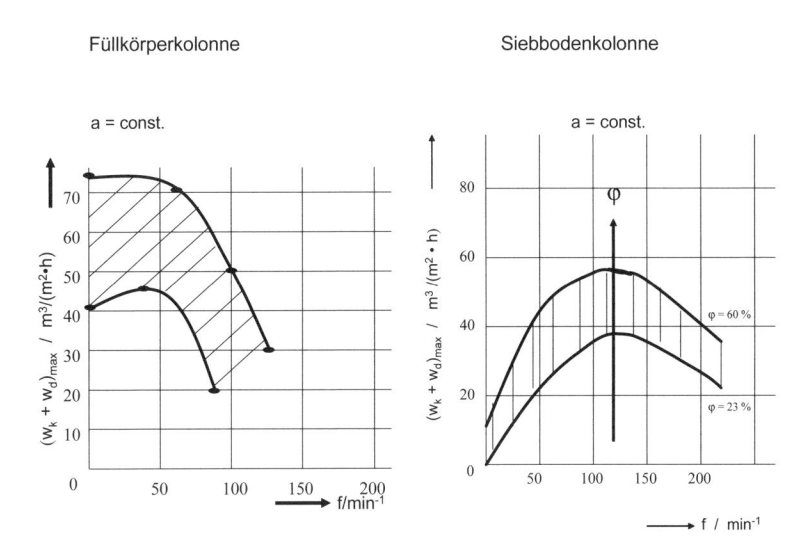

Abbildung 5.30: Einfluss der Pulsationsenergie auf den maximalen Durchsatz bei Füllkörper- und Siebbodenkolonnen

Unabhängig vom eingesetzten Flüssig/Flüssig-Stoffaustauschapparat wird der Stofftransport proportional zur eingetragenen Pulsationsenergie verbessert. Wie Abbildung 5.30 für eine Füllkörper- (linkes Bild) und eine Siebbodenkolonne (rechtes Bild) zeigt, hängt die hydraulische Belastung (Durchsatz), dargestellt als maximal mögliche Geschwindigkeiten von kohärenter und disperser Phase (($w_k + w_d)_{max}$), ebenfalls von der eingebrachten Pulsationsenergie ab. Die eingetragene Energie

$$E \sim a \cdot f \tag{5-11}$$

ist proportional dem Produkt aus Pulsationsamplitude a und Pulsationsfrequenz f. Bei konstant gehaltener Pulsationsamplitude ist die Frequenz ein direktes Maß für die eingetragene Pulsationsenergie.

Durch Energieeintrag kann bei Füllkörper- und Packungskolonnen keine Durchsatzerhöhung erreicht werden. Der Grund hierfür sind die durch die hohen Turbulenzen erzeugten kleinen Tropfen, die eine geringe Aufstiegsgeschwindigkeit aufweisen. Um einen Gegenstrom in der Kolonne zu gewährleisten, muss die Geschwindigkeit und damit der Durchsatz der kohärenten Phase verringert werden.

Bei Siebbodenkolonnen (rechtes Bild in Abbildung 5.30) nimmt der maximal mögliche Durchsatz bei einer Erhöhung des Energieeintrags bis zu einem Maximalwert zu, um danach wieder abzusinken. Durch einen erhöhten Energieeintrag können die Phasen besser durch die Löcher des Siebbodens hindurchgedrückt werden. Ab einer bestimmten Tropfengröße muss wie bei Füllkörperkolonnen der Durchsatz der kohärenten Phase verringert werden, um einen Gegenstrom der beiden Phasen sicherzustellen. Parameter ist der relative freie Bodenquerschnitt φ

$$\varphi = \frac{A_{Lo}}{A_B}, \qquad (5\text{-}12)$$

der das Verhältnis der Lochfläche A_{Lo} zur gesamten Bodenfläche A_B angibt. Je größer der freie Bodenquerschnitt ist, desto höher liegt die maximal mögliche Belastung, da der Strömungswiderstand und damit der Druckverlust des Bodens abnimmt.

> **Zusammenfassung:** Indem Energie durch Pulsation eingetragen wird, lässt sich der Stofftransport durch Bildung kleinerer Tropfen verbessern. Die hydraulische Belastbarkeit (Durchsatz) kann nur bei pulsierten Siebbodenkolonnen in bestimmten Grenzen verbessert werden.

Gerührte Kolonnen
Bei gerührten Kolonnen wird die notwendige Dispergierleistung über rotierende Einbauten eingetragen. Auf einer meist zentral in der Kolonne angeordneten Rotorwelle sind in bestimmten Abständen Rührorgane befestigt, siehe Abbildung 5.31. Durch die Rührorgane werden die beiden Phasen zur Erhöhung des Stoffaustauschs intensiv vermischt, die Tropfen dispergiert. Zwischen den einzelnen Mischzonen sind Abscheidezonen integriert, die zur Phasentrennung und Herabsetzung der axialen Vermischung dienen.

> **Beispiel gerührte Extraktionskolonnen:** Das Verfahrensprinzip in der Praxis eingesetzter gerührter Flüssig/Flüssig-Stoffaustauschapparate (Extraktoren) zeigt Abbildung 5.32. Bis auf den Graesser-Contactor handelt es sich um stehende Apparate. Die **Scheibel-Kolonne** ist die älteste mit rotierenden Einbauten arbeitende Kolonne. Sie besteht aus übereinander angeordneten Misch- und Abscheidezonen. Für die Phasendurchmischung sorgen Blattrührer, in den Abscheidezonen zwischen den Mischzonen befinden sich Füllkörper- oder Drahtgewebepackungen, die von der dispersen Phase benetzt werden müssen, um eine Koaleszenz und damit eine Phasentrennung zu bewirken. Bei der **Kühni-Kolonne** sorgen Turbinenrührer in der Mischzone für eine sehr hohe Austauschfläche pro Volumeneinheit.

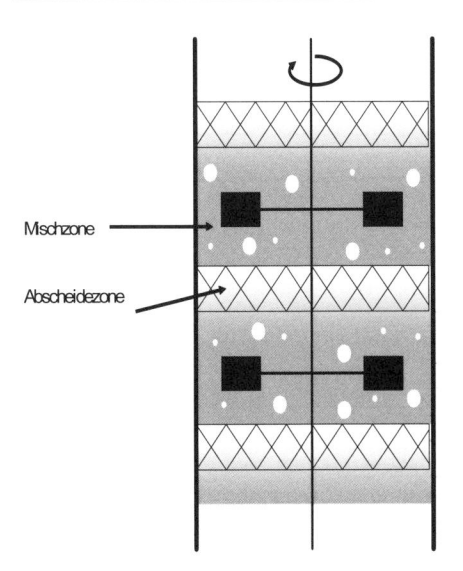

5.4 Stoffaustauschapparate für den Stoffaustausch zwischen zwei flüssigen Phasen

Abbildung 5.31: Funktionsprinzip gerührter Kolonnen

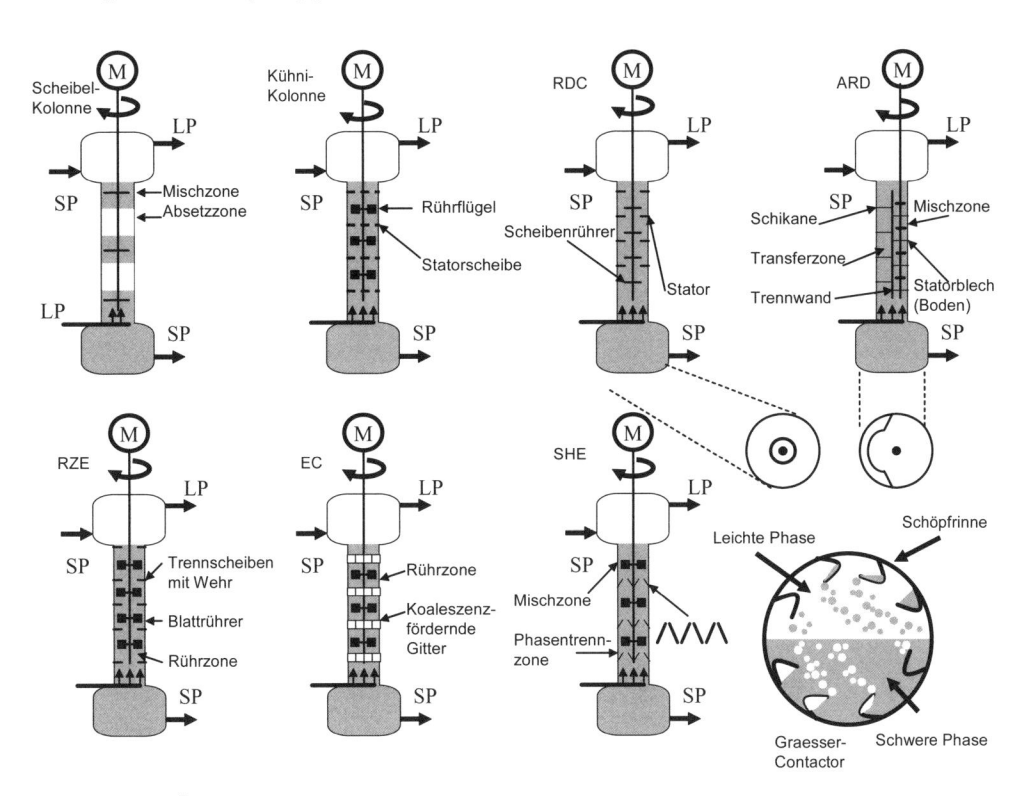

Abbildung 5.32: Übersicht über gerührte Flüssig/Flüssig-Stoffaustauschapparate (Extraktionskolonnen)

Die Mischzonen sind durch Statorscheiben aus gelochten Blechen voneinander getrennt. Beim **Rotating-Disc-Contactor (RDC)** sind die als Rührer verwendeten Rotorscheiben an einer zentrisch gelagerten Welle befestigt. Versetzt dazu sind an der Kolonnenwand Statorscheiben angebracht, die die Kolonne in einzelne Kammern einteilen und die axiale Vermischung verhindern sollen. Im Gegensatz dazu ist beim **Asymmetric-Rotating-Disc-Contactor (ARD)** die mit Rotorscheiben versehene Welle asymmetrisch im Apparat angeordnet. Die Mischzonen sind durch ungelochte Statorbleche voneinander getrennt. Eine Trennwand trennt die Mischzone von der Transferzone (Beruhigungszone). In der Transferzone sind Schikanen eingebaut, so dass hier Abscheidung und Phasentransport stattfinden.

Beim **QVF-Rührzellen-Extraktor (RZE)** sorgen in der Rührzone Blattrührer mit vier Rührelementen für die Durchmischung. Die Rührzonen sind durch Trennscheiben mit mäanderförmigem Wehr abgeteilt. In der Totzone hinter dem Wehr können sich die Phasen entmischen. In der **Enhanced-Coalescence-Kolonne (EC)** sorgen Rührer mit Schaufelelementen für die Durchmischung in der Rührzone. Die Rührzonen sind durch koaleszenzfördernde Gitter aus dünnen Blechen abgetrennt. Beim **SHE-(Self Stabilising High Efficiency)Extraktor** werden die mit Flügelrührern bestückten Mischzonen durch rotationssymmetrische kegelige Statorelemente abgetrennt. Durch die sich in Strömungsrichtung verjüngenden Kanäle wird die Phasentrennung erreicht. Leichte und schwere Phase werden somit in unterschiedliche Durchtrittsöffnungen gezwungen. Beim **Graesser-Contactor** handelt es sich um einen liegenden Extraktor. Er besteht aus einem Zylinder, der sich um seine horizontale Achse dreht. Der Zylinderraum wird durch vertikale Trennwände in Kammern aufgeteilt. In jeder Kammer wird jede der beiden Phasen durch Schöpfrinnen in die andere dispergiert. Die beiden Phasen werden im Gegenstrom von Kammer zu Kammer gefördert. Der Graesser-Contactor ist wegen seiner schonenden Phasenvermischung besonders für Systeme geeignet, die zur Bildung schwer trennbarer Emulsionen neigen.

Zusammenfassung: Flüssig/Flüssig-Stoffaustauschapparate können mit oder ohne äußeren Energieeintrag ausgeführt werden. Der Energieeintrag dient der Verbesserung der Tropfenbildung und damit des Stofftransports, nicht der Förderung des Phasengegenstroms. Die Einbauten unterbinden Rückvermischung und Tropfenkoaleszenz, stellen aber nicht die für den Stoffaustausch erforderliche Phasengrenzfläche bereit.

5.5 Stoffaustauschapparate unter Beteiligung einer festen Phase

Lernziel: Die Funktionsweise sowie die Besonderheiten von Stoffaustauschapparaten unter Beteiligung fester Phasen müssen bekannt sein.

Stoffaustauschapparate unter Beteiligung einer festen Phase werden gebraucht für Adsorption, Fest/Flüssig-Extraktion, Ionenaustausch und Kristallisation. Unterschieden werden muss zwischen

- **diskontinuierlich** und
- **kontinuierlich**

arbeitenden Fest/Fluid-Stoffaustauschapparaten. Ionenaustauscher werden i. d. R. diskontinuierlich betrieben, Adsorptionsanlagen bis auf Ausnahmefälle ebenfalls. Bei der Fest/Flüssig-Extraktion sind beide Betriebszustände anzutreffen, wobei die kontinuierliche Betriebsweise überwiegt. Die Kristallisation wird fast ausschließlich kontinuierlich betrieben.

5.5.1 Diskontinuierlich betriebene Fest/Fluid-Stoffaustauschapparate

Bei diskontinuierlich betriebenen Fest/Fluid-Stoffaustauschapparaten wird der Feststoff im Stoffaustauschapparat vorgelegt, die fluide Phase überströmt den Feststoff kontinuierlich, wie Abbildung 5.33 verdeutlicht. Bei den häufig eingesetzten Festbetten (z. B. Adsorption aus Gasströmen) wird der Feststoff in großem Volumen vorgelegt. Das

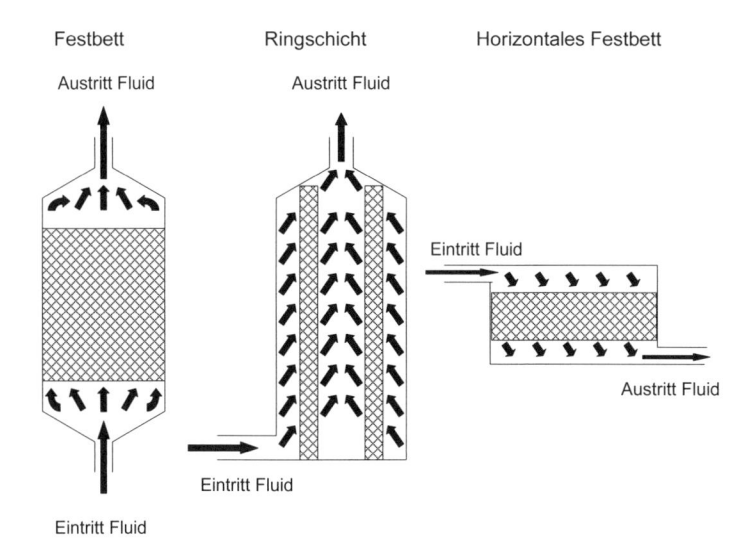

Abbildung 5.33: Diskontinuierlich betriebene Fest/Fluid-Stoffaustauschapparate

Fluid durchströmt die Schüttung von unten nach oben, bei Flüssigkeiten ist auch die umgekehrte Strömungsrichtung möglich. Bei dem als Ringschicht angeordneten Feststoff strömt das Fluid durch eine dünne Feststoffschicht, wodurch sowohl der Druckverlust als auch die Verweilzeit geringer sind als beim Festbett. Die rechts in Abbildung 5.33 gezeigte Variante, bei der der Feststoff in einer dickeren, ebenen Schicht geschüttet ist, eignet sich dann, wenn genügend Grundfläche zur Verfügung steht. Häufiges Einsatzgebiet ist die Adsorption aus wässriger Phase (z. B. Trinkwasseraufbereitung). Ist der Feststoff eines Apparats mit der Übergangskomponente beladen (Adsorption oder Ionenaustausch), muss er regeneriert werden. Um einen quasi-kontinuierlichen Betrieb gewährleisten zu können, müssen daher mindestens zwei, in der Regel mehrere Apparate parallel geschaltet werden.

Beispiel Festbettadsorber zur Abgasreinigung: Abbildung 5.34 zeigt einen diskontinuierlich betriebenen Festbettadsorber zur Abgasreinigung. Die Adsorbensschüttung wird von einem Tragrost getragen. Das Gas durchströmt die Schüttung von unten nach oben. Das Adsorptiv wird am Adsorbens gebunden und das Gas verlässt den Adsorber am Kopf gereinigt. Kann die Adsorbensschüttung kein Adsorptiv mehr aufnehmen, wird auf einen anderen Adsorber umgeschaltet und der beladene Adsorber wird regeneriert. Hier ist beispielhaft die Desorption mit Dampf verdeutlicht, der den Adsorber von oben nach unten durchströmt und das Adsorbens vom Adsorptiv befreit. Das entstehende Destillat wird am Fuß des Adsorbers abgezogen.

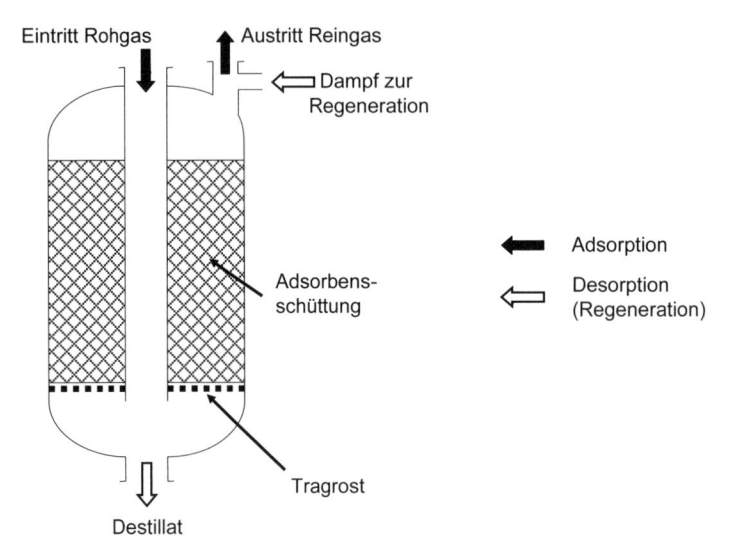

Abbildung 5.34: Diskontinuierlicher Festbettadsorber zur Abgasreinigung

Den Vorteilen des Festbettverfahrens, technisch einfache Konzeption sowie geringer thermischer und vor allem mechanischer Verschleiß des Feststoffs, stehen die Nachteile großer EMR-Aufwand, mehrere parallel zu installierende Apparate, großer Aufwand für die Regenerierung sowie Verstopfungsgefahr bei feststoffhaltigen Fluidströmen gegenüber.

5.5.2 Kontinuierlich betriebene Fest/Fluid-Stoffaustauschapparate

Kontinuierlich arbeitenden Fest/Fluid-Stoffaustauschapparate können gemäß Abbildung 5.35 unterteilt werden in

- Wanderbettverfahren,
- Wirbelschichtverfahren,
- Flugstromverfahren.

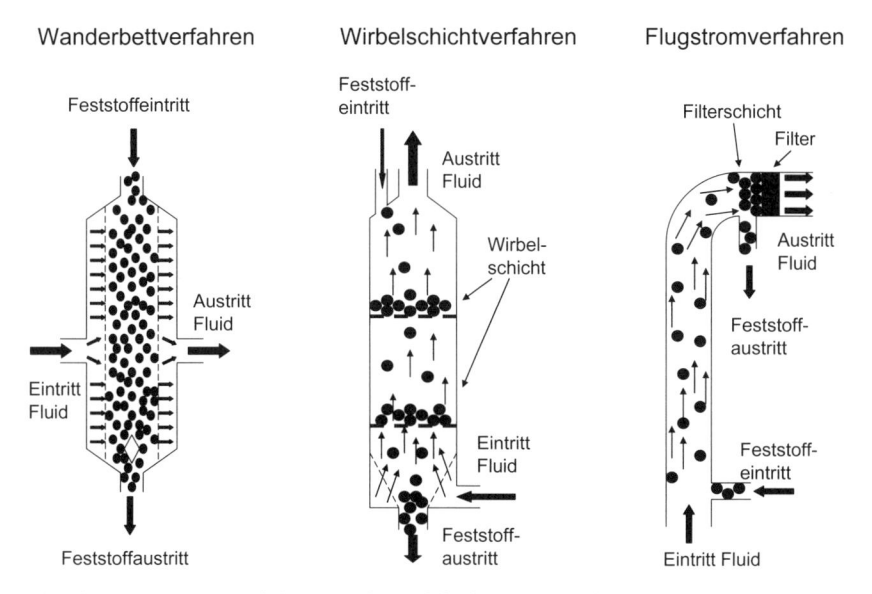

Abbildung 5.35: Kontinuierlich arbeitende Fest/Fluid-Stoffaustauschapparate

Bei Wanderbetten wird ein kontinuierlicher Betrieb erreicht, indem der Feststoff im Stoffaustauschapparat langsam bewegt wird. Der Feststoff bewegt sich in einem großen Volumen (siehe Abbildung 5.35, links) oder einer Ringschicht von oben nach unten durch den Stoffaustauschapparat und wird dabei quer vom Fluid angeströmt. Auch eine reine Gegenstromführung ist möglich. Bei der Fest/Flüssig-Extraktion wird der Feststoff häufig durch Bandförderung im Gegenstrom zum flüssigen Extraktionsmittel bewegt.

Beim **Wirbelschichtverfahren** (eingesetzt bei der Adsorption) wird der Feststoff am Kopf des Stoffaustauschapparats aufgegeben und bewegt sich im Gegenstrom zum Fluid über die einzelnen Stufen (Siebböden) nach unten, wo er ausgetragen wird. Auf jeder Stufe wird der Feststoff vom Fluid fluidisiert (Abbildung 5.35). Durch die hohe Turbulenz ergibt sich ein hervorragender Stoffaustausch. Nachteilig ist aber der hohe Verschleiß des Feststoffs. Durch die häufigen Stöße untereinander und mit der Wand wird er schnell zerkleinert, die große innere Oberfläche des Adsorbens verringert sich. Dieses Verfahren kann daher nur bei billigen und besonders abriebfesten Adsorbentien eingesetzt werden.

Beim **Flugstromverfahren** (eingesetzt hauptsächlich bei der Abgasreinigung durch Adsorption) wird der Feststoff dem Fluidstrom zugemischt. Fluid und Feststoff strömen im Gleichstrom durch den Apparat (Rohrleitung), wobei es zum Stoffaustausch kommt. Die Abscheidung des Feststoffs aus dem Fluidstrom erfolgt durch nachgeschaltete Filter. Die sich bildende Filterschicht sorgt für einen weiteren Reinigungseffekt. Bei Erreichen eines bestimmten Druckverlusts wird die Filterschicht aus dem Fluidstrom entfernt. Bei der adsorptiven Reinigung flüssiger Phasen (Abwasserreinigung) wird das Adsorbens teilweise auch in das Fluid eingerührt. Die Abscheidung des eingerührten Adsorbens erfolgt bei wässrigen Medien durch Filtration oder Sedimentation.

Bei den kontinuierlichen Verfahren findet die Desorption in getrennten Apparaten statt. Der beladene oder gereinigte Feststoff wird durch Transportvorrichtungen zwischen den verschiedenen Reaktoren im Kreislauf geführt. Kontinuierliche Verfahren weisen gegenüber den diskontinuierlichen viele Vorteile (intensive Vermischung von Fluid und Feststoff, durch den verbesserten Stofftransport kleinere Abmessungen der Apparate, einfachere EMR-Ausrüstung, Einstellung optimaler Bedingungen sowohl für die Beladung als auch die Regeneration, Verringerung der Partikelgröße gegenüber ruhenden Schichten, relative Unempfindlichkeit des Feststoffs gegenüber Staubablagerungen und Vergiftung) auf. Diesen Vorteilen stehen die Nachteile hoher mechanischer Verschleiß des Feststoffs und damit hoher Feststoffverbrauch sowie hoher Aufwand an fördertechnischer Peripherie gegenüber. So finden z. B. kontinuierlich arbeitende Adsorber erst in den letzten Jahren Anwendung durch die Entwicklung abriebfester Adsorbentien.

Für die Kristallisation aus Lösungen ist es zwingend erforderlich, der Lösung Wärme zu- oder abzuführen (siehe Kapitel 2). Kristallisatoren unterscheiden sich daher von den bisher besprochenen Fest/Fluid-Stoffaustauschapparaten für Adsorption, Ionenaustausch und Fest/Flüssig-Extraktion.

Bei der **Kristallisation durch Lösungseindampfung** (Abbildung 5.36) wird die Wärme mittels eines Heizregisters in die Lösung eingebracht. Durch die unterschiedlichen Temperaturen und den dadurch hervorgerufenen Dichteunterschied stellt sich ein Selbstumlauf durch das Heizregister ein. Der Brüden wird über einen Flüssigkeitsabscheider am Kopf, das Konzentrat (Kristallbrei) im Sumpf ausgetragen. Neben Umlaufverdampfern werden auch Durchlaufverdampfer (Fallfilmverdampfer oder Dünnschichtverdampfer) eingesetzt.

Bei **Vakuumkristallisatoren** handelt es sich um Behälterkristallisatoren, die unter Vakuum betrieben werden. Der mit der Temperatur T_1 eintretende Zulauf wird auf die Kristallisationstemparatur T_2 abgekühlt. Der Kristallbrei kann unten, die klare Lösung oben im Kristallisator abgezogen werden.

Zusammenfassung: Bei Fest/Fluid-Stoffaustauschapparaten muss zwischen kontinuierlicher und diskontinuierlicher Betriebsweise unterschieden werden. Beide Verfahrensvarianten weisen spezifische Vor- und Nachteile auf. Da Kristallisatoren Wärme zu- oder abgeführt werden muss, unterscheiden sich Kristallisatoren von den anderen Fest/Fluid-Stoffaustauschapparaten.

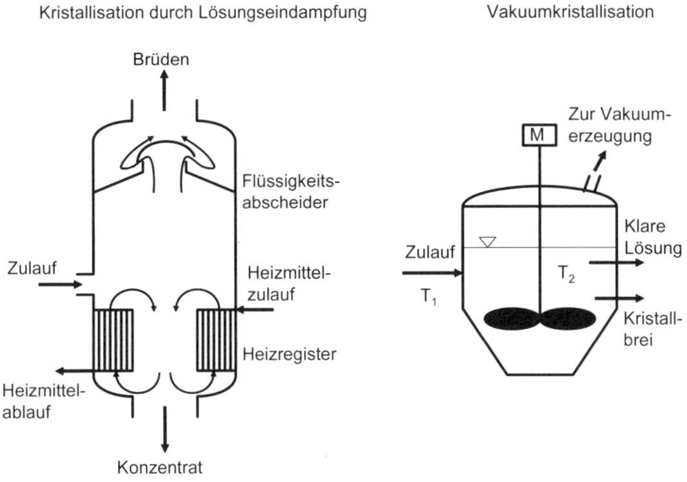

Abbildung 5.36: Kristallisatoren

5.6 Stoffaustauschapparate unter Beteiligung einer Membran

Lernziel: Kennenlernen der unterschiedlichen Membranmodule.

Das Kernstück einer Membrananlage ist das Modul. Hierunter wird die geeignete Membrananordnung in einem druckfesten Gehäuse verstanden. Damit Membranverfahren wirtschaftlich arbeiten, muss mit dem Membranmodul eine möglichst große Membranoberfläche pro Volumen erzielt werden. Als Modulbauformen werden eingesetzt:

Rohrförmige Membranen:
– Rohrmodul,
– Kapillarmodul,
– Hohlfasermodul.

Flachmembranen:
– Plattenmodul,
– Wickelmodul.

Bei dem in Abbildung 5.37 gezeigten Rohrmodul liegt die Membran in Schlauchform auf der Innenseite druckfester Rohre. Wenn das Material des Stützrohres für die Übergangskomponente undurchlässig ist, muss zwischen Stützrohr und Membran ein für die Übergangskomponente durchlässiges poröses Rohr angeordnet werden. Dadurch gelangt das Permeat zu den im Stützrohr angebrachten Bohrungen, die die Übergangskomponente aus dem Modul heraustransportieren. Der robusten Bauweise mit guten Reinigungsmöglichkeiten steht die geringe Membranoberfläche pro Volumen gegenüber.

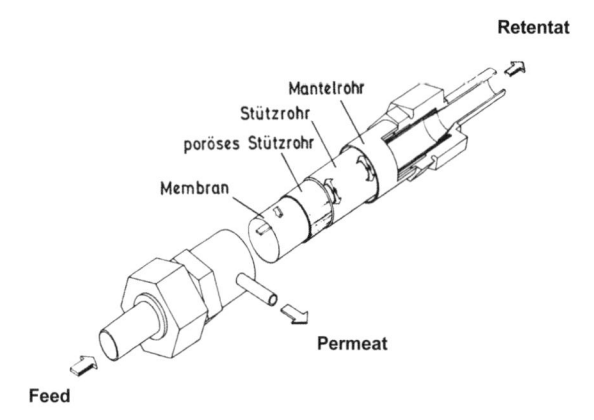

Abbildung 5.37: Rohrmodul /27/

Kapillar- und Hohlfasermodul sind mit einem Rohrbündelwärmetauscher vergleichbar. Die Fasern sind parallel angeordnet und an beiden Enden in einer Kopfplatte verklebt. Die aktive Trennschicht befindet sich bei Kapillarmembranen an der Kapillarinnenseite, wie Abbildung 5.38 verdeutlicht. Das Feed durchströmt die Kapillare, die Übergangskomponente wandert durch die Membran in den Außenraum und wird hier abgezogen. Im Vergleich zum Rohrmodul besitzt das Kapillarmodul eine sehr hohe Packungsdichte, wegen der laminaren Strömung allerdings auch ein weniger gutes Stoffaustauschverhalten.

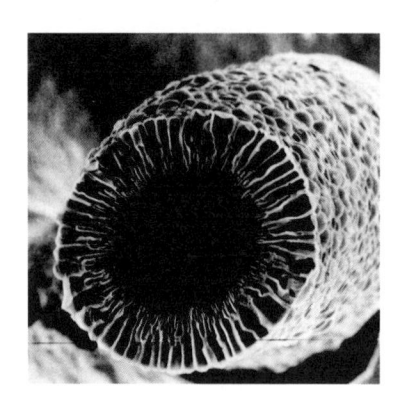

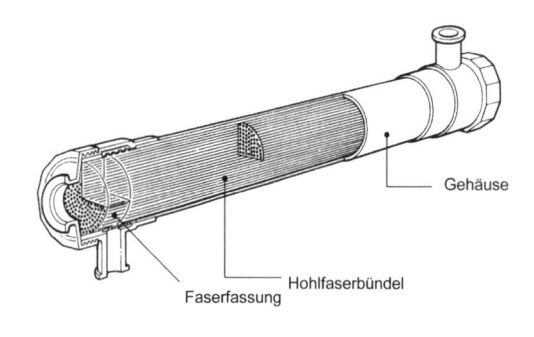

Abbildung 5.38: Kapillarmembran und Hohlfasermodul /27, 56/

5.6 Stoffaustauschapparate unter Beteiligung einer Membran

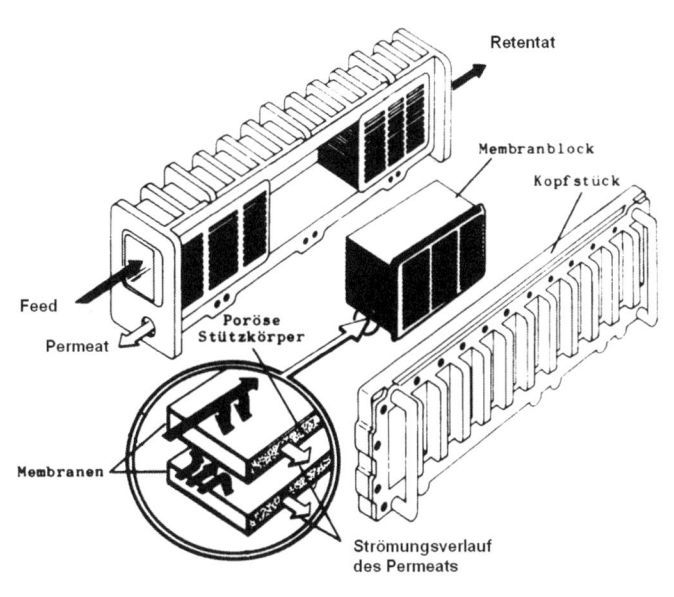

Abbildung 5.39: Plattenmodul /27/

Dieser Nachteil kann beim Hohlfasermodul umgangen werden, da das Hohlfasermodul vom Feed umströmt wird, die aktive Trennschicht also außen liegt. Da die einzelnen Hohlfasern zu einem Faserpaket zusammengefasst und in einem Druckrohr angeordnet werden, sind bei Drücken bis zu $100 \cdot 10^5$ Pa Packungsdichten bis zu $30000 \, m^2/m^3$ erreichbar. Abbildung 5.38 zeigt beispielhaft ein Hohlfasermodul, bei dem das Permeat an beiden Seiten des Moduls entnommen wird, um die Strömungswege zu verkürzen. Diese Module können kostengünstig hergestellt und konfektioniert werden. Durch die feinen Hohlfasern neigen diese Module allerdings zum Verstopfen bei feststoffbeladenen Feedströmen.

Flachmembranmodule bestehen aus Membranblättern, die in Taschenform oder Bahnen verklebt sind und zwischen Dichtungen eingespannt werden. Beim in Abbildung 5.39 gezeigten Plattenmodul strömt das Feed durch flache Rechteckkanäle. Die Membranen sind durch Spacermaterialien voneinander getrennt, so dass Feed- und Permeatstrom ungehindert die Membranfläche überströmen können. Plattenmodule zeichnen sich durch kurze Permeatwege aus, die zu einem geringen Druckverlust führen. Allerdings ist die erreichbare Packungsdichte relativ gering.

Wickelmodule zeichnen sich durch einen einfachen Aufbau bei gleichzeitig hoher Packungsdichte aus, wie Abbildung 5.40 verdeutlicht. Zwischen zwei Membranen, die an drei Seiten miteinander verklebt sind, befindet sich eine Lage poröses Material als Stützschicht, durch die das Permeat laminar und spiralförmig zum mittig angeordneten Permeatsammelrohr strömen kann. Der Feedstrom tritt an der Stirnfläche ein und strömt laminar in axialer Richtung durch das Modul. Als Feedkanal dienen zwischen den Membrantaschen angeordnete Abstandshalter. Nachteilig bei dieser Bauform sind die langen Permeatwege, die zu erheblichen Druckverlusten führen können. Demgegenüber stehen die Vorteile der kostengünstigen Fertigung sowie der hohen Packungsdichten.

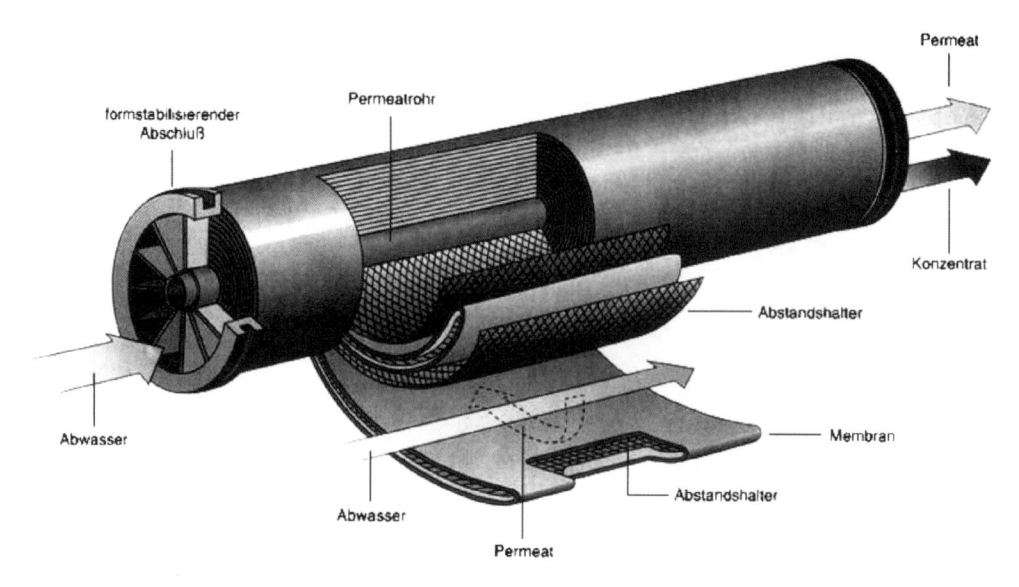

Abbildung 5.40: Wickelmodul /46/

Zusammenfassung: Membranmodule können prinzipiell in rohr- oder plattenförmige Membranen eingeteilt werden. Bei der Auswahl sind der Druckverlust, die pro Volumen erreichbare Membranfläche sowie die Reinigungsmöglichkeiten zu beachten.

6 Bilanz

> **Lernziel:** Das Aufstellen von Bilanzen muss beherrscht werden. Die Bedeutung der Bilanzlinie auf das Trennergebnis muss verstanden sein.

Zur Auslegung jeder verfahrenstechnischen Anlage ist die Aufstellung von Bilanzen von entscheidender Bedeutung. Für die verschiedenen thermischen Trennverfahren wird die Aufstellung der Bilanzgleichung besprochen.

6.1 Grundlagen der Bilanzierung

Abbildung 6.1 zeigt allgemein die **Vorgehensweise bei der Bilanzierung**. Nachdem die unbekannte zu bilanzierende Größe festgelegt ist, wird der Bilanzraum des zu bilanzierenden Systems als tatsächlich vorhandene oder gedachte Bilanzhülle so gegen seine Umgebung abgegrenzt, dass die zu bilanzierende Größe aus bekannten Größen berechenbar ist. Danach werden die Bilanzgleichungen aufgestellt und gelöst. Durch die Lösung der Bilanzgleichungen können die unbekannten Größen aus den bekannten berechnet werden.

```
┌─────────────────────────────────┐
│   Festlegung der Bilanzgröße    │
└─────────────────────────────────┘
                │
                ▼
┌─────────────────────────────────┐
│   Abgrenzung des Bilanzraums    │
└─────────────────────────────────┘
                │
                ▼
┌─────────────────────────────────┐
│ Aufstellung der Bilanzgleichungen│
└─────────────────────────────────┘
                │
                ▼
┌─────────────────────────────────┐
│  Lösung der Bilanzgleichungen   │
└─────────────────────────────────┘
```

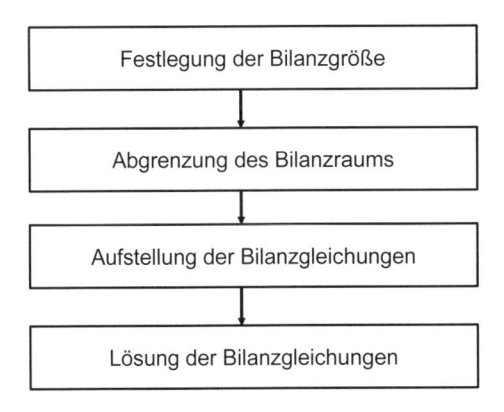

Abbildung 6.1: Allgemeines Bilanzierungsschema

Abbildung 6.2 zeigt verfahrenstechnisch wichtige Bilanzgleichungen. Zu der Stoffbilanz zählen z. B. die Gesamtmassenbilanz und die verschiedenen Komponentenbilanzen der am Trennprozess beteiligten Stoffe. Die Energiebilanz in ihrer allgemeinsten Form vereinfacht

```
┌─────────────────────┐
│     Stoffbilanz     │
└─────────────────────┘
         z. Bsp.
         - Gesamtstoffbilanz
         - Komponentenbilanz

┌─────────────────────┐
│    Energiebilanz    │
└─────────────────────┘
         z. Bsp.
         - Wärmebilanz
         - Enthalpiebilanz

┌─────────────────────┐
│     Impulsbilanz    │
└─────────────────────┘
```

Abbildung 6.2: Bilanzen

sich bei der Auslegung verfahrenstechnischer Apparate häufig zur Wärmebilanz, aber auch Enthalpie- und Exergiebilanzen sind von Bedeutung.

Die Basis für jede Bilanzierung bilden die Erhaltungssätze für Masse, Energie und Impuls. Abbildung 6.3 zeigt den Erhaltungssatz in seiner allgemeinsten Form für ein offenes System. Bilanzgleichungen können integral oder differentiell aufgestellt werden. Differentielle Bilanzgleichungen dienen zur Beschreibung von Vorgängen in differentiellen Volumenelementen oder an Phasengrenzflächen. Gelöst werden muss dann ein Differentialgleichungssystem. Integrale Bilanzgleichungen werden zur Berechnung der in ein System ein- bzw. austretenden Ströme benutzt.

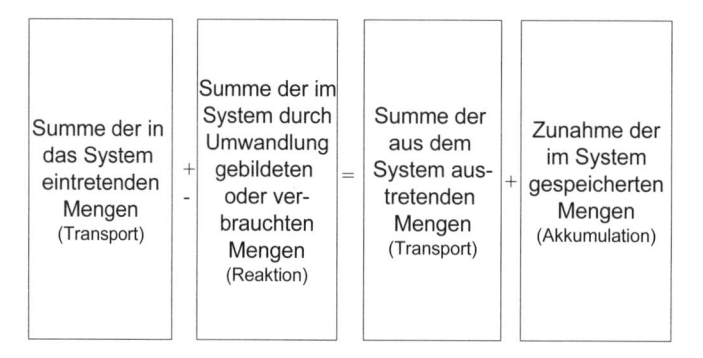

```
┌──────────────┐    ┌──────────────┐    ┌──────────────┐    ┌──────────────┐
│  Summe der in│    │ Summe der im │    │   Summe der  │    │  Zunahme der │
│  das System  │    │ System durch │    │   aus dem    │    │   im System  │
│  eintretenden│ +  │  Umwandlung  │ =  │ System aus-  │ +  │ gespeicherten│
│    Mengen    │ -  │  gebildeten  │    │  tretenden   │    │    Mengen    │
│  (Transport) │    │  oder ver-   │    │    Mengen    │    │(Akkumulation)│
│              │    │  brauchten   │    │  (Transport) │    │              │
│              │    │    Mengen    │    │              │    │              │
│              │    │  (Reaktion)  │    │              │    │              │
└──────────────┘    └──────────────┘    └──────────────┘    └──────────────┘
```

Abbildung 6.3: Erhaltungssatz

Zusammenfassung: Grundlage jeder Bilanzierung sind Erhaltungssätze. Der Bilanzraum muss so gewählt werden, dass die unbekannten Größen aus bekannten ermittelt werden können.

6.2 Allgemeine Bilanzgleichungen

6.2.1 Stoffbilanz

Die Stoffbilanz kann mit der Masse m oder der Stoffmenge n gebildet werden.

Beispiel Gesamtmassenbilanz: Die Gesamtmassenbilanz für den in Abbildung 6.4 gezeigten Bilanzraum lautet unter Berücksichtigung des Erhaltungssatzes (Abbildung 6.3) für die k zu- und abfließenden Ströme:

$$\sum_{k=1}^{k=3} \dot{m}_{k,E} \pm \dot{m}_R = \sum_{k=4}^{k=5} \dot{m}_{k,A} + \dot{m}_S . \tag{6-1}$$

Wird der stationäre Zustand ohne An- und Abfahrvorgänge (Speicherterm $\dot{m}_S = 0$) und ohne chemische Reaktion ($\dot{m}_R = 0$) betrachtet, vereinfacht sich Gleichung (6-1) zu

$$\sum_{k=1}^{k=3} \dot{m}_{k,E} = \sum_{k=4}^{k=5} \dot{m}_{k,A} \tag{6-2}$$

bzw. bei Darstellung mit Stoffmengen

$$\sum_{k=1}^{k=3} \dot{n}_{k,E} = \sum_{k=4}^{k=5} \dot{n}_{k,A} . \tag{6-3}$$

Beispiel Komponentenbilanz: Für die Komponentenbilanz als Massenbilanz des Stoffes i gilt unter diesen Voraussetzungen

$$\sum_{k=1}^{k=3} \dot{m}_{k,E} \cdot w_{i,k,E} = \sum_{k=4}^{k=5} \dot{m}_{k,A} \cdot w_{i,k,A} \tag{6-4}$$

bzw.

$$\dot{m}_{1,E} \cdot w_{i,1,E} + \dot{m}_{2,E} \cdot w_{i,2,E} + \dot{m}_{3,E} \cdot w_{i,3,E} = \dot{m}_{4,A} \cdot w_{i,4,A} + \dot{m}_{5,A} \cdot w_{i,5,A} . \tag{6-5}$$

Zur vollständigen Bilanzierung eines Bilanzraums kann Gleichung (6-5) (j–1)-mal aufgestellt werden, wenn j Komponenten in den Bilanzraum ein- bzw. austreten. Durch die Gültigkeit der stöchiometrischen Bedingung

$$\sum_{j} w_j = 1 \tag{6-6}$$

liefert die j-te Gleichung kein unabhängiges Ergebnis mehr.

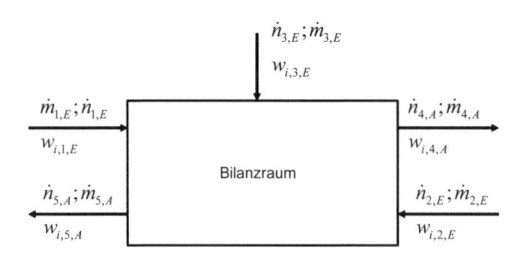

Abbildung 6.4: Stoffbilanz

Beispielaufgabe übergehender Stoffstrom bei der Absorption: Ein als ideal zu betrachtender Gasstrom (150000 m³/h) enthält 12 Vol.-% CO_2, welches mit Hilfe eines geeigneten Absorbens zu 95 % (bezogen auf Molanteile) aus dem Gasstrom entfernt werden muss. Das Absorbens strömt dem nach dem Gegenstromprinzip arbeitenden Absorber (Betriebsbedingungen p = 1,013 · 10⁵ Pa, T = 273,15 K) jeweils frisch zu. Zu berechnen ist die stündlich aus dem Gasstrom herausgelöste Menge an Kohlenstoffdioxid.

Lösung:
1. Festlegung der Bilanzgröße: Gesucht ist der aus dem Gas in das Absorbens übergehende CO_2-Stoffstrom $\dot{n}_{CO_2}$ (Bilanzgröße, siehe Abbildung 6.5).

2. Abgrenzung des Bilanzraums: Der übergehende CO_2-Stoffstrom $\dot{n}_{CO_2}$ muss aus dem Bilanzraum austreten oder in diesen eintreten. Es besteht daher die Möglichkeit, als Bilanzraum die flüssige oder die gasförmige Seite des Absorbers zu wählen, siehe Abbildung 6.5. Da die Kohlenstoffdioxidkonzentration des Absorbens am Austritt aus dem Absorber unbekannt ist, muss der Bilanzraum 1 gewählt werden.

3. Aufstellung der Bilanzgleichung: Die Komponentenbilanz (Stoffmengenanteile) für Bilanzraum 1 liefert:

$$\dot{n}_{CO_2,G,E} = \dot{n}_{CO_2} + \dot{n}_{CO_2,G,A} ,$$

$$\dot{n}_{CO_2} = \dot{n}_{CO_2,G,E} - \dot{n}_{CO_2,G,A} .$$

4. Lösung der Bilanzgleichung: Der eintretende Kohlenstoffdioxidmengenstrom berechnet sich zu

$$\dot{n}_{CO_2,G,E} = \dot{G}_E \cdot y_E .$$

Für ein ideales Gas gilt $r_E = y_E = 0,12$.

Der in den Absorber eintretende Gasmolenstrom berechnet sich für ein ideales Gas bei Standardbedingungen zu

$$\dot{G}_E = \dot{V}_{G,E} / V_N = 150000 \, m^3 \cdot h^{-1} / 22,42 \, m^3 \cdot kmol^{-1} = 6690,5 \, kmol/h$$

(liegen keine Standardbedingungen vor, erfolgt die Umrechnung mit dem idealen Gasgesetz) und somit folgt $\dot{n}_{CO_2,G,E} = 802,9$ kmol/h.

6.2 Allgemeine Bilanzgleichungen

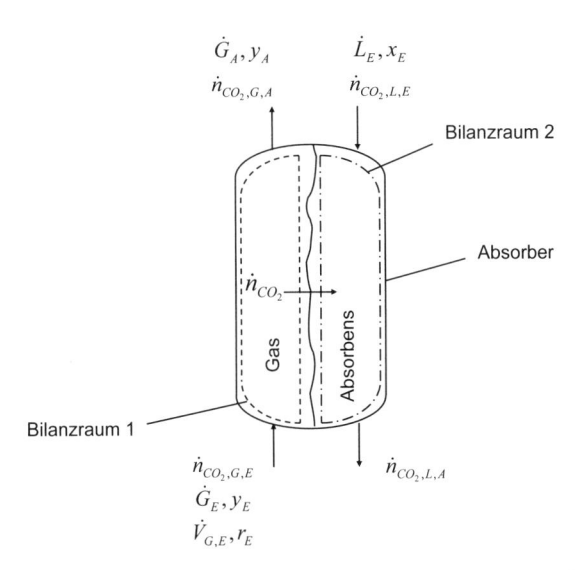

Abbildung 6.5: Mögliche Bilanzräume zur Ermittlung des übergehenden Kohlenstoffdioxidmengenstroms

Da 95 % des Kohlenstoffdioxids entfernt werden müssen, folgt für den austretenden Kohlenstoffdioxidmengenstrom

$$\dot{n}_{CO_2,G,A} = (1-0{,}95) \cdot \dot{n}_{CO_2,G,E} = 40{,}1 \text{ kmol/h}.$$

Als Endergebnis folgt für den vom Gas ins Absorbens übergehenden Kohlenstoffdioxidmengenstrom: $\dot{n}_{CO_2} = 762{,}8$ kmol/h.

6.2.2 Energie- und Wärmebilanz

Analog zur Stoffbilanz kann aufgrund der Energieerhaltung eine Energiebilanz für einen beliebigen Bilanzraum aufgestellt werden.

Beispiel Energiebilanz: Für ein offenes System folgt die allgemeine Energiebilanz gemäß Abbildung 6.6 zu

$$\dot{E}_E + \sum_k \dot{E}_{k,E} + \dot{E}_Q = \dot{E}_A + \sum_k \dot{E}_{k,A} + \dot{E}_S, \qquad (6\text{-}7)$$

mit $\dot{E}_E$, $\dot{E}_A$: über die Bilanzgrenze ein- bzw. austretender Energiestrom,

$\dot{E}_{k,E}$, $\dot{E}_{k,A}$: mit dem Stoffstrom $\dot{m}_k$ zu- bzw. abgeführter Energiestrom,

$\dot{E}_Q$, $\dot{E}_S$: Energiequellen bzw. -senken im Bilanzraum.

In der thermischen Verfahrenstechnik ist i. d. R. lediglich eine Bilanz der Energieform Wärme erforderlich, um die entsprechenden Wärmetauscher, Verdampfer usw. auslegen zu können.

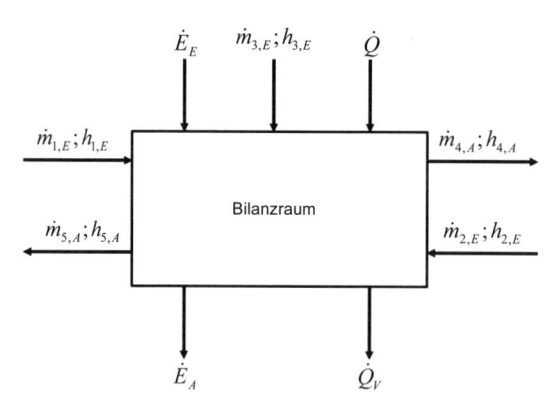

Abbildung 6.6: Energiebilanz

Beispiel Wärme- bzw. Enthalpiebilanz: Die Wärme- bzw. Enthalpiebilanzgleichung berechnet sich aus dem 1. Hauptsatz der Thermodynamik für den Bilanzraum in Abbildung 6.6 zu (Anmerkung: $\dot{E}_E$ und $\dot{E}_A$ führen den System keine Wärme zu oder ab)

$$\sum_{k=1}^{3} \dot{m}_{k,E} \cdot h_{k,E} + \dot{Q} + \dot{Q}_Q = \sum_{k=4}^{5} \dot{m}_{k,A} \cdot h_{k,A} + \dot{Q}_V + \dot{Q}_S, \tag{6-8}$$

mit $\dot{Q}$: zugeführter Wärmestrom,

$\dot{Q}_V$: abgeführter Verlustwärmestrom,

$\dot{Q}_Q$, $\dot{Q}_S$: Wärmequellen bzw. Wärmesenken im Bilanzraum (hervorgerufen durch Phasenumwandlungen oder chemische Reaktionen),

$h_{k,E}$, $h_{k,A}$: spezifische Enthalpie des zu- bzw. abfließenden Stoffstroms $\dot{m}_k$.

Beispielaufgabe Enthalpiebilanz: Ein Venturiwäscher soll gleichzeitig zur Abgasreinigung (Absorption) und zur Kühlung eines Abgasstroms eingesetzt werden. Es sollen 8 t/h Abgas von 550°C auf 150°C durch Quenchen mit Wasser, das mit 15°C in das Gas eingedüst wird, abgekühlt werden. Stoffwerte bezogen auf den Arbeitsdruck von 1013 mbar: spezifische Wärme: Gas: c_{PG} = 0,8 kJ/kg·grd, Wasser: c_{PL} = 4,18 kJ/kg·grd, überhitzter Wasserdampf: c_{PD} = 1,68 kJ/kg·grd; Siedetemperatur Wasser 100°C; Verdampfungsenthalpie Wasser: $\Delta h_{L,G}$ = 2250 kJ/kg.

Da das Wasser gleichzeitig als Absorbens dient, muss das Verdampfen des Wassers vermieden werden. Die maximale Austrittstemperatur des Wassers darf daher 60°C nicht überschreiten. Wie viel Wasser wird für diesen Fall (a) benötigt? Wie viel Wasser ist erforderlich, wenn das Wasser nur zur Kühlung verwendet wird, vollständig verdampft und zusammen mit dem abgekühlten Gas den Venturiwäscher mit der gleichen Temperatur verlässt (b)?

6.2 Allgemeine Bilanzgleichungen

Lösung:

1. Festlegung der Bilanzgröße: Gesucht ist der zur Absorption und Kühlung benötigte Flüssigkeitsmassenstrom $\dot{m}_L$.

2. Abgrenzung des Bilanzraums: Der Massenstrom $\dot{m}_L$ muss in den Bilanzraum eintreten. Der Bilanzraum wird daher um den Venturiwäscher gelegt, da alle anderen ein- bzw. austretenden Ströme gegeben sind. Abbildung 6.7 zeigt den Bilanzraum für den Fall der Absorption mit gleichzeitiger Kühlung des Rohgasstroms (links) sowie den Fall der reinen Kühlung (rechts), wo das Kühlwasser verdampft wird.

3. Aufstellung der Bilanzgleichung: Die stationäre Enthalpiebilanz ohne Verlustwärmeströme liefert:

$$\sum_{k=1}^{n} \dot{m}_{k,E} \cdot h_{k,E} = \sum_{k=1}^{n} \dot{m}_{k,A} \cdot h_{k,A} \,,$$

$$\dot{m}_G \cdot h_{G,E} + \dot{m}_L \cdot h_{L,E} = \dot{m}_G \cdot h_{G,A} + \dot{m}_L \cdot h_{L,A} \,,$$

$$\dot{m}_L = \frac{\dot{m}_G \cdot (h_{G,E} - h_{G,A})}{h_{L,A} - h_{L,E}} \,.$$

4. Lösung der Bilanzgleichung: Für den Fall a (Absorption mit gleichzeitiger Kühlung) lassen sich die spezifischen Enthalpien berechnen zu

$$h_{G,E} - h_{G,A} = c_{PG} \cdot (\vartheta_{G,E} - \vartheta_{G,A}) = 0{,}8 \cdot (550 - 150) = 320 \, \text{kJ/kg} \,,$$

$$h_{L,A} - h_{L,E} = c_{PL} \cdot (\vartheta_{L,A} - \vartheta_{L,E}) = 4{,}18 \cdot (60 - 15) = 188{,}1 \, \text{kJ/kg} \,,$$

$$\dot{m}_L = 8000 \cdot 320 / 188{,}1 = 13610 \, \text{kg/h} \,.$$

Zur Abkühlung des Gasstroms ist ein sehr großer Flüssigkeitsmassenstrom von 13610 kg/h erforderlich, da die maximale Temperatur des Wassers 60°C nicht überschreiten darf. Wie später gezeigt wird, reicht zur reinen Absorption ein viel geringerer Absorbensstrom aus.

Für den Fall b, dass das Wasser nur zur Kühlung dient und daher auch verdampfen darf, ergibt sich für die Enthalpiedifferenz der Flüssigkeit

$$h_{L,A} - h_{L,E} = \left[c_{PL} \cdot \vartheta_S + \Delta h_{L,G} + c_{PD} \cdot (\vartheta_{G,A} - \vartheta_S) \right] - c_{PL} \cdot \vartheta_{L,E}$$

$$= 4{,}18 \cdot 100 + 2250 + 1{,}68 \cdot (150 - 100) - 4{,}18 \cdot 15 = 2685{,}3 \,.$$

Damit folgt für den zur Kühlung erforderlichen Flüssigkeitsmassenstrom

$$\dot{m}_L = 8000 \cdot 320 / 2685{,}3 = 953 \, \text{kg/h} \,.$$

Zum Verdampfen des Wassers wird Energie benötigt, die dem Gasstrom entzogen wird. Daher ist der erforderliche Kühlwasserstrom wesentlich geringer als im Fall a.

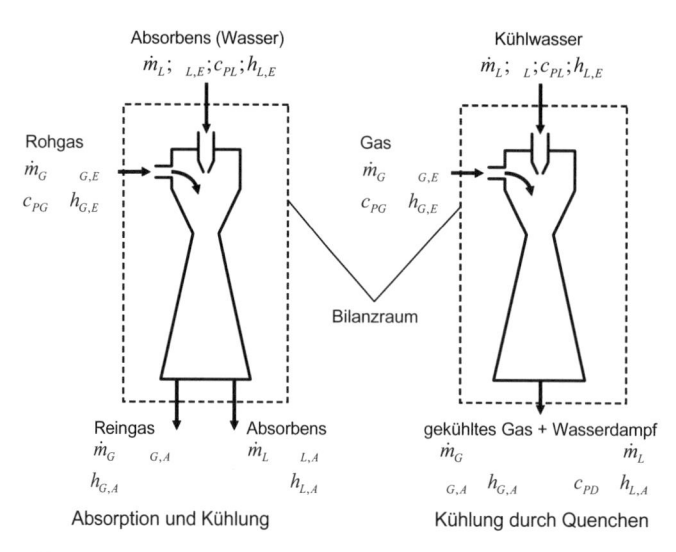

Abbildung 6.7: Venturiwäscher zur Abgasreinigung durch Absorption und gleichzeitigen Kühlung

6.3 Bilanz- oder Arbeitslinie

In Kapitel 4 wurde die Gleichgewichtslinie für thermische Trennverfahren ermittelt. Es gilt:

Gleichgewichtslinie: Gleichgewichtskonzentration der leichten Phase zur lokalen Konzentration der schweren Phase im Stoffaustauschapparat.

Für die in diesem Kapitel zu ermittelnde Bilanzlinie gilt:

Bilanzlinie: Tatsächliche Konzentration in der leichten Phase als Funktion der Konzentration in der schweren Phase in einem beliebigen Querschnitt des Stoffaustauschapparats.

Der Abstand zwischen Bilanz- und Gleichgewichtslinie wird als **treibendes Konzentrationsgefälle** bezeichnet (siehe Abbildung 6.8). Je größer das treibende Konzentrationsgefälle (Triebkraft) ist, desto weiter liegen Bilanz- und Gleichgewichtslinie auseinander, desto schneller erfolgt der Stoffaustausch.

Das natürliche Gleichgewicht, dargestellt durch die Gleichgewichtslinie, wird gestört durch Zufuhr von Wärme (thermische Trennverfahren) oder einer Zusatzphase (physikalisch-chemische Trennverfahren). Die sich hierdurch in einem Querschnitt des Stoffaustauschapparats tatsächlich einstellenden Konzentrationen werden durch die Bilanzlinie beschrieben. Je stärker diese Störung erfolgt, umso weiter also Gleichgewichts- und Bilanzlinie auseinander liegen, desto stärker ist auch die Triebkraft, die versucht, durch Stoffaustausch zwischen den beiden Phasen den Gleichgewichtszustand erneut zu erreichen.

Die Bestimmung der Bilanzlinie ($y = f(x)$) wird im Folgenden für die verschiedenen Trennverfahren besprochen.

6.4 Bilanzlinie für Absorption

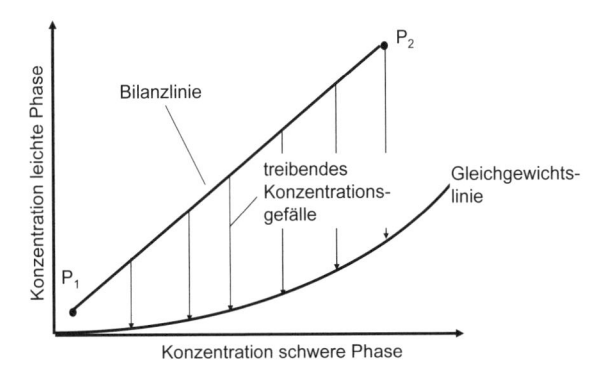

Abbildung 6.8: Gleichgewichts-, Bilanzlinie und treibendes Konzentrationsgefälle

> **Zusammenfassung:** Die Bilanzlinie beschreibt die sich in einem Querschnitt der Kolonne tatsächlich einstellenden Konzentrationen. Das treibende Konzentrationsgefälle zwischen Bilanz- und Gleichgewichtslinie ist die Triebkraft für den Stofftransport.

6.4 Bilanzlinie für Absorption

6.4.1 Grundsätzliches

Wie vorn gezeigt, kann die Absorption als Gleich-, Kreuz- und Gegenstromoperation betrieben werden. Als Konzentrationsmaß werden Stoffmengenanteile oder Molbeladungen verwendet. Da bei der Absorption nur das Absorptiv aus dem Gas in das Absorbens übergeht, wird bei der Aufstellung der Bilanzen der Index i = Absorptiv weggelassen.

Beispiel: $y_{i,E} = y_E$; $X_{i,A} = X_A$, $Y_{i,E} = Y_E$.

Beispiel Komponentenbilanz als Stoffmengenbilanz: Eine Stoffmengenbilanz für das Absorptiv um den Absorber gemäß Abbildung 6.9 liefert

$$\dot{G}_E \cdot y_E + \dot{L}_E \cdot x_E = \dot{G}_A \cdot y_A + \dot{L}_A \cdot x_A . \tag{6-9}$$

Die Mengen von Gas und Flüssigkeit bleiben längs der Kolonne nicht konstant. Die Gasmenge vermindert sich in der Absorptionskolonne um das Absorptiv, die Flüssigkeitsmenge nimmt entsprechend um das gelöste Absorptiv (Absorpt) zu. Die Bilanzlinie ist gekrümmt.

Beispiel Komponentenbilanz mit Stoffmengenbeladungen: Die Verwendung von Stoffmengenbeladungen als Konzentrationsmaß führt zu der Bilanzgleichung

$$\dot{G}_{T,E} \cdot Y_E + \dot{L}_{T,E} \cdot X_E = \dot{G}_{T,A} \cdot Y_A + \dot{L}_{T,A} \cdot X_A . \tag{6-10}$$

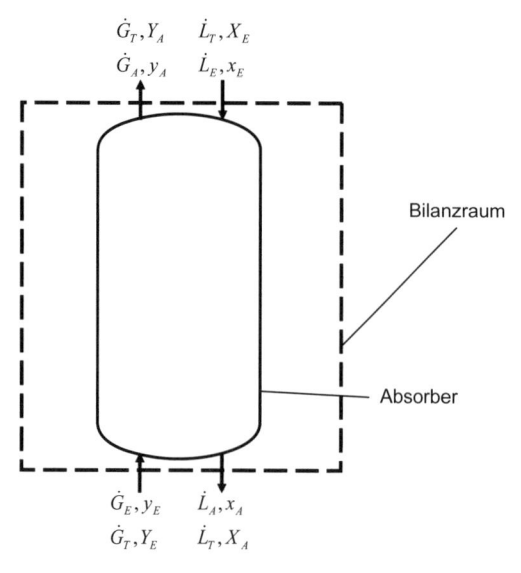

Abbildung 6.9: Absorptionskolonne im Gegenstrom

Unter der Voraussetzung, dass sich kein Trägergas $\dot{G}_T$ im Absorbens $\dot{L}_T$ löst und der Dampfdruck des Absorbens vernachlässigbar gering ist, so dass die Verdampfung des Absorbens ins Trägergas auszuschließen ist, gilt

$$\dot{G}_{T,E} = \dot{G}_{T,A} = \dot{G}_T \text{ sowie } \dot{L}_{T,E} = \dot{L}_{T,A} = \dot{L}_T \tag{6-11}$$

und damit

$$\dot{G}_T \cdot Y_E + \dot{L}_T \cdot X_E = \dot{G}_T \cdot Y_A + \dot{L}_T \cdot X_A. \tag{6-12}$$

Da sowohl $\dot{G}_T$ als auch $\dot{L}_T$ konstant sind, handelt es sich bei Gleichung (6-12) um eine Geradengleichung, was die Beschreibung physikalisch-chemischer Trennverfahren vereinfacht.

Zusammenfassung: Bei der Absorption werden als Konzentrationsmaß Stoffmengenanteile oder Stoffmengenbeladungen verwendet. Das Arbeiten mit Stoffmengenbeladungen weist den Vorteil auf, dass die Bilanzlinie zur Geraden wird. Werden Beladungen verwendet, müssen Trägerströme als Mengenströme verwendet werden.

6.4.2 Bilanzlinie für Gleichstromoperationen

Bei Gleichstromoperationen werden die flüssige und die gasförmige Phase im Gleichstrom durch den Absorber transportiert (siehe Abbildung 6.10). Der Gasstrom mit der Eintrittsbeladung Y_E muss bis zur Austrittsbeladung Y_A gereinigt werden. Dafür belädt sich das Absorbens mit Absorpt, die Eintrittsbeladung X_E erhöht sich auf die Austrittsbeladung X_A. Die

6.4 Bilanzlinie für Absorption

Komponentenbilanz, aufgestellt mit Beladungen um den Sumpf des Absorbers (BR II), liefert den gewünschten Zusammenhang zwischen der Molbeladung der Gasphase Y und der entsprechenden Beladung im Absorbens X zu

$$Y = Y_E + \frac{\dot{L}_T}{\dot{G}_T}(X_E - X) = Y_E - \frac{\dot{L}_T}{\dot{G}_T}(X - X_E). \tag{6-13}$$

Im Y,X-Beladungsdiagramm (Abbildung 6.10, rechte Seite) beschreibt Gleichung (6-13) eine Gerade, die zwischen den Punkten P_1 (X_E, Y_E) und P_2 (X_A, Y_A) verläuft. Der Punkt P_1 charakterisiert den Eintrittsquerschnitt, der Punkt P_2 den Austrittsquerschnitt.

Die Steigung der Bilanzlinie ist negativ ($-\dot{L}_T/\dot{G}_T$) und berechnet sich aus der Bilanz um den gesamten Absorber (Bilanzraum BR I) zu

$$\frac{\dot{L}_T}{\dot{G}_T} = \frac{Y_A - Y_E}{X_E - X_A} = \tan \alpha \tag{6-14}$$

und kann bei gegebenem zu reinigendem Abgasstrom $\dot{G}_T$ durch Variation des Absorbensstroms $\dot{L}_T$ verändert werden.

Die Konzentrationsdifferenz ΔY ($\Delta Y = Y_E - Y_A$) ist gefordert. Da auch die Absorbenseintrittskonzentration X_E bekannt ist, liegt der Punkt P_1 der Bilanzlinie fest. Somit kann lediglich der Absorbensmolenstrom $\dot{L}_T$ und damit die Absorptaustrittskonzentration aus dem Absorber X_A variiert werden. Um die geforderte Austrittskonzentration Y_A zu erreichen, muss die Bilanzgerade mindestens so steil verlaufen, dass sie die Gleichgewichtslinie im Punkt P_2^* ($X_{A,max}$, Y_A) schneidet (siehe Abbildung 6.10). Die Konzentrationsdifferenz ΔY wird hier mit dem **minimal möglichen Absorbensstrom** $\dot{L}_{T,min}$ erreicht, **am Austritt aus dem Absorber stellt sich Gleichgewicht zwischen Gas und Flüssigkeit ein**. Da sich das Gleichgewicht erst nach unendlich langer Zeit einstellt, muss die Absorptionskolonne für diesen Fall unendlich hoch werden.

Wie aus der Abbildung weiter ersichtlich ist, führt ein kleinerer Absorbensmolenstrom zu einer geringeren Steigung der Bilanzgerade, die geforderte Konzentrationsdifferenz ΔY wird nicht erreicht, die Lösung des Absorptionsproblems ist somit unmöglich. Am Austritt aus der Absorptionskolonne ist die Konzentration des Absorptivs im Gasstrom Y'_A größer als die geforderte Konzentration Y_A.

Wird dagegen theoretisch mit unendlich viel Absorbens gearbeitet (**Bilanzlinie mit maximaler Steigung**, Geradensteigung 90°), wird am Austritt aus dem Absorber der Punkt P_2^∞ (X_E, $Y_{A,min}$) erreicht. Durch den **unendlich großen Absorbensstrom** ändert sich die Konzentration des Absorptivs im Absorbens nicht ($X_{Eintritt} = X_E$, $X_{Austritt} = X_E$), der Absorber wird unendlich klein.

Zwischen diesen beiden Grenzwerten bewegt sich der **tatsächlich zu wählende Absorbensmolenstrom**, der in Abbildung 6.10 aus Wirtschaftlichkeitsgründen so gewählt wurde, dass sich der Punkt P_2 ergibt. Wird die Bilanzlinie über P_2 hinaus bis zum Schnittpunkt mit der Gleichgewichtslinie verlängert, stellt der Punkt K (X^*, Y^*) die maximal mögliche Beladung

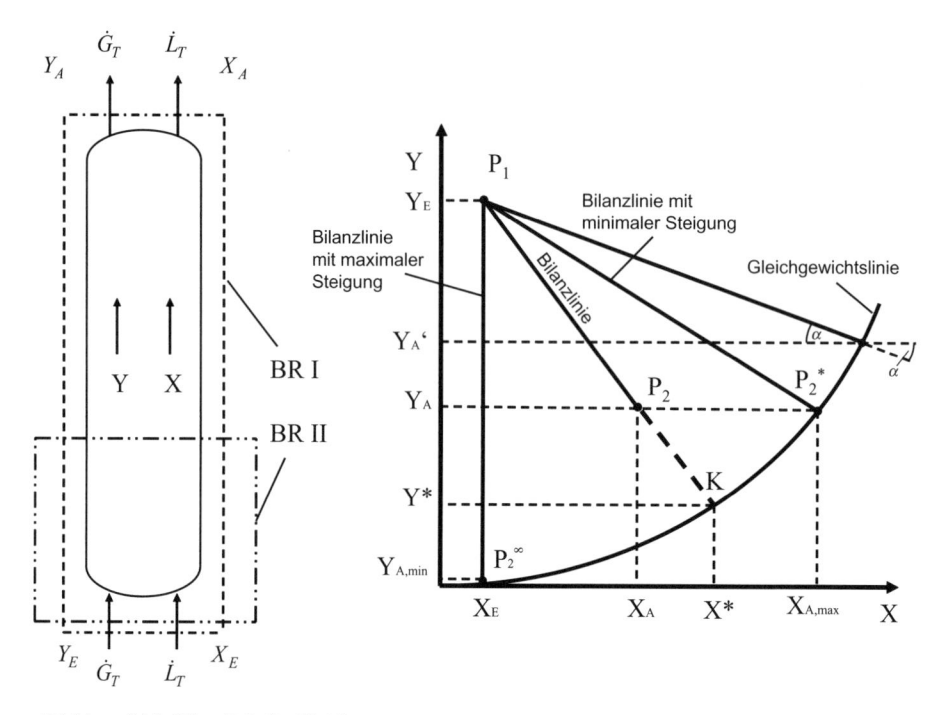

Abbildung 6.10: Bilanzlinie für Gleichstromoperationen

des Absorbensstroms für die gegebenen Betriebsbedingungen dar. Hier stehen die den Absorber verlassende Gas- und Flüssigphase miteinander im Gleichgewicht, ein weiterer Stoffaustausch ist nicht möglich, die maximal mögliche Trennleistung und damit die maximal mögliche Konzentrationsdifferenz in der Gasphase ($\Delta Y^* = Y_E - Y^*$) wird für die gegebene Steigung erreicht.

Beispielaufgabe Bilanzlinie für Gleichstromoperationen: Ein Abluftstrom ($\dot{G}_T$ = 40 kmol/h, Eintrittsbeladung Benzol Y_E = 0,015 mol/mol) soll bei Umgebungsbedingungen (p = 1·10^5 Pa, T = 293,15 K) durch Absorption zu 90 % (bezogen auf die Eintrittsbedingungen) von Benzol gereinigt werden. Als Absorbens dient ein spezielles Waschöl, das dem Absorber jeweils frisch zugeführt wird. Für das mit Benzol verunreinigte Abgas gilt das Raoultsche Gesetz. Für die Dampfdruckkurve von Benzol gilt die Antoine-Gleichung mit A = 4,0306, B = 1211,033, C = 220,79 (p_i^0 in bar, ϑ in °C). Für den im Gleichstrom betriebenen Absorber soll unter der Annahme, dass der Stoffaustausch ideal verläuft und am Austritt aus dem Absorber Gas und Flüssigkeit im Gleichgewicht stehen, berechnet werden:

- die Benzolaustrittsbeladung im Absorbat,
- der erforderliche Absorbensmolenstrom.

6.4 Bilanzlinie für Absorption

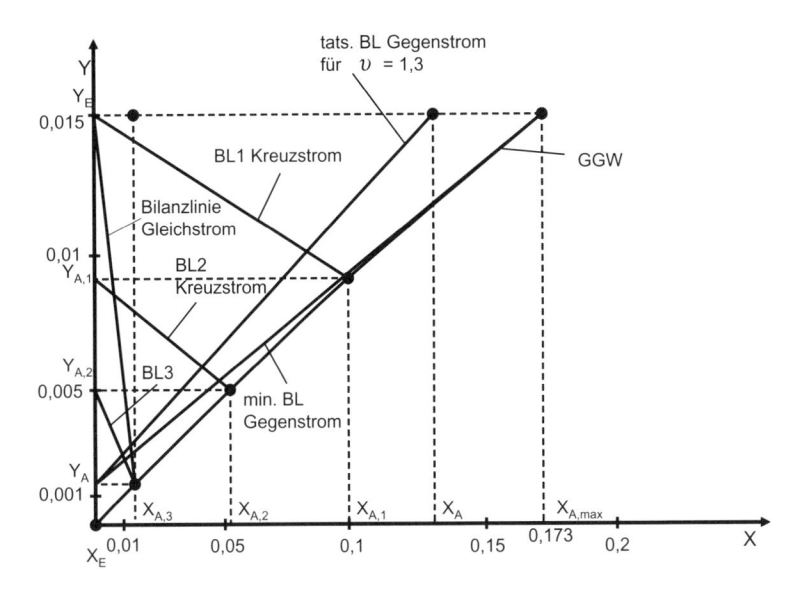

Abbildung 6.11: Bilanzlinien und erforderlicher Absorbensmolenstrom für Gleich-, Kreuz- und Gegenstrom

Lösung:
Der Dampfdruck des Benzols berechnet sich gemäß Gleichung (3-14) zu

$$\log p^0_{Benzol} = 4{,}0306 - \frac{1211{,}033}{20 + 220{,}70} \Rightarrow p^0_{Benzol} = 0{,}1 \text{ bar}.$$

Die Gleichung der Gleichgewichtslinie mit Beladungen als Konzentrationsmaß lautet (Gleichung (4-22))

$$Y_i = \frac{X_i \cdot p^0_{Benzol}}{p \cdot (1 + X_i) - X_i \cdot p^0_{Benzol}}, \quad X_i = \frac{p}{p^0_{Benzol} \cdot \left(1 + \frac{1}{Y_i}\right) - p},$$

so dass die Gleichgewichtslinie durch Eintragen von Wertepaaren konstruiert werden kann (siehe Abbildung 6.11). Es handelt sich um eine leicht konvexe Gleichgewichtslinie. Da die austretenden Ströme Reingas und Absorbat im Gleichgewicht stehen, müssen die Konzentrationen im Reingas Y_A sowie die Austrittskonzentration des Absorbats X_A auf der Gleichgewichtslinie liegen, so dass X_A gemäß

$$X_A = \frac{p}{p^0_{Benzol} \cdot \left(1 + \frac{1}{Y_A}\right) - p} = \frac{1}{0{,}1 \cdot \left(1 + \frac{1}{0{,}0015}\right) - 1} = 0{,}0152$$

berechnet werden und die Bilanzlinie in das Beladungsdiagramm eingetragen werden kann (siehe Abbildung 6.11). Da X_A und Y_A im Gleichgewicht stehen, ist X_A die für diesen Fall maximal erreichbare Austrittsbeladung des Absorbats (in Abbildung 6.11 gilt: $X_A = X_{A,3}$).

Gleichung (6-14) beschreibt die Steigung der Bilanzlinie. Der erforderliche Absorbensmolenstrom berechnet sich durch Umstellung zu

$$\dot{L}_T = \dot{G}_T \cdot \frac{Y_A - Y_E}{X_E - X_A} = 40 \cdot \frac{0,0015 - 0,015}{0 - 0,0152} = 35,52 \text{ kmol/h}.$$

Um den Gasstrom zu 90% von Benzol zu reinigen ist bei der im Gleichstrom betriebenen Absorptionskolonne mindestens ein Absorbensmolenstrom von 35,52 kmol/h erforderlich ($\dot{L}_T = \dot{L}_{T,min}$). In der Praxis muss mit einem größeren Absorbensmolenstrom gearbeitet werden, da sich die austretenden Ströme nicht im Gleichgewicht befinden.

Zusammenfassung: Wird eine Gleichstromstufe eingesetzt, um ein vorgegebenes Trennproblem (p, T = const.) zu lösen, kann als einzige Variable der Absorbensmolenstrom variiert werden. Er muss mindestens so groß gewählt werden, dass die geforderte Konzentrationsdifferenz ΔY realisiert wird.

6.4.3   Bilanzlinie für Kreuzstromoperationen

Abbildung 6.12 zeigt eine Absorptionskolonne mit Kreuzstromführung der am Stoffaustausch beteiligten Gas- und Flüssigphase. Das Gas durchströmt den Absorber von unten nach oben und wird in jeder Trennstufe mit Absorbens der Eintrittskonzentration X_E in Kontakt gebracht. Innerhalb der einzelnen Stufen werden beide Phasen intensiv miteinander vermischt. Die Strömungsform auf jeder Stufe entspricht daher der vom Gleichstrom bekannten, so dass es sich bei Kreuzstrom um eine **Hintereinanderschaltung beliebig vieler Gleichstromstufen** (in Abbildung 6.12 drei Stufen) handelt. Die Bilanz um die unterste Stufe liefert (vergleiche Gleichung (6-13))

$$Y_{A1} = Y_E - \frac{\dot{L}_{T1}}{\dot{G}_T}(X_{A1} - X_E). \qquad (6\text{-}15)$$

Die Gleichung stellt im Y,X-Beladungsdiagramm (Abbildung 6.12, rechte Seite) die Bilanzlinie BL_1 mit der Steigung $\alpha_1 = -\dot{L}_{T1}/\dot{G}_T$ dar. Entsprechend gilt für jede weitere n-te Stufe unter der Voraussetzung X_E = const.:

$$Y_{A,n} = Y_{A,n-1} - \frac{\dot{L}_{T,n}}{\dot{G}_T}(X_{A,n} - X_E). \qquad (6\text{-}16)$$

Wird der Absorbensstrom $\dot{L}_{T,n}$ von Stufe zu Stufe variiert, ändert sich die Steigung der jeweiligen Bilanzlinie, in Abbildung 6.12 von $\alpha_1 = -\dot{L}_{T1}/\dot{G}_T$ über $\alpha_2 = -\dot{L}_{T2}/\dot{G}_T$ zu $\alpha_3 = -\dot{L}_{T3}/\dot{G}_T$. Jede weitere Stufe verbessert die Trennung.

Wie Abbildung 6.12 verdeutlicht, kann mit mehreren hintereinander angeordneten Gleichstromstufen die Trennung verbessert werden, bzw. der gleiche Trenneffekt mit weniger Absorbens gegenüber einer Gleichstromstufe erreicht werden (siehe Beispielaufgabe). Allerdings erhöht sich der apparative Aufwand durch die größere Anzahl an Trennstufen. **Eine**

6.4 Bilanzlinie für Absorption

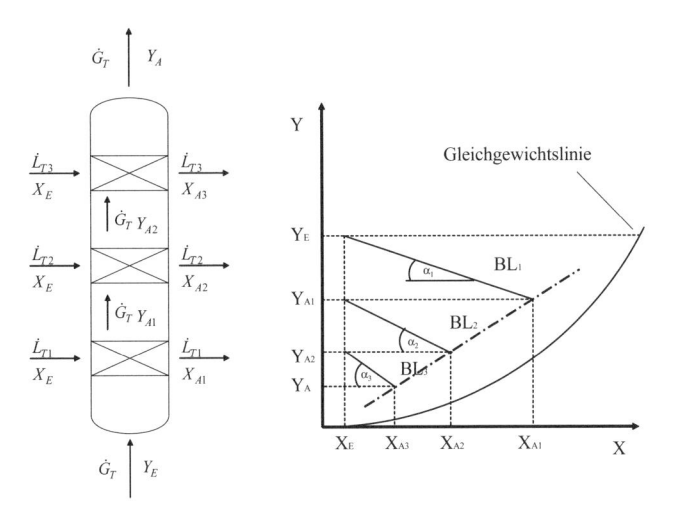

Abbildung 6.12: Bilanzlinie für Kreuzstromoperationen

große Anzahl hintereinander geschalteter Kreuzstromstufen ermöglicht den gleichen Trenneffekt wie eine Gegenstromführung (strichpunktierte Linie in Abbildung 6.12).

Beispielaufgabe Bilanzlinie für Kreuzstromoperationen: Unter den exakt gleichen Bedingungen wie oben für Gleichstrom beschrieben, soll der Abluftstrom ($\dot{G}_T$ = 40 kmol/h, Eintrittsbeladung Benzol Y_E = 0,015 mol/mol, p = 1·10^5 Pa, T = 293,15 K) in einer dreistufigen Kreuzstromabsorption zu 90% von Benzol gereinigt werden. Das Absorbens wird jeder Stufe (Annahme: ideale Stufe mit maximal möglichem Stoffaustausch) frisch zugeführt (X_E = 0). In der 1. Kreuzstromstufe soll das Absorbat bis auf eine Konzentration von 0,1 mol/mol angereichert werden. In der 2. Kreuzstromstufe wird das Gas bis auf 0,005 mol/mol abgereinigt. In der 3. Stufe erfolgt die Endreinigung auf die geforderte Austrittskonzentration von Y_A = 0,0015 mol/mol. Berechnet werden sollen

- die Austrittsbeladungen des Gases bzw. des Absorbats aus jeder Stufe sowie
- die erforderlichen Absorbensmolenströme pro Stufe.

Lösung:
Da $Y_{A,n}$ und $X_{A,n}$ jeweils im Gleichgewicht stehen (ideale Stufe), kann aus der Gleichgewichtsbeziehung gemäß Gleichung (4-22) die Austrittsbeladung des Gases bzw. des Absorbats aus der jeweiligen Stufe berechnet werden.

Stufe 1: Aus der Gleichgewichtsbeziehung folgt für X_{A1} = 0,1 mol/mol: Y_{A1} = 0,0092 mol/mol. Damit berechnet sich der erforderliche Absorbensmolenstrom in Stufe 1 gemäß Gleichung (6-15) zu

$$\dot{L}_{T1} = \frac{\dot{G}_T \cdot (Y_{A1} - Y_E)}{X_E - X_{A1}} = \frac{40 \cdot (0,0092 - 0,015)}{0 - 0,1} = 2,32 \text{ kmol/h}.$$

Die Bilanzlinie (BL 1 Kreuzstrom) ist in Abbildung 6.11 eingetragen.

Stufe 2: Aus der Gleichgewichtsbeziehung folgt für $Y_{A2} = 0,005$ mol/mol: $X_{A2} = 0,052$ mol/mol und somit gemäß Gleichung (6-16)

$$\dot{L}_{T2} = \frac{\dot{G}_T \cdot (Y_{A2} - Y_{A1})}{X_E - X_{A2}} = \frac{40 \cdot (0,005 - 0,0092)}{0 - 0,052} = 3,23.$$

Stufe 3: Um die geforderte Austrittskonzentration $Y_A = Y_{A3} = 0,0015$ mol/mol zu erreichen, muss Stufe 3 ein Absorbensmolenstrom von (Gleichgewicht $Y_A = 0,0015$ mol/mol → $X_{A3} = 0,0152$ mol/mol)

$$\dot{L}_{T3} = \frac{\dot{G}_T \cdot (Y_{A3} - Y_{A2})}{X_E - X_{A3}} = \frac{40 \cdot (0,0015 - 0,005)}{0 - 0,0152} = 9,21 \text{ kmol/h}$$

zugeführt werden.

Schlussfolgerung: Die 3 Bilanzlinien sind zur Veranschaulichung der Vorgehensweise in Abbildung 6.11 eingezeichnet. Die Bilanzlinien verlaufen von Stufe zu Stufe steiler ($\alpha_1 = -\dot{L}_{T1}/\dot{G}_T < \alpha_2 = -\dot{L}_{T2}/\dot{G}_T < \alpha_3 = -\dot{L}_{T3}/\dot{G}_T$). Dies wird aus der Berechnung deutlich, da $\dot{L}_{T1} < \dot{L}_{T2} < \dot{L}_{T3}$ ist. Insgesamt ist zur Erfüllung der Trennaufgabe ein Absorbensmolenstrom von $\dot{L}_{T,ges} = 14,76$ kmol/h erforderlich, der kleiner ist als der für eine Gleichstromstufe erforderliche Molenstrom von 35,52 kmol/h. Durch Hintereinanderschaltung mehrerer Gleichstromstufen kann der erforderliche Absorbensmolenstrom merklich reduziert werden. Gleichzeitig erhöht sich aber auch der apparative Aufwand.

Zusammenfassung: Durch Hintereinanderschaltung mehrerer Gleichstromstufen kann mit weniger Absorbens der gleiche Trenneffekt wie mit einer Gleichstromstufe erreicht werden. Eine große Anzahl hintereinander geschalteter Kreuzstromstufen ermöglicht den gleichen Trenneffekt wie eine Gegenstromführung.

6.4.4 Bilanzlinie für Gegenstromoperationen

Da in einer einzelnen Trennstufe maximal Gleichgewicht zwischen den die Stufe verlassenden Strömen erreicht werden kann, reicht die hiermit erzielbare Trennwirkung normalerweise nicht aus, um die gestellte Trennaufgabe zu erfüllen (bzw. der Absorbensmolenstrom muss unwirtschaftlich hohe Werte annehmen, siehe Abschnitt 6.4.2). Als Lösung des Problems werden mehrere Einzelstufen hintereinander geschaltet. Dies lässt sich durch Kreuzstrombetrieb oder noch effektiver durch **Kaskadenschaltung beliebig vieler Stufen im Gegenstromprinzip** erreichen.

Abbildung 6.13 zeigt das **Kaskadenprinzip** der Hintereinanderschaltung mehrerer Einzelstufen (Stufen I bis N). Wie bei der Absorption im Gegenstrom üblich, strömt das Gas vom Sumpf zum Kopf des Absorbers, während das Absorbens im Gegenstrom dazu den Absorber im Sumpf verlässt. Es ist dabei nicht erforderlich, dass die beiden Phasen stufenweise miteinander in Kontakt treten (z. B. Bodenkolonnen), die Berührung kann auch kontinuierlich und dauerhaft über die gesamte stoffaustauschende Höhe erfolgen, wie dies für Füllkörper- und Packungskolonnen zutrifft.

6.4 Bilanzlinie für Absorption

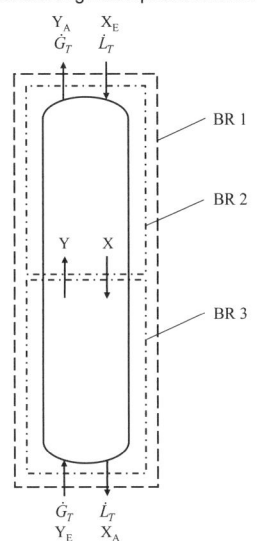

Abbildung 6.13: Hintereinanderschaltung und Bilanzierung von N Trennstufen nach dem Gegenstromprinzip

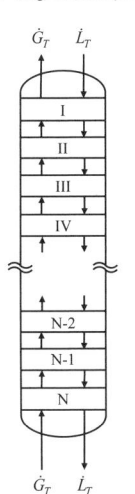

Um die Bilanzlinie bestimmen zu können, muss der Zusammenhang Y = f(X) in jedem beliebigen Querschnitt der Absorptionskolonne bekannt sein. Abbildung 6.13 (rechts) zeigt die hierzu geeigneten Bilanzräume. Der Bilanzraum BR2 um den Kolonnenkopf liefert den geforderten Zusammenhang zwischen X und Y:

$$Y = Y_A + \frac{\dot{L}_T}{\dot{G}_T}(X - X_E). \tag{6-17}$$

Um die Bilanzgerade nach Gleichung (6-17) in das Beladungsdiagramm einzeichnen zu können, müssen entweder zwei Punkte oder ein Punkt und die Steigung der Bilanzgeraden gegeben sein. Soll die Bilanzgerade aus zwei Punkten konstruiert werden, müssen die Punkte P_1 (X_E/Y_A) und P_2 (X_A/Y_E) und damit die Konzentrationen Y_E, Y_A, X_E und X_A bekannt sein, wie Abbildung 6.14 zeigt.

Die Eintrittskonzentration des Absorptivs im Gas Y_E ist aus der Aufgabenstellung bekannt. Die Austrittskonzentration im Reingas Y_A aus dem Absorber und damit das erforderliche Konzentrationsgefälle ΔY im Gasstrom ergibt sich aus der geforderten Reinigungsleistung bzw. im Bereich der Abgasreinigung aus den gesetzlichen Anforderungen (z. B. TA Luft). Die Eintrittskonzentration des Absorbens in den Absorber X_E bestimmt sich aus der Güte des Regenerationsprozesses. Je weiter das Absorbens regeneriert und damit vom Absorpt gereinigt wird, desto geringer ist die Eintrittskonzentration X_E. Ist die Regeneration ausgelegt, ist somit auch X_E und damit der Punkt P_1 bekannt. Das Problem wäre gelöst, wenn auch die Austrittskonzentration des Absorptivs im Absorbens X_A bekannt wäre. Diese ist aber von der Höhe der Absorptionskolonne bzw. der Menge des zugeführten Absorbens abhängig. Da die Höhe noch unbekannt ist und berechnet werden soll, ist X_A und damit P_2 unbekannt.

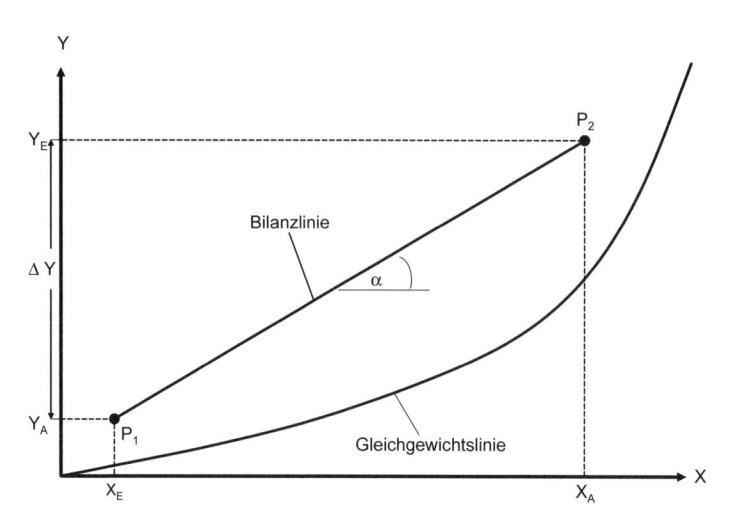

Abbildung 6.14: Bilanzlinie für Gegenstromoperationen

Bleibt als zweite Möglichkeit die Konstruktion der Bilanzlinie aus dem bekannten Punkt P_1 und der Steigung. Für die Steigung der Bilanzlinie ist das Absorbensverhältnis

$$\upsilon = \dot{L}_T / \dot{G}_T = \tan \alpha \tag{6-18}$$

verantwortlich. **Das Absorbensverhältnis gibt an, wie viel kmol an Absorbens pro kmol Trägergas eingesetzt werden, und stellt damit eine wichtige Betriebsvariable für die Absorption dar.**

Das Absorbensverhältnis kann durch die entsprechenden Beladungen ausgedrückt werden, wenn die Komponentenbilanz um den gesamten Absorber (BR1) aufgestellt wird:

$$\dot{L}_T \cdot X_E + \dot{G}_T \cdot Y_E = \dot{L}_T \cdot X_A + \dot{G}_T \cdot Y_A \tag{6-19}$$

und somit

$$\frac{\dot{L}_T}{\dot{G}_T} = \frac{Y_E - Y_A}{X_A - X_E}. \tag{6-20}$$

Der Gasstrom $\dot{G}_T$ ist aus der Aufgabenstellung bekannt. Um das Absorbensverhältnis festzulegen, muss der Absorbensstrom $\dot{L}_T$ oder die Konzentration X_A ermittelt werden, die sich gegenseitig beeinflussen und unbekannt sind. Eine direkte, einfache Konstruktion der Bilanzlinie ist somit nicht möglich.

Abbildung 6.15 zeigt die Vorgehensweise zur Bestimmung der Bilanzlinie. Neben der in Kapitel 4 bestimmten Gleichgewichtslinie sind die Konzentrationen X_E und Y_A am Kopf der Absorptionskolonne (Punkt P_1) sowie die Konzentration Y_E des Gases am Eintritt in den Absorber bekannt. Der Punkt P_1 liegt auf der Bilanzlinie. Gemäß Aufgabenstellung ist es erforderlich, das Absorptiv von der Konzentration Y_E auf die Austrittskonzentration aus dem

6.4 Bilanzlinie für Absorption

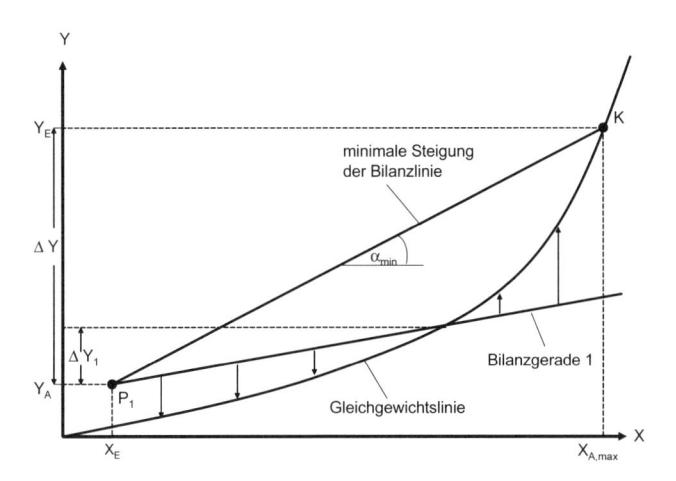

Abbildung 6.15: Ermittlung der minimalen Bilanzlinie

Absorber Y_A und damit um das Konzentrationsgefälle ΔY zu reduzieren. Um dies zu erreichen, muss die Bilanzgerade die durch Y_E festgelegte parallele Gerade zur Abszisse schneiden. Der sich ergebende Schnittpunkt K legt die **minimale Steigung der Bilanzlinie** fest. Die minimale Steigung der Bilanzlinie gibt den minimal erforderlichen Absorbensstrom $\dot{L}_T$ an. Im Sumpf des Absorbers stehen Gas und Flüssigkeit miteinander im Gleichgewicht (Y_E^* / X_A^*), da der Punkt K sowohl auf der Bilanz- als auch auf der Gleichgewichtslinie liegt.

Wird die Steigung weiter verringert (Bilanzgerade 1), schneidet die Bilanzlinie die Gleichgewichtslinie unterhalb des Punktes K, so dass anstatt des geforderte Konzentrationsgefälles

$$\Delta Y = Y_E - Y_A \tag{6-21}$$

nur das der Aufgabenstellung nicht genügende Konzentrationsgefälle ΔY_1 erreicht wird.

Da bei gegebenem Gasstrom $\dot{G}_T$ der Absorbensstrom minimal wird, nimmt die Austrittsbeladung des Absorbens mit Absorpt den Maximalwert $X_{A,max}$ an. Die Aufnahme des Absorptivs durch das Absorbens bewirkt eine Konzentrationssteigerung im Absorbens von X_E auf $X_{A,max}$ bei gleichzeitiger Abreicherung des Gasstromes von Y_E auf Y_A. Das treibende Konzentrationsgefälle (siehe Abbildung 6.11) ist im Punkt K null, da das Gleichgewicht erreicht wurde. Dies bedeutet, dass die Kolonne unendlich hoch werden muss. Für die minimale Steigung der Bilanzgeraden gilt:

minimale Absorbensmenge $\dot{L}_{T,min} \rightarrow$ unendlich hoher Apparat $(H \rightarrow \infty)$, (6-22)

$$X_A = X_{A,max}. \tag{6-23}$$

Der **minimale Absorbensstrom** berechnet sich gemäß Gleichung (6-20) zu

$$\dot{L}_{T,min} = \frac{\dot{G}_T (Y_E - Y_A)}{X_{A,max} - X_E}. \tag{6-24}$$

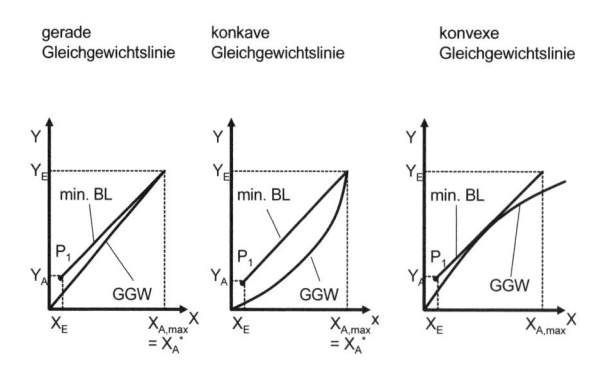

Abbildung 6.16: Minimale Bilanzlinie und maximale Austrittskonzentration im Absorbat $X_{A,max}$

Beispiel Lage der minimalen Bilanzlinie: Die Lage der minimalen Bilanzlinie und damit die Absorbataustrittskonzentration $X_{A,max}$ hängt von Form und Lage der Gleichgewichtslinie ab, siehe Abbildung 6.16. Ist die Gleichgewichtslinie eine Gerade oder konkav gekrümmt, gilt

$$X_{A,max} = X_A^*, \qquad (6\text{-}25)$$

die minimale Bilanzgerade schneidet die Gleichgewichtslinie bei der Konzentration Y_E. $X_{A,max}$ kann ermittelt werden, indem die entsprechende Gleichgewichtskonzentration X_A^* zur Eintrittskonzentration Y_E im Gas berechnet wird. Dies gilt nicht für konvex gekrümmte Gleichgewichtslinien. Hier liegt die minimale Bilanzlinie als Tangente an der Gleichgewichtslinie an, so dass gilt:

$$X_{A,max} \neq X_A^*. \qquad (6\text{-}26)$$

Für den praktischen Betrieb muss der Absorbensstrom über den minimalen hinaus gesteigert werden, um das Trennproblem mit einer endlichen Apparatehöhe zu realisieren. Wird mit **unendlich großem Absorbensstrom** gearbeitet (Abbildung 6.17, max. BL), gilt:

$$\text{unendliche Absorbensmenge } \dot{L}_{T,max} \to \text{minimal kleiner Apparat } (H \to 0), \qquad (6\text{-}27)$$

$$X_A = X_E. \qquad (6\text{-}28)$$

Für diesen Fall werden die Energiekosten unendlich. Die für den Prozess **optimale Absorbensmenge** ergibt sich aus einer Optimierungsrechnung der Betriebs- und Investitionskosten. In der Praxis wird häufig mit Absorbensverhältnissen von

$$\nu = (1{,}3....1{,}6) \cdot \nu_{min} \qquad (6\text{-}29)$$

/16/ gearbeitet. Abbildung 6.17 zeigt die zwischen den Punkten P_1 (X_E, Y_A) und P_2 (X_A, Y_E) verlaufende optimale Bilanzlinie mit der Steigung α_{opt}. Der zwischen Gas und Flüssigkeit ausgetauschte Stoffmengenstrom der Übergangskomponente i $\Delta \dot{n}_i$ berechnet sich zu

$$\Delta \dot{n}_i = \dot{G}_T (Y_E - Y_A) = \dot{L}_T (X_A - X_E). \qquad (6\text{-}30)$$

6.4 Bilanzlinie für Absorption

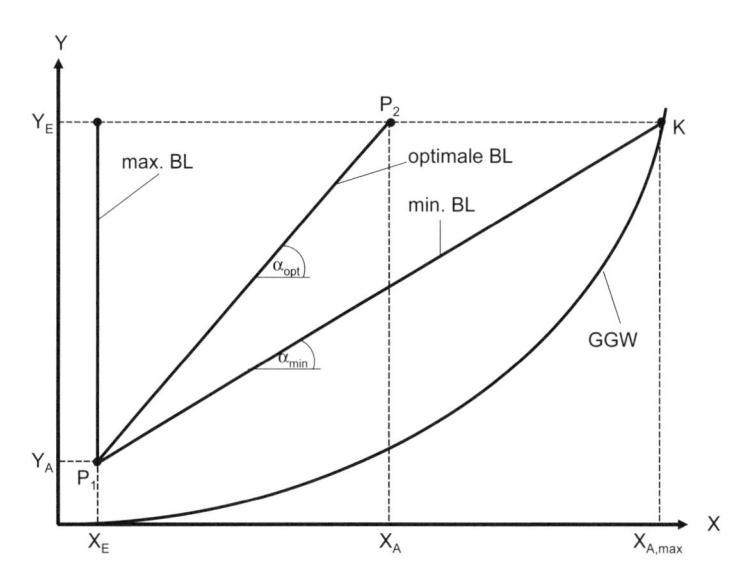

Abbildung 6.17: Optimale Bilanzlinie

Beispielaufgabe Bilanzlinie für Gegenstromoperationen: Unter den exakt gleichen Bedingungen wie oben für Gleichstrom und Kreuzstrom beschrieben, soll der Abluftstrom ($\dot{G}_T = 40$ kmol/h, Eintrittsbeladung Benzol $Y_E = 0,015$ mol/mol, $p = 1 \cdot 10^5$ Pa, $T = 293,15$ K) in einer Gegenstromabsorption zu 90 % von Benzol gereinigt werden. Berechnet werden sollen

- die Austrittsbeladung des Absorbats sowie der Absorbensmolenstrom für minimales Absorbensverhältnis (minimale Steigung der Bilanzlinie) sowie
- der Absorbensmolenstrom und die Austrittskonzentration des Absorbats, wenn mit dem Absorbensverhältnis $\upsilon = 1,3 \cdot \upsilon_{min}$ gearbeitet wird.

Lösung:
Obwohl die Gleichgewichtslinie konvex gekrümmt ist, kann gemäß Abbildung 6.11 davon ausgegangen werden, dass die minimale Bilanzlinie die Gleichgewichtslinie bei $Y_E = 0,015$ schneidet. Damit folgt

$$X_{A,max} = \frac{p}{p_i^0 \cdot \left(1 + \frac{1}{Y_E}\right) - p} = \frac{1}{0,1 \cdot \left(1 + \frac{1}{0,015}\right) - 1} = 0,173 \,,$$

und somit für den minimalen Absorbensstrom gemäß Gleichung (6-24)

$$\dot{L}_{T,min} = \frac{\dot{G}_T (Y_E - Y_A)}{X_{A,max} - X_E} = \frac{40 \cdot (0,015 - 0,0015)}{0,173 - 0} = 3,12 \text{ kmol/h} \,.$$

Wird mit dem Absorbensverhältnis $\upsilon = 1{,}3 \cdot \upsilon_{min}$ gearbeitet, bedeutet dies, dass der Absorbensmolenstrom zu $\dot{L}_T = 4{,}056$ kmol/h gewählt werden muss, da der Trägergasstrom konstant bleibt. Damit ergibt sich die Austrittsbeladung im Absorbat zu

$$X_A = \frac{\dot{G}_T}{\dot{L}_T} \cdot (Y_E - Y_A) + X_E = \frac{40}{4{,}056} \cdot (0{,}015 - 0{,}0015) + 0 = 0{,}133.$$

Es liegen 2 Punkte der Bilanzgeraden fest, P_1 (Y_A/ X_E) = (0,0015/0) sowie P_2 (Y_E/ X_A) = (0,015/0,133), die tatsächliche Bilanzgerade kann in das Beladungsdiagramm eingezeichnet werden (siehe Abbildung 6.11).

Schlussfolgerung: Wird die Absorption im Gegenstrom betrieben, kann der erforderliche Absorbensstrom minimiert werden:

$$\dot{L}_{T,Gleich} = 35{,}52 \text{ kmol/h} > \dot{L}_{T,Kreuz} = 14{,}76 \text{ kmol/h} > \dot{L}_{T,Gegen} = 3{,}12 \text{ kmol/h}.$$

Es wird deutlich, dass durch die Gegenstromführung beliebig viele Einzelstufen hintereinander geschaltet werden können (siehe Abschnitt 7.2), der erforderliche Absorbensstrom lässt sich dadurch minimieren. Während beim Gleichstromprinzip das geforderte Trennergebnis nur durch eine Erhöhung des Absorbensstroms zu erreichen ist, kann dies im Gegenstromprinzip durch eine Optimierung von Kolonnenhöhe und Absorbensstrom erfolgen.

> **Zusammenfassung:** Bei Gegenstromoperationen kann eine beliebige Anzahl von Trennstufen hintereinander geschaltet werden. Die Bilanzgerade kann nicht direkt ermittelt werden, da sich der Absorbensstrom und die Absorbataustrittskonzentration gegenseitig beeinflussen. Die Bilanzlinie mit minimaler Steigung lässt sich im Beladungsdiagramm ermitteln, aus wirtschaftlichen Optimierungsrechnungen zwischen Kolonnenhöhe und erforderlichem Absorbensstrom wird die Steigung der optimalen Bilanzlinie bestimmt.

6.5 Bilanzlinie für Adsorption

Wird die Adsorption kontinuierlich betrieben (Abbildung 6.18 links für Gegenstrom), ist die Bestimmung der Bilanzlinie wie in Abschnitt 6.4 beschrieben möglich. Das Fluid strömt der Adsorptionskolonne mit dem Trägerstrom $\dot{F}_T$ und der Massenbeladung $Y_{m,E}$ zu und verlässt den Adsorber mit der geforderten Austrittskonzentration $Y_{m,A}$. Im Gegenstrom dazu strömt der Feststoff mit dem Trägerstrom $\dot{S}_T$ und der Beladung $X_{m,E}$ zum Adsorber und verlässt ihn mit der Beladung $X_{m,A}$. Eine Gesamtbilanz um die Kolonne gibt den Bedarf an Adsorbens $\dot{S}_T$ an

$$\dot{S}_T = \frac{\dot{F}_T \cdot (Y_{m,E} - Y_{m,A})}{X_{m,A} - X_{m,E}}, \qquad (6\text{-}31)$$

6.5 Bilanzlinie für Adsorption

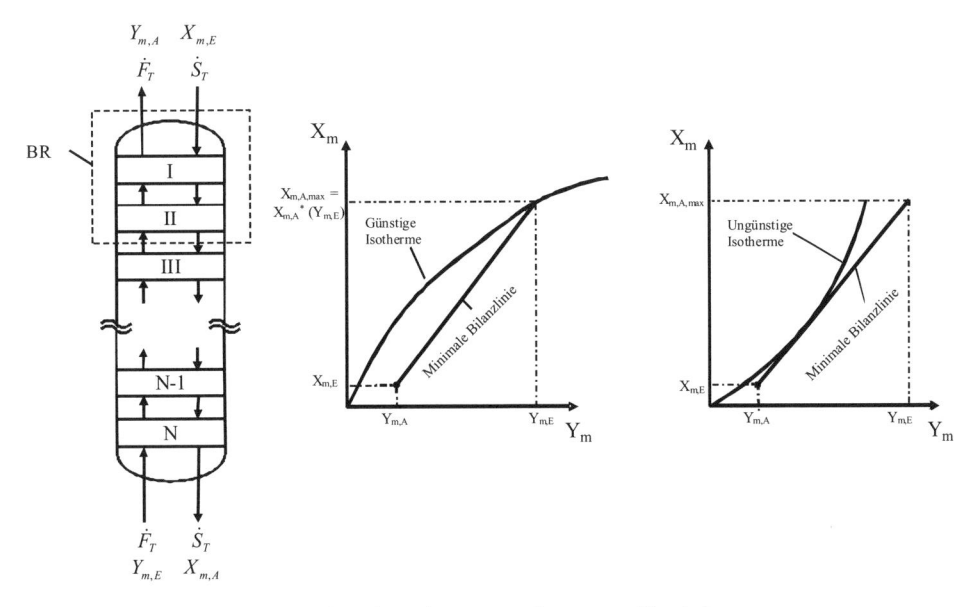

Abbildung 6.18: Kontinuierliche mehrstufige Adsorption im Gegenstrom-Wanderbett

eine Bilanz um den oberen Teil der Adsorptionskolonne gemäß Abbildung 6.18 liefert die **Gleichung der Bilanz- oder Arbeitslinie für die Gegenstromadsorption**

$$Y_m = Y_{m,A} + \frac{\dot{S}_T}{\dot{F}_T} \cdot (X_m - X_{m,E}) \quad (6\text{-}32)$$

im Y_m, X_m-Beladungsdiagramm. Das Verhältnis

$$\nu = \frac{\dot{S}_T}{\dot{F}_T} \quad (6\text{-}33)$$

wird als **Adsorbensverhältnis** bezeichnet. Der Mindestwert des Adsorbensverhältnisses

$$\nu_{min} = \frac{\dot{S}_{T,min}}{\dot{F}_T} = \frac{Y_{m,E} - Y_{m,A}}{X_{m,A,max} - X_{m,E}} \quad (6\text{-}34)$$

gibt die minimale Steigung der Bilanzlinie an (siehe Abbildung 6.18, rechts). Bei konvex gekrümmten Adsorptionsisothermen entspricht die Beladung $X_{m,a,max}$ der Gleichgewichtsbeladung $X^*_{m,A}(Y_{m,E})$ des Adsorbens zur Eintrittsbeladung der Fluidphase $Y_{m,E}$. Bei konkav gekrümmten Isothermen wird die minimale Bilanzlinie ermittelt, indem ausgehend vom Punkt $(X_{m,E}, Y_{m,A})$ eine Tangente an die Gleichgewichtskurve gelegt wird.

Zusammenfassung: Die Bilanzlinie für kontinuierlich betriebene Adsorber lässt sich wie bei der Absorption besprochen aus der Steigung der minimalen Bilanzlinie bestimmen.

6.6 Bilanzlinie für Extraktion

Die Bilanz für die Extraktion kann im Y_m, X_m-Beladungsdiagramm oder im Dreiecksdiagramm dargestellt werden.

6.6.1 Bilanzlinie im Y_m, X_m-Beladungsdiagramm

Die Vorgehensweise entspricht der bei der Absorption besprochenen und wird daher nur kurz behandelt.

Einstufige Extraktion im Y_m, X_m-Beladungsdiagramm
Abbildung 6.19 zeigt ein vereinfachtes Schema einer einstufigen Extraktion (Mischer/Abscheider) mit den entsprechenden Konzentrationen. Die Bilanzgerade folgt aus der Mengenbilanz mit Massenbeladungen (X_m, Y_m) für die zu extrahierende Übergangskomponente um den Mischer/Abscheider zu (Anmerkung: der Index C kann für die Übergangskomponente entfallen, da nur diese Komponente am Stoffaustausch teilnimmt und daher alle Konzentrationen für die Übergangskomponente C angegeben werden, z.B. $Y_{m,C,A} = Y_{m,A}$)

$$\dot{m}_{T,F} \cdot X_{m,E} + \dot{m}_{T,S} \cdot Y_{m,E} = \dot{m}_{T,F} \cdot X_{m,A} + \dot{m}_{T,S} \cdot Y_{m,A}, \tag{6-35}$$

$$Y_{m,A} = Y_{m,E} - \frac{\dot{m}_{T,F}}{\dot{m}_{T,S}} \cdot (X_{m,A} - X_{m,E}). \tag{6-36}$$

Wird mit Beladungen gearbeitet, müssen die Trägermengenströme $\dot{m}_{T,F}$ (Feed ohne Übergangskomponente) und $\dot{m}_{T,S}$ (reines Extraktionsmittel, Solvent) verwendet werden. Gleichung (6-36) ist eine Gerade durch die Punkte ($X_{m,E}/Y_{m,E}$) und ($X_{m,A}/Y_{m,A}$) mit der Steigung

$$\tan \alpha = -\frac{\dot{m}_{T,F}}{\dot{m}_{T,S}}. \tag{6-37}$$

Abbildung 6.19 zeigt den Zusammenhang. Unter der Voraussetzung, dass am Austritt aus dem Abscheider Raffinat- und Extraktphase im thermodynamischen Gleichgewicht stehen, muss der Zustandspunkt ($X_{m,A}/Y_{m,A} = Y_{m,A}^*$) der Schnittpunkt zwischen Gleichgewichtskurve und Bilanzgerade sein (Bilanzlinie 1, Bilanzlinie für minimalen Solventstrom).

Wird im Realfall keine Gleichgewichtseinstellung erreicht, liegt der Zustandspunkt unterhalb der Gleichgewichtskurve (Punkt P, siehe Abbildung 6.19), es wird lediglich die Austrittskonzentration $Y_{m,A,real}$ im Extrakt erreicht. Dadurch steigt die Raffinataustrittskonzentration auf $X_{m,A,real}$. Ist die Konzentrationsdifferenz ($X_{m,E} - X_{m,A}$) gefordert sowie die Eintrittsbeladung des Extraktionsmittels $Y_{m,E}$ vorgegeben, muss die Steigung der Bilanzgeraden verringert werden (Bilanzlinie 2). Dies bedeutet, dass mehr Extraktionsmittel benötigt wird, die Konzentration $Y_{m,A}$ ist kleiner als die entsprechende Gleichgewichtskonzentration $Y_{m,A}^*$ in Abbildung 6.19. Die Extraktaustrittskonzentration ist auch hier vom zugeführten Extraktionsmittelmassenstrom abhängig.

6.6 Bilanzlinie für Extraktion

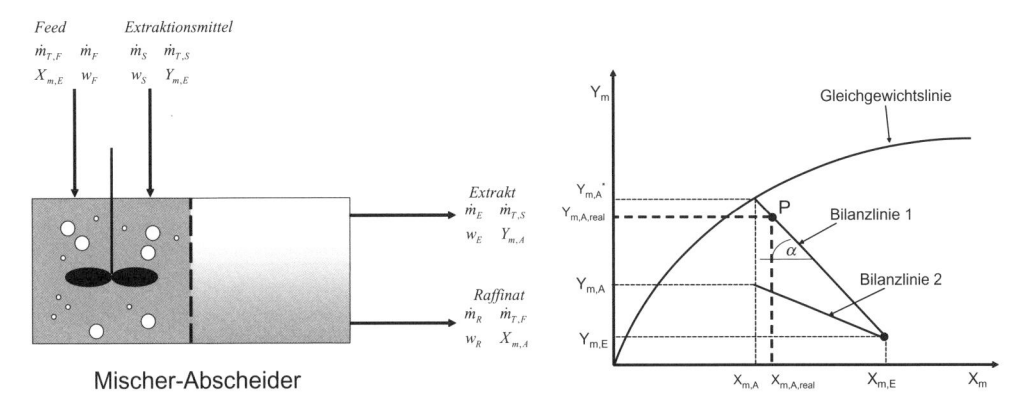

Abbildung 6.19: Bilanzgerade für einstufige Extraktion im Y_m, X_m-Beladungsdiagramm

Mehrstufige Extraktion im Phasengegenstrom

Abbildung 6.20 zeigt für die Flüssig/Flüssig-Extraktion im Phasengegenstrom die Herleitung der Bilanzlinie. Die Stoffbilanz für die Übergangskomponente um den Sumpf der Extraktionskolonne ergibt

$$\dot{m}_{T,S} \cdot Y_{m,E} + \dot{m}_{T,F} \cdot X_m = \dot{m}_{T,F} \cdot X_{m,A} + \dot{m}_{T,S} \cdot Y_m \tag{6-38}$$

unter der Voraussetzung, dass die Trägerströme $\dot{m}_{T,F}$ und $\dot{m}_{T,S}$ sich nicht ineinander lösen und somit konstant bleiben. Hieraus folgt der geforderte Zusammenhang $Y_m = f(X_m)$

$$Y_m = Y_{m,E} + \frac{\dot{m}_{T,F}}{\dot{m}_{T,S}} \cdot (X_m - X_{m,A}) \tag{6-39}$$

als Gleichung der Bilanz- oder Arbeitslinie im Beladungsdiagramm.

Abbildung 6.20 zeigt die Eintragung der Bilanzlinie in das Arbeitsdiagramm. Die Beladungen des Feedstroms $X_{m,E}$ sowie $X_{m,A}$ sind aus der Aufgabenstellung bekannt. Die Eintrittsbeladung des Extraktionsmittelstroms $Y_{m,E}$ hängt von der Güte der Regeneration ab und ist ebenfalls gegeben. Der Bedarf an Extraktionsmittel und die Austrittskonzentration $Y_{m,A}$ sind wiederum direkt voneinander abhängig, wie eine Gesamtbilanz um den Extraktor verdeutlicht:

$$\dot{m}_{T,S} = \frac{\dot{m}_{T,F} \cdot (X_{m,E} - X_{m,A})}{Y_{m,A} - Y_{m,E}}. \tag{6-40}$$

Die **Steigung der Bilanzgeraden**

$$\tan \alpha = \frac{\dot{m}_{T,F}}{\dot{m}_{T,S}} \tag{6-41}$$

Bilanzierung um den Sumpf der Extraktionskolonne

Bilanzlinie im Y_m / X_m - Beladungsdiagramm

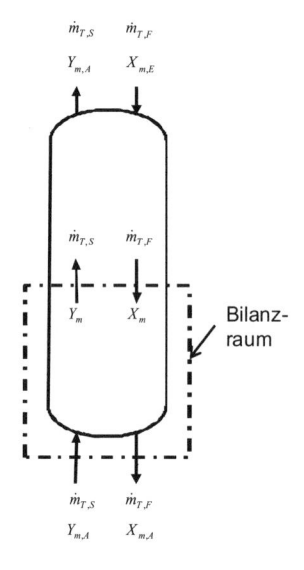

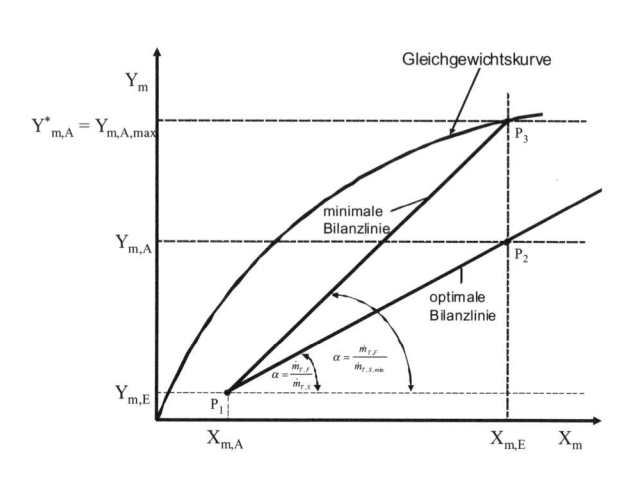

Abbildung 6.20: Bilanz für die Flüssig/Flüssig-Extraktion im Y_m, X_m-Beladungsdiagramm (Gegenstrom)

muss so gewählt werden, dass die Bilanzgerade die Gleichgewichtslinie weder schneidet noch berührt, bevor die geforderte Konzentrationsdifferenz ΔX erreicht ist. Das Mindestextraktionsmittelverhältnis ν_{min}

$$\nu_{min} = \frac{\dot{m}_{T,S,min}}{\dot{m}_{T,F}} = \frac{X_{m,E} - X_{m,A}}{Y_{m,A,max} - Y_{m,E}} \tag{6-42}$$

darf nicht unterschritten werden, da das Trennproblem ansonsten nicht gelöst werden kann. Eine Optimierungsrechnung liefert das optimale Extraktionsmittelverhältnis ν_{opt}, mit dem die Extraktionskolonne betrieben wird.

Wie Abbildung 6.20 weiterhin verdeutlicht, liegt die Bilanzlinie der Extraktion im Gegensatz zur Ab- und Adsorption unterhalb der Gleichgewichtslinie. Dies hängt gemäß Abbildung 6.21 von der Stoffaustauschrichtung ab (hier von der X- zur Y-Phase).

Zusammenfassung: Die Bilanzlinie für Extraktionsprozesse lässt sich im Beladungsdiagramm ähnlich wie bei Ab- und Adsorption darstellen. Zu beachten ist die bei der Extraktion umgekehrte Stofftransportrichtung von der X- in die Y-Phase.

6.6 Bilanzlinie für Extraktion

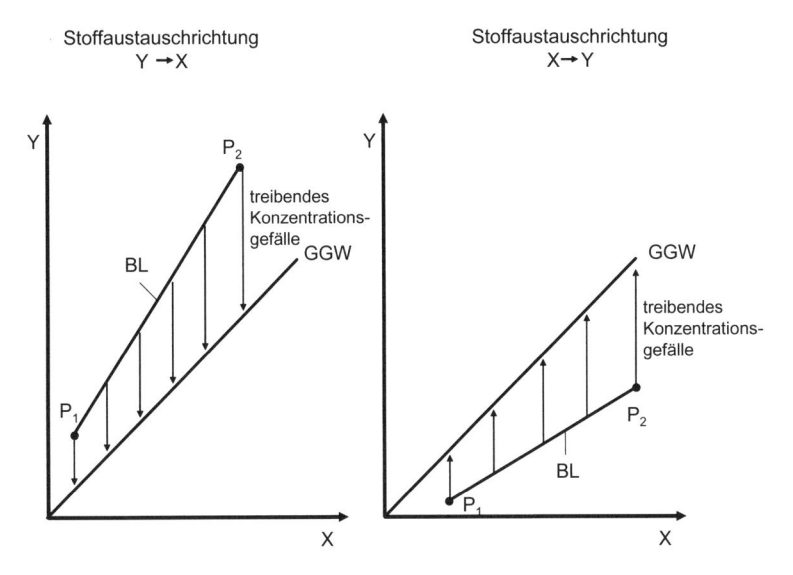

Abbildung 6.21: Stoffaustauschrichtung und Lage der Bilanzlinie

6.6.2 Bilanzlinie im Dreiecksdiagramm

Für den Fall, dass Trägerstoff A und Extraktionsmittel B beachtenswert ineinander löslich sind, wird die Extraktion im Dreiecksdiagramm dargestellt. Die verwendete Nomenklatur zeigt Abbildung 6.19. Die Massenströme $\dot{m}_F$, $\dot{m}_S$, $\dot{m}_R$, $\dot{m}_E$ werden dem Mischer/Abscheider zu- oder abgeführt. Im Dreiecksdiagramm werden als Konzentrationsmaß i.d.R. Massenanteile verwendet (siehe vorn). Als Konzentrationsmaß werden die Massenanteile in der Kurzform w_F, w_S, w_R und w_E dargestellt.

Beispiel Zustandspunkt: Der Zustandspunkt des Feeds wird durch w_F im Dreiecksdiagramm eindeutig festgelegt. Es gilt: $w_F = w_{A,F} + w_{B,F} + w_{C,F}$. Sind mindestens zwei der Konzentrationen $w_{A,F}$, $w_{B,F}$, $w_{C,F}$ im Feed bekannt, kann der Zustandspunkt F eindeutig in das Dreiecksdiagramm eingetragen werden. Besteht der Feedstrom aus 50 Massen-% A ($w_{A,F} = 0,5$) und 50 Massen-% C ($w_{C,F} = 0,5$), so liegt der Zustandspunkt F mittig auf der Dreiecksseite zwischen A und C.

Gleichstrom

Die Arbeitsweise einer idealen Extraktionsstufe, bei der nach erfolgtem Stoffaustausch Raffinat und Extrakt im Phasengleichgewicht stehen, lässt sich im Dreiecksdiagramm verfolgen. Abbildung 6.22 zeigt die Vorgehensweise. Bekannt ist der Massenstrom $\dot{m}_F$ sowie der Zustandspunkt des Feeds F, der aus den Komponenten Trägerstrom A und Übergangskomponente C besteht. Damit liegt der Zustandspunkt F auf der Dreiecksseite zwischen A und C, die exakte Lage ergibt sich aus den bekannten Konzentrationen $w_{A,F}$ und $w_{C,F}$. Vom Extraktionsmittel ist die Eintrittskonzentration w_S in den Mischer/Abscheider bekannt und damit die Lage des Zustandspunkts S. Feedstrom F und Extraktionsmittel S, siehe Abbildung 6.19,

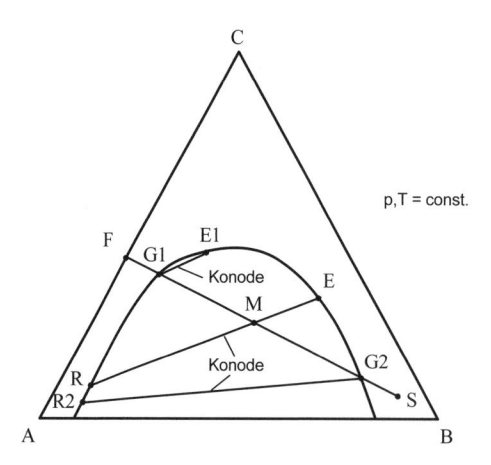

Abbildung 6.22: Einstufige Extraktion im Dreiecksdiagramm

werden im Mischer intensiv gemischt, wodurch die Mischung M entsteht. **Der Mischungspunkt M muss auf der Verbindungslinie zwischen F und S liegen.** Die genaue Lage des Mischungspunkts ist nicht bekannt, da zwar $\dot{m}_F$, nicht aber $\dot{m}_S$ bekannt ist.

Gefordert ist die Reinheit des Raffinatsstroms, vom Zustandspunkt R ist somit die Konzentration $w_{C,R}$ als einzige Konzentration bekannt. In diesem Fall reicht die Angabe einer Konzentration aus, um den Zustandspunkt R in das Dreiecksdiagramm einzutragen, da die Zusammensetzung des Raffinats definitionsgemäß auf der Binodalkurve liegen muss. Durch Eintragen von $w_{C,R}$ auf der Binodalkurve ist der Zustandspunkt R festgelegt. Da es sich um einen idealen Mischer/Abscheider handelt, Raffinat R und Extrakt E am Austritt aus dem Abscheider somit im Gleichgewicht stehen, müssen R und E auf einer Konode liegen (siehe Abbildung 4.25). Durch Eintragen der Konode durch R ergibt sich der Zustandspunkt des Extrakts E auf der gegenüberliegenden Seite der Konode auf der Binodalkurve (siehe Abbildung 6.22). Da auf Grund der Gesamtbilanz (siehe Gleichung 6-44) der Mischungspunkt M auf der Mischungsgeraden zwischen F und S, gleichzeitig aber auch auf der Mischungsgeraden zwischen R und E (entspricht hier der Konoden) liegen muss, ist der Mischungspunkt M eindeutig festgelegt.

Der unbekannte Massenstrom $\dot{m}_S$ wird mittels des Hebelgesetzes bestimmt:

$$\dot{m}_S = \dot{m}_F \cdot \frac{\overline{FM}}{\overline{MS}} . \tag{6-43}$$

Rechnerisch ist die Bestimmung des Mischungspunkts durch Lösung der entsprechenden Bilanzen möglich:

Gesamtbilanz:

$$\dot{m}_F + \dot{m}_S = \dot{m}_M = \dot{m}_R + \dot{m}_E ; \tag{6-44}$$

6.6 Bilanzlinie für Extraktion

Komponentenbilanz für eine Komponente, z. B. Übergangskomponente C:

$$\dot{m}_F \cdot w_{C,F} + \dot{m}_S \cdot w_{C,S} = \dot{m}_M \cdot w_{C,M} \tag{6-45}$$

und damit

$$w_{C,M} = \frac{\dot{m}_F \cdot w_{C,F} + \dot{m}_S \cdot w_{C,S}}{\dot{m}_F + \dot{m}_S}. \tag{6-46}$$

Für die restlichen Komponenten können die den Gleichungen (6-45) und (6-46) entsprechenden Komponentenbilanzen aufgestellt werden, so dass der Mischungspunkt M eindeutig festgelegt ist.

Um eine extraktive Trennung zu ermöglichen, muss der Mischungspunkt M im Zweiphasengebiet liegen. Der Mischungspunkt ist nicht stabil und zerfällt in Raffinat- und Extraktphase. Unter der Voraussetzung, dass Raffinat und Extrakt im Gleichgewicht stehen, gleichzeitig aber durch Zerfall des Mischungspunkts M gebildet werden, müssen die Zustandspunkte von Raffinat und Extrakt auf dem Schnittpunkt der durch den Mischungspunkt M gehenden Konode mit der Binodalkurve liegen.

Die sich ergebenden Raffinat- und Extraktströme können mit Hilfe des Hebelgesetzes ermittelt werden:

$$\frac{\dot{m}_R}{\dot{m}_E} = \frac{\overline{ME}}{\overline{RM}}. \tag{6-47}$$

Die rechnerische Ermittlung folgt mittels der entsprechenden Bilanzen zu:

$$\dot{m}_M = \dot{m}_R + \dot{m}_E, \tag{6-48}$$

$$\dot{m}_M \cdot w_{C,M} = \dot{m}_R \cdot w_{C,R} + \dot{m}_E \cdot w_{C,E}. \tag{6-49}$$

Somit folgt als Ergebnis für den Raffinat- und Extraktstrom:

$$\dot{m}_R = \frac{w_{C,E} - w_{C,M}}{w_{C,E} - w_{C,R}} \cdot \dot{m}_M, \tag{6-50}$$

$$\dot{m}_E = \frac{w_{C,M} - w_{C,R}}{w_{C,E} - w_{C,R}} \cdot \dot{m}_M. \tag{6-51}$$

Die Voraussetzung, dass der Mischungspunkt im Zweiphasengebiet liegen muss, ist nur zwischen den Grenzwerten G1 und G2 erfüllt (Abbildung 6.22). Wird die minimal mögliche Menge an Extraktionsmittel zugeführt, fällt der Mischungspunkt M mit G1 zusammen:

$$\dot{m}_{S,min} = \frac{w_{C,F} - w_{C,G1}}{w_{C,G1} - w_{C,S}} \cdot \dot{m}_F. \tag{6-52}$$

Es entsteht ein Raffinat mit der durch den Zustandspunkt G1 charakterisierten Zusammensetzung. Der Endpunkt der durch G1 führenden Konode legt den Zustandspunkt des Extrakts E1 fest. Es wird ersichtlich, dass die Trennung ungenügend ist, es geht kaum Übergangskomponente vom Feed ins Extrakt über.

Der Mischungspunkt M bewegt sich entlang der Mischungsgeraden Richtung G2, wenn der zugeführte Massenstrom an Extraktionsmittel erhöht wird. Die durch M gehende Konode schneidet die Binodalkurve dann bei kleineren Konzentrationen an Übergangskomponente C im Raffinat. **Die Extraktionsausbeute und damit das Trennergebnis werden verbessert.** Allerdings erhöhen sich auf Grund des gestiegenen Bedarfs an Extraktionsmittel auch die Kosten sowohl für die Extraktion als auch die Regeneration.

Fällt M mit G2 zusammen, entsteht ein Extrakt mit der Zusammensetzung des Zustandspunktes G2. Die maximale Extraktionsmittelmenge lässt sich zu

$$\dot{m}_{S,max} = \frac{w_{C,F} - w_{C,G2}}{w_{C,G2} - w_{C,S}} \cdot \dot{m}_F \qquad (6\text{-}53)$$

berechnen. Die durch G2 gehende Konode liefert den Zustandspunkt R2 und damit die mit einem Mischer/Abscheider unter den gegebenen Randbedingungen minimal erreichbare Konzentration an Übergangskomponente im Raffinat.

Reicht diese Konzentration nicht aus, bestehen bei einem Mischer/Abscheider folgende Möglichkeiten, um die Reinheit des Raffinats zu erhöhen:

- Arbeit bei höherem Druck und tieferer Temperatur, um das Gleichgewicht zu verändern oder
- Zufuhr von reinem Extraktionsmittel ($w_{S,B} = 1$).

Bei einem Mischer/Abscheider ist aber immer ein sehr großer Solventmassenstrom erforderlich, um die gewünschte Reinheit zu erzielen. Als Alternative können mehrere Mischer/Abscheider in Reihe hintereinander geschaltet werden bzw. die Extraktion muss im Phasengegenstrom erfolgen (siehe unten), wodurch eine beliebige Reinheit des Raffinats erreichbar ist.

Beispielaufgabe Bilanzlinie für Gleichstromoperationen im Dreiecksdiagramm: Ein mit 50 Massenprozent Aceton verunreinigter Abwasserstrom von 200 kg/h soll mittels Extraktion gereinigt werden. Als Extraktionsmittel wird Trichlorethan verwendet, das nach der Regeneration als vollkommen reiner Stoff der Extraktion zufließt. Das Dreiecksdiagramm Wasser/Trichlorethan/Aceton zeigt Abbildung 6.23. Die Extraktion findet in einem ideal arbeitenden einstufigen Mixer/Settler statt, dem 200 kg/h Trichlorethan zugeführt werden.

- Die Zustandspunkte für Feed, Extraktionsmittel (Solvent), Raffinat und Extrakt sind in das Dreiecksdiagramm einzuzeichnen,
- die Zusammensetzungen der aus dem Mixer/Settler austretenden Raffinat- und Extraktphase sind zu ermitteln,
- die Extraktionsausbeute ist zu berechnen.

6.6 Bilanzlinie für Extraktion

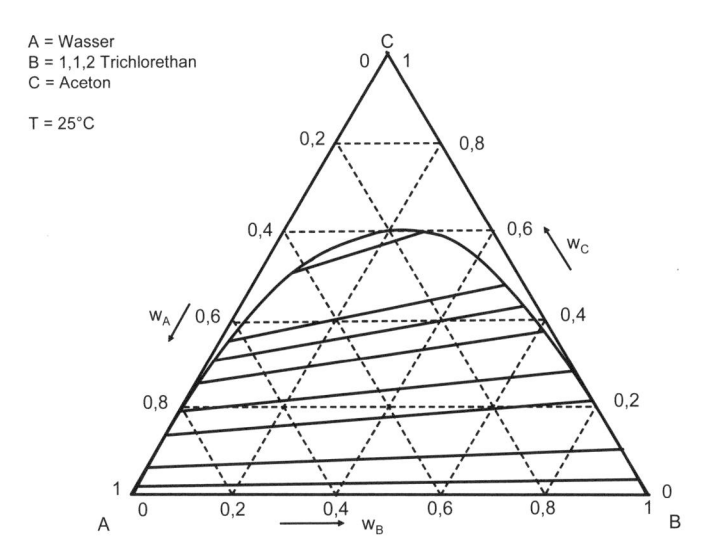

Abbildung 6.23: Dreiecksdiagramm Wasser/Trichlorethan/Aceton

Lösung: Da Feed ($w_A = 0{,}5$, $w_C = 0{,}5$, Zustandspunkt F) und reines Extraktionsmittel ($w_B = 1$, Zustandspunkt S) im Mixer/Settler vermischt werden, muss der Mischungspunkt auf der Mischungsgeraden $\overline{FS}$ liegen. Da die Mengenströme von Feed und Solvent identisch sind, liegt der Mischungspunkt M exakt in der Mitte zwischen F und S, siehe Abbildung 6.24. Da bei einem ideal arbeitenden Mixer/Settler die den Extraktor verlassenden Ströme im Gleichgewicht stehen, liegen die Zustandspunkte von Raffinat R und Extrakt E im Schnittpunkt der durch den Mischungspunkt gehenden Konode mit der Binodalkurve.

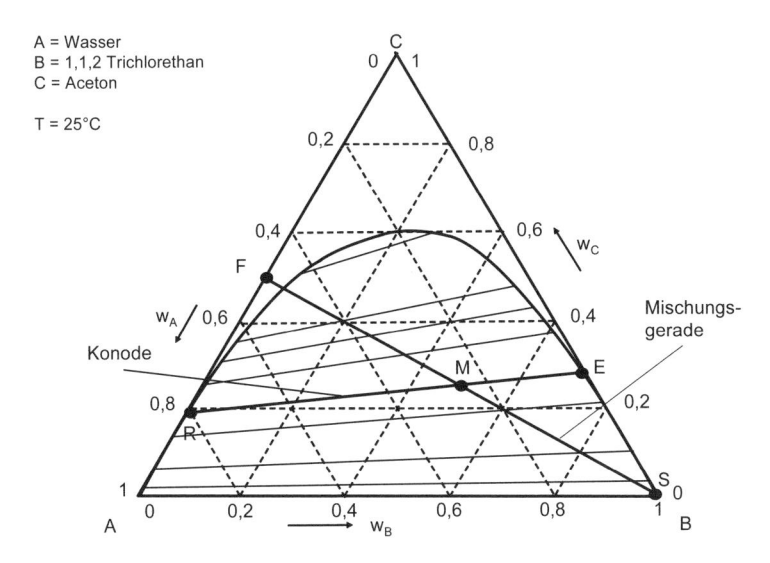

Abbildung 6.24: Einstufige Extraktion am Beispiel der Entfernung von Aceton aus Wasser mittels Trichlorethan

Das Ablesen der Konzentrationen aus dem Dreiecksdiagramm ergibt:

Raffinat: $w_{A,R} = 0{,}81$, $w_{B,R} \sim 0$, $w_{C,R} = 0{,}19$. Extrakt: $w_{A,E} = 0{,}01$, $w_{B,E} = 0{,}71$, $w_{C,E} = 0{,}28$.

Die Extraktionsausbeute berechnet sich zu

$$\eta = \frac{w_{C,F} - w_{C,R}}{w_{C,F}} = \frac{0{,}5 - 0{,}19}{0{,}5} = 0{,}62 = 62\,\% .$$

> **Zusammenfassung:** Bei der Extraktion in einem Mixer/Settler kann die Trenngüte bei gegebenem Druck und Temperatur nur über den Extraktionsmittelmassenstrom beeinflusst werden. Dieser legt den Mischungspunkt fest, der entlang der Konode in die Raffinat und Extraktphase zerfällt.

Mehrstufige Extraktion im Phasenkreuzstrom

Die mehrstufige Extraktion im Kreuzstrom von Abgeber- und Aufnehmerphase kann stetig oder absatzweise ausgeführt werden. Abbildung 6.25 zeigt eine **stetige Kreuzstromextraktion** aus n Stufen. Der zu zerlegende Feedstrom $\dot{m}_F$ fließt der ersten Stufe zu und wird hier mit dem Extraktionsmittel $\dot{m}_{S,1}$ vermischt. Die Extraktion in dieser Stufe führt zu einem Raffinatstrom $\dot{m}_{R,1}$ mit der Konzentration $w_{R,1}$ und einem Extraktstrom $\dot{m}_{E,1}$ mit der Konzentration $w_{E,1}$. Der Extraktstrom wird der Anlage nach jeder Trennstufe entnommen. Die Raffinatphase wird der nächsten Stufe zugeleitet und jeweils mit Extraktionsmittel der Konzentration w_S versetzt. Nach der n-ten Stufe verlässt das Raffinat $\dot{m}_{R,n}$ die Kreuzstromkaskade mit der geforderten Endkonzentration $w_{R,n}$.

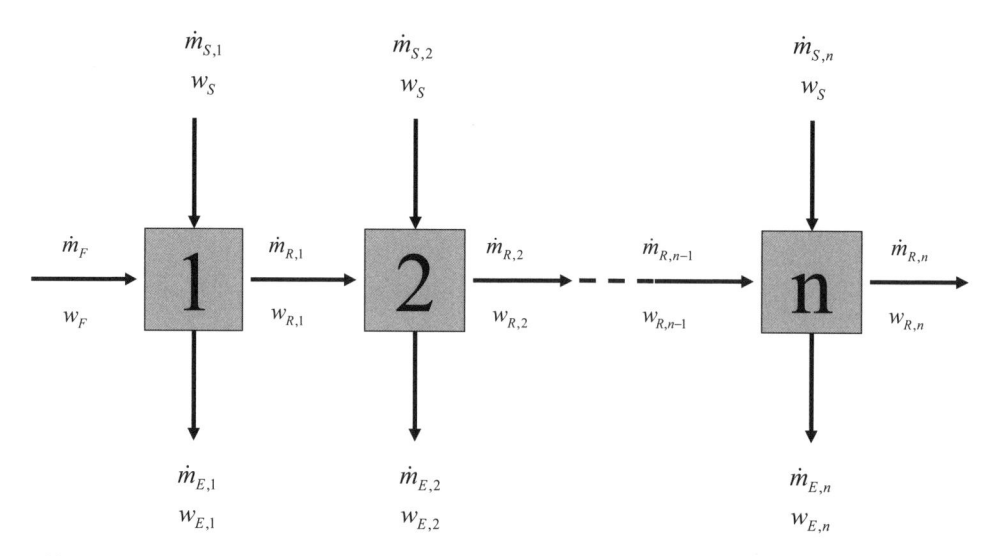

Abbildung 6.25: Extraktion in einer mehrstufigen Kreuzstromkaskade

6.6 Bilanzlinie für Extraktion

Das Extraktionsmittel strömt jeder Stufe mit derselben Konzentration w_S zu, der Massenstrom $\dot{m}_S$ kann allerdings von Stufe zu Stufe variieren. Konzentration w_E und Menge $\dot{m}_E$ des in jeder Stufe entstehenden Extraktstroms variieren daher von Stufe zu Stufe. Die Extrakte sämtlicher Stufen werden zusammengefasst und der Regeneration zugeführt. Dieses Extrakt hat die Zusammensetzung

$$w_E = \frac{1}{\dot{m}_E} \cdot \sum_{k=1}^{n} \dot{m}_{E,k} \cdot w_{E,k} \tag{6-54}$$

mit

$$\dot{m}_E = \sum_{k=1}^{n} \dot{m}_{E,k} \ . \tag{6-55}$$

Wird die Kreuzstromextraktion absatzweise durchgeführt, wird aus der beschriebenen örtlichen Folge von Extraktionsstufen eine zeitliche Abfolge einzelner Extraktionsvorgänge, indem in demselben Apparat die verbleibende Raffinatphase mit jeweils frischem Solvent vermischt wird.

Unter der Voraussetzung, dass bei den einzelnen Extraktionsschritten der Kreuzstromextraktion jeweils das Verteilungsgleichgewicht zwischen Extrakt- und Raffinatphase erreicht wird, lassen sich die Zusammensetzungen der Raffinatphasen R_1, R_2, ..., R_n und Extraktphasen E_1, E_2, ..., E_n durch mehrfaches Anwenden des in Abbildung 6.22 gezeigten Verfahrens für Gleichstrom ermitteln. Hieraus lässt sich die Anzahl der erforderlichen Stufen der Kreuzstromextraktion bestimmen, um die Übergangskomponente der Konzentration $w_{C,F}$ aus dem Feedstrom so weit herauszuextrahieren, dass die geforderte Raffinataustrittskonzentration $w_{C,R,A} = w_{C,R,n}$ erreicht wird.

Gesamtmengenbilanzen sowie Mengenbilanzen für die Übergangskomponente ergeben z. B. für die n-te Stufe (für die anderen Stufen können die Gleichungen entsprechend angewendet werden):

$$\dot{m}_{R,n-1} + \dot{m}_{S,n} = \dot{m}_{M,n} = \dot{m}_{E,n} + \dot{m}_{R,n} \ , \tag{6-56}$$

$$\dot{m}_{R,n-1} \cdot w_{C,R,n-1} + \dot{m}_{S,n} \cdot w_{C,S,n} = \dot{m}_{M,n} \cdot w_{C,M,n} = \dot{m}_{E,n} \cdot w_{C,E,n} + \dot{m}_{R,n} \cdot w_{C,R,n} \ . \tag{6-57}$$

Die Komponentenbilanz für das Extraktionsmittel B ergibt entsprechend

$$\dot{m}_{R,n-1} \cdot w_{B,R,n-1} + \dot{m}_{S,n} \cdot w_{B,S,n} = \dot{m}_{M,n} \cdot w_{B,M,n} = \dot{m}_{E,n} \cdot w_{B,E,n} + \dot{m}_{R,n} \cdot w_{B,R,n} \ . \tag{6-58}$$

Die Konzentration des Trägerstoffs A lässt sich mit Hilfe der stöchiometrischen Beziehung

$$\sum w_i = 1 \tag{6-59}$$

ermitteln. Die Koordinaten des Mischungspunkts können aus den Gleichungen (6-56) bis (6-59) bestimmt werden. Es folgt:

$$w_{C,M,n} = \frac{\dot{m}_{R,n-1} \cdot w_{C,R,n-1} + \dot{m}_{S,n} \cdot w_{C,S,n}}{\dot{m}_{R,n-1} + \dot{m}_{S,n}}, \tag{6-60}$$

sowie

$$w_{B,M,n} = \frac{\dot{m}_{R,n-1} \cdot w_{B,R,n-1} + \dot{m}_{S,n} \cdot w_{B,S,n}}{\dot{m}_{R,n-1} + \dot{m}_{S,n}}. \tag{6-61}$$

Die aus der Mischung entstehenden Raffinat- und Extraktströme werden ermittelt zu:

$$\dot{m}_{R,n} = \frac{\dot{m}_{E,n} \cdot (w_{C,M,n} - w_{C,E,n})}{w_{C,R,n} - w_{C,M,n}}, \tag{6-62}$$

$$\dot{m}_{E,n} = \frac{\dot{m}_{R,n} \cdot (w_{C,R,n} - w_{C,M,n})}{w_{C,M,n} - w_{C,E,n}}. \tag{6-63}$$

Mit diesen Gleichungen können für jede Stufe die Mischungspunkte sowie die Mengen der entsprechenden Raffinat- und Extraktströme bestimmt werden.

Beispiel grafische Ermittlung der Anzahl der Kreuzstromstufen: Grafisch wird die Vorgehensweise in Abbildung 6.26 an Hand einer dreistufigen Kreuzstromextraktion verdeutlicht. Der Feedstrom (Zustandspunkt F) wird mit dem Extraktionsmittelstrom (Zustandspunkt S) in der ersten Kreuzstromextraktionsstufe gemischt. Der Mischungspunkt M_1 liegt auf der Verbindungslinie $\overline{FS}$ und kann bei Kenntnis der Massenströme $\dot{m}_F$ und $\dot{m}_{S,1}$ mittels des Hebelgesetzes eingezeichnet werden. Der Mischungspunkt zerfällt in Raffinat- und Extraktphase. Da jede Stufe als im thermodynamischen Gleichgewicht befindliche Stufe betrachtet wird, liegen die Zustandspunkte R_1 und E_1 auf den Schnittpunkten der durch M_1 verlaufenden Konode mit der Binodalkurve.

Das Raffinat R_1 strömt der zweiten Stufe zu und wird hier wiederum mit Extraktionsmittel S der Konzentration w_S vermischt. Der Mischungspunkt M_2 liegt auf der Mischungsgeraden $\overline{R_1 S}$ und stellt sich je nach Massenstromverhältnis $\dot{m}_{R,1}$ zu $\dot{m}_{S,2}$ ein. Das Gemisch zerfällt entlang der Konode in R_2 und E_2. Dieses Verfahren auf die dritte Stufe angewendet führt als Endergebnis zu den Zustandspunkten R_3 und E_3. Überprüft werden muss, ob die Konzentration $w_{C,R,3}$ der geforderten Austrittskonzentration entspricht. Ist dies der Fall, reichen diese drei Stufen der Kreuzstromextraktion aus, um das Trennproblem zu lösen. Ansonsten müssen entsprechend mehr Stufen vorgesehen werden, bis die geforderte Austrittskonzentration $w_{C,R,3,gefordert}$ erreicht ist. Durch Änderung der Solventmassenströme $\dot{m}_{S,1}$ bis $\dot{m}_{S,3}$ können der Extraktionsvorgang und damit die Endkonzentration ebenfalls beeinflusst werden.

6.6 Bilanzlinie für Extraktion

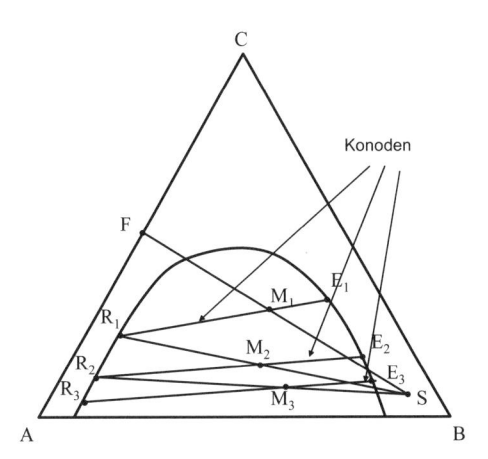

Abbildung 6.26: 3-stufige Kreuzstromextraktion im Dreiecksdiagramm

Beispielaufgabe Bilanzlinie für Kreuzstromoperationen im Dreiecksdiagramm: Unter den gleichen Randbedingungen wie in der Beispielaufgabe für Gleichstrom beschrieben (mit 50 Massenprozent Aceton verunreinigter Abwasserstrom von 200 kg/h, Extraktionsmittel reines Trichlorethan, Dreiecksdiagramm Abbildung 6.23), soll die Extraktion des Acetons aus dem Feedstrom in einer Batterie aus 4 idealen Mixer/Settlern durchgeführt werden. Der Extraktion wird auch hier insgesamt ein Extraktionsmittelmassenstrom von 200 kg/h zugeführt, der aber gleichmäßig auf die 4 Mixer/Settler aufgeteilt wird ($\dot{m}_S$ = 50 kg/h pro Mixer/Settler). Zu bestimmen sind

- die Extrakt- und Raffinatmassenströme nach jeder Stufe,
- die Konzentration an Aceton im Abwasser nach jeder Stufe.
- Die einstufige sowie die vierstufige Betriebsweise sind bezüglich der erreichbaren Endkonzentration bei gleichem Extraktionsmittelstrom zu vergleichen.

Lösung: Abbildung 6.27 zeigt das Ersatzschaltbild der aus vier idealen Mixer/Settlern bestehenden Extraktionskolonne mit den entsprechenden Bezeichnungen.

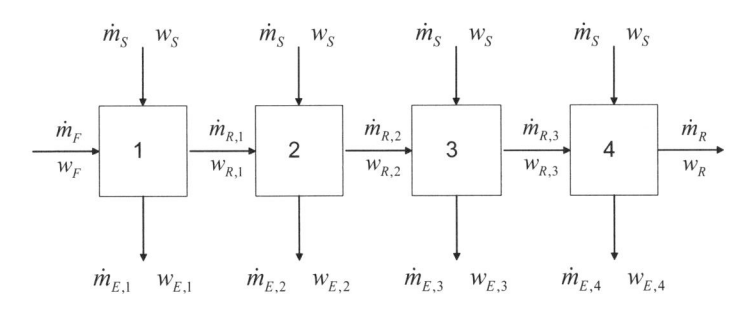

Abbildung 6.27: Ersatzschaltbild der vierstufigen Extraktionskolonne

A = Wasser
B = 1,1,2 Trichlorethan
C = Aceton

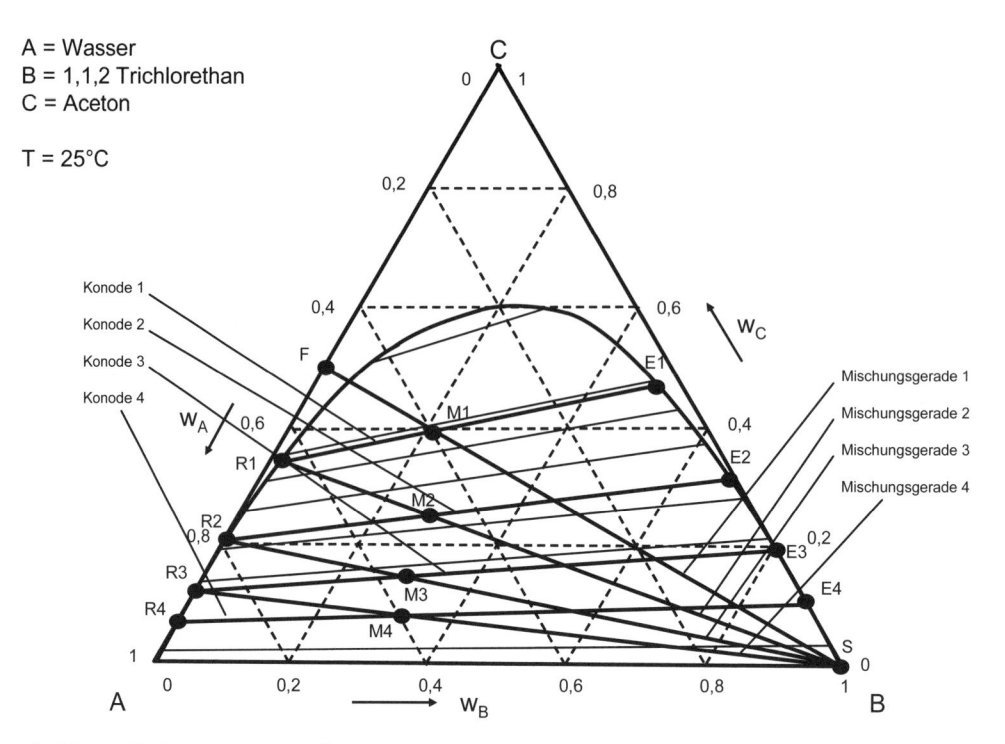

T = 25°C

Abbildung 6.28: Lösungsweg vierstufige Kreuzstromextraktion

Stufe 1: Dem ersten Mixer/Settler wird insgesamt ein Massenstrom von

$$\dot{m}_M = 250 \text{ kg/h } (\dot{m}_F = 200 \text{ kg/h}, \dot{m}_S = 50 \text{ kg/h})$$

zugeführt. Nach dem Hebelgesetz kann der Mischungspunkt M1 auf der Verbindungslinie $\overline{FS}$ eingetragen werden (Mischungsgerade 1), siehe Abbildung 6.28. Da es sich um einen idealen Mixer/Settler handelt, liegen Raffinat und Extrakt auf der durch den Mischungspunkt gehenden Konode 1. Der Massenstrom des Raffinats berechnet sich zu

$$\dot{m}_{R,1} = \dot{m}_{M,1} \cdot \frac{\overline{E1M1}}{\overline{R1E1}} = 147{,}9 \text{ kg/h},$$

der des Extrakts zu

$$\dot{m}_{E,1} = \dot{m}_{M,1} - \dot{m}_{R,1} = 102{,}1 \text{ kg/h}.$$

Aus dem Dreiecksdiagramm kann die Konzentration an Aceton nach der 1. Stufe abgelesen werden zu $w_{C,R1} = 0{,}33$.

Stufe 2: Für den 2. Mixer/Settler gilt:

$$\dot{m}_{M,2} = \dot{m}_{R,1} + \dot{m}_S = 147{,}9 \text{ kg/h} + 50 \text{ kg/h} = 197{,}9 \text{ kg/h}.$$

Da immer Extraktionsmittel der gleichen Konzentration w_S zugeführt wird, ändert der Zustandspunkt S seine Lage nicht. Die Konstruktion des Mischungspunkts erfolgt wiederum mit dem Hebelgesetz und ist in Abbildung 6.28 demonstriert. Wie bei Stufe 1 gezeigt, liefert die Konode durch den Mischungspunkt M2 die aus Stufe 2 austretenden Raffinat- (Zustandspunkt R2) und Extraktströme (Zustandspunkt E2). Das Hebelgesetz liefert entsprechend:

$$\dot{m}_{R,2} = 117{,}9 \text{ kg/h}, \quad \dot{m}_{E,2} = 80 \text{ kg/h}.$$

Ablesen der Acetonkonzentration ergibt $w_{C,R2} = 0{,}205$.

Stufe 3: Entsprechend ergibt sich für die 3. Stufe:

$$\dot{m}_{M,3} = \dot{m}_{R,2} + \dot{m}_S = 117{,}9 \text{ kg/h} + 50 \text{ kg/h} = 167{,}9 \text{ kg/h}.$$

Die sich ergebende Mischungsgerade 3 und die Konode 3 sind in Abbildung 6.28 eingezeichnet. Das Hebelgesetz liefert:

$$\dot{m}_{R,3} = 106{,}7 \text{ kg/h}, \quad \dot{m}_{E,3} = 61{,}2 \text{ kg/h}.$$

Ablesen der Acetonkonzentration ergibt $w_{C,R3} = 0{,}125$.

Stufe 4: $\dot{m}_{M,4} = \dot{m}_{R,3} + \dot{m}_S = 106{,}7 \text{ kg/h} + 50 \text{ kg/h} = 156{,}7 \text{ kg/h}.$

Mischungsgerade 4, Mischungspunkt M4 und Konode 4 zeigt Abbildung 6.28. Das Hebelgesetz liefert:

$$\dot{m}_{R,4} = 101{,}3 \text{ kg/h}, \quad \dot{m}_{E,3} = 55{,}4 \text{ kg/h}.$$

Die Acetonkonzentration im Raffinat am Austritt aus der 4. Stufe und damit die mit dieser Verfahrensweise erreichbare minimale Austrittskonzentration an Aceton im Wasser beträgt $w_{C,R4} = w_{C,R} = 0{,}064$. Mit einem Mixer/Settler und gleichem Extraktionsmittelstrom von 200 kg/h konnte lediglich eine Austrittskonzentration von $w_{C,R} = 0{,}19$ erreicht werden (siehe vorherigen Aufgabenteil). Wie bei der Absorption im Y,X-Beladungsdiagramm für Gleich-, Kreuz- und Gegenstrom verdeutlicht, zeigt sich auch bei der Extraktion, dass durch Hintereinanderschaltung mehrerer Stufen das Trennergebnis verbessert wird. Der apparative Aufwand und damit die Investitionskosten erhöhen sich allerdings bei der Installation von 4 Stufen.

> **Zusammenfassung:** Bei Kreuzstromoperationen können beliebig viele Gleichstromstufen hintereinander geschaltet werden, so dass die für Gleichstrom gültige Berechnung entsprechend der Anzahl der Kreuzstromstufen wiederholt werden muss.

Mehrstufige Extraktion im Phasengegenstrom

Abbildung 6.29 zeigt eine Gegenstromextraktionskolonne mit den zur Bilanzierung benötigten Bilanzräumen. Die Gesamtmassenbilanzen liefern für die drei Bilanzräume:

Bilanzraum 1:

$$\dot{m}_E - \dot{m}_F = \dot{m}_S - \dot{m}_R = \dot{m}_P ; \tag{6-64}$$

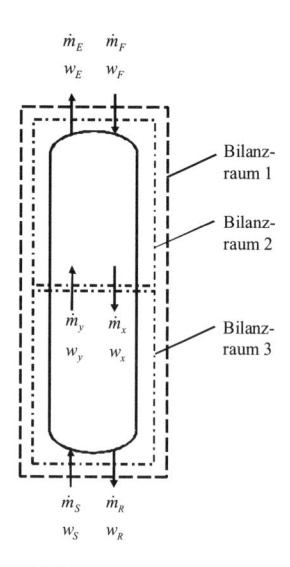

Abbildung 6.29: Gegenstromextraktionskolonne bilanziert mit Massenanteilen als Konzentrationsmaß

Bilanzraum 2:

$$\dot{m}_E - \dot{m}_F = \dot{m}_y - \dot{m}_x = \dot{m}_P \ ; \tag{6-65}$$

Bilanzraum 3:

$$\dot{m}_y - \dot{m}_x = \dot{m}_S - \dot{m}_R = \dot{m}_P \ . \tag{6-66}$$

Der aus den verschiedenen Bilanzen resultierende Strom $\dot{m}_P$ wird als **Polstrom** bezeichnet.

Beispiel Mischungsgeraden: Werden zwei Teilströme $\dot{m}_A$ und $\dot{m}_B$ gemischt, liegt der Mischungspunkt $\dot{m}_M$ auf der Verbindungsgeraden $\overline{AB}$ zwischen A und B. Wird dagegen aus einem Teilstrom $\dot{m}_A$ ein anderer Teilstrom $\dot{m}_B$ entnommen, liegt der resultierende Zustandspunkt (Mischungspunkt $\dot{m}_M$) des Restgemischs wieder auf der Verbindungslinie $\overline{AB}$, jetzt aber auf der Verlängerung außerhalb von A und B (siehe Abbildung 6.30, rechts).

Hieraus folgt für die Gleichungen (6-64) bis (6-66), dass der Zustandspunkt des Gemischs $\dot{m}_P$ jeweils auf der Verlängerung der Verbindungslinien zwischen $\dot{m}_R$ und $\dot{m}_S$, $\dot{m}_F$ und $\dot{m}_E$ sowie $\dot{m}_x$ und $\dot{m}_y$ liegt (siehe Abbildung 6.30, unten). Dieser gemeinsame Zustandspunkt $\dot{m}_P$ (Pol P) lässt sich aus dem Schnittpunkt der Geraden $\overline{RS}$ und $\overline{FE}$ bestimmen. Sind die Zustandspunkte des Zulaufstroms F, des Extraktionsmittels S, des Extrakts E sowie des Raffinats R bekannt, liegt der Pol P fest. **Der Pol P gibt die fiktive Zusammensetzung des Zweiphasengemischs bei den gegebenen Bedingungen an und ändert seine Lage während der Durchführung der Extraktion nicht.**

6.6 Bilanzlinie für Extraktion

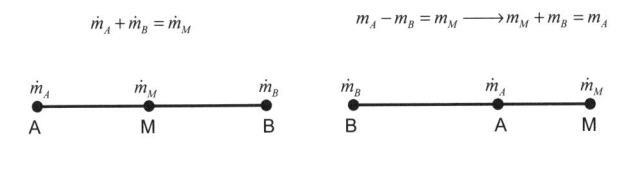

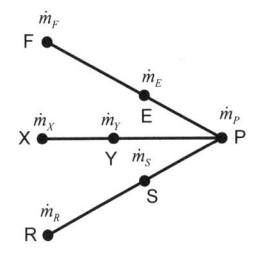

$$\dot{m}_A + \dot{m}_B = \dot{m}_M \qquad\qquad m_A - m_B = m_M \longrightarrow m_M + m_B = m_A$$

Abbildung 6.30: Mischungsgeraden

Beispiel anschauliche Darstellung des Pols P: Die Bedeutung des Pols P veranschaulicht Abbildung 6.31. Eingetragen sind die Massenströme, in Klammern steht der entsprechende Zustandspunkt. So bezeichnet z. B. $\dot{m}_F(F)$ den Massenstrom $\dot{m}_F$, die Konzentration und damit die Lage im Dreiecksdiagramm ist durch den Zustandspunkt F gekennzeichnet. Eine Bilanz um die Gegenstromkolonne ohne Polstrom P liefert die bekannten Gleichungen

$$\dot{m}_F + \dot{m}_S = \dot{m}_R + \dot{m}_E \text{ , bzw. } \dot{m}_F + \dot{m}_S = \dot{m}_M = \dot{m}_R + \dot{m}_E . \tag{6-67}$$

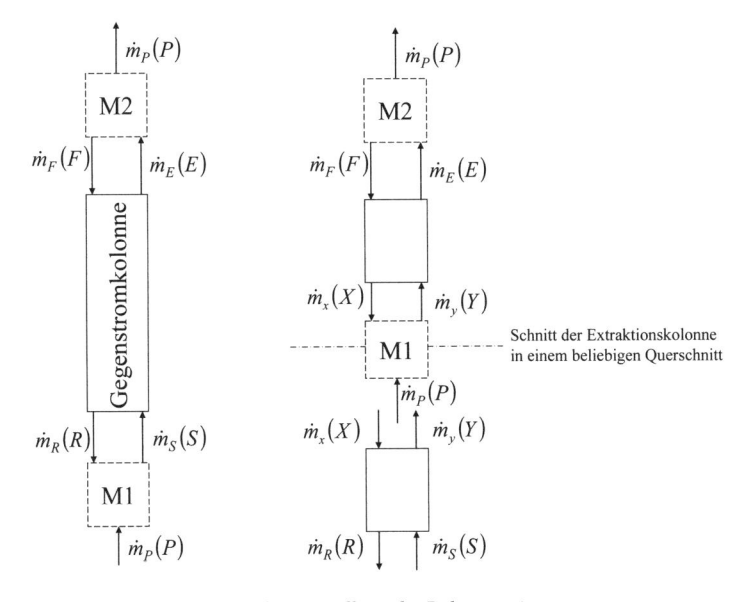

Abbildung 6.31: Anschauliche Darstellung des Polstroms $\dot{m}_P$

Gedanklich wird der Extraktionskolonne der imaginäre Polstrom $\dot{m}_P$ im Sumpf zugeführt. Eine Bilanz um den fiktiven Mischungspunkt M1 liefert

$$\dot{m}_P + \dot{m}_R = \dot{m}_S \,. \tag{6-68}$$

Dieser im Sumpf der Kolonne zugeführte Polstrom muss am Kopf der Kolonne wieder abgezogen werden. Die entsprechende Bilanz um den fiktiven Mischungspunkt M2 lautet:

$$\dot{m}_P + \dot{m}_F = \dot{m}_E \,. \tag{6-69}$$

Aus den Gleichungen (6-68) und (6-69) folgt für den Polstrom

$$\dot{m}_E - \dot{m}_F = \dot{m}_P = \dot{m}_S - \dot{m}_R \,. \tag{6-70}$$

Dies zeigt die Übereinstimmung mit den Gleichungen (6-64) bis (6-66). Der fiktive Mischungspunkt M1 wird nun beliebig durch die Extraktionskolonne bewegt (siehe Abbildung 6.31, rechte Seite). Die entsprechenden Bilanzgleichungen lauten jetzt für den Mischungspunkt M1 in der Extraktionskolonne

$$\dot{m}_P + \dot{m}_x = \dot{m}_y \tag{6-71}$$

und den oberen Teil der Extraktionskolonne

$$\dot{m}_F + \dot{m}_y = \dot{m}_E + \dot{m}_x \tag{6-72}$$

und somit wiederum

$$\dot{m}_E - \dot{m}_F = \dot{m}_P = \dot{m}_y - \dot{m}_x \,. \tag{6-73}$$

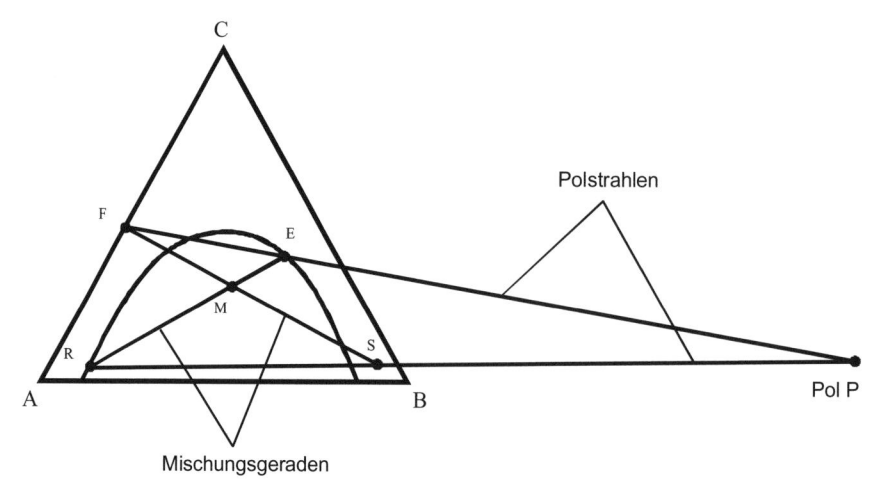

Abbildung 6.32: Konstruktion des Pols P im Dreiecksdiagramm

6.6 Bilanzlinie für Extraktion

Wird der Mischungspunkts M1 und damit der Polstrom durch die Extraktionskolonne von unten nach oben hindurchbewegt, ergibt sich für jeden beliebigen Querschnitt Gleichung (6-73). Dies bedeutet, dass **alle Bilanzgeraden durch den Pol P verlaufen müssen**, was die Wichtigkeit des Pols für die Darstellung der Extraktion im Dreiecksdiagramm verdeutlicht. Abbildung 6.32 zeigt, wie der Pol zu ermitteln ist.

Beispiel Konstruktion des Pols P: Gegeben ist der Zustandspunkt des Feeds F. Dieser besteht i. d. R. nur aus den Komponenten A und C und liegt als Zweistoffgemisch, je nach Konzentration an Übergangskomponente C, auf der Dreiecksseite AC. Ebenfalls bekannt ist die Zusammensetzung des der Extraktionskolonne zugeführten Extraktionsmittels S. Es besteht hauptsächlich aus dem Extraktionsmittel B, nach der Regeneration sind i. d. R. aber auch Anteile an Trägerstoff A und Reste der Übergangskomponente C enthalten, so dass der Zustandspunkt S unter diesen Voraussetzungen im Einphasengebiet liegt. Als bekannt bzw. aus Optimierungsrechnungen bestimmbar wird der Extraktionsmittelstrom $\dot{m}_S$ und damit das Extraktionsmittelverhältnis

$$\nu = \frac{\dot{m}_S}{\dot{m}_F} \tag{6-74}$$

vorausgesetzt. Der Mischungspunkt liegt zwischen den Zustandspunkten F und S und kann mit dem Hebelgesetz ermittelt werden, da sowohl $\dot{m}_S$ als auch $\dot{m}_F$ bekannt sind.

Die Raffinatzusammensetzung $w_{C,R}$ ist aus der Aufgabenstellung bekannt. Sie gibt die Konzentration der Übergangskomponente C und damit die geforderte Reinheit des Raffinatstroms beim Austritt aus dem Extraktor an. Da die Zusammensetzungen von Raffinat und Extrakt definitionsgemäß auf der Binodalkurve liegen müssen, reicht zur Bestimmung des Zustandspunkts R die eine bekannte Konzentration $w_{C,R}$ aus um den Zustandspunkt R einzuzeichnen.

Aus der Gesamtbilanz um die Extraktionskolonne (siehe Gleichung (6-67)) wird deutlich, dass die die Kolonne verlassenden Raffinat- und Extraktströme mit den Zustandspunkten R und E aus dem Zerfall der Mischung M entstehen. Die Zusammensetzung des Extrakts E lässt sich daher grafisch ermitteln, indem die Mischungsgerade $\overline{RM}$ bis zur Binodalkurve verlängert wird. Der Schnittpunkt mit der Binodalkurve legt den Zustandspunkt E des Extraktstroms fest. Die rechnerische Bestimmung erfolgt gemäß Gleichung (6-67). Die Massenströme $\dot{m}_R$ und $\dot{m}_E$ können mit dem Hebelgesetz ermittelt werden.

Entsprechend Abbildung 6.30 kann der Pol P nun konstruiert werden, da er auf der Verlängerung der Geraden durch F und E sowie der Geraden durch R und S liegt. Die Geraden $\overline{FEP}$ sowie $\overline{RSP}$ werden als **Polstrahlen** bezeichnet. **Der Pol P liegt im Schnittpunkt beider Polstrahlen**.

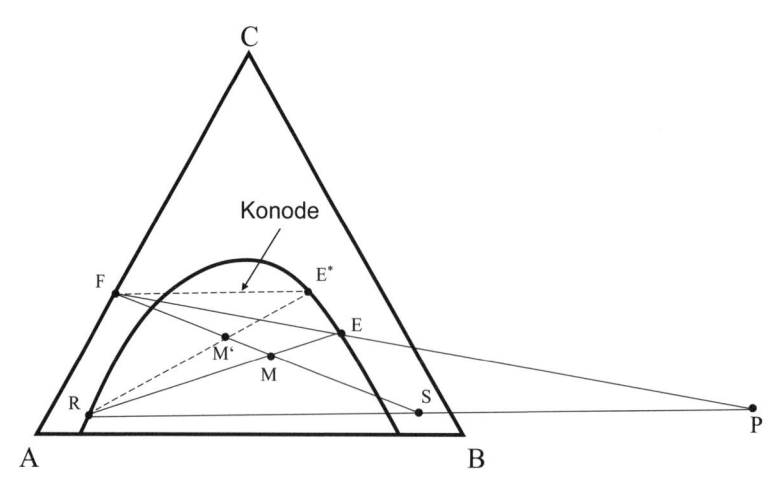

Abbildung 6.33: Minimales Extraktionsmittelverhältnis im Dreiecksdiagramm

Um den Pol P zu ermitteln, muss sichergestellt sein, dass das eingestellte Extraktionsmittelverhältnis immer größer als das **minimale Extraktionsmittelverhältnis v_{min}**

$$v_{min} = \frac{\dot{m}_{S,min}}{\dot{m}_F} \qquad (6\text{-}75)$$

ist. Abbildung 6.33 zeigt die Bestimmung des minimalen Extraktionsmittelverhältnisses. Steht der austretende Extraktstrom im Gleichgewicht (E → E*) mit dem eintretenden Feedstrom, ist kein weiterer Stoffaustausch möglich, die Konzentration der Übergangskomponente $w_{C,E}$ wird maximal, die Extraktionskolonne muss unendlich hoch werden. **Gleichgewicht bedeutet, dass der Zustandspunkt E* auf der durch den Zustandspunkt des Feeds F gehenden Konode liegen muss**.

Das minimale Extraktionsmittelverhältnis lässt sich bestimmen zu

$$v_{min} = \frac{\dot{m}_{S,min}}{\dot{m}_F} = \frac{\overline{FM'}}{\overline{M'S}}, \qquad (6\text{-}76)$$

wobei M' der Mischungspunkt zwischen F und S ist, mit dem bei gegebenem Zustandspunkt R der Punkt E* erreicht wird. Aus dem Hebelgesetz lässt sich der minimal mögliche Massenstrom $\dot{m}_{S,min}$ bestimmen.

Zusammenfassung: Jede Bilanzgerade verläuft im Dreiecksdiagramm durch den Pol P. Der Pol kann aus den gegebenen Größen (Zustandspunkt F, Zustandspunkt S, Massenströme $\dot{m}_F$ und $\dot{m}_S$ sowie der Konzentration $w_{C,R}$) ermittelt werden.

6.7 Bilanz für Destillation

6.7.1 Diskontinuierliche einfache Destillation

In Kapitel 2 (siehe Abbildung 2.50) wurde die diskontinuierliche einfache Destillation beschrieben, Abbildung 6.34 zeigt die für die Berechnung erforderlichen Mengenströme und Konzentrationen. Das zu trennende Flüssigkeitsgemisch L wird in der Destillierblase vorgelegt, mittels des Wärmestroms $\dot{Q}_H$ auf Siedetemperatur aufgeheizt und teilweise verdampft. Dadurch ändert sich die Menge des Destillationsrückstands von L_E zu Beginn der Destillation ($t = t_0$) auf L_A am Ende der Destillation ($t = t_{End}$), da gleichzeitig der Dampfstrom D aus der Destillierblase abgezogen, kondensiert (Wärmestrom $\dot{Q}_K$) und in der Destillatvorlage als Destillat mit der anfallenden Destillatmenge

$$D = L_E - L_A \tag{6-77}$$

gesammelt wird. **In der Dampfphase reichern sich die leichterflüchtigen Komponenten an, so dass sich mit der Destillationszeit sowohl die Konzentration des Destillationsrückstands als auch des Destillats ändert**.

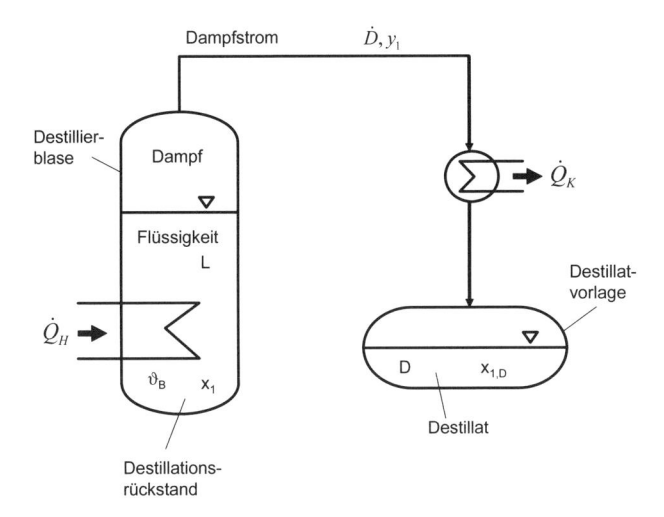

Abbildung 6.34: Diskontinuierliche einfache Destillation

Beispiel Destillation eines Zweistoffgemischs: Bei der Destillation eines Zweistoffgemischs (siehe Abbildung 6.35) nimmt die Konzentration der leichtersiedenden Komponente (Index 1) in der Blase von $x_{1,E}$ auf $x_{1,A}$ ab, während die Konzentration der schwerersiedenden Komponente (Index 2, in Abbildung 6.35 nicht dargestellt) ansteigt. Bei Zufuhr eines konstanten Wärmestroms $\dot{Q}_H$ bei gleichzeitig abnehmendem Flüssigkeitsinhalt (L_E auf L_A) erhöht sich die Blasentemperatur ϑ_B. Da mit zunehmender Temperatur in der Destillierblase auch immer mehr schwerersiedende Komponente ins Destillat gelangt, verringert

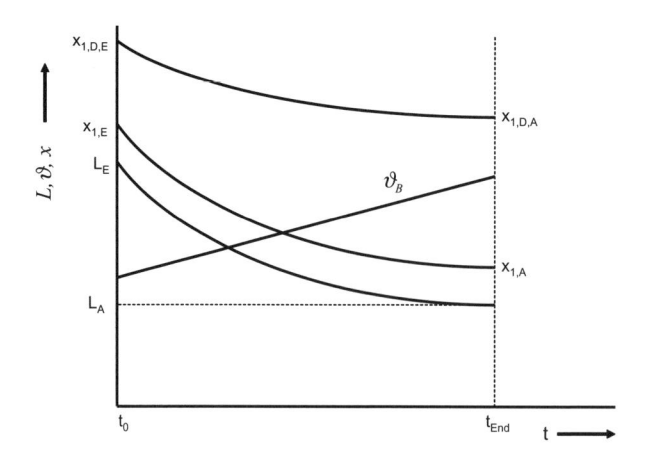

Abbildung 6.35: Konzentrationen und Temperaturen als Funktion der Destillationszeit t

sich die Destillatkonzentration der leichten Phase $x_{1,D}$ während des Destillationsvorgangs ($x_{1,D,E} \rightarrow x_{1,D,A}$). Die höchste Konzentration leichtersiedender Komponente im Destillat wird daher zu Beginn des Destillationsvorgangs erzielt.

Die mittlere Destillatkonzentration $x_{1,D,m}$ folgt aus einer Mengenbilanz um die Destillierblase zu

$$x_{1,D,m} = \frac{L_E \cdot x_{1,E} - L_A \cdot x_{1,A}}{D} = \frac{L_E \cdot x_{1,E} - L_A \cdot x_{1,A}}{L_A - L_E}. \tag{6-78}$$

In der Destillierblase ändert sich die Gesamtflüssigkeitsmenge im Zeitintervall dt zu

$$-dL = \dot{D} \cdot dt . \tag{6-79}$$

Die Teilmengen der einzelnen Komponenten bestimmen sich zu

$$-d(L \cdot x_i) = -dL \cdot x_i - L \cdot dx_i = \dot{D} \cdot y_i \cdot dt . \tag{6-80}$$

Unter Berücksichtigung von Gleichung (6-79) führt die Trennung der Variablen zu der Differentialgleichung

$$\frac{dL}{L} = \frac{dx_i}{y_i - x_i}, \tag{6-81}$$

die als **Rayleigh-Gleichung** bekannt ist. Die Integration in den Grenzen L_E bis L_A sowie $x_{i,E}$ bis $x_{i,A}$ liefert

$$\ln \frac{L_E}{L_A} = \int_{x_{i,A}}^{x_{i,E}} \frac{dx_i}{y_i - x_i}. \tag{6-82}$$

6.7 Bilanz für Destillation

Das Integral lässt sich unter der Voraussetzung lösen, dass $y_i(x_i)$ über die gesamte Destillationsperiode bekannt ist, was z. B. bei eingestelltem Gleichgewicht zwischen Destillationsrückstand und Dampf der Fall ist.

Zur Erwärmung des Blaseninhalts auf Siedetemperatur (Q_{BS}) sowie zur eigentlichen Destillation (Q_D) wird die Wärmemenge:

$$Q = Q_{BS} + Q_D = L_E \cdot (h_S - h_{L,E}) + D \cdot \Delta h_{LG} \tag{6-83}$$

benötigt ($h_{L,E}$: Enthalpie des Blaseninhalts nach dem Einfüllen, h_S: Enthalpie des Blaseninhalts im Siedezustand, $\Delta h_{L,G}$: Verdampfungsenthalpie des Destillats).

> **Zusammenfassung:** Das zu trennende Gemisch wird in der Destillierblase vorgelegt und verdampft, wodurch sich die leichterflüchtige Komponente im Dampfstrom anreichert. Die Konzentrationen im Destillat sowie im Destillationsrückstand ändern sich mit der Destillationszeit.

6.7.2 Kontinuierliche einfache Destillation

Bei der kontinuierlichen einfachen offenen Destillation wird das zu trennende flüssige Gemisch mit dem Mengenstrom $\dot{F}$ und der Konzentration x_F der Destilliereinrichtung stetig zugeführt und teilweise verdampft. Werden Zweistoffgemische betrachtet, dann werden die Konzentrationen zur Vereinfachung immer auf die leichtersiedende Komponente bezogen, so dass keine weitere Indizierung erforderlich ist ($x_{i,F} \equiv x_{LS,F} \equiv x_{1,F} \equiv x_F$, $y_i \equiv y_{LS} \equiv y_1 \equiv y$ usw.). Der dampfförmige Kopfstrom $\dot{D}$ (Destillat) verlässt den Apparat kontinuierlich mit der Konzentration y, der flüssige Sumpfstrom $\dot{B}$ mit der Konzentration x_B.

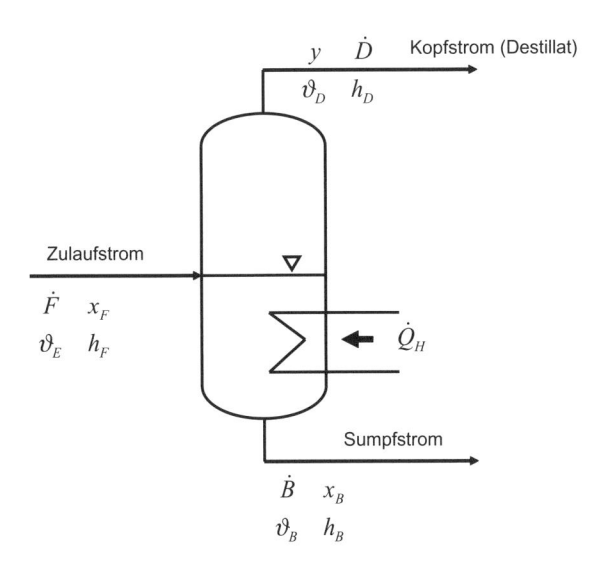

Abbildung 6.36: Kontinuierliche einfache Destillation

Zur Berechnung der Zusammensetzungen von Kopf- und Sumpfstrom werden die Mengenbilanzen

$$\dot{F} = \dot{D} + \dot{B},\tag{6-84}$$

$$\dot{F} \cdot x_F = \dot{D} \cdot y + \dot{B} \cdot x_B \tag{6-85}$$

verwendet. Das **Verhältnis von Kopf- zu Zulaufstrom**

$$v = \frac{\dot{D}}{\dot{F}} \tag{6-86}$$

wird als **Schnitt (Cut)** bezeichnet. Hieraus folgt:

$$x_F = (1-v) \cdot x_B + v \cdot y \tag{6-87}$$

bzw. bei bekannter Eintrittskonzentration x_F für die Konzentration im Kopfstrom

$$y = \frac{x_F}{v} - \frac{1-v}{v} \cdot x_B. \tag{6-88}$$

Der Zusammenhang zwischen den hier berechneten Zusammensetzungen und den Prozessparametern (Trennfaktor α_{12}, Schnitt v) lässt sich für ein **Zweistoffgemisch im Gleichgewichtsdiagramm** (siehe Abbildung 4.15) **verdeutlichen** (Abbildung 6.37). Die Mengenbilanz (Gleichung (6-88)) ist **eine Gerade mit der Steigung** α

$$\alpha = -\frac{1-v}{v}, \tag{6-89}$$

die Gleichgewichtslinie (α_{12} = const., siehe Kapitel 4.3.2) gehorcht der Beziehung:

$$y = \frac{\alpha_{12} \cdot x}{1 + (\alpha_{12} - 1) \cdot x}. \tag{6-90}$$

Unter der Voraussetzung, dass die Trennung in der Destillation ideal verläuft, so dass die die Destillation verlassenden Ströme (Destillat und Sumpfstrom) im Gleichgewicht stehen, lassen sich die Konzentrationen (Zustände) von Kopf- und Sumpfstrom als Schnittpunkt von Bilanzgerade und Gleichgewichtslinie ermitteln (siehe Abbildung 6.37). Alle Bilanzlinien wurden für die fiktive Konzentration $x_F = 0,4$ in das Diagramm eingezeichnet.

Eingetragen sind die Bilanzlinien für $v = 0$ (keine Abnahme von Destillat), $v = 0,5$ sowie $v = 1$ ($\dot{D} = \dot{F}$, keine Abnahme des Sumpfstroms, $\dot{B} = 0$). **Die Reinheit des Kopfprodukts (hohe Konzentration der leichtersiedenden Komponente y) wird bei gegebener Eintrittskonzentration x_F verbessert, wenn möglichst wenig Kopfprodukt entnommen wird ($\dot{D} \to 0$ und damit $v \to 0$). Die Trennung ist am schlechtesten bei $v \to 1$, wenn der am Kopf entnommene Destillatstrom gleich dem zugeführten Feedstrom ist ($\dot{F} = \dot{D}$).**

6.7 Bilanz für Destillation

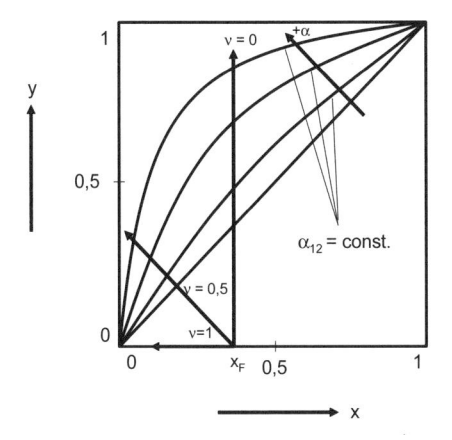

Abbildung 6.37: Zusammenhang zwischen Zusammensetzung und Prozessparametern im Zustandsdiagramm /nach 14/

Aus den Gleichungen (6-88) und (6-90) wird deutlich, dass mit der kontinuierlichen einfachen Destillation, die einer Trennstufe entspricht (siehe Absorption und Extraktion), eine vollständige Trennung des Ausgangsgemischs (Feed) in die reinen Komponenten ($y_1 = 1$ und $y_2 = 0$ im Kopfstrom bzw. $x_2 = 1$ und $x_1 = 0$ im Sumpfstrom) nur möglich ist, wenn der Trennfaktor unendlich groß ist ($\alpha_{12} \to \infty$). Reicht die in einer Trennstufe erzielte Trennung nicht aus, müssen mehrere Trennstufen hintereinander geschaltet werden. Wie in Kapitel 2 beschrieben, wird diese Anlagenschaltung als Rektifikation bezeichnet und im nächsten Abschnitt besprochen.

Die einfache kontinuierliche Destillation eignet sich daher nur zur Abtrennung geringer Mengen leichtsiedender Komponenten aus schwersiedenden Flüssigkeitsgemischen bzw. umgekehrt, da für diese Fälle der Trennfaktor sehr groß ist. Als Apparate werden Umlauf- und Durchlaufverdampfer eingesetzt.

Die Wärmebilanz zur Ermittlung des erforderlichen Wärmebedarfs für die kontinuierliche einfache Destillation ergibt sich gemäß Abbildung 6.36 zu

$$\dot{Q}_H = \dot{D} \cdot h_D + \dot{B} \cdot h_B - \dot{F} \cdot h_F = \dot{D} \cdot (h_D - h_B) + \dot{F} \cdot (h_B - h_F). \tag{6-91}$$

Der spezifische Wärmebedarf q berechnet sich entsprechend zu

$$q = \frac{\dot{Q}_H}{\dot{D}} = h_D - h_B + \frac{\dot{F}}{\dot{D}} \cdot (h_B - h_F) = h_D - h_B + \frac{1}{\nu}(h_B - h_F) \tag{6-92}$$

und gibt den pro kmol abgedampften Destillats einzutragenden Wärmestrom an.

> **Zusammenfassung:** Mit der kontinuierlichen einfachen Destillation lässt sich maximal eine theoretische Trennstufe realisieren. Um eine vollständige Trennung des Gemischs zu erreichen, muss daher der Trennfaktor (Gleichgewicht) unendlich groß sein.

6.7.3 Rektifikation

Die einfache kontinuierliche Destillation führt häufig nicht zu den gewünschten Produktreinheiten. Zur Problemlösung werden mehrere Destillationsstufen in Reihe hintereinander geschaltet (siehe Abbildung 2.60). **Diese Kaskadenschaltung wird Rektifikation genannt.**

Aufbau Rektifikationskolonne
Abbildung 6.38 zeigt den grundsätzlichen Aufbau einer Rektifikationskolonne mit den entsprechenden Bezeichnungen. Der **Zulaufstrom** (Feed $\dot{F}$) wird der Kolonne im **Zulaufquerschnitt** zugeführt. Als Produkte werden am Kopf **Destillat (Kopfprodukt, leichterflüchtige Fraktion)** und im Sumpf das **Sumpfprodukt (Rückstand, schwererflüchtige Fraktion)** entnommen. Durch den Zulauf wird die Rektifikationskolonne in die Verstärkungs- und Abtriebssäule unterteilt. In der **Verstärkungssäule** erfolgt eine Anreicherung der leichterflüchtigen Komponente, bis die gewünschte Destillatreinheit x_D erreicht ist. Entsprechend wird in der **Abtriebssäule** die schwererflüchtige Komponente angereichert, bis die leichterflüchtige Komponente auf die geforderte Austrittskonzentration x_B abgereichert ist (die Konzentrationsangaben sind jeweils auf die leichtersiedenden Komponente bezogen).

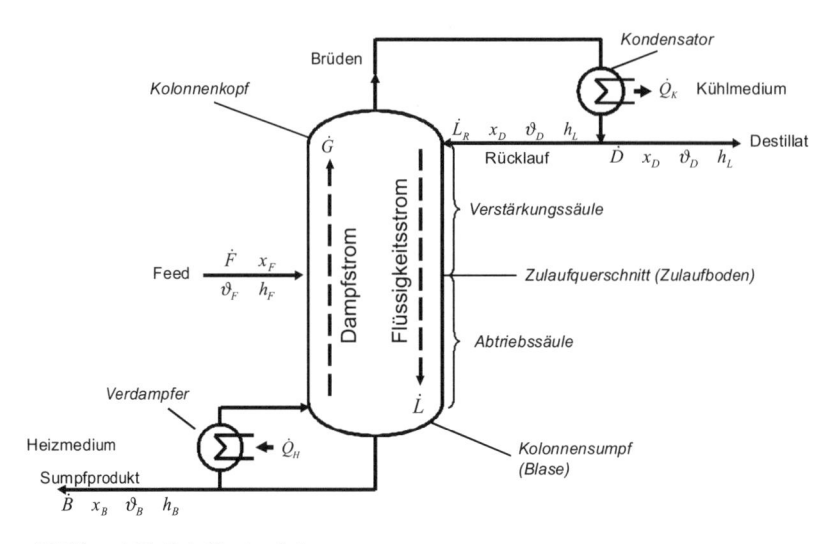

Abbildung 6.38: Rektifikationskolonne

Um in der Verstärkungssäule die leichtersiedende Komponente anzureichern, wird der Brüden kondensiert und ein Teil des Destillats mit der Konzentration x_D als **flüssiger Rücklauf** ($\dot{L}_R$) der Rektifikationskolonne am Kopf zugeführt. Hierdurch werden in der Verstärkungssäule Reste der schwersiedenden Komponente aus dem aufsteigenden Dampfstrom $\dot{G}$ ausgewaschen. Das gleiche Prinzip wird im Kolonnensumpf angewendet, indem **ein Teil des Sumpfprodukts im Verdampfer verdampft und der Kolonne gasförmig zugeleitet wird**. Dies führt im Abtriebsteil der Rektifikationskolonne zu einem Austreiben der leichtersieden-

6.7 Bilanz für Destillation

den Komponente aus dem in der Kolonne zum Sumpf strömenden Flüssigkeitsstrom $\dot{L}$. **Verdampfer (reboiler) und Kondensator bestimmen die Betriebskosten der Rektifikationskolonne.**

Mengenströme

Besonders anschaulich ist die Darstellung der Rektifikation im Gleichgewichtsdiagramm (**McCabe-Thiele-Diagramm**) gemäß Abbildung 4.15. **Für die Rektifikationskolonne müssen dann Bilanzlinien (Arbeitslinien) sowohl für den Verstärkungs- als auch den Abtriebsteil ermittelt werden.** Die Gesamtbilanz um die Rektifikationskolonne (Abbildung 6.39, linke Seite) liefert die Mengenströme von Destillat und Sumpfprodukt:

Gesamtmengenbilanz:

$$\dot{F} = \dot{D} + \dot{B}, \tag{6-93}$$

Stoffmengenbilanz für die leichterflüchtige Komponente des Zweistoffgemischs:

$$\dot{F} \cdot x_F = \dot{D} \cdot x_D + \dot{B} \cdot x_B. \tag{6-94}$$

Hieraus ergibt sich für den **Destillatmengenstrom**

$$\dot{D} = \frac{x_F - x_B}{x_D - x_B} \cdot \dot{F} \tag{6-95}$$

und den **Sumpfproduktstrom**

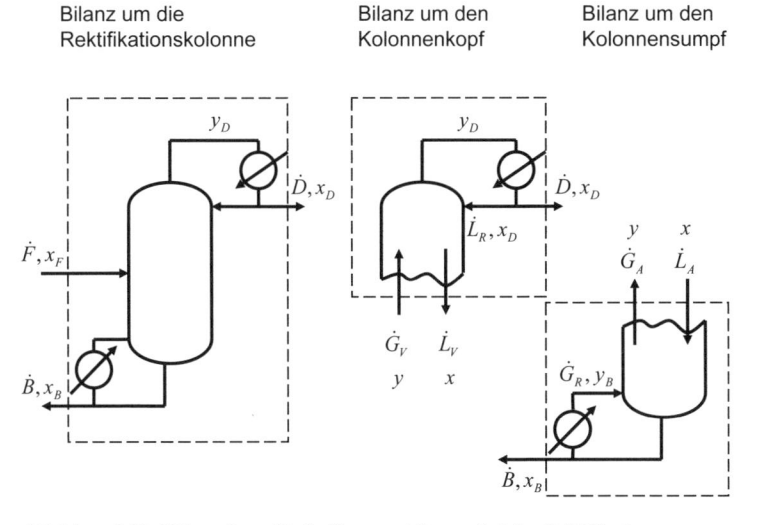

$$\dot{B} = \frac{x_D - x_F}{x_D - x_B} \cdot \dot{F}. \tag{6-96}$$

Abbildung 6.39: Bilanzräume für Stoffmengenbilanzen bei der Rektifikation

Verstärkungsgerade
Stoffmengenbilanzen um den Kolonnenkopf (Abbildung 6.39, Mitte) liefern die Gleichung für die **Verstärkungsgerade (Arbeitsgerade im Verstärkungsteil)**:

Gesamtmengenbilanz:

$$\dot{G}_V = \dot{L}_V + \dot{D}, \tag{6-97}$$

Stoffmengenbilanz für die leichterflüchtige Komponente:

$$\dot{G}_V \cdot y = \dot{L}_V \cdot x + \dot{D} \cdot x_D. \tag{6-98}$$

Hieraus folgt der Zusammenhang y = f(x) zu

$$y = \frac{\dot{L}_V}{\dot{L}_V + \dot{D}} \cdot x + \frac{\dot{D}}{\dot{L}_V + \dot{D}} \cdot x_D. \tag{6-99}$$

Das Rücklaufverhältnis r ist definiert zu

$$r = \frac{\dot{L}_R}{\dot{D}}. \tag{6-100}$$

Unter der Annahme, dass der Rücklaufstrom $\dot{L}_R$ der Kolonne im Siedezustand zugeführt wird, gilt

$$\dot{L}_R = \dot{L}_V \tag{6-101}$$

und somit

$$r = \frac{\dot{L}_R}{\dot{D}} = \frac{\dot{L}_V}{\dot{D}} = \text{const.}, \tag{6-102}$$

so dass sich für die **Gleichung der Verstärkungsgeraden**

$$y = \frac{r}{r+1} \cdot x + \frac{x_D}{r+1} \tag{6-103}$$

ergibt.

y und x sind die Stoffmengenanteile der leichter siedenden Komponente 1 für Dampf und flüssigen Rücklauf in einem beliebigen Querschnitt des Verstärkungsteils. Das **Rücklaufverhältnis r bleibt in der Verstärkungssäule konstant**, wenn

- die molaren Verdampfungsenthalpien für die einzelnen Komponenten gleich groß sind,
- die Mischungsenthalpien vernachlässigbar sind und
- die Kolonne adiabat arbeitet.

6.7 Bilanz für Destillation

Für diesen Fall ist Gleichung (6-103) eine Geradengleichung mit der Steigung

$$\tan \alpha = \frac{r}{r+1} \tag{6-104}$$

und dem Ordinatenabschnitt

$$y(x=0) = \frac{x_D}{r+1}. \tag{6-105}$$

Die Verstärkungsgerade kann nicht problemlos in das McCabe-Thiele-Diagramm (siehe Abbildung 6.40) eingezeichnet werden, da die Steigung eine Funktion des Rücklaufverhältnisses r ist. Das Rücklaufverhältnis stellt für die Rektifikation eine für die Trennwirkung entscheidende Größe dar und kann frei gewählt werden.

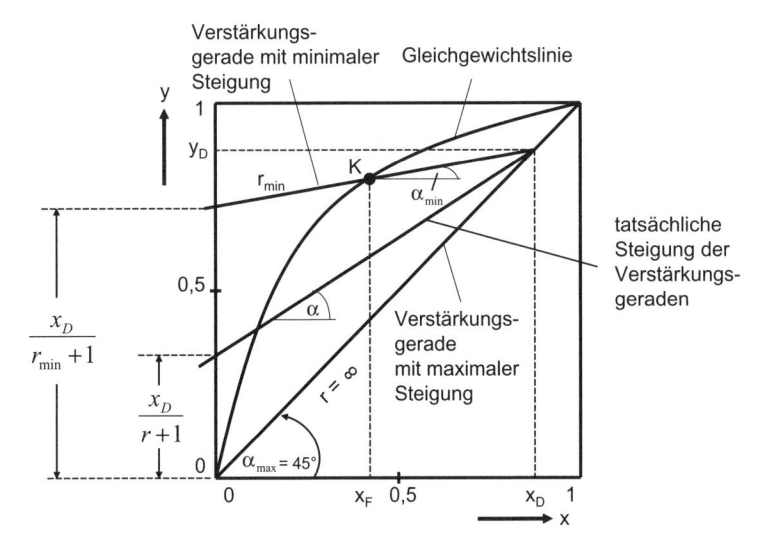

Abbildung 6.40: Verstärkungsgerade im McCabe-Thiele-Diagramm

Da der am Kopf der Rektifikationskolonne austretende Brüden mit der Konzentration y_D im Kondensator vollständig kondensiert wird, ändert sich der Aggregatzustand (Dampf → Flüssigkeit), nicht aber die Konzentration, so dass gilt: $y_D = x_D$. Damit liegt ein Punkt der Verstärkungsgerade fest: sie schneidet die Diagonale bei $y = x = x_D = y_D$ (siehe Abbildung 6.40).

Die **maximale Steigung der Verstärkungsgerade** wird bei vollständigem Rücklauf ($r = \infty$) erreicht, sie fällt mit der Diagonalen ($\alpha = 45°$, siehe Gleichung (6-104)) zusammen. Die Kolonne arbeitet jetzt diskontinuierlich, das gesamte Destillat wird als Rücklauf kondensiert. Die Energiekosten werden unendlich. Die **minimal mögliche Steigung** ergibt sich beim minimalen Rücklaufverhältnis ($r = r_{min}$). Dies wird erreicht, wenn der Verstärkungsteil so bemessen ist, dass die geforderte Konzentrationsdifferenz ($x_D - x_F$) mit einer unendlich hohen Kolonne realisiert werden kann, das treibende Konzentrationsgefälle bei x_F zu Null wird.

Für diesen Fall schneidet die Verstärkungsgerade die Gleichgewichtslinie bei der Konzentration x_F ($x = x_F = x_F^*$). Der Ordinatenabschnitt

$$y(x=0) = \frac{x_D}{r_{min}+1} \tag{6-106a}$$

wird zu

$$y(x=0) = \frac{x_D}{r_{min}+1}, \tag{6-106b}$$

wodurch das **minimale Rücklaufverhältnis** r_{min} ermittelt werden kann. Die tatsächliche Steigung der Verstärkungsgerade muss im Bereich

$$\frac{r_{min}}{r_{min}+1} = \frac{1}{1+1/r_{min}} \leq \tan \alpha \leq 1 \tag{6-107}$$

liegen (siehe Abbildung 6.40).

Zusammenfassung: Der Zulaufstrom teilt eine Rektifikationskolonne in Verstärkungs- und Abtriebsteil. Die Verstärkungsgerade ist die Bilanz- bzw. Arbeitslinie für den Verstärkungsteil. Die Steigung der Verstärkungsgerade ist abhängig vom gewählten Rücklaufverhältnis. Die minimale Steigung für das minimale Rücklaufverhältnis lässt sich eindeutig bestimmen, die tatsächlich zu wählende Steigung ergibt sich aus dem wirtschaftlich optimalen Rücklaufverhältnis.

Abtriebsgerade

Analog zur Verstärkungsgeraden kann die **Bilanzgerade für den Abtriebsteil (Abtriebsgerade)** ermittelt werden. Abbildung 6.39, rechte Seite, zeigt den Bilanzraum. Es folgt:

Gesamtmengenbilanz:

$$\dot{L}_A = \dot{G}_A + \dot{B}, \tag{6-108}$$

Stoffmengenbilanz für die leichterflüchtige Komponente:

$$\dot{L}_A \cdot x = \dot{G}_A \cdot y + \dot{B} \cdot x_B. \tag{6-109}$$

Einsetzen von Gleichung (6-108) in Gleichung (6-109) ergibt die **Gleichung für die Abtriebsgerade**:

$$y = \frac{\dot{L}_A}{\dot{L}_A - \dot{B}} \cdot x - \frac{\dot{B}}{\dot{L}_A - \dot{B}} \cdot x_B. \tag{6-110}$$

6.7 Bilanz für Destillation

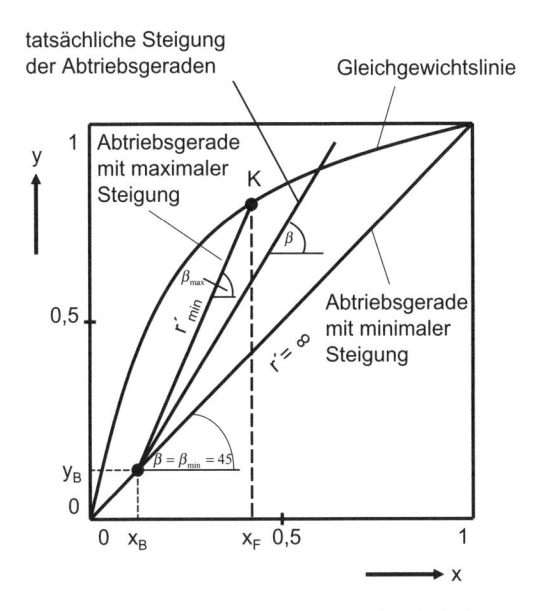

Abbildung 6.41: Abtriebsgerade im McCabe-Thiele-Diagramm

Wird das **Rücklaufverhältnis für den Abtriebsteil r′ (Abtriebsverhältnis)**

$$r' = \frac{\dot{L}_A}{\dot{B}} = \text{const.} \tag{6-111}$$

in Gleichung (6-110) eingesetzt, folgt als **Gleichung für die Abtriebsgerade**

$$y = \frac{r'}{r'-1} \cdot x - \frac{x_B}{r'-1}. \tag{6-112}$$

Mit r′ = const. handelt es sich um eine Geradengleichung mit der Steigung

$$\tan \beta = \frac{r'}{r'-1}, \tag{6-113}$$

die bei Entnahme von Sumpfprodukt $\dot{B}$ immer größer als 1 ist. Die Gerade muss die Diagonale im Punkt x_B schneiden, da das Sumpfprodukt im Kolonnensumpf ohne Konzentrationsänderung verdampft wird ($y = x = x_B = y_B$). In Abbildung 6.41 ist die Abtriebsgerade im McCabe-Thiele-Diagramm dargestellt.

Das Rücklaufverhältnis läuft zwischen den Grenzwerten $r'_{min} \leq r' \leq \infty$ und somit die Steigung der Geraden zwischen

$$1 \leq \tan \beta \leq \frac{r'_{min}}{r'_{min}-1} = \frac{1}{1-1/r'_{min}}. \tag{6-114}$$

Wird kein Sumpfprodukt abgeführt ($\dot{B} = 0$) **wird das Rücklaufverhältnis unendlich groß** ($r' = \infty$) und die Steigung zu 1 ($\beta = 45°$). Die Abtriebsgerade liegt hier auf der Diagonalen ($y = x$). Für r'_{min} ergibt sich die **Abtriebsgerade mit maximal möglicher Steigung**, die wie die Verstärkungsgerade durch den Punkt K geht, der den Schnittpunkt der Abtriebsgerade mit der Gleichgewichtslinie bei der Feedeintrittskonzentration x_F angibt. Hier ist das treibende Konzentrationsgefälle null, die im Abtriebsteil geforderte Konzentrationsdifferenz $x_F - x_B$ kann nur mit einer unendlich hohen Kolonne realisiert werden.

> **Zusammenfassung:** Die Abtriebsgerade wird aus einer Bilanz um den Abtriebsteil der Rektifikationskolonne ermittelt. Auch hier lässt sich ein minimales Rücklaufverhältnis für den Abtriebsteil bestimmen.

Schnittpunkt von Verstärkungs- und Abtriebsgerade

In Abbildung 6.42 sind sowohl die Verstärkungs- als auch die Abtriebsgerade ins McCabe-Thiele-Diagramm eingetragen. Die Punkte P1 (Schnittpunkt der Verstärkungsgerade mit der Diagonale bei x_D) und P2 (Schnittpunkt der Abtriebsgerade mit der Diagonale bei x_B) sind gegeben. Der Punkt P3 liegt ebenfalls fest, wenn das Rücklaufverhältnis r nach wirtschaftlichen Gesichtspunkten optimiert wurde ($r = r_{opt}$). **Die Abtriebsgerade kann nicht einfach konstruiert werden, da das Abtriebsverhältnis r' im Gegensatz zum Rücklaufverhältnis r nicht frei einstellbar ist,** wodurch die Steigung der Abtriebsgerade unbekannt bleibt. Erforderlich ist die Kenntnis des Schnittpunkts S mit der Verstärkungsgerade. Dieser beschreibt die **Verhältnisse im Zulaufquerschnitt** der Rektifikationskolonne und ist abhängig von den Zulaufbedingungen des Feeds (x_F sowie thermischer Zustand des Feeds) sowie dem gewählten Rücklaufverhältnis r. Der Zulaufquerschnitt muss daher näher betrachtet werden.

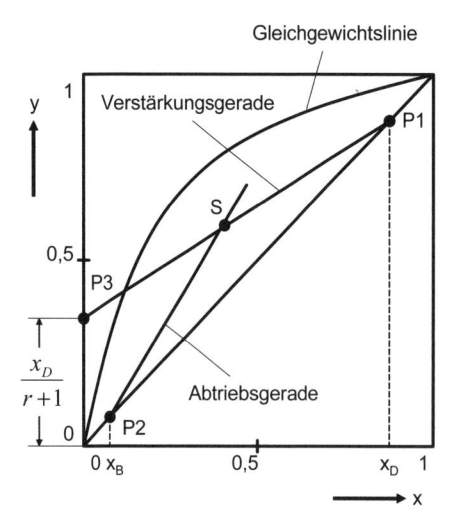

Abbildung 6.42: Verstärkungs- und Abtriebsgerade einer Zweistoffrektifikation im McCabe-Thiele-Diagramm

6.7 Bilanz für Destillation

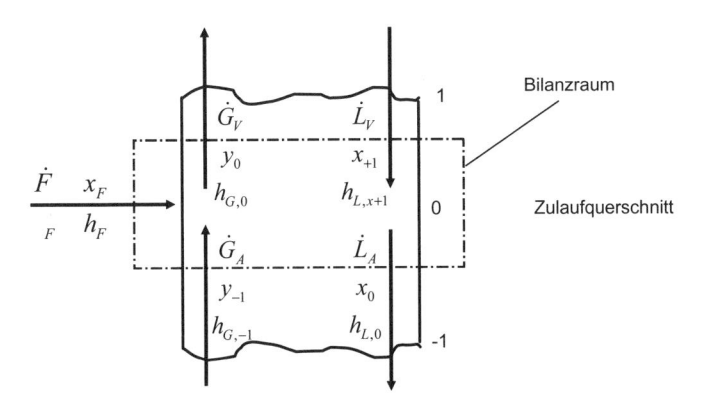

Abbildung 6.43: Bilanz um den Zulaufquerschnitt einer Rektifikationskolonne

Im **Zulaufquerschnitt** (Index 0) wird der Feedstrom $\dot{F}$ mit der Konzentration x_F der Rektifikationskolonne zugeführt (Abbildung 6.43). Hier vermischt er sich mit dem aus dem Abtriebsteil (Querschnitt −1) kommenden Gas-(Dampf-)strom $\dot{G}_A$ mit der Konzentration y_{-1} sowie dem aus dem Verstärkungsteil abfließenden Flüssigkeitsstrom $\dot{L}_V$ (Querschnitt 1) mit der Konzentration x_{+1}. Die Gesamtstoffmengenbilanz ergibt

$$\dot{F} + \dot{G}_A + \dot{L}_V = \dot{G}_V + \dot{L}_A . \tag{6-115}$$

Wie sich der Feedstrom auf Abtriebs- und Verstärkungsteil aufteilt, hängt vom thermischen Zustand des Feedstroms ab.

Flüssigkeit und Dampf sind im Zulaufquerschnitt durch den thermischen Zustand des Feedstroms miteinander gekoppelt. Der Feedstrom kann

- im Siedezustand (flüssig siedend),
- als unterkühlte Flüssigkeit,
- teilweise verdampft (Zweiphasenstrom Dampf/Flüssig),
- dampfförmig im Sättigungszustand oder
- als überhitzter Dampf

zugeführt werden.

Abbildung 6.44 zeigt die Unterschiede auf. Strömt der **Feedstrom unterkühlt als Flüssigkeit** zu, gelangt er auch als Flüssigkeit in den Abtriebsteil. Gleichzeitig muss ein Teil des aus der Abtriebskolonne austretenden Dampfes zur Vorwärmung des Feeds auf Siedetemperatur verwendet werden, wodurch der Dampf teilweise ($\dot{G}_{Kon}$) kondensiert. Der gesamte Flüssigkeitsstrom im Abtriebsteil der Rektifikationskolonne beträgt dann

$$\dot{L}_A = \dot{L}_V + \dot{F} + \dot{G}_{Kon} , \tag{6-116}$$

wodurch der in den Verstärkungsteil übergehende Dampfstrom zu

$$\dot{G}_V = \dot{G}_A - \dot{G}_{Kon} \tag{6-117}$$

reduziert wird.

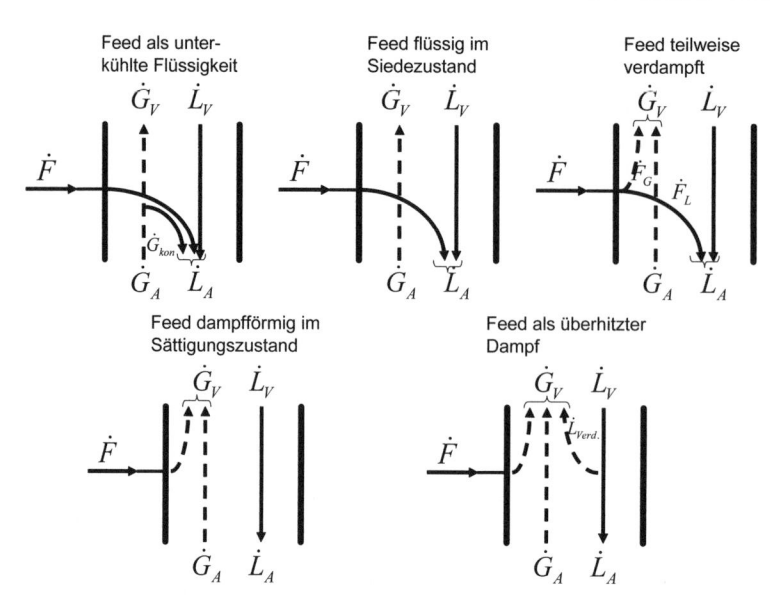

Abbildung 6.44: *Einfluss der Feedzulaufbedingungen auf Dampf- und Flüssigkeitsstrom im Zulaufquerschnitt einer Rektifikationskolonne /nach 28/*

Wird der **Feedstrom flüssig im Siedezustand** zugeführt, ändert sich der Dampfstrom nicht ($\dot{G}_V = \dot{G}_A$), der Feedstrom wird dem flüssigen siedenden Rückstrom aus dem Verstärkungsteil zugemischt

$$\dot{L}_A = \dot{L}_V + \dot{F}. \tag{6-118}$$

Ist der **Feedstrom teilweise verdampft** (Zweiphasengemisch $\dot{F} = \dot{F}_L + \dot{F}_G$), geht der flüssige Teil des Feedstroms direkt in den Abtriebsteil über, der dampfförmige Teil direkt als Dampf in den Verstärkungsteil:

$$\dot{L}_A = \dot{L}_V + \dot{F}_L \; ; \quad \dot{G}_V = \dot{G}_A + \dot{F}_G. \tag{6-119}$$

Wird der **Feedstrom dampfförmig im Sättigungszustand** zugeführt, geht der gesamte Feedstrom in die Dampfphase und somit direkt in den Verstärkungsteil über

$$\dot{G}_V = \dot{G}_A + \dot{F}, \tag{6-120}$$

der Flüssigkeitsstrom bleibt konstant ($\dot{L}_A = \dot{L}_V$).

Wird der **Feed dagegen als überhitzter Dampf** in die Kolonne eingeleitet, wird ein Teil des aus der Verstärkungskolonne ablaufenden Flüssigkeitsstroms ($\dot{L}_{Verd}$) verdampft

$$\dot{L}_A = \dot{L}_V - \dot{L}_{Verd}, \tag{6-121}$$

6.7 Bilanz für Destillation

wodurch der in die Verstärkungskolonne strömende Dampfstrom auf Taupunktstemperatur abgekühlt wird

$$\dot{G}_V = \dot{G}_A + \dot{F} + \dot{L}_{Verd} \,. \tag{6-122}$$

Die Feedzulaufbedingungen werden bei der Bilanzierung durch den **kalorischen Faktor k** berücksichtigt

$$k = \frac{\dot{L}_A - \dot{L}_V}{\dot{F}} \,. \tag{6-123}$$

Unter Berücksichtigung des kalorischen Faktors folgt für den abströmenden Flüssigkeitsstrom

$$\dot{L}_A = \dot{L}_V + k \cdot \dot{F} \tag{6-124}$$

und für den aufströmenden Gasstrom

$$\dot{G}_V = \dot{G}_A + (1-k) \cdot \dot{F} \,. \tag{6-125}$$

Der kalorische Faktor kann zur Verdeutlichung auch mit Enthalpien gebildet werden. Die Enthalpiebilanz für den Zulaufquerschnitt (siehe Abbildung 6.43) lautet:

$$\dot{F} \cdot h_F + \dot{G}_A \cdot h_{G,-1} + \dot{L}_V \cdot h_{L,+1} = \dot{G}_V \cdot h_{G,0} + \dot{L}_A \cdot h_{L,0} \,. \tag{6-126}$$

Unter der Voraussetzung, dass zur Vorwärmung des unterkühlt zulaufenden Feeds auf Siedezustand der Dampf $\Delta \dot{G}$ kondensieren muss, folgt:

$$\dot{F} \cdot (k-1) \cdot \Delta h_F^V = \dot{F} \cdot \left(h_F^S - h_F\right) \tag{6-127}$$

und somit

$$k = 1 + \frac{h_F^S - h_F}{\Delta h_F^V} \,, \tag{6-128}$$

mit der molaren Verdampfungsenthalpie Δh_F^V des Feeds, der molaren Enthalpie des flüssigsiedenden Feeds h_F^S sowie der tatsächlich vorliegenden molaren Enthalpie des Feedstroms h_F. Der kalorische Faktor k wird zu 1, wenn der Feedstrom siedend zugeführt wird. Gemäß Abbildung 6.44 ändert sich der Dampfstrom dann nicht ($\dot{G}_A = \dot{G}_V$), da der gesamte Feedstrom dem siedenden Flüssigkeitsstrom zugeschlagen wird. **Anschaulich kann der kalorische Faktor als der Anteil des Feeds angesehen werden, der im Zulaufquerschnitt als siedende Flüssigkeit abläuft.**

Um die Gleichung der Schnittpunktgeraden zu ermitteln, ist die Komponentenbilanz für den Zulaufquerschnitt erforderlich:

$$\dot{F} \cdot x_F + \dot{G}_A \cdot y_{-1} + \dot{L}_V \cdot x_{+1} = \dot{G}_V \cdot y_0 + \dot{L}_A \cdot x_0 \,. \tag{6-129}$$

Für den Schnittpunkt von Verstärkungs- und Abtriebsgerade muss gelten:

$$y_0 = y_{-1} = y \; ; \quad x_0 = x_{+1} = x, \tag{6-130}$$

und somit

$$y \cdot \left(\dot{G}_V - \dot{G}_A\right) = \dot{F} \cdot x_F + x \cdot \left(\dot{L}_V - \dot{L}_A\right),$$

$$y \cdot \frac{\left(\dot{G}_V - \dot{G}_A\right)}{\dot{F}} = x_F + x \cdot \frac{\left(\dot{L}_V - \dot{L}_A\right)}{\dot{F}}.$$

Mit den Gleichungen (6-124) und (6-125) folgt:

$$y = -\frac{k}{1-k} x + \frac{x_F}{1-k}. \tag{6-131}$$

Dies ist die Gleichung der Schnittpunktgerade, auf der der Schnittpunkt von Verstärkungs- und Abtriebsgerade liegt.

Für die Diagonale im McCabe-Thiele-Diagramm gilt y = x. Diese Bedingung ist für Gleichung (6-131) erfüllt für $y = x = x_F$. Der Schnittpunkt der Schnittpunktgeraden mit der Diagonalen liegt somit fest bei x_F (siehe Punkt S1 in Abbildung 6.45). Die **Steigung der Schnittpunktgerade** ist

$$\tan \gamma = -\frac{k}{1-k} \tag{6-132}$$

und hängt somit ausschließlich vom kalorischen Faktor k ab. **Der thermische Zustand des Feedstroms bestimmt somit direkt die Steigung der Schnittpunktgerade** (siehe Abbildung 6.45):

- Feed flüssig unterkühlt: $\vartheta_F < \vartheta_S \to h_F < h_F^S \to$ (siehe Gleichung 6-128)) k > 1 → 0° < γ < 90°, Gerade nach rechts geneigt;
- Feed flüssig im Siedezustand: $\vartheta_F = \vartheta_S \to h_F = h_F^S \to k = 1 \to \gamma = 90° \to$ parallele Gerade zur Ordinate;
- Feed teilweise verdampft (Nassdampf): $\vartheta_F = \vartheta_S \to h_F > h_F^S \to 0 < k < 1 \to$ 90° < γ < 180° → Gerade nach links geneigt;
- Feed dampfförmig im Sättigungszustand (trockengesättigter Dampf): $\vartheta_F = \vartheta_S \to h_F = h_F^S + \Delta h_F^V \to k = 0 \to \gamma = 180° \to$ parallele Gerade zur Abszisse;
- Feed als überhitzter Dampf: $\vartheta_F > \vartheta_S \to h_F > h_F^S + \Delta h_F^V \to k < 0 \to \gamma > 180° \to$ Gerade stark nach links geneigt.

Da der Punkt S1 sowie die Steigung bekannt sind, kann die Schnittpunktgerade eingezeichnet werden. Etwas einfacher gestaltet sich die Konstruktion der Schnittpunktgerade, wenn statt der Steigung neben dem Punkt S1 ein zweiter Punkt (S2) eingetragen wird. Wird in Gleichung (6-131) y zu null gesetzt, folgt für den Abszissenabschnitt (Punkt S2) $x = x_F/k$ (siehe Abbildung 6.46).

6.7 Bilanz für Destillation

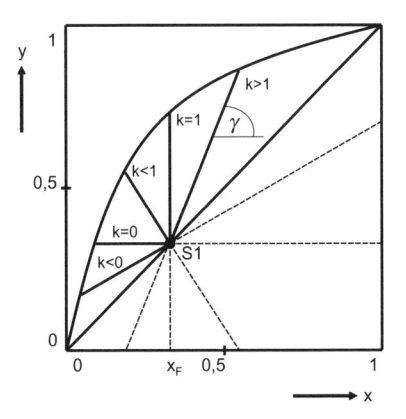

Abbildung 6.45: Einfluss des kalorischen Faktors auf die Schnittpunktgerade

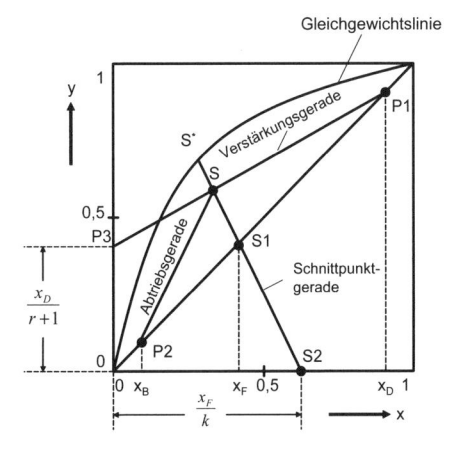

Abbildung 6.46: Bilanzlinien im McCabe-Thiele-Diagramm

Beispiel Konstruktion von Verstärkungs- und Abtriebsgerade im McCabe-Thiele-Diagramm: Abbildung 6.46 zeigt die Eintragung der Bilanzlinien im McCabe-Thiele-Diagramm. Wie bereits in Abbildung 6.40 gezeigt, ist die Reinheit des Kopfprodukts x_D gefordert, wodurch der Punkt P1 gegeben ist. Nach Festlegung des Rücklaufverhältnisses r kann der Punkt P3 als Ordinatenabschnitt und somit die Verstärkungsgerade eingezeichnet werden. Zur Konstruktion der Abtriebsgerade ist die Reinheit des Sumpfprodukts x_B und damit der Punkt P2 gegeben (siehe Abbildung 6.42). Um den Schnittpunkt S zwischen Abtriebs- und Verstärkungsgerade bestimmen zu können, muss zuerst die Schnittpunktgerade ermittelt werden. Wie in Abbildung 6.45 gezeigt, liegt der Punkt S1 (Schnittpunkt x_F mit der Diagonalen) fest. Ist der thermische Zustand des Feeds und damit der kalorische Faktor k bekannt, kann der Abszissenabschnitt ermittelt und der Punkt S2 eingetragen werden. Die Schnittpunktgerade wird konstruiert. Ihr Schnittpunkt S mit der Verstärkungsgerade ist gleichzeitig der Schnittpunkt von Verstärkungs- und Abtriebsgerade, so dass zwei Punkte zur Konstruktion der Abtriebsgerade zur Verfügung stehen.

> **Zusammenfassung:** Verstärkungs- und Abtriebsgerade sind über den Zulaufquerschnitt miteinander gekoppelt. Der Schnittpunkt von Verstärkungs- und Abriebsgerade hängt vom thermischen Zustand des Feeds ab und wird durch die Schnittpunktgerade festgelegt.

Minimales Rücklaufverhältnis

In Abbildung 6.40 und Abbildung 6.41 sind die minimal möglichen Steigungen von Verstärkungs- und Abtriebsgerade eingezeichnet worden. Dies galt jeweils für eine reine Verstärkungs- bzw. Abtriebssäule. Bei einer Kopplung gemäß Abbildung 6.46 muss die Lage der Schnittpunktgerade mitberücksichtigt werden. Sind x_F und der kalorische Faktor des Feedstroms gegeben (Punkt S2), liegen auch die Punkte S1 (Schnittpunkt mit der Diagonalen bei x_F) sowie der Schnittpunkt der Schnittpunktgerade mit der Gleichgewichtslinie (S*) fest. Für die Verstärkungsgerade ist der Punkt P1 gegeben. **Das minimale Rücklaufverhältnis r_{min} und damit die Verstärkungsgerade mit der minimal möglichen Steigung ergeben sich, wenn die Verstärkungsgerade durch den Schnittpunkt S* mit der Schnittpunktgerade läuft** (siehe Abbildung 6.47). Bilanz- und Gleichgewichtslinie schneiden sich, das treibende Konzentrationsgefälle wird zu null, die Rektifikationskolonne muss unendlich hoch werden, um das Trennproblem zu lösen. Das minimale Rücklaufverhältnis kann wiederum als Ordinatenabschnitt abgelesen werden. Die Steigung der Abtriebsgerade ist nicht unabhängig von der Verstärkungsgerade. Da der Punkt P2 gegeben ist, muss die Abtriebsgerade durch die Punkte P2 und S* verlaufen.

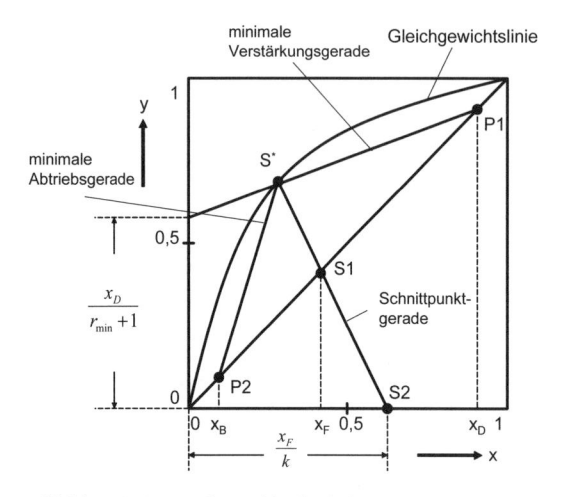

Abbildung 6.47: Mindestrücklaufverhältnis

Läuft der Feedstrom der Kolonne im Siedezustand zu (k = 1, siehe Abbildung 6.40), was für die Praxis häufig zutrifft, gilt für das minimale Rücklaufverhältnis (Gleichung (6-104) gekoppelt mit der Steigung der Geraden S^*P1)

$$\tan \alpha_{min} = \frac{r_{min}}{r_{min}+1} = \frac{y_D - y^*(x_F)}{x_D - x_F} = \frac{x_D - y^*(x_F)}{x_D - x_F}, \qquad (6\text{-}133)$$

6.7 Bilanz für Destillation

bzw. nach dem minimalen Rücklaufverhältnis aufgelöst

$$r_{min} = \frac{x_D - y^*(x_F)}{y^*(x_F) - x_F}. \tag{6-134}$$

Mit Hilfe der Gleichgewichtsbeziehung (Gleichung (4-37))

$$y^*(x_F) = \frac{\alpha_{12} \cdot x_F}{1 + (\alpha_{12} - 1) \cdot x_F} \tag{6-135}$$

folgt als Bestimmungsgleichung für das minimale Rücklaufverhältnis (**Underwood-Gleichung**)

$$r_{min} = \frac{1}{\alpha_{12} - 1} \cdot \left(\frac{x_D}{x_F} - \alpha_{12} \cdot \frac{1 - x_D}{1 - x_F} \right). \tag{6-136}$$

Das optimale Rücklaufverhältnis (eingezeichnet in Abbildung 6.46) **wird nach wirtschaftlichen Gesichtspunkten festgelegt, da das Ziel die Minimierung der Gesamtkosten ist:**

$$r_{opt} > r_{min}. \tag{6-137}$$

Die Gesamtkosten setzen sich aus den **Investitionskosten** (Höhe und Durchmesser der Rektifikation) sowie den **Betriebskosten** zusammen. Für die Betriebskosten sind (siehe Abbildung 6.38) maßgeblich die Heizleistung des Verdampfers $\dot{Q}_H$ sowie die Kühlleistung des Kondensators $\dot{Q}_K$ verantwortlich.

> **Zusammenfassung:** Bei Kopplung von Verstärkungs- und Abtriebsteil wird das minimale Rücklaufverhältnis durch den Schnittpunkt der Schnittpunktgerade mit der Gleichgewichtslinie festgelegt. Läuft der Feedstrom der Kolonne im Siedezustand zu, kann das minimale Rücklaufverhältnis mit der Underwood-Gleichung bestimmt werden.

Zu- und abzuführender Wärmestrom

Im Kondensator muss der Wärmestrom $\dot{Q}_K$ (siehe Abbildung 6.38) über das Kühlmedium abgeführt werden, um den Dampfstrom $\dot{G}_V$ zu kondensieren. Die Enthalpiebilanz um den Rücklaufkondensator (Abbildung 6.48) führt zu

$$\dot{Q}_K + \dot{D} \cdot h_L + \dot{L}_R \cdot h_L = \dot{G}_V \cdot h_G. \tag{6-138}$$

Ersetzen von $\dot{G}_V$ gemäß Gleichung (6-97) ergibt

$$\dot{Q}_K = (\dot{L}_R + \dot{D}) \cdot h_G - (\dot{L}_R + \dot{D}) \cdot h_L. \tag{6-139}$$

Mit der Verdampfungsenthalpie

$$\Delta h_V = h_G - h_L \tag{6-140}$$

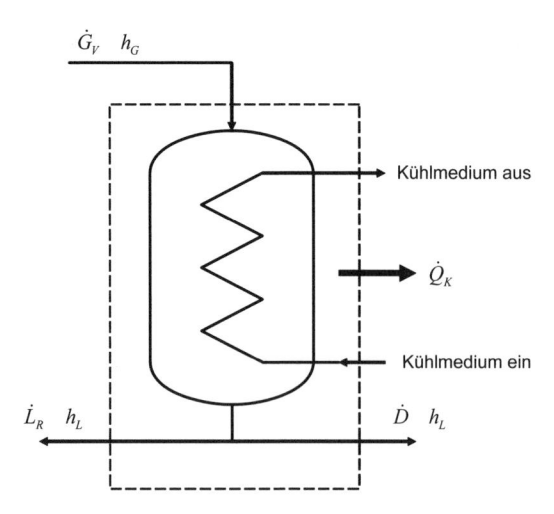

Abbildung 6.48: Enthalpiebilanz um den Rücklaufkondensator

als Differenz der Enthalpie des Dampfs h_G und der kondensierten Flüssigkeit h_L sowie unter Berücksichtigung des Rücklaufverhältnisses (Gleichung (6-102)) folgt für den **im Kondensator abzuführenden Wärmestrom**

$$\dot{Q}_K = (\dot{L}_R + \dot{D}) \cdot \Delta h_V = \dot{D} \cdot (r+1) \cdot \Delta h_V. \qquad (6\text{-}141)$$

Um den Wärmestrom $\dot{Q}_K$ abzuführen, ist der **Kühlmittelmassenstrom**

$$\dot{m}_{KM} = \frac{\dot{Q}_K}{c_{P,KM} \cdot \Delta T} \qquad (6\text{-}142)$$

erforderlich.

Der im Verdampfer zuzuführende Wärmestrom $\dot{Q}_H$ berechnet sich aus einer Energiebilanz um die gesamte Kolonne (siehe Abbildung 6.38) zu

$$\dot{Q}_H = \dot{Q}_K + \dot{D} \cdot h_L + \dot{B} \cdot h_B - \dot{F} \cdot h_F + \dot{Q}_V. \qquad (6\text{-}143)$$

Mit

$$\dot{F} = \dot{D} + \dot{B} \qquad (6\text{-}144)$$

und $\dot{Q}_K$ gemäß Gleichung (6-141) ergibt sich

$$\dot{Q}_H = \left[(r+1) \cdot \Delta h_V + h_L - h_B\right] \cdot \dot{D} - (h_F - h_B) \cdot \dot{F} + \dot{Q}_V. \qquad (6\text{-}145)$$

6.7 Bilanz für Destillation

Der **erforderliche Heizdampfstrom** bestimmt sich zu

$$\dot{m}_{HD} = \frac{\dot{Q}_H}{\Delta h_{Kon.}}, \qquad (6\text{-}146)$$

mit der spezifischen Kondensationsenthalpie des Heizdampfes $\Delta h_{Kon.}$. Bei technischen, gut wärmegedämmten Kolonnen kann mit guter Näherung

$$\dot{Q}_V \cong 0 \qquad (6\text{-}147)$$

gesetzt werden. **Aus den Gleichungen ist ersichtlich, dass der Wärmebedarf einer Rektifikationskolonne und damit auch die Betriebskosten mit steigendem Rücklaufverhältnis zunehmen.**

> **Zusammenfassung:** Die Betriebskosten der Rektifikation werden durch die in Kondensator und Verdampfer benötigte Kühl- bzw. Heizenergie bestimmt. Die Betriebskosten nehmen mit steigendem Rücklaufverhältnis zu.

Seitenströme

Neben Destillat und Sumpfprodukt können einer Rektifikationskolonne Seitenströme $\dot{S}$ entnommen werden (Abbildung 6.49). Dies führt zu einer Änderung des Flüssigkeits/Dampf-Verhältnisses und muss daher bei der Bilanzierung und der Darstellung im McCabe-Thiele-Diagramm (Abbildung 6.49, rechts) berücksichtigt werden. In der Verstärkungssäule I ändern sich die Volumenstromverhältnisse durch die Entnahme des Seitenstroms nicht. Die Steigung α der Verstärkungsgerade I lässt sich gemäß Gleichung (6-104) berechnen und ist iden-

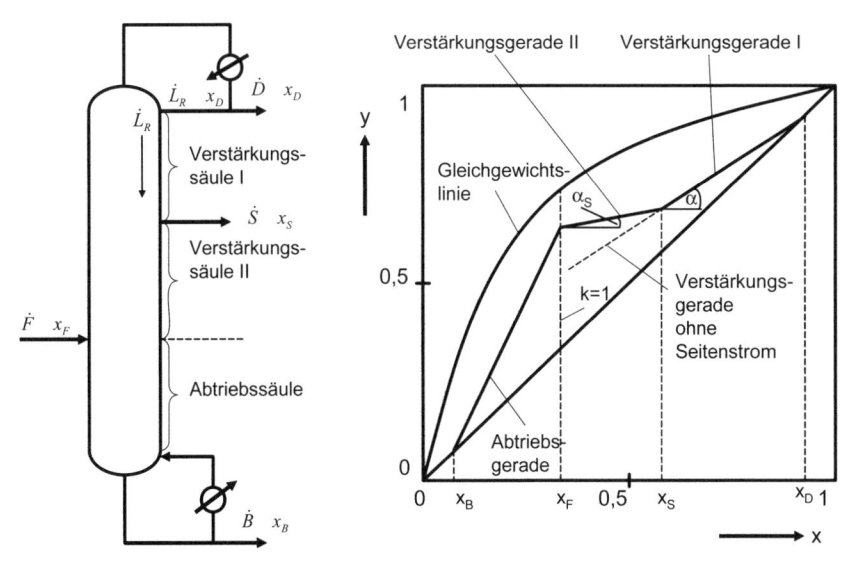

Abbildung 6.49: Rektifikationskolonne mit Seitenstrom im Verstärkungsteil

tisch mit der Verstärkungsgerade ohne Seitenstrom. Durch die Entnahme des Seitenstroms ändert sich das Rücklaufverhältnis unterhalb der Entnahmestelle des Seitenstroms zu

$$r_S = \frac{\dot{L}_R - \dot{S}}{\dot{D}} \qquad (6\text{-}148)$$

und damit die Steigung der Verstärkungsgeraden II zu

$$\tan \alpha_S = \frac{r_S}{r_S + 1}. \qquad (6\text{-}149)$$

Durch die Entnahme des Seitenstroms verläuft Verstärkungsgerade II flacher als die Verstärkungsgerade ohne Seitenstrom. Die Gerade nähert sich der Gleichgewichtslinie, das treibende Konzentrationsgefälle wird geringer, es werden mehr Trennstufen benötigt (siehe Kapitel 7), die Kolonne wird höher.

> **Zusammenfassung:** Die bei der Rektifikation häufig anzutreffende Entnahme von Seitenströmen führt zu einer Änderung des Flüssigkeits/Dampf-Verhältnisses. Hierdurch ändert sich die Steigung der jeweiligen Arbeitsgerade.

6.8 Bilanz für Kristallisation

Abbildung 6.50 zeigt schematisch einen Kristallisationsprozess. **Die Dünnlösung wird durch mehrstufige Verdampfung des Lösungsmittels konzentriert. Im Kristallisator erfolgt die Übersättigung der Lösung mit anschließender Kristallisation.** Der Kristallbrei sowie die Mutterlauge werden aus dem Kristallisator abgezogen. Der zur Durchmischung und Suspendierung erforderliche Leistungseintrag (hier dargestellt als Rührer) bestimmt direkt die Korngröße und Kornform der Kristalle. In der abschließenden Aufbereitung wird der Kristallbrei von Resten der Mutterlauge befreit und als Kristallisat aus dem Prozess abgezogen.

6.8.1 Lösungseindampfung

Abbildung 6.51 zeigt das **Bilanzierungsschema einer einstufigen Lösungseindampfung**. Die Dünnlösung $\dot{m}_{L,E}$ wird mit der Massenkonzentration w_E und der spezifischen Enthalpie $h_{L,E}$ zugeführt. Mittels Heizdampf $\dot{m}_D$ wird die zur Aufkonzentrierung erforderliche Wärmemenge eingetragen. Das Lösungsmittel wird abgedampft, der Brüden $\dot{m}_{G,A}$ verlässt den Apparat ebenso wie die an Feststoff aufkonzentrierte Lösung $\dot{m}_{L,A}$ mit der Konzentration w_A.

Die Komponentenbilanz für den gelösten Stoff liefert:

$$\dot{m}_{L,E} \cdot w_E = \dot{m}_{L,A} \cdot w_A + \dot{m}_{G,A} \cdot w_G. \qquad (6\text{-}150)$$

6.8 Bilanz für Kristallisation

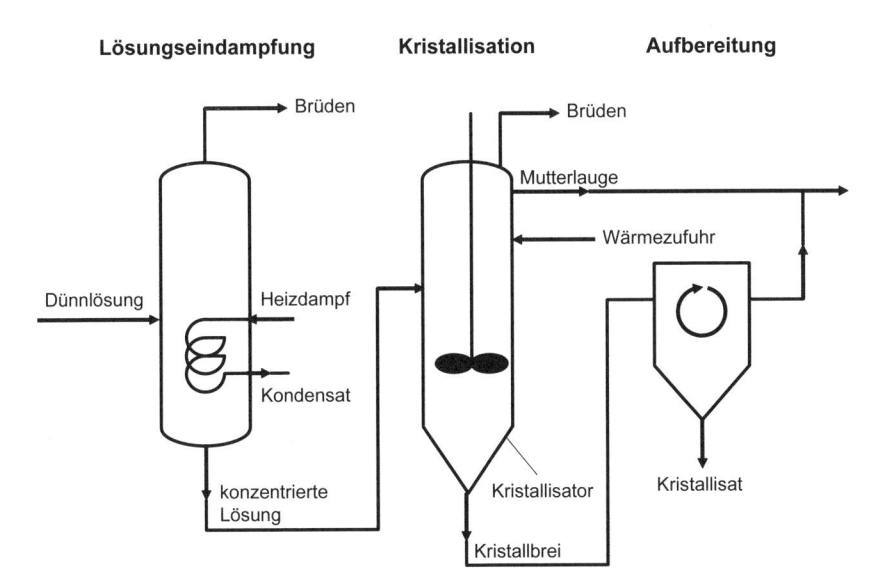

Abbildung 6.50: Schematische Darstellung der Kristallisation aus Lösungen

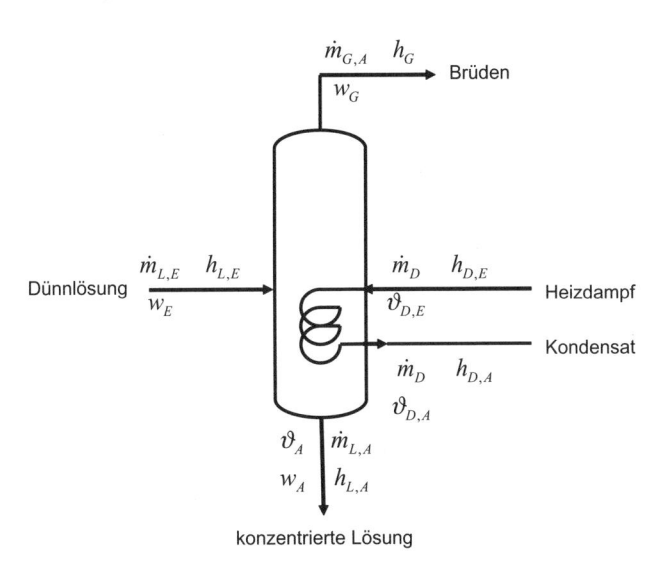

Abbildung 6.51: Einstufige Lösungseindampfung

Der Brüden besteht ausschließlich aus Lösungsmittel, da der gelöste Feststoff einen vernachlässigbaren Dampfdruck aufweist, so dass

$$w_D = 0 \tag{6-151}$$

gilt. Mit der Gesamtmassenbilanz

$$\dot{m}_{L,E} = \dot{m}_{L,A} + \dot{m}_{G,A} \tag{6-152}$$

kann der **abzudampfende Lösungsmittelmassenstrom** aus der Komponentenbilanz ermittelt werden

$$\dot{m}_{G,A} = \dot{m}_{L,E} \cdot \left(1 - \frac{w_E}{w_A}\right). \tag{6-153}$$

Der **zur Abdampfung erforderliche Heizdampfstrom** ergibt sich für adiabaten Betrieb aus der Wärmebilanz zu

$$\dot{m}_D = \frac{\dot{m}_{G,A} \cdot (h_G - h_{L,A}) + \dot{m}_{L,E} \cdot (h_{L,A} - h_{L,E})}{h_{D,E} - h_{D,A}}. \tag{6-154}$$

Um die spezifischen Heizkosten für die Abdampfung des Lösungsmittels zu senken, findet die Verdampfung i. d. R. in mehreren Verdampfern statt (siehe Abbildung 6.52). Die Kosteneinsparung rührt daher, dass der Brüden der vorhergehenden Stufe zur Beheizung der nachfolgenden Stufe verwendet wird. Hierdurch sinkt der spezifische Heizdampfbedarf

$$m_D = \frac{\dot{m}_D}{\dot{m}_{G,A}}. \tag{6-155}$$

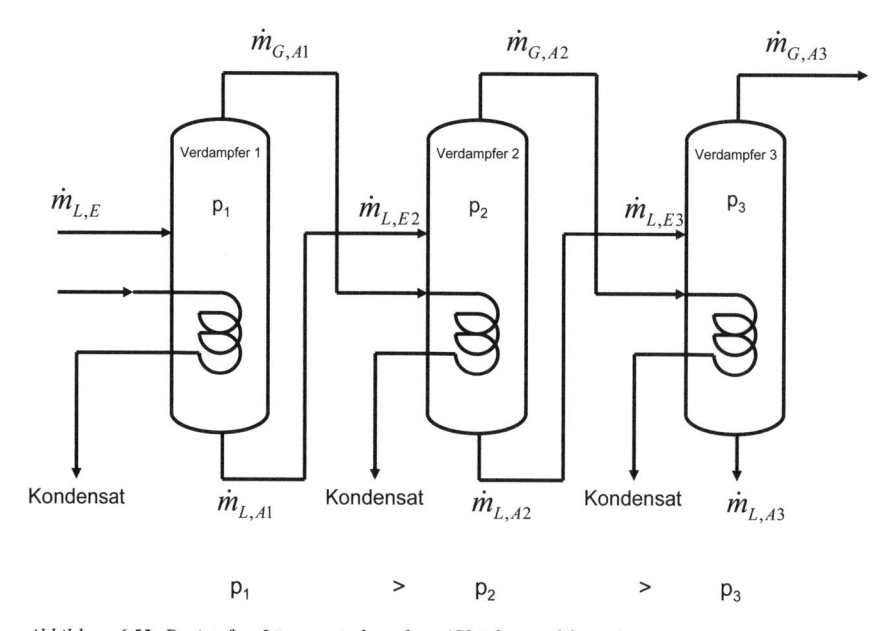

Abbildung 6.52: Dreistufige Lösungseindampfung (Gleichstromführung)

6.8 Bilanz für Kristallisation

Voraussetzung ist allerdings, dass der Betriebsdruck von Stufe zu Stufe abgesenkt wird oder bei konstantem Druck eine Brüdenverdichtung vorgenommen wird. Neben der in Abbildung 6.52 gezeigten üblichen Gleichstromführung wird seltener auch die Gegenstromführung eingesetzt.

> **Zusammenfassung:** Vor der eigentlichen Kristallisation wird die Dünnlösung eingedampft. Der erforderliche Heizdampfstrom ist aus der Bilanz bestimmbar.

6.8.2 Kristallisation

Die aufkonzentrierte Lösung wird dem Kristallisator zugeführt. Die Übersättigung der Lösung kann durch

- Verdampfungskristallisation (Abbildung 6.53),
- Kühlungskristallisation oder
- Vakuumkristallisation, indem die gesättigte Lösung in ein Vakuum entspannt und so abgekühlt wird,

erfolgen. **Die treibende Kraft für die Kristallisation ist der Konzentrationsunterschied zwischen übersättigter (X) und gesättigter Lösung (X_S)**

$$\Delta X_{m,ü} = X_m - X_{m,S} \,. \tag{6-156}$$

Bei der Kristallisation interessiert besonders der zu erwartende Kristallisatertrag sowie der zu- bzw. abzuführende Wärmestrom.

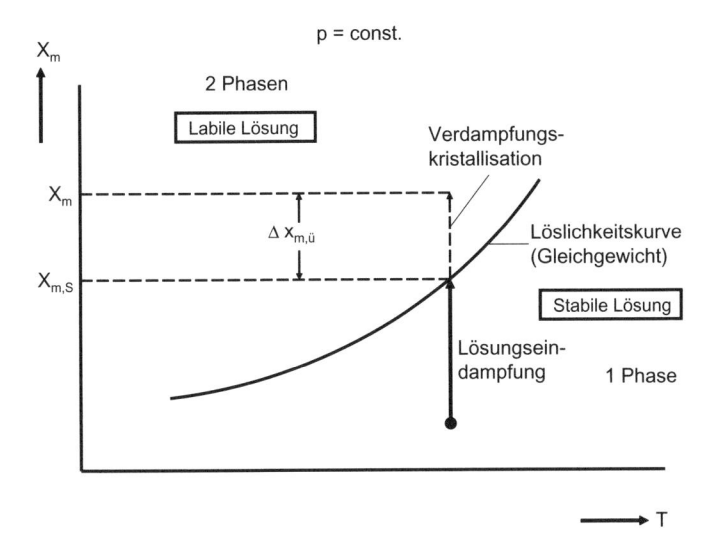

Abbildung 6.53: Übersättigung einer Lösung durch Verdampfungskristallisation

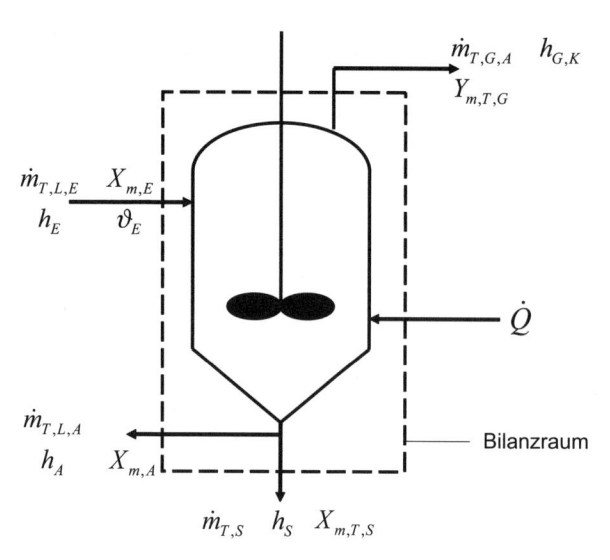

Abbildung 6.54: Bilanzierung Kristallisator

Abbildung 6.54 zeigt das Ersatzschaltbild eines Kristallisators mit dem zugehörigen Bilanzraum. Die aufkonzentrierte Lösung $\dot{m}_{T,L,E}$ strömt dem Kristallisator mit der Beladung $X_{m,E}$ zu. Durch Eintrag des Wärmestroms $\dot{Q}$ wird Lösungsmittel verdampft, es kommt zur Ausbildung von Kristallen. Das Kristallisat $\dot{m}_S$ wird von der Mutterlösung $\dot{m}_{T,L,A}$ getrennt.

Bei der Kristallisation erweist es sich als vorteilhaft, mit Beladungen

$$X_m = \frac{\text{kg gelöster Stoff}}{\text{kg Lösungsmittel}} \tag{6-157}$$

zu rechnen. Da die aufkonzentrierte Lösung aus der Lösungseindampfung kommt, gilt

$$\dot{m}_{L,A}(\text{Eindampfung}) = \dot{m}_{L,E}(\text{Kristallisation}) \tag{6-158}$$

und somit (Voraussetzung $\vartheta_{A,\text{Lösungseindampfung}} = \vartheta_{E,\text{Kristallisation}}$)

$$X_{m,E} = \frac{w_A}{1-w_A} . \tag{6-159}$$

Der Anteil an reinem Lösungsmittel bestimmt sich zu (siehe Kapitel 3)

$$\dot{m}_{T,L,E} = \frac{\dot{m}_{L,E}}{1+X_{m,E}} . \tag{6-160}$$

Gesamtbilanz

$$\dot{m}_{T,L,E} = \dot{m}_{T,L,A} + \dot{m}_{T,G,A} + \dot{m}_{T,S} \tag{6-161}$$

6.8 Bilanz für Kristallisation

und Komponentenbilanz

$$\dot{m}_{T,L,E} \cdot X_{m,E} = \dot{m}_{T,L,A} \cdot X_{m,A} + \dot{m}_{T,G,A} \cdot Y_{m,T,G} + \dot{m}_{T,S} \cdot X_{m,T,S} \tag{6-162}$$

liefern den Kristallisatertrag $\dot{m}_S$. Mit den Bedingungen $Y_{m,T,G} = 0$ (kein Dampfdruck des Kristallisats) sowie $X_{m,T,S} = 1$ (reiner Feststoff ohne Kristallflüssigkeit) folgt:

$$\dot{m}_{T,L,E} \cdot X_{m,E} = \left(\dot{m}_{T,L,E} - \dot{m}_{G,T,A} - \dot{m}_{T,S}\right) \cdot X_{m,A} + \dot{m}_{T,S}. \tag{6-163}$$

Hieraus bestimmt sich der **Kristallisatertrag** zu

$$\dot{m}_{T,S} = \frac{\dot{m}_{T,L,E} \cdot (X_{m,E} - X_{m,A}) + \dot{m}_{T,G,A} \cdot X_{m,A}}{(1 - X_{m,A})}. \tag{6-164}$$

Die Beladung $X_{m,A}$ lässt sich aus dem Kristallisationsgleichgewicht ermitteln, da die gesättigte Lösung im Gleichgewicht mit dem Kristallisat steht. Bei den Betrachtungen wird davon ausgegangen, dass das Kristallisat keine freie Flüssigkeit ($X_S = 1$, siehe oben) enthält.

Wird **reine Kühlungskristallisation** verwendet, entsteht kein Brüdenstrom ($\dot{m}_{G,T,A} = 0$):

$$\dot{m}_{T,S} = \frac{\dot{m}_{T,L,E} \cdot (X_{m,E} - X_{m,A})}{(1 - X_{m,A})}. \tag{6-165}$$

Die prozentuale **Ausbeute** bestimmt sich zu

$$\eta = \frac{\dot{m}_{T,S}}{\dot{m}_{T,L,E} \cdot X_{m,E}} \cdot 100. \tag{6-166}$$

Haben sich **Kristallisationskeime** gebildet, kommt es zu einem Wachsen der Kristalle, da Feststoffmoleküle aus der Lösung an die Feststoffoberfläche der gebildeten Kristalle diffundieren und hier eingebunden werden. **Das sehr komplexe Kristallwachstum lässt sich nicht vorausberechnen und wird i. d. R. über die zeitliche Massenzunahme $d\dot{m}_{T,S}/dt$ des Kristallisats ausgedrückt** /16/

$$\frac{d\dot{m}_{T,S}}{dt} = C_m \cdot A_K \cdot \Delta X_{m,\text{ü}}^n, \tag{6-167}$$

mit der Kristallwachstumsgeschwindigkeitskonstante C_m, der Oberfläche des Kristallisats A_K sowie der zwischen 1 und 2 liegenden Reaktionsordnung n.

Der **der Kristallisation zuzuführende Wärmestrom** berechnet sich aus einer Wärmebilanz um den Kristallisator (Abbildung 6.54) bei adiabater Fahrweise und Vernachlässigung der bei der exothermen Kristallisation auftretenden Wärmetönung zu

$$\dot{Q} = \dot{m}_{T,G,A} \cdot h_{G,K} + \dot{m}_{T,L,A} \cdot h_A + \dot{m}_{T,S} \cdot h_S - \dot{m}_{T,L,E} \cdot h_E. \tag{6-168}$$

> **Zusammenfassung:** Der Kristallisatertrag sowie der zu- bzw. abzuführende Wärmestrom lässt sich aus der Bilanz ermitteln. Neben der Bilanz ist das empirisch zu bestimmende Kristallwachstum von Bedeutung.

7 Theorie der theoretischen Trennstufen

> **Lernziel:** Die Definition der theoretischen Trennstufe muss bekannt sein. Die Theorie der theoretischen Trennstufen muss verstanden sein. Die Anwendung des Modells sowie die Ermittlung der erforderlichen Trennstufenzahl zur Lösung eines bestimmten Trennproblems ist auf die verschiedenen thermischen Trennverfahren anzuwenden.

Zur Auslegung thermischer Trennverfahren werden

- die **Theorie der theoretischen Trennstufen**,
- die **Stoffübergangstheorie nach der HTU/NTU-Methode** und
- die **Boden-zu-Boden-Berechnung**

benutzt. Sie werden je nach Art der Einbauten oder der physikalischen Eigenschaften des zu trennenden Gemischs angewandt. Die stoff- und wärmeaustauschende Höhe der Kolonne ist jeweils so zu bestimmen, dass die geforderte Trennaufgabe erfüllt wird.

7.1 Theoretische Trennstufe

Die **Theorie der theoretischen Trennstufen** wurde speziell für Böden als Einbauten in Kolonnen entwickelt. Der Stoffaustausch zwischen den Phasen findet nicht kontinuierlich, sondern auf den einzelnen, räumlich voneinander getrennten Böden statt. **Zu ermitteln ist dann die Anzahl der übereinander anzuordnenden Böden, um den geforderten Stoffaustausch (geforderte Konzentrationsdifferenz zwischen ein- und austretenden Strömen) zu realisieren.** Jeder Boden wird idealisiert als **theoretische Trennstufe** betrachtet (siehe Abbildung 7.1).

In einer theoretischen Trennstufe findet der maximal mögliche Stoff- und Wärmeaustausch statt. Die eine theoretische Trennstufe verlassenden Ströme stehen miteinander im Phasengleichgewicht, ein weiterer Stoff- und Wärmeaustausch ist zwischen ihnen nicht möglich.

Bei Gleichstrom befinden sich die im Gleichgewicht stehenden Ströme und damit die Konzentrationen x und y (bzw. X und Y) im selben Kolonnenquerschnitt. Da der Stoffaustausch abgeschlossen ist, kann auch in einer nachgeschalteten Stufe kein weiterer Stoffaustausch erfolgen. **Bei Gleichstrom kann in einem Stoffaustauschapparat daher maximal eine**

Definition theoretische Trennstufe:

Die eine theoretische Trennstufe verlassenden Ströme stehen miteinander im Phasengleichgewicht, ein weiterer Stoff- und Wärmeaustausch ist zwischen ihnen nicht mehr möglich.

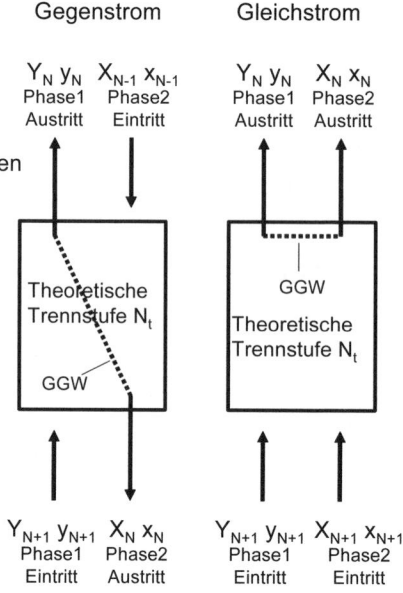

Gegenstrom

Y_N y_N Phase1 Austritt
X_{N-1} x_{N-1} Phase2 Eintritt

Theoretische Trennstufe N_t
GGW

Y_{N+1} y_{N+1} Phase1 Eintritt
X_N x_N Phase2 Austritt

Gleichstrom

Y_N y_N Phase1 Austritt
X_N x_N Phase2 Austritt

GGW
Theoretische Trennstufe N_t

Y_{N+1} y_{N+1} Phase1 Eintritt
X_{N+1} x_{N+1} Phase2 Eintritt

Abbildung 7.1: Theoretische Trennstufe

theoretische Trennstufe realisiert werden (siehe hierzu Kapitel 6). Wie in Kapitel 6 am Beispiel der Absorption gezeigt, kann eine geforderte Konzentrationsdifferenz nur durch Änderung des Absorbensstroms erreicht werden.

Bei Gegenstrom dagegen können beliebig viele Trennstufen übereinander angeordnet werden, bis das gewünschte Trennziel erreicht ist, da die im Gleichgewicht stehenden Ströme die theoretische Trennstufe auf der jeweils gegenüber liegenden Seite verlassen.

In einer praktischen Stufe ist eine Gleichgewichtseinstellung normalerweise nicht zu erreichen. Um die Trennwirkung einer praktischen mit der einer theoretischen Stufe zu vergleichen, ist die Einführung eines Korrekturfaktors erforderlich. Die Höhe der Stoffaustauschkolonne kann ermittelt werden, wenn die Höhe einer Trennstufe bekannt ist.

Zusammenfassung: Um die erforderliche stoffaustauschende Höhe nach der Theorie der theoretischen Trennstufen bestimmen zu können, wird die Anzahl der theoretischen Trennstufen ermittelt. Am Austritt aus einer theoretischen Trennstufe stehen die die Stufe verlassenden Ströme im Gleichgewicht, ein weiterer Stoff- und Wärmeaustausch zwischen ihnen ist nicht möglich. Während im Gegenstrom beliebig viele Trennstufen hintereinander angeordnet werden können, lässt sich bei Gleichstrom maximal eine theoretische Trennstufe realisieren.

7.2 Stufenmodell für Absorption

Beispiel Stufenkonzentration im Y,X-Beladungsdiagramm: Die Gleichgewichtslinie (Kapitel 4) und die Bilanzlinie (Kapitel 6) sind bekannt. Die Absorptionskolonne wird vom Kopf her in N theoretische Stufen unterteilt (siehe Abbildung 7.2, links). Die Austrittsbeladung des Gases Y_A und die Eintrittsbeladung des Absorbens X_E sind bekannt (siehe Kapitel 6, Bilanzlinie für Absorption). Da beide Beladungen im gleichen Querschnitt der Kolonne auftreten, sind sie über die Bilanz miteinander verknüpft und müssen daher auf der Bilanzlinie liegen (Abbildung 7.2, rechts). Das Absorbens strömt der ersten theoretischen Trennstufe ($N_t = I$) zu, das Gas entweicht aus dieser Stufe. Die Definition der theoretischen Trennstufe besagt, dass die die Stufe verlassenden Ströme im Gleichgewicht stehen. Das bedeutet, dass das Gas mit der Austrittsbeladung Y_A im Gleichgewicht mit dem diese Stufe verlassenden Absorbensstrom der Beladung X_I steht. Die Beladungen Y_A, X_I liegen somit auf der Gleichgewichtslinie. Die Absorbensbeladung X_I und die Beladung des die zweite Stufe verlassenden Gasstroms Y_{II} befinden sich wieder im gleichen Kolonnenquerschnitt und damit auf der Bilanzlinie. Bedingt durch die zweite theoretische Trennstufe ($N_t = II$) befinden sich die Beladungen Y_{II} und X_{II} der die Stufe verlassenden Ströme im Gleichgewicht und auf der Gleichgewichtslinie. **Durch abwechselnde Anwendung von Bilanz und Gleichgewicht können Zustände in beliebigen Querschnitten der Absorptionskolonne ermittelt werden. Eine stufenweise Anwendung über die gesamte Höhe der Kolonne führt zu den Beladungen im Sumpf X_A und Y_E.**

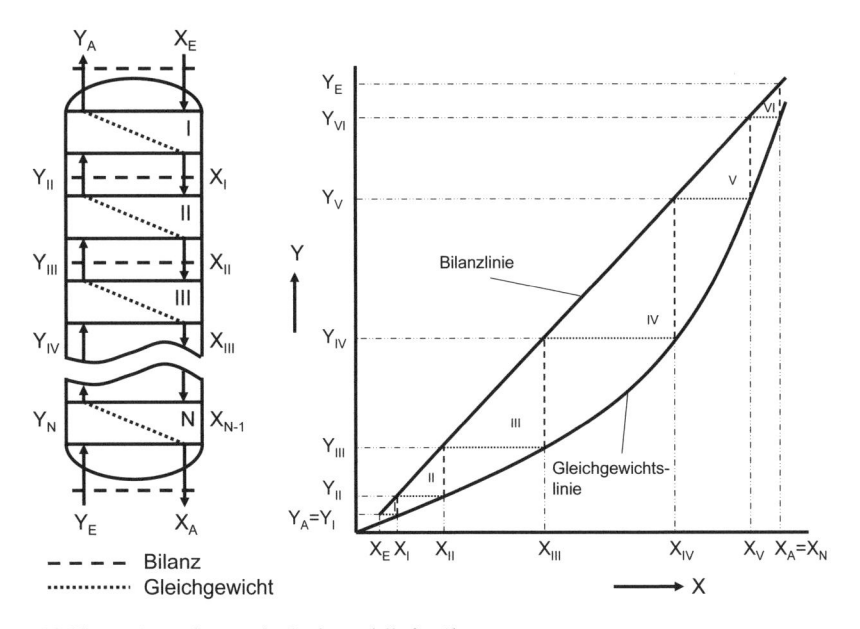

Abbildung 7.2: Herleitung des Stufenmodells für Absorption

Um die erforderliche Höhe der Kolonne zu ermitteln, müssen so viele theoretische Stufen übereinander angeordnet werden, bis ausgehend von der gegebenen Gaseintrittsbeladung Y_E die geforderte Austrittsbeladung Y_A realisiert ist. Abbildung 7.2, rechte Seite, verdeutlicht dies. Mit $N_t = 6$ theoretischen Trennstufen lässt sich die geforderte Konzentrationsdifferenz überwinden.

Zur Darstellung der geforderten Konzentrationsdifferenz ΔY_{gef} können auch Teilstufen angegeben werden. Abbildung 7.3 zeigt die Vorgehensweise. Der Punkt P_1 (X_E, Y_A), der die Verhältnisse im Kopf der Kolonne beschreibt, befindet sich auf der Bilanzlinie. Unter der Voraussetzung einer theoretischen Trennstufe stehen die diese Stufe verlassenden Ströme im Gleichgewicht, die Konzentrationen X_I und Y_A liegen auf der Gleichgewichtslinie (Punkt G_1). Die Konzentrationen unterhalb von Stufe I (X_I, Y_{II}) sind über die Bilanz verknüpft und befinden sich somit wiederum auf der Bilanzlinie (Punkt B_2). Durch den Linienzug P_1-G_1-B_2 zwischen Bilanz- und Gleichgewichtslinie wird die Wirkung einer theoretischen Trennstufe beschrieben. Da die mit einer theoretischen Trennstufe erreichbare Konzentration Y_{II} kleiner ist als die Eintrittsbeladung des Gases Y_E, reicht eine theoretische Stufe nicht aus, um die Trennaufgabe zu erfüllen. Nach der gleichen Vorgehensweise werden die Konzentrationen für weitere erforderliche theoretische Trennstufen eingezeichnet, bis die geforderte Konzentrationsdifferenz

$$\Delta Y = Y_E - Y_A \tag{7-1}$$

dargestellt ist. In Abbildung 7.3 wird durch die zweite theoretische Trennstufe die Beladung Y_{III} erreicht, die geforderte Beladung Y_E wird nicht nur erreicht, sondern überschritten, die Kolonne ist für die geforderte Trennaufgabe überdimensioniert. Zur exakten Bestimmung können Teile einer theoretischen Trennstufe ermittelt werden, indem das Verhältnis der Strecken a : b gebildet wird. Nur der Teilabschnitt a der zweiten theoretischen Trennstufe ist erforderlich, um die Eintrittsbeladung Y_E zu erreichen. Durch die beschriebene Stufenkonstruktion lässt sich somit leicht die exakte Anzahl der erforderlichen theoretischen Trennstufen N_t für vorgegebene Betriebsbedingungen ermitteln.

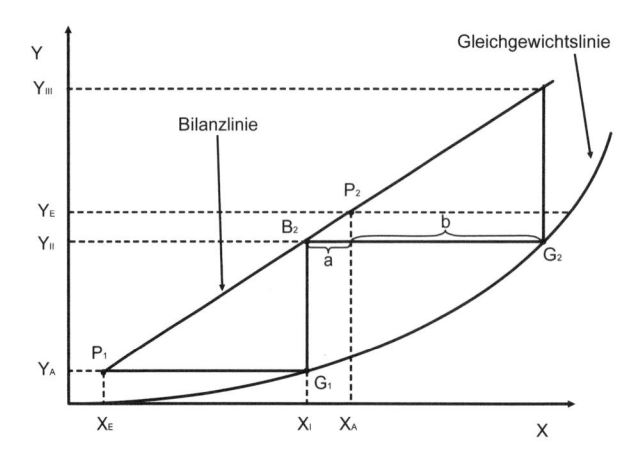

Abbildung 7.3: Stufenkonstruktion im Beladungsdiagramm

7.2 Stufenmodell für Absorption

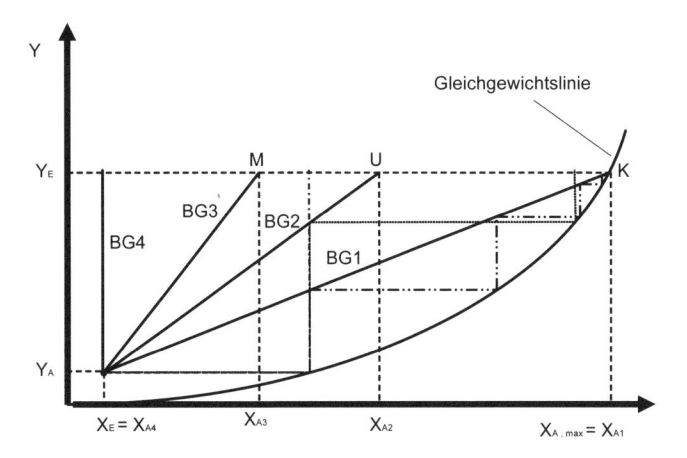

Abbildung 7.4: Stufenkonstruktion im Beladungsdiagramm für unterschiedliche Steigungen der Bilanzgerade

Wie sich die Variation des Absorbensverhältnisses und damit die Steigung der Bilanzgeraden auf die Stufenkonstruktion und damit die benötigte Anzahl der theoretischen Trennstufen auswirkt, zeigt Abbildung 7.4. **Je steiler die Bilanzgerade verläuft, desto weniger theoretische Trennstufen werden benötigt, um die Trennaufgabe zu erfüllen, desto geringer ist die erforderliche Kolonnenhöhe**. Wie in Kapitel 6 beschrieben, erhöht sich aber der Absorbensstrom, was zu einer Erhöhung der Betriebskosten führt. **Je größer der Absorbensstrom gewählt wird** ($\dot{L}_{T1} = \dot{L}_{T,min} < \dot{L}_{T2} < \dot{L}_{T3} < \dot{L}_{T4} = \dot{L}_{T,max} = \dot{L}_{T,\infty}$), **desto geringer wird die sich am Austritt aus dem Absorber einstellende Absorptkonzentration** ($X_{A1} = X_{A,max} > X_{A2} > X_{A3} > X_{A4} = X_E$). Das minimale Absorbensverhältnis (BG1) bedingt eine unendliche Anzahl theoretischer Stufen und damit eine unendliche Kolonnenhöhe bei gleichzeitig minimalem Absorbensstrom. Bilanzgerade 2 (siehe auch Abbildung 7.3) benötigt etwas mehr, Bilanzgerade 3 (BG3) bereits weniger als eine theoretische Trennstufe, um die Trennaufgabe zu erfüllen. Bilanzgerade 4 (BG4) zeigt die Verhältnisse für unendlichen Absorbensstrom. Es wird keine Trennstufe benötigt, die Höhe der Absorptionskolonne wird zu null.

Für den Sonderfall, dass **Bilanz- und Gleichgewichtslinie Geraden** sind, ergibt sich für die Zahl der theoretischen Trennstufen N_t die einfache analytische Lösung

$$N_t = \frac{\ln\left[\left[\dfrac{Y_E - m \cdot X_E}{Y_A - m \cdot X_E}\right] \cdot (1-A) + A\right]}{\ln\dfrac{1}{A}} , \qquad (7\text{-}2)$$

mit m als der Steigung der Gleichgewichtsgeraden und dem **Strippingfaktor** A

$$A = \frac{m}{\nu} = m \cdot \frac{\dot{G}_T}{\dot{L}_T} . \qquad (7\text{-}3)$$

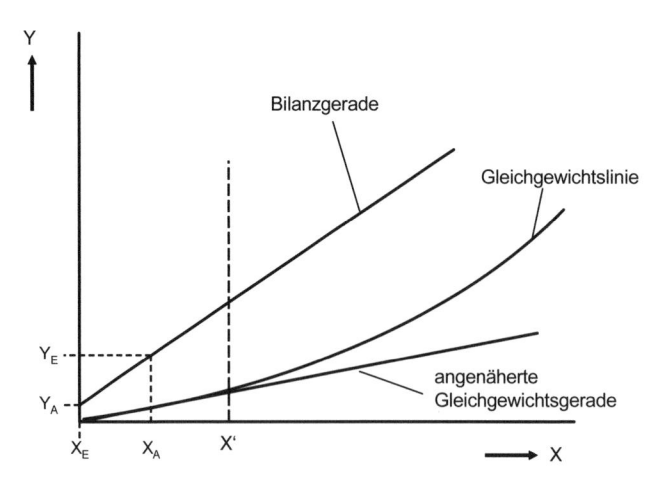

Abbildung 7.5: Annäherung der Gleichgewichtslinie als Gerade

Während die Bilanz bei der Absorption immer eine Gerade ist, gilt dies für das Gleichgewicht nur angenähert (siehe Abbildung 7.5) bis zu einer bestimmten Konzentration X'. Die Gültigkeit beschränkt sich auf kleine Konzentrationen, was für die Absorptionspraxis speziell im Bereich der Umwelttechnik (Abgasreinigung) häufig zutrifft, da Gase mit geringer Eintrittsbeladung auf sehr niedrige Austrittskonzentrationen ($Y_A \rightarrow 0$) abgereinigt werden müssen. Dies bedingt automatisch geringe Absorptkonzentrationen X im Absorbens (siehe Abbildung 7.5).

Beispiel Ermittlung der Steigung der Gleichgewichtsgeraden: Bei Gültigkeit des Henryschen Gesetzes gilt für die **Steigung der Gleichgewichtsgeraden**

$$m = \frac{y}{x} = \frac{Y}{X} = \frac{H_i}{p}. \tag{7-4}$$

Beispielaufgabe Stufenkonstruktion Absorption: In einer im Gegenstrom betriebenen Absorptionskolonne soll ein mit Ammoniak verunreinigter Abgasstrom ($\dot{G}_E = 36{,}5$ kmol/h) bei $1 \cdot 10^5$ Pa und 20°C mit Wasser als Absorbens gereinigt werden. Das Wasser wird nicht regeneriert und strömt dem Absorber jeweils frisch zu. Der Henrykoeffizient beträgt bei diesen Bedingungen $H = 0{,}7$ bar·mol/mol. Das mit Ammoniak verunreinigte Abgas strömt der Absorptionskolonne mit einer Eintrittsmolbeladung von 0,015 mol/mol zu. Das Ammoniak soll zu 95 % aus dem Gasstrom entfernt werden (Skizze der Absorptionskolonne siehe Abbildung 7.6).

7.2 Stufenmodell für Absorption

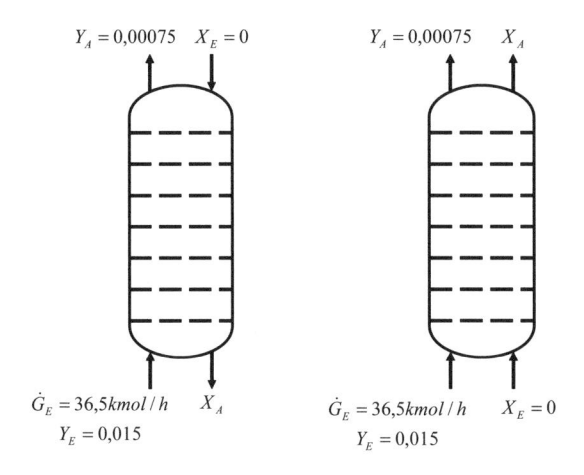

Abbildung 7.6: Absorptionskolonne im Gegen- und Gleichstrom mit eingetragenen Konzentrationen gemäß Beispielaufgabe

Zu bestimmen und ins Y,X-Beladungsdiagramm einzutragen sind:
- die Gleichgewichtslinie sowie die Bilanzlinie mit minimal möglicher Steigung,
- die maximal mögliche Ammoniakaustrittsbeladung im Wasser,
- die tatsächliche Bilanzgerade, wenn mit dem 1,5fachen Absorbensverhältnis gearbeitet wird,
- die Anzahl der theoretischen Trennstufen (grafische Ermittlung),
- die Anzahl der theoretischen Trennstufen, wenn die Gleichgewichtslinie näherungsweise als Gerade betrachtet wird (rechnerische Ermittlung),
- die Bilanzlinie, wenn die Absorption bei ansonsten gleichen Bedingungen im Gleichstrom betrieben wird sowie
- der im Gleichstrom erforderliche Absorbensmolenstrom, um die geforderte Trennaufgabe zu erfüllen.

Lösung: Die Gleichung der Gleichgewichtslinie ausgedrückt in Beladungen lautet gemäß Gleichung (4-22)

$$Y_i = \frac{X_i \cdot H_i}{p \cdot (1+X_i) - X_i \cdot H_i}, \quad X_i = \frac{p}{H_i \cdot \left(1+\frac{1}{Y_i}\right) - p},$$

womit sich durch Einsetzen von Druck und Henrykoeffizient

$$X_i = \frac{1}{0,7 \cdot \left(1+\frac{1}{Y_i}\right) - 1} \quad \text{ergibt.}$$

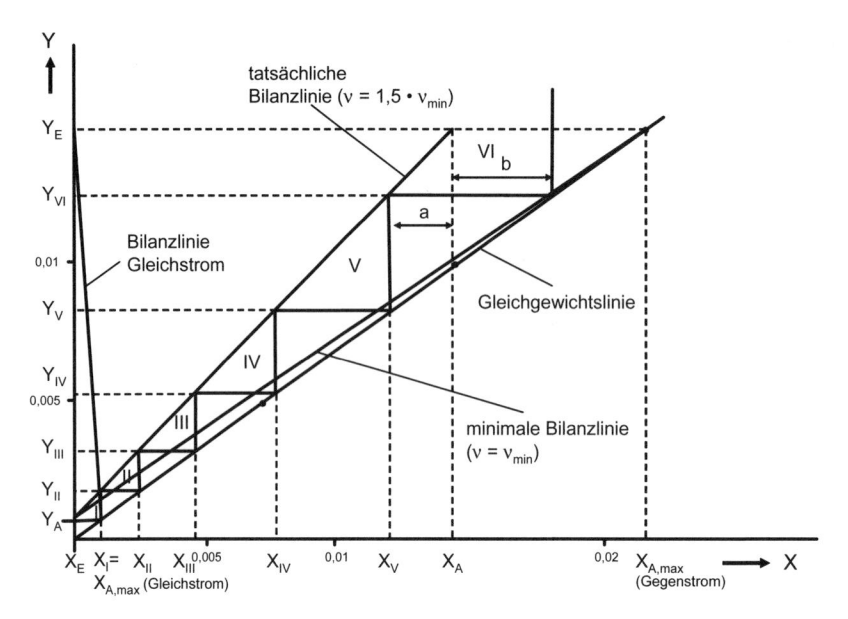

Abbildung 7.7: Stufenkonstruktion im Y,X-Beladungsdiagramm für Absorption gemäß Beispielaufgabe

Da es sich um keine Gerade handelt, muss die Gleichgewichtslinie punktweise zwischen $Y = 0$ und $Y_E = 0{,}015$ ermittelt werden. Es ergeben sich die Wertepaare

P(Y/X): P1 (0/0), P2 (0,005/0,0072), P3 (0,01/0,0143), P4 (0,015/0,0216),

die in Abbildung 7.7 ins Y,X-Beladungsdiagramm eingetragen sind. Die bekannten Beladungen Y_E, X_E und

$$Y_A = (1 - 0{,}95) \cdot 0{,}015 = 0{,}00075$$

sind ebenfalls im Beladungsdiagramm eingetragen.

Die Bilanzlinie mit minimal möglicher Steigung schneidet die Gleichgewichtslinie bei der Beladung Y_E, siehe Kapitel 6 und Abbildung 7.7, das treibende Konzentrationsgefälle wird zu null. Die maximale Beladung des Ammoniaks im Wasser ist am Austritt aus dem Absorber zu finden, wenn Y_E im Gleichgewicht mit X_A steht. Es folgt

$$X_{NH_3,max} = X_{NH_3,A,max} = X^*_{NH_3,A,max} = \frac{1}{0{,}7 \cdot \left(1 + \dfrac{1}{Y_E}\right) - 1} = \frac{1}{0{,}7 \cdot \left(1 + \dfrac{1}{0{,}015}\right) - 1} = 0{,}0216.$$

Das minimale Absorbensverhältnis berechnet sich aus der Bilanz um den Absorber (siehe Kapitel 6) zu

$$v_{min} = \frac{\dot{L}_{T,min}}{\dot{G}_T} = \frac{Y_E - Y_A}{X_{A,max} - X_E} = \frac{0{,}015 - 0{,}00075}{0{,}0216 - 0} = 0{,}66.$$

7.2 Stufenmodell für Absorption

Der durch die Kolonne strömende Trägergasstrom beträgt

$$\dot{G}_T = \frac{\dot{G}_E}{1+Y_E} = \frac{36,5}{1+0,015} = 35,96 \text{ kmol/h} \text{ und damit } \dot{L}_{T,min} = 23,73 \text{ kmol/h}.$$

Als tatsächliches Absorbensverhältnis wird

$$\nu = 1,5 \cdot \nu_{min} = 0,99$$

gewählt, was einem Absorbensmolenstrom von

$$\dot{L}_T = 1,5 \cdot \dot{L}_{T,min} = 35,6 \text{ kmol/h}$$

entspricht. Um die sich ergebende Bilanzgerade in das Y,X-Beladungsdiagramm eintragen zu können, muss neben dem Punkt (X_E/Y_A) entweder die Steigung der Bilanzgeraden oder der Punkt (X_A/Y_E) ermittelt werden. Die einzige noch unbekannte Beladung X_A kann bei Kenntnis des Absorbensverhältnisses bestimmt werden zu

$$X_A = \frac{Y_E - Y_A}{\nu} + X_E = \frac{0,015 - 0,00075}{0,99} + 0 = 0,0144.$$

Die tatsächliche Bilanzlinie ist in Abbildung 7.7 eingetragen. Die grafische Stufenkonstruktion ergibt 6 ganze theoretische Trennstufen (N_t = VI in Abbildung 7.7). Werden gemäß Abbildung 7.3 Teilstufen ermittelt, ergibt sich eine Stufenzahl von $N_t = 5,4$ (Abbildung 7.7: der Streckenabschnitt a + b entspricht einer theoretischen Trennstufe, der Streckenabschnitt a repräsentiert den Anteil der theoretischen Stufe, der erforderlich ist, um die Eintrittsbeladung Y_E zu erreichen).

Die Bilanzlinie ist eine Gerade. Wird näherungsweise angenommen, dass es sich bei der Gleichgewichtslinie ebenfalls um eine Gerade handelt, kann die Anzahl der theoretischen Trennstufen rechnerisch gemäß Gleichung (7-2) zu

$$N_t = \frac{\ln\left[\left[\frac{Y_E - m \cdot X_E}{Y_A - m \cdot X_E}\right] \cdot (1-A) + A\right]}{\ln \frac{1}{A}}$$

bestimmt werden. Mit

$$m = \frac{Y}{X} = \frac{H_i}{p} = \frac{0,7}{1} = 0,7$$

gemäß Gleichung (7-4) ergibt sich der Strippingfaktor gemäß Gleichung (7-3) zu

$$A = \frac{m}{\nu} = \frac{0,7}{0,99} = 0,707.$$

Rechnerisch bestimmt sich die Anzahl der theoretischen Stufen damit zu

$$N_t = \frac{\ln\left[\left[\dfrac{0,015-0,7\cdot 0}{0,00075-0,7\cdot 0}\right]\cdot(1-0,707)+0,707\right]}{\ln\dfrac{1}{0,707}} = 5,43.$$

Wird die Absorptionskolonne im Gleichstrom betrieben, muss die gesamte Konzentrationsdifferenz $\Delta Y = Y_E - Y_A$ mit einer Stufe realisiert werden. Für den Idealfall einer theoretischen Trennstufe stehen die Austrittskonzentrationen Y_A und X_A im Gleichgewicht (siehe Abbildung 7.6). Die Bilanzlinie für Gleichstrom muss daher durch die Punkte (X_E/Y_E) sowie ($X_A = X_I/Y_A$) gehen (siehe Abbildung 7.7, Bilanzlinie Gleichstrom). Wird eine theoretische Trennstufe vorausgesetzt, stehen die Beladungen Y_A und $X_A = X_I$ im Gleichgewicht, so dass gilt:

$$X_I = X_A = X_{A,max}^* = \frac{1}{0,7\cdot\left(1+\dfrac{1}{Y_A}\right)-1} = \frac{1}{0,7\cdot\left(1+\dfrac{1}{0,00075}\right)-1} = 0,0011.$$

Aus der Bilanzgleichung für Gleichstromoperationen (Gleichung (6-14)) folgt

$$\dot{L}_T = \dot{G}_T\cdot\frac{Y_A-Y_E}{X_E-X_A} = 35,96\cdot\frac{0,00075-0,015}{0-0,0011} = 465,85 \text{ kmol/h}.$$

Um die Ammoniakbeladung des verunreinigten Abgasstroms von $Y_E = 0,015$ auf die geforderte Austrittsbeladung $Y_A = 0,00075$ zu reduzieren, ist im Gleichstrom ein Absorbensmolenstrom von $\dot{L}_T = 465,85$ kmol/h erforderlich. Im Gegenstrom reicht für die gleiche Trennaufgabe ein Absorbensmolenstrom von $\dot{L}_T = 35,6$ kmol/h aus. Dafür sind aber auch 5,4 theoretische Trennstufen erforderlich, so dass der apparative Aufwand bei Gegenstrom größer ist.

> **Zusammenfassung:** Mit dem Stufenmodell kann die Anzahl der theoretischen Trennstufen für die Absorption bestimmt werden. Eine einfache analytische Lösung ist für den Sonderfall möglich, dass sowohl Bilanz als auch Gleichgewicht Geraden sind.

7.3 Stufenmodell für Adsorption

Eine **kontinuierlich betriebene Adsorptionskolonne** wird gemäß Abbildung 7.8 in N theoretische Stufen unterteilt. Das Fluid strömt der Adsorptionskolonne mit dem Trägerstrom $\dot{F}_T$ und der Beladung $Y_{m,E}$ zu und verlässt den Adsorber mit der geforderten Austrittsbeladung $Y_{m,A}$. Im Gegenstrom dazu strömt der Feststoff als Aufnehmerphase mit dem Trägerstrom $\dot{S}_T$ und der Beladung $X_{m,E}$ dem Adsorber zu und verlässt ihn mit der Beladung $X_{m,A}$. Verlässt der Fluidstrom $\dot{F}_T$ die Stufe N–1, so wird die Beladung dieses Stromes definitionsgemäß mit $Y_{m,N-1}$ bezeichnet. Gleiches gilt für die entsprechenden Feststoffströme.

7.4 Stufenmodell für Rektifikation 245

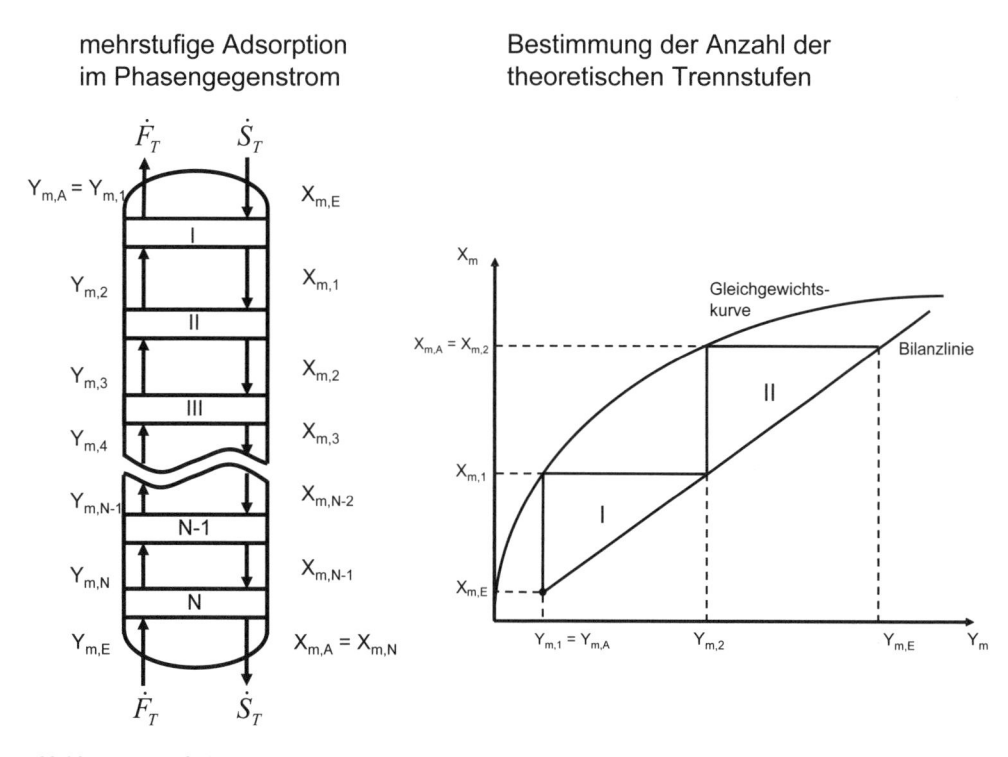

Abbildung 7.8: Stufenkonstruktion bei Adsorption

Bilanz (Abschnitt 6.5) und Gleichgewicht (Abschnitt 4.5.1) sind bekannt und im X,Y-Beladungsdiagramm (Abbildung 7.8, rechts) eingetragen. **Die erforderliche Zahl der theoretischen Trennstufen wird aus dem bekannten Treppenstufenzug zwischen Gleichgewichts- und Bilanzlinie ermittelt**. Für das hier gezeigte Beispiel reichen zwei theoretische Trennstufen aus, um die geforderte Reinheit des Fluids zu gewährleisten.

7.4 Stufenmodell für Rektifikation

7.4.1 Stufenkonstruktion

Sind Verstärkungs- und Abtriebsgerade bekannt (siehe Kapitel 6, Abbildung 6.46), lässt sich für die Rektifikation die Anzahl der theoretischen Trennstufen im McCabe-Thiele-Diagramm ermitteln. Abbildung 7.9 zeigt die Vorgehensweise. Um Kopf- und Sumpfprodukt in der gewünschten Reinheit zu produzieren, sind 6 theoretische Trennstufen erforderlich. Davon entfallen 3 Stufen auf den Abtriebsteil und 2 Stufen auf den Verstärkungsteil. Auf Stufe IV wird der Feedstrom zugegeben, sie verbindet Abtriebs- und Verstärkungsteil der Rektifikationskolonne.

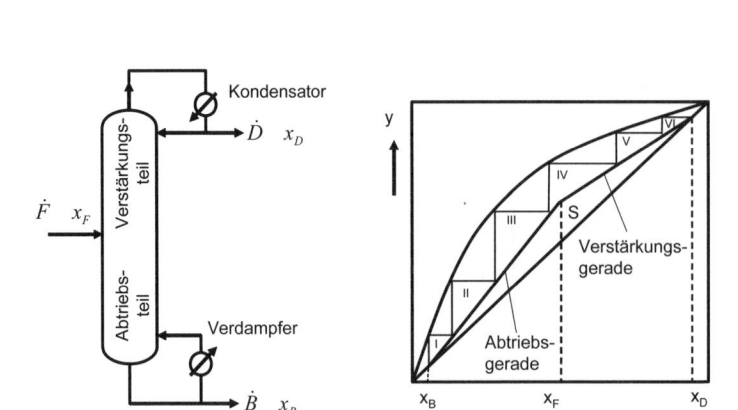

Abbildung 7.9: Stufenkonstruktion bei der Rektifikation im McCabe-Thiele-Diagramm

Bei der Rektifikation entspricht die Anzahl der theoretischen Trennstufen nicht der in der Kolonne zu realisierenden Bodenzahl. Es ist zu berücksichtigen, dass der **Verdampfer im Sumpf der Kolonne einer theoretischen Trennstufe entspricht** (siehe Abschnitt 6.7.2, kontinuierliche einstufige Destillation). Gemäß Abbildung 7.9 wären im Abtriebsteil daher lediglich 2 theoretische Trennstufen erforderlich, eine würde auf den Verdampfer entfallen. Die Anzahl der theoretischen Trennstufen im Verstärkungsteil ist identisch mit der Anzahl der theoretischen Böden, wenn im Kondensator der gesamte Dampf kondensiert wird. **Wird dagegen nur der Rücklauf kondensiert (Dephlegmator oder Teilkondensator)** und das Kopfprodukt $\dot{D}$ dampfförmig abgezogen, **wirkt auch der Kondensator als eine theoretische Trennstufe.**

7.4.2 Zulaufboden

Der Feedstrom muss in der Trennstufe (Zulaufboden) zugegeben werden, die durch den Schnittpunkt S von Verstärkungs- und Abtriebsgerade gegeben ist (Trennstufe IV in Abbildung 7.9). **Eine verfrühte oder verspätete Zugabe führt zu einer Erhöhung der Anzahl der theoretischen Trennstufen** und damit der Kolonnenhöhe (siehe Abbildung 7.10).

Beispielaufgabe Stufenkonstruktion Rektifikation: Das ideal zu betrachtende Zweistoffgemisch Benzol/Toluol soll durch Rektifikation in die reinen Stoffe zerlegt werden (relative Flüchtigkeit bzw. Trennfaktor $\alpha_{12} = 2{,}42$). Das Flüssigkeitsgemisch wird im Siedezustand mit einem Benzolmolanteil von 50 % zugeführt. Am Kopf der Destillationskolonne soll das Benzol mit einer Reinheit von 98 Mol-% abgeführt werden. Die Reinheit des schwerer siedenden Toluols im Sumpf der Kolonne soll ebenfalls 98 Mol-% betragen. Gesucht sind

- das Mindestrücklaufverhältnis,
- die Anzahl der theoretischen Trennstufen, wenn mit dem gegenüber dem minimalen Rücklaufverhältnis verdoppelten Rücklaufverhältnis gearbeitet wird.

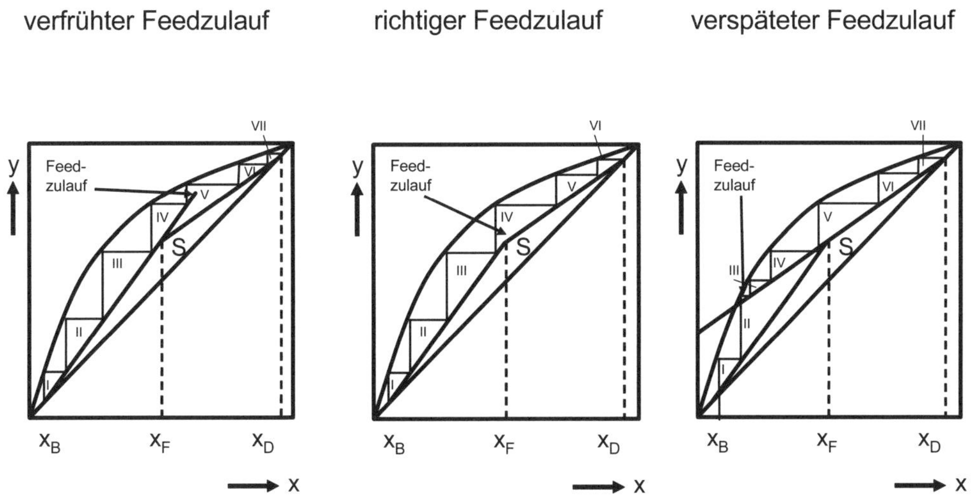

7.4 Stufenmodell für Rektifikation

verfrühter Feedzulauf   richtiger Feedzulauf   verspäteter Feedzulauf

Abbildung 7.10: Einfluss des Feedzulaufs auf die Anzahl der theoretischen Trennstufen /nach 16/

Lösung: Gemäß Gleichung (4-37) gilt der Gleichgewichtszusammenhang

$$y_1 = \frac{\alpha_{12} \cdot x_1}{1 + x_1 \cdot (\alpha_{12} - 1)} = \frac{2{,}42 \cdot x}{1 + x \cdot 1{,}42},$$

so dass die Gleichgewichtslinie durch Einsetzen verschiedener Werte für x konstruiert werden kann: (0/0), (0,1/0,21), (0,2/0,38), (0,3/0,51), (0,4/0,62) (0,5/0,71), (0,6/0,78), (0,7/0,85), (0,8/0,91), (0,9/0,96), (1,0/1,0).

Die Gleichgewichtslinie ist in Abbildung 7.11 eingetragen. Definitionsgemäß gilt $x_1 = x \equiv$ Benzol, $x_2 = 1 - x_1 \equiv$ Toluol, $y_1 = y \equiv$ Benzol, $y_2 = 1 - y_1 \equiv$ Toluol. Eingetragen werden können die gegebenen Konzentrationen des Benzols im Kopf ($x_D = 0{,}98$), im Zulauf ($x_F = 0{,}5$) sowie im Sumpf ($x_B = 0{,}02$).

Da das Flüssigkeitsgemisch bei $x_F = 0{,}5$ im Siedezustand zugeführt wird, verläuft die Schnittpunktgerade senkrecht. Der Schnittpunkt der Schnittpunktgeraden mit der Gleichgewichtskurve ergibt den Punkt S*. Wird gemäß Abbildung 6.47 die minimale Verstärkungsgerade durch die Punkte P1 ($x = y = x_D$) und S* eingetragen, ergibt der Ordinatenabschnitt

$$y(x = 0) = \frac{x_D}{r_{min} + 1} = 0{,}424$$

und damit

$$r_{min} = \frac{x_D}{0{,}424} - 1 = \frac{0{,}98}{0{,}424} - 1 = 1{,}31.$$

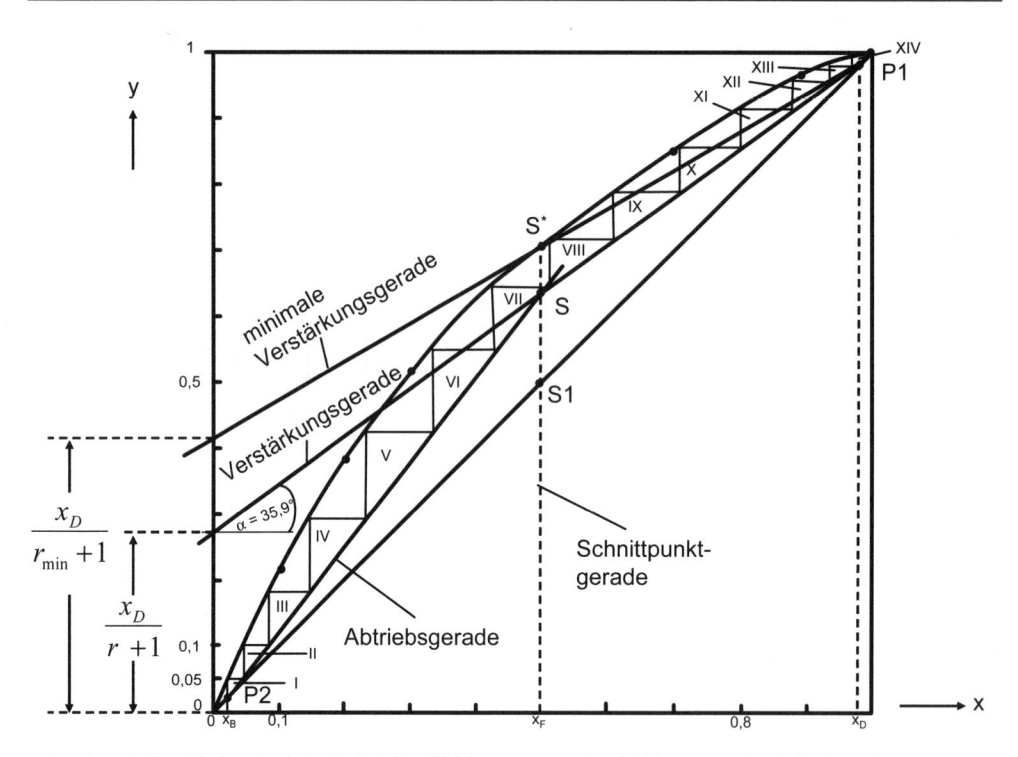

Abbildung 7.11: Stufenkonstruktion im McCabe-Thiele-Diagramm für die Trennung des Zweistoffgemischs Benzol/Toluol durch Rektifikation gemäß Beispielaufgabe

Da der Feedstrom der Kolonne im Siedezustand zuläuft, kann das minimale Rücklaufverhältnis nicht nur grafisch sondern auch rechnerisch mit der Underwood-Gleichung bestimmt werden. Gemäß Gleichung (6-136) gilt

$$r_{min} = \frac{1}{\alpha_{12}-1} \cdot \left(\frac{x_D}{x_F} - \alpha_{12} \cdot \frac{1-x_D}{1-x_F} \right) = \frac{1}{2{,}42-1} \cdot \left(\frac{0{,}98}{0{,}5} - 2{,}42 \cdot \frac{1-0{,}98}{1-0{,}5} \right) = 1{,}31.$$

Das wirtschaftlich optimale Rücklaufverhältnis ist doppelt so groß wie das minimale

$$r = 2 \cdot r_{min} = 2 \cdot 1{,}31 = 2{,}62.$$

Die Gleichung der Bilanzgeraden lautet somit (siehe Gleichung (6-103))

$$y = \frac{r}{r+1} \cdot x + \frac{x_D}{r+1} = \frac{2{,}62}{2{,}62+1} \cdot x + \frac{0{,}98}{2{,}62+1} = 0{,}724 \cdot x + 0{,}271.$$

Da der Punkt P1 seine Lage nicht verändert, muss entweder der Ordinatenabschnitt gemäß Gleichung (6-105)

$$y(x=0) = \frac{x_D}{r+1} = \frac{0{,}98}{2{,}62+1} = 0{,}271$$

7.4 Stufenmodell für Rektifikation

oder die Steigung (Gleichung (6-104))

$$\tan \alpha = \frac{r}{r+1} = 0{,}724 \Rightarrow \alpha = 35{,}9°$$

in das McCabe-Thiele-Diagramm eingetragen werden, um die tatsächliche Verstärkungsgerade zu konstruieren (siehe Abbildung 7.11). Der Schnittpunkt S von Verstärkungs- und Abtriebsgerade ist gemäß Abbildung 6.46 der Schnittpunkt von Schnittpunktsgerade und Verstärkungsgerade. Die Abtriebsgerade kann konstruiert werden, da der Punkt P2 bekannt ist und seine Lage während der Rektifikation nicht verändert. Die theoretischen Trennstufen können gemäß Abbildung 7.9 bestimmt werden. Es ergibt sich

$N_t = 14$.

Der Abtriebsteil besteht aus 6 theoretischen Trennstufen, wobei der Verdampfer einer theoretischen Trennstufe entspricht. Die 7. Trennstufe ist der Zulaufboden, der Verstärkungsteil enthält die restlichen 7 theoretischen Trennstufen (siehe Abbildung 7.11).

> **Zusammenfassung:** Für Rektifikation kann im McCabe-Thiele-Diagramm die Anzahl der theoretischen Trennstufen grafisch ermittelt werden. Die Trennstufen können exakt dem Abtriebs- sowie dem Verstärkungsteil der Rektifikationskolonne zugeordnet werden. Der Feedstrom muss auf dem Zulaufboden zugegeben werden, da ansonsten die Anzahl der theoretischen Trennstufen und damit die Kolonnenhöhe vergrößert wird.

7.4.3 Azeotroprektifikation

Azeotrope Gemische (Abbildung 4.17) lassen sich durch einfache Rektifikation nicht trennen, da Flüssigkeit und Dampf im azeotropen Punkt dieselbe Zusammensetzung haben. Um das Gemisch zu zerlegen, muss die Lage des azeotropen Punkts beeinflusst werden. Dies ist durch verschiedene Verfahren möglich.

Zweidruckrektifikation
Das Gleichgewicht und damit auch die Lage des azeotropen Punkts ist druckabhängig. Der azeotrope Punkt wird bei Druckerniedrigung im Gleichgewichtsdiagramm nach rechts (Abbildung 7.12) zu höheren Anteilen der leichter siedenden Komponente verschoben.

Abbildung 7.13 zeigt die hieraus resultierende Anlagenschaltung. Rektifikationskolonne 2 wird bei höherem Druck betrieben als Rektifikationskolonne 1 (häufig Vakuumkolonne). Der Feedstrom strömt mit der Ausgangszusammensetzung x_F der Rektifikationskolonne 1 zu. Hier erfolgt eine Auftrennung in das reine Sumpfprodukt $\dot{B}_1$ mit der Konzentration x_{B1} und das azeotrope Kopfprodukt $\dot{D}_1$ mit der Zusammensetzung $x_{D1} = x_{Az1}$, welches zur weiteren Trennung als Feedstrom $\dot{F}_2$ der Rektifikationskolonne 2 zuströmt. Hier erfolgt die weitere Auftrennung in das zweite reine Produkt $\dot{B}_2$ mit der Konzentration x_{B2}. Das leichtersiedende azeotrope Gemisch $\dot{D}_2$ wird am Kopf der Kolonne abgezogen ($x_{Az2} = x_{D2}$) und wieder zur Rektifikationskolonne 1 zurückgeleitet. Das Zweistoffgemisch ist in die reinen Komponenten aufgetrennt.

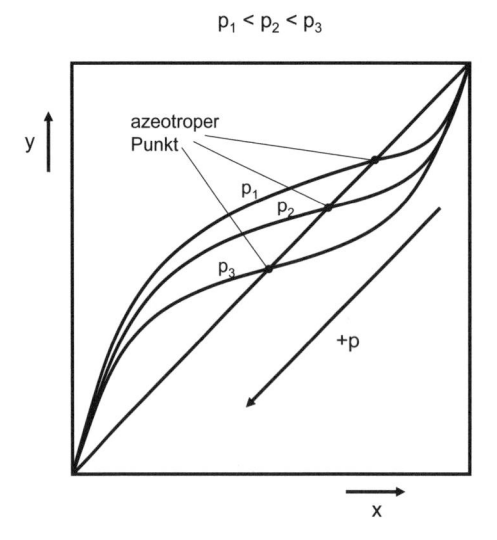

Abbildung 7.12: Druckabhängigkeit des azeotropen Punktes

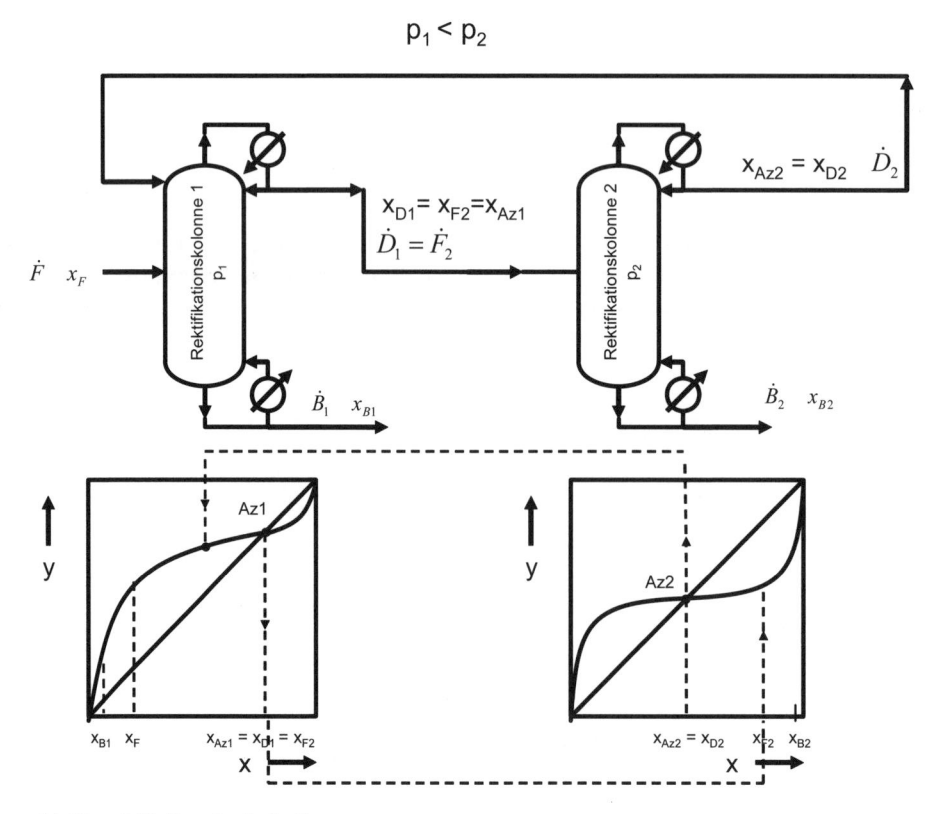

Abbildung 7.13: Zweidruckrektifikation

Heteroazeotroprektifikation

Die Heteroazeotroprektifikation wird eingesetzt, wenn das Azeotrop durch eine Mischungslücke zustande kommt. Abbildung 7.14 zeigt das Gleichgewichtsdiagramm und die zugehörige Anlagenschaltung. In der Rektifikationskolonne 1 wird der Feedstrom $\dot{F}$ mit der Konzentration x_{F1} in das reine Sumpfprodukt (schwererflüchtige Komponente) $\dot{B}_1$ mit der Konzentration x_{B1} sowie ein Kopfprodukt mit nahezu azeotroper Zusammensetzung x_{Az1} getrennt. Nach der Kondensation zerfällt das Kopfprodukt entsprechend der Mischungslücke in die Phasen 1 und 2, die im Phasentrennbehälter voneinander getrennt werden. Phase 1 mit der Konzentration x_{P1} wird im Kopf der Rektifikationskolonne 1 als Rücklauf erneut aufgegeben. Die Phase 2 mit der Konzentration x_{P2} wird Rektifikationskolonne 2 zugeleitet, die als reine Abtriebskolonne arbeitet. Hier wird das Sumpfprodukt $\dot{B}_2$ mit der Konzentration x_{B2} gewonnen. Das am Kopf abgezogene Azeotrop x_{Az2} wird kondensiert und im Phasentrennbehälter in die Phasen 1 und 2 aufgetrennt.

Extraktivrektifikation

Bei der Extraktivrektifikation wird mit einem **Hilfsstoff** gearbeitet, der über folgende Eigenschaften verfügen muss:

- schwerflüchtig,
- wesentlich höherer Siedepunkt als der aller anderen Gemischkomponenten,
- keine Azeotropbildung mit einer der Gemischkomponenten,
- selektive Bindung einer Gemischkomponente.

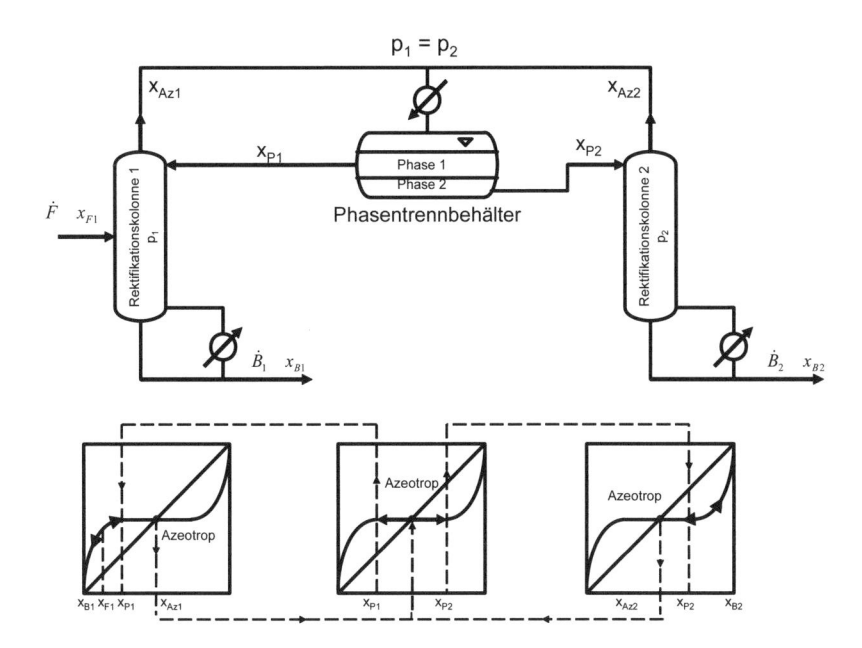

Abbildung 7.14: Heteroazeotroprektifikation

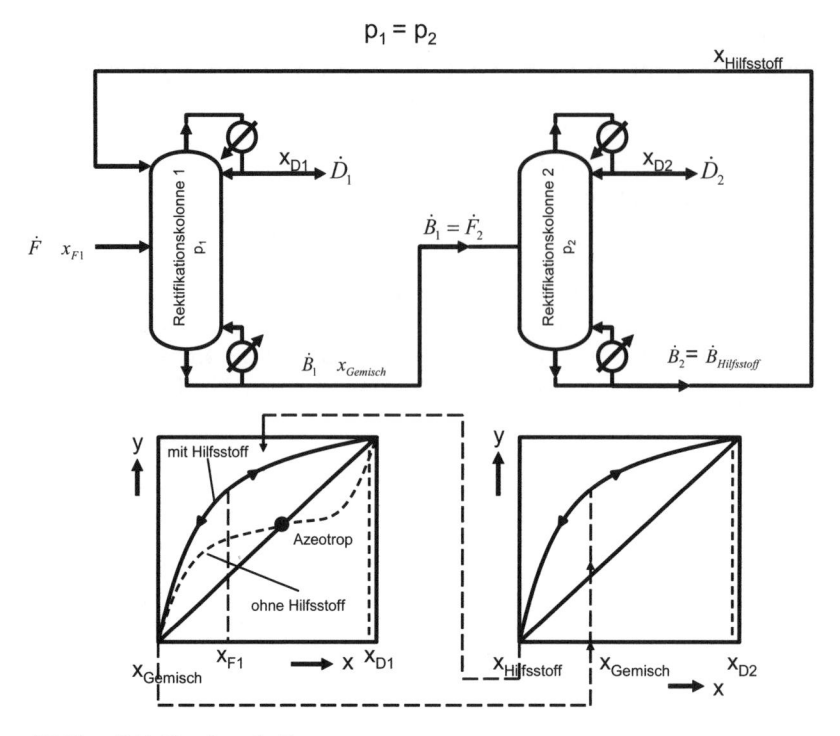

Abbildung 7.15: Extraktivrektifikation

Durch die selektive Bindung einer Gemischkomponente durch den Hilfsstoff wird die relative Flüchtigkeit des Gemischs derart geändert, dass der azeotrope Punkt verschwindet.

Abbildung 7.15 zeigt das Anlagenschema sowie die zugehörigen Gleichgewichtsdiagramme. Der Feedstrom wird der Rektifikationskolonne 1 mit der Konzentration x_{F1} zugegeben. Der Hilfsstoff wird am Kopf der Kolonne zugeführt und bindet eine Komponente, so dass der azeotrope Punkt verschwindet (siehe Gleichgewichtsdiagramm Abbildung 7.15 links unten). In der Kolonne findet die Trennung in die reine leichtflüchtige Komponente 1, die im Kopf der Rektifikationskolonne mit der Konzentration x_{D1} abgezogen wird, und das schwerflüchtige Stoffgemisch aus Hilfsstoff und Komponente 2 (Konzentration $x_{Gemisch}$) statt. Das Sumpfgemisch $\dot{B}_1$ wird der Rektifikationskolonne als Feed $\dot{F}_2$ zugeführt. Hier wird Komponente 2 ($\dot{D}_2$, x_{D2}) vom schwerflüchtige Hilfsstoff ($\dot{B}_2 = \dot{B}_{Hilfsstoff}$) getrennt, der erneut Rektifikationskolonne 1 zurückgeleitet wird.

Zusammenfassung: Bilden Gemische einen azeotropen Punkt, lassen sie sich durch einfache Destillation nicht trennen. Die Lage des azeotropen Punkts lässt sich durch Druckänderung oder Zugabe eines Hilfsstoffs beeinflussen. Resultiert der azeotrope Punkt aus einer Mischungslücke, ist eine Auftrennung des Gemischs in die reinen Komponenten durch Heteroazeotroprektifikation möglich.

7.5 Stufenmodell für Extraktion

Abbildung 7.16 zeigt das Ersatzschaltbild einer Gegenstromextraktion. Die rechte Seite der Abbildung zeigt die verwendete Nomenklatur. Die Extraktion wird aus N einzelnen hintereinander geschalteten theoretischen Trennstufen aufgebaut. Bei der Gegenstromextraktion muss zwischen der Darstellung im Y_m,X_m-Beladungsdiagramm sowie im Dreiecksdiagramm unterschieden werden.

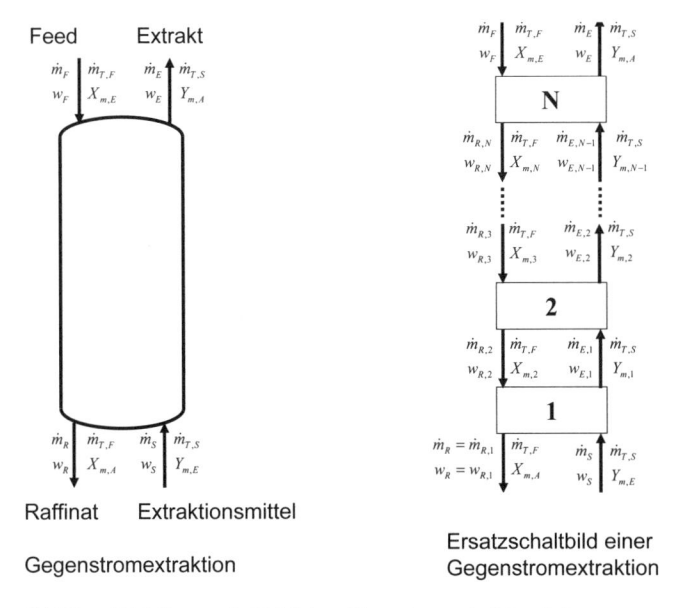

Abbildung 7.16: Ersatzschaltbild einer Gegenstromextraktionskolonne

7.5.1 Stufenmodell im Y_m,X_m-Beladungsdiagramm

Die Konstruktion der Bilanzlinie wurde in Abschnitt 6.6.2 beschrieben. Sind Bilanzgerade und Gleichgewichtskurve bekannt, kann die Zahl der theoretischen Trennstufen ermittelt werden, indem der **Treppenzug zwischen Gleichgewichtskurve und Bilanzgerade** eingezeichnet wird (siehe Abbildung 7.17). Abbildung 7.17 zeigt auch die maximal erreichbare Beladung $Y_{m,A,max}$, die sich einstellt, wenn mit dem minimalen Extraktionsmittelverhältnis gearbeitet wird.

Für den Sonderfall, dass der Verteilungskoeffizient konstant ist, so dass neben der Bilanzgerade auch die Gleichgewichtskurve eine Gerade ist, führt die mathematische Formulierung der grafischen Stufenkonstruktion zu der Gleichung

$$N_t = \frac{\ln\left[1+(\varepsilon-1)\cdot\left(\dfrac{X_{m,E}}{X_{m,A}} + \dfrac{Y_{m,E}}{Y_{m,A}}\right)\right]}{\ln \varepsilon} - 1, \qquad (7\text{-}5)$$

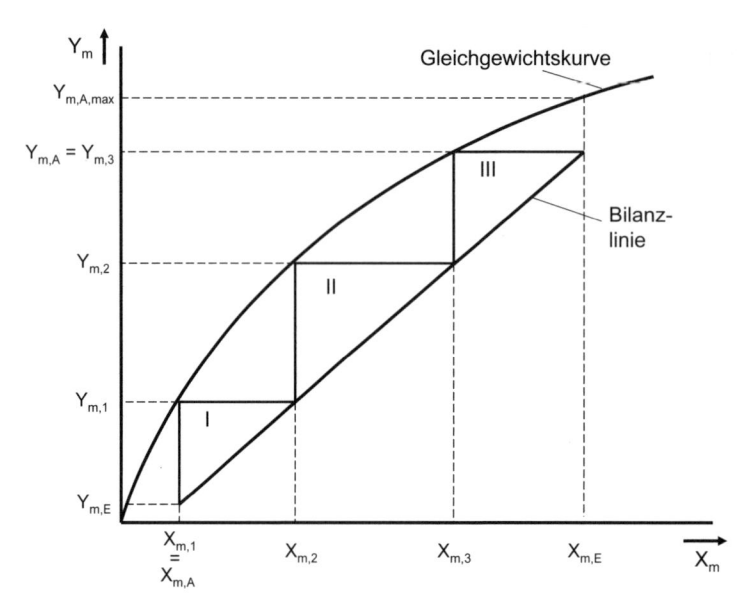

Abbildung 7.17: Stufenkonstruktion im Beladungsdiagramm für Extraktion

mit dem **Extinktionsfaktor**

$$\varepsilon = \frac{K^* \cdot \dot{m}_B}{\dot{m}_A} = K^* \cdot \upsilon. \tag{7-6}$$

7.5.2 Stufenmodell im Dreiecksdiagramm

Um die Stufenkonstruktion im Dreiecksdiagramm durchführen zu können, muss der in Abschnitt 6.6.2 ermittelte **Pol P** bekannt sein, da durch ihn alle Bilanzlinien laufen. Die Stufenkonstruktion verdeutlicht Abbildung 7.18.

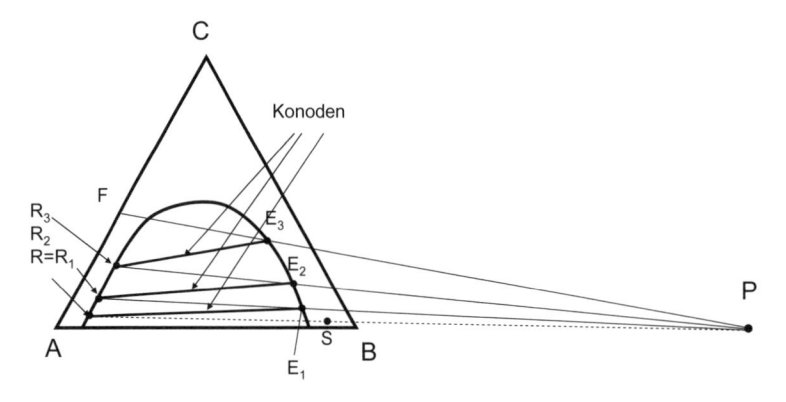

Abbildung 7.18: Stufenkonstruktion im Dreiecksdiagramm

7.5 Stufenmodell für Extraktion

Beispiel Stufenkonstruktion im Dreiecksdiagramm: Die Zustandspunkte F und E sowie R und S liegen im gleichen Querschnitt der Extraktionskolonne, sind also über die Bilanz miteinander verbunden. Die Verlängerung der beiden Geraden $\overline{FE}$ sowie $\overline{RS}$ müssen somit durch den Pol P verlaufen (siehe Polstrahlen in Abbildung 6.32). Unter der Voraussetzung einer theoretischen Trennstufe muss $R = R_1$ im Gleichgewicht mit E_1 stehen (zur Nomenklatur vergleiche Abbildung 7.16). Da im Dreiecksdiagramm die Konode dem Gleichgewicht entspricht, wird die durch R_1 gehende Konode gesucht. Der Schnittpunkt dieser Konode mit der Binodalkurve liefert den Zustandspunkt E_1. E_1 und R_2 liegen im gleichen Querschnitt der Kolonne und sind über die Bilanz miteinander verbunden. E_1 wird mit dem Pol P verbunden. Der Zustandspunkt R_2 befindet sich auf dem Schnittpunkt der Gerade $\overline{E_1P}$ mit der Binodalkurve. R_2 und E_2 sind wiederum über die Konode miteinander verbunden, da diese beiden Ströme miteinander im Gleichgewicht stehen. Die Gerade $\overline{E_2P}$ liefert auf der Binodalkurve den Zustandspunkt R_1, die Konode durch R_1 den Extraktmassenstrom E_3. Die Konzentration von E_3 liegt genau auf dem Polstrahl, ist also über die Bilanz mit dem Zustandspunkt F am Eintritt in die Extraktionskolonne verbunden, so dass drei theoretische Stufen zur Lösung dieses Trennproblems ausreichen.

Die praktische Anwendbarkeit des Verfahrens stößt dann an seine Grenzen, wenn der Pol P sehr weit vom Dreiecksdiagramm entfernt liegt. In diesem Fall muss das Verfahren numerisch angewendet werden.

Beispielaufgabe Stufenkonstruktion für Extraktion im Dreiecksdiagramm: Ein mit 55 Massenprozent Aceton verunreinigter Abwasserstrom von 1000 kg/h soll mittels einer im Gegenstrom betriebenen Extraktionskolonne bei einer Temperatur von 25°C bis auf eine Restkonzentration von 5 Massenprozent Aceton gereinigt werden. Als Extraktionsmittel wird Trichlorethan (1000 kg/h) verwendet, das nach der Regeneration als vollkommen reiner Stoff der Extraktionskolonne zufließt. Abbildung 7.19 zeigt die Extraktionskolonne mit den bekannten Ein- und Austrittsgrößen sowie der verwendeten Nomenklatur. Das Dreiecksdiagramm für das Stoffsystem Wasser (A), Trichlorethan (B), Aceton (C) ist vermessen und kann Abbildung 6.23 entnommen werden. Gesucht sind

- die Zusammensetzung des die Extraktionskolonne verlassenden Extrakts,
- die Massenströme von Raffinat und Extrakt,
- die Anzahl der theoretischen Trennstufen sowie
- die pro Stunde in das Extraktionsmittel übergehende Menge an Aceton.

Lösung: Die gegebenen Zustandspunkte des Feeds F ($w_{A,F} = 0{,}45$, $w_{B,F} = 0$, $w_{C,F} = 0{,}55$) sowie des Extraktionsmittels S ($w_{A,S} = 0$, $w_{B,S} = 1$, $w_{C,S} = 0$) werden in das Dreiecksdiagramm eingetragen (siehe Abbildung 7.20). Feed und Extraktionsmittel werden der Extraktionskolonne zugeführt und vermischt. Die sich durch die Mischung ergebenden Zustandspunkte müssen auf der Mischungsgerade $\overline{FS}$ liegen. Da die Massenströme von Feed und Extraktionsmittel gleich groß sind, befindet sich der Mischungspunkt M mittig auf der Mischungsgerade zwischen F und S.

Vom gereinigten Wasser (Raffinat, Zustandspunkt R) ist die geforderte Restkonzentration an Aceton gegeben ($w_{C,R} = 0{,}05$). Da dieser Punkt auf der Binodalkurve liegen muss (siehe

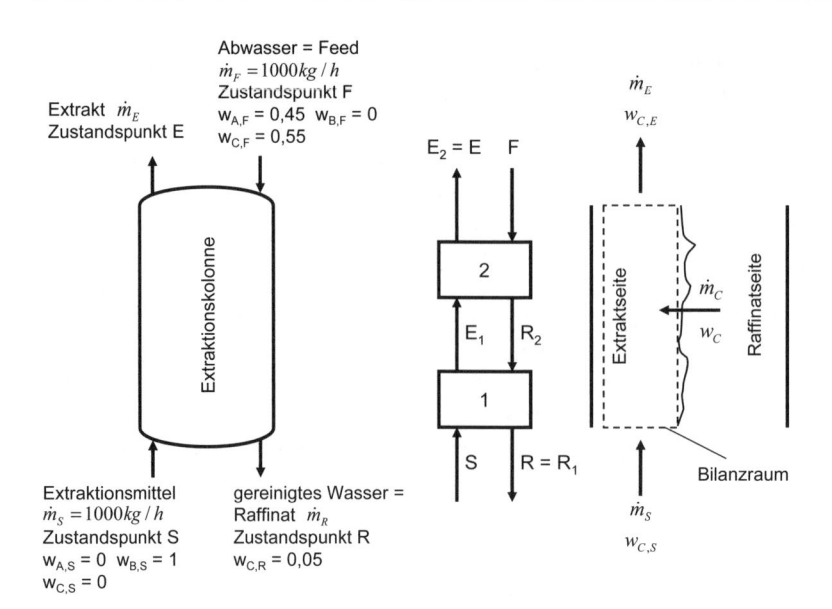

Abbildung 7.19: Zu- und abfließende Ströme einer im Gegenstrom betriebenen Extraktionskolonne gemäß Beispielaufgabe

Abschnitt 6.6.2), reicht eine Konzentrationsangabe zur Eintragung des Zustandspunkts R in das Dreiecksdiagramm aus. Der Raffinatstrom verlässt die Extraktionskolonne mit der Zusammensetzung: $w_{A,R} = 0,95$, $w_{B,R} \approx 0$ (Spuren an Extraktionsmittel sind vorhanden, da die Binodalkurve nicht genau auf der Seite AC verläuft), $w_{C,R} = 0,05$. Aus der Gesamtbilanz um die Extraktionskolonne

$$\dot{m}_F + \dot{m}_S = \dot{m}_M = \dot{m}_R + \dot{m}_E$$

folgt, dass die Massenströme (und damit die Zustandspunkte R und E) über den Mischungspunkt M miteinander gekoppelt sind. Da die Punkte M und R gegeben sind, ergibt sich der Zustandspunkt des Extrakts E, indem die Mischungsgerade ausgehend von dem bekannten Zustandspunkt R durch M bis auf die Binodalkurve verlängert wird (siehe Abbildung 7.20).

Die Zusammensetzung des Extrakts kann abgelesen werden:

$w_{A,E} = 0,02$, $w_{B,E} = 0,64$, $w_{C,E} = 0,34$.

Die Massenströme von Raffinat und Extrakt können mit Hilfe des Hebelgesetzes ermittelt werden (die Strecken $\overline{RM}$ und $\overline{RE}$ müssen im Dreiecksdiagramm abgemessen werden):

$$\dot{m}_F + \dot{m}_S = \dot{m}_M = 2000 \text{ kg/h} = \dot{m}_R + \dot{m}_E,$$

$$\dot{m}_E = \frac{\overline{RM}}{\overline{RE}} \cdot \dot{m}_M = \frac{1}{1,3} \cdot 2000 \text{ kg/h} = 1538,5 \text{ kg/h},$$

$$\dot{m}_R = \dot{m}_M - \dot{m}_E = 2000 \text{ kg/h} - 1538,5 \text{ kg/h} = 461,5 \text{ kg/h}.$$

7.5 Stufenmodell für Extraktion

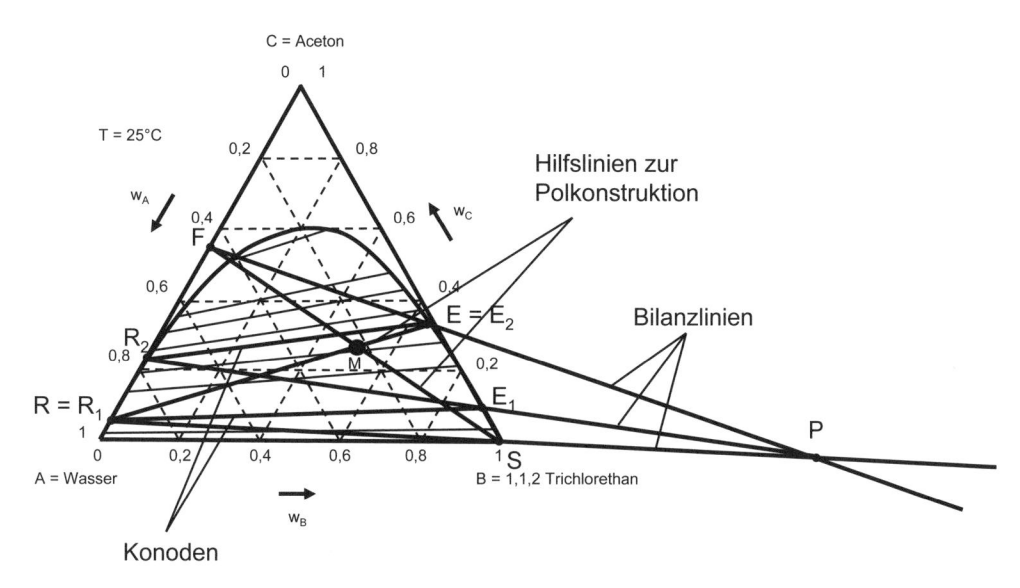

Abbildung 7.20: Stufenkonstruktion im Dreiecksdiagramm Wasser/Trichloräthan/Aceton gemäß Beispielaufgabe

Der Pol P, durch den alle Bilanzlinien verlaufen, wird bestimmt, indem die Polgeraden durch die Zustandspunkte F und E sowie R und S gelegt werden. Der Pol P befindet sich im Schnittpunkt der beiden Geraden (siehe Abbildung 7.20).

Die Anzahl der theoretischen Trennstufen wird gemäß Abbildung 7.18 ermittelt. Stufenkonstruktion: $R = R_1$ und S liegen im gleichen Querschnitt (Sumpf) der Extraktionskolonne und sind über die Bilanz miteinander verbunden (Polgerade). E_1 und R_1 verlassen Stufe 1 und stehen miteinander im Gleichgewicht (Abbildung 7.19, Mitte). Die Konode durch R_1 liefert somit auf der Binodalkurve den Zustandspunkt E_1. E_1 befindet sich oberhalb von Stufe 1 im gleichen Querschnitt wie R_2, wodurch beide über die Bilanz miteinander verknüpft sind. Die Konode durch R_2 liefert $E = E_2$ auf der Extraktseite der Binodalkurve. $E = E_2$ und F liegen auf der Bilanzlinie (Polgerade), so dass zwei theoretische Trennstufen ausreichen, um das Trennproblem zu lösen (Abbildung 7.20).

Um den pro Stunde übergehenden Acetonmassenstrom $\dot{m}_C$ bestimmen zu können, wird eine Komponentenbilanz für Aceton um die Extraktseite der Extraktionskolonne aufgestellt (siehe Abbildung 7.19, rechte Seite):

$$\dot{m}_S \cdot w_{C,S} + \dot{m}_C \cdot w_C = \dot{m}_E \cdot w_{C,E}.$$

Da gilt $w_C = 1$, reines Aceton, sowie $w_{C,S} = 0$ (kein Aceton im eintretenden Solventstrom, da dieser vollständig regeneriert wird), ergibt sich die Bestimmungsgleichung für den übergehenden Acetonmassenstrom zu

$$\dot{m}_C = \dot{m}_E \cdot w_{C,E} = 1538{,}5 \text{ kg/h} \cdot 0{,}34 = 523{,}1 \text{ kg/h}.$$

> **Zusammenfassung:** Die Bestimmung der Anzahl der theoretischen Trennstufen kann für Extraktionsprozesse im Y_m,X_m-Beladungsdiagramm oder im Dreiecksdiagramm erfolgen. Um die Stufenkonstruktion im Dreiecksdiagramm durchführen zu können, muss die Lage des Pols bekannt sein. Abwechselnde Anwendung von Polgerade (Bilanz) und Konode (Gleichgewicht) führen zur Ermittlung der Anzahl der theoretisch erforderlichen Stufen.

7.6 Praktische Stufenzahl

In der Praxis ist eine Gleichgewichtseinstellung der die Stufe verlassenden Ströme nicht erreichbar, es wird lediglich die Trennleistung einer praktischen Stufe erzielt. Abbildung 7.21 veranschaulicht die Zusammenhänge zwischen theoretischer und praktischer Trennstufe im Y,X-Beladungsdiagramm (Stoffübergang Y → X, z. B. Absorption). Arbeitet die Trennstufe N als theoretische Trennstufe, stehen die sie verlassenden Ströme und damit die Konzentrationen im Gleichgewicht. Es wird der maximal mögliche Stoffstrom übertragen, wodurch sich die **maximal mögliche Konzentrationsdifferenz**

$$\Delta Y_{max} = Y_{N+1} - Y_{N,t} \tag{7-7}$$

realisieren lässt. $Y_{N,t}$ ist die mit X_N im Gleichgewicht stehende Gasbeladung. Arbeitet die Stufe als praktische Stufe, wird nicht die Gleichgewichtsbeladung $Y_{N,t}$ sondern lediglich eine geringere Konzentration Y_N erreicht, die von der Trenngüte der praktischen Stufe abhängt. Die **tatsächlich erreichbare Konzentrationsdifferenz** ändert sich damit zu

$$\Delta Y_{tats} = Y_{N+1} - Y_N. \tag{7-8}$$

Die Differenz

$$\Delta Y = \Delta Y_{max} - \Delta Y_{tats} \tag{7-9}$$

zeigt an, wie stark die praktische Stufe von der theoretischen abweicht.

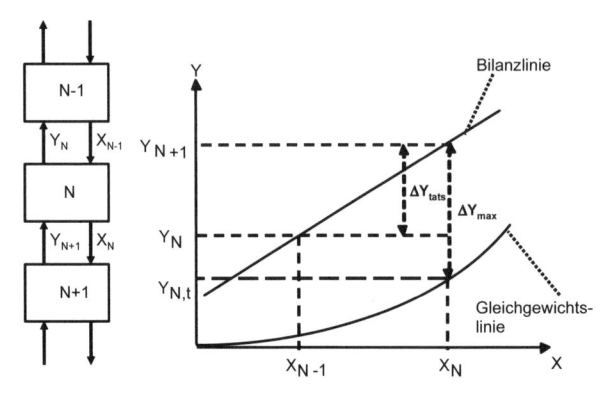

Abbildung 7.21: Stufenaustauschgrad dargestellt im Y,X-Beladungsdiagramm

7.6.1 Praktische Stufenzahl für Bodenkolonnen

Um die in der Kolonne zu installierenden praktischen Stufen zu bestimmen, muss die Anzahl der theoretischen Stufen korrigiert werden. Werden als Kolonneneinbauten Böden verwendet, erfolgt die Bestimmung der Anzahl der praktischen Böden aus den theoretischen Böden durch Korrektur mit dem **Stufenaustauschgrad E**, auch **Bodenwirkungsgrad, Verstärkungsverhältnis, Austauschverhältnis oder Murphree-Efficiency** genannt:

$$E = \frac{\text{Trennwirkung der praktischen Stufe}}{\text{Trennwirkung der theoretischen Stufe}}, \qquad (7\text{-}10)$$

so dass sich die **effektiv erforderliche praktische Bodenzahl N_P** zu

$$N_P = \frac{N_t}{E} \qquad (7\text{-}11)$$

berechnet. Die erforderliche Höhe der Bodenkolonne ergibt sich aus der praktischen Stufenzahl und dem Bodenabstand ΔH_B zu

$$H = N_P \cdot \Delta H_B. \qquad (7\text{-}12)$$

Absorption

Es gilt mit der in Abbildung 7.21 eingeführten Nomenklatur bezüglich der Anordnung der Stufen:

$$E = \frac{Y_{N+1} - Y_N}{Y_{N+1} - Y_{N,t}}. \qquad (7\text{-}13)$$

Variiert der Stufenaustauschgrad auf Grund sich ändernder Stoffeigenschaften sowie der Lage von Bilanz- und Gleichgewichtslinie von Boden zu Boden, muss für die Berechnung der Anzahl der praktischen Stufen ein über die Kolonnenhöhe gemittelter Stufenaustauschgrad E_m zugrunde gelegt werden. **Der Stufenaustauschgrad kann nur in seltenen Fällen mit einfachen empirischen Ansätzen ermittelt werden, meistens ist eine experimentelle Bestimmung durch Messung der Beladungen Y_{N+1} und Y_N erforderlich.** Der Bodenwirkungsgrad kann für viele Stoffgemische vom Hersteller der Böden erfragt werden.

Rektifikation

Aus der Definition des Stufenaustauschgrads gemäß Gleichung (7-10) folgt mit der Nomenklatur des Ersatzschaltbilds der Rektifikation (Abbildung 7.22)

$$E = \frac{y_N - y_{N+1}}{y_{N,t} - y_{N+1}}. \qquad (7\text{-}14)$$

Mit Hilfe des Stufenwirkungsgrads können die Gleichgewichtszustände und damit die Gleichgewichtslinie gemäß /14/ umgerechnet werden in Beharrungszustände mit der zugehörigen **Beharrungslinie**, siehe Abbildung 7.22. **Die Beharrungslinie beschreibt die tatsäch-

Ersatzschaltbild

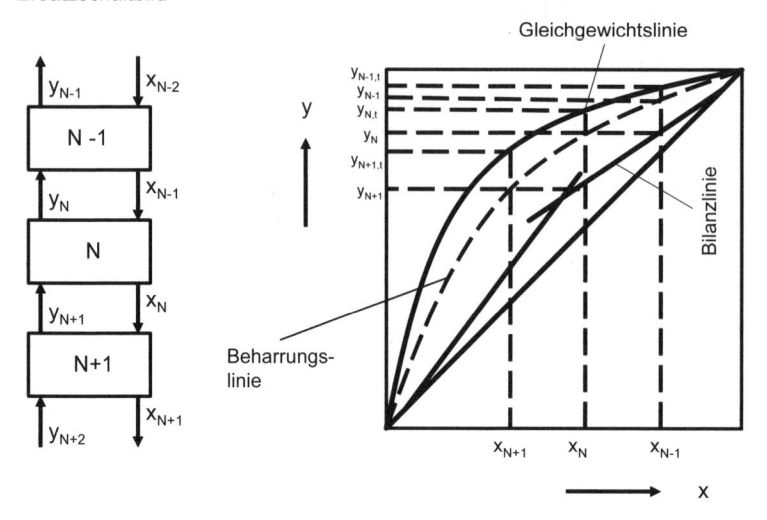

Abbildung 7.22: Stufenwirkungsgrad und Beharrungszustände bei der Rektifikation

lichen Konzentrationsverhältnisse der aus einer Stufe (Boden) austretenden Dampf- und Flüssigkeitsströme. Durch eine Stufenkonstruktion zwischen Bilanz- und Beharrungslinie wird die tatsächliche Stufenzahl ermittelt.

Für die Rektifikation gilt im zulässigen Belastungsbereich je nach Bodentyp

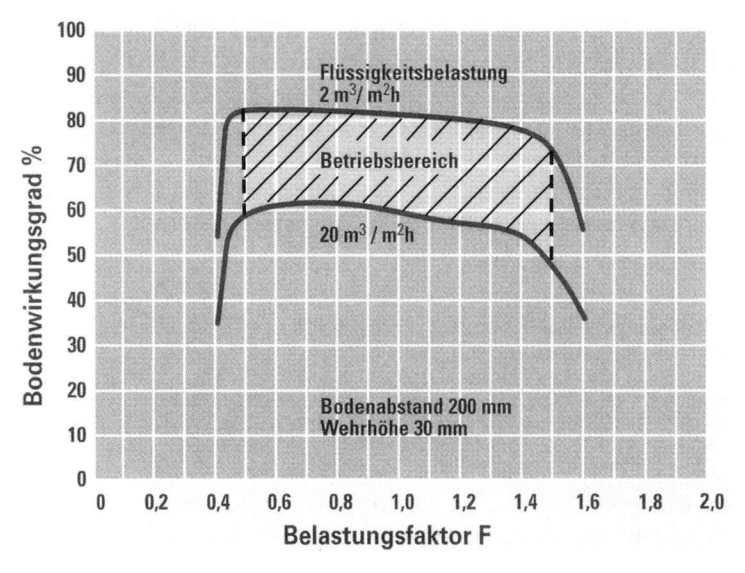

$$0,6 \leq E \leq 0,8. \tag{7-15}$$

Abbildung 7.23: Bodenwirkungsgrad für Künzi Schlitzboden /39/

7.6 Praktische Stufenzahl

Beispiel Bodenwirkungsgrad: Beispielhaft zeigt Abbildung 7.23 den Bodenwirkungsgrad für einen Künzi Schlitzboden als Funktion des Belastungsfaktors (zur Bedeutung siehe Kapitel 9) und der Flüssigkeitsbelastung

$$F = w_G \cdot \sqrt{\rho_G} \,. \tag{7-16}$$

In dem für den Boden vorgesehenen Betriebsbereich variiert der Bodenwirkungsgrad zwischen 60 % und 80 %.

Extraktion

Auch bei der Extraktion in Bodenkolonnen bedarf es neben der Kenntnis der Anzahl der theoretischen Trennstufen N_t noch der Angabe des Stufenaustauschgrads. Der Stufenaustauschgrad bezogen auf den Extraktstrom berechnet sich für den Fall des Stoffübergangs von der Raffinat- in die Extraktphase (siehe Abbildung 7.24) zu

$$E = \frac{w_{E,N} - w_{E,N+1}}{w_{E,N,t}(w_{R,N}) - w_{E,N+1}} \,. \tag{7-17}$$

Der Stofftransport zwischen zwei flüssigen Phasen läuft in der Regel träger ab als zwischen einer gasförmigen und einer flüssigen Phase. Die mittleren Stufenaustauschgrade bei der Extraktion liegen an Siebböden daher zwischen

$$0{,}3 \leq E \leq 0{,}7, \tag{7-18}$$

bzw.

$$0{,}9 \leq E \leq 1 \tag{7-19}$$

bei Mixer/Settlern bzw. Mixer/Settler-Kaskaden.

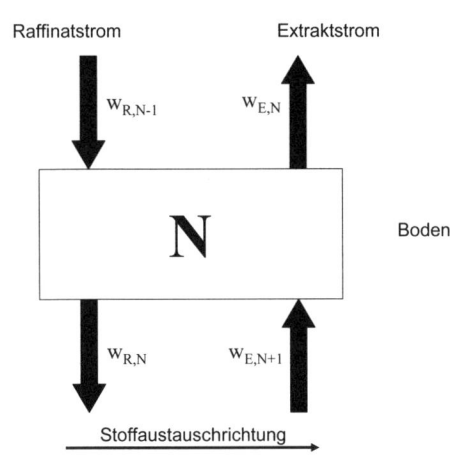

Abbildung 7.24: Konzentrationsverhältnisse an einem Boden einer Extraktionskolonne

> **Zusammenfassung:** Bei Bodenkolonnen muss die Anzahl der theoretischen Trennstufen mit dem Stufenaustauschgrad E korrigiert werden, um die Anzahl der praktischen Stufen zu ermitteln.

7.6.2 Praktische Stufenzahl für Füllkörper und Packungen

Rektifikation und Absorption

Das Modell der theoretischen Trennstufen wurde für den für Bodenkolonnen typischen stufenweisen Kontakt zweier Phasen entwickelt. Bei Füllkörpern und geordneten Packungen als Kolonneneinbauten findet dagegen ein kontinuierlicher Stoffaustausch statt. Um die einfach anzuwendende Methode der theoretischen Trennstufen dennoch einsetzen zu können, wird statt des Stufenaustauschgrads E die **Wertungszahl n_t** oder der entsprechende Reziprokwert **HETP (bzw. HETS)** verwendet. Die Kolonnenhöhe für Füllkörper und Packungen als Einbauten berechnet sich dann zu

$$n_t = \frac{N_t}{H} \quad \Rightarrow \quad H = \frac{N_t}{n_t}. \tag{7-20}$$

Anschaulich stellt die Wertungszahl n_t die Zahl der theoretischen Stufen dar, die einer bestimmten Füllkörper- oder Packungshöhe H entsprechen. In der Regel wird die erreichbare Anzahl theoretischer Trennstufen pro Meter Packungshöhe angegeben.

> **Beispiel Wertungszahlen n_t für Füllkörper und Packungen:** Abbildung 7.25 zeigt beispielhaft einige Wertungszahlen für Füllkörper und Packungen als Funktion des F-Faktors (Belastungsfaktor). Es ist jeweils die erreichbare Anzahl theoretischer Trennstufen pro Meter Füllkörper- bzw. Packungshöhe angegeben. Abbildung 7.25, links oben, zeigt Wertungszahlen für Füllkörper (Pall-Ring, VSP: Gitterfüllkörper, Top-Pak: kugelförmiger Füllkörper). Die Werte variieren je nach Füllkörpertyp und Belastung zwischen $1{,}5 \leq n_t \leq 3{,}2$.
>
> Mit Packungen sind größere volumenbezogene Phasengrenzflächen erreichbar, was sich beim Stoffaustausch bemerkbar macht. Mit der Blechpackung Sulzer MELLAPAK können Werte zwischen $1{,}4 \leq n_t \leq 7{,}8$ erreicht werden. Je größer die volumenbezogene Phasengrenzfläche ist, desto größer ist die pro Meter Packungshöhe zu realisierende Zahl theoretischer Trennstufen. Gewebepackungen (Abbildung 7.25, unten links) vergrößern die für den Stoffaustausch erforderliche spezifische Oberfläche weiter, entsprechend vergrößert sich der n_t-Wert ($7{,}5 \leq n_t \leq 14$). Abbildung 7.25, unten rechts, zeigt entsprechende Werte für Packungen der Firma Montz. Beim Typ A handelt es sich um eine Gewebepackung, beim Typ B um eine Blechpackung /19/.

Es kann auch mit dem Reziprokwert

$$\text{HETP} = \text{HETS} = 1/n_t \tag{7-21}$$

7.6 Praktische Stufenzahl

Füllkörper /18/

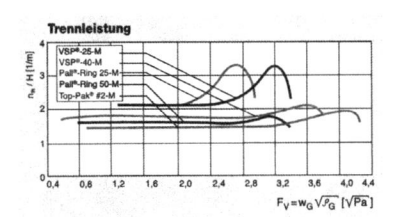

Sulzer MELLAPAK /40/

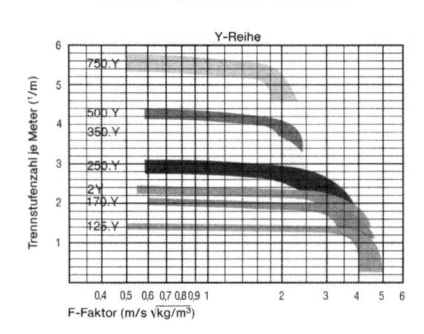

Sulzer Gewebepackung CY /40/

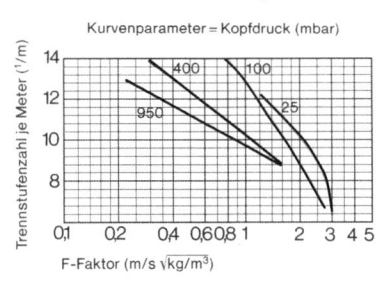

Montz Packungen /19/

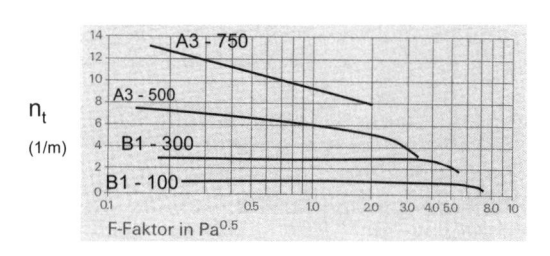

Abbildung 7.25: Wertungszahl n_t für Füllkörper und Packungen

gearbeitet werden:

$$H = N_t \cdot \text{HETS} = N_t \cdot \text{HETP}. \tag{7-22}$$

Der HETP-Wert ist die Füllkörperschütthöhe (bzw. Packungshöhe), die der Wirkung einer theoretischen Trennstufe entspricht (HETP: Height Equivalent of one Theoretical Plate, HETS: Height Equivalent of one Theoretical Stage).

Beispiel HETP-Werte für Füllkörper: Abbildung 7.26 zeigt beispielhaft HETP-Werte für Sattelkörper vom Typ IMTP /41/. Große Füllkörper (IMTP 70 mm) weisen eine geringere volumenbezogene Oberfläche auf, der HETP-Wert ist mit ca. 900 mm größer als der entsprechende Wert für kleinere Füllkörper (IMTP 25) mit ca. 350 mm.

HETP, HETS und n_t sind von

- Art, Größe, Material und Oberflächenbeschaffenheit der Einbauten,
- den Stoffeigenschaften der beiden Phasen sowie den
- Betriebsbedingungen

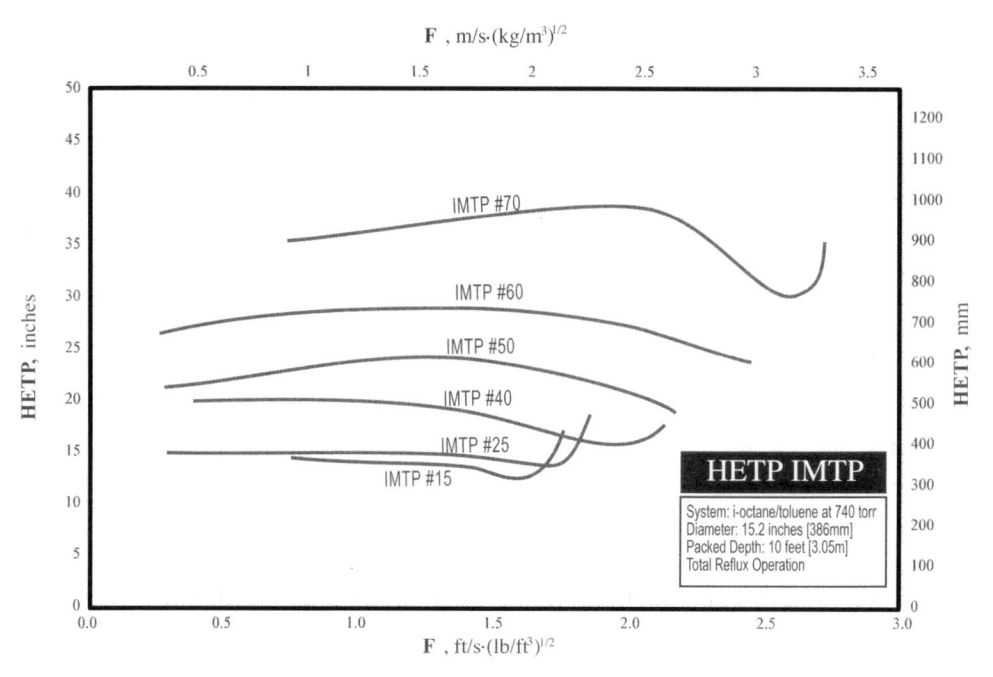

Abbildung 7.26: HETP-Werte für Füllkörper /41/

abhängig und müssen wie der Stufenaustauschgrad i. d. R. experimentell ermittelt werden. Eine Vorausberechnung ist aufgrund der vielen beeinflussenden Parameter nur für wenige einfache Fälle möglich.

Extraktion
Bei Extraktionskolonnen ist bei der Bestimmung der praktischen Stufenzahl das Problem der Rückvermischung zu berücksichtigen. Zu Rückvermischungseffekten kommt es durch

- molekulare und turbulente Diffusion in axialer und radialer Richtung,
- Schleppströmungen (Mitreißen von kontinuierlicher Phase in der Wirbelschleppe von Tropfen),
- Mitnahme von Kleinsttropfen durch die kohärente Phase,
- Verwirbelungen, besonders Großraumwirbel, sowie
- Schichtenströmungen.

Besonders problematisch sind Schleppströmungen und Großraumwirbel. Bei der **Schleppströmung** ziehen Tropfen kohärente Phase im Strömungstodraum aus Bereichen bereits abgereicherter kohärenter Phase wieder zurück in einen Bereich mit hochbeladener kohärenter Phase, siehe Abbildung 7.27. Dadurch wird die für das in der Schleppe mitgeführte Volumen bereits aufgebrachte Trennleistung wieder zunichte gemacht. Die Rückvermischung über Schleppströmungen lässt sich praktisch nicht vermeiden.

7.6 Praktische Stufenzahl

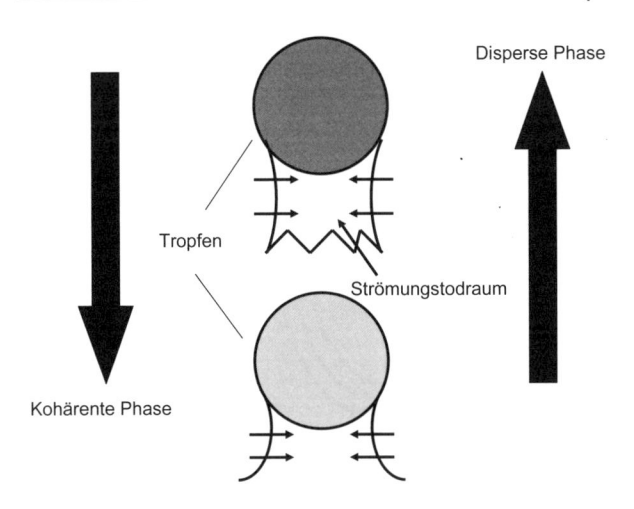

Abbildung 7.27: Schleppströmung

Der größte Rückvermischungseffekt wird durch **Großraumwirbel** verursacht (siehe Abbildung 7.28). Durch Großraumwirbel werden bereits beladene Tropfen vom Kolonnenkopf in Richtung zum Kolonnensumpf zurücktransportiert. Im Extremfall können diese mit Übergangskomponente hoch beladenen Tropfen entgegen der eigentlichen Stoffaustauschrichtung Übergangskomponente an die kohärente Phase abgeben, siehe auch Abbildung 7.29. Zur Verhinderung der Wirbelbildung sind die Kolonnen mit entsprechenden Einbauten (Packungen, Füllkörper, Böden) zu versehen. Diese wirken auch der Schichtenströmung sowie Querströmungen entgegen.

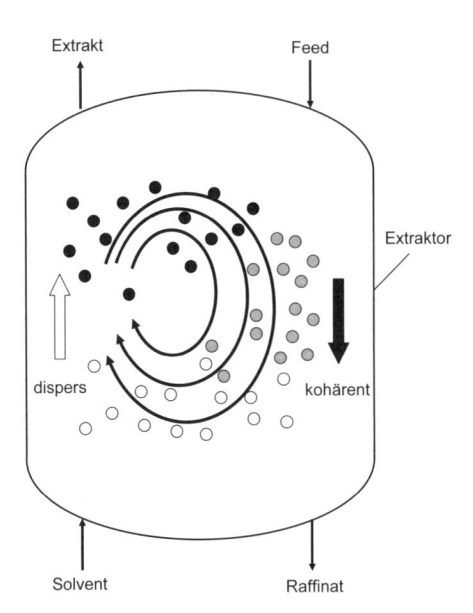

Abbildung 7.28: Großraumwirbel

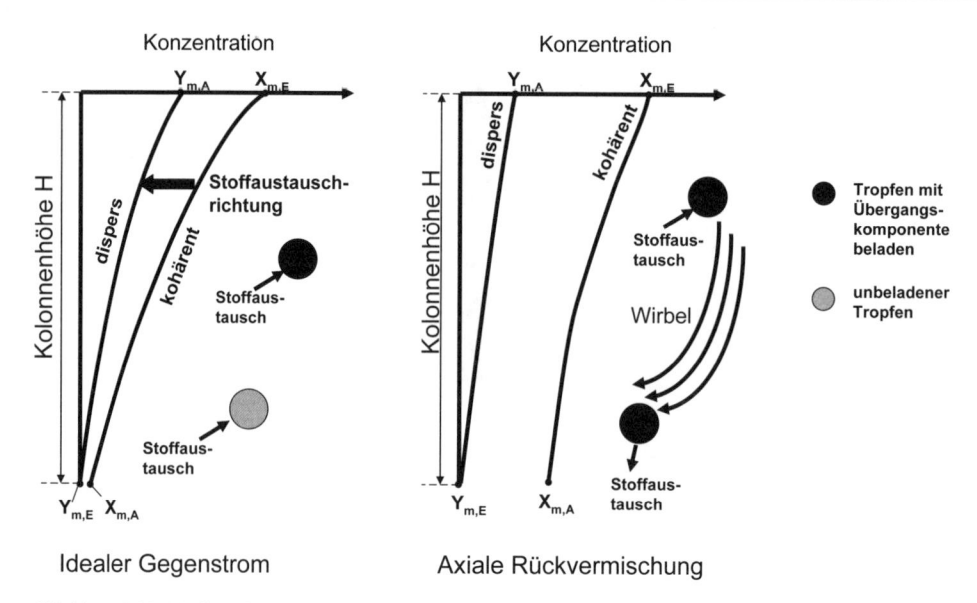

Abbildung 7.29: Einfluss der Rückvermischung auf die Trennwirkung von Extraktionskolonnen

Abbildung 7.29 vergleicht das Konzentrationsprofil für idealen Gegenstrom mit einem Konzentrationsprofil, das durch axiale Rückvermischung geprägt ist. Der Stoffaustausch findet über die Kolonnenhöhe jeweils von der kohärenten in die disperse Phase statt ($X_m \rightarrow Y_m$), die disperse Phase bewegt sich als Tropfen von unten nach oben durch die Extraktionskolonne. Beim idealen Gegenstrom wird die größtmögliche Konzentrationsdifferenz über die gesamte Kolonnenhöhe aufrechterhalten. Kommt es zu einer axialen Rückvermischung, z. B. durch großräumige Wirbel, kann es im Extremfall zu einer Umkehr der Stoffaustauschrichtung kommen, da Tropfen, die bereits stark mit Übergangskomponente beladen sind, wieder zum Sumpf der Extraktionskolonne gefördert werden und hier aus Gleichgewichtsgründen Übergangskomponente an die kohärente Phase abgeben. Das Konzentrationsprofil verschleift sich, die geforderte Endkonzentration im Raffinat kann nicht eingehalten werden ($X_{m,A, \text{Rückvermischung}} > X_{m,A,\text{gefordert}}$). **Im Grenzfall größter Rückvermischung arbeitet eine Kolonne thermodynamisch wie ein Rührkessel, es kann maximal eine theoretische Trennstufe realisiert werden.**

Durch die Rückvermischung sinkt die Trennleistung. Durch diese Rückvermischungseffekte ändert sich die Steigung der Bilanzlinie, wie Abbildung 7.30 zeigt. Um die geforderte Trennleistung zu erreichen, sind mehr Trennstufen erforderlich. Ist die Kolonne bereits gebaut und die Höhe liegt fest, bedeutet dies, dass die tatsächliche Trennleistung nicht der berechneten entspricht.

Die Trennleistung pro Kolonnenlänge ist durchmesserabhängig, da Rückvermischungseffekte bei großen Kolonnen besonders hervortreten. Bei der Bestimmung des HETS-Werts sind bei der Auslegung von Extraktionskolonnen Experimente im halbtechnischen Maßstab daher häufig unumgänglich. Der in den Technikumsversuchen gefundene Wert $HETS_{\text{Techn.}}$ ist auf

7.6 Praktische Stufenzahl

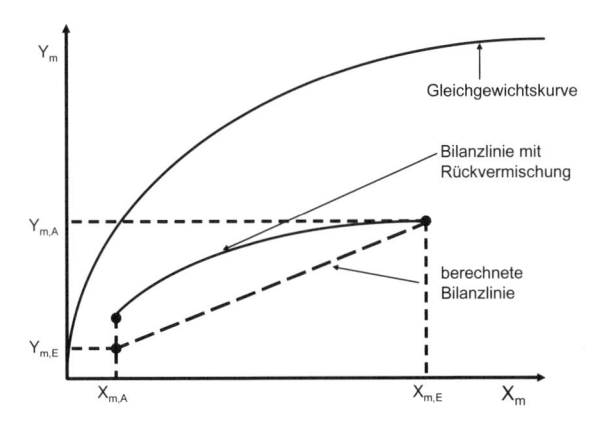

Abbildung 7.30: Einfluss von Rückvermischungseffekten auf die Steigung der Bilanzlinie

Grund der durchmesserabhängigen Rückvermischung immer kleiner als der für den Betrieb HETS$_{Betr.}$, wenn der Durchmesser der betrieblichen Ausführung d$_{Betr.}$ größer ist als der der Technikumskolonne d$_{Techn.}$. Für den Auslegungsfall haben sich Scale-up-Beziehungen der Form

$$\text{HETS}_{Betr.} = \text{HETS}_{Techn.} \cdot \exp\left[C_S \cdot (d_{Betr.} - d_{Techn.}) \right] \tag{7-23}$$

als hilfreich erwiesen (C$_S$: Scale-up-Faktor; C$_S$ = f(d)).

Zusammenfassung: Obwohl die Theorie der theoretischen Trennstufen für Bodenkolonnen (stufenweiser Kontakt zwischen den stoffaustauschenden Phasen) entwickelt wurde, ist es möglich, dieses einfache und anschauliche Verfahren auch für Füllkörper und Packungen (kontinuierlicher Kontakt zwischen den stoffaustauschenden Phasen) einzusetzen. Als Korrekturfaktoren dienen die Wertungszahl n$_t$ bzw. deren Kehrwerte HETP bzw. HETS. Bei der Extraktion ist speziell die Problematik der Rückvermischung zu beachten.

8 Stofftransport

8.1 Berechnung der Kolonnenhöhe

Die geforderte Konzentrationsdifferenz $\Delta c_{I,gef}$ (siehe Abbildung 8.1: $\Delta c_{I,gef} = c_{I,E} - c_{I,A}$) ist aus der Aufgabenstellung bekannt. Daraus ergibt sich der insgesamt zu übertragende Stoffstrom $\dot{n}$. Die erforderliche Stoffaustauschhöhe H muss so gewählt werden, dass die Verweilzeit in der Kolonne ausreicht, um diesen Stoffstrom zu übertragen.

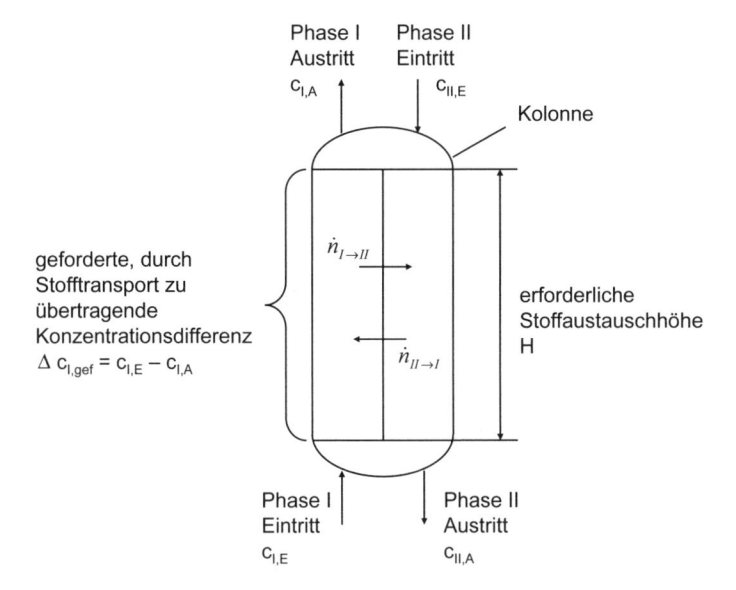

Abbildung 8.1: Grundlagen zur Bestimmung der erforderlichen stoffaustauschenden Höhe

Zur Berechnung der Stoffaustauschhöhe wird in der Kolonne ein differentielles Volumenelement der Höhe dz betrachtet, siehe Abbildung 8.2. Durch den in diesem Volumenelement übergehenden Stoffstrom $d\dot{n}$ wird die Konzentrationsdifferenz dc erreicht. Es müssen so viele differentielle Volumenelemente übereinander angeordnet werden, bis die geforderte Konzentrationsdifferenz $\Delta c_{I,gef}$ realisiert ist.

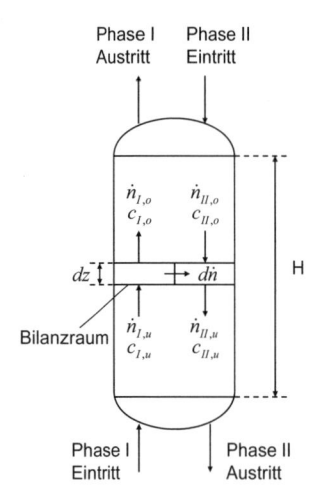

Abbildung 8.2: Berechnung der erforderlichen Kolonnenhöhe mittels Stofftransportmodellen

Die Bilanz für Phase I liefert den Zusammenhang

$$\dot{n}_I \cdot c_{I,u} = \dot{n}_I \cdot c_{I,o} + d\dot{n}, \tag{8-1}$$

und somit

$$d\dot{n} = \dot{n}_I \cdot \left(c_{I,u} - c_{I,o}\right) = \dot{n}_I \cdot dc_I. \tag{8-2}$$

Um Gleichung (8-2) integrieren zu können, muss die Abhängigkeit $\dot{n} = f(c)$ bekannt sein. Hierzu müssen die Grundlagen des Stofftzransports verstanden sein, die in den nächsten Kapiteln besprochen werden.

8.2 Grundlagen des Stofftransports

> **Lernziel:** Die Bedeutung des Stofftransports zur Auslegung thermischer Trennverfahren muss verstanden sein. Die Unterschiede zwischen den Stofftransportmechanismen Diffusion und Konvektion müssen beschrieben werden können. Die Berechnung des nach der Zweifilmtheorie zwischen Phasen übertragenen Stoffstroms muss beherrscht werden.

Das Verfahrensprinzip der hier besprochenen Trennverfahren beruht darauf, dass durch Wärmezufuhr (thermische Trennverfahren) oder Zugabe eines Zusatzstoffs (physikalisch-chemische Trennverfahren) das Phasengleichgewicht gestört wird (siehe Abbildung 8.3). **Die daraus resultierenden Konzentrationsunterschiede zwischen den Phasen führen zu Triebkräften, die für den Stofftransport zwischen Phasen verantwortlich sind**. Durch den sich einstellenden Stofftransport wird das bestehende Ungleichgewicht ausgeglichen, es bildet sich ein neues Gleichgewicht aus.

8.2 Grundlagen des Stofftransports

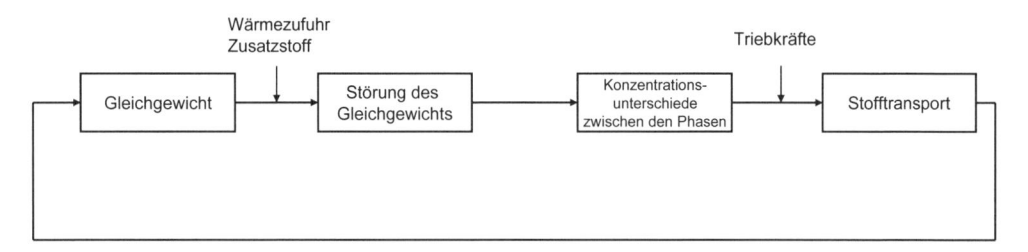

Abbildung 8.3: Bedingungen für Stofftransportvorgänge

Bei der bisher besprochenen Theorie der theoretischen Trennstufen entspricht die **Triebkraft** dem treibenden Konzentrationsgefälle (siehe Abbildung 6.8) zwischen Bilanz- und Gleichgewichtslinie. Je weiter die Bilanzlinie von der Gleichgewichtslinie entfernt liegt, desto größer ist das treibende Konzentrationsgefälle, desto weniger theoretische Trennstufen sind erforderlich, um das Trennproblem zu lösen.

Für die verfahrenstechnische Auslegung von Trennverfahren ist nicht nur die Lage des Phasengleichgewichts von Bedeutung, sondern auch die Geschwindigkeit, mit der die Stofftransportvorgänge zur Einstellung des Phasengleichgewichts ablaufen. Je schneller die Transportvorgänge sind, desto schneller können sich Konzentrationsunterschiede ausgleichen, desto geringer muss die stoffaustauschende Höhe sein, desto kleiner wird der Stoffaustauschapparat. Bei der Theorie der theoretischen Trennstufen wurde die Geschwindigkeit des Stofftransports und die teils komplexen Stofftransportzusammenhänge dadurch berücksichtigt, dass ein Korrekturfaktor (E, HETP, HETS, n_t) zur Umrechnung der theoretischen auf die Anzahl der tatsächlich erforderlichen praktischen Stufen verwendet wurde. Im Folgenden wird der Stofftransport mit Hilfe von Modellen abgebildet und mathematisch beschrieben, um ein Modell zu entwickeln, das direkt auf dem Stofftransport zwischen zwei Phasen basiert.

Unter der Wirkung der durch Konzentrationsunterschiede hervorgerufenen Triebkräfte kann ein Stoff (siehe Abbildung 8.4)

- durch **molekulare Diffusion** sowie
- durch **Konvektion**

übertragen werden. **Bei der molekularen Diffusion wird Stoff lediglich im molekularen Bereich transportiert.** Dieser Stofftransportmechanismus tritt in ruhenden Phasen und in Phasengrenzschichten auf. Bei der reinen Diffusion handelt es sich um einen relativ langsamen Vorgang, der für den technischen Einsatz beschleunigt werden muss. Dies ist erreichbar, indem Stoff durch die Wirkung freier oder erzwungener Strömung in ganzen Molekülballen übertragen wird. In diesem Fall wird von konvektivem Stofftransport gesprochen. Bei den thermischen Trennverfahren werden die Arbeitsbedingungen so gewählt, dass Stoff grundsätzlich konvektiv übertragen wird.

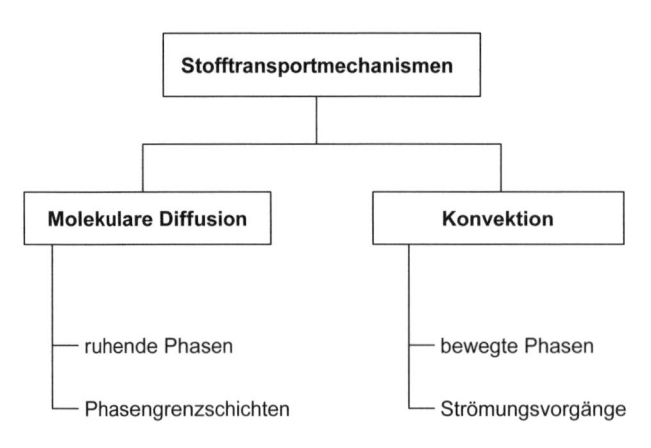

```
                    ┌──────────────────────────┐
                    │ Stofftransportmechanismen │
                    └──────────────────────────┘
                          │
            ┌─────────────┴─────────────┐
  ┌──────────────────┐         ┌──────────────┐
  │ Molekulare Diffusion │         │  Konvektion  │
  └──────────────────┘         └──────────────┘
        │                             │
   ── ruhende Phasen             ── bewegte Phasen
   └── Phasengrenzschichten       └── Strömungsvorgänge
```

Abbildung 8.4: Stofftransportmechanismen

Beispiel Diffusion/Konvektion: In einem mit Wasser gefüllten Rührgefäß befindet sich eine Farbstoffschicht auf dem Boden (Abbildung 8.5, Ausgangszustand). Auf Grund des Konzentrationsunterschieds verteilt sich der Farbstoff bei ausgeschaltetem Rührer allein durch Diffusion in der ruhenden Flüssigkeit. Abbildung 8.5 verdeutlicht, dass es sich bei der Diffusion um einen langsamen Vorgang handelt, da sich der Farbstoff auch nach 24 Stunden nicht homogen in dem Gefäß verteilt hat. Wird der Rührer eingeschaltet, bewegt sich die Flüssigkeit, es stellen sich turbulente Strömungszustände ein. Der Stofftransport erfolgt durch Konvektion, der Farbstoff verteilt sich innerhalb kürzester Zeit homogen in der Flüssigkeit (Abbildung 8.5, rechts).

| Ausgangszustand | Stofftransport durch Diffusion nach 24 h | Stofftransport durch Konvektion (Rühren) nach 5 sec. |

Abbildung 8.5: Diffusion und Konvektion

Zusammenfassung: Durch Wärmezufuhr oder Zugabe eines Zusatzstoffs wird die Einstellung des Gleichgewichts verhindert. Der daraus resultierende Stofftransport kann durch Diffusion oder Konvektion erfolgen.

8.3 Diffusion

Die Diffusion führt zum Abbau von Konzentrationsgradienten innerhalb eines abgeschlossenen Systems. Sie ist für den Stofftransport in ruhenden Schichten, z. B. in Phasengrenzschichten, verantwortlich. Zur Erklärung zeigt Abbildung 8.6 wie ein Stoff i durch eine ruhende Grenzschicht der Dicke Δx in x-Richtung übertragen wird. Nur die Grenzschicht stellt einen Widerstand für den Stofftransport dar, nur hier kommt es zu einem Konzentrationsgradienten. Der durch die Grenzschicht übertragene Stoffstrom $\dot{n}_{i,x}$ kann allgemein mit dem **1. Fickschen Gesetz** beschrieben werden:

$$\dot{n}_{i,x} = -D_{ij} \cdot A \cdot \frac{dc_i}{dx}. \tag{8-3}$$

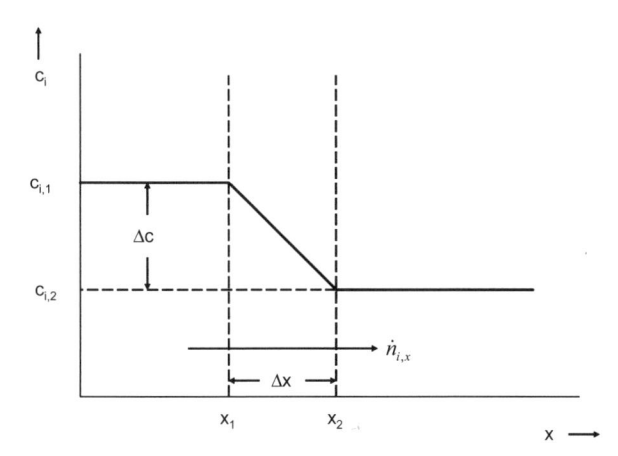

Abbildung 8.6: Stofftransport durch Diffusion

Der Stoffstrom in x-Richtung $\dot{n}_{i,x}$ ist proportional zum für den Stofftransport verantwortlichen Konzentrationsgradienten dc_i/dx (hier dc_i/dx = const.), der für die Stoffübertragung zur Verfügung stehenden Fläche (Grenzfläche) A sowie dem Diffusionskoeffizienten D_{ij}.

Um den diffundierenden Stoffstrom berechnen zu können, ist jeweils der binäre **Diffusionskoeffizient D_{ij} erforderlich, der ein Maß für die diffusive Bewegung der Komponente i in der Phase der Zusammensetzung j ist**. Der Diffusionskoeffizient ist abhängig von

 – Druck,
 – Temperatur,
 – Konzentration des diffundierenden Stoffs und
 – dem System diffundierender Stoff/Gemischpartner.

Beispiel Diffusionskoeffizient: Da der Diffusionskoeffizient ein wichtiger Stoffwert ist, ist er für viele Stoffpaarungen tabelliert. Einige Beispiele zeigt Tabelle 8.1.

Tabelle 8.1: Beispiele für Diffusionskoeffizienten /16/

Diffundie-render Stoff	Gemisch-partner (Diffusions-medium, Lösungsmittel)	Druck (bar)	Temperatur (°C)	Konzentration (%)	Diffusions-koeffizient (m^2/h)
Gold	Blei		100	0,03 bis 0,09	$0,83 \cdot 10^{-9}$
			300		$0,54 \cdot 10^{-6}$
Silicium	α-Eisen		1095	4,5 bis 7,1	$0,54 \cdot 10^{-8}$
			1249		$1,80 \cdot 10^{-8}$
Kupfer	Silberjodid		178		$0,48 \cdot 10^{-5}$
			428		$1,23 \cdot 10^{-5}$
Benzol	n-Heptan		25	50	$0,89 \cdot 10^{-5}$
Schwefelkohlen-stoff	n-Heptan		25	50	$1,28 \cdot 10^{-5}$
Methanol	Wasser		18	0,25	$0,49 \cdot 10^{-5}$
Benzol	Luft	1,013	0		0,0270
			45		0,0364
Benzol	Wasserstoff	1,013	0		0,1058
			45		0,1437
Benzol	Kohlendioxid	1,013	0		0,0189
			45		0,0257
Wasserdampf	Luft	0,981	0		0,083
Wasserdampf	Wasserstoff	0,981	0		0,278
Wasserdampf	Kohlendioxid	0,981	0		0,051

Das 1. Ficksche Gesetz gilt für **äquimolare Diffusion**. Gemäß Abbildung 8.7, links, können verschiedene Komponenten des Systems unabhängig voneinander diffundieren, die Phasengrenzfläche ist beidseitig durchlässig. Gleichgroße Stoffmengenströme der zwei Komponenten $\dot{n}_1$ und $\dot{n}_2$ werden in entgegengesetzter Richtung ausgetauscht

$$\dot{n}_1 = -\dot{n}_2. \tag{8-4}$$

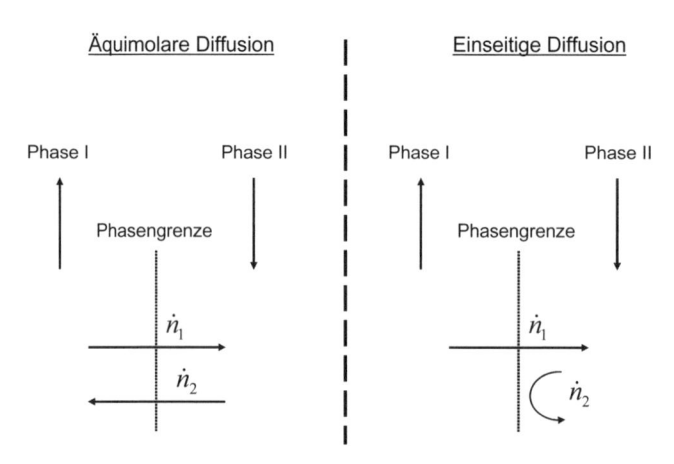

Abbildung 8.7: Diffusionsarten

8.3 Diffusion

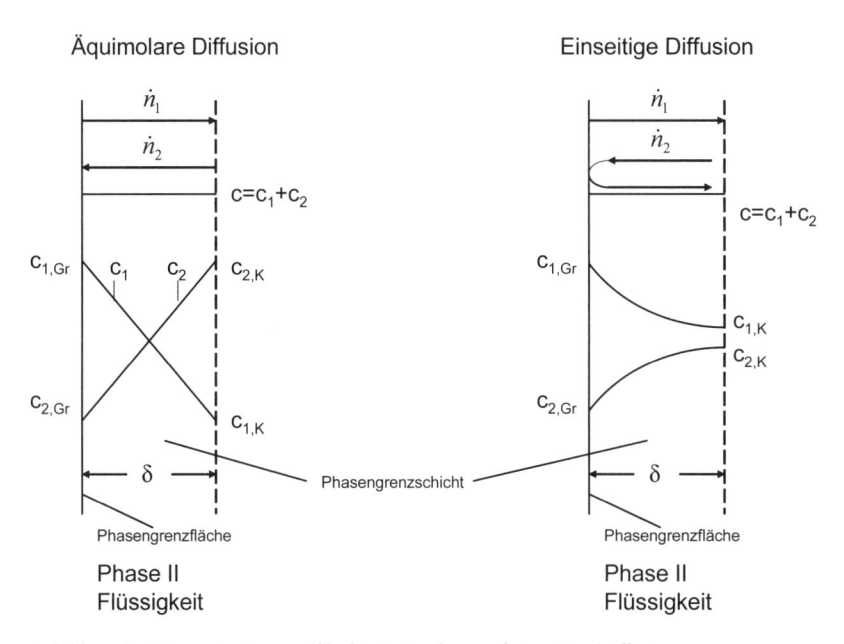

Abbildung 8.8: Konzentrationsprofile für äquimolare und einseitige Diffusion

Dieser Fall gilt z. B. für die Rektifikation. In Abbildung 8.8 ist für Phase 2 (hier Flüssigkeit) das Konzentrationsprofil in der Phasengrenzschicht gezeigt. In der Phasengrenzschicht wird der Stoff durch Diffusion übertragen. Durch den langsamen Diffusionsschritt bildet sich das in Abbildung 8.8 gezeigte charakteristisches Konzentrationsprofil aus. Der Stoff 1 diffundiert von der Phasengrenze (Konzentration $c_{1,Gr}$) zum Kern der Flüssigkeit ($c_{1,K}$), Komponente 2 entsprechend in entgegengesetzter Richtung. Durch das lineare Konzentrationsprofil und bei Kenntnis der Grenzschichtdicke δ kann das 1. Ficksche Gesetz umgeformt werden zu:

$$\dot{n}_1 = D_{1j} \cdot A \cdot \frac{c_{1,Gr} - c_{1,K}}{\delta}. \tag{8-5}$$

Bei physikalisch-chemischen Trennverfahren, wie z. B. der Absorption, findet keine äquimolare sondern eine **einseitige Diffusion** statt (Abbildung 8.7, rechts), da lediglich ein Stoff (bei der Absorption das Absorptiv) von einer Phase (Gasphase bei Absorption) in die andere Phase (Flüssigphase bei Absorption) übertragen wird. Von der flüssigen Phase wird kein Stoff in die Gasphase übertragen, die Phasengrenzfläche ist nur einseitig für Stoff „durchlässig". Abbildung 8.8, rechts, verdeutlicht das sich ausbildende Konzentrationsprofil im Vergleich zur äquimolaren Diffusion. Während der Stoffmengenstrom $\dot{n}_1$ über die Phasengrenze vom Gas in die Flüssigkeit diffundieren kann, ist die Phasengrenze für den Stoffmengenstrom $\dot{n}_2$ undurchlässig. Im Falle der einseitigen Diffusion diffundiert der Strom $\dot{n}_2$ aufgrund des Konzentrationsunterschieds ($c_{2,K} - c_{2,Gr}$) zwar in Richtung Phasengrenze, kann diese aber nicht durchdringen. Die Komponente 2 würde sich dadurch an der Phasengrenze anreichern. Um den entstehenden Konzentrationsunterschied auszugleichen, muss sich der Stoffmengenstrom wieder in den Kern der Flüssigkeit zurückbewegen. Da jetzt sowohl der Stoffstrom $\dot{n}_1$

als auch der Stoffmengenstrom $\dot{n}_2$ in Richtung Flüssigkeitskern gerichtet sind, wird der Abtransport des übergehenden Stoffes ($\dot{n}_1$) gefördert. Es entsteht ein zusätzlicher Stoffmengenstrom, der so genannte Stefanstrom ($\dot{n}_{1,Stefan}$), was zu einer Verbesserung des Stofftransports führt. Für den Fall der einseitigen Diffusion muss Gleichung (8-3) mit dem Stefanstrom erweitert werden

$$\dot{n}_i = \dot{n}_{i,x} + \dot{n}_{i,Stefan} \,. \tag{8-6}$$

Das **Stefansche Gesetz** lautet:

$$\dot{n}_i = -D_{ij} \cdot A \cdot \frac{c}{c-c_i} \cdot \frac{dc_i}{dx}, \tag{8-7}$$

wobei c die Summe der molaren Konzentrationen aller Komponenten in der Phase angibt (hier $c = c_1 + c_2$) und c_i die molare Konzentration der diffundierenden Komponente i. Für Gase kann mit Hilfe des idealen Gasgesetzes für die molare Konzentration der Druck p eingeführt werden:

$$\dot{n}_i = -\frac{D_{ij} \cdot A}{R \cdot T} \cdot \frac{p}{p-p_i} \cdot \frac{dp_i}{dx}. \tag{8-8}$$

Die Integration von Gleichung (8-7) liefert den übergehenden Stoffstrom der Komponente 1:

$$\dot{n}_1 = D_{1j} \cdot A \cdot \frac{c}{c_{2,m}} \cdot \frac{c_{1,Gr} - c_{1,K}}{\delta}, \tag{8-9}$$

mit der mittleren logarithmischen Konzentrationsdifferenz

$$c_{2,m} = \frac{c_{2,K} - c_{2,Gr}}{\ln \frac{c_{2,K}}{c_{2,Gr}}}. \tag{8-10}$$

Die Konzentrationsgradienten verlaufen nichtlinear, wie Abbildung 8.8 für einseitige Diffusion verdeutlicht.

Zusammenfassung: Diffusion kann einseitig oder äquimolar erfolgen. Während sich bei der äquimolaren Diffusion ein linearer Konzentrationsverlauf einstellt, ist dieser bei einseitiger Diffusion nichtlinear. Durch den Stefan-Strom sind die Stofftransportbedingungen bei einseitiger Diffusion begünstigt.

8.4 Stofftransport zwischen Phasen

8.4.1 Modellvorstellungen für den Stofftransport

Bei den thermischen Trennverfahren wird Stoff von einer Phase in die andere transportiert. Zur Beschreibung des Stofftransports existieren die Modellvorstellungen (siehe Abbildung 8.9):

- Zweifilmtheorie,
- Penetrationstheorie sowie
- Oberflächenerneuerungstheorie.

Die **Zweifilmtheorie** beruht auf der Modellvorstellung, dass sich an die Phasengrenzfläche zwischen zwei Phasen jeweils eine laminare Grenzschicht der Dicke δ_1 (Fluid 1) und δ_2 (Fluid 2) anschließt. Innerhalb dieser Grenzschicht liegt der entscheidende Stofftransportwiderstand, da der Stoff hier durch molekulare Diffusion übertragen wird.

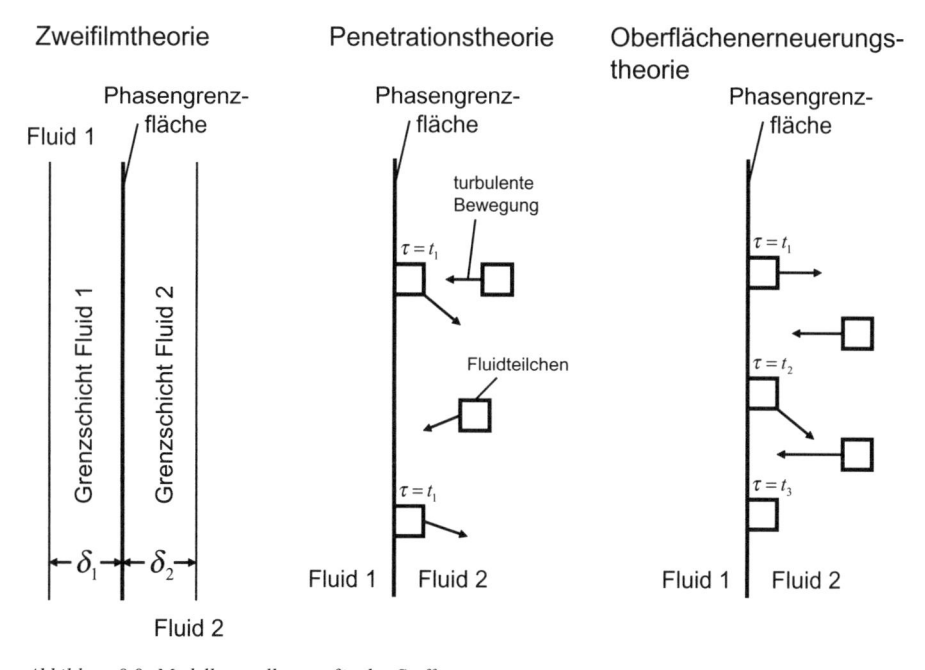

Abbildung 8.9: Modellvorstellungen für den Stofftransport

Bei der **Penetrations- oder Eindringtheorie** wird davon ausgegangen, dass der Stoffaustausch durch Fluidelemente erfolgt, die für eine sehr kurze aber für alle Fluidelemente gleiche Kontaktzeit mit der Phasengrenzfläche in Berührung treten. Während dieser Kontaktzeit penetriert der Stoff durch instationäre Diffusion in die Fluidelemente (bzw. aus diesen heraus). Der Transport der Fluidelemente an die Phasengrenzfläche erfolgt durch turbulente Bewegung aus dem Kern des Fluids.

Bei der **Oberflächenerneuerungstheorie** handelt es sich um eine Modifizierung der Penetrationstheorie, bei der auf Grund der turbulenten Durchmischung die Fluidelemente unterschiedliche Verweilzeiten an der Phasengrenzfläche aufweisen. Danach kehren die Fluidelemente wieder in den Kern des Fluids zurück und werden durch neue ersetzt, was zu einer kontinuierlichen Erneuerung der Phasengrenzfläche führt.

> **Zusammenfassung:** Zweifilmtheorie, Penetrationstheorie und Oberflächenerneuerungstheorie können zur Beschreibung des Stofftransports verwendet werden.

8.4.2 Stoffübergang

Im Folgenden wird nur noch das anschauliche Modell der Zweifilmtheorie betrachtet, um den Stoffaustausch zwischen zwei Phasen zu beschreiben. Abbildung 8.10 zeigt beispielhaft das Konzentrationsprofil zweier Phasen eines im Gegenstrom betriebenen Stoffaustauschapparats als Funktion der Höhe. Phase I tritt mit der Eintrittskonzentration $c_{I,E}$ in den Stoffaustauschapparat ein. Im Gegenstrom dazu strömt Phase II, die mit der Eintrittskonzentration $c_{II,E}$ (hier 0) zugeführt wird. Am Austritt aus dem Stoffaustauschapparat stellen sich nach abgeschlossenem Stoffaustausch die Austrittskonzentrationen $c_{I,A}$ und $c_{II,A}$ ein.

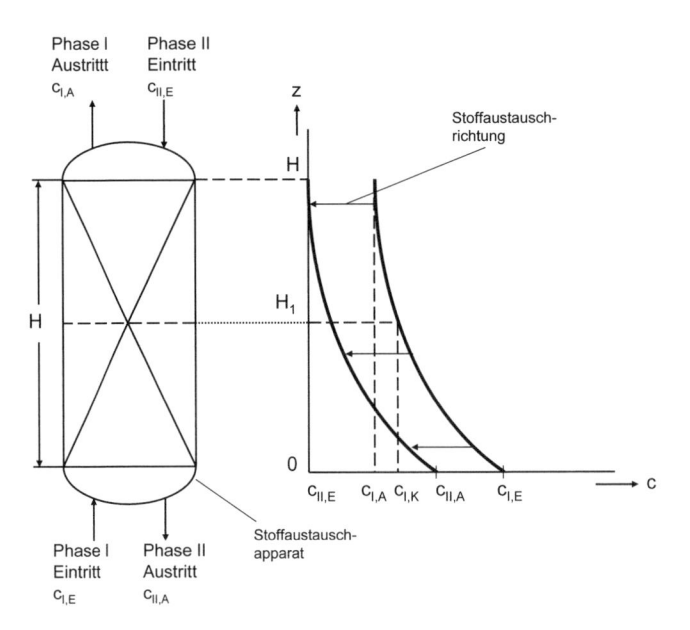

Abbildung 8.10: Konzentrationsprofile der Phasen I und II eines im Gegenstrom betriebenen Stoffaustauschapparats

Um mit Hilfe der Zweifilmtheorie den übergehenden Stoffstrom zu beschreiben, wird das Konzentrationsprofil in einer bestimmten Höhe H_1 betrachtet (siehe Abbildung 8.10). Das sich für den Transport des Stoffes i aus dem Kern der Phase I an die Phasengrenzfläche ergebende Konzentrationsprofil zeigt Abbildung 8.11 (Stofftransportrichtung von Phase I nach

8.4 Stofftransport zwischen Phasen

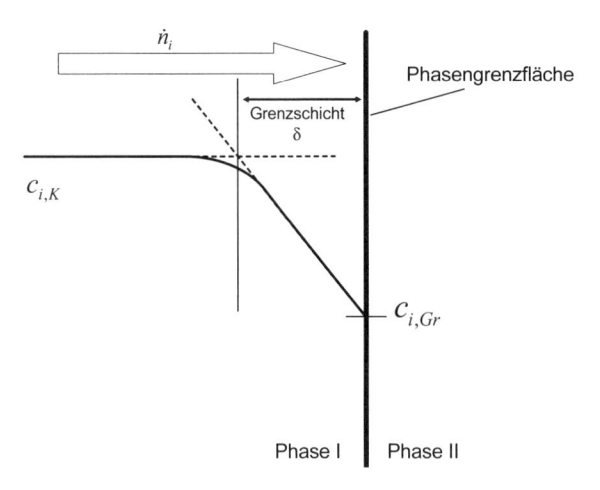

Abbildung 8.11: Stoffübergang nach der Filmtheorie

Phase II). Im Kern der Phase I ist die Konzentration des Stoffes i konstant, da der Stoff hier durch turbulente Konvektion übertragen wird. In der Grenzschicht findet der Stofftransport durch die langsamere Diffusion statt, es macht sich ein Konzentrationsabfall vom Kern der Phase I $c_{i,K}$ bis zur Phasengrenzfläche $c_{i,Gr}$ bemerkbar (siehe hierzu auch Abbildung 8.8). Anmerkung: Das Konzentrationsprofil in der Grenzschicht wird jeweils linear dargestellt, unabhängig davon, ob es sich um äquimolaren oder einseitigen Stofftransport handelt.

Für den Stoffübergang aus einer Phase zur Phasengrenzfläche gilt der phänomenologische Ansatz

$$\dot{n}_i = \beta_i \cdot A \cdot \Delta c_i . \tag{8-11}$$

Der Konzentrationsabfall Δc_i, der als Triebkraft den Stofftransport und damit den übergehenden Stoffstrom $\dot{n}_i$ bewirkt, bildet sich ausschließlich in der an die Phasengrenzfläche anschließenden Grenzschicht mit der Dicke δ aus, da der Stoff hier durch molekulare Diffusion übertragen wird. Angewendet auf den in Abbildung 8.11 gezeigten Fall folgt

$$\dot{n}_i = \beta_{i,I} \cdot A \cdot (c_{i,K} - c_{i,Gr}) . \tag{8-12}$$

Der Stoffmengenstrom der Übergangskomponente i ist proportional der molaren Konzentrationsdifferenz vom Kern der Phase I ($c_{i,K}$) bis zur Phasengrenzfläche ($c_{i,Gr}$) sowie der für den Stoffaustausch zur Verfügung stehenden Phasengrenzfläche A und dem Stoffübergangskoeffizienten $\beta_{i,I}$ in der Grenzschicht der Phase I. Ein Vergleich der Gleichungen (8-3) und (8-11) ergibt

$$\dot{n}_i = D_{ij} \cdot A \cdot \frac{\Delta c_i}{\delta} = \beta_i \cdot A \cdot \Delta c_i . \tag{8-13}$$

Der Stoffübergangskoeffizient β_i ist bei Anwendung der Filmtheorie dem Quotienten aus Diffusionskoeffizient und Grenzschichtdicke proportional

$$\beta_i \cong \frac{D_{ij}}{\delta} \: . \tag{8-14}$$

Der Stoffübergangskoeffizient gibt anschaulich die Geschwindigkeit an, mit der der übergehende Stoffstrom durch die Grenzschicht hindurchdiffundiert.

> **Beispiel zur groben Abschätzung des Stoffübergangskoeffizienten:** Da der Diffusionskoeffizient für viele Stoffsysteme vermessen und tabelliert ist, kann der Stoffübergangskoeffizient bei Kenntnis der Grenzschichtdicke δ abgeschätzt werden. Bei turbulenter Strömung von Gas und Flüssigkeit kann für die Grenzschichtdicken von Gas und Flüssigkeit überschlägig
> - Gas : $\delta \approx 0{,}1 - 1$ mm und
> - Flüssigkeit : $\delta \approx 10^{-3} - 10^{-2}$ mm
>
> angenommen werden. Hierbei handelt es sich allerdings nur um eine grobe Abschätzung, da der Stoffübergangskoeffizient vom Strömungszustand, von den Stoffeigenschaften und von der Geometrie des stoffaustauschenden Systems abhängt. Die genauere Berechnung mit Ähnlichkeitskennzahlen wird weiter unten beschrieben.

> **Zusammenfassung:** Der Stoffübergang beschreibt den Übergang eines Stoffes i vom Kern einer Phase bis an die Phasengrenze. Zur Berechnung steht der phänomenologische Ansatz gemäß Gleichung (8-11) zur Verfügung. Der Stoffübergang ist abhängig vom treibenden Konzentrationsgefälle, der zur Verfügung stehenden Phasengrenzfläche sowie dem Stoffübergangskoeffizienten.

8.4.3 Stoffdurchgang

Die Kenntnis des Stoffübergangs vom Kern einer Phase zur Phasengrenze reicht für die Lösung eines Trennproblems nicht aus. Bei den thermischen Trennverfahren muss der Stoffdurchgang von einer Phase durch die Phasengrenzfläche in die andere Phase betrachtet werden (Abbildung 8.12).

> **Beispiel Absorption:** Bei der Absorption wird das Absorptiv (übergehender Stoff i) aus der Gasphase (Phase I) über die Phasengrenzfläche in das flüssige Absorbens (Phase II) übertragen.

Abbildung 8.13 zeigt das **Modell des Stoffdurchgangs nach der Zweifilmtheorie**. Es ist wie in Abbildung 8.11 das Konzentrationsprofil im Querschnitt der Kolonne in der Höhe H_1 gezeigt. Der Stoff i wird von Phase I über die Phasengrenzfläche in den Kern der Phase II übertragen. Die Konzentrationen im Kern der jeweiligen Phasen $c_{K,I}$ und $c_{K,II}$ sind konstant,

8.4 Stofftransport zwischen Phasen

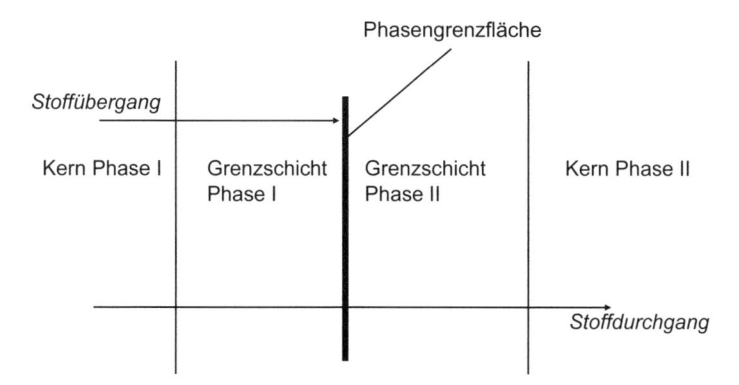

Abbildung 8.12: Stoffübergang und Stoffdurchgang

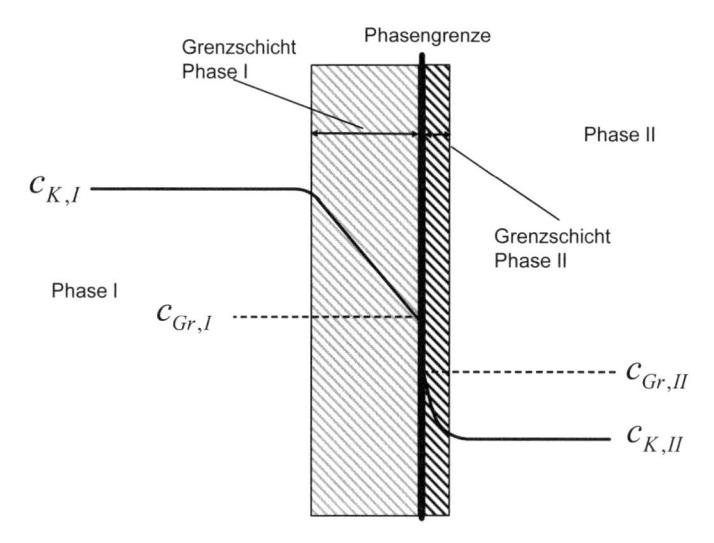

Abbildung 8.13: Stoffdurchgang nach der Zweifilmtheorie

da der Stofftransport hier durch turbulente Konvektion sehr schnell erfolgt. Die Grenzschichten der beiden Phasen stellen den für den Stoffdurchgang maßgeblichen Widerstand dar, da in diesen laminaren Grenzschichten der Stoff durch molekulare Diffusion übertragen wird (siehe Abschnitt 8.4.2). Die Konzentration des übergehenden Stoffs fällt dadurch von der Konzentration im Kern $c_{K,I}$ auf die Konzentration an der Phasengrenzfläche $c_{Gr,I}$ ab. Die Phasengrenzfläche selbst stellt keinen Widerstand dar. In der flüssigkeitsseitigen Grenzschicht ändert sich die Konzentration von der Phasengrenze $c_{Gr,II}$ bis zur konstanten Konzentration im Flüssigkeitskern $c_{K,II}$. Da die beiden Phasen an der Phasengrenze ständig miteinander in Kontakt stehen, stellt sich hier das Gleichgewicht zwischen den Phasen ein. Die Konzentrationen an der Phasengrenze sind nicht identisch, es bildet sich der durch die Gleichgewichtsbedingung $c_{I,Gr} = K_i \cdot c_{II,Gr}$ (siehe Kapitel 4, z. B. Gleichung (4-15) oder (4-32)) hervorgerufene charakteristische Sprung aus. K_i ist der jeweilige Verteilungs- oder Gleichgewichtskoeffizient.

Der Stoffübergang einer Komponente i vom Kern der Phase I zur Phasengrenzfläche wird gemäß Gleichung (8-11) beschrieben durch

$$\dot{n}_i = \beta_I \cdot A \cdot (c_{K,I} - c_{Gr,I}). \tag{8-15}$$

Da die Phasengrenzfläche keine Senke für den Stoff i darstellt, muss der gleiche Stoffstrom durch die Phasengrenze hindurch in Phase II weitertransportiert werden

$$\dot{n}_i = \beta_{II} \cdot A \cdot (c_{Gr,II} - c_{K,II}). \tag{8-16}$$

Da sich zwischen Gas und Flüssigkeit an der Phasengrenzfläche Gleichgewicht einstellt, gilt hier die Beziehung

$$c_{Gr,I} = K_i \cdot c_{Gr,II}. \tag{8-17}$$

Beispiel Gleichgewichtskoeffizient: Gilt z. B. bei Absorptionsprozessen das Henrysche Gesetz, lässt sich Gleichung (4-21) umschreiben zu

$$c_{Gr,I} = \frac{H_i}{p} \cdot c_{Gr,II} = K_i \cdot c_{Gr,II}. \tag{8-18}$$

Das Problem dieser Betrachtungsweise sind die unbekannten Konzentrationen $c_{Gr,I}$ und $c_{Gr,II}$ an der Phasengrenzfläche. Da sie auch messtechnisch nicht zugänglich sind, müssen sie durch bekannte Größen ersetzt werden.

Das jeweilige Konzentrationsgefälle in den Phasen I bzw. II berechnet sich zu

$$c_{K,I} - c_{Gr,I} = \frac{\dot{n}_i}{\beta_I \cdot A} \tag{8-19}$$

sowie

$$c_{Gr,II} - c_{K,II} = \frac{\dot{n}_i}{\beta_{II} \cdot A}. \tag{8-20}$$

Die bekannten Konzentrationen des übergehenden Stoffs i im Kern der jeweiligen Phase werden durch entsprechende Gleichgewichtskonzentrationen ausgedrückt:

$$c_{K,I} = K_i \cdot c_{II}* \tag{8-21}$$

und

$$c_{K,II} = \frac{1}{K_i} \cdot c_I *. \tag{8-22}$$

8.4 Stofftransport zwischen Phasen

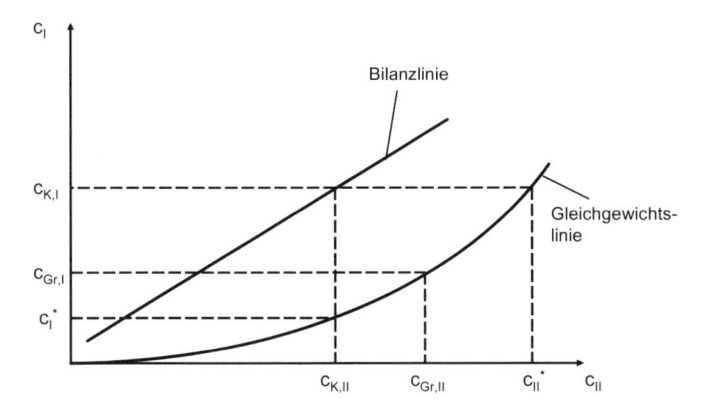

Abbildung 8.14: Gleichgewichtskonzentrationen

> **Beispiel Zusammenhang zwischen Kern-, Grenzflächen- und Gleichgewichtskonzentration:** Abbildung 8.14 zeigt den Zusammenhang zwischen den verschiedenen Konzentrationen. Die Konzentrationen an der Phasengrenze $c_{Gr,I}$ und $c_{Gr,II}$ stehen im Gleichgewicht. Sie müssen daher auf der Gleichgewichtslinie liegen. Die Kernkonzentrationen $c_{K,I}$ und $c_{K,II}$ befinden sich im selben Kolonnenquerschnitt (Höhe H_1 gemäß Abbildung 8.10), sind daher über die Bilanz miteinander verbunden und liegen auf der Bilanzlinie. Die Konzentrationen c_I^* und c_{II}^* stehen gemäß Gleichungen (8-21) und (8-22) im Gleichgewicht mit den Kernkonzentrationen der jeweils anderen Phase. Bei Kenntnis der Kernkonzentration und dem Gleichgewichtszusammenhang können die Konzentrationen c_I^* und c_{II}^* bestimmt werden.

Einsetzen der Gleichungen (8-17) und (8-21) in Gleichung (8-20) führt zu dem Zusammenhang zwischen den Konzentrationen c_I^* und $c_{Gr,I}$ in Phase I:

$$c_{Gr,I} - c_I^* = \frac{\dot{n}_i \cdot K_i}{\beta_{II} \cdot A} \; . \tag{8-23}$$

Durch Einsetzen der Gleichung (8-19) in Gleichung (8-23) kann die unbekannte Konzentration an der Phasengrenze eliminiert werden. Es ergibt sich die Gleichung

$$c_{K,I} - c_I^* = \frac{\dot{n}_i}{A} \cdot \left(\frac{1}{\beta_I} + \frac{K_i}{\beta_{II}} \right) . \tag{8-24}$$

Durch Einführung des **Stoffdurchgangskoeffizienten k**

$$\frac{1}{k_I} = \frac{1}{\beta_I} + \frac{K_i}{\beta_{II}} \tag{8-25}$$

vereinfacht sich Gleichung (8-24) zur **Bestimmungsgleichung für den zwischen zwei Phasen übergehenden Stoffstrom** zu

$$\dot{n}_i = k_I \cdot A \cdot (c_{K,I} - c_I^*). \tag{8-26}$$

Der Kehrwert des Stoffdurchgangskoeffizienten (1/k) stellt den Gesamtwiderstand des Stofftransportprozesses dar und setzt sich aus den Einzelwiderständen zusammen. Die Einzelwiderstände bilden die jeweiligen Phasengrenzschichten der Phasen I und II, beschrieben durch die Stoffübergangskoeffizienten β_I und β_{II} sowie das sich an der Phasengrenze einstellende Gleichgewicht. Der Index I besagt, dass der Gesamtstoffdurchgangskoeffizient k_I auf Phase I bezogen wird.

Werden alle Größen auf Phase II bezogen, ergibt sich analog

$$\dot{n}_i = k_{II} \cdot A \cdot (c_{II}^* - c_{K,II}), \tag{8-27}$$

mit dem auf Phase II bezogenen Stoffdurchgangskoeffizienten

$$\frac{1}{k_{II}} = \frac{1}{\beta_{II}} + \frac{1}{K_i \cdot \beta_I}. \tag{8-28}$$

Die Gleichungen (8-25) und (8-28) lassen sich vereinfachen, wenn der Widerstand hauptsächlich in einer der beiden Phasen liegt. Ist die Phasengrenzschicht von Phase I hauptsächlich für den Stoffdurchgangswiderstand verantwortlich, vereinfacht sich Gleichung (8-25) zu

$$k_I \approx \beta_I. \tag{8-29}$$

Liegt der Widerstand dagegen fast ausschließlich in Phase II, kann entsprechend für den Stoffdurchgangskoeffizienten angesetzt werden

$$k_{II} \approx \beta_{II}. \tag{8-30}$$

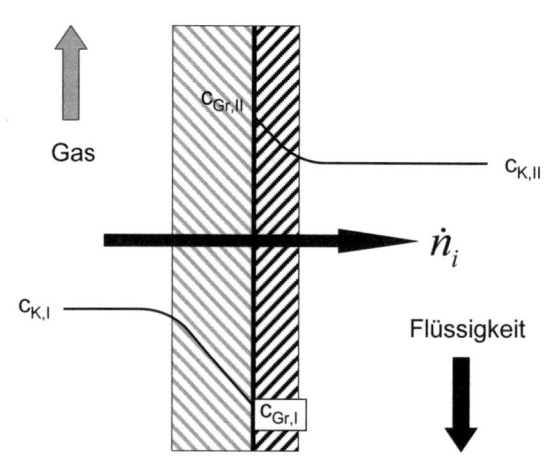

Abbildung 8.15: Typischer Konzentrationsverlauf bei der Absorption

Beispiel Stoffdurchgang bei Absorption: Abbildung 8.15 zeigt einen für die Absorption typischen Konzentrationsverlauf. Der Widerstand liegt sowohl in der gas- (Phase I) als auch in der flüssigkeitsseitigen (Phase II) Grenzschicht. Weiterhin wird durch das Gleichgewicht der Tatsache Rechnung getragen, dass sich mehr Absorptiv in der Flüssigphase löst als in der Gasphase. Dadurch wird das Absorptiv im Kern des Absorbens stärker aufkonzentriert als im Gas ($c_{K,II} > c_{K,I}$).

Zusammenfassung: Der Stoffdurchgang wird mit der Zweifilmtheorie beschrieben. Da die Konzentrationen an der Phasengrenze unbekannt sind, müssen diese durch berechenbare Größen ersetzt werden. Der vom Kern einer Phase in den Kern einer anderen Phase übergehende Stoffstrom kann nach Einführung des Stoffdurchgangskoeffizienten k berechnet werden.

8.5 HTU/NTU-Modell

Lernziel: Das HTU/NTU-Modell muss zur Berechnung der stoffaustauschenden Kolonnenhöhe angewendet werden können.

Durch Kenntnis der Stofftransportmechanismen kann Gleichung (8-2) gelöst werden. Voraussetzung für die Anwendung des HTU/NTU-Modells ist, dass die stoffaustauschenden Phasen ständig miteinander in Kontakt stehen.

Bei der Ableitung des Modells muss unterschieden werden zwischen äquimolarem und einseitigem Stoffaustausch. Beim **äquimolaren Stoffaustausch** (Beispiel: Destillation, Rektifikation) wird eine Komponente von Phase I in Phase II übertragen $\dot{n}_{I \to II}$ und die zweite Komponente von Phase II in Phase I $\dot{n}_{II \to I}$ (siehe Abbildung 8.16). Dies bedeutet, dass sich weder der Gasstrom $\dot{G}$ noch der Flüssigkeitsstrom $\dot{L}$ zwischen Ein- und Austritt ändern ($\dot{G}_E = \dot{G}_A = \dot{G}$ und $\dot{L}_E = \dot{L}_A = \dot{L}$), lediglich die Konzentrationen der Komponenten 1 und 2 ändern sich von y auf y+dy sowie x+dx auf x. Als Konzentrationsmaß für solche Anwendungsfälle werden i. d. R. Stoffmengenanteile verwendet (siehe Kapitel 6).

Im Gegensatz dazu wird beim **einseitigen Stofftransport** (Beispiel: Absorption, Extraktion, Adsorption) nur die Komponente 1 von einer Phase in die andere übertragen, wodurch sich die Gesamtströme von Gas und Flüssigkeit ändern, die Trägerströme (z. B. reines Gas ohne Absorptiv, reines Absorbens ohne Absorpt) aber konstant bleiben ($\dot{G}_{T,E} = \dot{G}_{T,A} = \dot{G}_T$ sowie $\dot{L}_{T,E} = \dot{L}_{T,A} = \dot{L}_T$). Wenn mit den Trägerströmen gearbeitet wird, wird als Konzentrationsmaß die Beladung gewählt (siehe Kapitel 3 und 6).

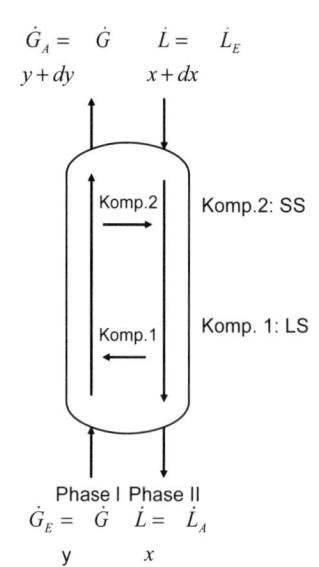

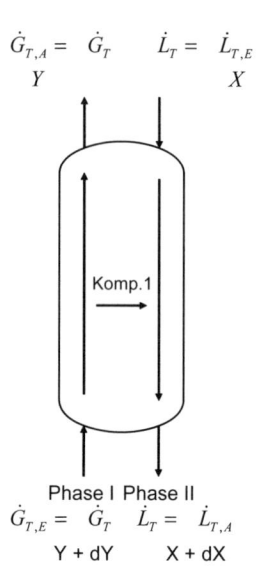

Abbildung 8.16: Äquimolarer und einseitiger Stoffaustausch als Grundlage zur Berechnung der erforderlichen Kolonnenhöhe

8.5.1 HTU/NTU-Modell für einseitigen Stofftransport

Das HTU/NTU-Modell für einseitigen Stofftransport findet Anwendung bei Absorption und Extraktion in Füllkörper-, Packungs- und Sprühkolonnen, da hier die beiden am Stoffaustausch beteiligten Phasen ständig miteinander in Kontakt stehen.

Absorption

Zur Herleitung des Modells wird gemäß Abbildung 8.17 ein **differentielles Volumenelement** in einem Querschnitt der Absorptionskolonne in einer beliebigen Höhe z als Bilanzraum gewählt. Phase I ist die Gasphase, Phase II die Flüssigphase. Der Gasstrom tritt mit der Beladung Y + dY in den Kolonnenquerschnitt ein und verlässt ihn nach der Höhe dz mit der geringeren Konzentration Y, da das Absorptiv mit dem Stoffstrom $d\dot{n}_i$ vom Gas in die Flüssigkeit übertragen wird. Die Beladung der im Gegenstrom zum Gas durch die Kolonne geführten flüssigen Phase (Absorbens) erhöht sich in dem Volumenelement dadurch um den Anteil dX. Um den übergehenden Stoffstrom $d\dot{n}_i$ der absorbierten Komponente i, der für die Konzentrationsänderungen in der Gas- und Flüssigphase verantwortlich ist, zu berechnen, wird der Bilanzraum I gewählt, der sich über die Gasphase erstreckt und an der Phasengrenzfläche endet.

Die Komponentenbilanz lautet (Bilanzraums I):

$$\dot{G}_T \cdot (Y + dY) = \dot{G}_T \cdot Y + d\dot{n}_i. \tag{8-31}$$

8.5 HTU/NTU-Modell

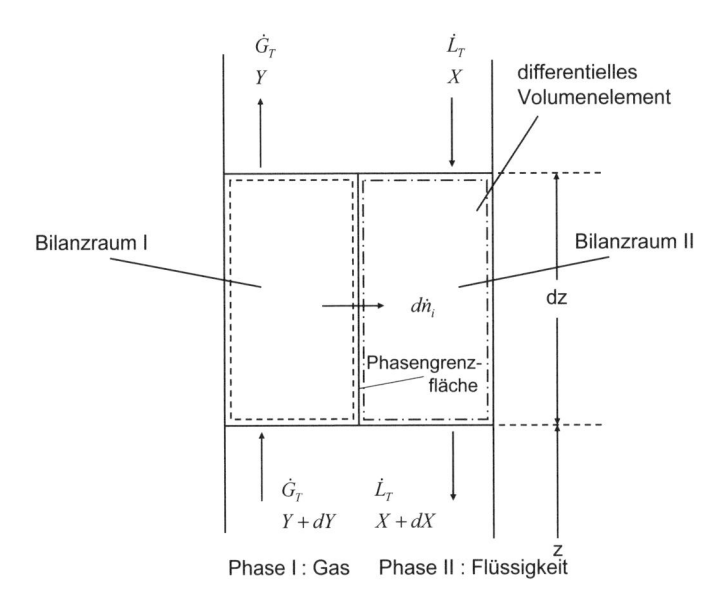

Abbildung 8.17: Bilanzierung eines differentiellen Volumenelements einer Gegenstromabsorptionskolonne

Der im Höhenelement dz ausgetauschte Mengenstrom $d\dot{n}_i$ bestimmt sich somit zu

$$d\dot{n}_i = \dot{G}_T \cdot dY \, . \tag{8-32}$$

Für den übergehenden Stoffstrom wird die Stoffübergangsbeziehung (Gleichung (8-26)) mit Beladungen als Konzentrationsmaß eingesetzt:

$$d\dot{n}_i = \tilde{\rho}_G \cdot k_G \cdot (Y - Y^*) \cdot dA = \dot{G}_T \cdot dY \, . \tag{8-33}$$

Durch Einführung der molaren Dichte $\tilde{\rho}_G$ erfolgt die Umrechnung der molaren Konzentration c in die molare Beladung Y. Der Stoffdurchgangskoeffizient wird mit k_G statt k_I bezeichnet, um unmissverständlich zu zeigen, dass der gesamte Stofftransportwiderstand auf die Gasseite bezogen ist. Y ist die Konzentration im Kern der Gasphase, Y^* die Gleichgewichtsbeladung zur Beladung im Kern der Flüssigkeit X, siehe Abbildung 8.14. Das differentielle Flächenelement dA ist die für den Stofftransport zur Verfügung stehende Fläche im Höhenelement dz. Diese lässt sich zu

$$dA = \varphi \cdot a \cdot A_Q \cdot dz \tag{8-34}$$

bestimmen. Neben dem Kolonnenquerschnitt A_Q ist die Größe der volumenbezogenen (spezifischen) Phasengrenzfläche a für die zur Verfügung stehende Phasengrenzfläche verantwortlich. Ist nicht die gesamte spezifische Oberfläche für den Stoffaustausch nutzbar, muss dieser Umstand durch den **Benetzungsfaktor** φ berücksichtigt werden

$$\varphi = \frac{\text{tatsächlich benetzte Oberfläche}}{\text{theoretisch nutzbare Oberfläche}}, \tag{8-35}$$

da nur die tatsächlich von Absorbens benetzte Oberfläche für den Stoffaustausch zur Verfügung steht. In der Regel wird der Stoffaustauschapparat so ausgelegt, dass $\varphi = 1$ gesetzt werden kann. Durch Einsetzen folgt aus Gleichung (8-33):

$$\dot{G}_T \cdot dY = \tilde{\rho}_G \cdot k_G \cdot (Y - Y^*) \cdot \varphi \cdot a \cdot A_Q \cdot dz. \tag{8-36}$$

Die Trennung der Variablen und Auflösung nach dz mit anschließender Integration über die stoffaustauschende Kolonnenhöhe H

$$\int_{z=0}^{z=H} dz = H \tag{8-37}$$

führt zu der Gleichung

$$H = \frac{\dot{G}_T}{k_G \cdot \varphi \cdot a \cdot A_Q \cdot \tilde{\rho}_G} \cdot \int_{Y_A}^{Y_E} \frac{dY}{Y - Y^*}. \tag{8-38}$$

Gleichung (8-38) kann umgeschrieben werden zu

$$H = HTU_{OG} \cdot NTU_{OG}. \tag{8-39}$$

Es bedeuten **HTU (Height of one Transfer Unit)**

$$HTU_{OG} = \frac{\dot{G}_T}{k_G \cdot \varphi \cdot a \cdot A_Q \cdot \tilde{\rho}_G} \tag{8-40}$$

und **NTU (Number of Transfer Units)**

$$NTU_{OG} = \int_{Y_A}^{Y_E} \frac{dY}{Y - Y^*}. \tag{8-41}$$

Wird der Bilanzraum um die flüssige Phase gelegt (Bilanzraum II in Abbildung 8.17), ergibt sich entsprechend

$$d\dot{n}_i = \dot{L}_T \cdot dX. \tag{8-42}$$

$$H = HTU_{OL} \cdot NTU_{OL}, \tag{8-43}$$

mit

$$HTU_{OL} = \frac{\dot{L}_T}{\tilde{\rho}_L \cdot k_L \cdot \varphi \cdot a \cdot A_Q} \tag{8-44}$$

und

$$NTU_{OL} = \int_{X_E}^{X_A} \frac{dX}{X^* - X}. \tag{8-45}$$

8.5 HTU/NTU-Modell

Die Indizierungen OG und OL stehen für „Overall Gas" bzw. „Overall Liquid" und geben Auskunft darüber, auf welche Phase der Gesamtstoffdurchgangswiderstand bezogen wird. Um die Höhe bestimmen zu können, müssen sowohl der NTU- als auch der HTU-Wert bekannt sein.

Extraktion

Die Berechnung der stoffaustauschenden Kolonnenhöhe mit Hilfe des HTU/NTU-Konzepts ist auch bei der Extraktion möglich. Allerdings wird dieses Verfahren hier seltener angewendet, da die Rückvermischung die Berechnung erschwert.

Die Übertragung des HTU/NTU-Modells auf die Extraktion führt zu den Gleichungen

$$H = \frac{\dot{m}_{T,S}}{\rho_E \cdot k_E \cdot \varphi \cdot a \cdot A_Q} \cdot \int_{Y_{m,E}}^{Y_{m,A}} \frac{dY_m}{Y_m^* - Y_m} = HTU_{OE} \cdot NTU_{OE}, \quad (8\text{-}46)$$

$$H = \frac{\dot{m}_{T,F}}{\rho_R \cdot k_R \cdot \varphi \cdot a \cdot A_Q} \cdot \int_{X_{m,E}}^{X_{m,A}} \frac{dX_m}{X_m^* - X_m} = HTU_{OR} \cdot NTU_{OR}, \quad (8\text{-}47)$$

wenn als Konzentrationsmaß Massenbeladungen und somit die Trägerströme $\dot{m}_{T,S}$ und $\dot{m}_{T,F}$ eingesetzt werden. Zu ermitteln sind die auf die Extrakt- bzw. Raffinatseite bezogenen Stoffdurchgangskoeffizienten k_E bzw. k_R, für die gilt:

$$\frac{1}{k_E} = \frac{1}{\beta_E} + \frac{1}{\beta_R \cdot K_i}, \quad (8\text{-}48)$$

$$\frac{1}{k_R} = \frac{1}{\beta_R} + \frac{K_i}{\beta_E}, \quad (8\text{-}49)$$

mit den Stoffübergangskoeffizienten β_E und β_R sowie der Gleichgewichtskonstanten K_i.

Die Höhen HTU_{OE} bzw. HTU_{OR} sind unter betriebsnahen Bedingungen über die Produkte $k_E \cdot a$ bzw. $k_R \cdot a$ zu bestimmen. Dies ist auf Grund der Rückvermischungen nur durch Scale-up-Beziehungen möglich. Die Rückvermischung kann ebenfalls durch Einführung der **effektiven Höhe**

$$H_{eff} = \overline{HTU} \cdot NTU \quad (8\text{-}50)$$

berücksichtigt werden. Der Wert $\overline{HTU}$

$$\overline{HTU} = HTU + HDU \quad (8\text{-}51)$$

stellt die scheinbare Höhe einer Übertragungseinheit unter Berücksichtigung der Rückvermischung dar. HTU ist die Höhe einer Übertragungseinheit bei idealer Pfropfenströmung, **HDU (Height of one Dispersion Unit) die Höhe einer Dispersionseinheit** bei gegebener Rückvermischung.

Für den Sonderfall, dass der Extinktionsfaktor gemäß Gleichung (7-6) zu $\varepsilon = 1$ wird, kann die Höhe einer Dispersionseinheit zu

$$\text{HDU} = \frac{D_{ax,k}}{w_k} + \frac{D_{ax,d}}{w_d} \tag{8-52}$$

berechnet werden. Die Vermischungseffekte müssen experimentell durch Messung der Verweilzeitverteilung der Phasen ermittelt werden, indem axiale Dispersionskoeffizienten D_{ax} bestimmt werden, die die Abweichung von der idealen Strömung charakterisieren.

8.5.2 HTU/NTU-Modell für äquimolaren Stofftransport

Wird das HTU/NTU-Modell für die Rektifikation (äquimolarer Stofftransport) hergeleitet, müssen die in Abbildung 8.18 gezeigten Konzentrationsprofile sowie die Stoffaustauschrichtung für die leichtsiedende (LS) sowie die schwersiedende Komponente (SS) berücksichtigt werden. Für den übergehenden Stoffstrom der leichtersiedenden Komponente folgt

$$\dot{n}_{LS} = \beta_I \cdot A \cdot \tilde{\rho}_G \cdot (y_{LS,Gr} - y_{LS,K}) = \beta_{II} \cdot A \cdot \tilde{\rho}_L \cdot (x_{LS,K} - x_{LS,Gr}), \tag{8-53}$$

bzw. nach Elimination der unbekannten Konzentrationen an der Phasengrenze

$$\dot{n}_{LS} = k_I \cdot A \cdot \tilde{\rho}_G \cdot (y^*_{LS}(x_{LS,K}) - y_{LS,K}) = k_{II} \cdot A \cdot \tilde{\rho}_L \cdot (x_{LS,K} - x^*_{LS}(y_{LS,K})). \tag{8-54}$$

Gemäß Abbildung 8.16 und Abbildung 8.17 mit Stoffmengenanteilen als Konzentrationsmaß folgt aus der Stoffmengenbilanz

$$d\dot{n}_{LS} = \dot{G} \cdot dy. \tag{8-55}$$

Einsetzen der Bestimmungsgleichung für $\dot{n}_{LS}$ sowie Trennung der Variablen führt zu

$$\int_{z=0}^{z=H} dz = H = \frac{\dot{G}}{k_G \cdot \varphi \cdot a \cdot A_Q \cdot \tilde{\rho}_G} \cdot \int_{y_E = x_B}^{y_A = x_D} \frac{dy}{y^* - y} = \text{HTU}_{OG} \cdot \text{NTU}_{OG}. \tag{8-56}$$

Entsprechend gilt bei Bezug auf die flüssige Phase

$$H = \frac{\dot{L}}{k_L \cdot \varphi \cdot a \cdot A_Q \cdot \tilde{\rho}_L} \cdot \int_{x_B}^{x_D} \frac{dx}{x - x^*} = \text{HTU}_{OL} \cdot \text{NTU}_{OL}. \tag{8-57}$$

Die Gleichgewichtskonzentrationen y^* und x^* können gemäß Abbildung 8.14 aus den Kernkonzentrationen x_K sowie y_K ermittelt werden.

Zusammenfassung: Mit dem HTU/NTU-Modell kann die erforderliche stoffaustauschende Höhe sowohl für einseitigen als auch äquimolaren Stoffaustausch berechnet werden. Grundlage der Berechnung ist der zwischen zwei Phasen übergehende Stoffstrom.

8.5 HTU/NTU-Modell

leichtsiedende Komponente / schwersiedende Komponente

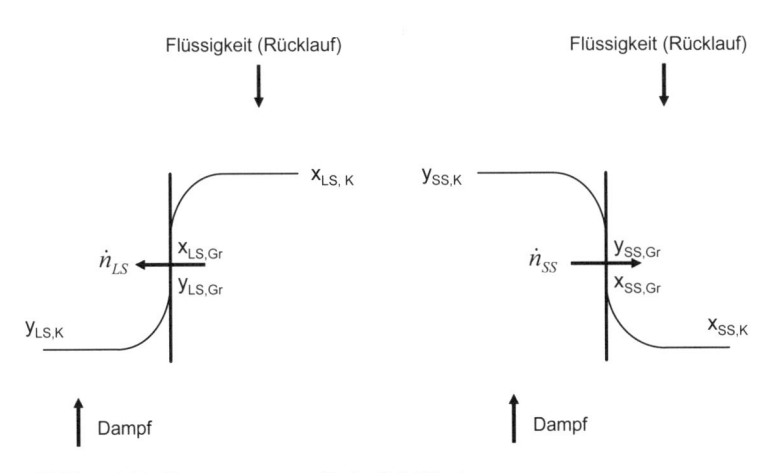

Flüssigkeit (Rücklauf) ↓   Flüssigkeit (Rücklauf) ↓

$\dot{n}_{LS}$ ← $x_{LS,K}$, $x_{LS,Gr}$, $y_{LS,Gr}$, $y_{LS,K}$ ↑ Dampf

$\dot{n}_{SS}$ → $y_{SS,K}$, $y_{SS,Gr}$, $x_{SS,Gr}$, $x_{SS,K}$ ↑ Dampf

Abbildung 8.18: Konzentrationsprofile für Rektifikation

8.5.3 Bestimmung des NTU-Werts

Der NTU-Wert

$$\text{NTU}_{\text{Rektifikation}} = \int \frac{dy}{y^* - y}, \quad \text{NTU}_{\text{Absorption}} = \int \frac{dY}{Y - Y^*} \tag{8-58}$$

zeigt anschaulich, wie viel mal die Triebkraft y* – y bei Rektifikation bzw. Y – Y* bei Absorption (siehe Abbildung 8.19) **in der gesamten Konzentrationsdifferenz dy (bzw. dY) vom Eintritt bis zum Austritt** ($y_D - y_B$ bei Rektifikation, $Y_E - Y_A$ bei Absorption) **enthalten ist.**

Zur Bestimmung des NTU-Werts stehen die Möglichkeiten

- geschlossene Berechnung,
- grafische Ermittlung und
- Berechnung für Sonderfälle

zur Verfügung. Da i. d. R. sowohl für die Bilanz- als auch für die Gleichgewichtslinie entsprechende Gleichungen zur Verfügung stehen, kann der NTU-Wert durch numerische Lösung des Integrals berechnet werden.

Beispielaufgabe NTU-Wert Rektifikation: Für die in Abschnitt 7.4 besprochene Beispielaufgabe Stufenkonstruktion Rektifikation soll für das durch Rektifikation zu zerlegende Zweistoffgemisch Benzol/Toluol (relative Flüchtigkeit bzw. Trennfaktor α_{12} = 2,42) der NTU-Wert ermittelt werden. Das Flüssigkeitsgemisch wird im Siedezustand mit einem Benzolmolanteil von 50 % zugeführt. Am Kopf der Destillationskolonne soll das Benzol mit einer Reinheit von 98 Mol-% abgeführt werden. Die Reinheit des schwerer siedenden Toluols

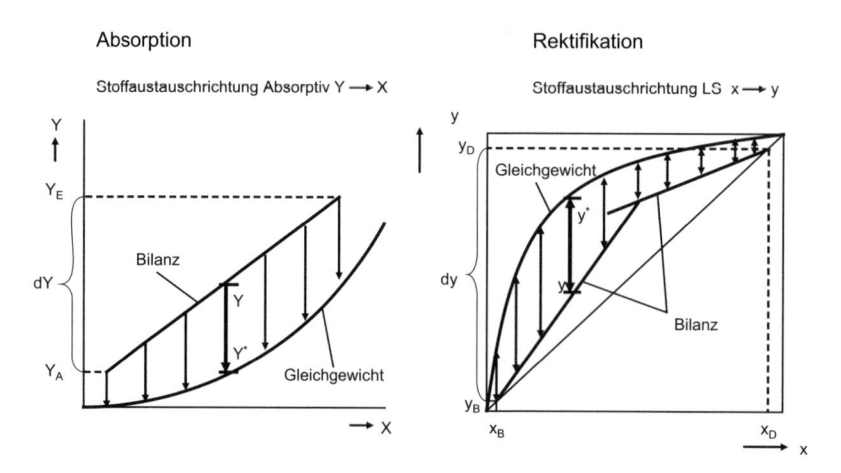

Abbildung 8.19: Anschauliche Bedeutung des NTU-Werts

im Sumpf der Kolonne soll ebenfalls 98 Mol-% betragen (siehe Übungsaufgabe Abschnitt 7.4). Die Rektifikationskolonne wird mit dem gegenüber dem minimalen Rücklaufverhältnis verdoppelten Rücklaufverhältnis betrieben.

Lösung: Der NTU-Wert für äquimolaren Stofftransport berechnet sich zu (Gleichung (8-58))

$$\int_{y_E=y_B=x_B}^{y_A=y_D=x_D} \frac{dy}{y^*-y} = NTU_{OG} .$$

Zur Lösung des Integrals muss ein analytischer Zusammenhang zwischen dy, y* und y hergestellt werden. Abbildung 8.20 zeigt die Zusammenhänge.

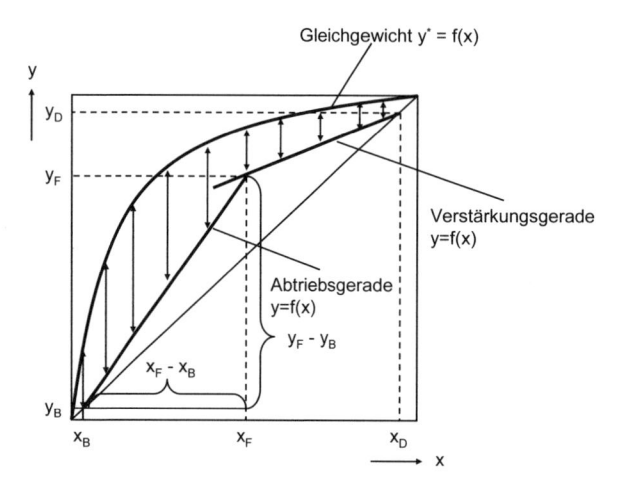

Abbildung 8.20: Analytische Lösung des Integrals NTU_{OG} für Rektifikation gemäß Beispielaufgabe

8.5 HTU/NTU-Modell

Da die Bilanzlinien für den Verstärkungs- und den Abtriebsteil unterschiedliche Steigungen aufweisen, muss das Integral für den Verstärkungs- und den Abtriebsteil separat gelöst werden:

$$NTU_{OG} = NTU_{OG,V} + NTU_{OG,A} = \int_{y_F}^{y_D} \frac{dy_V}{y^* - y_V} + \int_{y_B}^{y_F} \frac{dy_A}{y^* - y_A} .$$

Der Gleichgewichtszusammenhang $y^* = f(x)$ gemäß Gleichung (4-37)

$$y^* = \frac{\alpha_{12} \cdot x}{1 + x \cdot (\alpha_{12} - 1)} = \frac{2,42 \cdot x}{1 + x \cdot 1,42}$$

ist für Verstärkungs- und Abtriebsteil identisch.

Die Gleichung der Verstärkungsgeraden lautet (siehe Gleichung (6-103))

$$y = \frac{r}{r+1} \cdot x + \frac{x_D}{r+1} .$$

Mit
$$r = 2 \cdot r_{min} = 2 \cdot 1,31 = 2,62$$

(siehe Beispielaufgabe) lautet die Gleichung der Bilanzgeraden

$$y_V = \frac{r}{r+1} \cdot x + \frac{x_D}{r+1} = \frac{2,62}{2,62+1} \cdot x + \frac{0,98}{2,62+1} = 0,724 \cdot x + 0,271 .$$

Für die Konzentrationsdifferenz gilt (Differenziation von Gleichung (6-103))

$$dy_V = \frac{r}{r+1} dx = 0,724 \cdot dx .$$

Für den Wert $NTU_{OG,V}$ leitet sich daraus die Beziehung

$$NTU_{OG,V} = \int_{y_F}^{y_D} \frac{dy_V}{y^* - y_V} = \int_{x_F}^{x_D} \frac{0,724 dx}{\frac{2,42 \cdot x}{1 + x \cdot 1,42} - (0,724 \cdot x + 0,271)} = 7,46$$

her.

Die Gleichung für die Abtriebsgerade (Gleichung (6-110) und (6-112)) ergibt sich zu

$$y_A = \frac{\dot{L}_A}{\dot{L}_A - \dot{B}} \cdot x - \frac{\dot{B}}{\dot{L}_A - \dot{B}} \cdot x_B = \frac{r'}{r'-1} \cdot x - \frac{x_B}{r'-1} .$$

Da das Rücklaufverhältnis für den Abtriebsteil r' nicht bekannt ist, wird die Steigung durch die bekannten Konzentrationen (siehe Abbildung 8.20)

$$\tan \alpha = \frac{r'}{r'-1} = \frac{y_F - y_B}{x_F - x_B} = \frac{y_F - x_B}{x_F - x_B}$$

beschrieben.

Die unbekannte Feedkonzentration im Dampf y_F berechnet sich aus der bekannten Verstärkungsgeraden zu

$$y_F = \frac{r}{r+1} \cdot x_F + \frac{x_D}{r+1} = \frac{2{,}62}{2{,}62+1} \cdot x_F + \frac{0{,}98}{2{,}62+1} = 0{,}724 \cdot 0{,}5 + 0{,}271 = 0{,}633.$$

Es folgt

$$\frac{r'}{r'-1} = \frac{y_F - x_B}{x_F - x_B} = \frac{0{,}633 - 0{,}02}{0{,}5 - 0{,}02} = 1{,}277.$$

Durch Umstellung der Gleichung für die Abtriebsgerade folgt für den noch unbekannten y-Abschnitt $\dfrac{x_B}{r'-1}$ durch Einsetzen des bekannten Punkts (x_F/y_F)

$$\frac{x_B}{r'-1} = \frac{r'}{r'-1} \cdot x - y_A = 1{,}277 \cdot x - y = 1{,}277 \cdot x_F - y_F$$
$$= 1{,}277 \cdot 0{,}5 - 0{,}633 = 0{,}0055$$

und somit

$$y_A = \frac{r'}{r'-1} \cdot x - \frac{x_B}{r'-1} = 1{,}277 \cdot x - 0{,}0055.$$

Mit

$$dy_A = \frac{r'}{r'-1} dx = 1{,}277 \cdot dx$$

folgt

$$NTU_{OG,A} = \int_{y_B}^{y_F} \frac{dy_A}{y^* - y_A} = \int_{x_B}^{x_F} \frac{1{,}277 \cdot dx}{\dfrac{2{,}42 \cdot x}{1 + x \cdot 1{,}42} - (1{,}277 \cdot x - 0{,}0055)} = 6{,}33.$$

Als Endergebnis ergibt sich:

$NTU_{OG} = NTU_{OG,A} + NTU_{OG,V} = 7{,}46 + 6{,}33 = 13{,}79$.

Die Integrale NTU_{OG} bzw. NTU_{OL} können auch **grafisch gelöst** werden. Abbildung 8.21 zeigt das Verfahren am Beispiel der Absorption. Zur grafischen Lösung muss zuerst die Triebkraft $Y-Y^*$ zwischen Y_A und Y_E bestimmt werden (linker Teil in Abbildung 8.21). Der Kehrwert der Triebkraft wird dann über der jeweiligen Konzentration Y aufgetragen (rechter Teil in Abbildung 8.21). Die Fläche A_{NTU} unter der sich ergebenden Kurve entspricht dem NTU_{OG}-Wert.

8.5 HTU/NTU-Modell

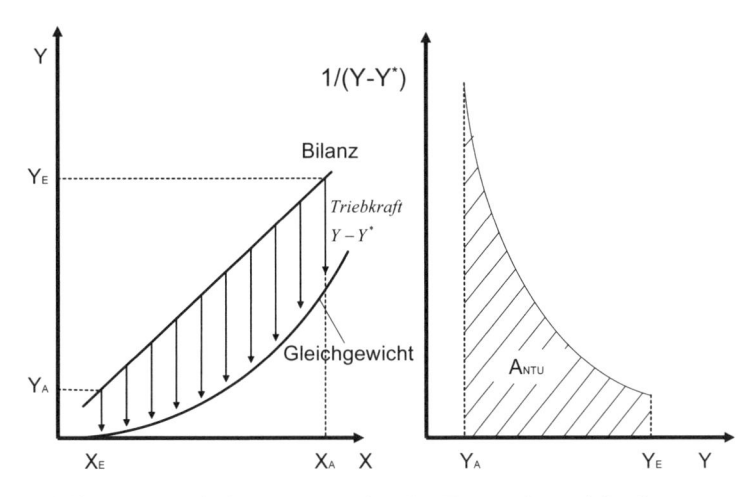

Abbildung 8.21: Grafische Bestimmung des NTU-Werts am Beispiel der Absorption

Für einige **Sonderfälle** (siehe Abbildung 8.22), die für die Absorption häufig zutreffen, ist die Berechnung des NTU-Werts besonders einfach möglich. Sind **Bilanz- und Gleichgewichtslinie zueinander parallele Geraden** (Fall I), stimmen der NTU-Wert und die Anzahl der theoretischen Trennstufen (siehe Kapitel 7) miteinander überein, es gilt

$$\text{NTU} = N_t. \tag{8-59}$$

Der NTU-Wert berechnet sich zu

$$\text{NTU}_{OG} = \int_{Y_A}^{Y_E} \frac{dY}{Y - Y^*} = \frac{Y_E - Y_A}{Y_A}. \tag{8-60}$$

Verlaufen **Gleichgewichts- und Bilanzlinie annähernd linear**, aber nicht parallel zueinander, kann die Triebkraft $Y - Y^*$ unter dem Integral hinreichend genau durch den logarithmischen Mittelwert $(Y - Y^*)_{ln}$ ersetzt werden (Fall II)

$$\text{NTU}_{OG} = \int_{Y_A}^{Y_E} \frac{dY}{Y - Y^*} = \frac{Y_E - Y_A}{\dfrac{(Y_E - Y_E^*) - (Y_A - Y_A^*)}{\ln \dfrac{(Y_E - Y_E^*)}{(Y_A - Y_A^*)}}}. \tag{8-61}$$

I. Gleichgewichts- und Bilanzlinie sind parallele Geraden

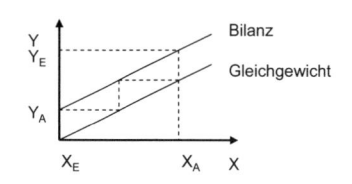

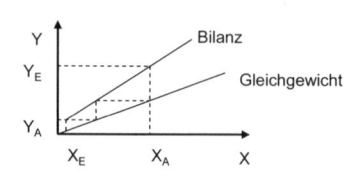

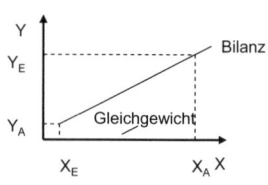

$$NTU_{OG} = \frac{Y_E - Y_A}{Y_A}$$

$$NTU = N_t$$

II. Gleichgewichts- und Bilanzlinie sind Geraden

$$NTU_{OG} = \frac{Y_E - Y_A}{\dfrac{(Y_E - Y_E^*) - (Y_A - Y_A^*)}{\ln\left(\dfrac{(Y_E - Y_E^*)}{(Y_A - Y_A^*)}\right)}}$$

III. Kein Partialdruck über dem Absorbens

$$NTU_{OG} = \ln\frac{Y_E}{Y_A}$$

Abbildung 8.22: Sonderfälle zur Bestimmung des NTU-Werts

Neben den Ein- und Austrittskonzentrationen Y_E und Y_A werden die Gleichgewichtskonzentrationen Y_E^* und Y_A^* zu den entsprechenden Konzentrationen im Kern der Flüssigkeit benötigt (siehe Abbildung 8.14). Der NTU-Wert stimmt nicht mehr mit der grafisch ermittelten Stufenzahl überein:

$$NTU \neq N_t. \tag{8-62}$$

Als dritter Sonderfall wird die Berechnung des NTU-Werts betrachtet, wenn der **Partialdruck der übergehenden Komponente über der flüssigen Phase null ist** (Fall III). Dieser Fall tritt bei der Absorption auf, wenn das Absorptiv chemisch im Absorbens gebunden wird. Die Gleichgewichtslinie liegt dann auf der Abszisse, es gilt

$$Y^*(X) = 0, \tag{8-63}$$

so dass sich der NTU-Wert zu

$$NTU_{OG} = \int_{Y_A}^{Y_E} \frac{dY}{Y - Y^*} = \int_{Y_A}^{Y_E} \frac{1}{Y} dY = \ln\frac{Y_E}{Y_A} \tag{8-64}$$

berechnet. Der NTU-Wert stimmt wiederum nicht mit der grafisch ermittelten Zahl der theoretischen Trennstufen (Kapitel 7) überein, die Abweichung zwischen N_t und NTU_{OG} wird größtmöglich.

Beispielaufgabe NTU-Wert Absorption (Physisorption): Aus einem Abluftstrom von 10000 kg/h soll Ammoniak durch Absorption in einer Packungskolonne (a = 350 m²/m³) entfernt werden. Bei den Absorptionsbedingungen von p = 1·10⁵ Pa, T = 313 K kann das Gasgemisch als ideal angesehen werden. Die Eintrittskonzentration des Ammoniaks (5 Vol.-%) soll um 99 Vol.-% verringert werden. Als Absorbens wird Wasser, das nicht regeneriert und der zentralen Abwasseraufbereitung zugeführt wird, mit einem Massenstrom von 18000 kg/h

8.5 HTU/NTU-Modell

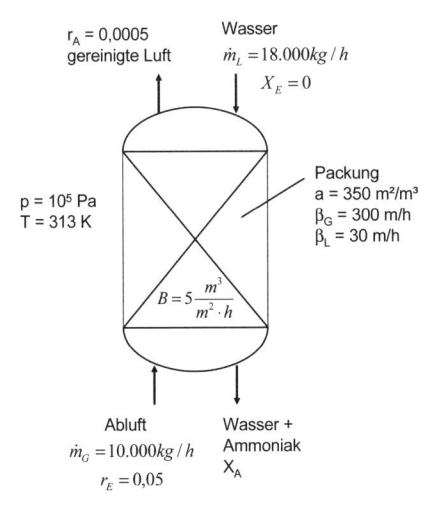

Abbildung 8.23: Absorption von Ammoniak mit Wasser gemäß Beispielaufgabe

im Gegenstrom durch die Kolonne gefahren. In dem betrachteten Konzentrationsbereich gehorcht das Gleichgewicht der Beziehung $Y = 2{,}7 \cdot X$. Abbildung 8.23 verdeutlicht die Aufgabenstellung. Stoffwerte:

M_{NH3} = 17 kg/kmol; M_{Luft} = 29 kg/kmol; M_{H20} = 18 kg/kmol;

ρ_{NH3} = 0,77 kg/m³; ρ_{Luft} = 1,1881 kg/m³; ρ_{H20} = 998,3 kg/m³.

Gesucht ist der NTU-Wert!

Lösung: Wird bei der Absorption mit Beladungen gerechnet, ist die Bilanzlinie eine Gerade. Bei dem gegebenen Gleichgewichtszusammenhang ($Y = 2{,}7 \cdot X$) handelt es sich ebenfalls um eine Gerade. Zur Bestimmung des NTU-Werts kann daher der Sonderfall II (Gleichgewichts- und Bilanzlinie sind Geraden) angewendet werden. Gemäß Gleichung (8-61) gilt

$$NTU_{OG} = \int_{Y_A}^{Y_E} \frac{dY}{Y - Y^*} = \frac{Y_E - Y_A}{\frac{(Y_E - Y_E^*) - (Y_A - Y_A^*)}{\ln \frac{(Y_E - Y_E^*)}{(Y_A - Y_A^*)}}}.$$

Für ein ideales Gas sind Volumen- und Molanteile gleich groß, und somit

$r_E = y_E = 0{,}05$.

Die Umrechnung in Beladungen erfolgt gemäß Gleichung (3-36) zu:

$Y_E = 0{,}0526$.

Entsprechend gilt für die Austrittsbeladung des Gases:

$r_A = y_A = 0{,}01 \cdot r_E = 0{,}0005 \rightarrow Y_A = 0{,}0005$.

Die Gleichgewichtskonzentrationen Y_E^* und Y_A^* stehen gemäß Abbildung 8.14 im Gleichgewicht mit den Kernkonzentrationen in der Flüssigkeit. Für Gegenstrom gilt:

$$Y_E^* = 2,7 \cdot X_A \ ; \ Y_A^* = 2,7 \cdot X_E \ .$$

Da als Absorbens Wasser ohne Ammoniak zugeführt wird, gilt

$$X_E = 0 \rightarrow Y_A^* = 0.$$

Die unbekannte Austrittsbeladung X_A berechnet sich aus der Komponentenbilanz für Ammoniak um den gesamten Absorber zu

$$\dot{G}_T \cdot Y_E + \dot{L}_T \cdot X_E = \dot{G}_T \cdot Y_A + \dot{L}_T \cdot X_A \ ,$$

$$X_A = X_E + \frac{\dot{G}_T}{\dot{L}_T} \cdot (Y_E - Y_A) \ .$$

Die Berechnung der Trägerströme für Gas und Flüssigkeit ergibt:

$$\dot{L}_T = \frac{\dot{m}_{L,T,E}}{M_{H_2O}} = \frac{18000}{18} = 1000 \text{ kmol/h} \ ;$$

$$\dot{G}_E = \frac{\dot{m}_{\text{Abluft,E}}}{y_E \cdot M_{NH_3} + (1-y_E) \cdot M_{\text{Luft}}} = \frac{10000}{0,05 \cdot 17 + (1-0,05) \cdot 29} = 352,11 \text{ kmol/h} \ ;$$

$$\dot{G}_T = \dot{G}_E \cdot (1-y_E) = 352,11 \cdot (1-0,05) = 334,51 \text{ kmol/h} \ .$$

Die Austrittsbeladung des Absorbens lässt sich damit berechnen:

$$X_A = X_E + \frac{\dot{G}_T}{\dot{L}_T} \cdot (Y_E - Y_A) = 0 + \frac{334,51}{1000} \cdot (0,0526 - 0,0005) = 0,0174 \ .$$

$$X_A = 0,0174 \rightarrow Y_E^* = 2,7 \cdot 0,0174 = 0,047 \ .$$

Als Endergebnis lässt sich der NTU-Wert zu

$$NTU_{OG} = \frac{0,0526 - 0,0005}{\dfrac{(0,0526 - 0,047) - (0,0005 - 0)}{\ln \dfrac{(0,0526 - 0,047)}{(0,0005 - 0)}}} = 24,7$$

berechnen. Somit sind 24,7 Übertragungseinheiten erforderlich, um das Trennproblem zu lösen.

Beispielaufgabe NTU-Wert Absorption (Chemisorption): Aus einem Abgasstrom soll Schwefeldioxid (Stoffmengenanteil 2 %) durch Absorption zu 95 % (bezogen auf die Eintrittsbeladung) entfernt werden. Die Absorption findet in einer Gegenstromabsorptionskolonne ($p = 1 \cdot 10^5$ Pa, T = 293 K) mit einem Innendurchmesser von 0,5 m statt, die mit einer strukturierten Packung (spezifische Phasengrenzfläche 250 m²/m³) bestückt ist. Als Absorbens wird Natronlauge (NaOH) verwendet, das der Absorption unbeladen zuströmt. Am Eintritt in die Absorptionskolonne werden sowohl 250 kmol/h Abgas als auch 250 kmol/h Natronlauge zugeführt.

Gesucht ist der NTU-Wert!

Lösung: Bei der beschriebenen Absorption handelt es sich um eine Chemisorption mit der Bruttoreaktionsgleichung gemäß (in der Praxis verläuft die tatsächliche Reaktion wesentlich komplizierter /43/):

$$SO_2 + 2\,NaOH \rightarrow Na_2SO_3 + H_2O.$$

Das SO_2 wird chemisch gebunden, der Partialdruck über der Flüssigkeit ist null. Gemäß Gleichung (8-64) gilt für diesen Sonderfall

$$NTU_{OG} = \int_{Y_A}^{Y_E} \frac{dY}{Y - Y^*} = \int_{Y_A}^{Y_E} \frac{1}{Y}\,dY = \ln\frac{Y_E}{Y_A}.$$

Die Eintritts- und Austrittsbeladungen lassen sich einfach berechnen:

$$Y_E = \frac{y_E}{1 - y_E} = \frac{0,02}{1 - 0,02} = 0,0204,$$

$$Y_A = 0,05 \cdot Y_E = 0,05 \cdot 0,0204 = 0,00102$$

und somit

$$NTU_{OG} = \ln\frac{Y_E}{Y_A} = \ln\frac{0,0204}{0,00102} = 2,996.$$

> **Zusammenfassung:** Der NTU-Wert zeigt an, wie häufig die Triebkraft in der gesamten durch Stoffaustausch zu realisierenden Konzentrationsdifferenz enthalten ist. Das Integral muss numerisch oder grafisch gelöst werden, wenn keine einfache Berechnung über Sonderfälle möglich ist.

8.5.4 Bestimmung des HTU-Werts

Der HTU-Wert gibt die Höhe einer Übertragungseinheit an, die erforderlich ist, um eine Trennstufe (NTU) zu realisieren. Die Höhe der Übertragungseinheit HTU_{OG} bzw. HTU_{OL} hängt maßgeblich von den Stoffdurchgangskoeffizienten k_G bzw. k_L sowie der volumenbezogenen Phasengrenzfläche a ab. Da die volumenbezogene Phasengrenzfläche bei Kenntnis der Einbauten gegeben ist, reduziert sich das Problem der Vorausberechnung auf die Bestimmung des Stoffdurchgangskoeffizienten. Dieser ist teilweise schwer zugänglich und muss häufig experimentell ermittelt werden. Zur Bestimmung des Stoffdurchgangskoeffizienten stehen die Möglichkeiten

- experimentelle Bestimmung des Faktors k · a,
- experimentelle Bestimmung des Faktors β · a,
- Bestimmung des HTU-Werts,
- Berechnung aus Sh-Korrelationen

zur Verfügung.

Beispiel HTU-Werte: Abbildung 8.24 zeigt experimentell ermittelte HTU-Werte. Für Füllkörper, Abbildung 8.24 links, werden je nach Gasgeschwindigkeit Werte von $0{,}15 \leq \text{HTU}_{OG} \leq 0{,}7$ erreicht (VSP: Gitterfüllkörper). Durch Chemisorption (Abbildung 8.24, Mitte) wird der Stofftransport beschleunigt, die HTU_{OG}-Werte verringern sich gegenüber Physisorption. Abbildung 8.24, rechts, zeigt HTU_{OL}-Werte für geordnete Packungen (Sulzer SMV) bei der Flüssig/Flüssig-Extraktion. Bedingt durch den schlechteren Stofftransport zwischen zwei flüssigen Phasen ergeben sich Werte zwischen $0{,}2 \leq \text{HTU}_{OL} \leq 1{,}3$.

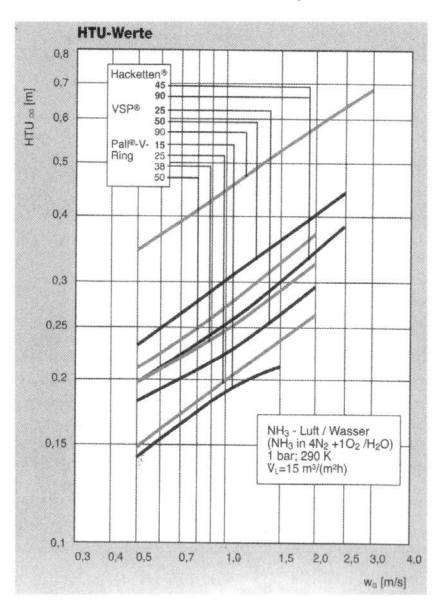

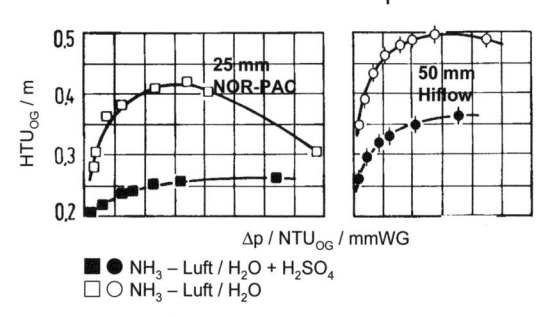

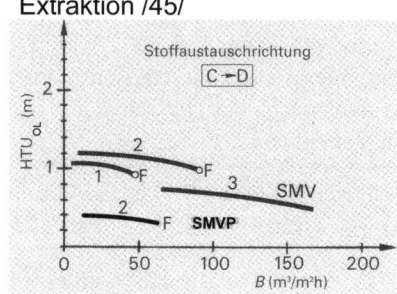

Abbildung 8.24: Experimentell ermittelte Werte für HTU_{OG}.

Sind in der Literatur keine entsprechenden Werte zu finden, muss der Stoffdurchgangskoeffizient aus den Stoffübergangskoeffizienten β über Sherwoodkorrelationen berechnet werden. Die Berechnung verlagert sich somit auf die Bestimmung der Stoffübergangskoeffizienten $β_G$ und $β_L$ (siehe Abschnitt 8.5.5).

8.5 HTU/NTU-Modell

Beispielaufgabe HTU-Wert Absorption (Physisorption): Der HTU-Wert soll für die oben beschriebene Aufgabenstellung gemäß Abbildung 8.23 bestimmt werden. Die Kolonne wird mit einer Flüssigkeitsbelastung von 5 m³·m⁻²·h⁻¹ betrieben. Für diesen Fall wurden die Stoffübergangskoeffizienten $\beta_G = 300$ m/h und $\beta_L = 30$ m/h messtechnisch ermittelt. Wie groß ist die erforderliche stoffaustauschende Kolonnenhöhe?

Lösung: Der HTU-Wert berechnet sich gemäß Gleichung (8-40) zu

$$HTU_{OG} = \frac{\dot{G}_T}{k_G \cdot \varphi \cdot a \cdot A_Q \cdot \tilde{\rho}_G}.$$

Unbekannt sind die molare Dichte, der Stoffdurchgangskoeffizient sowie die Querschnittsfläche. Es wird angenommen, dass die gesamte Packungsoberfläche benetzt ist: $\varphi = 1$.

Der Stoffdurchgangskoeffizient berechnet sich zu (Gleichung (8-25))

$$\frac{1}{k_G} = \frac{1}{\beta_G} + \frac{K_i}{\beta_L} = \frac{1}{300} + \frac{2{,}7}{30} \rightarrow k_G = 10{,}71 \, m/h.$$

Für die molare Dichte gilt:

$$\tilde{\rho}_G = \frac{\rho_G}{M_G},$$

$$\rho_G = y_E \cdot \rho_{NH_3} + (1 - y_E) \cdot \rho_{Luft} = 0{,}05 \cdot 0{,}77 + 0{,}95 \cdot 1{,}1881 = 1{,}167 \, kg/m^3,$$

$$M_G = y_E \cdot M_{NH_3} + (1 - y_E) \cdot M_{Luft} = 0{,}05 \cdot 17 + 0{,}95 \cdot 29 = 28{,}4 \, kg/kmol,$$

und damit

$$\tilde{\rho}_G = \frac{1{,}167 \, kg \cdot kmol}{28{,}4 \, m^3 \cdot kg} = 0{,}041 \, kmol/m^3.$$

Die Querschnittsfläche der Kolonne A_Q lässt sich aus der gegebenen Flüssigkeitsbelastung (Berieselungsdichte) bestimmen:

$$B = \frac{\dot{V}_L}{A_Q} = 5 \, m^3 \cdot m^{-2} \cdot h^{-1} \quad \rightarrow \quad A_Q = \frac{\dot{V}_L}{B},$$

$$\dot{V}_L = \frac{\dot{m}_{H_2O}}{\rho_{H_2O}} = \frac{18000 \, kg \cdot m^3}{998{,}3 \, h \cdot kg} = 18{,}03 \, m^3/h \quad \rightarrow \quad A_Q = \frac{18{,}03 \, m^3 \cdot m^2 \cdot h}{5 \, h \cdot m^3} = 3{,}61 \, m^2.$$

Als Endergebnis berechnet sich der HTU-Wert zu

$$HTU_{OG} = \frac{334{,}51}{10{,}71 \cdot 1 \cdot 350 \cdot 3{,}61 \cdot 0{,}041} = 0{,}603 \, m.$$

Es ist eine stoffaustauschende Kolonnenhöhe von

$$H = HTU \cdot NTU = 0{,}603 \text{ m} \cdot 24{,}7 = 14{,}9 \text{ m}$$

erforderlich.

> **Zusammenfassung:** Um den HTU-Wert berechnen zu können, muss der Stoffdurchgangskoeffizient bekannt sein. Dieser muss gemessen oder aus den Stoffübergangskoeffizienten berechnet werden.

8.5.5 Stoffübergangskoeffizienten

Da Stoffübergangskoeffizienten nicht tabellierbar sind, müssen sie experimentell ermittelt und durch entsprechende Korrelationsgleichungen der Form

$$Sh = \frac{\beta \cdot l}{D_{ij}} = a \cdot Re^b \cdot Sc^c \tag{8-65}$$

verfügbar gemacht werden. Für den **gasseitigen Stoffübergangskoeffizienten** werden empirische Ansätze der Form

$$Sh_G = \frac{\beta_G \cdot l}{D_{ij,G}} = a \cdot Re_G^b \cdot Sc_G^c \tag{8-66}$$

mit der Reynoldszahl der Gasphase

$$Re_G = \frac{w_G \cdot l}{\nu_G} \tag{8-67}$$

und der Schmidtzahl der Gasphase

$$Sc_G = \frac{\nu_G}{D_{ij,G}} \tag{8-68}$$

benutzt. Zur Berechnung werden die charakteristische Länge l, die kinematische Viskosität der Gasphase ν_G, der gasseitige Diffusionskoeffizient $D_{ij,G}$ sowie die Gasleerrohrgeschwindigkeit w_G benötigt. **Gasleerrohrgeschwindigkeit** bedeutet, dass die Gasgeschwindigkeit auf das leere Rohr ohne Flüssigkeit oder Einbauten bezogen wird.

Der **flüssigkeitsseitige Stoffübergangskoeffizient** berechnet sich entsprechend zu

$$Sh_L = \frac{\beta_L \cdot l}{D_{ij,L}} = m \cdot Re_L^n \cdot Sc_L^o \cdot Ga_L^p \tag{8-69}$$

mit

$$Re_L = \frac{w_L \cdot l}{\nu_L},\tag{8-70}$$

$$Sc_L = \frac{\nu_L}{D_{ij,L}} \tag{8-71}$$

und der Galileizahl

$$Ga_L = \frac{g \cdot l^3}{\nu_L^2}.\tag{8-72}$$

Neben der charakteristischen Länge sind die entsprechenden Werte für die kinematische Viskosität und den Diffusionskoeffizienten der Flüssigphase einzusetzen. Die Konstanten a, b, c oder m, n, o, p müssen experimentell ermittelt oder bekannten Korrelationsgleichungen entnommen werden.

Beispiel Sh-Korrelationen Gasphase – Flüssigphase: Für **Rieselfilmströmungen** in senkrechten Rohren können für $2300 < Re_G < 35000$ die Korrelationen (nach /42/)

$$Sh_G = 0{,}023 \cdot Re_G^{0,8} \cdot Sc_G^{0,4},\tag{8-73}$$

$$Sh_L = 0{,}725 \cdot Re_L^{0,33} \cdot Sc_L^{0,5} \cdot \left(\frac{l_L}{L_R}\right)^{0,5} \tag{8-74}$$

mit der Rohrlänge L_R und der Dicke des Flüssigkeitsfilms l_L benutzt werden.

Für **Raschigringschüttungen** kann für die Gasphase zwischen $10 \leq Re_G \leq 10000$ und $10\,mm \leq d_k \leq 50\,mm$ die Korrelation

$$Sh_G = 0{,}407 \cdot Re_G^{0,655} \cdot Sc_G^{0,33},\tag{8-75}$$

und für die Flüssigphase zwischen $3 \leq Re_L \leq 3000$

$$Sh_L = 0{,}32 \cdot Re_L^{0,59} \cdot Sc_L^{0,5} \cdot Ga_L^{0,17} \tag{8-76}$$

mit dem kennzeichnenden Füllkörperdurchmesser d_k als charakteristische Länge verwendet werden. Die Geschwindigkeiten sind jeweils Leerrohrgeschwindigkeiten. Weitere Korrelationsansätze können /16/ entnommen werden.

Liegen keine entsprechenden Zahlenwerte oder Korrelationsgleichungen für die Stoffübergangskoeffizienten vor, ist eine experimentelle Bestimmung erforderlich. Für eine erste überschlägige Dimensionierung kann für Füllkörper- und Packungskolonnen mit den Näherungswerten

$$\beta_L \approx 1 \text{ m}^3 \cdot \text{m}^{-2} \cdot \text{h}^{-1}, \tag{8-77}$$

$$\beta_G \approx 100 \text{ m}^3 \cdot \text{m}^{-2} \cdot \text{h}^{-1} \tag{8-78}$$

gerechnet werden. Es sei darauf hingewiesen, dass diese Werte lediglich eine grob überschlägige Dimensionierung ermöglichen.

Beispiel Sh-Korrelationen Fluidphase – Feststoff: Bei der Adsorption wird der Stoffübergangskoeffizient im Grenzfilm der Fluidphase zum Feststoff benötigt. Nach einer von Gnielinski angegebenen Korrelationsgleichung lässt sich der Stoffübergangskoeffizient im Grenzfilm $\beta_{i,Gr}$ bei Kenntnis des Diffusionskoeffizienten D in den Bereichen $0,1 < Re < 10000$, $0,6 < Sc < 1300$ und $Re \cdot Sc > 500$ zu

$$\beta_{i,Gr} = \frac{Sh_{i,\text{Einzelkugel}} \cdot f_a \cdot D}{2 \cdot r_P} \tag{8-79}$$

ermitteln. Der Formfaktor f_a wird mit Hilfe des Lückengrades der Schüttung ε zu

$$f_a = 1 + 1,5 \cdot (1 - \varepsilon) \tag{8-80}$$

bestimmt. Die Sherwoodzahl der Einzelkugel ergibt sich aus

$$Sh_{i,\text{Einzelkugel}} = 2 + \sqrt{Sh_{i,\text{lam}}^2 + Sh_{i,\text{turb}}^2}, \tag{8-81}$$

mit

$$Sh_{i,\text{lam}} = 0,664 \cdot \sqrt[3]{Sc} \cdot \sqrt{Re} \tag{8-82}$$

und

$$Sh_{i,\text{turb}} = \frac{0,037 \cdot Re^{0,8} \cdot Sc}{1 + 2,44 \cdot (Sc^{0,66} - 1) \cdot Re^{-0,1}}. \tag{8-83}$$

Die Reynoldszahl Re und die Schmidtzahl Sc werden folgendermaßen bestimmt:

$$Re = \frac{2 \cdot w_F \cdot r_P}{\varepsilon \cdot \nu_F}, \tag{8-84}$$

$$Sc = \frac{\nu_F}{D}, \tag{8-85}$$

mit der kinematischen Viskosität ν_F und der Leerrohrgeschwindigkeit w_F.

8.5 HTU/NTU-Modell

Beispielaufgabe Stoffübergangskoeffizient: Aus einem Abluftstrom soll Methanol mit Wasser bei Umgebungsdruck und 18°C (Dichte ρ_{H2O} = 998,3 kg/m³, dynamische Viskosität η_{H2O} = 1002,6 · 10⁶ Pa·s) absorbiert werden. Das Wasser wird mit einem Volumenstrom von 200 m³/h durch den Absorber gefördert. Die Absorptionskolonne hat einen Durchmesser von 0,5 m, als Kolonneneinbauten werden Raschigringe mit einem kennzeichnenden Durchmesser von 10 mm eingesetzt. Der Diffusionskoeffizient kann zu D_{ij} = 0,49 · 10⁻⁵ m²/h angenommen werden. Gesucht ist der flüssigkeitsseitige Stoffübergangskoeffizient!

Lösung: Für Raschigringe gilt gemäß Gleichung (8-76)

$$Sh_L = 0,32 \cdot Re_L^{0,59} \cdot Sc_L^{0,5} \cdot Ga_L^{0,17}.$$

Zur Bestimmung der Reynoldszahl ist die Kenntnis der kinematischen Viskosität (zur Vereinfachung wird der Methanolanteil in der Flüssigkeit bei dem Rechengang vernachlässigt)

$$\nu_L = \frac{\eta_L}{\rho_L} = \frac{1002,6 \cdot 10^{-6} \text{ Pa} \cdot \text{s} \cdot \text{m}^3}{998,3 \text{ kg}} = 1,004 \cdot 10^{-6} \text{ m}^2/\text{s}$$

sowie der Leerrohrgeschwindigkeit

$$w_L = \frac{\dot{V}_L}{A_Q} = \frac{4 \cdot \dot{V}_L}{\pi \cdot d^2} = \frac{4 \cdot 200 \text{ m}^3}{\pi \cdot 0,5^2 \text{ m}^2 \cdot \text{h}} = 1018,6 \text{ m/h} = 0,28 \text{ m/s}$$

erforderlich. Die Kennzahlen berechnen sich zu

$$Re_L = \frac{w_L \cdot d_k}{\nu_L} = \frac{0,28 \cdot 0,01}{1,004 \cdot 10^{-6}} = 2788,8,$$

so dass der Gültigkeitsbereich von Gleichung (8-76) (3 ≤ Re_L ≤ 3000) erfüllt ist,

$$Sc_L = \frac{\nu_L}{D_{ij,L}} = \frac{1,004 \cdot 10^{-6} \cdot 3600}{0,49 \cdot 10^{-5}} = 737,6,$$

$$Ga_L = \frac{g \cdot d_k^3}{\nu_L} = \frac{9,81 \cdot 0,01^3}{\left(1,004 \cdot 10^{-6}\right)^2} = 9.731.988.$$

Für die Sherwoodzahl folgt

$$Sh_L = 0,32 \cdot 2788,8^{0,59} \cdot 737,6^{0,5} \cdot 9731988^{0,17}$$

$$= 0,32 \cdot 107,84 \cdot 27,16 \cdot 15,42 = 14452,5$$

und damit

$$\beta_L = \frac{Sh_L \cdot D_{ij,L}}{d_k} = \frac{14452,5 \cdot 0,49 \cdot 10^{-5}}{0,01 \cdot 3600} = 0,00197 \text{ m/s} = 7,08 \text{ m/h}.$$

Mittels Gleichung (8-14) kann die flüssigkeitsseitige Grenzschichtdicke abgeschätzt werden

$$\beta_i \cong \frac{D_{ij}}{\delta} \quad \rightarrow \quad \delta_L \cong \frac{D_{ij,L}}{\beta_L} = \frac{0{,}49 \cdot 10^{-5} \text{ m}^2 \cdot \text{h}}{7{,}08 \text{ h} \cdot \text{m}} = 0{,}69 \cdot 10^{-6} \text{ m} = 0{,}69 \cdot 10^{-3} \text{ mm} \,.$$

> **Zusammenfassung:** Die Stoffübergangskoeffizienten können aus Sh-Korrelationen ermittelt werden. Voraussetzung ist, dass eine Sh-Korrelation für den Anwendungsfall vorliegt.

8.5.6 HTU/NTU-Modell für Chemisorption

Werden bei den physikalisch-chemischen Trennverfahren chemisch wirkende Hilfsstoffe (speziell bei Absorption und Extraktion) eingesetzt, muss dies auch beim HTU/NTU-Modell berücksichtigt werden

$$H = HTU_{Chemisorption} \cdot NTU_{Chemisorption} \,. \tag{8-86}$$

Gleichung (8-41) zur Bestimmung des NTU-Werts behält ihre Gültigkeit auch für Chemisorption. Es muss lediglich die Lage des chemischen Gleichgewichts berücksichtigt werden (siehe Abbildung 4.11), da bei Chemisorption der Partialdruck des übergehenden Stoffes über dem Hilfsstoff (Absorbens oder Extraktionsmittel) häufig verschwindend gering ist und gegen null geht. In Abschnitt 8.5.4 wird dieser Umstand bei der Berechnung des NTU-Werts berücksichtigt (siehe Sonderfall III in Abbildung 8.22).

Bei der Berechnung des HTU-Werts nach Gleichung (8-40) ist der Einfluss eines chemisch wirkenden Hilfsstoffs nicht berücksichtigt. Ändert sich der Stofftransport durch Chemisorption, beeinflusst dies den HTU-Wert, der HTU-Wert muss angepasst werden.

Der von einer Phase in eine andere übertragene Stoffstrom $\dot{n}_i$ (siehe z. B. Abbildung 8.15 für Absorption) setzt sich bei Vorliegen einer chemischen Reaktion gemäß

$$\dot{n}_i = \dot{n}_{i, \text{phy. Stofftransport}} + \dot{n}_{i, \text{Reaktion}} \tag{8-87}$$

aus einem rein physikalischen Stofftransportterm $\dot{n}_{i,\text{phy. Stofftransport}}$ sowie einem Stoffstrom $\dot{n}_{i,\text{Reaktion}}$ durch einen chemischen Stoffumsatz mit dem Reaktanden (bei der Absorption das chemisch wirkende Absorbens) zusammen. Liegt der Stoffübergangswiderstand maßgeblich in der Abgeberphase (Gasphase bei Absorption, siehe Abbildung 8.25, links) und handelt es sich um eine nicht zu schnelle chemische Reaktion, kann der HTU-Wert entsprechend dem bei der Physisorption angewendet werden, da in diesem Fall die anschließende chemische Reaktion in der Flüssigphase keinen Einfluss auf den Stofftransport hat:

$$\dot{n}_i = \dot{n}_{i,\text{phy. Stofftransport}} \tag{8-88}$$

$$HTU_{Chemisorption} = HTU_{Physisorption} \,. \tag{8-89}$$

8.5 HTU/NTU-Modell

Stoffübergangswiderstand in der Abgeberphase (Gasphase)

Stoffübergangswiderstand in der Aufnehmerphase (Absorbens)

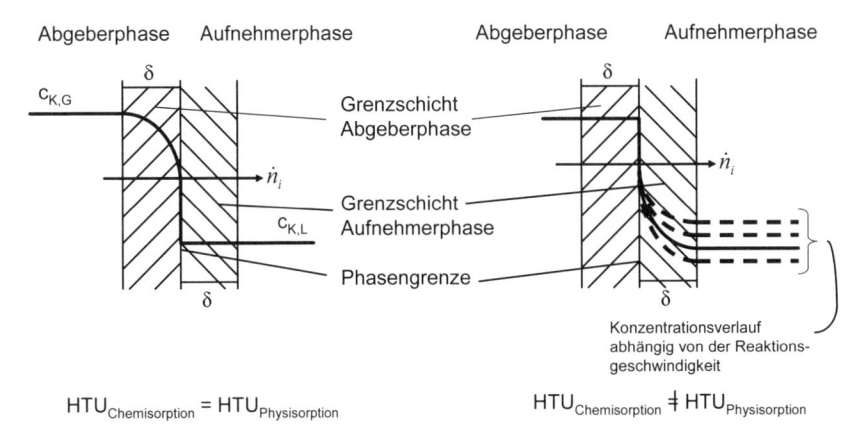

Abbildung 8.25: Einfluss der Chemisorption auf den Stofftransport am Beispiel der Absorption

Liegt der Stoffübergangswiderstand dagegen hauptsächlich in der Aufnehmerphase (Flüssigphase bei Absorption, siehe Abbildung 8.25, rechts), hängt der Konzentrationsverlauf in der Aufnehmerphase von der Reaktionsgeschwindigkeit der chemischen Reaktion ab. Eine schnell ablaufende chemische Reaktion verringert den Stoffübergangswiderstand in der Aufnehmerphase, der Stoffstrom durch chemischen Umsatz $\dot{n}_{i,\text{Reaktion}}$ muss berücksichtigt werden, es gilt:

$$\text{HTU}_{\text{Chemisorption}} \neq \text{HTU}_{\text{Physisorption}}. \tag{8-90}$$

Abbildung 8.26 zeigt wiederum am Beispiel der Absorption den Konzentrationsverlauf bedingt durch chemische Reaktion in der Aufnehmerphase (Absorbens). Wie bereits in Abbildung 8.25 angedeutet, hängt der Konzentrationsverlauf von der Reaktionsgeschwindigkeit ab. Als charakteristische Kennzahl zur Beschreibung der Geschwindigkeit einer Reaktion dient die Hatta-Zahl (Ha)

$$\text{Ha} = \frac{\text{Reaktionsgeschwindigkeit}}{\text{Stofftransportgeschwindigkeit}}. \tag{8-91}$$

Es gilt /30/:
- sehr langsame Reaktion $\text{Ha} < 0{,}02$,
- langsame Reaktion $0{,}02 < \text{Ha} < 0{,}3$,
- mittelschnelle Reaktion $0{,}3 < \text{Ha} < 3$,
- schnelle Reaktion $3 < \text{Ha} \ll E_i$,
- augenblickliche Reaktion $E_i \ll \text{Ha}$.

E_i ist der Enhancement-Faktor für Augenblicksreaktionen (siehe unten).

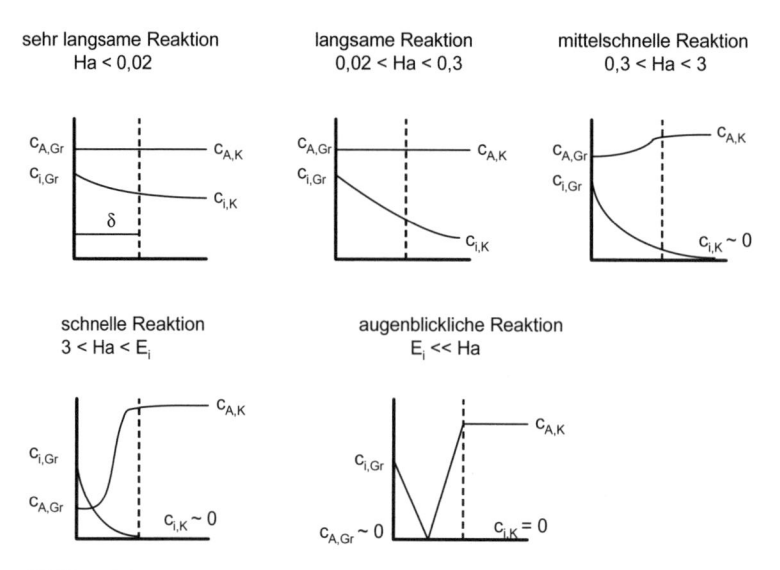

Abbildung 8.26: Konzentrationsverläufe in der Aufnehmerphase am Beispiel der Absorption /nach 30/

Bei langsamen Reaktionen erfolgt der Stoffumsatz durch Reaktion langsamer als der physikalische Stofftransport, der reaktive Stoffumsatz erfolgt hauptsächlich im Phasenkern (Abbildung 8.26). Es handelt sich um eine Diffusion mit nachfolgender chemischer Reaktion. Der Stoffumsatz wird jeweils durch den diffusiven Teil festgelegt, der HTU-Wert für Physisorption muss nicht korrigiert werden, es gilt Gleichung (8-61).

Bei schnellen Reaktionen erfolgt der Stoffumsatz durch Reaktion ausschließlich in der Phasengrenzschicht, das Absorptiv i reagiert hier mit dem Absorbens A zu einem neuen Produkt (siehe Abbildung 8.26), die Kernkonzentration des Absorptivs $c_{i,K}$ ist null. Die damit verbundene Erhöhung des Stoffumsatzes durch die chemische Reaktion wird durch die Einführung des Enhancement-Faktors E_F berücksichtigt. Der Enhancement-Faktor ist definiert als Verhältnis der Stoffübergangskoeffizienten mit (β_{LR}) und ohne (β_L) chemische Reaktion in der Flüssigphase zu

$$E_F = \frac{\beta_{LR}}{\beta_L} \tag{8-92}$$

und berücksichtigt die Beschleunigung des flüssigkeitsseitigen Stofftransports durch chemische Reaktion. Unter Berücksichtigung des Enhancement-Faktors berechnet sich der HTU-Wert zu

$$HTU_{OG} = \frac{\dot{G}_T}{k_G \cdot \varphi \cdot a \cdot A_Q \cdot \tilde{\rho}_G \cdot E_F} \tag{8-93}$$

Je größer der Einfluss der chemischen Reaktion auf den übergehenden Stoffstrom ist, desto größer wird der Enhancement-Faktor E_F, desto kleiner wird der HTU-Wert, da auf Grund des verbesserten Stofftransports die Höhe einer Übertragungseinheit geringer werden kann als bei reiner Physisorption.

8.5 HTU/NTU-Modell

Der Enhancement-Faktor muss vorausberechnet oder experimentell bestimmt werden. Die Berechnung des Enhancement-Faktors hängt dabei von der Reaktionsordnung der chemischen Reaktion ab.

Beispiel Bestimmung des Enhancement-Faktors: Bei der Absorption mit einem chemisch wirkenden Absorbens handelt es sich häufig um eine irreversible Reaktion 2. Ordnung der Form

$$i + \nu_A \cdot A \rightarrow P. \tag{8-94}$$

Ein Mol des Absorptivs i reagiert mit ν_A Molen des Absorbens A zu dem Produkt P. Für diesen Fall lässt sich der Enhancement-Faktor als Funktion der Hatta-Zahl bestimmen, wie Abbildung 8.27 zeigt. Die Hatta-Zahl berechnet sich für eine Reaktion 2. Ordnung zu

$$Ha = \frac{\sqrt{k_2 \cdot c_A \cdot D_i}}{\beta_L}, \tag{8-95}$$

mit k_2 als der Reaktionsgeschwindigkeitskonstanten der Reaktion 2. Ordnung und dem Diffusionskoeffizienten des Absorptivs D_i. Als Parameter der Kurvenschar dient bei großen Hatta-Zahlen der Enhancement-Faktor der Augenblicksreaktion E_i, der sich zu

$$E_i = 1 + \frac{c_A}{\nu_A \cdot c_{i,Gr}} \tag{8-96}$$

berechnet. Benötigt werden die molare Konzentration c_A des Absorbens im Flüssigkeitskern sowie die Konzentration des Absorptivs $c_{i,Gr}$ an der Phasengrenzfläche.

Wie Abbildung 8.27 zeigt, muss der Enhancement-Faktor für Ha > 1 berücksichtigt werden, da dann gemäß Gleichung (8-63) die Reaktionsgeschwindigkeit größer ist als die Stofftransportgeschwindigkeit. Für schnell ablaufende Reaktionen ($3 < Ha \ll E_i$) gilt

$$E_F = Ha. \tag{8-97}$$

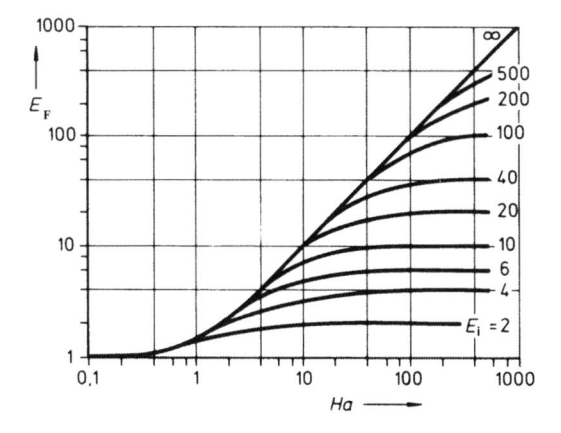

Abbildung 8.27: Enhancement-Faktor als Funktion der Ha-Zahl für eine irreversible Reaktion 2. Ordnung /47/

Bei augenblicklichen Reaktionen (Ha $\gg$ E$_i$) befinden sich die Zustandspunkte auf den waagerecht verlaufenden Linien, es gilt

$$E_F = E_i. \tag{8-98}$$

8.6 Stofftransport bei Adsorption

Lernziel: Die Transportmechanismen des Adsorptivs vom Fluidkern in das Adsorbenskorn müssen verstanden sein. Festbettreaktoren müssen ausgelegt werden können.

8.6.1 Filmtheorie bei der Adsorption

Bei der Adsorption muss das Adsorptiv gemäß Abbildung 8.28 durch Konvektion (1) oder seltener bei geringen Strömungsgeschwindigkeiten durch Diffusion aus dem Fluid bis zu den Adsorbenskörnern transportiert werden. Um an die Oberfläche des Adsorbens zu gelangen, wird das Adsorptiv diffusiv durch die Grenzschicht hindurchtransportiert (2). Danach erfolgt der Stofftransport in den Feststoffporen, der maßgeblich vom Porendurchmesser bestimmt wird (3). An freien Stellen innerhalb der Poren wird das Adsorptiv adsorbiert (4). Durch den exothermen Adsorptionsvorgang wird Wärme freigesetzt (5), die aus dem Adsorbenskorn abgeführt werden muss. Dies erfolgt durch Wärmeleitung im Korn (6) mit nachfolgendem Wärmeübergang in der fluidseitigen Grenzschicht (7). Die Wärmeabfuhr aus dem Adsorptionsraum geschieht durch konvektiven Wärmetransport im Fluid oder seltener durch Leitung oder Strahlung (8).

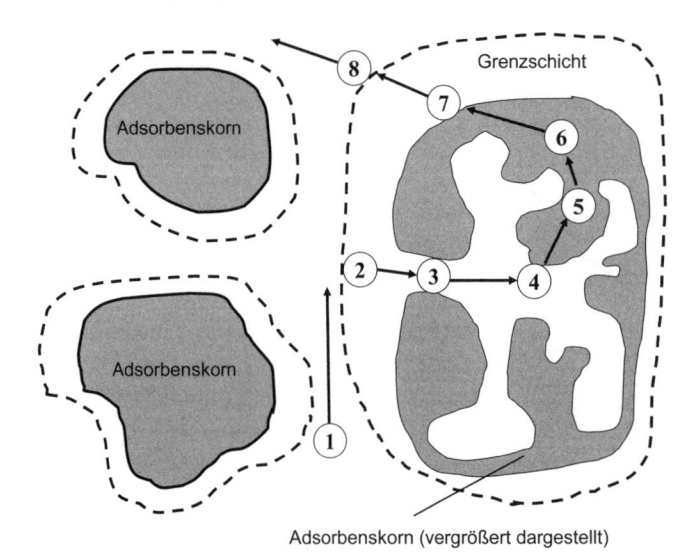

Abbildung 8.28: Gekoppelter Stoff- und Wärmetransport bei der Adsorption

8.6 Stofftransport bei Adsorption

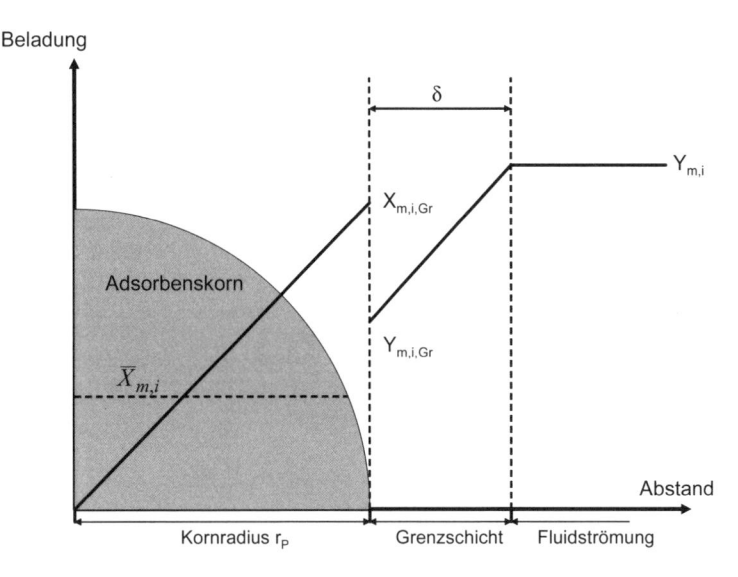

Abbildung 8.29: Stoffübergang nach dem Grenzschichtmodell

Zur Vereinfachung wird im Folgenden von isothermer Adsorption ausgegangen. Abbildung 8.29 verdeutlicht das Konzentrationsprofil des Stofftransports aus dem Fluid bis in das Adsorbenskorn nach der Filmtheorie mit der vereinfachten Annahme linearer Konzentrationsverläufe. Die Beladung $Y_{m,i}$ im Kern der Fluidströmung kann in einem Querschnitt des Adsorbers als konstant angenommen werden. Durch den Widerstand in der Grenzschicht stellt sich die Beladung $Y_{m,i,Gr}$ am äußeren Rand des Adsorbenskorns ein, die im Gleichgewicht mit der Beladung $X_{m,i,Gr}$ steht. Da die Beladung $X_{m,i,Gr}$ am Kornrand größer ist als die mittlere Beladung des Korns $\overline{X}_{m,i}$ wird Adsorptiv vom Kornrand in das Adsorbenskorn hinein transportiert.

Der gesamte Transportvorgang setzt sich vereinfacht (siehe Abbildung 8.30) aus den Einzelschritten

- konvektiver Transport des Adsorptivs aus der Strömung an die Grenzschicht,
- Diffusion durch die Grenzschicht an die äußere Kornoberfläche,
- Diffusion in den Poren (Korndiffusion),
- Adsorption an der Adsorbensoberfläche

zusammen. Um die Berechnung zu vereinfachen, wird der langsamste und damit geschwindigkeitsbestimmende Transportvorgang ermittelt. Bei **kleinen Strömungsgeschwindigkeiten** der fluiden Phase stellt sich eine ausgedehnte Grenzschicht am Adsorbenskorn ein. Der Diffusionswiderstand der Grenzschicht wird größer als derjenige im Korninneren und ist geschwindigkeitsbestimmend (siehe Abbildung 8.30, **Filmdiffusion geschwindigkeitsbestimmend**). Der gesamte Konzentrationsabfall findet in der Grenzschicht statt. Dies ist der Fall, wenn die Anströmung der Adsorbensschüttung laminar oder schwach turbulent erfolgt, was häufig bei der **Flüssigphasenadsorption** zutrifft. Bei **höheren Anströmgeschwindigkeiten** wird die **Korndiffusion geschwindigkeitsbestimmend**. Dies ist normalerweise bei der **Gasphasenadsorption** der Fall.

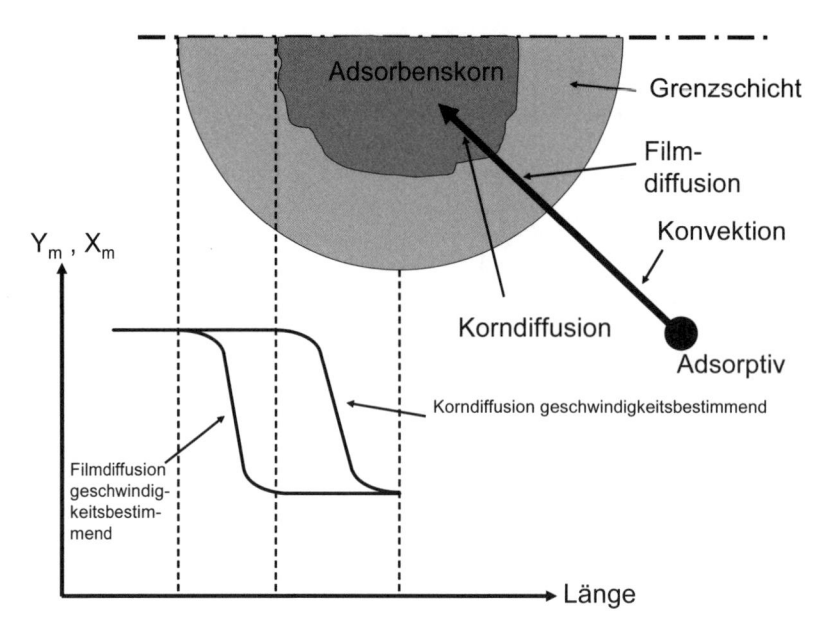

Abbildung 8.30: Korndiffusion und Filmdiffusion

Ist die **Filmdiffusion geschwindigkeitsbestimmend**, so dass die Diffusion im Innern des Adsorbenskorns vernachlässigt werden kann, ergibt sich gemäß Abschnitt 8.4 für den übergehenden Stoffstrom vom Kern des Fluids in das Adsorbenskorn:

$$\dot{m}_i = \beta_{i,Gr} \cdot \rho_G \cdot r_P \cdot a \cdot (Y_{m,i} - Y_{m,i,Gr}) \cdot A_Q, \tag{8-99}$$

mit dem Adsorbenspartikelradius r_P (Radius der oberflächengleichen Kugel). Der Stoffübergang wird neben der Konzentrationsdifferenz und der Größe der Phasengrenzfläche maßgeblich durch den Stoffübergangskoeffizienten in der Grenzschicht $\beta_{i,Gr}$ bestimmt. Dieser muss mit Hilfe von Sherwood-Korrelationen berechnet werden (siehe Abschnitt 8.5.5).

Wesentlich schwieriger gestaltet sich die Vorausberechnung des Stoffübergangskoeffizienten $\beta_{i,Po}$ im Adsorbenskorn, wenn die **Korndiffusion geschwindigkeitsbestimmend** ist. Es gilt für den übergehenden Stoffstrom

$$\dot{m}_i = \dot{m}_{i,Po} = \beta_{i,Po} \cdot \rho_P \cdot (X_{m,i,Gr} - \overline{X}_{m,i}) \cdot A_{Po}. \tag{8-100}$$

Der Stoffübergangskoeffizient $\beta_{i,Po}$ in den Poren lässt sich schwer ermitteln und hängt von den in Abbildung 8.31 gezeigten **Diffusionsvorgängen in den Poren des Adsorbens** ab:

- laminare Porenströmung aufgrund eines Druckgradienten,
- freie Diffusion oder Gasdiffusion,
- Knudsen-Diffusion,
- aktivierte Spaltdiffusion, Mikroporendiffusion oder interkristalline Diffusion,
- Transport in der sorbierten Phase (Oberflächendiffusion).

Teilweise überlagern sich die einzelnen Transportvorgänge.

8.6 Stofftransport bei Adsorption

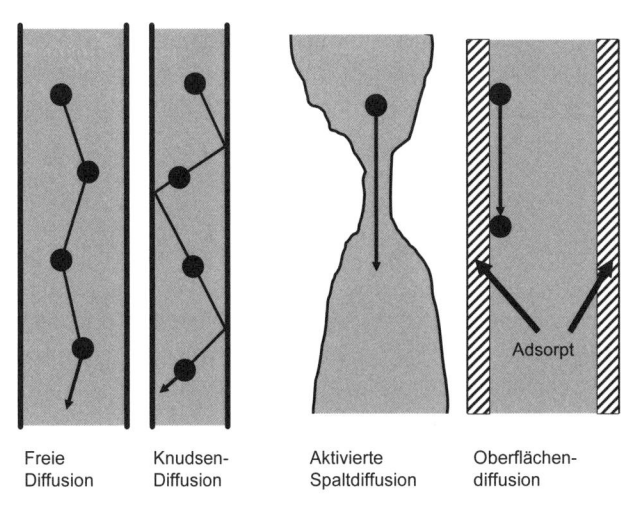

Freie	Knudsen-	Aktivierte	Oberflächen-
Diffusion	Diffusion	Spaltdiffusion	diffusion

Abbildung 8.31: Diffusionsarten im Adsorbenskorn

Wird bei konstantem Gesamtdruck gearbeitet, erfolgt der Transport des Adsorptivs in das Adsorbens aufgrund von Partialdruck- oder Konzentrationsunterschieden. Die **freie Diffusion** ist dadurch gekennzeichnet, dass der mittlere Porendurchmesser d_{Po} größer ist als die mittlere freie Weglänge der Moleküle Λ bei den jeweiligen Druck- und Temperaturverhältnissen:

$$d_{Po} > \Lambda. \tag{8-101}$$

Sie tritt daher besonders in Makro- und Mesoporen auf.

Ist der Porendurchmesser kleiner als die freie Weglänge der Moleküle

$$d_{Po} < \Lambda, \tag{8-102}$$

bestimmt die Molekularbewegung den Massenstrom (Knudsen-Diffusion). **Knudsen-Diffusion** macht sich ab Porendurchmessern $d_{Po} < 10^{-7}$ m bemerkbar. Als **aktivierte Spaltdiffusion** oder Mikroporendiffusion wird die Diffusion von Molekülen in Poren oder Spalten bezeichnet, die nur wenig größer sind als die in ihnen diffundierenden Moleküle. Diese Mikroporendiffusion, bei der Wechselwirkungen zwischen den Potenzialen der Oberfläche und den diffundierenden Molekülen auftreten, kann in Molekularsieben und Aktivkohlen unter bestimmten Voraussetzungen geschwindigkeitsbestimmend werden.

Neben den bisher beschriebenen Transportmechanismen in den Poren ist auch ein Transport der Moleküle durch **Oberflächendiffusion** in der sorbierten Phase längs der Porenwände möglich. Dieser Transportmechanismus kann nur bei mehrschichtiger Beladung zum Tragen kommen, da durch die abnehmende Bindungsenergie in den oberen Schichten die Beweglichkeit der sorbierten Moleküle zunimmt. Transport in der sorbierten Phase ist daher bei technischen Adsorbentien nur bei Beladungen oberhalb eines bestimmten Grenzwerts zu berücksichtigen.

Zur **Bestimmung des Stoffübergangskoeffizienten** $\beta_{i,Po}$ in den Poren muss der effektive Diffusionskoeffizient D_{eff}, auch Transportkoeffizient genannt, bekannt sein. Dieser stellt eine komplexe Größe dar, der die verschiedenen Diffusionsarten beinhaltet und durch eine Größe ersetzt:

$$D_{eff} = f(D_i, D_{Kn}, D_{SD}, D_{OD}), \tag{8-103}$$

mit den Diffusionskoeffizienten D_i für freie Diffusion, D_{Kn} für Knudsendiffusion, D_{SD} für Spaltdiffusion in den Mikroporen und D_{OD} für Oberflächendiffusion. Die Diffusionskoeffizienten und damit auch der Stoffübergangskoeffizient lassen sich unter bestimmten Voraussetzungen bestimmen (siehe z. B. /36/). Da die exakte Vorausberechnung erheblich erschwert ist, wird zur Berechnung von Adsorbern häufig das einfache Modell der Adsorption im Partikelbett benutzt.

> **Zusammenfassung:** Der Adsorptionsvorgang lässt sich mit der Zweifilmtheorie beschreiben, die Berechnung wird durch die sich überlagernden Diffusionsmechanismen im Adsorbenskorn erschwert.

8.6.2 Adsorption im Partikelbett

Da Festbetten bei den meisten technischen Adsorptionsverfahren eingesetzt werden, kommt der Auslegung dieses Adsorbertyps eine zentrale Bedeutung zu. Für die Adsorption im Partikelbett wird ein vereinfachtes Modell betrachtet, das im Folgenden erläutert wird.

Abbildung 8.32 zeigt im linken Teil des Bildes einen Festbettadsorber mit einer Adsorbensschüttung der Höhe H, die von unten nach oben von einem beladenen Fluid durchströmt wird. Die Durchströmung bewirkt eine örtliche und zeitliche Konzentrationsänderung in der Fluidphase, wie die rechte Seite in Abbildung 8.32 an Hand des Verlaufs der relativen Beladung in der Fluidphase $Y_m/Y_{m,E}$ als Funktion der Schütthöhe zu einer beliebigen Zeit t zeigt.

Die Adsorption im Festbett kann in die drei Zonen

- beladene Adsorbensschüttung,
- Massenübergangszone (MTZ) oder Adsorptionszone sowie
- unbeladene Adsorbensschüttung

unterteilt werden.

Zu dem betrachteten Zeitpunkt t ist der untere Teil der Schüttung nahe des Adsorbereingangs bis zur Gleichgewichtsbeladung mit Adsorptiv gesättigt (**beladene Adsorbensschüttung**), eine weitere Beladung ist nicht möglich. In der **Massenübergangszone MTZ (Mass Transfer Zone)** wird das Adsorptiv an das Adsorbens gebunden. **Nur in der Massenübergangszone findet der Stofftransport des Adsorptivs aus der Fluidphase an das Adsorbens statt**. Nur hier ändern sich dementsprechend die Konzentrationen der Fluid- und Feststoffphase. Nach dem Austritt aus der Massenübergangszone ist der Stofftransport abgeschlossen, das Adsorptiv wurde vollständig aus dem Fluid abgeschieden. Der obere Teil der Schüttung

8.6 Stofftransport bei Adsorption

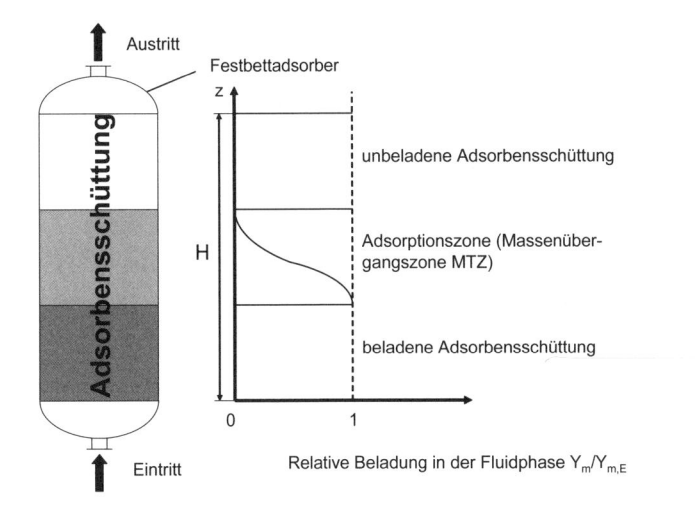

Abbildung 8.32: Beladeverlauf in einer Adsorbensschüttung

nahe des Ausgangs ist daher noch vollständig unbeladen, da der Fluidstrom hier kein Adsorptiv mehr enthält (**unbeladene Adsorbensschüttung**).

Die Massenübergangszone wandert mit zunehmender Kontaktzeit t in Beladerichtung durch das Adsorbensbett, wie Abbildung 8.33 verdeutlicht. Zur Vereinfachung ist hier der Idealfall gezeigt, bei dem sich die Breite der Massenübergangszone nicht ändert. Zum Zeitpunkt $t = t_0$ wird das unbeladene Adsorbens mit der Eintrittsbeladung $Y_{m,E}$ beaufschlagt. Am Austritt aus dem Adsorber wird die Beladung $Y_{m,A}$ gemessen (hier $Y_{m,A,0} = 0$). Es bildet sich eine Massenübergangszone aus, die beginnend im Sumpf durch den Adsorber hindurchwandert. Zum Zeitpunkt $t = t_2$ befindet sich die Massenübergangszone etwa in der Mitte der Adsorbensschüttung. Es ist genügend unbeladenes Adsorbens vorhanden, so dass auch hier gilt: $Y_{m,A,2} = 0$. Zum späteren Zeitpunkt $t = t_3$ erreicht die Massenübergangszone das obere Ende der Adsorbensschüttung. Bis zu diesem Zeitpunkt befand sich oberhalb der Massenübergangszone immer noch unbeladene Adsorbensschüttung, so dass im Idealfall eine Austrittsbeladung aus dem Adsorber von $Y_{m,A} = 0$ eingehalten werden konnte. **Da ab $t > t_3$ kein unbeladenes Adsorbens mehr für den Adsorptionsvorgang zur Verfügung steht, beginnt das Adsorptiv „durchzubrechen", die Austrittsbeladung des Fluids $Y_{m,A}$ steigt ab diesem Zeitpunkt an**. Die geforderte Reinheit des Fluids aus dem Adsorber kann nicht mehr eingehalten werden, der Adsorptionsvorgang muss abgebrochen werden. Dieser Punkt wird als **Durchbruchspunkt** bezeichnet ($t = t_3 = t_b$). Der Durchbruchspunkt gibt an, wann der Adsorber aus dem Adsorptionsbetrieb herausgenommen und das Adsorbens regeneriert werden muss. Zwischen $t = t_3$ und $t = t_5$ wird die Massenübergangszone aus dem Adsorber „herausgeschoben". Es erfolgt ein Konzentrationsanstieg, der als **Durchbruchskurve** bezeichnet wird. Bei $t = t_5$ ist das gesamte Adsorbens beladen, es kann kein Adsorptiv mehr gebunden werden, so dass hier $Y_{m,A} = Y_{m,E}$ ist. Die Durchbruchskurve lässt sich experimentell bestimmen. Dazu wird die Adsorptivkonzentration hinter der Adsorbensschüttung gemessen und über der Zeit aufgetragen.

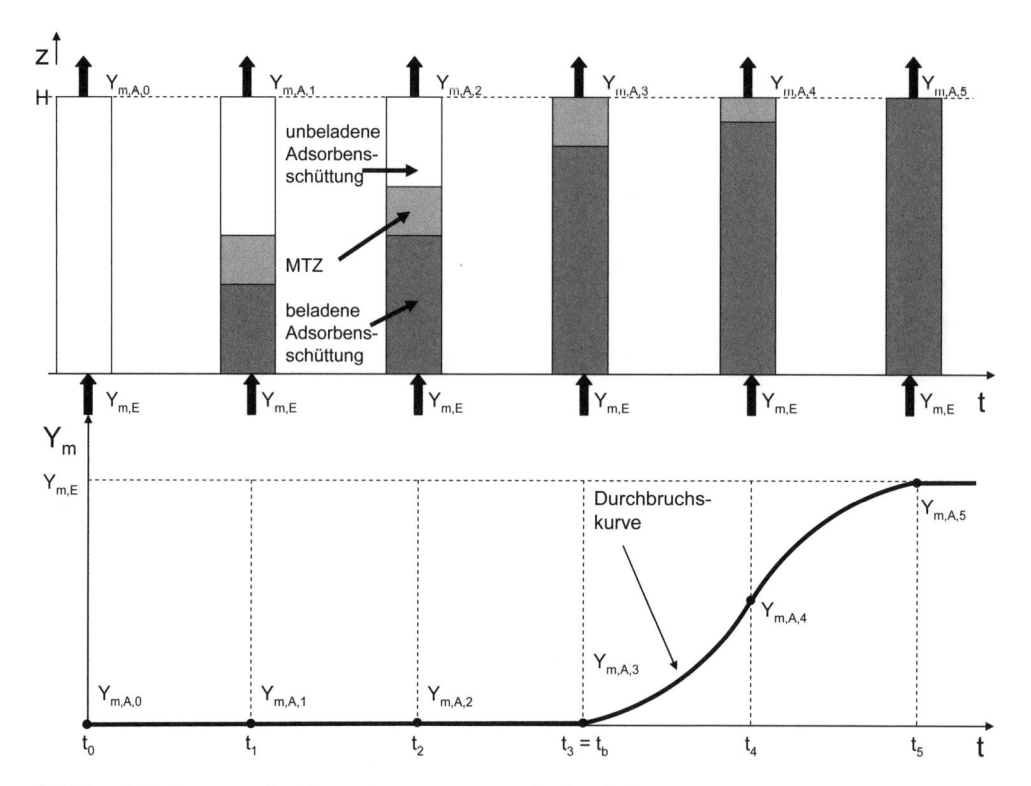

Abbildung 8.33: Bewegung der Massenübergangszone im Adsorbensfestbett

Form und Steigung der Durchbruchskurve (siehe Abbildung 8.34) sind ein Maß für die **Adsorptionskinetik**. Bei **guter Kinetik und damit schnellem Stofftransport** ergibt sich eine **steile Durchbruchskurve** (Durchbruchskurve mit guter Kinetik). Demgegenüber beginnt der Durchbruch bei schlechter Kinetik eher ($t_{b,2}$, Durchbruchskurve mit schlechter Kinetik). Erst zum Zeitpunkt $t = t_{E,2}$ ist der Endwert ($Y_m = Y_{m,E} = Y_{m,A}$; $Y_m/Y_{m,E} = 1$) erreicht. **Eine gute Kinetik und damit ein schneller Stofftransport bedingt eine kleine Massenübergangszone** ($MTZ_1 < MTZ_2$). Bei kleiner geforderter Durchbruchskonzentration am Adsorberaustritt ($Y_{m,A} \approx 0$) kann der Adsorber bei guter Kinetik länger betrieben werden ($t_{b,1} > t_{b,2}$), der Ausnutzungsgrad der Adsorbensschüttung und damit die Wirtschaftlichkeit der Anlage verbessert sich. Als **ideale Durchbruchskurve** ergibt sich aus diesen Überlegungen ein rechteckiger Sprung (siehe Abbildung 8.34, ideale Durchbruchskurve), der Stoffübergang läuft unendlich schnell ab, die Massenübergangszone hat die Breite null, die gesamte Adsorbensschüttung wird optimal ausgenutzt.

Abbildung 8.35 zeigt den Verlauf der Beladung des Adsorbens X_m als Funktion der Betthöhe ($X_m = f(z)$). Es ist deutlich die bereits vorn diskutierte Massenübergangszone zu erkennen, in der die Beladung des Adsorbens von $X_{m,A}$ der beladenen Adsorbensschüttung auf $X_{m,E}$ der unbeladenen Adsorbensschüttung abfällt. Erreicht die Massenübergangszone das obere Ende der Adsorbensschüttung, bleibt ein Teil der Adsorbensschüttung immer unbeladen. Dieser

8.6 Stofftransport bei Adsorption

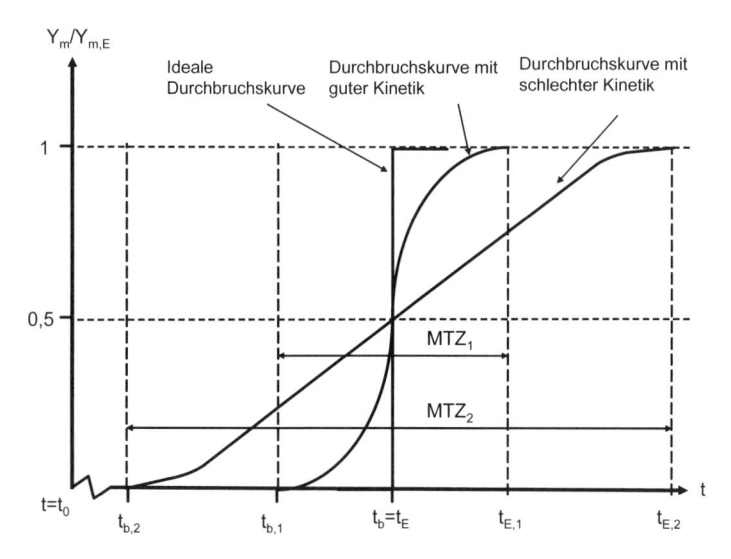

Abbildung 8.34: Durchbruchskurven

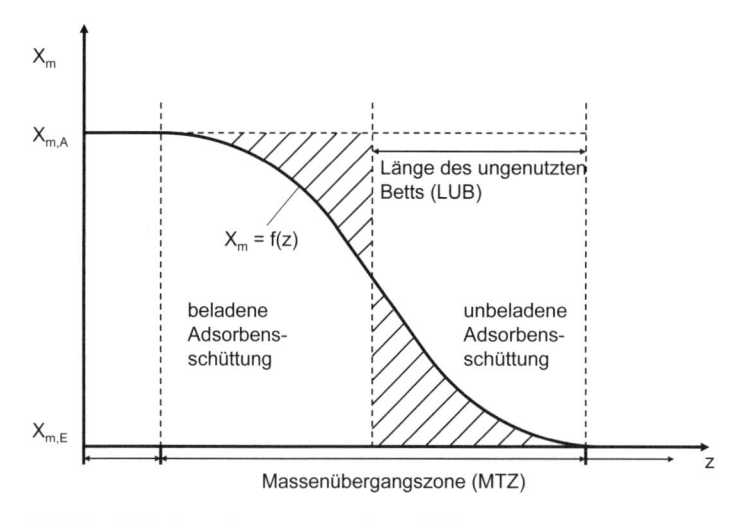

Abbildung 8.35: Länge des ungenutzten Betts (LUB)

Anteil wird als **Länge des ungenutzten Betts (LUB)** bezeichnet. Bei einer symmetrischen Konzentrationsfront (s-förmige Durchbruchskurve) gemäß Abbildung 8.35 ist dieser Abstand gleich der halben Höhe der Massenübergangszone

$$H_{LUB} = \frac{1}{2} \cdot H_{MTZ}, \tag{8-104}$$

so dass theoretisch 50 % des Adsorbens in der Massenübergangszone beladen sind, während die restlichen 50 % unbeladen sind. Eine steile Durchbruchskurve führt zu einer guten Ausnutzung des Adsorbensbetts und damit zu einer kleinen Länge des ungenutzten Betts (siehe Abbildung 8.34). Für eine sprungförmige, ideale Durchbruchskurve gilt somit

$$H_{LUB} = 0. \tag{8-105}$$

Beim Durchbruchspunkt t_b befindet sich die Massenübergangszone gemäß Abbildung 8.33 im Kopf des Adsorbers, die unbeladene Adsorbensschüttung ist null. Die Beladung des Adsorbens am Austritt aus dem Adsorber beträgt

$$t = t_b \quad \rightarrow \quad X_m(z = H) = X_{m,E}. \tag{8-106}$$

$$t = t_b \quad \rightarrow \quad X_m(z = H - L_{MTZ}) = X_{m,A}. \tag{8-107}$$

Modell der Massenübergangszone

Mit den beschriebenen Grundlagen lässt sich ein einfaches Modell zur Berechnung der erforderlichen Höhe der Adsorbensschüttung herleiten, das Modell der Massenübergangszone. Während der Dauer der Beladephase t_D wird der Fluidstrom $\dot{F}_T$ mit der Eintrittsbeladung $Y_{m,E}$ auf die geforderte Austrittsbeladung $Y_{m,A}$ gereinigt (siehe Abbildung 8.36). Dadurch werden insgesamt $m_{i,D}$ Kilogramm Adsorptiv aus dem Fluidstrom ausgeschieden und von der wirksamen Adsorbensmasse S_T aufgenommen, wodurch sich die Beladung des Feststoffs von $X_{m,E}$ auf $X_{m,A}$ erhöht (siehe Abbildung 8.35).

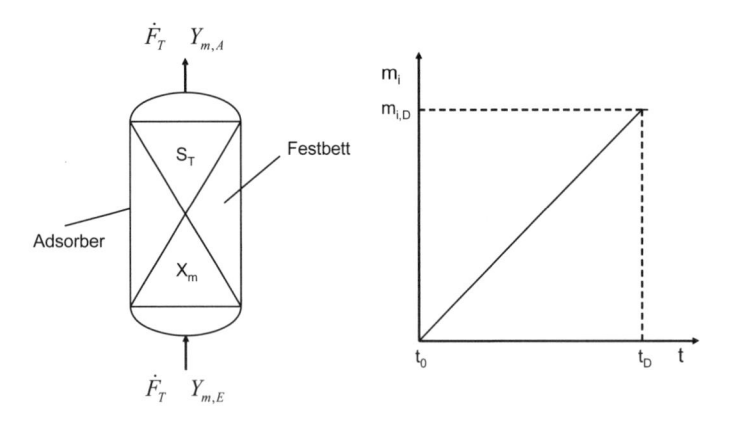

Abbildung 8.36: Bilanzierung Festbettadsorber über die gesamte Beladedauer

Somit lässt sich die Bilanz

$$m_{i,D} = \dot{F}_T \cdot (Y_{m,E} - Y_{m,A}) \cdot t_D = S_T \cdot (X_{m,A} - X_{m,E}) \tag{8-108}$$

aufstellen. Die **Schütthöhe H des Adsorbensbetts** bestimmt sich dann zu

$$H = \frac{S_T}{\rho_S \cdot A} = \frac{\dot{F}_T \cdot (Y_{m,E} - Y_{m,A}) \cdot t_D}{(X_{m,A} - X_{m,E}) \cdot \rho_S \cdot A}, \tag{8-109}$$

8.6 Stofftransport bei Adsorption

mit der Schüttdichte ρ_S des Adsorbens. Wie Abbildung 8.33 zeigt, kann die Beladedauer maximal die Zeitspanne

$$t_D = \Delta t = t_b - t_0 = t_b \qquad (8\text{-}110)$$

betragen, damit kein Adsorptiv durchbricht und die geforderte Austrittskonzentration $Y_{m,E}$ aus dem Adsorber eingehalten wird. Gleichung (8-109) verdeutlicht, dass die Schütthöhe H von der Beladedauer abhängt. **Beladedauer und damit der Regenerationszyklus und die Höhe der Schüttung müssen an die geforderten Gegebenheiten angepasst werden**.

In der Massenübergangszone kann die Adsorptionskapazität nicht voll ausgenutzt werden (siehe Abbildung 8.35). Unter Berücksichtigung der Länge des ungenutzten Betts LUB (Gleichung (8-104)) ergibt sich die effektive Höhe der Adsorbensschüttung, die vollständig mit Adsorptiv beladen ist, zu

$$H_{eff} = H - H_{LUB} = H - 0{,}5 \cdot H_{MTZ} . \qquad (8\text{-}111)$$

Beispielaufgabe Adsorption: Ein mit Lösungsmittel verunreinigter Abluftstrom (Trägerstrom 100 m³/h, Dichte 1,29 kg/m³) soll in einem Festbettadsorber gereinigt werden. Als Adsorbens wird Aktivkohle mit einer Schüttdichte von 400 kg/m³ verwendet. Der Abluftstrom strömt dem Adsorber mit einer Beladung von 0,01 kg/kg zu. Es ist eine Abreinigung auf 99,5 % der Anfangsbeladung erforderlich. Es kann angenommen werden, dass das Adsorbens bis zur Gleichgewichtsbeladung von 20 g Adsorpt/kg Adsorbens beladen wird. Nach der Regeneration mit Heißdampf (aus Produktionsgründen soll die Regeneration alle 4 Stunden erfolgen) beträgt die Restbeladung des Adsorbens 8 g Adsorpt/kg Adsorbens. Für diesen Adsorbertyp hat sich als Strömungsbelastung ein F-Faktor von 0,2 Pa^{0,5} als optimal erwiesen. Die Länge der symmetrischen Massenübergangszone beträgt 0,3 m.

Wie hoch muss die Adsorbensschüttung gewählt werden?

Lösung: Die Höhe der Adsorbensschüttung wird gemäß Gleichung (8-110) berechnet:

$$H = \frac{S_T}{\rho_S \cdot A} = \frac{\dot{F}_T \cdot (Y_{m,E} - Y_{m,A}) \cdot t_D}{(X_{m,A} - X_{m,E}) \cdot \rho_S \cdot A} .$$

Da es sich hier um ein Gas handelt, das gereinigt werden soll, gilt:

$$H = \frac{\dot{G}_T \cdot (Y_{m,E} - Y_{m,A}) \cdot t_D}{(X_{m,A} - X_{m,E}) \cdot \rho_S \cdot A} .$$

Die Trägergasstrom lässt sich einfach aus dem Volumenstrom berechnen:

$$\dot{G}_T = \dot{V}_T \cdot \rho = 100 \text{ m}^3/\text{h} \cdot 1{,}29 \text{ kg/m}^3 = 129 \text{ kg/h} .$$

Die Ein- und Austrittsbeladungen des Gases

$Y_{m,E} = 0{,}01$ kg/kg,

$Y_{m,A} = 0{,}01 \cdot (1 - 0{,}995) = 0{,}00005$ kg/kg

sind ebenso gegeben wie die Anfangs- und Endbeladung des Adsorbens:

$X_{m,A} = 20$ g/kg $= 0,02$ kg/kg (Gleichgewichtsbeladung),

$X_{m,E} = 8$ g/kg $= 0,008$ kg/kg (Anfangsbeladung des regenerierten Adsorbens).

Als für die Berechnung erforderlicher Stoffwert des Adsorbens ist die Schüttdichte $\rho_S = 400$ kg/m³ der verwendeten Aktivkohle gegeben.

Die Querschnittsfläche des Adsorbers kann aus dem F-Faktor $F = w_G \cdot \sqrt{\rho_G}$ ermittelt werden:

$$A = \frac{\dot{V}_G}{w_G} = \frac{\dot{V}_G \cdot \sqrt{\rho_G}}{F} = \frac{100 \text{ m}^3/\text{h} \cdot \sqrt{1,29 \text{ kg}/\text{m}^3}}{0,2 \text{ Pa}^{0,5}} = \frac{0,028 \text{ m}^3/\text{s} \cdot \sqrt{1,29 \text{ kg}/\text{m}^3}}{0,2 \text{ Pa}^{0,5}},$$

$A = 0,16$ m².

Für eine Beladedauer von $t_D = 4$ h ist eine Schütthöhe von

$$H = \frac{129 \cdot (0,01 - 0,00005) \cdot 4}{(0,02 - 0,008) \cdot 400 \cdot 0,16} = 6,69 \text{ m}$$

erforderlich. Die effektiv erforderliche Schütthöhe ergibt sich unter Berücksichtigung der Länge des ungenutzten Betts gemäß Gleichung (8-112) zu

$$H_{eff} = H - H_{LUB} = H - 0,5 \cdot H_{MTZ} = 6,69 - 0,5 \cdot 0,3 = 6,84 \text{ m}.$$

Würde die Beladedauer auf 6 h erhöht, müsste die Schütthöhe auf $H = 10$ m erhöht werden, um die Abluft zu reinigen ($H_{eff} = 10,15$ m).

LUB-Modell
Das LUB-Modell berücksichtigt die Maßstabsvergrößerung. Es werden im Labor Durchbruchskurven als Funktion

$$\frac{Y_m}{Y_{m,E}} = f(t) \tag{8-112}$$

aufgenommen. Unter Annahme konstanter Geschwindigkeit und Breite der Massenübergangszone ergeben sich die in Abbildung 8.37 gezeigten Durchbruchskurven nach zwei verschiedenen Adsorberlängen H_1 und H_2.

Aus diesen Kurven werden für die beiden Höhen H_1 und H_2 die Halbwertszeiten t_{H1} und t_{H2} ermittelt:

Halbwertszeit: $Y_m/Y_{m,E} = 0,5$. (8-113)

Für die **Geschwindigkeit der Massenübergangszone** $w_{Mü}$ ergibt sich daraus

$$w_{Mü} = \frac{H_2 - H_1}{t_{H2} - t_{H1}}. \tag{8-114}$$

8.6 Stofftransport bei Adsorption

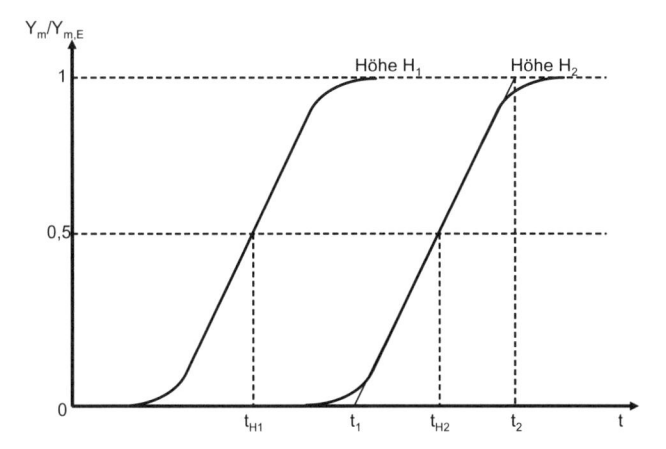

Abbildung 8.37: Bestimmung von Auslegungsdaten aus Durchbruchskurven

Die **Breite der Massenübergangszone** $H_{Mü}$ wird bestimmt, indem eine Wendetangente an die Durchbruchskurve gelegt wird. Die Zeiten t_1 und t_2 werden in den Schnittpunkten der Wendetangente mit der Zeitachse bei $Y_m/Y_{m,E} = 0$ und $Y_m/Y_{m,E} = 1$ abgelesen. Die Breite der Massenübergangszone bestimmt sich damit zu

$$H_{Mü} = w_{Mü} \cdot (t_2 - t_1) . \tag{8-115}$$

Sind die Durchbruchskurven unsymmetrisch, muss dies durch einen Formfaktor s berücksichtigt werden (siehe hierzu Abbildung 8.38):

$$s = \frac{t_H - t_b}{t_G - t_b} . \tag{8-116}$$

Die **erforderliche Höhe H der Adsorbensschüttung** berechnet sich unter Berücksichtigung des Formfaktors zu

$$H = \frac{H_{Mü} \cdot s}{1 - t_b / t_H} . \tag{8-117}$$

Für eine überschlägige Dimensionierung von Gasphasenadsorbern werden häufig Erfahrungswerte für die Länge der Massenübergangszone angenommen. In den meisten Fällen ergeben sich Werte von 0,1 m bis 0,5 m, abhängig von den Adsorptionseigenschaften des Adsorptivs.

Die Massenübergangszone des Adsorbens kann nicht vollständig beladen werden (siehe LUB). Um die Länge des ungenutzten Betts bei einem symmetrischen, s-förmigen Verlauf der Durchbruchskurve zu bestimmen, gilt für eine konstante Ausdehnung der Massenübergangszone mit gleich bleibender Wanderungsgeschwindigkeit:

$$LUB = w_{Mü} \cdot (t_H - t_b) . \tag{8-118}$$

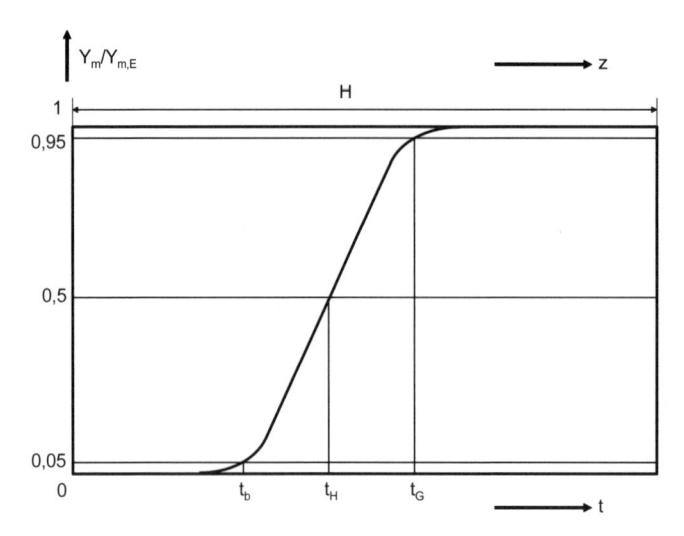

Abbildung 8.38: Darstellung der Durchbruchskurve

Zusammenfassung: Bei Festbettadsorbern findet der Stofftransport lediglich in der Massenübergangszone statt. Die Durchbruchskurve zeigt das Konzentrationsprofil in der MTZ. Bei Kenntnis der Durchbruchskurve kann mit einfachen Modellen die Höhe der Adsorbensschüttung bestimmt werden.

8.7 Stofftransport bei Membrantrennverfahren

Lernziel: Bedeutung und Bestimmung der Kenngrößen von Membranen müssen beherrscht werden. Für Porenmembranen und porenfreie Membranen müssen die Grundlagen des Stofftransports durch die Membran bekannt sein.

8.7.1 Kenngrößen

Die Effektivität von Membranen wird durch den Durchgang (Flux) J beschrieben

$$J = \frac{\dot{V}_P}{A_M}, \tag{8-119}$$

der den durch die Membran transportierten Permeatvolumenstrom $\dot{V}_P$ auf die zur Verfügung stehende Membranfläche A_M bezieht (Bezeichnungen siehe Abbildung 8.39). Es wird ein möglichst großer Flux angestrebt, da dann bei gegebenem Feedvolumenstrom die erforderliche Membranfläche kleinstmöglich werden kann.

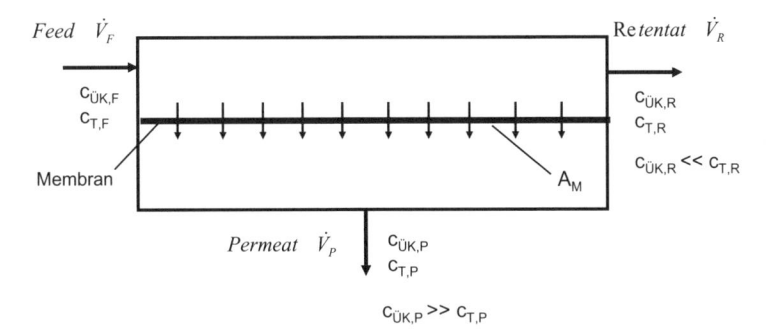

8.7 Stofftransport bei Membrantrennverfahren

Feed $\dot{V}_F$ → Retentat $\dot{V}_R$

$c_{ÜK,F}$, $c_{T,F}$ → $c_{ÜK,R}$, $c_{T,R}$

$c_{ÜK,R} \ll c_{T,R}$

Membran, A_M

Permeat $\dot{V}_P$, $c_{ÜK,P}$, $c_{T,P}$

$c_{ÜK,P} \gg c_{T,P}$

ÜK: Durch die Membran hindurchtretende Komponente (Übergangskomponente)
T: Von der Membran zurückgehaltene Komponente (Träger der Übergangskomponente)

Abbildung 8.39: Nomenklatur bei Membrantrennverfahren

Die **Selektivität einer Membran** kann durch die **Rückhaltung R** (retention) oder den Trennfaktor α beschrieben werden. Die bei wässrigen Systemen gebräuchliche Rückhaltung

$$R = \frac{c_{ÜK,P} - c_{ÜK,R}}{c_{ÜK,P}} = 1 - \frac{c_{ÜK,R}}{c_{ÜK,P}}, \tag{8-120}$$

$$0 \leq R \leq 1, \tag{8-121}$$

bewegt sich zwischen den Grenzwerten 0 (Konzentration der durch die Membran transportierten Übergangskomponente $c_{ÜK,P} = 0$, keine Abtrennung der Übergangskomponente ÜK aus dem Feedstrom und somit für diesen Einsatzfall völlig ungeeignete Membran) und 1 ($c_{ÜK,R} = 0$, vollständige Abtrennung der Übergangskomponente aus dem Feedstrom und somit optimal arbeitender Membranprozess).

Der **Trennfaktor**

$$\alpha = \frac{c_{ÜK,P} / c_{T,P}}{c_{ÜK,R} / c_{T,R}} \tag{8-122}$$

wird für flüssige oder gasförmige Mischungen verwendet und gibt das Verhältnis der Permeationsrate der Übergangskomponente ÜK im Verhältnis zur Permeationsrate der Trägerkomponente T an. Da die Übergangskomponente ÜK gegenüber der Trägerkomponente T bevorzugt abgetrennt werden soll, gilt:

$$\alpha > 1. \tag{8-123}$$

Für effektiv arbeitende Membranprozesse muss

$$\alpha \gg 1 \tag{8-124}$$

gelten. Diese die Membran charakterisierenden Kenngrößen werden i. d. R. in Versuchen ermittelt.

> **Zusammenfassung:** Der Flux gibt den auf die Membranfläche bezogenen Permeatvolumenstrom an und ist somit ein Maß für die Durchlässigkeit einer Membran. Rückhaltung und Trennfaktor charakterisieren die Selektivität der Membran.

8.7.2 Porenmembranen

Bei Porenmembranen wird der Trenneffekt durch die Porengröße sowie die Form der Poren realisiert. Unterschieden wird in (siehe Abbildung 8.40)

- zylindrische Poren,
- Kugelschüttungen und
- unregelmäßig geformte Poren.

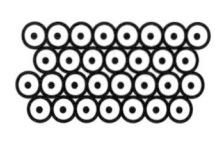

Abbildung 8.40: Porengeometrien poröser Membranen

Für zylindrische Poren, deren Länge nahezu identisch mit der Membrandicke ist, kann das Hagen-Poiseuillesche Gesetz zur Berechnung des Fluxes angewendet werden:

$$J = \frac{\varepsilon \cdot r_{Po}^2}{8 \cdot \eta_F \cdot \tau} \cdot \frac{\Delta p}{\Delta x} \,. \tag{8-125}$$

Der Flux wird maßgeblich von der über die Membrandicke Δx wirkenden Triebkraft (hier die Druckdifferenz Δp) beeinflusst. Weiterhin ist der Flux proportional zur Porosität der Membran ε

$$\varepsilon = \frac{\text{Hohlraumvolumen}}{\text{Gesamtvolumen}} \tag{8-126}$$

und dem Porenradius r_{Po} sowie umgekehrt proportional zur Viskosität η_F des Fluids sowie dem Tortuositätsfaktor der Poren τ, der die Abweichung der Poren von der zylindrischen Form berücksichtigt (für zylindrische Poren gilt $\tau = 1$).

8.7 Stofftransport bei Membrantrennverfahren

Membranen, die näherungsweise die Struktur einer Kugelschüttung aufweisen (z. B. Sintermembranen), können, wie für Haufwerksdurchströmungen in der mechanischen Verfahrentechnik üblich, mit der Gleichung nach Carman-Kozeny beschrieben werden:

$$J = \frac{\varepsilon^3}{K \cdot \eta_F \cdot S^2 \cdot (1-\varepsilon)^2} \cdot \frac{\Delta p}{\Delta x}. \tag{8-127}$$

Neben der auf die Membrandicke bezogenen Druckdifferenz (Triebkraft) sowie der Membranporosität und der Viskosität muss die Carman-Kozeny-Konstante K (2 < K < 2,5), die die Porenform beschreibt, sowie die innere Oberfläche S (in m²/g) bekannt sein.

Ist beim Transport von Gasen durch poröse Membranen die freie Weglänge der Moleküle größer als der Porendurchmesser (siehe z. B. Abbildung 8.31), lässt sich der durch die Membran tretende Massenstrom nach dem Gesetz von Knudsen berechnen /27/:

$$\dot{m} = \frac{\pi \cdot d_{Po}^3}{3 \cdot \left(2 \cdot \pi \frac{R \cdot T}{M}\right)^{0,5}} \cdot \frac{\Delta p}{\Delta x}. \tag{8-128}$$

> **Zusammenfassung:** Bei Porenmembranen wird der Stoff durch die Poren der Membran transportiert. Grundlage der Berechnung bilden die Gesetze der mechanischen Verfahrenstechnik (Haufwerksdurchströmung).

8.7.3 Porenfreie Membranen

Stofftransport in porenfreien Membranen
In porenfreien Membranen wird der Transport von Molekülen mit **Lösungs-Diffusions-Modellen** beschrieben:

$$\text{Permeabilität (P)} = \text{Löslichkeit (L)} \cdot \text{Diffusivität (D)}. \tag{8-129}$$

Die Löslichkeit gibt an, wie viel Übergangskomponente bei Gleichgewichtsbedingungen maximal in der Membran gelöst werden kann. Die Diffusivität bestimmt, wie schnell die Übergangskomponente durch die Membran hindurchdiffundiert.

Der Stofftransport durch Lösungs-Diffusions-Membranen wird gemäß Abbildung 8.41 in die drei Schritte
- Absorption auf der Hochdruckseite (Feedseite) der Membran (Druck p_F),
- Diffusion der sorbierten Stoffe durch die Membran,
- Desorption auf der Niederdruckseite (Permeatseite) der Membran (Druck p_P)

unterteilt.

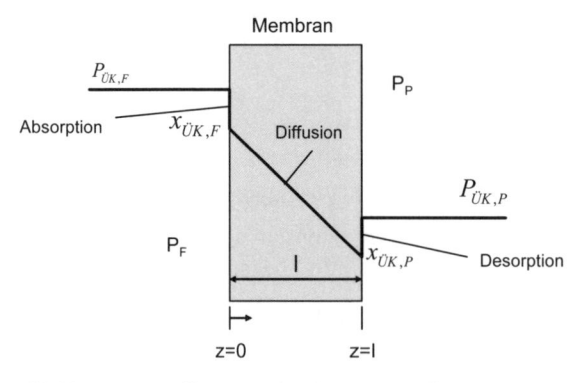

Abbildung 8.41: Stofftransport durch Lösungs-Diffusions-Membranen (vereinfacht)

Löslichkeit
Wenn die **Löslichkeit in der Membran** für ideale Systeme linear zur Konzentration verläuft, kann die Absorption auf der Hochdruckseite der Membran mit dem **Henryschen Gesetz** beschrieben werden (siehe Abbildung 8.42)

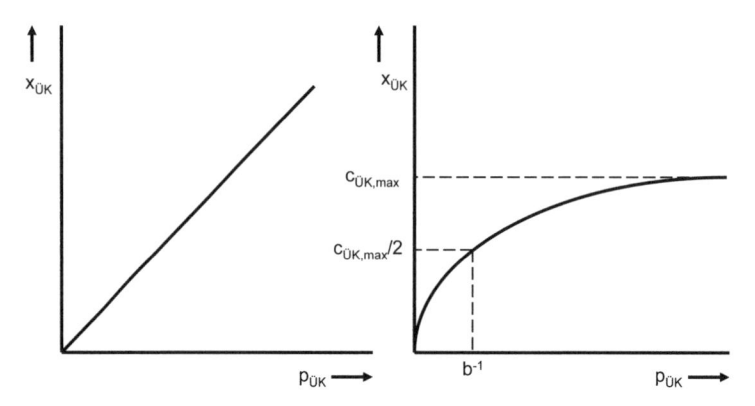

$$p_{ÜK} = H_{ÜK} \cdot x_{ÜK} , \tag{8-130}$$

$$x_{ÜK} = \frac{1}{H_{ÜK}} \cdot p_{ÜK} = S_{ÜK} \cdot p_{ÜK} , \tag{8-131}$$

Abbildung 8.42: Sorptionsmodelle in Membranen

8.7 Stofftransport bei Membrantrennverfahren

mit dem Henry-Koeffizienten der Übergangskomponente $H_{ÜK}$ sowie dem Sorptions- oder Löslichkeitskoeffizienten $S_{ÜK}$

$$S_{ÜK} = \frac{1}{H_{ÜK}}. \tag{8-132}$$

Ist dagegen eine starke Konzentrationsabhängigkeit festzustellen, muss neben dem Henryschen Gesetz zusätzlich die **Langmuirsche Sorptionsisotherme** berücksichtigt werden (Abbildung 8.42, rechte Seite):

$$x_{ÜK} = x_{ÜK,Henry} + x_{ÜK,Langmuir} \tag{8-133}$$

und somit

$$x_{ÜK} = S_{ÜK} \cdot p_{ÜK} + \frac{x_{ÜK,max} \cdot b \cdot p_{ÜK}}{1 + b \cdot p_{ÜK}}. \tag{8-134}$$

Diffusivität
Die **Diffusivität** wird unter der Voraussetzung eines stationären Konzentrationsprofils in der Membran bestimmt (siehe Abbildung 8.41). Der **flächenbezogene Molenstrom (Diffusionsstromdichte)** $j_{ÜK}$ der Übergangskomponente

$$j_{ÜK} = \frac{\dot{n}_{ÜK}}{A_M} \tag{8-135}$$

durch die Membran wird mit dem 1. Fickschen Gesetz (Gleichung (8-3)) beschrieben:

$$j_{ÜK} = -\tilde{\rho}_{ÜK} \cdot D_{ÜK} \cdot \frac{dx_{ÜK}}{dz}. \tag{8-136}$$

Bei Gültigkeit des Henryschen Gesetzes gilt

$$j_{ÜK} = -\tilde{\rho}_{ÜK} \cdot D_{ÜK} \cdot S_{ÜK} \cdot \frac{dp_{ÜK}}{dz}. \tag{8-137}$$

Unter der Annahme, dass der Diffusionskoeffizient $D_{ÜK}$ nicht konzentrationsabhängig ist, ergibt eine Integration über die Membrandicke l in den Grenzen von z = 0 bis z = l:

$$j_{ÜK} = \tilde{\rho}_{ÜK} \cdot D_{ÜK} \cdot S_{ÜK} \cdot \frac{p_{ÜK,F} - p_{ÜK,P}}{l}. \tag{8-138}$$

Das Verhältnis aus Sorptions- und Diffusionskoeffizient wird zum **Permeabilitätskoeffizienten** L zusammengefasst:

$$L_{ÜK} = D_{ÜK} \cdot S_{ÜK}. \tag{8-139}$$

Tabelle 8.2: Permeabilitätskoeffizienten verschiedener Gaskomponenten bei unterschiedlichen Membranwerkstoffen /30/

Membran-Material	Temperatur t [°C]	stoffspezifischer Permeationskoeffizient $C_P * 10^{-12}$ in kmol/(m s bar)					
		He	H_2	CO_2	CH_4	O_2	N_2
Silikongummi	25	10,1	16,3	90,6	26,9	16,8	8,37
Naturgummi	25	1,05	1,46	4,06	1,01	0,804	0,271
Butylgummi	25	0,284	0,214	0,174	0,026	0,044	0,011
Polychloropren	25	0,439	0,594	0,739	0,088	0,134	0,037
Polyethylen*	25	0,165	–	0,423	0,098	0,097	0,032
Teflon	25	0,371	0,356**	0,087	–	–	0,026
Chlor-sulfoniertes Polyethylen	23	0,243	0,321	0,530	0,057	0,070	0,031
Vycor-Glas	25	472	579	223	267	178	190

*: $\rho_S = 914\, kg/m^3$ **: $t = 33°C$

Der Permeabilitätskoeffizient charakterisiert die Polymereigenschaften und wird zur Bewertung von Membranen herangezogen. Tabelle 8.2 zeigt beispielhaft einige stoffspezifische Permeabilitätskoeffizienten C_P /30/ für die Gaspermeation:

$$C_P = L_{ÜK} \cdot \tilde{\rho}_{ÜK} \,. \tag{8-140}$$

Beispiel: Zur Abscheidung von CO_2 aus Methangas ist Silikongummi als Membranwerkstoff am besten geeignet, wenn es auf einen hohen Diffusionsstrom ankommt ($C_P = 90{,}6 \cdot 10^{-12}$ kmol $\cdot$ m^{-1} $\cdot$ s^{-1} $\cdot$ bar^{-1}). Für eine bestimmte Trennaufgabe wird die Membranfläche dadurch minimiert. Dies sagt aber nichts über die Güte der Trennung aus. Die höchste Selektivität und damit die beste Trennleistung (höchste Reinheit) wird dagegen mit chlorsulfoniertem Polyethylen erreicht. Hierüber sagt der Permeabilitätskoeffizient nichts aus.

Gesamtstoffdurchgang
Um den insgesamt durch die Membran hindurchtretenden Stoffstrom zu ermitteln, müssen alle Widerstände von der Feed- bis zur Permeatseite berücksichtigt werden. Abbildung 8.43 zeigt das Konzentrationsprofil der Übergangskomponente für eine asymmetrische Membran. Als Widerstände machen sich der Transport der Übergangskomponente aus dem Kern der Fluidströmung durch die feedseitige Grenzschicht an die Membran, die Diffusion durch die Membran sowie der Abtransport der Übergangskomponente durch die poröse Trägerschicht und die permeatseitige Grenzschicht in den Kern des Permeatstroms bemerkbar. Somit gilt

Gesamtwiderstand = Widerstand in der feedseitigen Grenzschicht
 + Widerstand der Membran + Widerstand der porösen Trägerschicht
 + Widerstand der permeatseitigen Grenzschicht. (8-141)

Die Widerstände der feed- und permeatseitigen Grenzschicht können mit den Gesetzmäßigkeiten der Zweifilmtheorie beschrieben werden, der Widerstand der Membran mit dem Lösungs-Diffusions-Modell (siehe oben).

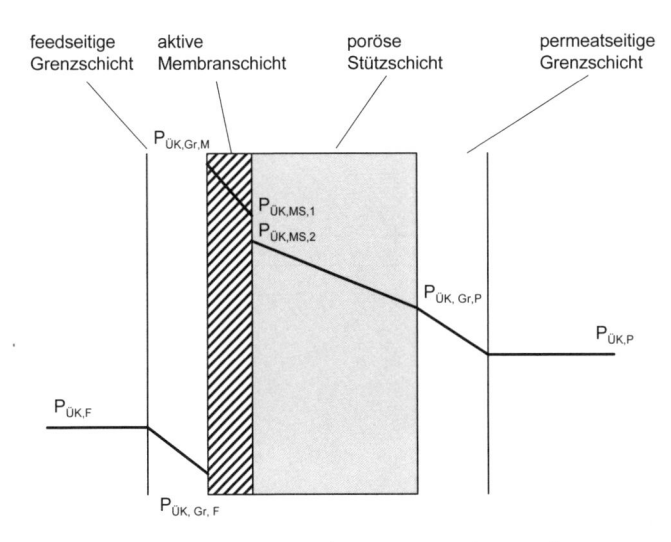

8.7 Stofftransport bei Membrantrennverfahren

Abbildung 8.43: Konzentrationsprofil in asymmetrischen Membranen

Unter der Voraussetzung, dass der Widerstand in der porösen Stützschicht vernachlässigbar ist ($p_{ÜK,MS,2} = p_{ÜK,Gr,P}$) berechnet sich der insgesamt durch die Membranfläche tretende Molenstrom der Übergangskomponente durch Addition der Stofftransportwiderstände zu:

$$j_{ÜK} = \frac{\beta_F \cdot \tilde{\rho}_{ÜK}}{R \cdot T} \cdot (p_{ÜK,F} - p_{ÜK,Gr,F}) = \frac{L_{ÜK} \cdot \tilde{\rho}_{ÜK}}{1} \cdot (p_{ÜK,Gr,M} - p_{ÜK,MS1})$$

$$= \frac{\beta_P \cdot \tilde{\rho}_{ÜK}}{R \cdot T} \cdot (p_{ÜK,Gr,P} - p_{ÜK,P}). \tag{8-142}$$

Werden die Stoffübergangswiderstände in den Filmen auf der Feed- und der Permeatseite, dargestellt durch die Stoffübergangskoeffizienten β_F und β_P, und der Diffusionswiderstand der Löslichkeitsmembran (Permeabilitätskoeffizient) zusammengefasst und mit dem Stoffdurchgangskoeffizienten k beschrieben, ergibt sich

$$j_{ÜK} = \frac{k \cdot \tilde{\rho}_{ÜK}}{R \cdot T} \cdot (p_{ÜK,F} - p_{ÜK,P}) \tag{8-143}$$

mit

$$\frac{1}{k} = \frac{1}{\beta_F} + \frac{1}{L_{ÜK}} + \frac{1}{\beta_P}. \tag{8-144}$$

Experimentelle Untersuchungen haben gezeigt, dass der Widerstand für den Stofftransport maßgeblich durch die Membran bestimmt wird. Können die Transportwiderstände außerhalb der Membranschicht vernachlässigt werden, reicht zur Beschreibung des durch die Membran diffundierenden Stoffstroms Gleichung (8-138) aus.

Zusammenfassung: Porenfreie Membranen lassen sich mit den Grundlagen der Filmtheorie berechnen. Der Transport von Molekülen in der Membran wird mit dem Lösungs-Diffusions-Modell beschrieben.

9 Fluiddynamik

Neben der Kenntnis der zum Stoffaustausch erforderlichen Kolonnenhöhe sind hydrodynamische Berechnungen erforderlich, um den **Durchmesser** sowie den entstehenden **Druckverlust** des Stoffaustauschapparats zu ermitteln.

9.1 Strömung in Stoffaustauschapparaten

> **Lernziel:** Die Strömungsvorgänge in Stoffaustauschapparaten müssen verstanden sein. Besonderer Wert wird auf die Beeinflussung der Strömung durch Einbauten, wie z. B. Füllkörper oder Packungen, gelegt.

9.1.1 Strömungszustände

Für die Stoff- und Wärmeübertragung ist die Unterscheidung zwischen **laminarer und turbulenter Strömung** von Bedeutung (Abbildung 9.1). Laminare Strömungen lassen sich charakterisieren durch:

- Vorliegen einer Schichtenströmung, bei der infinitesimal dünne Fluidschichten tangential ohne Deformation zueinander bewegt werden.
- Die Stromlinien verlaufen ohne Querbewegung geordnet nebeneinander (siehe Abbildung 9.1).
- Es findet keine merkliche Quervermischung statt.
- Impuls-, Stoff- und Wärmetransportvorgänge erfolgen durch molekulare Prozesse (Diffusion) und sind daher klein.
- Das Geschwindigkeitsprofil ist parabelförmig (siehe Abbildung 9.2) und ortsunabhängig.

Bei der Betrachtung des Stofftransports (Kapitel 8) wurde davon ausgegangen, dass die in den Grenzschichten vorherrschende Strömung laminar ist. Durch den diffusiven Stofftransport konnte der Stofftransportwiderstand auf den Bereich der Grenzschicht beschränkt werden.

Dagegen gilt für turbulente Strömungen:

- Die Stromlinien verlaufen völlig ungeordnet, instationär und chaotisch (siehe Abbildung 9.1).
- Es bilden sich Wirbel aus.

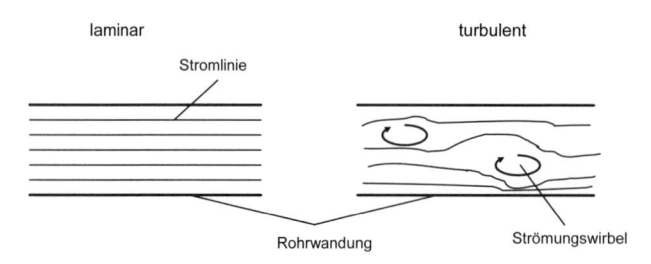

Abbildung 9.1: Laminare und turbulente Strömung

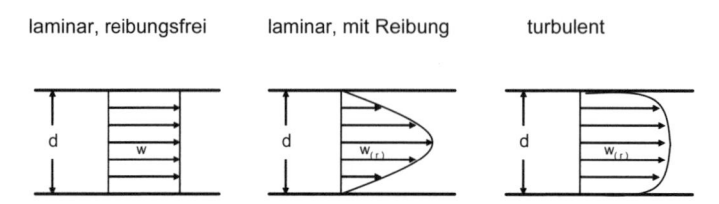

Abbildung 9.2: Geschwindigkeitsprofile in einem durchströmten Rohr

- Durch die Wirbel und ungeordneten Stromlinien tritt eine stark erhöhte Impuls-, Stoff- und Wärmeübertragung quer zur Strömungsrichtung auf.
- Physikalische und chemische Größen sind nicht mehr konstant, sondern schwanken statistisch.
- Gemäß der Turbulenztheorie wird ständig Energie zur Erzeugung der Turbulenzballen (Wirbel) benötigt. Die aufgenommene Energie wird kaskadenförmig auf immer kleinere Turbulenzballen übertragen und schließlich als Wärmeenergie dissipiert. Die Erzeugung und Aufrechterhaltung einer turbulenten Strömung ist gegenüber laminarer Strömung wesentlich energieintensiver.
- An Kanten kommt es zur Strömungsablösung.

Um einen genügend großen Stoffaustausch zu ermöglichen, wird in der Praxis mit turbulenten Strömungen gearbeitet.

Der Strömungszustand wird durch die Reynoldszahl (siehe Kapitel 8) beschrieben

$$Re = \frac{\text{Trägheitskraft}}{\text{Reibungskraft}} = \frac{w \cdot l}{\upsilon} \ . \tag{9-1}$$

Für Rohrströmungen (die charakteristische Länge l entspricht dem Rohrdurchmesser d) gilt z. B.:

- laminare Strömung $Re < 2300$,
- Übergangsbereich zwischen laminar und turbulent $2300 < Re < 10000$,
- vollausgebildete turbulente Strömung $Re > 10000$.

9.1.2 Strömungsbeeinflussung durch Einbauten

Zur Oberflächenvergrößerung werden Stoffaustauschapparate mit Einbauten (z. B. Böden, Füllkörper, Packungen) bestückt (siehe Kapitel 5). Diese **Einbauten stellen einen Strömungswiderstand dar und beeinflussen neben dem Druckverlust** (Abschnitt 9.2) **auch die Strömungscharakteristik**.

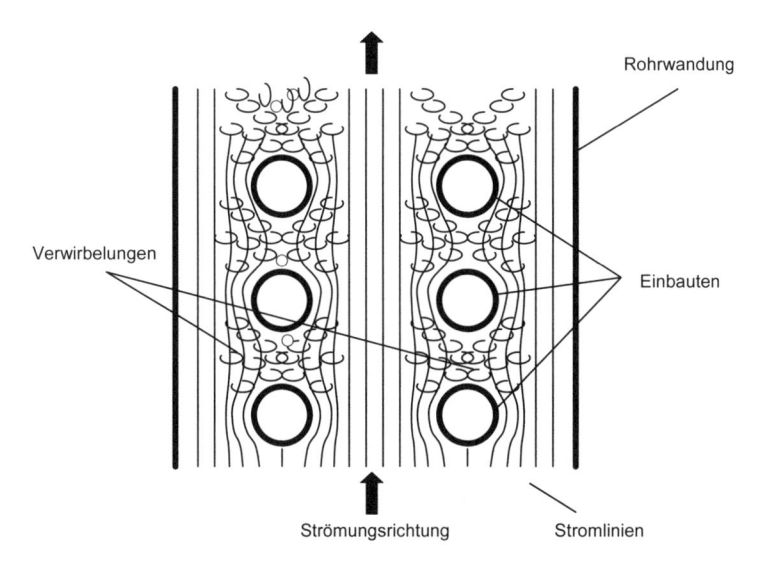

Abbildung 9.3: Ausbildung von Turbulenzen beim Durchströmen eines Rohrs mit Einbauten

Abbildung 9.3 verdeutlicht schematisch die Ausbildung von Turbulenzen bei der Durchströmung eines Stoffaustauschapparats, dargestellt als Rohr mit runden, symmetrisch angeordneten Einbauten, die Füllkörper symbolisieren sollen. Es kommt zu einer starken Verwirbelung der Strömung hinter den Hindernissen. Durch die Wirbel wird die Vermischung und der Stofftransport durch die entstehende hochturbulente Strömung verbessert. Gleichzeitig geht Bewegungsenergie verloren. **Nach dem Prinzip der Energieerhaltung führt die Erzeugung der Wirbel zu einer zusätzlichen Widerstandskraft**

$$F_W = c_W(Re) \cdot \frac{1}{2} \cdot \rho \cdot w^2 \tag{9-2}$$

entgegen der Bewegungsrichtung. Einbauten erhöhen daher den Strömungsdruckverlust (siehe Abschnitt 9.2). Die zur Aufrechterhaltung der turbulenten Strömung erforderliche Energie steigt.

Durch Einbauten ändert sich die örtliche Strömungsgeschwindigkeit, da sich die für die Durchströmung zur Verfügung stehende Fläche verkleinert. Für inkompressible, strömende Fluide gilt die **Kontinuitätsgleichung** (Durchflussgleichung)

$$\dot{V} = w_1 \cdot A_1 = w_2 \cdot A_2 = w \cdot A = \text{const.} \tag{9-3}$$

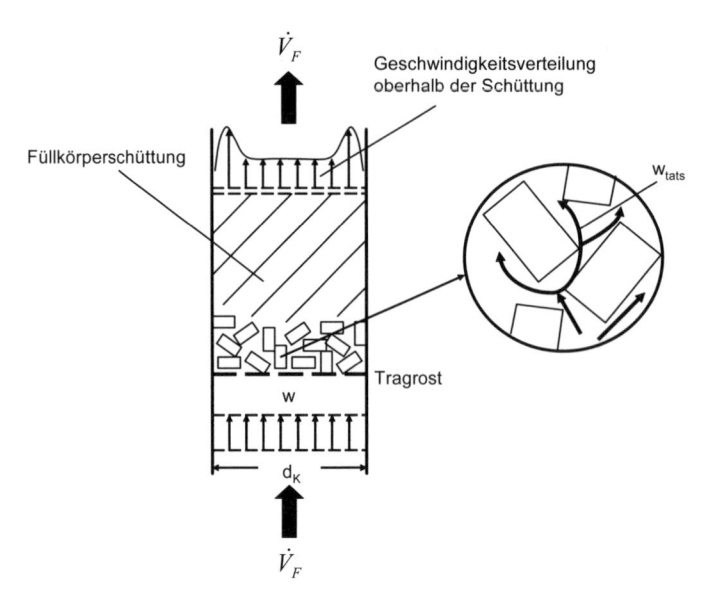

Abbildung 9.4: Fluidgeschwindigkeit in Stoffaustauschapparaten mit Einbauten

Vor Eintritt in die Schüttung ist die Geschwindigkeit w über den Säulenquerschnitt konstant (Abbildung 9.4). Diese auf das leere Rohr ohne Einbauten bezogene Geschwindigkeit wird als **Leerrohrgeschwindigkeit** (siehe vorn)

$$w = \frac{\dot{V}_F}{A_Q} = \frac{4 \cdot \dot{V}_F}{\pi \cdot d_K^2} \tag{9-4}$$

bezeichnet. Da die **örtlichen Geschwindigkeiten** in einer Schüttung (w_{tats}) einer Messung kaum zugänglich sind, wird zur Berechnung die mittlere **effektive Geschwindigkeit**

$$w_{eff} = \frac{w}{\varepsilon} \tag{9-5}$$

verwendet. Als Lückengrad ε wird der mittlere Lückengrad der Schüttung eingesetzt, örtliche Ungleichverteilungen bleiben unberücksichtigt. Die Geschwindigkeitsverteilung oberhalb der Schüttung weist in Wandnähe größere Geschwindigkeiten auf als in der Mitte der Säule (siehe Abbildung 9.4). Der Grund hierfür ist die Ortsabhängigkeit des Lückengrads (siehe auch Kapitel 5: Randgängigkeit). Infolge des größeren freien Volumens in der Randzone der Schüttung strömen hier bei gleichem Druckverlust größere Fluidmengen als in der Kernzone.

9.1.3 Gegenstrom in Stoffaustauschapparaten mit Einbauten

In Stoffaustauschapparaten wird i. d. R. ein Gegenstrom der beiden am Stoffaustausch beteiligten Fluide realisiert (siehe Kapitel 5). Je nach Durchsatz durch den Stoffaustauschapparat beeinflussen sich die beiden Phasen. Dies hat sowohl Auswirkungen auf den Stoffaustausch als auch auf den Druckverlust, wie in den Abschnitten 9.2 und 9.3 gezeigt wird.

9.1 Strömung in Stoffaustauschapparaten

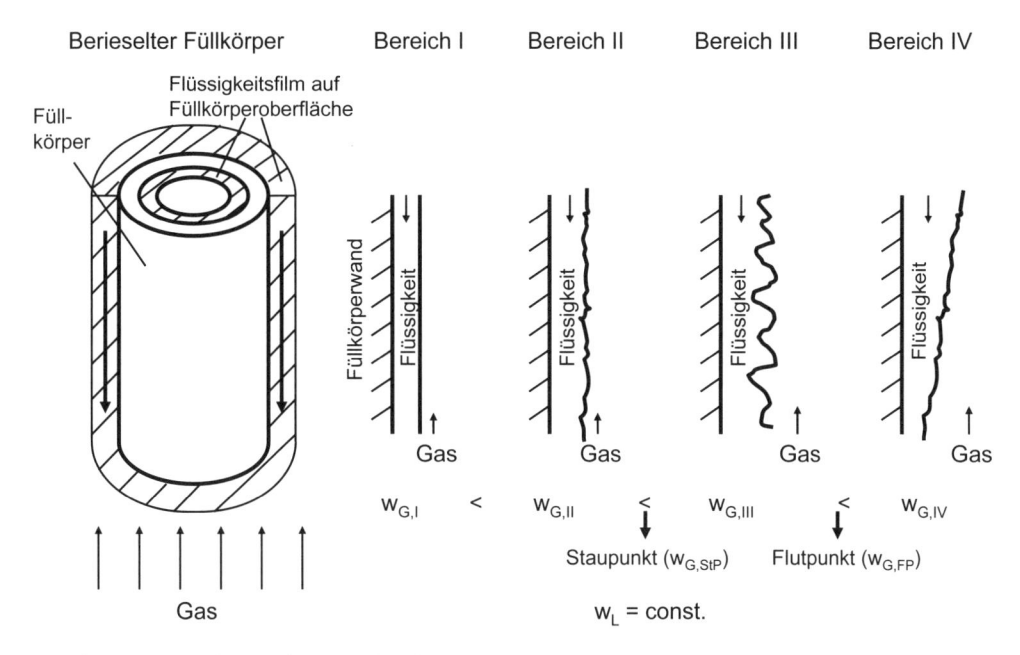

Abbildung 9.5: Beeinflussung des Flüssigkeitsfilms auf einem Füllkörper

Beispiel Flüssigkeitsfilm auf Füllkörpern: Abbildung 9.5 zeigt die Beeinflussung des Flüssigkeitsfilms auf einem Füllkörper durch die im Gegenstrom zur Flüssigkeit strömende Gasphase. Es wird angenommen, dass der Durchsatz und damit die Strömungsgeschwindigkeit der Flüssigkeit konstant bleibt. Der Volumenstrom der Gasphase wird schrittweise erhöht.

Bei kleinen Strömungsgeschwindigkeiten der Gasphase sind die Wechselwirkungen mit der Flüssigphase extrem gering, die beiden Phasen strömen aneinander vorbei ohne sich merklich zu beeinflussen (Bereich I in Abbildung 9.5). In diesem Bereich der laminaren Strömung ist der Stoffaustausch stark limitiert. Für den praktischen Betrieb muss die Gasgeschwindigkeit erhöht werden.

Der Bereich II kennzeichnet den turbulenten Strömungsbereich ($w_{G,II} > w_{G,I}$). Die Flüssigkeit berieselt die Füllkörperoberfläche als glatter Film, erste Unregelmäßigkeiten und Turbulenzen der Filmoberfläche sind festzustellen. Wird die Gasgeschwindigkeit weiter erhöht ($w_{G,StP}$), beginnt der Flüssigkeitsfilm auf den Füllkörpern wellig zu werden. Der Flüssigkeitsabtransport wird verzögert, die Flüssigkeit beginnt sich in der Füllkörperschüttung aufzustauen. Dieser Punkt wird als **Staupunkt** („Loading Point") bezeichnet.

Zur Verdeutlichung ist in Abbildung 9.6 der bezogene Flüssigkeitsinhalt $V_L / V_K \cdot \varepsilon$ der Füllkörperkolonne über der Gasgeschwindigkeit aufgetragen. Bei einer bestimmten Gasgeschwindigkeit wird der Staupunkt erreicht (Beginn des Bereichs III in Abbildung 9.5). **Die Flüssigkeit beginnt sich in der Kolonne aufzustauen, der Flüssigkeitsholdup vergrößert sich.** Dies führt zu einer Steigerung der Flüssigkeitsverweilzeit. Gleichzeitig wird das

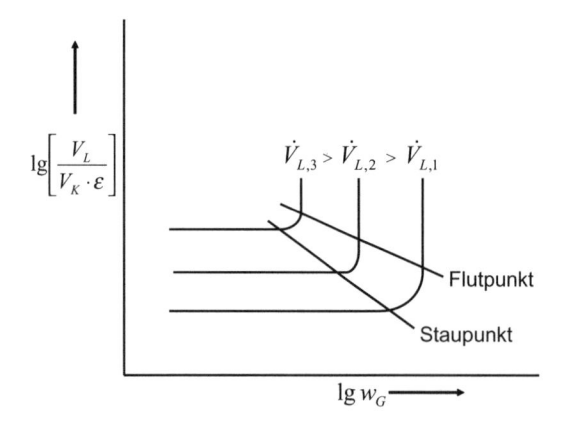

Abbildung 9.6: Abhängigkeit des Flüssigkeitsinhalts von der Gasgeschwindigkeit

Gas zum Teil in der Flüssigkeit dispergiert, wodurch der Stoffübergang verbessert und die Trennwirkung optimiert wird.

Bei weiterer Zunahme der Gasgeschwindigkeit ($w_{G,III}$ im Bereich III) wird die Turbulenz weiter erhöht, die Flüssigkeit gleichzeitig weiter aufgestaut. Die Gasgeschwindigkeit kann bis zum **Flutpunkt** ($w_{G,FP}$) gesteigert werden, wo der maximale Flüssigkeitsinhalt erreicht wird. Der Flutpunkt stellt die obere strömungstechnische Belastungsgrenze einer im Gegenstrom betriebenen Kolonne dar. Für jeden Flüssigkeitsvolumenstrom gibt der Flutpunkt die maximale Gasgeschwindigkeit an, bei der die Flüssigkeit noch kontinuierlich nach unten abfließen kann. **Wird die Gasgeschwindigkeit über die Geschwindigkeit am Flutpunkt gesteigert (Bereich IV in Abbildung 9.5), verzögert das Gas die Flüssigkeit so stark, dass sie in der Kolonne aufgestaut wird, die Kolonne beginnt vollzulaufen, sie flutet. Ein Gegenstrom von Gas und Flüssigkeit ist nicht mehr möglich.**

Flutpunkt
Abbildung 9.7 verdeutlicht nochmals die Strömungsverhältnisse an der Oberfläche eines Füllkörpers bzw. eines Packungselements. Gezeigt ist lediglich eine Hälfte des Strömungsprofils. Die Flüssigkeit bewegt sich als Film auf der Oberfläche des Füllkörpers bzw. der Packung mit der Geschwindigkeit w_L nach unten. Im Gegenstrom dazu strömt das Gas mit der Geschwindigkeit w_G von unten nach oben. An der Phasengrenze berühren sich Gas und Flüssigkeit. Durch die hier auftretenden Reibungskräfte wird der Flüssigkeitsfilm beeinträchtigt. Je größer die Gasgeschwindigkeit ist, desto größer sind die auf die Flüssigkeitsoberfläche wirkenden Kräfte (siehe auch Abbildung 9.5).

Abbildung 9.8 zeigt die Beeinflussung des Geschwindigkeitsprofils der Flüssigkeit durch den Gasstrom. Wie in Abbildung 9.5 verdeutlicht, kann die Flüssigkeit durch das Gas verzögert werden, im Extremfall sogar seine Richtung ändern. Beim Strömungszustand gemäß Kurve 1 hat das Gas keinen merklichen Einfluss auf die Flüssigkeit, die Flüssigkeit kann fast ungehindert nach unten strömen (Bereich I in Abbildung 9.5). Geschwindigkeitsverlauf 2 zeigt

9.1 Strömung in Stoffaustauschapparaten

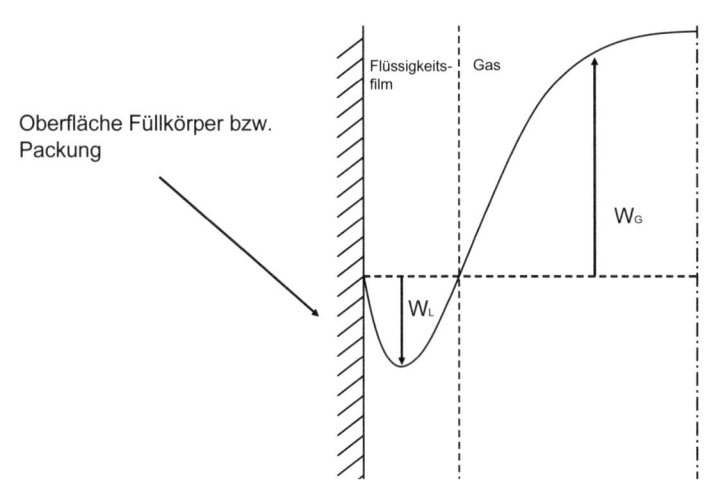

Abbildung 9.7: Gegenstrom von Gas und Flüssigkeit in Füllkörper- und Packungskolonnen

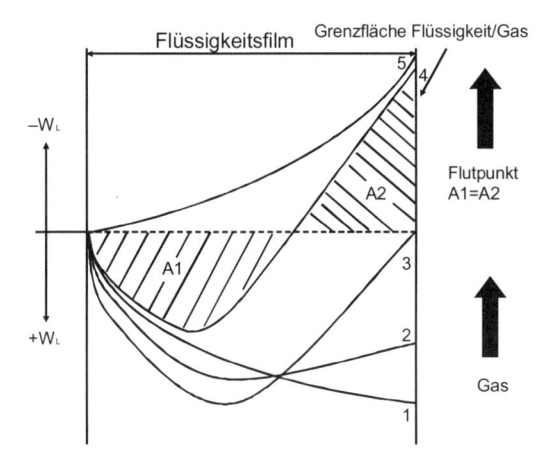

Abbildung 9.8: Beeinflussung des Flüssigkeitsfilms durch den Gasvolumenstrom

einen Zustand, wo das Gas beginnt, die Flüssigkeit merklich zu beeinflussen. An der Grenzfläche wird die Flüssigkeit verlangsamt (Bereich II in Abbildung 9.5). Geschwindigkeitsverlauf 3 stellt einen Zustand dar, bei dem der Einfluss des Gases bereits so groß ist, dass die Flüssigkeit in der Kolonne aufgestaut wird (Bereich III in Abbildung 9.5), die Geschwindigkeit der Flüssigkeit an der Phasengrenze ist auf null zurückgegangen. Noch bewegt sich die Flüssigkeit aber vollständig nach unten. Geschwindigkeitsverlauf 4 zeigt die Geschwindigkeitsverteilung der Flüssigkeit am Flutpunkt. Durch das Gas wird die Flüssigkeit so weit verlangsamt, dass nur noch ein Teil der Flüssigkeit (A1) nach unten fließt, ein anderer Teil (A2) aber zum Kopf der Kolonne mitgerissen wird. Für den Flutpunkt gilt

$$A1 = A2, \tag{9-6}$$

es fließt genauso viel Flüssigkeit nach unten wie nach oben. Bei Überschreitung des Flutpunkts beginnt die Kolonne vollzulaufen, da der mit dem Gas nach oben transportierte Flüssigkeitsanteil immer weiter zunimmt. Kurve 5 zeigt abschließend einen Geschwindigkeitsverlauf, bei dem die gesamte Flüssigkeit nach oben aus der Kolonne hinausgefördert wird.

> **Zusammenfassung:** In Kolonnen dienen Einbauten zur Oberflächenvergrößerung. Einbauten beeinflussen die Strömung. Bei der häufig genutzten Gegenstromführung der stoffaustauschenden Phasen kommt der Bestimmung des Flutpunkts eine besondere Bedeutung zu, da bei Überschreitung des Flutpunkts ein Gegenstrom der Phasen unmöglich ist, die Strömung in der Kolonne bricht zusammen.

9.2 Grundlagen Druckverlust

Die Kenntnis des Druckverlusts ist für Stoffaustauschapparate von entscheidender Bedeutung. **Der Druckverlust bestimmt die Größe der Pumpen und Verdichter, deren Antriebsleistung maßgeblich die Betriebskosten beeinflusst.**

9.2.1 Kenngrößen von Einbauten

Um Einbauten von Stoffaustauschapparaten zu charakterisieren, sind Kenngrößen erforderlich. Neben der volumenbezogenen Phasengrenzfläche a sind dies der bereits diskutierte Lückengrad ε

$$\varepsilon = \frac{V_K - V_{Einb}}{V_K} = 1 - \frac{V_{Einb}}{V_K}, \tag{9-7}$$

der ein Maß für die Füllung einer Kolonne mit Einbauten ist. Der Lückengrad gibt den für das Fluid zum Durchströmen zur Verfügung stehenden freien Raum in der Kolonne an. Je größer ε ist, desto mehr Raum steht dem Fluid in der Kolonne zur Verfügung, desto geringer ist der Druckverlust. Der Wert

$$1 - \varepsilon = \frac{V_{Einb}}{V_K} \tag{9-8}$$

ist demgegenüber das Maß für das durch die Einbauten blockierte Volumen.

Der **kennzeichnende Durchmesser** d_k

$$d_k = 6 \cdot \frac{V_{Einb}}{A_{Einb}} = 6 \cdot \frac{1 - \varepsilon}{a} \tag{9-9}$$

entspricht bei unregelmäßig geformeten Einbauten (z. B. Füllkörper, Adsorbentien) dem Durchmesser einer Kugel mit gleicher volumenbezogener Oberfläche.

9.2 Grundlagen Druckverlust

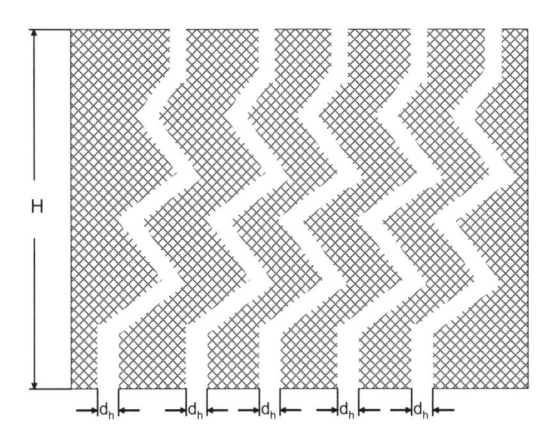

Abbildung 9.9: Hydraulisches Modell einer Füllkörperschüttung

Beispiel Füllkörper: Für einen metallischen Raschig-Ring (25 mm) sind die Herstellerangaben a = 223 m²/m³ und ε = 91,9 % gegeben. Der kennzeichnende Füllkörperdurchmesser bestimmt sich zu

$$d_k = 6 \cdot \frac{V_{Fk}}{A_{Fk}} = 6 \cdot \frac{1-\varepsilon}{a} = 6 \cdot \frac{1-0{,}919}{223} = 2{,}18 \text{ mm} \tag{9-10}$$

Wird eine Kolonne mit unregelmäßigen Einbauten zur Oberflächenvergrößerung (z. B. Füllkörper) bestückt, wird bei der Berechnung des Druckverlusts gemäß Abbildung 9.9 von einem Bündel paralleler Rohre mit konstantem **hydraulischen Durchmesser** d_h ausgegangen:

$$d_h = 4 \cdot \frac{A_f}{U}, \tag{9-11}$$

wobei A_f der freie Strömungsquerschnitt und U der vom Fluid benetzte Umfang des Strömungskanals ist. Bei Verwendung des hydraulischen Durchmessers können die für kreisrunde Rohre geltenden Widerstandsgesetze auch auf nichtkreisförmige Rohre angewendet werden.

Beispiel Füllkörperschüttung: Für Füllkörperschüttungen ergibt sich analog zu Gleichung (9-11) die Definition des hydraulischen Durchmessers zu

$$d_h = 4 \cdot \frac{V_f}{A_{Gr}}. \tag{9-12}$$

Die Grenzfläche A_{Gr} zwischen Feststoff (Füllkörper) und strömendem Fluid kann gleich der Füllkörperoberfläche

$$A_{Gr} = A_{Fk} \tag{9-13}$$

gesetzt werden. Das freie Volumen in der Schüttung beträgt

$$V_f = \varepsilon \cdot V_{Sch} = \frac{\varepsilon}{1-\varepsilon} \cdot V_{Fk} \ . \tag{9-14}$$

Einsetzen in Gleichung (9-12) führt zu

$$d_h = 4 \cdot \frac{\varepsilon}{1-\varepsilon} \cdot \frac{V_{Fk}}{A_{Fk}} \tag{9-15}$$

Einsetzen von Gleichung (9-9) ergibt die **Bestimmungsgleichung für den hydraulischen Durchmesser der Füllkörperschüttung:**

$$d_h = \frac{2}{3} \cdot \frac{\varepsilon}{1-\varepsilon} \cdot d_k = 4 \cdot \frac{\varepsilon}{a} \ . \tag{9-16}$$

9.2.2 Bernoulli-Gleichung

Der Energieerhaltungssatz angewandt auf reibungsfreie, inkompressible und stationäre Fluide besagt, dass die Gesamtenergie als Summe aus potentieller Energie (statischer Lageenergie), geodätischer Druckenergie und kinetischer Energie (Bewegungsenergie) konstant bleibt /48/

$$\underbrace{\frac{1}{2} \cdot m \cdot w_1^2}_{\text{kinetische Energie}} + \underbrace{\frac{m}{\rho} \cdot p_1}_{\text{Druck- energie}} + \underbrace{m \cdot g \cdot z_1}_{\text{potentielle Energie}} = \frac{1}{2} \cdot m \cdot w_2^2 + \frac{m}{\rho} \cdot p_2 + m \cdot g \cdot z_2 \ . \tag{9-17}$$

Dies führt zum **Gesetz von Bernoulli** (Energiegleichung)

$$\underbrace{\frac{1}{2} \cdot \rho \cdot w_1^2}_{\text{dynamischer Druck}} + \underbrace{p_1}_{\text{statischer Druck}} + \underbrace{\rho \cdot g \cdot z_1}_{\text{geodätischer Druck}} = \underbrace{p_{ges}}_{\text{hydrodynamischer Gesamtdrck}} = \frac{1}{2} \cdot \rho \cdot w_2^2 + p_2 + \rho \cdot g \cdot z_2 \ . \tag{9-18}$$

Sind **Reibungs- und Strömungsdruckverluste** nicht zu vernachlässigen, müssen diese als Druckverlustterm Δp_V

$$\frac{w_1^2}{2} + \frac{p_1}{\rho} + g \cdot z_1 = \frac{w_2^2}{2} + \frac{p_2}{\rho} + g \cdot z_2 + \frac{\Delta p_V}{\rho} \tag{9-19}$$

berücksichtigt werden. Abbildung 9.10 zeigt die Bernoulli-Gleichung anschaulich dargestellt für einen Stoffaustauschapparat. Unter der Annahme, dass sich die Dichte auf Grund des Druckverlusts nicht ändert, folgt aus Gleichung (9-3)

$$\dot{V}_1 = w_1 \cdot A_1 = \dot{V}_2 = w_2 \cdot A_2 \quad \rightarrow \quad w_1 = w_2 \ , \tag{9-20}$$

so dass der dynamische Druck (kinetische Energie) konstant bleibt (siehe Abbildung 9.10).

9.2 Grundlagen Druckverlust

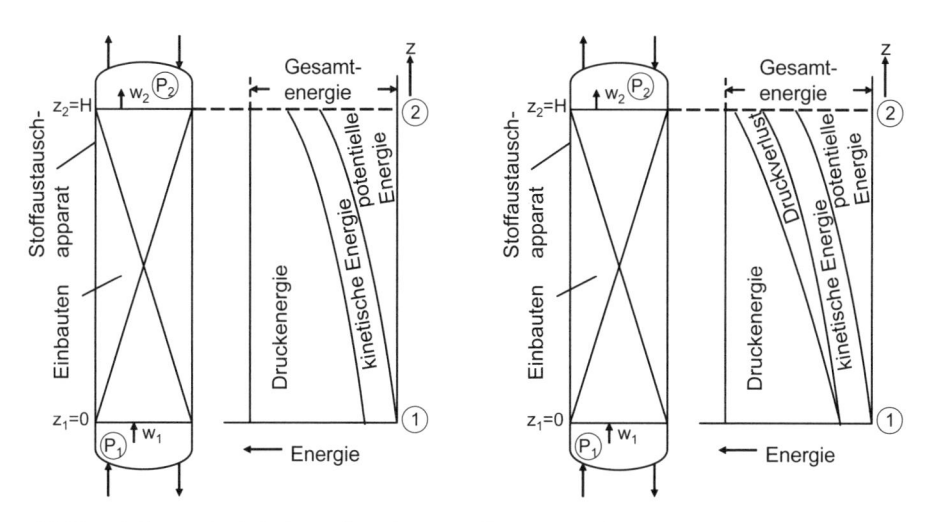

Abbildung 9.10: Anschauliche Darstellung der Bernoulli-Gleichung für Stoffaustauschapparate

Da die Geschwindigkeiten w_1 und w_2, die Kolonnenhöhe H sowie der Eintrittsdruck p_1 bekannt sind, können der dynamische, der statische und der geodätische Druck berechnet werden. Das Problem stellt die Berechnung des entstehenden Strömungsdruckverlusts dar. Dieser ist definiert als Widerstandskraft F_W pro Fläche zu

$$\Delta p_V = \frac{F_W}{A} = c_W(\text{Re}) \cdot \frac{1}{2} \cdot \rho \cdot w^2. \tag{9-21}$$

Häufig wird der pro Länge (z. B. pro Meter Packungs- oder Füllkörperhöhe) entstehende Druckverlust angegeben:

$$\frac{\Delta p_V}{H} = c_W(\text{Re}) \cdot \frac{\rho}{2} \cdot \frac{w^2}{d_h}. \tag{9-22}$$

Der Widerstandsbeiwert (c_W-Wert) muss in Abhängigkeit der Strömungsverhältnisse sowie der gewählten Einbauten aus Korrelationsgleichungen ermittelt werden.

Zusammenfassung: Die Bestimmung des Druckverlusts ist für Kolonnen mit Einbauten von grundlegender Bedeutung, da durch den entstehenden Druckverlust die Betriebskosten der Anlage maßgeblich beeinflusst werden.

9.3 Hydrodynamische Kolonnenauslegung

Bei der hydrodynamischen Kolonnenauslegung wird der erforderliche Kolonnendurchmesser, die optimale Strömungsführung sowie der sich in der Kolonne einstellende Hold-up bestimmt.

9.3.1 Gas-Flüssigkeitsströmungen

Lernziel: Der Durchmesser des Stoffaustauschapparats muss berechnet werden können. Der Bedeutung des Flutpunkts ist besondere Aufmerksamkeit zu widmen. Die Geschwindigkeit am Flutpunkt muss aus Belastungskennfeldern oder mittels empirischer Berechnungsverfahren bestimmt werden können.

Gas-Flüssigkeitsströmungen treten bei Rektifikation und Absorption auf. Der Kolonnenquerschnitt A_Q berechnet sich für den Normalfall einer runden Kolonne zu

$$A_Q = \frac{\pi \cdot d_K^2}{4} = \frac{\dot{V}_{G,max}}{w_{G,zul}}. \tag{9-23}$$

Zur Berechnung wird der **Gas- bzw. Dampfvolumenstrom als Bezugsphase** herangezogen, da er gegenüber dem Flüssigkeitsvolumenstrom ein wesentlich größeres Volumen in der Kolonne einnimmt. Damit folgt für den **Durchmesser**

$$d_K = \sqrt{\frac{4 \cdot \dot{V}_{G,max}}{\pi \cdot w_{G,zul}}}. \tag{9-24}$$

Die zulässige Gasgeschwindigkeit $w_{G,zul}$ wird definitionsgemäß auf den leer gedachten Kolonnenquerschnitt bezogen (Leerrohrgeschwindigkeit). $\dot{V}_{G,max}$ ist der größtmögliche Volumenstrom der Gasphase bzw. Dampfphase in der Stoffaustauschkolonne.

Um den Kolonnendurchmessers berechnen zu können, muss die Gasgeschwindigkeit bekannt sein. Je größer die Gasgeschwindigkeit bei gegebenem Gasvolumenstrom ist, desto kleiner wird der erforderliche Kolonnendurchmesser, wodurch sich die Investitionskosten minimieren. Gleichzeitig wird die Turbulenz und damit der Stoffaustausch verbessert. Wird die Geschwindigkeit allerdings zu groß gewählt, bricht die Strömung in der Kolonne zusammen, sobald der Flutpunkt (siehe Abschnitt 9.1.3) überschritten wird. Daher muss mit der **maximal zulässigen Gasgeschwindigkeit** $w_{G,zul}$ gearbeitet werden. Diese hängt von den gewählten Kolonneneinbauten ab und muss daher als Funktion der Einbauten ermittelt werden.

Belastungskennfeld allgemein
Der fluiddynamische Arbeitsbereich von Kolonnen, die im Gegenstrom von Gas und Flüssigkeit betrieben werden, wird durch Belastungsgrenzen festgelegt und anschaulich in Belastungskennfeldern (Abbildung 9.11) **dargestellt.** Die Belastungsgrenzen hängen von Art und Abmessung der Kolonneneinbauten sowie von den physikalischen Eigenschaften der strömenden Stoffe ab.

9.3 Hydrodynamische Kolonnenauslegung

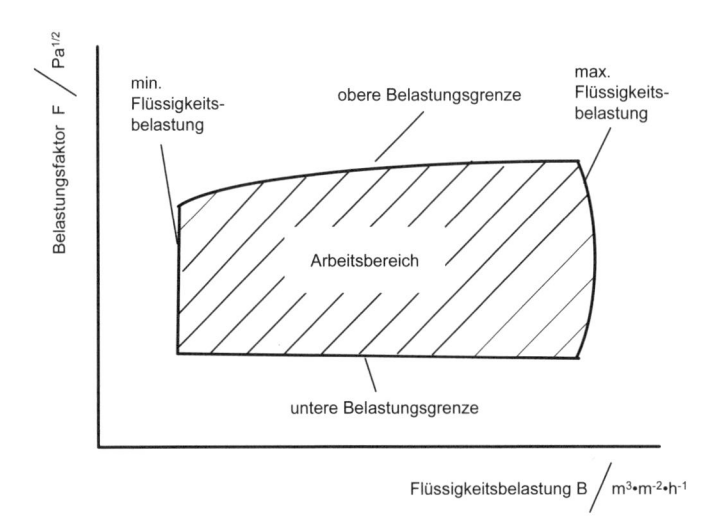

Abbildung 9.11: Belastungskennfeld

In einem Belastungskennfeld wird auf der Abszisse die Flüssigkeitsbelastung der Kolonne (Berieselungsdichte)

$$B = \dot{V}_L / A_Q \tag{9-25}$$

und auf der Ordinate der Belastungs- oder F-Faktor

$$F = w_G \cdot \sqrt{\rho_G} \tag{9-26}$$

aufgetragen. Bei nur geringen Änderungen der Stoffdaten kann das Belastungskennfeld für die gesamte Kolonnenhöhe als konstant angesehen werden. Voraussetzung ist, dass sich die Abmessungen der Einbauten nicht ändern. **Für Betriebszustände, die innerhalb des schraffierten Arbeitsbereichs liegen, kann ein stabiler Kolonnenbetrieb erwartet werden.** Hier werden in Abhängigkeit von der Gas- und Flüssigkeitsbelastung sowie den Stoffeigenschaften die für die jeweiligen Einbauten charakteristischen Trennwirkungen und Druckverluste erreicht.

Der **Arbeitsbereich** erstreckt sich zwischen der oberen und unteren Belastungsgrenze sowie der minimalen und maximalen Flüssigkeitsbelastung. Er sollte möglichst groß sein, um bei Belastungsschwankungen eine hohe Flexibilität zu gewährleisten.

Belastungskennfeld für Bodenkolonnen

Querstromböden
Abbildung 9.12 zeigt das Belastungskennfeld eines Querstrombodens. Die **Flutgrenze** (Beschreibung siehe Abschnitt 9.1.3) begrenzt den Arbeitsbereich nach oben. Durch die hohe Gasbelastung (ausgedrückt durch den F-Faktor) wird die Flüssigkeit durch die vom Gas ausgeübten Reibungskräfte am Abströmen gehindert. Bei hoher Flüssigkeitsbelastung wird

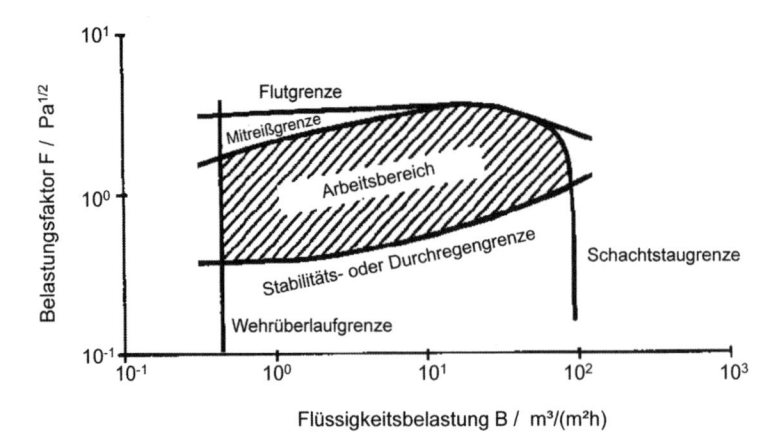

Abbildung 9.12: Belastungskennfeld für Querstromböden

die Flüssigkeit bis zum darüberliegenden Boden aufgestaut. Die Kolonne läuft mit Flüssigkeit voll, sie flutet. Bei kleiner Flüssigkeitsbelastung wird die Flüssigkeit vom Gasstrom vollständig zum darüberliegenden Boden mitgerissen und nach oben aus der Kolonne ausgetragen. Bei Überschreitung der Flutgrenze ist ein stabiler Gegenstrom von Gas und Flüssigkeit nicht möglich, die Kolonne ist nicht mehr funktionsfähig (absolute Grenze).

Wird bei hoher Gasbelastung die **Schachtstaugrenze** (absolute obere Grenze) erreicht, wird der Ausfluss der Flüssigkeit aus dem Zulaufschacht behindert, die Flüssigkeit wird bis zur Ablaufwehroberkante des darüberliegenden Bodens aufgestaut. Es handelt sich somit auch hier um eine Flutgrenze, die Kolonne flutet durch Flüssigkeitsstau im Schacht.

Bei Erreichen der **Mitreißgrenze** werden bei gegebener Flüssigkeitsbelastung mehr als 10 % der dem Boden zufließenden Flüssigkeit vom Gas zum darüberliegenden Boden mitgerissen. Die Mitreißgrenze ist eine relative Grenze. Der Gegenstrom von Gas und Flüssigkeit ist gewährleistet, durch die verstärkte flüssigkeitsseitige Rückvermischung kann die berechnete Trennwirkung der Kolonne aber nicht erreicht werden.

Die **Stabilitäts- oder Durchregengrenze** (relative Grenze) begrenzt den Arbeitsbereich nach unten. Bei gegebener Flüssigkeitsbelastung werden nicht mehr alle Gasdurchtrittsöffnungen des Bodens vom Gas durchströmt, die Flüssigkeit beginnt durch die Gasdurchtrittsöffnungen im Boden im Kurzschluss hindurchzuregnen. Durch die verringerte Verweilzeit der Flüssigkeit sinkt die Trennwirkung unter die berechnete.

Der Arbeitsbereich wird bei minimaler Flüssigkeitsbelastung durch die **Wehrüberlaufgrenze** begrenzt. Diese relative Grenze gibt die Flüssigkeitsbelastung an, die erforderlich ist, um einen gleichmäßigen Flüssigkeitsüberlauf über die gesamte Länge der Wehre sicherzustellen. Bei Unterschreiten der Wehrüberlaufgrenze ist mit ungleichmäßigem Flüssigkeitsüberlauf über die Wehre und als Folge davon mit einer Beeinträchtigung der Flüssigkeitsströmung auf dem Boden zu rechnen. Dadurch bedingte örtliche Störungen des Verhältnisses von Flüssigkeit zu Gas führen zu einer Verschlechterung der Trennwirkung.

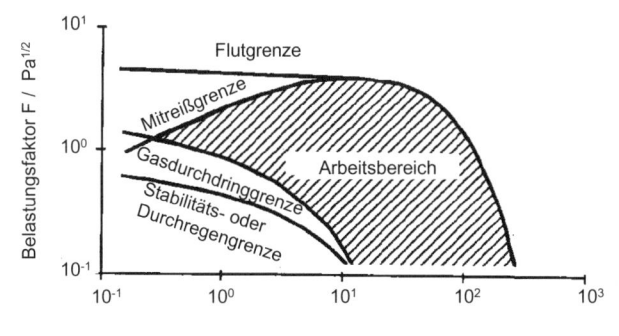

9.3 Hydrodynamische Kolonnenauslegung

Abbildung 9.13: Belastungskennfeld für Dual-Flow-Böden

Dual-Flow-Böden
Der Arbeitsbereich von Dual-Flow-Böden (Abbildung 9.13) ähnelt dem der Querstromböden. Bei der oberen Belastungsgrenze (Flutgrenze, absolute Grenze) flutet die Kolonne. Der Gegenstrom von Gas und Flüssigkeit bricht zusammen. Bei der Mitreißgrenze (relative Grenze) werden durch hohe Gasbelastung zu viele Flüssigkeitströpfchen auf den nächst höheren Boden mitgerissen, die erreichte Trennwirkung entspricht nicht der berechneten. Die Gasbelastung muss so groß gewählt werden, dass die Stabilitäts- oder Durchregengrenze sicher bis zur Gasdurchdringgrenze überschritten wird. Erst ab der Gasdurchdringgrenze wird die für eine ausreichende Trennwirkung erforderliche Flüssigkeitshöhe auf dem Boden erreicht.

Belastungskennfeld für Füllkörper und geordnete Packungen
Abbildung 9.14 zeigt ein typisches Belastungskennfeld mit den entsprechenden Grenzen für Füllkörper und Packungen. Im Gegensatz zu Böden wird der Arbeitsbereich lediglich von der **Flutgrenze** (absolute Grenze) und der **Entnetzungsgrenze** (relative Grenze) begrenzt. Bei gegebener Flüssigkeitsbelastung ist die Flutgrenze auch bei Füllkörpern und Packungen diejenige Gasbelastung, bei der bei großer Flüssigkeitsbelastung die Flüssigkeit in der Schüttung aufgestaut wird und bei kleiner Flüssigkeitsbelastung die Flüssigkeit vollständig vom Gas mitgerissen wird. Ein stabiler Gegenstrom von Gas und Flüssigkeit ist nicht mehr möglich.

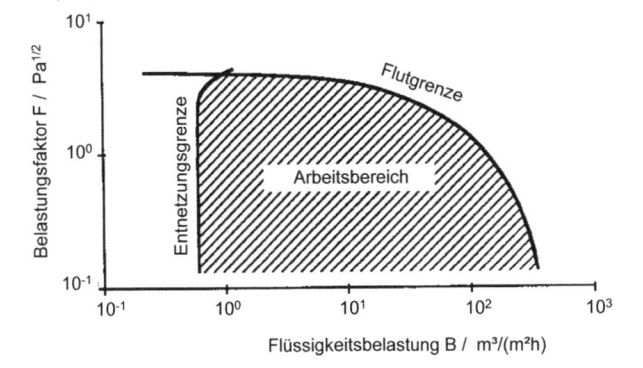

Abbildung 9.14: Belastungskennfeld für Füllkörper und geordnete Packungen

An der Entnetzungsgrenze reicht die Flüssigkeitsbelastung gerade aus, um die Einbauten ausreichend zu benetzen. Bei Unterschreitung der Entnetzungsgrenze tritt ein mehr oder weniger starker Abfall der Trennwirkung auf, da nicht mehr die gesamte zur Verfügung stehende spezifische Oberfläche der Einbauten zum Stoffübergang ausgenutzt wird.

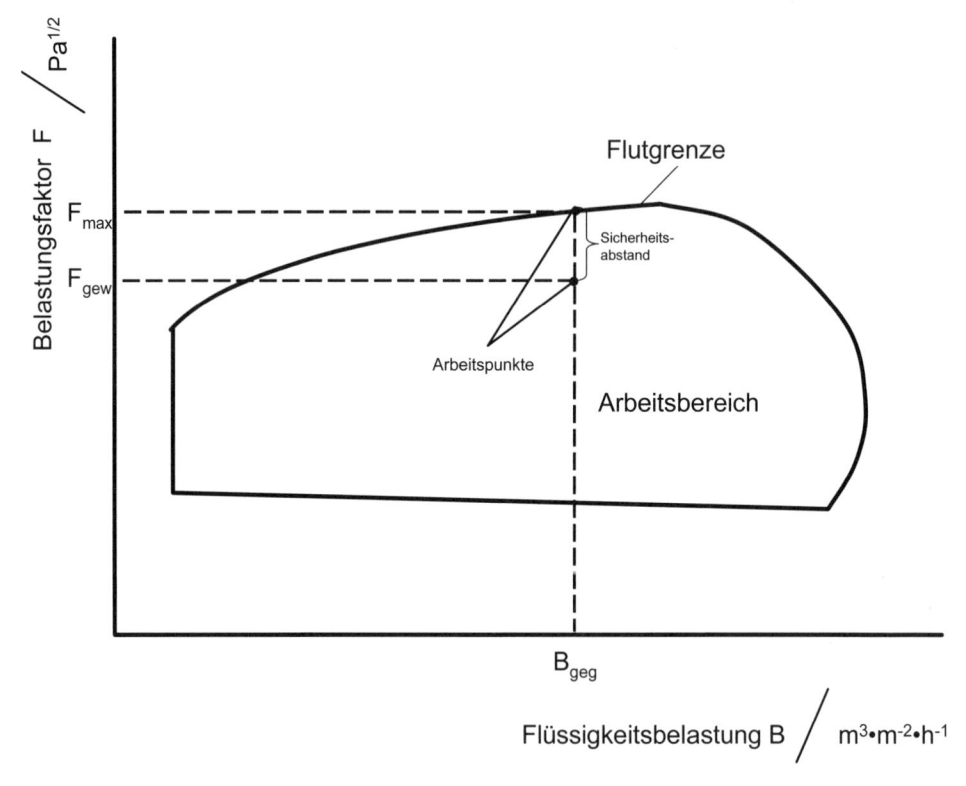

Abbildung 9.15: Ermittlung der zulässigen Gasgeschwindigkeit aus dem Belastungskennfeld

Ermittlung der zulässigen Gasgeschwindigkeit aus dem Belastungskennfeld
Ist das Belastungskennfeld bekannt (z. B. vom Hersteller der Einbauten), kann die zulässige Strömungsgeschwindigkeit hieraus ermittelt werden. Die Flüssigkeitsbelastung ist sowohl für Rektifikation als auch Absorption aus der Berechnung der Kolonnenhöhe gegeben (B_{geg} in Abbildung 9.15). **Der Arbeitspunkt wird so gewählt, dass er möglichst nah an der Flutgrenze liegt,** da hier die größte zulässige Gasgeschwindigkeit ($w_{G,zul}$) erreicht wird, wodurch der Kolonnendurchmesser minimal wird und sich aufgrund der Strömungsbedingungen gleichzeitig die beste Trennwirkung ergibt. Liegt der Arbeitspunkt genau auf der Flutgrenze, wird der Belastungsfaktor maximal (F_{max}) und damit die maximal mögliche Gasgeschwindigkeit ermittelt. Da die Flutgrenze eine absolute Grenze ist, bei deren Überschreitung die Zweiphasenströmung zusammenbricht, wird ein **Sicherheitsabstand zum Flutpunkt** eingehalten. Dieser ist auch deshalb erforderlich, um betriebsbedingten Gasvolumenstromschwankungen begegnen zu können. Der tatsächliche Arbeitspunkt wird etwa 30 % unterhalb

9.3 Hydrodynamische Kolonnenauslegung

der Flutgrenze gewählt, wodurch sich der gewählte Belastungsfaktor F_{gew} mit einer entsprechend kleineren zulässigen Gasgeschwindigkeit ergibt:

$$F_{gew} \approx 0{,}7 \cdot F_{max} \quad \rightarrow \quad w_{G,zul,gew} \approx 0{,}7 \cdot w_{G,zul,max}. \tag{9-27}$$

Rechnerische Ermittlung der Flutgrenze
Ist das Belastungskennfeld nicht gegeben, muss die Flutgrenze und damit die zulässige Gasgeschwindigkeit berechenbar sein.

Bodenkolonnen
Bei gegebener Flüssigkeitsbelastung darf der Gasvolumenstrom maximal so groß gewählt werden, dass keine Flüssigkeit mit zum nächst höheren Boden geschleppt wird, um das Fluten der Kolonne zu vermeiden. Die maximale Gasbelastung F_{max} und damit die maximale Gasgeschwindigkeit $w_{g,max}$ wird dann erreicht, wenn die Zweiphasenschicht zwischen 2 Böden gerade dem Bodenabstand ΔH_B entspricht (siehe Abbildung 9.16).

Um keine Flüssigkeitströpfchen mit dem Gasstrom zum nächst höheren Boden mitzureißen, darf die Gasgeschwindigkeit maximal so groß gewählt werden, dass ein Flüssigkeitstropfen mit dem Durchmesser d_{Tr} in Schwebe bleibt. Dies ist der Fall, wenn die Widerstandskraft F_W gleich der Differenz aus Gewichtskraft F_G und Auftriebskraft F_A ist (Abbildung 9.16, rechts):

$$F_W = F_G - F_A, \tag{9-28}$$

$$\frac{\pi \cdot d_{Tr}^2}{4} \cdot c_W(\text{Re}) \cdot \frac{\rho_G}{2} \cdot w_{G,max} = \frac{\pi \cdot d_{Tr}^3}{6} \cdot (\rho_L - \rho_G) \cdot g. \tag{9-29}$$

Hieraus folgt:

$$F_{max} = w_{G,max} \cdot \sqrt{\rho_G} = \sqrt{\frac{4 \cdot d_{Tr} \cdot g}{3 \cdot c_W(\text{Re})}} \cdot \sqrt{\rho_L - \rho_G}. \tag{9-30}$$

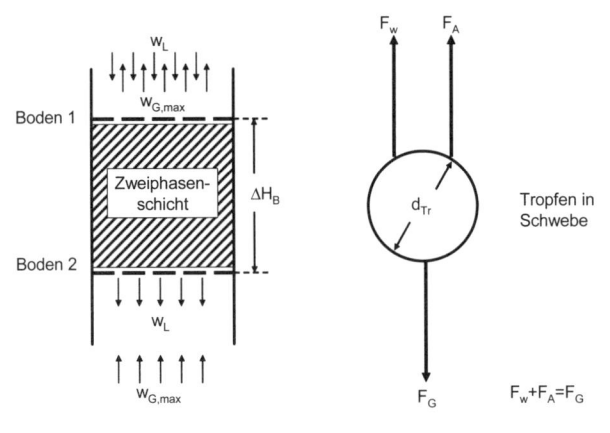

Abbildung 9.16: Ermittlung der Flutgrenze für Bodenkolonnen

Durch Einführung des Korrelationsfaktors nach Souders und Brown /31/ (Belastungswert) folgt

$$F_{max} = w_{G,max} \cdot \sqrt{\rho_G} = k_V \cdot \sqrt{\rho_L - \rho_G} \,, \qquad (9\text{-}31)$$

und somit

$$k_V = \sqrt{\frac{4 \cdot d_{Tr} \cdot g}{3 \cdot c_W(\text{Re})}} = w_{G,max} \cdot \sqrt{\frac{\rho_G}{\rho_L - \rho_G}} \,. \qquad (9\text{-}32)$$

Der **Belastungswert k_V** muss experimentell ermittelt werden. Er ist abhängig von

- Bodenkonstruktion,
- Bodenabstand,
- Strömungszustand von Gas und Flüssigkeit sowie den
- Gemischeigenschaften, besonders der Oberflächenspannung.

Ist der Belastungswert unbekannt, kann die Flutgrenze sowie der Bodenabstand nach einem von Stichlmair /32/ angegebenen Verfahren berechnet werden. Die Korrelationsgleichung zur Berechnung des maximalen F-Faktors lautet

$$F_{max} = 2,5 \cdot \left[\varphi^2 \cdot \sigma_L \cdot (\rho_L - \rho_G) \cdot g \right]^{0,25} \,. \qquad (9\text{-}33)$$

Neben den Stoffwerten Oberflächenspannung σ_L, Dichten von Flüssigkeit und Gas ρ_L und ρ_G sowie der Erdbeschleunigung g muss der relative **freie Querschnitt φ des Bodens**

$$\varphi = \frac{A_{Lo}}{A_{ak}} \qquad (9\text{-}34)$$

bekannt sein, der das Verhältnis der für das Gas freien Durchtrittsfläche (Loch- bzw. Schlitzfläche) A_{Lo} zur gesamten aktiven Fläche des Bodens A_{ak} beschreibt.

Wie oben beschrieben, wird ein Sicherheitsabstand zur Flutgrenze von 30 % eingehalten, der tatsächliche F-Faktor bestimmt sich dann zu

$$F \approx 0,7 \cdot F_{max} \,, \qquad (9\text{-}35)$$

wodurch sich die **in der Kolonne einstellende Gasleerrohrgeschwindigkeit** zu

$$w_G = \frac{F}{\sqrt{\rho_G}} \qquad (9\text{-}36)$$

berechnet. Bei bekanntem Gasvolumenstrom lässt sich der aktiv **am Stoffaustausch beteiligte Kolonnenquerschnitt** zu

$$A_{ak} = \frac{\dot{V}_G}{w_G} \qquad (9\text{-}37)$$

9.3 Hydrodynamische Kolonnenauslegung

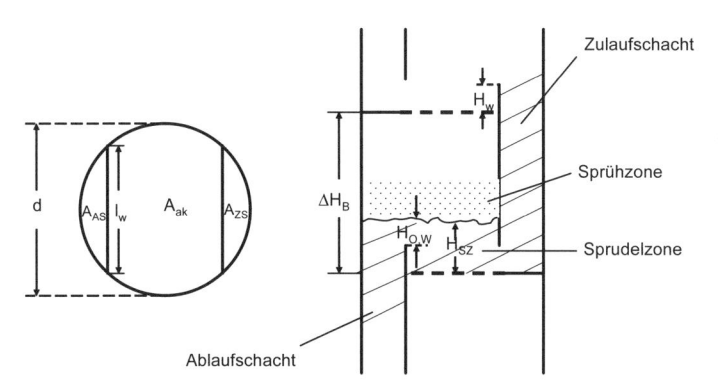

Abbildung 9.17: Nomenklatur Querstromboden

ermitteln. Aus dem aktiven Kolonnenquerschnitt muss der gesamte Querschnitt der Kolonne A_Q und der Kolonnendurchmesser d_K bestimmt werden:

$$A_{ak} = A_Q - (A_{AS} + A_{ZS}) = A_Q \cdot \left[1 - 2 \cdot 0{,}3 \cdot \left(\frac{l_W}{d_K}\right)^{3{,}36}\right]. \tag{9-38}$$

A_{AS} gibt die Ablauf-, A_{ZS} die Zulaufschachtfläche an, l_W die Wehrlänge (zur Nomenklatur siehe Abbildung 9.17). Das Verhältnis l_W/d_K muss zunächst angenommen werden. Richtwerte stehen für jeden Bodentyp zur Verfügung. Für den **Kolonnenquerschnitt** ergibt sich schließlich

$$A_Q = \frac{A_{ak}}{1 - 0{,}6 \cdot \left(\frac{l_W}{d_K}\right)^{3{,}36}}. \tag{9-39}$$

Ermittlung des Bodenabstands
Der Bodenabstand ΔH_B muss bekannt sein, um aus der Anzahl der praktischen Böden die Kolonnenhöhe zu ermitteln (siehe Kapitel 7). Er kann ebenfalls mit einem von Stichlmair angegebenen Verfahren bestimmt werden. Es wird davon ausgegangen, dass die Sprudelzone 70 % des Bodenabstands ausmachen darf, um sicher auszuschließen, dass eine größere Anzahl von Flüssigkeitstropfen durch den Gasstrom auf den nächsthöheren Boden transportiert wird. Die Sprudelzone H_{SZ} berechnet sich aus der Wehrhöhe H_W und der Wehrüberlaufhöhe $H_{O,W}$ zu (siehe Abbildung 9.17)

$$H_{SZ} = H_W + 0{,}65 \cdot H_{O,W}^{1/3} \cdot \left(\frac{F}{F_{max} - F}\right)^{1/2}. \tag{9-40}$$

Die Wehrüberlaufhöhe wird zu

$$H_{O,W} = 1{,}5 \cdot \left(\frac{\dot{V}_L}{l_W \cdot g^{1/2}}\right)^{2/3} \tag{9-41}$$

bestimmt. $\dot{V}_L$ ist der über den Boden strömende Flüssigkeitsvolumenstrom. Der Bodenabstand ergibt sich dann zu

$$\Delta H_B \approx 1{,}3 \cdot H_{SZ}. \tag{9-42}$$

Füllkörperkolonnen

Rieselfilm-Gas-Schubspannungsmodell nach Mersmann
Ist das Belastungskennfeld nicht gegeben, muss die Flutpunktskurve empirisch bestimmt werden. Hierzu sind verschiedene Modelle entwickelt worden. Das **Rieselfilm-Gas-Schubspannungsmodell** zur Berechnung der Gasgeschwindigkeit am Flutpunkt von Mersmann /33/ geht von einer ausgebildeten Filmströmung auf den Füllkörpern in der Packung aus. Dies ist für vollflächige Füllkörper hinreichend genau erfüllt.

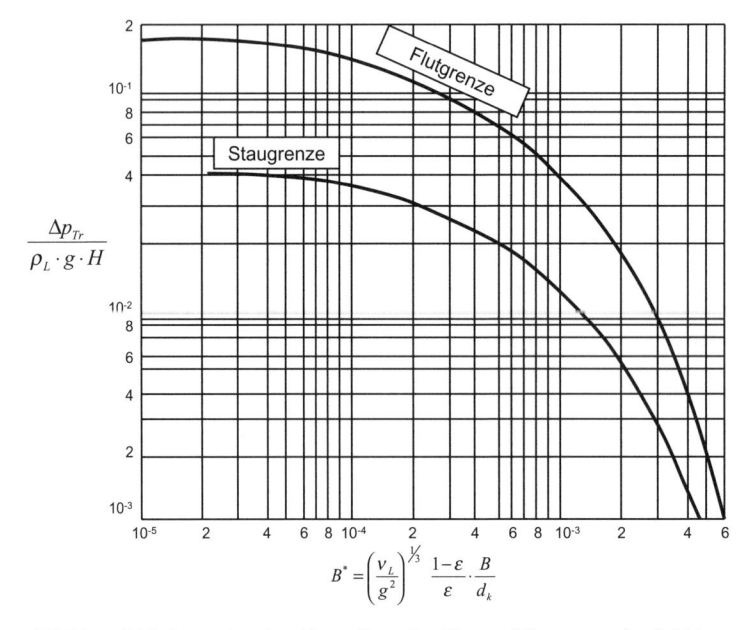

Abbildung 9.18: Dimensionslose Darstellung der Flut- und Staugrenze /nach 51/

Die in Abbildung 9.18 gezeigte Flut- und Staugrenze gilt für alle Füllkörperarten mit einer Genauigkeit von ± 25 % /51/. Die **dimensionslose Berieselungsdichte** (Abszisse) berechnet sich zu

$$B^* = \left(\frac{\upsilon_L}{g^2}\right)^{1/3} \cdot \frac{B \cdot (1-\varepsilon)}{d_k \cdot \varepsilon}. \tag{9-43}$$

Neben der kinematischen Viskosität υ_L als charakteristischer Größe für die Flüssigkeitseigenschaften sind der kennzeichnende Füllkörperdurchmesser d_k gemäß Gleichung (9-9) und der Lückengrad ε zur Beschreibung der Füllkörpereigenschaften erforderlich. Die Berie-

9.3 Hydrodynamische Kolonnenauslegung

selungsdichte B gibt gemäß Gleichung (9-25) den auf die Kolonnenfläche bezogenen Flüssigkeitsvolumenstroms an. Da die Fläche der Kolonne noch unbekannt ist, muss hier ein Schätzwert vorgegeben werden. Der tatsächliche Kolonnenquerschnitt wird iterativ ermittelt. Je größer die Berieselungsdichte ist, desto kleiner ist die Gasgeschwindigkeit am Flutpunkt (Abbildung 9.18).

Auf der Ordinate ist der **dimensionslose trockene Druckverlust** (siehe Abschnitt 9.4) aufgetragen. Dies ist der Druckverlust, der vom Gas in der Füllkörperschüttung verursacht wird, wenn diese nicht mit Flüssigkeit beaufschlagt wird. Der trockene Druckverlust in Schüttungen berechnet sich zu

$$\Delta p_{tr} = c_w \cdot \frac{\rho_G \cdot w_G^2}{2} \cdot \frac{1-\varepsilon}{\varepsilon^3} \cdot \frac{H}{d_k}. \tag{9-44}$$

Dimensionslos auf die Füllkörperschütthöhe H bezogen bedeutet dies

$$\frac{\Delta p_{tr}}{H \cdot \rho_L \cdot g} = c_w \cdot \frac{1-\varepsilon}{\varepsilon^3} \cdot \frac{w_G^2 \cdot \rho_G}{2 \cdot d_k \cdot g \cdot \rho_L}. \tag{9-45}$$

Um aus Gleichung (9-45) die Gasleerrohrgeschwindigkeit w_G am Flutpunkt bestimmen zu können, muss neben den Dichten von Gas und Flüssigkeit und den charakteristischen Daten für die Füllkörper (kennzeichnender Füllkörperdurchmesser und Lückengrad) der Widerstandsbeiwert c_W bekannt sein.

Widerstandsbeiwert
Der Widerstandsbeiwert ist direkt von der Reynoldszahl der Gasströmung Re_G sowie den verwendeten Füllkörpern abhängig (siehe Abbildung 9.19):

$$c_W = f(Re_G), \tag{9-46}$$

$$Re_G = \frac{w_G \cdot d_k}{(1-\varepsilon) \cdot \upsilon_G}. \tag{9-47}$$

Es wird deutlich, dass sich der Widerstandsbeiwert und damit der Strömungswiderstand von Packungseinbauten gegenüber Kugeln erhöht, da die verschiedenen Packungseinbauten eine wesentlich größere Oberfläche zum Stoffaustausch aufweisen.

Sind keine füllkörperspezifischen Daten vorhanden, kann die von Ergun /50/ für Vollfüllkörper entwickelte Gleichung

$$c_W = \frac{300}{Re_G} + 3,5 \tag{9-48}$$

verwendet werden. Mackowiak /34/ schlägt als empirischen Ansatz Abhängigkeiten der Form

$$c_W = K_1 \cdot Re_G^{K_2} \tag{9-49}$$

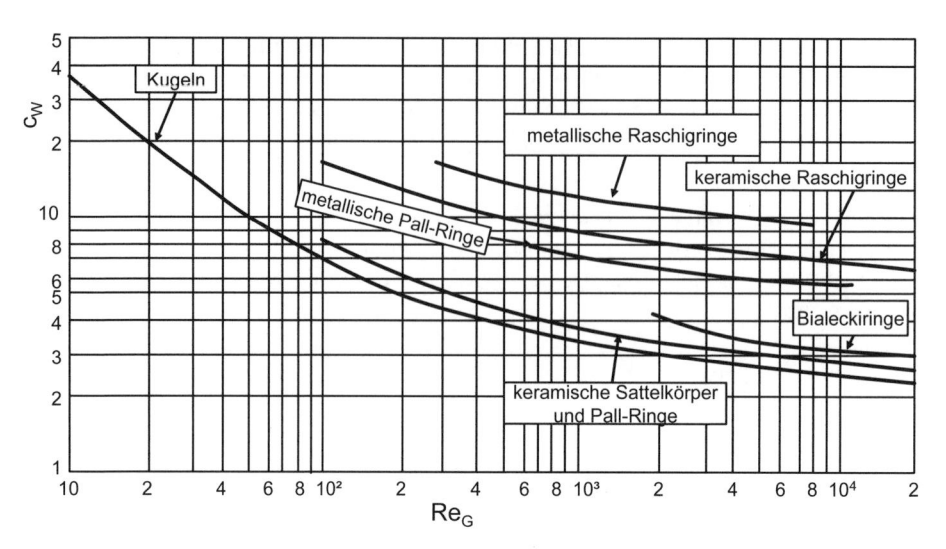

Abbildung 9.19: Widerstandsbeiwerte von Füllkörperschüttungen als Funktion von Re_G /nach 51 und 16/

vor. Die Konstanten K_1 und K_2 werden von Mackowiak als Funktion des Füllkörpertyps angegeben. So gilt z. B.

Raschigringe: $Re_G < 2100$: $K_1 = 31,13$; $K_2 = -0,189$; (9-50)

Raschigringe: $Re_G \geq 2100$: $K_1 = 10,34$; $K_2 = -0,0455$; (9-51)

Pall-Ringe: $Re_G < 2100$: $K_1 = 10,00$; $K_2 = -0,18$; (9-52)

Pall-Ringe: $Re_G \geq 2100$: $K_1 = 3,23$; $K_2 = -0,0343$. (9-53)

Gleichung (9-49) kann auch für geordnete Packungen verwendet werden.

Beispielaufgabe Durchmesserberechnung nach dem Rieselfilm-Gas-Schubspannungsmodell: In einer biochemischen Reaktion entsteht ein Abluftstrom von 1400 m³/h, der mit organischen Schadstoffen beladen ist. Die erforderliche Abluftreinigung erfolgt in einem Biowäscher. Die gut wasserlöslichen organischen Abluftinhaltsstoffe werden im Gegenstrom mit 3000 kg/h Wasser absorbiert. Da die Absorption isotherm bei 20°C abläuft, ergeben sich folgende Stoffwerte für Luft und Wasser:

Luft: Dichte $\rho = 1,1881$ kg/m³, dynamische Viskosität $\eta = 17,68 \cdot 10^{-6}$ Pa·s;

Wasser: Dichte $\rho = 998,3$ kg/m³, dynamische Viskosität $\eta = 1002,6 \cdot 10^{-6}$ Pa·s.

Als Einbauten werden poröse Kugeln mit einem Durchmesser von 20 mm verwendet, um eine Ansiedlung von Bakterienkulturen zu ermöglichen. Es stellt sich ein Lückengrad von 50 % in der Schüttung ein. Der Widerstandsbeiwert der Kugelschüttung kann in dem betrachteten Bereich als konstant zu $c_W = 3$ angenommen werden. Die erforderliche stoffaustauschende Höhe der Kolonne wurde zu $H = 5$ m berechnet.

9.3 Hydrodynamische Kolonnenauslegung

Gesucht ist der Durchmesser des Biowäschers, wenn 30 % unterhalb des Flutpunkts gearbeitet wird. Wie groß ist für diesen Fall die Gasleerrohrgeschwindigkeit, wie groß die tatsächliche mittlere Geschwindigkeit in der Kolonne? Welche Gasgeschwindigkeit muss mindestens eingestellt werden, um den Staupunkt zu überschreiten?

Lösung: Die Flutpunktskurve ist in Abbildung 9.18 gezeigt. Zur Bestimmung des Flutpunkts muss die dimensionslose Berieselungsdichte (Gleichung (9-43)) sowie der trockene Druckverlust (Gleichung (9-45)) bekannt sein:

$$B^* = \left(\frac{\upsilon_L}{g^2}\right)^{1/3} \cdot \frac{B \cdot (1-\varepsilon)}{d_k \cdot \varepsilon}.$$

Mit

$$\upsilon_L = \frac{\eta_L}{\rho_L} = \frac{1002{,}6 \cdot 10^{-6}}{998{,}3} = 1{,}004 \cdot 10^{-6} \text{ m}^2/\text{s},$$

$$B = \frac{\dot{V}_L}{A_Q} = \frac{4 \cdot \dot{V}_L}{\pi \cdot d_K^2} \quad \text{(Gleichung (9-25))}$$

folgt mit

$$\dot{V}_L = \frac{\dot{m}_L}{\rho_L} = \frac{3000}{3600 \cdot 998{,}3} = 8{,}35 \cdot 10^{-4} \text{ m}^3/\text{s}$$

und dem kennzeichnenden Durchmesser einer Kugel $d_k = 20$ mm $= 0{,}02$ m

$$B^* = \left(\frac{1{,}004 \cdot 10^{-6}}{9{,}81^2}\right)^{1/3} \cdot \frac{4 \cdot 8{,}35 \cdot 10^{-4} \cdot (1-0{,}5)}{\pi \cdot d_K^2 \cdot 0{,}02 \cdot 0{,}5}.$$

Da in der Gleichung der gesuchte Kolonnendurchmesser d_K enthalten ist, kann die Berechnung nur iterativ erfolgen. Für den trockenen Druckverlust gilt:

$$\frac{\Delta p_{tr}}{H \cdot \rho_L \cdot g} = W = c_w \cdot \frac{1-\varepsilon}{\varepsilon^3} \cdot \frac{w_G^2 \cdot \rho_G}{2 \cdot d_k \cdot g \cdot \rho_L}.$$

W steht für den aus Abbildung 9.18 abzulesenden Wert der Flutpunktskurve (Flutgrenze). Für die Geschwindigkeit am Flutpunkt ergibt sich:

$$w_G = \sqrt{W \cdot \frac{\varepsilon^3 \cdot 2 \cdot d_k \cdot g \cdot \rho_L}{c_w \cdot (1-\varepsilon) \cdot \rho_G}} = \sqrt{W \cdot \frac{0{,}5^3 \cdot 2 \cdot 0{,}02 \cdot 9{,}81 \cdot 998{,}3}{3 \cdot (1-0{,}5) \cdot 1{,}1881}}.$$

Berechnungsgang: Vorgabe eines geschätzten Durchmessers $d_{K,alt}$ und damit des Kolonnenquerschnitts

$$A_{Q,alt} = \frac{\pi \cdot d_{K,alt}^2}{4},$$

Berechnung der dimensionslosen Berieselungsdichte B*, Ablesen des Werts W aus der Flutpunktskurve in Abbildung 9.18, Bestimmung der Gasgeschwindigkeit am Flutpunkt w_G. Aus der Gasgeschwindigkeit kann die Querschnittsfläche sowie der Durchmesser berechnet werden:

$$A_{Q,neu} = \frac{\dot{V}_G}{w_G} \quad \rightarrow \quad d_{K,neu} = \sqrt{\frac{4 \cdot A_{Q,neu}}{\pi}}.$$

Falls $d_{K,neu} \neq d_{K,alt}$ gilt, muss ein erneuter Iterationsschritt erfolgen. Die folgende Tabelle zeigt die Berechnung (Startwert $d_K = 0{,}8$ m):

$d_{K,alt}$ / m	$A_{Q,alt}$ / m²	B* / -	W / -	w_G / m/s	$A_{Q,neu}$ / m²	$d_{K,neu}$ / m
0,8	0,5	$1{,}45 \cdot 10^{-4}$	0,134	1,92	0,20	0,51
0,51	0,20	$2{,}27 \cdot 10^{-4}$	0,104	1,69	0,23	0,54
0,54	0,23	$2{,}14 \cdot 10^{-4}$	0,11	1,74	0,22	0,53
0,53	0,22	$2{,}17 \cdot 10^{-4}$	0,109	1,73	0,225	0,536

Ergebnis: Am Flutpunkt beträgt die Gasleerrohrgeschwindigkeit $w_{G,max} = 1{,}73$ m/s, der Biowäscher muss einen Durchmesser von 0,54 m aufweisen.

Da laut Aufgabenstellung mit einer Gasleerrohrgeschwindigkeit gearbeitet werden soll, die 30 % unterhalb der Gasgeschwindigkeit am Flutpunkt liegt, folgt:

$$w_G = 0{,}7 \cdot w_{G,max} = 1{,}21 \text{ m/s} \quad \rightarrow \quad A_Q = 0{,}32 \text{ m}^2 \quad \rightarrow \quad d_K = 0{,}64 \text{ m}.$$

Die tatsächliche effektive Geschwindigkeit in der Kugelschüttung beträgt am Auslegungspunkt gemäß Gleichung (9-5):

$$w_{G,eff} = \frac{w_G}{\varepsilon} = \frac{1{,}21}{0{,}5} = 2{,}42 \text{ m/s}.$$

Geschwindigkeit am Staupunkt:

$d_K = 0{,}64$ m $\rightarrow$ $A_Q = 0{,}32$ m² $\rightarrow$ $B = 2{,}6 \cdot 10^{-3}$ m/s $\rightarrow$ $B^* = 2{,}84 \cdot 10^{-4}$
$\rightarrow$ aus der Staupunktskurve (Staugrenze) in Abbildung 9.18:
$\Delta p_t / (\rho_L \cdot g \cdot H) = 2{,}64 \cdot 10^{-2}$ $\rightarrow$ $w_{G,Stau} = 0{,}85$ m/s.

Kontrolle des zur Berechnung benutzten c_W-Werts:

Gemäß Gleichung (9-47) gilt:

$$Re_G = \frac{w_G \cdot d_k}{(1-\varepsilon) \cdot \upsilon_G} = \frac{1{,}21 \cdot 0{,}02}{(1-0{,}5) \cdot 14{,}88 \cdot 10^{-6}} = 3253.$$

In dem Biowäscher herrscht eine turbulente Strömung vor. Für Kugeln folgt aus Abbildung 9.19: $c_W = 2{,}9$. Durch den Bakterienbewuchs und die daraus hervorgerufene Oberflächenrauhigkeit der Kugeln scheint $c_W = 3$ durchaus angebracht.

9.3 Hydrodynamische Kolonnenauslegung

Tropfen-Schwebebett-Modell nach Mackowiak

Speziell bei der Absorption werden offene Füllkörper verwendet, auf denen sich bedingt durch die Geometrie keine Filmströmung ausbilden kann. Durch die Oberfläche der Füllkörper werden jeweils neue Tropfen erzeugt, die für den Stoffaustausch verantwortlich sind. Von Mackowiak /34/ wurde hierfür das **Tropfen-Schwebebett-Modell** entwickelt, das für

– Füllkörper mit durchbrochener Wand,
– kleinflächige Füllkörper mit $a \leq 200$ m²/m³ sowie
– Packungen mit kleinen Durchsatzverhältnissen ($B < 2 \cdot 10^{-3}$ m/s)

Anwendung findet.

Das Modell geht von der Durchströmung des Gases durch ein schwebendes Bett von Tropfen aus (siehe Abbildung 9.20). **Am Flutpunkt ist die Gasleerrohrgeschwindigkeit so groß, dass sie in der Lage ist, den Tropfen mit dem Durchmesser d_{Tr} und der Sinkgeschwindigkeit w_{Tr} in der Schwebe zu halten.** Wird die Geschwindigkeit weiter erhöht, wird der Tropfen entgegen der ursprünglichen Strömungsrichtung aus der Füllkörperschüttung nach oben ausgetragen.

Wird der Flüssigkeitsinhalt (siehe Abbildung 9.6)

$$V_L^0 = \frac{V_L}{V_K \cdot \varepsilon} \tag{9-54}$$

und damit die Anzahl der Tropfen in der Kolonne erhöht (Tropfenschwarm TS in Abbildung 9.20), flutet die Kolonne bei kleineren Gasleerrohrgeschwindigkeiten, da die effektive Gasgeschwindigkeit $w_{G,eff,TS}$ im Tropfenschwarm ansteigt:

$$w_{G,eff,E} < w_{G,eff,TS} \quad \rightarrow \quad w_{G,E,Flutpunkt} > w_{G,TS,Flutpunkt} \; . \tag{9-55}$$

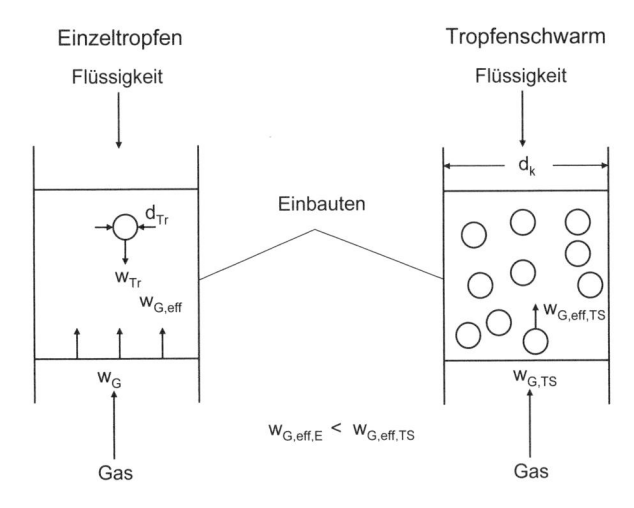

Abbildung 9.20: Tropfen-Schwebebett-Modell zur Beschreibung des Flutpunkts

Die Gasgeschwindigkeit am Flutpunkt

$$w_{G,max} = f\left(V_L^0\right) \tag{9-56}$$

ist daher direkt vom Flüssigkeitsinhalt abhängig, wie aus Abbildung 9.6 deutlich wird.

Die Gasgeschwindigkeit am Flutpunkt berechnet sich mit einem Fehler von ± 8 % zu

$$w_{G,max} = 0,565 \cdot \varepsilon^{1,2} \cdot c_W^{-1/6} \cdot \left(\frac{d_{Tr} \cdot \Delta\rho \cdot g}{\rho_G}\right)^{0,5} \cdot \left(\frac{d_h}{d_{Tr}}\right)^{0,25} \cdot \left(1 - V_{L,Fl}^0\right)^{3,5}. \tag{9-57}$$

Als kennzeichnende Größen für die Einbauten muss das relative Lückenvolumen ε und der hydraulische Durchmesser d_h der Schüttung bekannt sein. Der hydraulische Durchmesser berechnet sich gemäß Gleichung (9-16) zu

$$d_h = 4 \cdot \frac{\varepsilon}{a}. \tag{9-58}$$

Die Eigenschaften von Gas- und Flüssigkeit sind gekennzeichnet durch die jeweiligen Dichten. Die Fluiddynamik beim Gegenstrom von Gas und Flüssigkeit durch die Einbauten wird charakterisiert durch den mittleren Tropfendurchmesser d_{Tr} und den Flüssigkeitsinhalt. Der mittlere Tropfendurchmesser ist bestimmt durch

$$d_{Tr} = K_{Tr} \cdot \sqrt{\frac{\sigma_L}{(\rho_L - \rho_G) \cdot g}}, \tag{9-59}$$

wobei die Konstante zu

$$K_{Tr} = 1 \tag{9-60}$$

gesetzt wird. Der auf das freie Kolonnenvolumen bezogene Flüssigkeitsinhalt am Flutpunkt $V_{L,Fl}^0$ wird für turbulente Tropfenströmung

$$Re_L = \frac{w_L}{\upsilon_L \cdot a} = \frac{B}{\upsilon_L \cdot a} \geq 2 \tag{9-61}$$

zu

$$V_{L,Fl}^0 = \frac{\sqrt{1,44 \cdot \lambda_{Fl}^2 + 0,8 \cdot \lambda_{Fl} \cdot (1 - \lambda_{Fl})} - 1,2 \cdot \lambda_{Fl}}{0,4 \cdot (1 - \lambda_{Fl})} \tag{9-62}$$

berechnet. Der Flüssigkeitsinhalt hängt vom Phasendurchsatzverhältnis am Flutpunkt

$$\lambda_{Fl} = \left(\frac{w_L}{w_G}\right)_{Fl} \tag{9-63}$$

9.3 Hydrodynamische Kolonnenauslegung   357

ab. Für laminare Strömung (Re < 2) gilt

$$V_{L,Fl}^0 = \frac{\sqrt{1,254 \cdot \lambda_{Fl} + 0,48 \cdot \lambda_{Fl} \cdot (1-\lambda_{Fl})} - 1,12 \cdot \lambda_{Fl}}{0,24 \cdot (1-\lambda_{Fl})}. \tag{9-64}$$

Der Widerstandsbeiwert bestimmt sich gemäß Gleichung (9-49) zu

$$c_W = K_1 \cdot Re_{G,Fl}^{K_2}. \tag{9-65}$$

Die Konstanten K_1 und K_2 sind füllkörperspezifisch und können der Arbeit von Mackowiak /34/ entnommen werden (siehe z. B. Gleichungen (9-50) bis (9-53)).

Packungskolonnen
Die Gasgeschwindigkeit am Flutpunkt kann auch für geordnete Packungen mit dem Modell von Mackowiak berechnet werden. Zur Berechnung des Widerstandsbeiwerts gemäß Gleichung (9-65) müssen die Konstanten K_1 und K_2 für den jeweiligen Packungstyp eingesetzt werden (z. B. Mellapak 250 Y: $K_1 = 8,19$, $K_2 = -0,321$, Montz-Pak Metallgewebe $K_1 = 1,21$, $K_2 = -0,14$).

Beispielaufgabe Durchmesserberechnung nach dem Tropfen-Schwebebett-Modell (übernommen von Mackowiak /34/):

Ein mit organischen Bestandteilen verunreinigter Abluftstrom soll bei $1 \cdot 10^5$ Pa und 293 K mit Wasser als Absorbens gereinigt werden. Der Durchmesser des Absorbers beträgt $d_K = 0,15$ m. Die Kolonne ist mit metallischen Bialeckiringen ($d_{Fk} = 25$ mm) gefüllt. Der erforderliche Absorbensvolumenstrom wurde zu $\dot{V}_L = 0,71$ m³/h ermittelt. Die technischen Daten der Bialeckiringe sind laut Hersteller: $a = 238$ m²/m³, $\varepsilon = 0,94$ m³/m³. Bei den gewählten Bedingungen ergeben sich folgende Stoffwerte für Luft und Wasser:

Luft: Dichte $\rho_G = 1,1881$ kg/m³, dynamische Viskosität $\eta_G = 17,68 \cdot 10^{-6}$ Pa·s, $\upsilon_G = 14,88 \cdot 10^{-6}$ m²/s;

Wasser: Dichte $\rho_L = 998,2$ kg/m³, dynamische Viskosität $\eta_L = 1002,6 \cdot 10^{-6}$ Pa·s, $\upsilon_L = 1,004 \cdot 10^{-6}$ m²/s, Oberflächenspannung $\sigma_L = 72,4 \cdot 10^{-3}$ N/m.

Gesucht ist die Gasgeschwindigkeit am Flutpunkt.

Lösung: Die Gasgeschwindigkeit lässt sich nach Gleichung (9-57)

$$w_{G,max} = 0,565 \cdot \varepsilon^{1,2} \cdot c_W^{-1/6} \cdot \left(\frac{d_{Tr} \cdot \Delta\rho \cdot g}{\rho_G}\right)^{0,5} \cdot \left(\frac{d_h}{d_{Tr}}\right)^{0,25} \cdot \left(1 - V_{L,Fl}^0\right)^{3,5}$$

berechnen. Die einzelnen Faktoren werden im Folgenden ermittelt.

Für Bialeckiringe lassen sich folgende Werte ermitteln:

$$d_k = 6 \cdot \frac{V_{Fk}}{A_{Fk}} = 6 \cdot \frac{1-\varepsilon}{a} = 6 \cdot \frac{1-0,94}{238} = 1,5 \cdot 10^{-3} \text{ m (Gleichung (9-9))},$$

$$d_h = 4 \cdot \frac{\varepsilon}{a} = 4 \cdot \frac{0,94}{238} = 1,58 \cdot 10^{-2} \text{ m} \quad \text{(Gleichung (9-58))}.$$

Der Tropfendurchmesser berechnet sich gemäß Gleichung (9-59) zu

$$d_{Tr} = K_{Tr} \cdot \sqrt{\frac{\sigma_L}{(\rho_L - \rho_G) \cdot g}} = 1 \cdot \sqrt{\frac{72,4 \cdot 10^{-3}}{(998,2 - 1,1881) \cdot 9,81}} = 2,72 \cdot 10^{-3} \text{ m}.$$

Zur Bestimmung des c_W-Werts wird angenommen, dass es sich um eine turbulente Strömung handelt:

$$Re_G = \frac{w_{G,FL} \cdot d_k}{(1-\varepsilon) \cdot \upsilon_G} > 2100 \quad \rightarrow \quad K_1 = 3,23 \text{ und } K_2 = -0,0343 \text{ (gemäß /34/)},$$

$$c_W = K_1 \cdot Re_{G,Fl}^{K_2} = 3,23 \cdot Re_{G,Fl}^{-0,0343} = 3,23 \cdot \left(\frac{w_{G,Fl} \cdot 1,5 \cdot 10^{-3}}{(1-0,94) \cdot 14,88 \cdot 10^{-6}} \right)^{-0,0343}$$

(Gleichung (9-65)).

Da zur Bestimmung des c_W-Werts die gesuchte Gasgeschwindigkeit am Flutpunkt erforderlich ist, kann die Berechnung nur iterativ erfolgen. Die Berechnung wird mit einem Startwert von $c_W = 2,5$ (Abbildung 9.19 für Bialeckiringe und turbulente Strömung) begonnen.

Für

$$Re_L = \frac{w_L}{\upsilon_L \cdot a} = \frac{B}{\upsilon_L \cdot a} = \frac{0,0112}{1,004 \cdot 10^{-6} \cdot 238} = 46,9 \geq 2 \quad \text{(Gleichung (9-61))}$$

mit

$$B = \frac{\dot{V}_L}{A_Q} = \frac{4 \cdot \dot{V}_L}{\pi \cdot d^2} = \frac{4 \cdot 0,71}{3600 \cdot \pi \cdot 0,15^2} = 0,0112 \text{ m/s}$$

gilt:

$$V_{L,Fl}^0 = \frac{\sqrt{1,44 \cdot \lambda_{Fl} + 0,8 \cdot \lambda_{Fl} \cdot (1-\lambda_{Fl})} - 1,2 \cdot \lambda_{Fl}}{0,4 \cdot (1-\lambda_{Fl})} \quad \text{(Gleichung (9-62))}$$

mit

$$\lambda_{Fl} = \left(\frac{w_L}{w_G} \right)_{Fl} \quad \text{(Gleichung (9-63))}.$$

Da die Gasgeschwindigkeit am Flutpunkt $w_{G,Fl}$ ermittelt werden soll, muss die Berechnung auch hier iterativ erfolgen.

Die Iteration ergibt als Endwert /34/ die Lösung $w_{G,Fl} = 1,798$ m/s.

Damit folgen als weitere Ergebnisse für den Flutpunkt:

$$\lambda_{Fl} = \left(\frac{w_L}{w_G}\right)_{Fl} = \frac{0,0112}{1,798} = 6,23 \cdot 10^{-3},$$

$$V^0_{L,Fl} = \frac{\sqrt{1,44 \cdot (6,23 \cdot 10^{-3})^2 + 0,8 \cdot 6,23 \cdot 10^{-3} \cdot (1 - 6,23 \cdot 10^{-3})} - 1,2 \cdot 6,23 \cdot 10^{-3}}{0,4 \cdot (1 - 6,23 \cdot 10^{-3})}$$

$$= 0,159 \text{ m}^3/\text{m}^3.$$

Die Überprüfung der Annahme, dass eine turbulente Gasströmung vorliegt, ergibt

$$Re_G = \frac{w_{G,Fl} \cdot d_k}{(1-\varepsilon) \cdot \upsilon_G} = \frac{1,798 \cdot 1,5 \cdot 10^{-3}}{(1-0,94) \cdot 14,88 \cdot 10^{-6}} = 3020,8 > 2100,$$

und damit

$$c_W = K_1 \cdot Re_{G,Fl}^{K_2} = 3,23 \cdot 3020,8^{-0.0343} = 2,45.$$

Zusammenfassung: Der Durchmesser des Stoffaustauschapparats muss für die gegebene Aufgabenstellung bestimmt werden. Um die Investitionskosten zu minimieren und eine möglichst turbulente Strömung zu erreichen, muss mit einer möglichst großen Gasgeschwindigkeit gearbeitet werden. Diese wird am Flutpunkt erreicht. Der Flutpunkt kann aus Belastungskennfeldern oder durch empirische Berechnungsgleichungen bestimmt werden.

9.3.2 Flüssig-Flüssig-Strömungen

Lernziel: Der Ablauf der Extraktion mit den Verfahrensschritten Dispergierung, Förderung und Phasentrennung muss verstanden sein. Der Einfluss der Tropfengröße auf diese Verfahrensschritte muss bekannt sein. Der Kolonnendurchmessers und der Flutpunkt müssen für Flüssig-Flüssig-Strömungen bestimmt werden können.

Die Strömung zweier flüssiger Phasen in Stoffaustauschapparaten unterscheidet sich von Gas-Flüssig-Strömungen durch die geringe Dichtedifferenz der beiden flüssigen Phasen, die den Gegenstrom erschwert.

In einem Flüssig-Flüssig-Stoffaustauschapparat laufen prinzipiell immer die Verfahrensschritte

- Dispergierung,
- Förderung,
- Phasentrennung

ab. Wie Abbildung 9.21 zeigt, können diese Verfahrensschritte beliebig oft hintereinander angewendet werden, bis das gewünschte Trennergebnis erreicht ist.

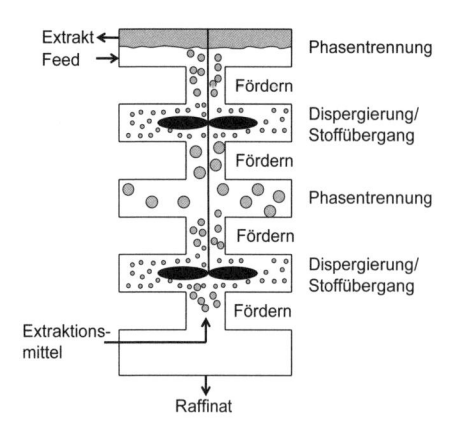

Abbildung 9.21: Verfahrensschritte in Flüssig-Flüssig-Stoffaustauschapparaten

Der erste Schritt ist jeweils das **Dispergieren der einen flüssigen Phase in Tropfen**, um eine möglichst große Phasengrenzfläche und somit einen ausreichenden Stofftransport zu gewährleisten. Um eine Phase in Tropfen zu zerteilen, ist Energie erforderlich. Diese kann als

– Erdbeschleunigung g,
– Zentrifugalbeschleunigung b,
– Pulsation a · f oder
– Rühren mit der Drehzahl n

in den Apparat eingetragen werden. Die Flüssig/Flüssig-Suspension muss durch den Apparat gefördert werden. Für die **Förderung** steht als Energieeintrag lediglich die Erdbeschleunigung oder die Zentrifugalbeschleunigung zur Verfügung. Eine Pulsation kann die Förderung in geringem Maße unterstützen, Rühren verschlechtert i.d.R. die gerichtete Förderung der beiden Phasen durch den Extraktor (siehe unten). Indirekt beeinflussen Pulsation und Rühren das Strömungsverhalten durch die durch Dispergierung erzeugte Tropfengröße. **Der Schritt des Förderns beeinflusst die Belastbarkeit und damit den Durchmesser des Flüssig-Flüssig-Stoffaustauschapparats**. Um die beiden Phasen im Gegenstrom durch den Extraktor bewegen zu können, müssen sie voneinander getrennt werden. Dies ist auch wichtig, um sowohl Extrakt als auch Raffinat rein zu gewinnen.

Dispergierung
Die Dispergierung hat die Aufgabe, eine Phase zu Tropfen zu zerteilen. **Die Tropfengröße spielt für den Stoffaustausch eine entscheidende Rolle, da hierdurch die zum Stoffübergang zur Verfügung stehende Phasengrenzfläche festgelegt ist**. Die Tropfengröße ist neben der Stoffaustauschrichtung (siehe unten) von der Turbulenz im Stoffaustauschapparat sowie den Stoffwerten der beiden Phasen abhängig.

Als Stoffwert beeinflusst die **Grenzflächenspannung** maßgeblich die Tropfengröße. Ist die Grenzflächenspannung gering, ist zur Tropfendispergierung nur ein geringer Energieeintrag erforderlich, der zu erwartende stabile Tropfendurchmesser ist klein. Die für den Stoffaustausch zur Verfügung stehende spezifische Phasengrenzfläche und damit der Stofftransport wird groß (Abbildung 9.22).

9.3 Hydrodynamische Kolonnenauslegung

Abbildung 9.22 (linke Spalte, σ_G klein):

$\dot{V}_k$ ↓↓↓↓↓↓, d_K, w_k, w_{Tr}, $\dot{V}_{dispers}$

Abbildung 9.22 (rechte Spalte, σ_G groß):

$\dot{V}_k$ ↓↓↓↓↓↓, d_K, w_k, w_{Tr}, $\dot{V}_{dispers}$

Vergleiche (Mitte):

$w_{rel,\sigma\,klein} < w_{rel,\sigma\,groß}$

$w_{k,\sigma\,klein} < w_{k,\sigma\,groß}$

Aufrechterhaltung Gegenstrom

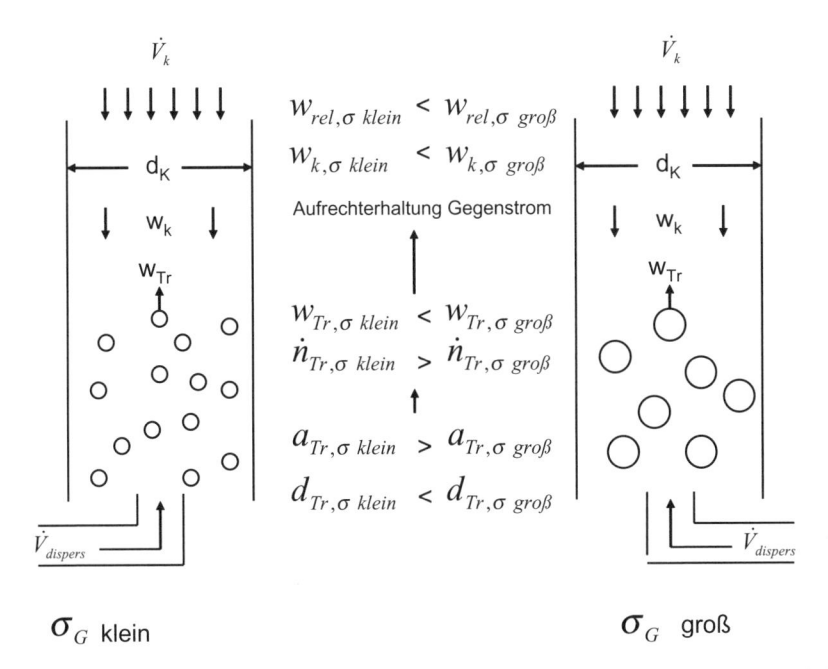

$w_{Tr,\sigma\,klein} < w_{Tr,\sigma\,groß}$

$\dot{n}_{Tr,\sigma\,klein} > \dot{n}_{Tr,\sigma\,groß}$

$a_{Tr,\sigma\,klein} > a_{Tr,\sigma\,groß}$

$d_{Tr,\sigma\,klein} < d_{Tr,\sigma\,groß}$

Abbildung 9.22: Einfluss der Grenzflächenspannung auf Tropfengröße und Relativgeschwindigkeit

Die Tropfengröße bzw. die Tropfengrößenverteilung bestimmt aber nicht nur die Stoffaustauschfläche, sondern auch die **Relativgeschwindigkeit** der beiden Phasen zueinander. Kleine Tropfen weisen eine geringere Aufstiegsgeschwindigkeit auf als große Tropfen (Abbildung 9.22):

$$w_{Tr}(d_{Tr,klein}) < w_{Tr}(d_{Tr,groß}). \tag{9-66}$$

Um auch für kleine Tropfen eine Förderung im Gegenstrom zu gewährleisten, muss die Geschwindigkeit und damit der Durchsatz der kohärenten Phase verringert werden

$$w_k(d_{Tr,klein}) < w_k(d_{Tr,groß}). \tag{9-67}$$

Hierdurch verringert sich die Relativgeschwindigkeit zwischen den beiden Phasen (zur Relativgeschwindigkeit siehe Abbildung 9.29). Sowohl die Förderung der beiden Phasen durch einen Gegenstromapparat als auch die Phasentrennung werden durch die Relativgeschwindigkeit aufrechterhalten. Kleine Tropfen mit geringer Aufstiegsgeschwindigkeit sind daher problematisch für die Strömung der beiden flüssigen Phasen im Gegenstrom.

Kleine Tropfen sind gut für den Stofftransport, aber schlecht für die Förderung im Phasengegenstrom.

Wahl der dispersen Phase
Als disperse Phase kann sowohl die Abgeber- als auch die Aufnehmerphase gewählt werden. Tabelle 9.1 zeigt **Auswahlkriterien zur Festlegung der dispersen Phase**.

Tabelle 9.1: Kriterien zur Wahl der dispersen Phase

- Übergangskomponente sollte von der kohärenten Phase zur dispersen Phase übertragen werden (Marangoni-Effekt)
- Dispergierung des größeren Mengenstroms (Erzielung einer möglichst großen Phasengrenzfläche)
- Dispergierung der zäheren Phase (Erhöhung des Durchsatzes)
- Dispergierung der Phase mit der kleineren Oberflächenspannung (Verringerung des Energieeintrags durch leichtere Dispergierung)
- Dispergierung der teureren, giftigen oder explosionsgefährlichen Phase (da der Hold-up der dispersen Phase nur max. 30% beträgt)
- Dispergierung der Phase, die die Einbauten nicht benetzt
- Dispergierung der organischen Phase (wässrige Phase kohärent = Sicherheitsgründe)
- Dispergierung der feststoffhaltigen Phase

- - → Strömungsrichtung kohärente Phase
——→ Stofftransportrichtung
⟹ Bewegungsrichtung Tropfen

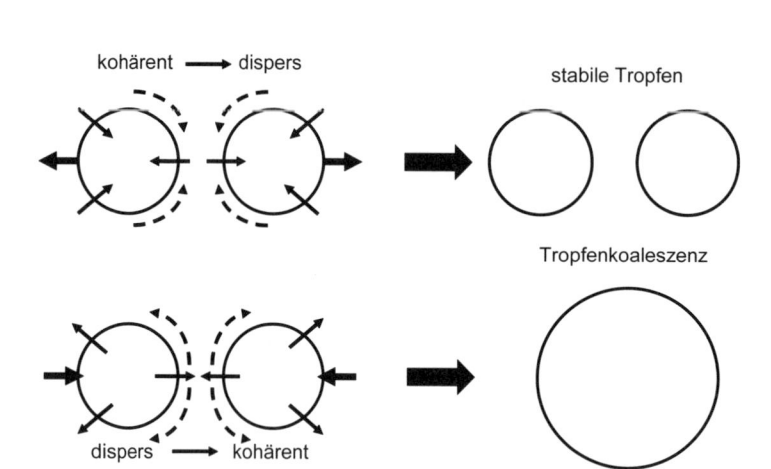

Abbildung 9.23: Einfluss der Stoffaustauschrichtung auf die Tropfengröße

Normalerweise wird die Extraktphase dispergiert, um die Übergangskomponente von der kohärenten zur dispersen Phase zu übertragen. Durch diese Verfahrensweise wird die Tropfenkoaleszenz erschwert, wie Abbildung 9.23 (oben) verdeutlicht. Die Tropfen nehmen gleichmäßig über jedes Volumenelement der Phasengrenzfläche (Tropfenoberfläche) Übergangskomponente auf. Nähern sich zwei Tropen einander an, entziehen beide Übergangskomponente aus der Zwickelflüssigkeit zwischen den beiden Tropfen. Durch den Stoffaustausch in die Tropfen hinein verarmt die Zwickelflüssigkeit schneller an Übergangskomponente als der Rest der kohärenten Phase. Um dieses Konzentrationsungleichgewicht auszugleichen, strömt kohärente Phase in das Zwickelvolumen. Dieses vergrößert sich dadurch, der Abstand zwischen den Tropfen wird erhöht, die Koaleszenz der Tropfen verhindert. Es stellt sich für diesen Fall ein stabiler Tropfendurchmesser ein, der in der Größe des entsprechenden Durchmessers ohne Stofftransport liegt. Dieser natürliche Ausgleich der Konzentrationsunterschiede wird als **Marangoni-Effekt** bezeichnet.

Wird dagegen Übergangskomponente von der dispersen zur kohärenten Phase übertragen (unterer Fall in Abbildung 9.23), bildet sich im Zwickel zwischen den beiden Tropfen eine Konzentrationserhöhung von Übergangskomponente aus. Diese Konzentrationserhöhung induziert zwischen dem Zwickel und der restlichen kohärenten Flüssigkeit eine konvektive Strömung in Richtung der Gebiete mit geringerer Konzentration an Übergangskomponente. Das Zwickelvolumen verringert sich, die Tropfen nähern sich einander an. Wird ein gewisser Tropfenabstand unterschritten, koaleszieren die beiden Tropfen zu einem größeren. Dies führt insgesamt zu einer Zunahme des mittleren Tropfendurchmessers und damit zu einer Verringerung der zur Verfügung stehenden Phasengrenzfläche.

Tropfenkoaleszenz ist zu verhindern, um eine möglichst große Phasengrenzfläche für den Stoffaustausch zur Verfügung zu stellen. Der Stofftransport sollte daher von der kohärenten zur dispersen Phase erfolgen, um einen möglichst kleinen stabilen Tropfendurchmesser zu gewährleisten.

Wird bewusst die Stoffaustauschrichtung umgekehrt und damit Tropfenkoaleszenz in Kauf genommen, muss dies gewichtige Gründe haben (siehe Tabelle 9.1).

Tropfenerzeugung
Am **Flüssigkeitsverteiler** wird die flüssige Phase zu Tropfen zerteilt. Hier findet die **Primärdispergierung** statt. Das Einleiten der Dispersphase in die Kolonne kann dabei bereits entscheidenden Einfluss auf die Trennleistung und die Förderung durch die Kolonne haben. Abbildung 9.24 zeigt zwei einfache Verteiler. Es werden häufig Rohre mit Löchern verwendet, durch die die Dispersphase gedrückt und so zu Tropfen zerteilt wird. Die Rohre werden über den gesamten Querschnitt der Extraktionskolonne angeordnet. Eine punktförmige Zugabe der Dispersphase ist über einfache Trichter möglich, wird aber seltener eingesetzt, da die Verteilung der dispersen Phase über den gesamten Querschnitt der Extraktionskolonne nicht gewährleistet ist.

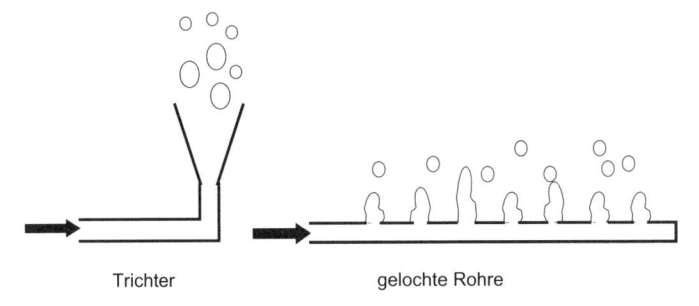

Abbildung 9.24: Flüssigkeitsverteiler

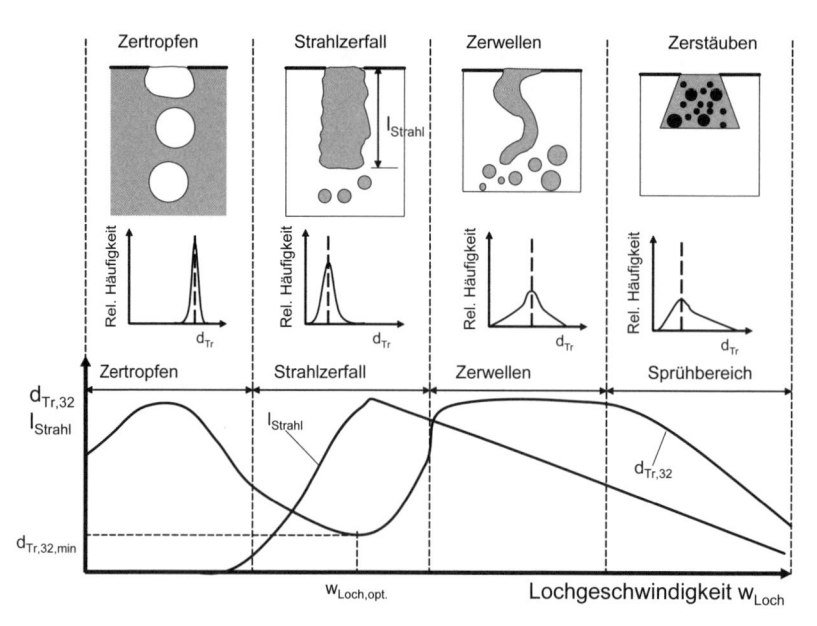

Abbildung 9.25: Tropfenzerfall an Verteilern

Je nach Durchflussgeschwindigkeit in den Löchern des Verteilers bilden sich unterschiedliche Strömungszustände aus, was zu unterschiedlicher Größe sowie Größenverteilung der Tropfen führt (Abbildung 9.25). Aufgetragen ist der Tropfendurchmesser als Sauterdurchmesser $d_{Tr,32}$ sowie die Strahllänge l_{Strahl} über der Lochgeschwindigkeit w_{Loch} (Durchflussgeschwindigkeit in den Löchern des Flüssigkeitsverteilers). Es ist ersichtlich, dass sich je nach Lochgeschwindigkeit unterschiedliche Strömungszustände der dispersen Phase am Verteiler einstellen. Bei kleinen Geschwindigkeiten erfolgt die **Dispergierung durch Zertropfen in Einzeltropfen**. Der Tropfendurchmesser ist relativ groß, die Tropfengrößenverteilung aber sehr schmal, da alle gebildeten Tropfen auf Grund der geringen Geschwindigkeit einen ähnlichen Durchmesser aufweisen. Wird der Durchsatz erhöht, bildet sich ein Flüssigkeitsstrahl aus, der nach einer bestimmten Strahllänge zu Tropfen zerfällt. In diesem Bereich des **Strahlzerfalls** wird der kleinstmögliche Tropfendurchmesser erreicht. Eine weitere Erhöhung der Lochgeschwindigkeit führt zum **Zerwellen des Flüssigkeitsstrahls**. Es bilden sich wieder größere Tropfen mit einem relativ breiten Tropfengrößenspektrum. Beim **Zerstäuben** der Flüssigkeit bei hohen Lochgeschwindigkeiten geht die Strahllänge gegen null, die disperse Phase wird direkt an der Lochöffnung zerstäubt. Dies führt zu einer Reduzierung des Tropfendurchmessers. Gleichzeitig bildet sich aber eine sehr breite Tropfengrößenverteilung aus, so dass neben vielen sehr kleinen Tropfen auch einige relativ große Tropfen vorzufinden sind.

Koaleszenz und Dispergierung
Der Durchmesser der am Verteiler gebildeten Tropfen ändert sich im Stoffaustauschapparat durch Koaleszenz und Dispergierung. Durch die Strömungsbedingungen bildet sich ein Scherfeld aus, in dem die Tropfen so lange zerteilt werden, bis sich als Gleichgewichtszustand eine stabile Tropfengröße einstellt (siehe Abbildung 9.26). Für diesen Fall ist

9.3 Hydrodynamische Kolonnenauslegung

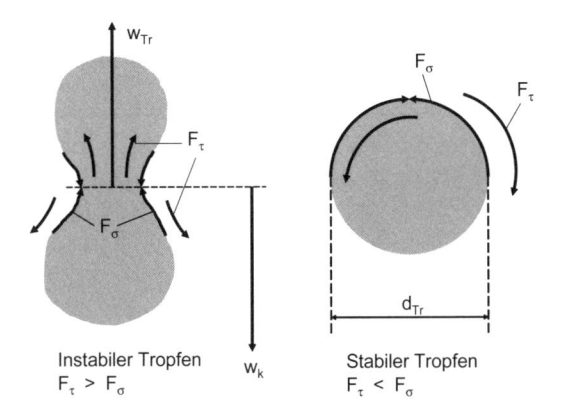

Abbildung 9.26: Stabiler Tropfendurchmesser

die an der Tropfenoberfläche angreifende Scherkraft F_τ gleich der die Tropfen stabilisierenden Grenzflächenkraft F_σ

$$F_\tau = F_\sigma . \tag{9-68}$$

Die Grenzflächenkraft

$$F_\sigma \sim \frac{\sigma_G}{d_{Tr}} \tag{9-69}$$

ist über den Tropfendurchmesser mit der Grenzflächenspannung gekoppelt und versucht, den Tropfen in Kugelform zu halten. Die Scherkraft

$$F_\tau \sim \Delta w \cdot d_{Tr}^n \tag{9-70}$$

ist proportional zum Tropfendurchmesser und der am Tropfen angreifenden Geschwindigkeitsdifferenz

$$\Delta w = w_k + w_{Tr} . \tag{9-71}$$

Aus dem Zusammenhang wird ersichtlich, dass bei sehr kleinen Grenzflächenspannungen kleinste Energieeinträge, z. B. durch einfaches Schütteln, genügen, um eine Dispersion kleinster Tropfen herzustellen. In diesem Fall ist nicht der Stoffübergang das Problem, sondern die Förderung der beiden Phasen durch den Stoffaustauschapparat sowie die anschließende Phasentrennung.

Einbauten
Einbauten in Extraktionskolonnen dienen zur
- **Verhinderung von Rückvermischungseffekten und**
- **Tropfenzerteilung und somit der Bildung einer möglichst großen Phasengrenzfläche**.

| Siebboden | Siebboden | Füllkörper | Packung |
| (Mixer-Settler-Bereich) | (Dispersionsbereich) | | |

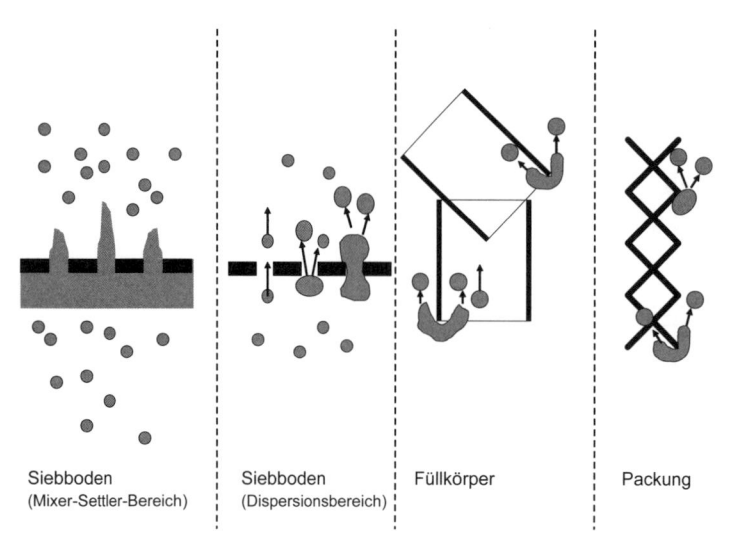

Abbildung 9.27: Tropfendispergierung durch Kolonneneinbauten

Die Rückvermischungseffekte wurden bereits diskutiert (Kap. 7.6.2). Abbildung 9.27 verdeutlicht, wie die verschiedenen Einbauten zur Tropfendispergierung beitragen.

Bei Siebbodenkolonnen werden die Tropfen durch die Löcher des Siebbodens gedrückt. Je nach Belastung der Kolonne erfolgt die Tropfenbildung durch Strahlzerfall, wenn sich eine Stauschicht unter dem Boden bildet (Mixer-Settler-Bereich, Erklärung siehe bei Flutpunkt) oder durch Scherung im Loch (Dispersionsbereich). Bei Füllkörpern und geordneten Packungen dominiert die Tropfenzerteilung durch Strömungsumlenkung und Kollision an den Ecken und Kanten. Bezüglich der Bildung neuer Stoffaustauschfläche durch Tropfendispergierung verhalten sich Füllkörper mit vielen scharfen Kanten und Ecken daher günstiger.

Kolonneneinbauten in Extraktionskolonnen verhindern Rückvermischung und sorgen für die Dispergierung größerer Tropfen. Die Oberfläche der Einbauten ist nicht die für den Stoffaustausch zur Verfügung stehende volumenbezogene Phasengrenzfläche, da die Einbauten nicht von der dispersen Phase benetzt werden!

Benetzungsverhalten der Einbauten
Bei Flüssig/Flüssig-Stoffaustauschapparaten dürfen die Einbauten nicht von der dispergierten Phase benetzt werden. Die Tropfen würden auf der Oberfläche der Einbauten koaleszieren, die aktive Phasengrenzfläche würde reduziert. Ist die disperse Phase gewählt, muss das Material der Einbauten an die disperse Phase angepasst werden. Hierbei gilt, dass Kunststoffoberflächen vorwiegend von organischer Phase benetzt werden, während Glasoberflächen sowie metallische oder keramische Oberflächen von wässriger Phase benetzt werden. Abbildung 9.28 zeigt, wie die Wahl der Einbauten mit der Wahl der dispersen Phase kombiniert werden muss. Hiermit ergeben sich wichtige Auslegungskriterien für die zu projektierende Extraktionskolonne bezüglich der Einbauten, der Lage der Phasentrennfläche sowie der Strömungsrichtung von kohärenter bzw. disperser Phase.

9.3 Hydrodynamische Kolonnenauslegung

Kohärente Phase	Disperse Phase	Dichte-differenz	Lage der Phasen-trennfläche	Skizze der Extraktionskolonne	Einbauten
wässrig	organisch	$\rho_k > \rho_d$	oben	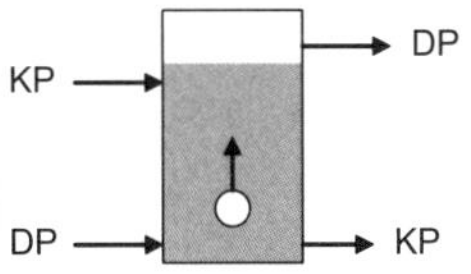 KP → ... → DP / DP → ... → KP (↑)	Metall, Glas, Keramik
wässrig	organisch	$\rho_k < \rho_d$	unten	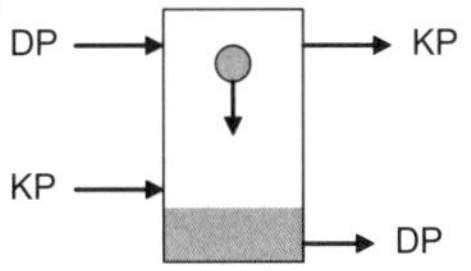 DP → ... → KP / KP → ... → DP (↓)	Metall, Glas, Keramik
organisch	wässrig	$\rho_k > \rho_d$	oben	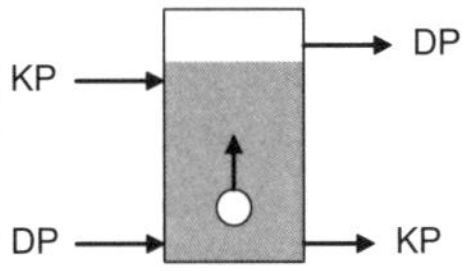 KP → ... → DP / DP → ... → KP (↑)	Kunststoff
organisch	wässrig	$\rho_k < \rho_d$	unten	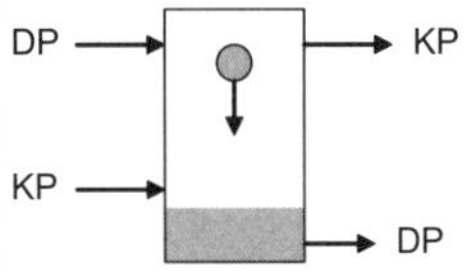 DP → ... → KP / KP → ... → DP (↓)	Kunststoff

Abbildung 9.28: Phasenwahl und Material der Einbauten

Zusammenfassung: Durch Dispergierung wird eine Phase zu Tropfen zerteilt. Die Tropfengröße beeinflusst den Stoffaustausch und die Hydrodynamik im Stoffaustauschapparat. Kleine Tropfen führen zu einer großen volumenbezogenen Phasengrenzfläche und begünstigen somit den Stofftransport, lassen sich aber schlecht im Gegenstrom durch die Kolonne transportieren. Der Flutpunkt wird bereits bei kleineren Strömungsgeschwindigkeiten erreicht, die Kolonne kann nicht so hoch belastet werden. Die Grenzflächenspannung ist der für die Tropfengröße maßgebliche Stoffwert. Um eine Tropfenkoaleszenz zu vermeiden, sollte die Aufnehmerphase zu Tropfen zerteilt werden. Die Einbauten dienen bei Flüssig-Flüssig-Strömungen zur Verhinderung der Rückvermischung sowie zur Tropfendispergierung. Da die disperse Phase die Einbauten nicht benetzen darf, entspricht die Oberfläche der Einbauten nicht der zum Stoffaustausch zur Verfügung stehenden volumenbezogenen Phasengrenzfläche.

Förderung

Zweischicht-Modell

Im Gegenstrom müssen sich die beiden flüssigen Phasen durchdringen. Bei dem in Abbildung 9.29 erläuterten **Zweischicht-Modell** bewegt sich die disperse Phase nach oben, die kohärente Phase strömt nach unten. Die Geschwindigkeiten beider Phasen hängen vom jeweiligen Volumenstrom und der zur Verfügung stehenden Querschnittsfläche ab, so dass für die tatsächliche Geschwindigkeit der kohärenten Phase

$$w_{K,tats.} = \frac{\dot{V}_k}{A_K - A_d} \qquad (9\text{-}72)$$

gilt. Die **Aufstiegsgeschwindigkeit eines Tropfens in einer ruhenden Flüssigkeit**

$$w_{Tr} \approx \Delta\rho \cdot d_{Tr}^2 \cdot g \qquad (9\text{-}73)$$

hängt vom Schwerefeld, dem Tropfendurchmesser sowie der Dichtedifferenz zwischen kohärenter und disperser Phase ab. Da sich die Tropfen aber nicht allein in einer ruhenden Flüssigkeit bewegen, sondern im Tropfenschwarm aufsteigen, beeinflussen sie sich gegenseitig. Dies muss durch die **Tropfenschwarmgeschwindigkeit** berücksichtigt werden. Die Tropfenschwarmgeschwindigkeit entspricht der tatsächlichen Aufstiegsgeschwindigkeit der dispersen Phase

$$w_{d,tats.} = \frac{\dot{V}_d}{A_d} \, . \qquad (9\text{-}74)$$

Ausschlaggebend für die hydraulische Belastbarkeit der Kolonne ist die Relativgeschwindigkeit der beiden Phasen zueinander

$$w_{rel} = w_{d,tats.} + w_{k,tats.} \, . \qquad (9\text{-}75)$$

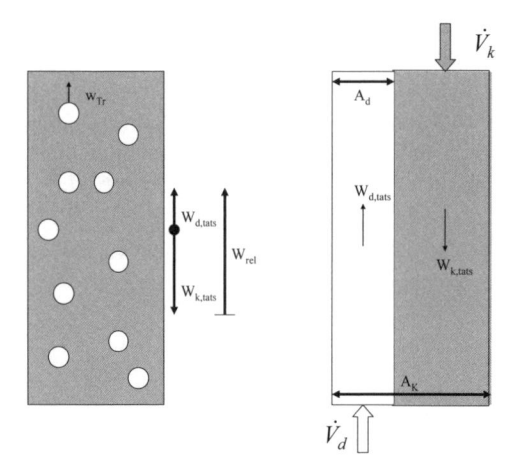

Abbildung 9.29: Zweischicht-Modell

9.3 Hydrodynamische Kolonnenauslegung

Die Relativgeschwindigkeit ist abhängig von

- der Dichtedifferenz der beiden Phasen $\Delta\rho$,
- dem mittleren Tropfendurchmesser d_{Tr},
- der Erdbeschleunigung g bzw. der Zentrifugalbeschleunigung b,
- der Viskosität der kohärenten Phase η_k sowie
- der Tropfendichte bzw. dem Hold-up in der Kolonne.

Der Hold-up ist der Dispersphasenanteil im Apparat

$$\varepsilon_L = \frac{V_d}{V_{Kol}} = \frac{V_d}{V_d + V_k} . \tag{9-76}$$

Nach dem Zweischicht-Modell kann der Hold-up bei Kenntnis der Querschnittsfläche der Extraktionskolonne A_K auch zu

$$\varepsilon_L = \frac{A_d}{A_K} = \frac{A_d}{A_d + A_k} \tag{9-77}$$

berechnet werden. Die Relativgeschwindigkeit lässt sich dann durch die einfach zu bestimmenden Leerrohrgeschwindigkeiten ausdrücken:

$$w_{rel} = \frac{w_d}{\varepsilon_L} + \frac{w_k}{1-\varepsilon_L} . \tag{9-78}$$

Bei Kolonnen mit querschnittsverengenden Einbauten muss der Lückengrad ε als Maß für die Querschnittsverengung mitberücksichtigt werden. Es folgt

$$w_{rel} = \frac{w_d}{\varepsilon \cdot \varepsilon_L} + \frac{w_k}{\varepsilon \cdot (1-\varepsilon_L)} . \tag{9-79}$$

Bei gegebenen Volumenströmen der kohärenten und dispersen Phase muss der Durchmesser des Stoffaustauschapparats so groß gewählt werden, dass die beiden Phasen aneinander vorbeiströmen können. Die Geschwindigkeit der kohärenten Phase darf nicht so groß werden, dass die disperse Phase an der Aufwärtsbewegung gemäß Abbildung 9.29 gehindert wird.

Durchmesserberechnung

Der Durchmesser des Stoffaustauschapparats lässt sich gemäß Gleichung (9-24) aus dem Volumenstrom und der entsprechenden zulässigen Strömungsgeschwindigkeit ermitteln. **Bei zwei flüssigen Phasen müssen allerdings beide Phasen für die Durchmesserberechnung berücksichtigt werden**. Es gilt:

$$d_K = \sqrt{\frac{4 \cdot (\dot{V}_k + \dot{V}_d)}{\pi \cdot f \cdot (w_k + w_d)_{zul}}} = \sqrt{\frac{4 \cdot (\dot{V}_k + \dot{V}_d)}{\pi \cdot f \cdot B_{zul}}} . \tag{9-80}$$

Die Volumenströme der kohärenten $\dot{V}_k$ und dispersen Phase $\dot{V}_d$ sind bekannt. Ermittelt werden müssen die zulässigen Strömungsgeschwindigkeiten $(w_k + w_d)_{zul}$ der kohärenten und der dispersen Phase am Flutpunkt oder die zulässige hydrodynamische Kolonnenbelastung B_{zul} am Flutpunkt. Die Kolonnenbelastung B

$$B = \frac{\dot{V}_k + \dot{V}_d}{A_K} \qquad (9\text{-}81)$$

hängt vorwiegend von der Art der Einbauten sowie den Stoffwerten Grenzflächenspannung und Dichtedifferenz ab. Sie liegt in der Größenordnung von

$$10 \text{ m}^3/\text{m}^2\cdot\text{h} \leq B \leq 40 \text{ m}^3/\text{m}^2\cdot\text{h}. \qquad (9\text{-}82)$$

Als Sicherheitszuschlag kann bei Gegenstromkolonnen je nach Genauigkeit der Ermittlung des Flutpunkts

$$0{,}5 \leq f \leq 0{,}8 \qquad (9\text{-}83)$$

eingesetzt werden.

Flutpunkt
Wird der Flutpunkt überschritten, bricht der Phasengegenstrom zusammen. Die Relativgeschwindigkeit entspricht der Geschwindigkeit der kohärenten Phase, die Geschwindigkeit der Dispersphase (Aufstiegsgeschwindigkeit in Abbildung 9.29) **wird zu null:**

$$w_{rel} = w_{k,tats.} \; ; \quad w_{d,tats.} = 0 \,. \qquad (9\text{-}84)$$

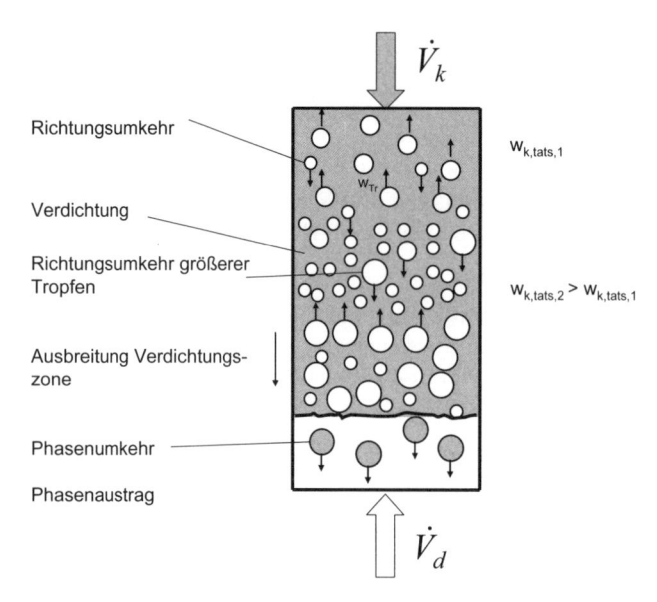

Abbildung 9.30: Abfolge des Flutens in einem Flüssig-Flüssig-Stoffaustauschapparat

9.3 Hydrodynamische Kolonnenauslegung

Abbildung 9.30 zeigt, wie es zum Fluten beim Gegenstrom zweier flüssiger Phasen kommt. Im bestimmungsgemäßen Betrieb strömt die kohärente Phase mit der Geschwindigkeit w_k vom Kopf zum Sumpf des Stoffaustauschapparats, die disperse Phase im Gegenstrom dazu mit der Geschwindigkeit w_d zum Kopf des Apparats. Die **Abfolge des Flutens** in Flüssig-Flüssig-Gegenstromapparaten ist wie folgt:

Richtungsumkehr: Ab einer bestimmten Geschwindigkeit der kohärenten Phase gilt für kleine Tropfen: $w_{Tr} < w_{k,tats,1}$. Diese kleinen Tropfen bewegen sich mit geringer Geschwindigkeit mit der kohärenten Phase entgegen ihrer eigentlichen Strömungsrichtung zum Fuß der Kolonne.

Verdichtung: Die abwärts strömenden kleinen Tropfen verdichten sich in einem bestimmten Bereich der Kolonne (i. d. R. ziemlich mittig), da sie von aufwärtsströmenden Tropfen in der Abwärtsbewegung behindert werden. Durch die große Anzahl von Tropfen pro Kolonnenvolumen verringert sich der für die kohärenten Phase in diesem Bereich zur Verfügung stehende Strömungsquerschnitt A_k. Bei konstantem Volumenstrom $\dot{V}_k$ erhöht sich dadurch die tatsächliche Geschwindigkeit der kohärenten Phase $w_{k,tats,2}$ in diesem Querschnitt:

$$w_{k,tats,2} > w_{k,tats,1}. \tag{9-85}$$

Richtungsumkehr größerer Tropfen: Dies führt zu einer weiteren Verdichtung der Tropfen, da nun auch für größere Tropfen $w_{Tr} < w_{k,tats,2}$ gilt. Die Verdichtung von Tropfen nimmt schnell zu.

Ausbreitung der Verdichtungszone: Die Verdichtungszone breitet sich schnell aus, da auch aufsteigende große Tropfen die verdichtete Zone nicht mehr durchdringen können.

Phasenumkehr: Durch sich anlagernde Tropfen wird die Verdichtungszone immer weiter komprimiert. Auf Grund des geringen Tropfenabstands ist der Strömungswiderstand für die kohärente Phase zu groß, auch sie kann die verdichtete Zone nicht mehr durchdringen. Die fortlaufende Verdichtung führt letztendlich zur Phasenumkehr, so dass die vormals kohärente Phase zur dispersen wird und umgekehrt.

Phasenaustrag: Der Bereich, in dem die Phasenumkehr stattfindet, wächst so lange an, bis eine Phase mit der anderen aus der Kolonne ausgetragen wird. Die disperse Phase wird mit der kohärenten verunreinigt und umgekehrt.

Am Flutpunkt wird die maximale Kolonnenbelastung erreicht. Hier gilt

$$B_{zul} = \frac{(\dot{V}_k + \dot{V}_d)_{max}}{A_K} \quad \text{bzw.} \quad B_{zul} = \frac{\dot{V}_k + \dot{V}_d}{A_{K,min}}, \tag{9-86}$$

je nachdem ob bei gegebenem Kolonnenquerschnitt der maximal mögliche Durchsatz erreicht oder bei gegebenem Durchsatz die Kolonnenquerschnittsfläche minimiert werden soll. **Die Flutbelastung ist vom Apparatetyp, von den Einbauten sowie dem Stoffsystem abhängig.** In der Regel muss der Flutpunkt experimentell bestimmt werden, nur für einige Fälle ist eine Vorausberechnung möglich.

In Technikumsversuchen wird die Flutbelastung ermittelt. Bei ca. 75 % der Flutbelastung wird anschließend das Teillastverhalten untersucht. Hier werden Stoffaustauschversuche durchgeführt und Proben zur Analyse gezogen. Wird die geforderte Trennleistung erreicht, dient dieser Betriebspunkt der eigentlichen Kolonnendimensionierung.

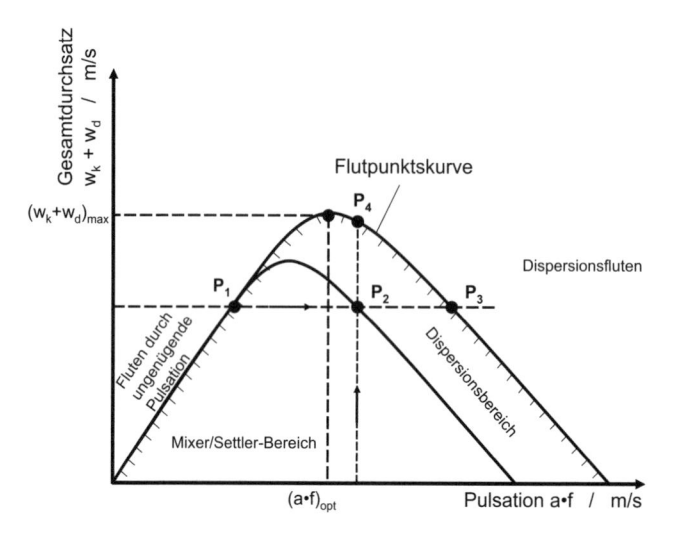

Abbildung 9.31: Arbeitsbereich einer pulsierten Siebbodenextraktionskolonne

Beispielhaft zeigt Abbildung 9.31 den **Arbeitsbereich** einer pulsierten Siebbodenextraktionskolonne. Aufgetragen ist der Gesamtdurchsatz ($w_k + w_d$) über der Pulsation (a·f) als Maß für den Energieeintrag. Wie bereits beschrieben, erreichen die Phasendurchsätze $\dot{V}_d$, $\dot{V}_k$ bzw. die Phasengeschwindigkeiten w_d, w_k am Flutpunkt ihre Maximalwerte. Unterhalb der Flutpunktskurve arbeitet die Kolonne stabil, oberhalb bricht die Strömung zusammen, ein Betrieb der Kolonne ist nicht mehr möglich. Der Betrieb einer pulsierten Extraktionskolonne kann entweder im Mixer/Settler-Bereich oder im Dispersionsbereich erfolgen.

Abbildung 9.32 zeigt die beiden Betriebsbereiche. **Im Mixer/Settler-Bereich bildet sich eine Stauschicht unter den Siebböden**. Durch den Strömungswiderstand der Siebböden koalesziert die disperse Phase unter den Böden. Beim Aufwärtshub des Pulsators wird die disperse Phase durch die Löcher des Siebbodens gedrückt und erneut zu Tropfen dispergiert. Beim Abwärtshub wird demgegenüber die kohärente Phase durch die Löcher des Siebbodens gesaugt. Der Vorteil dieser Betriebsweise liegt darin, dass an den Siebböden jeweils neue Phasengrenzfläche erzeugt wird, der Nachteil darin, dass ein gewisser Teil der Kolonne mit der Stauschicht blockiert ist, die nicht aktiv am Stoffaustausch teilnimmt. Der größte Nachteil aber ist, dass der maximal erreichbare Gesamtdurchsatz im Mixer/Settler-Bereich geringer ist als der im Dispersionsbereich (siehe Abbildung 9.31), weshalb pulsierte Siebbodenextraktionskolonnen ausschließlich im Dispersionsbereich betrieben werden. Im **Dispersionsbereich** bildet sich keine Stauschicht unter den Böden. Die disperse Phase ist homogen über die gesamte Kolonne verteilt. Beim Durchtritt durch die Löcher des Siebbodens erfolgt die Dispergierung großer Tropfen durch Scherung in den Löchern.

9.3 Hydrodynamische Kolonnenauslegung

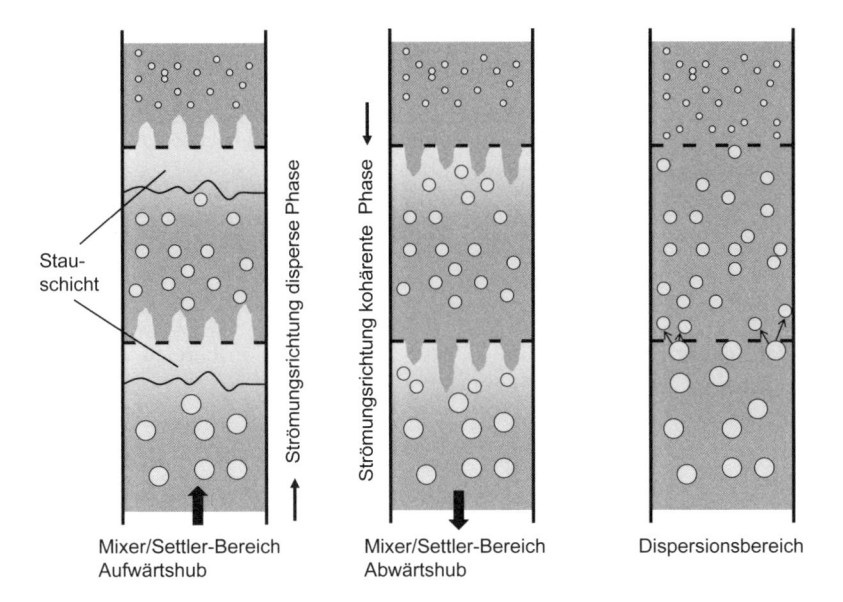

Abbildung 9.32: Mixer/Settler- und Dispersionsbereich einer pulsierten Siebbodenextraktionskolonne

Aus Abbildung 9.31 ist ersichtlich, dass zum Betrieb der Kolonne ein bestimmter Mindestenergieeintrag notwendig ist, der vom Gesamtdurchsatz abhängt. **Ist die eingetragene Pulsationsenergie zu gering, flutet die Kolonne durch ungenügende Pulsation (unterer Flutpunkt).** Ist der untere Flutpunkt überschritten, wird der Mixer/Settler-Bereich erreicht. Durch eine weitere Steigerung des Energieeintrags wird der Mixer/Settler-Bereich durchlaufen und die Kolonne arbeitet im technisch interessanten Dispersionsbereich. **Wird bei zu hohem Energieeintrag gearbeitet, flutet die Kolonne durch Dispersionsfluten (oberer Flutpunkt).** Auf Grund des hohen Energieeintrags werden die Tropfen so weit zerkleinert, dass ein Gegenstrom der beiden Phasen nicht länger aufrechterhalten werden kann. Die kleinen Tropfen werden von der kohärenten Phase mitgerissen. Dieser Flutvorgang wurde vorn (siehe Abbildung 9.30) eingehend diskutiert.

Da in der Extraktionskolonne bei gegebenem Durchsatz der Durchmesser minimiert werden soll, wird der Arbeitspunkt der Kolonne möglichst in die Nähe des Scheitelpunkts der Flutpunktskurve gelegt. Zum Erreichen des maximal möglichen Durchsatzes $(w_k + w_d)_{max}$ ist der optimale Energieeintrag $(a \cdot f)_{opt}$ erforderlich.

Experimentelle Bestimmung des Flutpunkts
Zur experimentellen Bestimmung des Flutpunkts wird entweder der Gesamtdurchsatz oder der Energieeintrag konstant gehalten, wie Abbildung 9.31 demonstriert. Wird beispielhaft der Gesamtdurchsatz konstant gehalten, führt eine Erhöhung des Energieeintrags zum Punkt P1, ab dem der Arbeitsbereich der pulsierten Siebbodenextraktionskolonne erreicht wird. Die Kolonne arbeitet im Mixer/Settler-Bereich, bis durch weitere Energieerhöhung im Punkt P2 der Übergang in den Dispersionsbereich erfolgt. Im Punkt P3 flutet die Kolonne durch zu hohen Energieeintrag, es kommt zum Dispersionsfluten. Eine weitere Mög-

lichkeit der Vermessung der Flutpunktskurve besteht darin, den Energieeintrag konstant zu lassen und den Gesamtdurchsatz zu verändern. Ausgehend von einem bestimmten Energieeintrag (Pulsation a·f) wird der Durchsatz erhöht. Die Grenze des Mixer/Settler-Bereichs ist wiederum im Punkt P2 erreicht. Eine weitere Steigerung des Durchsatzes führt zum Punkt P4, in dem die Flutpunktskurve erreicht wird.

Da zur Minimierung des Durchmessers und zur Optimierung des Stoffübergangs bei gegebenem Durchsatz

$$w_k + w_d = (w_k + w_d)_{max} = (w_k + w_d)_{Fl} \tag{9-87}$$

gelten muss, ist nur der Scheitelpunkt der Flutpunktskurve im Dispersionsbereich von Interesse. Nur dieser wird daher in Versuchen bestimmt.

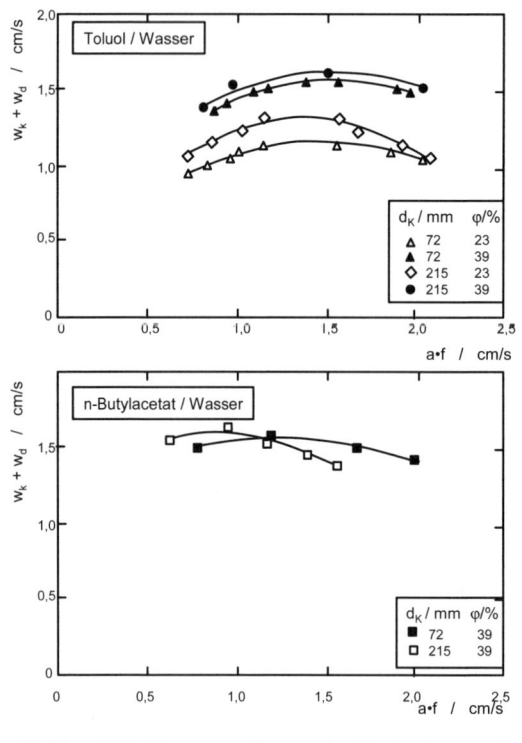

Abbildung 9.33: Experimentell ermittelte Flutdurchsätze pulsierter Siebbodenextraktionskolonnen /35/

Beispiel Flutpunktskurven einer pulsierten Siebbodenextraktionskolonne: Abbildung 9.33 zeigt Flutpunktskurven einer pulsierten Siebbodenextraktionskolonne /35/. Um ein Scale-Up zu ermöglichen, sind die Flutdurchsätze für zwei Kolonnen mit unterschiedlichen Durchmessern aufgenommen worden. Variiert wurde der relative freie Bodenquerschnitt φ. Die Untersuchungen wurden mit zwei Stoffsystemen (Toluol/Wasser $\sigma_G = 35{,}4 \cdot 10^{-3}$ N/m, n-Butylacetat/Wasser $\sigma_G = 14{,}1 \cdot 10^{-3}$ N/m) durchgeführt.

9.3 Hydrodynamische Kolonnenauslegung

> **Zusammenfassung:** Zur Berechnung des Durchmessers müssen beim Gegenstrom zweier flüssiger Phasen beide Volumenströme berücksichtigt werden. Die maximalen Geschwindigkeiten (Durchsätze) werden am Flutpunkt erreicht. Hier wird der Durchmesser der Kolonne bei gegebenen Volumenströmen minimal. Der Flutpunkt wird i. d. R experimentell ermittelt.

Phasentrennung

Die Trennung der beiden flüssigen Phasen stellt bei Flüssig/Flüssig-Stoffaustauschapparaten einen notwendigen Verfahrensschritt dar, der unter Umständen das gesamte Verfahren beeinflusst. **Die Phasentrennung beruht auf der Geschwindigkeitsdifferenz zwischen den Tropfen und der sie umgebenden kohärenten Phase**. Bei vorgegebenem Stoffsystem ist verfahrenstechnisch lediglich die Tropfengröße und das Schwerefeld beeinflussbar. Folgende Prinzipien lassen sich zur Phasentrennung einsetzen:

- einfache Phasenscheider ohne Einbauten (Abbildung 9.34),
- Vergrößerung der Tropfendurchmesser durch Einsatz von Koaleszierhilfen (Abbildung 9.35),
- Phasentrennung im Zentrifugalfeld (Abbildung 9.36).

Reichen einfache Phasenscheider auf Grund zu kleiner Tropfen oder ungenügenden Koaleszenzverhaltens der Suspension nicht aus, können durch koaleszenzfördernde Maßnahmen wie

- Bleche,
- Füllkörper,
- Gestricke,
- Koaleszierfilter

in der Reihenfolge abnehmender freier Strömungsquerschnitte

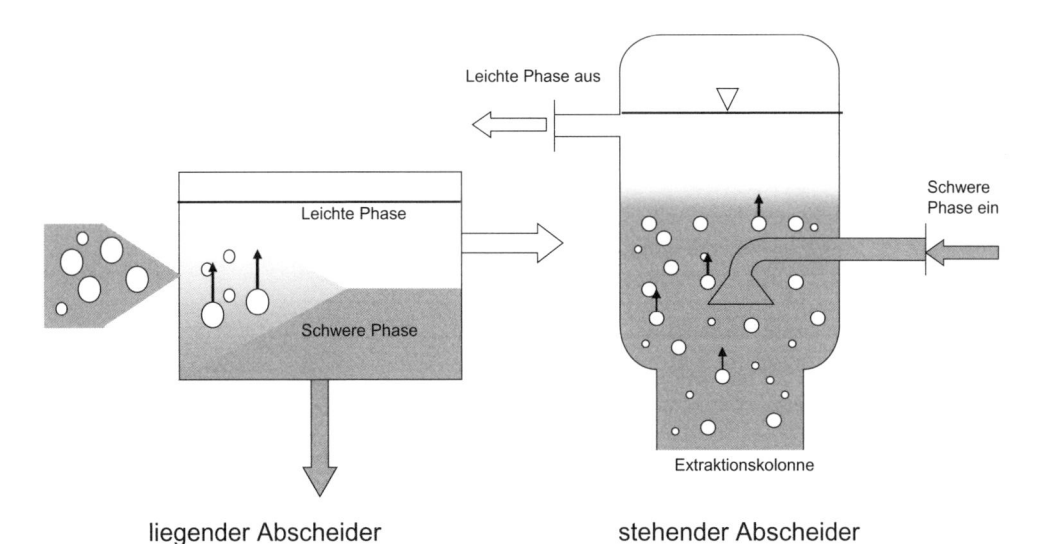

Abbildung 9.34: Einfache Phasenscheider

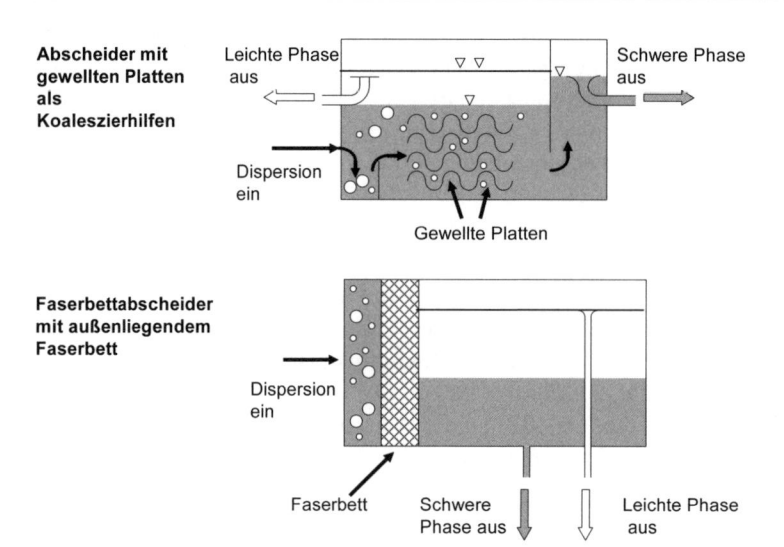

Abbildung 9.35: Phasentrennung mit Koaleszierhilfen

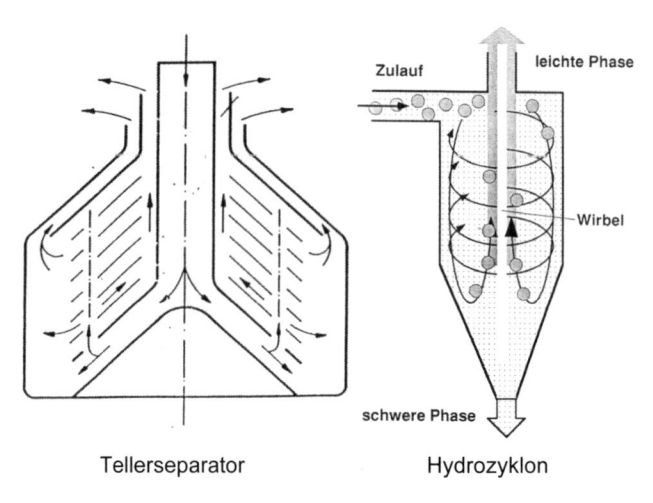

Abbildung 9.36: Phasentrennung im Zentrifugalfeld

die anfänglich kleinen Tropfen zu größeren Tropfen bzw. Filmen koaleszieren (Abbildung 9.35).

Bei sehr kleinen Dichtedifferenzen (kleiner 30 kg/m^3) muss die Absetzgeschwindigkeit durch den Einsatz von Zentrifugalfeldern (Zentrifuge oder Hydrozyklon, Abbildung 9.36) erhöht werden.

9.3.3 Fluid-Feststoff-Strömungen

Durchmesser

Unter der Voraussetzung, dass sich der Feststoff als ruhende Schüttung im Stoffaustauschapparat (Adsorber) befindet, kann der Durchmesser aus Erfahrungswerten bestimmt werden. **Die Durchströmung der Schüttschicht muss so erfolgen, dass eine gleichmäßige Durchströmung bei möglichst geringem Druckverlust erreicht wird.**

Bei der **Gasphasenadsorption** besteht das Trägergas i. d. R. aus Luft oder Stickstoff. In diesem Fall ist eine Strömungsgeschwindigkeit (Gasleerrohrgeschwindigkeit) von

$$0{,}2 \text{ m/s} \leq w_G \leq 0{,}4 \text{ m/s} \tag{9-88}$$

empfehlenswert. Geringere Gasgeschwindigkeiten führen zur Ausbildung von Ungleichverteilungen, so dass nur ein Teil der Schüttung am Stoffaustausch teilnimmt, höhere Gasgeschwindigkeiten bewirken einen zu großen Druckverlust. Auf Grund der höheren Investitions- und Betriebskosten für die Ventilatoren führt dies zu einem unwirtschaftlichen Betrieb. Für Systeme mit anderen Trägergasen kann die Gasleerrohrgeschwindigkeit mit Hilfe des Gasbelastungsfaktors berechnet werden:

$$0{,}22 \leq F = w_G \cdot \sqrt{\rho_G} \leq 0{,}44 \,. \tag{9-89}$$

Ein solch enger Belastungsspielraum lässt sich für die **Adsorption aus der flüssigen Phase** nicht angeben. Für Flüssigphasenadsorber werden in Abhängigkeit von der Viskosität der aufzuarbeitenden Lösung und der Adsorptionskinetik Leerrohrgeschwindigkeiten von

$$0{,}5 \text{ m/h} \leq w_L \leq 5 \text{ m/h} \; (50 \text{ m/h}) \tag{9-90}$$

eingestellt. In der Trinkwasseraufbereitung, wo zur Erzielung geringster Restkonzentrationen im Reinwasser lange Verweilzeiten erforderlich sind, sind Leerrohgeschwindigkeiten bis zu 0,5 m/h üblich.

9.4 Druckverlust

9.4.1 Gas-Flüssigkeitsströmungen

> **Lernziel:** Der Druckverlust muss für Kolonnen mit Böden, Füllkörpern oder Packungen als Einbauten bestimmt werden können.

Der Gesamtdruckverlust von Kolonneneinbauten setzt sich aus dem **trockenen Druckverlust**, den das Gas beim Durchströmen der Kolonneneinbauten erleidet, und dem **feuchten Druckverlust**, der durch die die Einbauten berieselnde Flüssigkeit verursacht wird, zusammen:

$$\Delta p_{ges} = \Delta p_{tr} + \Delta p_f \,. \tag{9-91}$$

Kolonnenböden

Ein geringer Druckverlust bei Bodenkolonnen erhöht die Wirtschaftlichkeit des Bodens durch Minimierung der Betriebskosten. Andererseits zeigt ein hoher Bodendruckverlust meistens das Vorhandensein hoher Turbulenz in der Berührungszone von Gas und Flüssigkeit und damit einen guten Wärme- und Stofftransport an. Die Festlegung des Bodentyps sowie der Gasbelastung bei gegebener Flüssigkeitsbelastung resultiert daher normalerweise aus einem Kompromiss zwischen nicht zu großem Druckverlust und damit geringen Betriebskosten und hoher Turbulenz und damit gutem Stofftransport.

Bei der Berechnung des Gesamtdruckverlusts Δp_{ges} wird der Druckverlust Δp_{Boden} pro Boden bestimmt und dann mit der berechneten Anzahl der praktisch erforderlichen Böden N_P multipliziert

$$\Delta p_{ges} = \Delta p_{Boden} \cdot N_P. \tag{9-92}$$

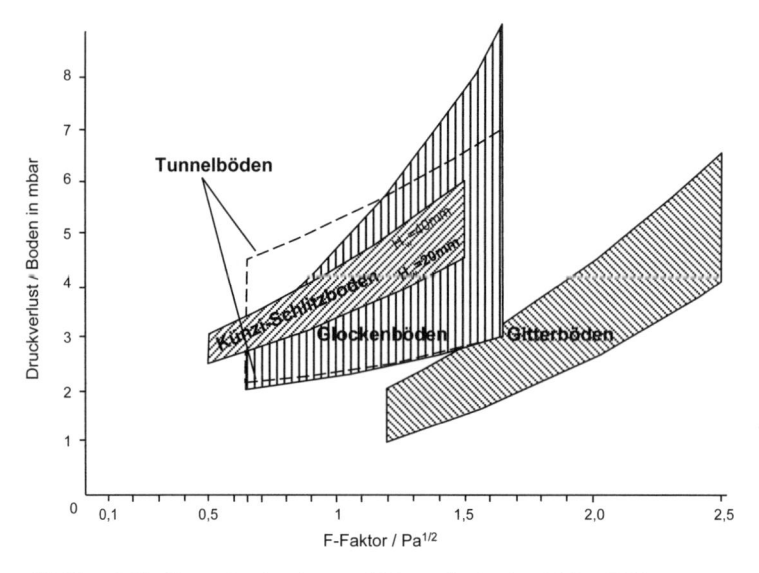

Abbildung 9.37: Gesamtdruckverlust von Kolonnenböden /nach 16 und 39/

Beispiel Druckverlust von Kolonnenböden: Der Druckverlust von Kolonnenböden ist i. d. R. vom Hersteller des Bodens zu erfahren. Abbildung 9.37 zeigt beispielhaft den Gesamtdruckverlust pro Boden als Funktion des Belastungsfaktors (F-Faktor). Eine Erhöhung der Gasbelastung führt zu einer Zunahme des Druckverlusts. Beim Künzi-Schlitzboden ist die Abhängigkeit von der Wehrhöhe dargestellt. Ein höheres Wehr vergrößert den Flüssigkeitsstand auf dem Boden, wodurch der Druckverlust ansteigt.

Der Druckverlust pro Boden setzt sich aus den drei Anteilen (siehe Abbildung 9.38)

$$\Delta p_{Boden} = \Delta p_{tr} + \Delta p_\sigma + \Delta p_{st} \tag{9-93}$$

9.4 Druckverlust

zusammen. Der **trockene Druckverlust** Δp_{tr}, den das Gas beim Durchströmen des nicht mit Flüssigkeit beaufschlagten Bodens erleidet, kann mit der Druckverlustgleichung

$$\Delta p_{tr} = c_W \cdot \frac{\rho_G}{2} \cdot w_{eff}^2 \qquad (9\text{-}94)$$

berechnet werden. Der durch die Bodengeometrie bestimmte Widerstandsbeiwert c_w, die Gasdichte ρ_G und die effektiv in den Gasdurchtrittsöffnungen des Bodens vorliegende Gasgeschwindigkeit w_{eff} müssen bekannt sein. Bei Bodenkolonnen macht der trockene Druckverlust ca. 50 % des Gesamtdruckverlusts aus.

Durch die **Zerteilung des Gases in einzelne Blasen** entsteht der Druckverlust Δp_σ

$$\Delta p_\sigma = \frac{4 \cdot \sigma_L}{d_{Lo}}, \qquad (9\text{-}95)$$

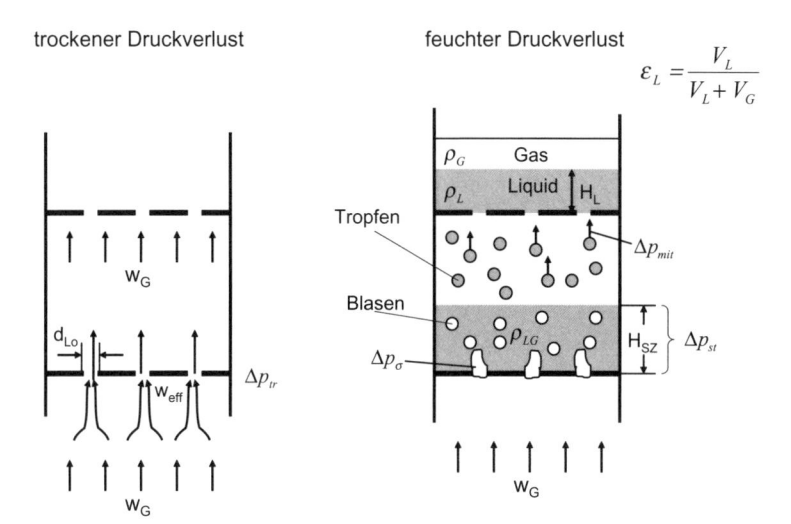

Abbildung 9.38: Druckverlust an Kolonnenböden

der maßgeblich von der Oberflächenspannung σ_L der Flüssigkeit sowie dem Lochdurchmesser d_{L0} abhängt. Der Druckverlust Δp_σ liefert in der Regel keinen nennenswerten Beitrag zum Gesamtdruckverlust und wird daher häufig vernachlässigt.

Der **hydrostatische Druckverlust** Δp_{st} entsteht beim Durchströmen der Zweiphasenschicht der Höhe H_{SZ} auf dem Boden:

$$\Delta p_{st} = \rho_{LG} \cdot g \cdot H_{SZ} = \rho_L \cdot g \cdot H_L = \rho_L \cdot g \cdot H_{SZ} \cdot \varepsilon_L. \qquad (9\text{-}96)$$

Da die Dichte ρ_{LG} des Zweiphasengemischs aus Flüssigkeit und Gas normalerweise nicht bekannt ist, wird die Berechnung mit der Dichte der reinen Flüssigkeit ρ_L durchgeführt. Als maßgebliche Höhe für den Druckverlust muss dann die Höhe der klaren Flüssigkeit H_L bzw.

die Höhe des Zweiphasengemischs mit dem relativen Flüssigkeitsanteil ε_L als Korrekturfaktor eingesetzt werden.

Der Druckverlust Δp_{mit} (siehe Abbildung 9.38) berücksichtigt die zum Mitreißen größerer Flüssigkeitsmengen erforderliche Beschleunigungsarbeit und wird hier vernachlässigt.

Füllkörper

Abbildung 9.39 zeigt den typischen Verlauf des spezifischen Druckverlusts ($\Delta p/H$) einer Füllkörperschüttung als Funktion der Leerrohrgeschwindigkeit w_G. Parameter ist die Berieselungsdichte B. Die Druckverlustverläufe weisen unabhängig von der Berieselungsdichte drei charakteristische Knickpunkte a, b und c auf, die unterschiedliche Strömungsbereiche voneinander trennen.

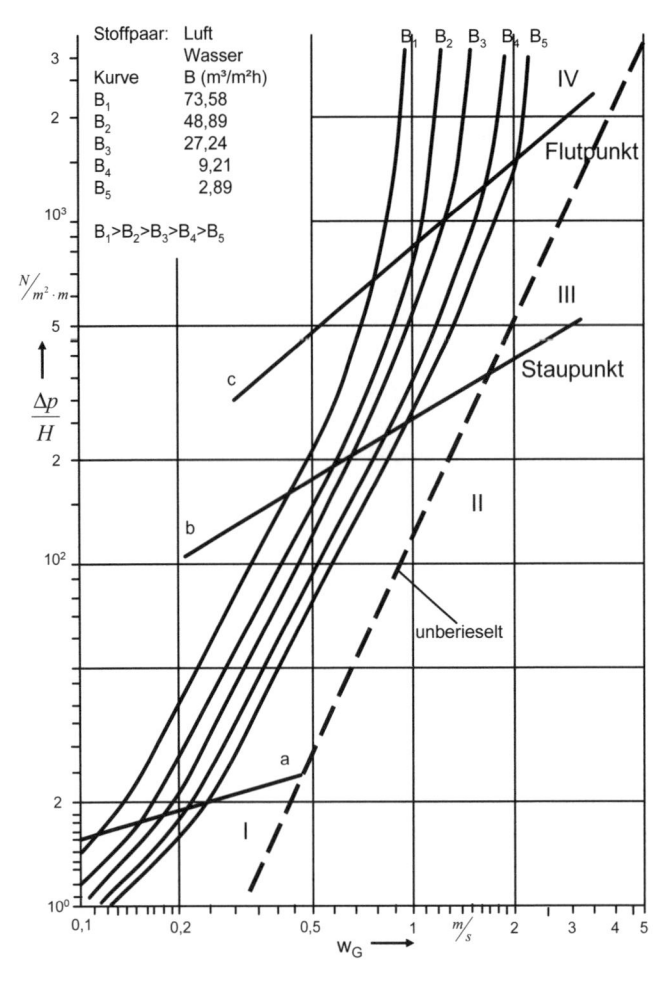

Abbildung 9.39: Typischer Verlauf des spezifischen Druckverlusts in Füllkörperschüttungen /52/

9.4 Druckverlust

Bei sehr geringen Strömungsgeschwindigkeiten (Bereich I) steigt der Gesamtdruckverlust proportional zur Gasgeschwindigkeit. In diesem Bereich beeinflussen sich die beiden Phasen nicht, Gas und Flüssigkeit strömen aneinander vorbei. Durch die Abnahme des für die Gasphase zur Verfügung stehenden Durchtrittsquerschnitts in der Schüttung bedingt durch die Flüssigkeitsbelastung ist der Druckverlust größer als der trockene Druckverlust.

Im Bereich II bei größerer Gasgeschwindigkeit steigt der Gesamtdruckverlust quadratisch mit der Gasgeschwindigkeit an. Die beiden Phasen beginnen sich gegenseitig zu beeinflussen, an der Oberfläche der herabrieselnden Flüssigkeit bilden sich erste Wellen und Turbulenzen aus. Dieser Bereich wird durch den **Staupunkt** nach oben begrenzt.

Im Bereich III zwischen Stau- und Flutpunkt beeinflussen sich Gas und Flüssigkeit merklich, was durch den stärkeren Druckanstieg mit der Gasgeschwindigkeit verdeutlicht wird (Anstieg proportional w_G^3). Ab dem Staupunkt wird die Abströmgeschwindigkeit der Flüssigkeit durch das Gas merklich verzögert. Die Flüssigkeit beginnt sich aufzustauen. Dadurch nimmt der Flüssigkeitsinhalt in der Schüttung mit steigender Gasgeschwindigkeit immer weiter zu (siehe Abbildung 9.6). In diesem Bereich bilden sich für den Stoffübergang optimale Bedingungen aus. Der Bereich III wird durch den mit c bezeichneten Knickpunkt (Flutpunkt) begrenzt.

Der Belastungsbereich IV ist für den praktischen Betrieb bedeutungslos. Die Kolonne flutet, sie läuft mit Flüssigkeit voll. Dadurch steigt der Druckverlust stark an.

Bei Füllkörpern und geordneten Packungen ist die geschlossene **Vorausberechnung des Druckverlusts** aufgrund der großen Vielfalt an Einflussgrößen mit Schwierigkeiten behaftet. In der Praxis wird zur Vorausberechnung des Druckverlusts häufig das von Mackowiak /34/ angegebene Modell verwendet, das von einem Kanalmodell gemäß Abbildung 9.9 ausgeht. Die Füllkörperschüttung besteht aus einem Bündel von Kanälen gleicher Länge H und gleichen hydraulischen Durchmessers d_h. Der spezifische Druckverlust einer Füllkörperschüttung

$$\frac{\Delta p}{H} = \frac{\Delta p_{tr}}{H} \cdot \frac{\Delta p}{\Delta p_{tr}} \tag{9-97}$$

setzt sich aus dem trockenen Druckverlust der unberieselten Schüttung $\Delta p_{tr} / H$ und dem durch die Zugabe der Flüssigkeit verursachten Druckverlust $\Delta p / \Delta p_{tr}$ zusammen.

Für $Re_L \geq 2$ lautet die Berechnungsgleichung für den spezifischen Druckverlust /34/:

$$\frac{\Delta p}{H} = c_W \cdot \frac{1-\varepsilon}{\varepsilon^3} \cdot \frac{F^2}{d_k \cdot K} \cdot \left(1 - \frac{C_B}{\varepsilon} \cdot a^{1/3} \cdot w_L^{2/3}\right)^{-5}. \tag{9-98}$$

Der kennzeichnende Füllkörperdurchmesser (Gleichung (9-9)), der Lückengrad ε sowie der F-Faktor (F) sind bekannt. Der Wandfaktor

$$\frac{1}{K} = 1 + \frac{2}{3} \cdot \frac{1}{1-\varepsilon} \cdot \frac{d_k}{d_K} \tag{9-99}$$

bezieht die Randzone der Schüttung mit in die Berechnung ein. Der Widerstandsbeiwert c_W (Gleichung (9-49)) hängt von der Reynoldszahl der Gasströmung (Gleichung (9-47)) ab. Die Faktoren K_1 und K_2 können der Arbeit von Mackowiak entnommen werden (siehe oben: Berechnung der Gasgeschwindigkeit am Flutpunkt). Wird der Druckverlust am Flutpunkt bestimmt, folgt

$$C_B = C_{B,Fl} = 0,407 \cdot \lambda_{Fl}^{-0.16} \qquad (9\text{-}100)$$

mit dem Phasenverhältnis λ_{Fl} am Flutpunkt gemäß Gleichung (9-63).

Beispielaufgabe Druckverlustberechnung einer Füllkörperschüttung (übernommen von Mackowiak /34/):

Unter den gleichen Voraussetzungen ($1 \cdot 10^5$ Pa und 293 K) wie oben bei der Durchmesserberechnung soll der Druckverlust einer berieselten Füllkörperschüttung mit 25 mm Bialeckiringen (a = 238 m²/m³, ε = 0,94 m³/m³) am Flutpunkt ermittelt werden. Der Absorbensvolumenstrom beträgt wiederum $\dot{V}_L$ = 0,71 m³/h (B = 0,0112 m/s).

Lösung: Am Flutpunkt wurde die Gasgeschwindigkeit (siehe Beispielaufgabe Flutpunktsberechnung) zu w_{GFl} = 1,798 m/s bestimmt, wodurch sich die Reynoldszahl der Flüssigkeit zu Re_L = 46,9 > 2 (Gleichung (9-61)) ergab. Für turbulente Strömung kann der Druckverlust gemäß Gleichung (9-98) ermittelt werden:

$$\frac{\Delta p}{H} = c_W \cdot \frac{1-\varepsilon}{\varepsilon^3} \cdot \frac{F^2}{d_{Fk} \cdot K} \cdot \left(1 - \frac{C_B}{\varepsilon} \cdot a^{1/3} \cdot w_L^{2/3}\right)^{-5}.$$

Die Parameter $C_{B,Fl}$ und c_W müssen bestimmt werden. Es gilt

$$C_B = C_{B,Fl} = 0,407 \cdot \lambda_{Fl}^{-0.16} \text{ (Gleichung (9-100))}$$

mit

$$\lambda_{Fl} = \left(\frac{w_L}{w_G}\right)_{Fl} = \frac{0,0112}{1,798} = 6,23 \cdot 10^{-3}$$

folgt

$$C_{B,Fl} = 0,407 \cdot \left(6,23 \cdot 10^{-3}\right)^{-0,16} = 0,917.$$

Für

$$Re_G = \frac{w_{G,Fl} \cdot d_k}{(1-\varepsilon) \cdot \upsilon_G} = \frac{1,798 \cdot 1,5 \cdot 10^{-3}}{(1-0,94) \cdot 14,88 \cdot 10^{-6}} = 3020,8 > 2100$$

ergibt sich für Bialecki-Ringe

K_1 = 3,23 und K_2 = –0,0343 /34/

und somit

$$c_W = K_1 \cdot Re_{G,Fl}^{K_2} = 3,23 \cdot Re_{G,Fl}^{-0,0343} = 3,23 \cdot (3020,8)^{-0,0343} = 2,454 \text{ (Gleichung (9-65))}.$$

9.4 Druckverlust

Weiterhin sind zu bestimmen:

F-Faktor: $F = w_G \cdot \sqrt{\rho_G} = 1{,}798 \cdot \sqrt{1{,}18811} = 1{,}96 \text{ Pa}^{1/2}$,

$$\frac{1}{K} = 1 + \frac{2}{3} \cdot \frac{1}{1-\varepsilon} \cdot \frac{d_k}{d_K} = 1 + \frac{2}{3} \cdot \frac{1}{1-0{,}94} \cdot \frac{1{,}5 \cdot 10^{-3}}{0{,}15} = 1{,}11 \rightarrow K = 0{,}9 \text{ (Gleichung (9-99))}.$$

Für den Druckverlust folgt daraus

$$\frac{\Delta p}{H} = 2{,}454 \cdot \frac{1-0{,}94}{0{,}94^3} \cdot \frac{1{,}96^2}{1{,}5 \cdot 10^{-3} \cdot 0{,}9} \cdot \left(1 - \frac{0{,}917}{0{,}94} \cdot 238^{1/3} \cdot 0{,}0112^{2/3}\right)^{-5}$$

$= 3174 \text{ Pa/m}.$

Der spezifische Druckverlust der betrachteten Kolonne beträgt 3174 Pa/m.

Packungen

Für geordnete Packungen gilt ebenfalls Gleichung (9-98) mit dem Wandfaktor $K = 1$. Abbildung 9.40 zeigt beispielhaft Druckverlustkennfelder für Packungen mit unterschiedlichen spezifischen Phasengrenzflächen als Funktion des F-Faktors. Für Sulzer Mellapak /23/ ist als Parameter der Druck am Kopf der Kolonne eingetragen, für Montz-Pak /19/ die Flüssigkeitsbelastung B ($m^3 \cdot m^{-2} \cdot h^{-1}$). Je größer die Gasleerrohrgeschwindigkeit und damit der F-Faktor ist, desto größer ist der spezifische Druckverlust.

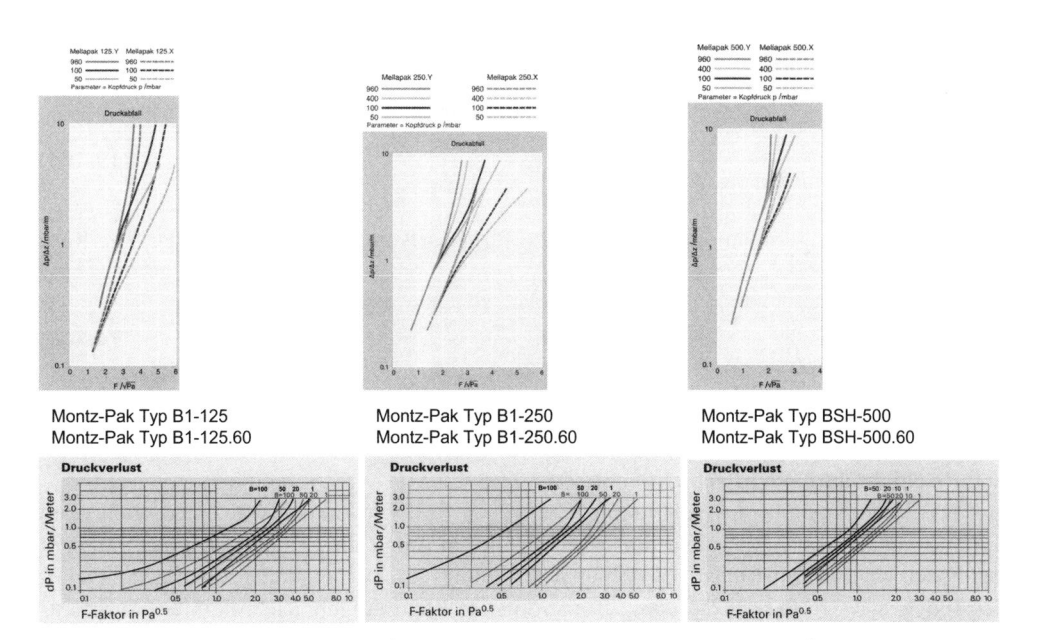

Abbildung 9.40: Spezifischer Druckverlust für geordnete Packungen /19, 23/

> **Zusammenfassung:** Der Druckverlust kann für Böden, Füllkörper und Packungen als Einbauten vorausberechnet werden. Er hängt von den gewählten Einbauten, den Stoffwerten sowie der Gasgeschwindigkeit und der Flüssigkeitsbelastung ab.

9.4.2 Fluid-Feststoff-Strömungen

> **Lernziel:** Die Grundlagen der Druckverlustberechnung in durchströmten Schüttschichten müssen verstanden sein. Die unterschiedlichen Betriebspunkte für Schüttschicht und Wirbelschicht müssen bekannt sein.

Der **Druckverlust, der bei der Durchströmung von Schüttschichten entsteht**, lässt sich in Analogie zum Druckverlust in durchströmten Kanälen nach Darcy zu

$$\Delta p = c_W \cdot \frac{H}{d_h} \cdot \frac{\rho_F}{2} \cdot \left(\frac{w_G}{\varepsilon}\right)^2 \tag{9-101}$$

berechnen. Der hydraulische Durchmesser d_h bestimmt sich nach Gleichung (9-16) und führt die unterschiedlichen Strömungsquerschnitte in einer Schüttschicht auf den gleichwertigen Durchmesser eines runden Kanals zurück. Als Partikeldurchmesser d_P wird der Durchmesser der oberflächengleichen Kugel verwendet:

$$d_P = \sqrt{A_P / \pi} \,. \tag{9-102}$$

Als Widerstandsbeiwert wird die Gleichung /36/

$$c_W = 2{,}2 \cdot \left(\frac{64}{Re_h} + \frac{K}{Re_h^{0,1}}\right) \tag{9-103}$$

mit K = 1,8 für Kugelschüttungen und K = 2,6 für scharfkantige Partikeln benutzt. Die Reynoldszahl ist zu

$$Re_h = \frac{w_G}{\varepsilon} \cdot \frac{d_h}{\nu} \tag{9-104}$$

definiert.

Schüttschicht und Wirbelschicht
Da das fluide Medium die Schüttschicht entgegen der Schwerkraft von unten nach oben durchströmt, wird das Verhalten der Feststoffteilchen durch die Strömungsgeschwindigkeit des Fluids w_F beeinflusst. Ist bei geringen Strömungsgeschwindigkeiten die Gewichtskraft der Teilchen F_G größer als die durch das strömende Fluid aufgebrachten Kräfte (Auftriebskraft F_A und Reibungskraft F_R), bleiben die Teilchen in Ruhe, es handelt sich um eine **Schüttschicht** (siehe Abbildung 9.41):

$$\text{Schüttschicht: } F_R + F_A < F_G. \tag{9-105}$$

9.4 Druckverlust

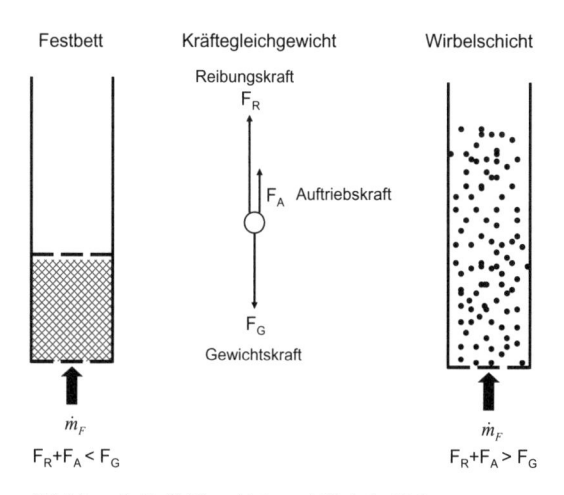

Abbildung 9.41: Schüttschicht und Wirbelschicht

Durch Erhöhung der Strömungsgeschwindigkeit steigt die Reibungskraft. Ist die Summe aus Reibungs- und Auftriebskraft gleich der Gewichtskraft, ist der **Wirbelpunkt** erreicht:

$$\text{Wirbelpunkt (untere Grenze der Wirbelschicht): } F_R + F_A = F_G, \quad (9\text{-}106)$$

bei einer weiteren Steigerung der Strömungsgeschwindigkeit werden die Feststoffpartikeln aufgewirbelt, die Schüttschicht beginnt zu expandieren, es entsteht eine **Wirbelschicht**:

$$\text{Wirbelschicht: } F_R + F_A > F_G. \quad (9\text{-}107)$$

In der Wirbelschicht werden die Feststoffteilchen intensiv durchmischt, wodurch sich die Zwischenräume zwischen den Teilchen im Vergleich zur Schüttschicht vergrößern.

Dieses Verhalten hat Einfluss auf den Druckverlust (siehe Abbildung 9.42). Bei Erhöhung der Strömungsgeschwindigkeit steigt der Druckverlust in der Schüttschicht. Bei laminarer Strömung steigt der Druckverlust proportional zur Strömungsgeschwindigkeit, bei turbulenter Durchströmung quadratisch. **Oberhalb des Wirbelpunkts ist der Druckverlust unabhängig von der Strömungsgeschwindigkeit, da der Raum zwischen den wirbelnden Teilchen immer größer wird, die Wirbelschicht expandiert** (siehe Abbildung 9.43), wodurch ihre Dichte abnimmt. In der Realität steigt der Druckverlust über denjenigen am Wirbelpunkt an, da sich die ruhenden Teilchen durch Adhäsion und Verhaken am Aufwirbeln hindern.

Wird die Fluidgeschwindigkeit immer weiter erhöht, beginnt die Wirbelschicht sich wie eine „kochende Flüssigkeit" zu verhalten. Es steigen Blasen unterschiedlicher Größe auf, die Verwirbelung erreicht ihren Höhepunkt. Bei Vorhandensein gröberer Feststoffpartikeln ist ein Stoßen in der Wirbelschicht festzustellen. Ist die Strömungsgeschwindigkeit so groß, dass sie gleich der Sinkgeschwindigkeit der Teilchen wird, ist der Austragungspunkt als obere Grenze der Wirbelschicht erreicht:

$$\text{Austragspunkt (obere Grenze der Wirbelschicht): } w_A = w_F. \quad (9\text{-}108)$$

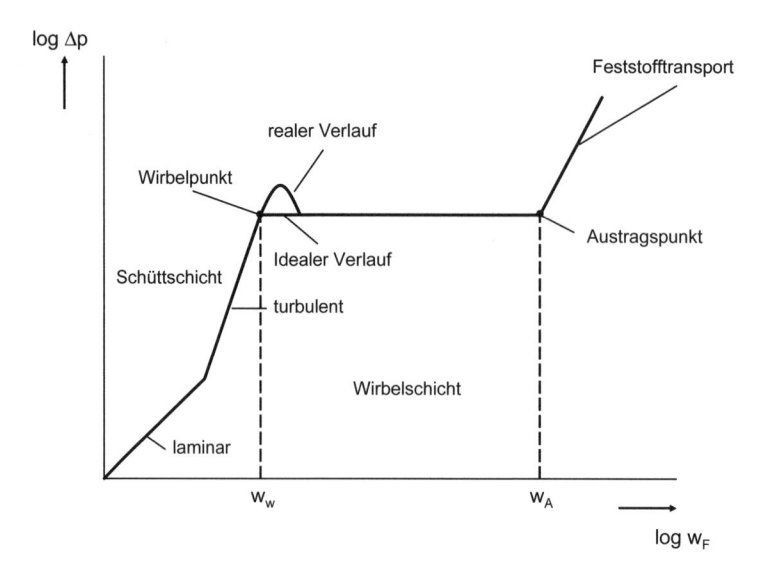

Abbildung 9.42: Druckverlust in Schütt- und Wirbelschicht

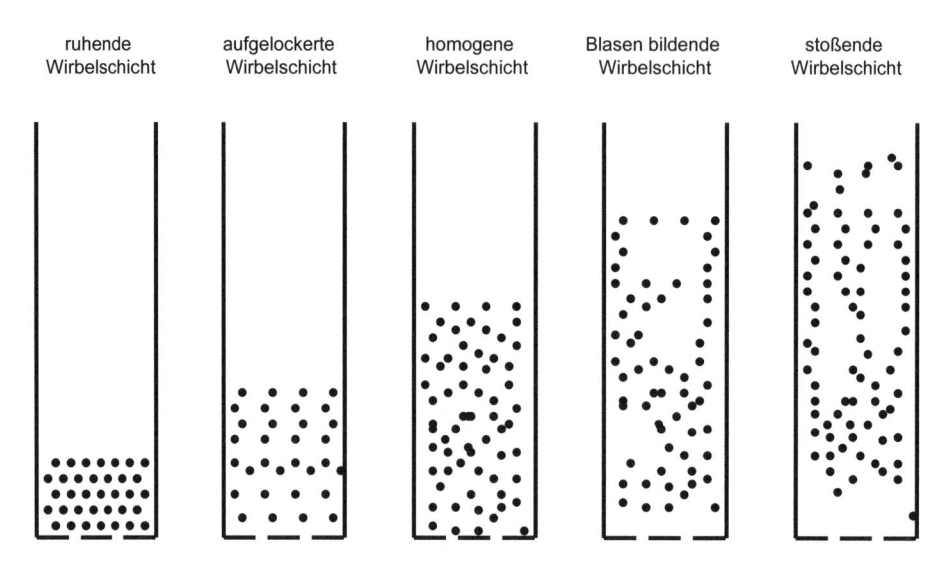

Abbildung 9.43: Wirbelschichtzustände

Bei weiterer Erhöhung der Strömungsgeschwindigkeit werden die Partikeln aus der Wirbelschicht ausgetragen, es kommt zum hydraulischen Feststofftransport.

Die Wirbelpunktgeschwindigkeit lässt sich entsprechend dem Stokesschen Gesetz zu

$$w_W = \frac{(\rho_S - \rho_F) \cdot g \cdot d_P^2 \cdot \varepsilon^3}{\eta_F \cdot (1-\varepsilon) \cdot 150} \tag{9-109}$$

9.4 Druckverlust

berechnen. Der mittlere Partikeldurchmesser d_P sowie die Porosität der Schüttschicht ε müssen bekannt sein:

$$\varepsilon = \frac{\text{Leerraumvolumen}}{\text{Gesamtvolumen Schüttung}} = \frac{V_{ges} - V_{Fest}}{V_{ges}} = 1 - \frac{V_{Fest}}{V_{ges}}. \tag{9-110}$$

Mit

$$V_{Fest} = \frac{m_{Fest}}{\rho_{Fest}}, \quad V_{ges} = \frac{m_{ges}}{\rho_{ges}} \tag{9-111}$$

folgt

$$\varepsilon = 1 - \frac{V_{Fest}}{V_{ges}} = 1 - \frac{m_{Fest} \cdot \rho_{ges}}{\rho_{Fest} \cdot m_{ges}} \cong 1 - \frac{\rho_{ges}}{\rho_{Fest}}. \tag{9-112}$$

Die Dichte des Feststoffs $\rho_{Fest} = \rho_S$ ist bekannt, die Schüttdichte zu

$$\rho_{ges} = \frac{m}{V_{ges}} \tag{9-113}$$

definiert.

Sind die Hohlräume zwischen den Partikeln mit Flüssigkeit gefüllt, so dass die Flüssigkeitsdichte nicht zu vernachlässigen ist, gilt

$$\varepsilon = \frac{\rho_S - \rho_{ges}}{\rho_S - \rho_L}. \tag{9-114}$$

Die Austragungsgeschwindigkeit (oder Schwebegeschwindigkeit) w_A ist die maximale Wirbelgeschwindigkeit:

$$w_A = \sqrt{\frac{4 \cdot d_P \cdot (\rho_S - \rho_F) \cdot g}{3 \cdot c_W \cdot \rho_F}}. \tag{9-115}$$

Zusammenfassung: Durch Erhöhung der Fluidgeschwindigkeit wird der Lockerungspunkt der Schüttung erreicht, es bildet sich eine Wirbelschicht aus. Bei Überschreitung des Austragspunkts werden die Feststoffpartikeln aus dem Apparat ausgetragen.

10 Regeneration

Lernziel: Die verschiedenen Regenerationsmöglichkeiten zur Aufbereitung des mit Übergangskomponente beladenen Hilfsstoffs bei den physikalisch-chemischen Trennverfahren müssen beherrscht werden. Die geeignete Regenerationsmöglichkeit muss ausgewählt werden können.

Bei den physikalisch-chemischen Trennverfahren Absorption, Extraktion und Adsorption wird der Feedstrom nicht direkt in die reinen Komponenten zerlegt (siehe Kapitel 2), der Hilfsstoff (Absorbens, Adsorbens bzw. Extraktionsmittel) wird mit der Übergangskomponente beladen (siehe Abbildung 10.1). **Um eine Kreislaufführung zu realisieren und den Hilfsstoff erneut für den Trennprozess vorzubereiten, muss dieser in einer Regeneration aufbereitet werden. Übergangskomponente und Hilfsstoff werden dadurch rein zurückgewonnen.**

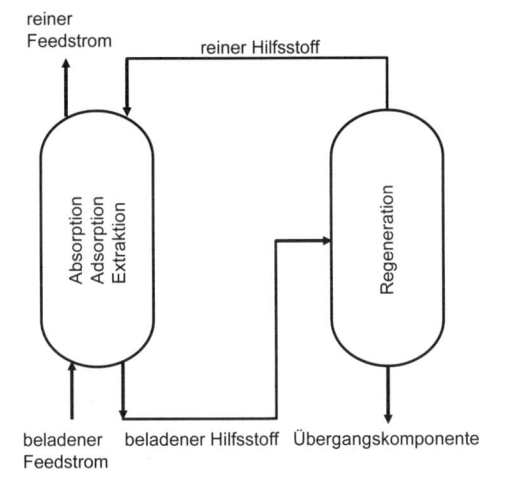

Abbildung 10.1: Kreislaufprozess bei physikalisch-chemischen Trennverfahren

10.1 Absorption

Da die Absorption durch erhöhten Druck und tiefe Temperatur begünstigt wird, ist bei der Regeneration bei niedrigem Druck und erhöhter Temperatur zu arbeiten. Als Regenerationsmöglichkeiten werden eingesetzt:

- Entspannung,
- Temperaturerhöhung (Destillation, Rektifikation),
- Desorption (Strippung mit Dampf oder Inertgas),
- chemische Fällung.

Abbildung 10.2 zeigt die angewendeten Regenerationsmöglichkeiten in anschaulicher Form.

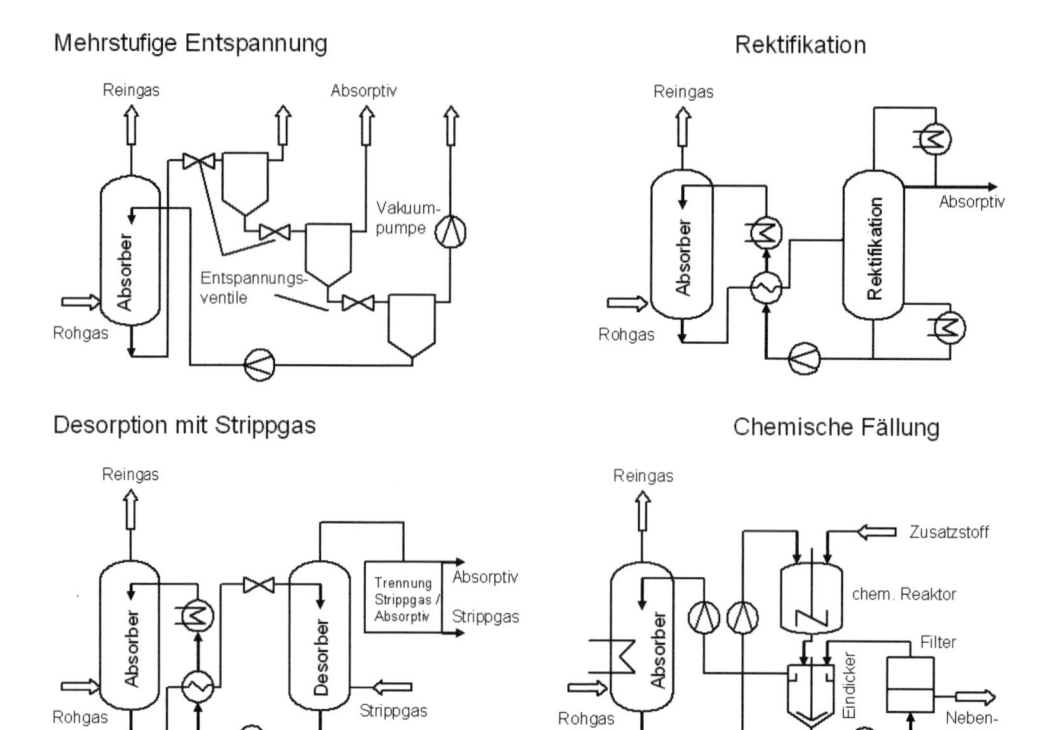

Abbildung 10.2: Regenerationsmöglichkeiten bei der Absorption /nach 16/

Eine Regeneration des Absorbats ist nicht möglich bzw. nicht erforderlich, wenn

- neue Produkte durch den Absorptionsprozess erzeugt werden sollen oder
- das Absorbat direkt in den Produktionsprozess zurückgeführt werden kann, was eine besonders wirtschaftliche Betriebsweise garantiert.

Ist die Regeneration unmöglich, stehen nur die kostenintensiven Möglichkeiten

- Verbrennung und
- Deponierung

zur Verfügung, wobei die Deponierung auf Grund des flüssigen Aggregatzustands des Absorbats weitestgehend ausscheidet.

10.1.1 Regeneration durch Entspannung

Wurde bei hohen Betriebsdrücken absorbiert, kann als einfachste Möglichkeit das Absorbat bei Absorptionstemperatur entspannt werden. Abbildung 10.2 zeigt als Beispiel eine dreistufige Entspannung. Die letzte Stufe kann unter Vakuum arbeiten, um eine genügende Reinheit des Absorbens vor dem erneuten Eintritt in den Absorber zu gewährleisten. Reicht die Reinheit des regenerierten Absorbens durch Entspannung nicht aus, wird die **Entspannungsdesorption** mit anderen Regenerationsvarianten kombiniert. Das entspannte Absorbens muss vor dem erneuten Eintritt in den Absorber auf den Absorptionsdruck verdichtet werden.

10.1.2 Regeneration durch Temperaturerhöhung

Abbildung 10.2 verdeutlicht die Regeneration durch Temperaturerhöhung (Rektifikation). Das Absorbat verlässt den bei tiefer Temperatur betriebenen Absorber. Da in der Rektifikationskolonne eine hohe Temperatur erforderlich ist, wird das Absorbat mit dem aus der Rektifikation austretenden regenerierten heißen Absorbens vorgewärmt. In der Rektifikation erfolgt die Trennung von Absorbens und Absorptiv auf Grund der unterschiedlichen Siedetemperaturen. Das regenerierte Absorbens wird vor dem erneuten Eintritt in den Absorber in einem weiteren Wärmetauscher auf die Absorptionstemperatur abgekühlt. Da der hohe Energiebedarf der Rektifikation die Wirtschaftlichkeit der Absorption beeinträchtigt, werden häufig vor der Erwärmung des Absorbats Entspannungsstufen angeordnet. **Mit der Rektifikation kann eine beliebig hohe Reinheit des Absorbens erzielt werden.**

Bei der Auswahl des geeigneten Regenerationsverfahrens muss auf die Abhängigkeit der Gleichgewichtskonstanten von Druck und Temperatur geachtet werden. Ändern sich die Gleichgewichtskonstanten des verwendeten Stoffsystems in dem Arbeitsbereich nur wenig mit der Temperatur, setzt eine Senkung des Drucks mehr Absorptiv aus dem Absorbens frei als eine Temperaturerhöhung.

10.1.3 Regeneration durch Strippung

Wie die Absorption selbst findet die **Strippung (Desorption)** mit einem inerten Gas- bzw. Dampfstrom in Füllkörper-, Packungs- oder Bodenkolonnen statt. Das **Strippgas** wird im Gegenstrom zum Absorbat geführt. Das Absorpt wandert dabei aus der Flüssigphase in die Gasphase, wobei sein Partialdruck in der Gasphase durch ständig zugeführtes Strippgas niedrig gehalten wird. Die Austauschrichtung ist somit genau umgekehrt zum Absorptionsvorgang (siehe Abbildung 10.3). Die für die Absorption abgeleiteten Gleichungen behalten für die Desorption ihre Gültigkeit, durch geänderte Vorzeichen muss jedoch der entgegengesetzten Austauschrichtung Rechnung getragen werden.

Mit der beschriebenen Desorption mit Strippgas ist es nicht möglich, die gelöste Komponente im reinen Zustand zurückzugewinnen, es ist ein weiterer Trennschritt erforderlich. In den meisten Fällen wird als **Strippgas Wasserdampf** eingesetzt (Abbildung 10.4, links). Der mit dem Absorptiv beladene Wasserdampf wird nach dem Austritt aus dem Desorber kondensiert. Die Entfernung des Absorptivs aus dem Wasser ist besonders einfach möglich,

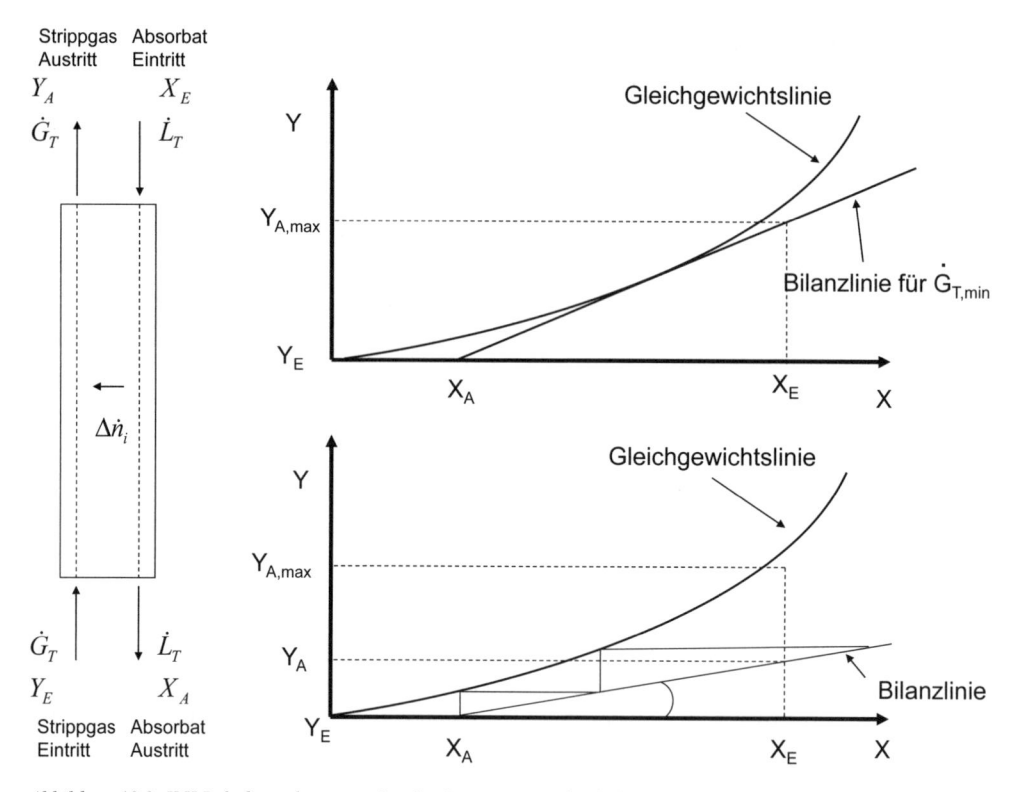

Abbildung 10.3: Y,X-Beladungsdiagramm bei der Regeneration durch Strippung

wenn das Absorptiv nicht im Wasser löslich ist. Durch einfache Phasentrennung im Abscheider können Abwasser und Absorptiv voneinander getrennt werden. Ist das Absorptiv im Wasser löslich, ist ein weiterer Trennschritt zur Abtrennung des Absorptivs vom Wasser erforderlich (z. B. Rektifikation). In diesem Fall wird i. d. R. aus Kostengründen auf die Strippung als Regenerationsverfahren verzichtet und auf andere Möglichkeiten zurückgegriffen, z. B. die Desorption im Inertgasstrom.

Wird mit **Inertgas** gearbeitet (z. B. Stickstoff, Kohlenstoffdioxid), muss das Absorptiv aus dem Inertgasstrom auskondensiert werden. Im Abscheider wird das verflüssigte Absorptiv vom Inertgas getrennt. Das Inertgas wird aus dem Abscheider abgezogen, verdichtet und im Kreis zurück in die Desorption geleitet.

Beispielaufgabe Regeneration durch Strippung mit Wasserdampf: Aus einem Abgasstrom sind durch Absorption die Benzolbestandteile ausgewaschen worden. Das dabei anfallende Absorbat (Trägerstrom 6 kmol/h, Molbeladung $X = 0{,}1$ mol/mol) soll in einer nachfolgenden Regeneration durch Desorption mit Strippgas (siehe Abbildung 10.2) aufbereitet werden. Als Strippgas wird reiner Wasserdampf gemäß Abbildung 10.4 verwendet. Das Absorbens darf mit einer Restbeladung von $5 \cdot 10^{-3}$ mol/mol zum Absorber zurückgeführt werden. Die Desorption wird bei einer Temperatur von 130°C und einem Druck von $1 \cdot 10^5$ Pa isotherm betrieben. Sowohl das Absorbens als auch der Wasserdampf strömen dem Desorber

10.1 Absorption

mit dieser Temperatur zu. Das Gleichgewicht des als ideal zu betrachtenden Gemischs gehorcht dem Raoultschen Gesetz. Die Dampfdruckkurve für Benzol lässt sich nach Antoine folgendermaßen beschreiben /14/ (p_i^0 in bar, ϑ in °C):

$$\log p_i^0 = 4,0306 - \frac{1211,033}{220,79 + \vartheta}.$$

Berechnet werden soll die Anzahl der theoretischen Trennstufen! Es ist die theoretische Trennstufenzahl sowohl für das 1,3fache als auch das 1,6fache Mindestdampfstromverhältnis zu bestimmen.

Strippgas = Wasserdampf   Strippgas = Inertgas

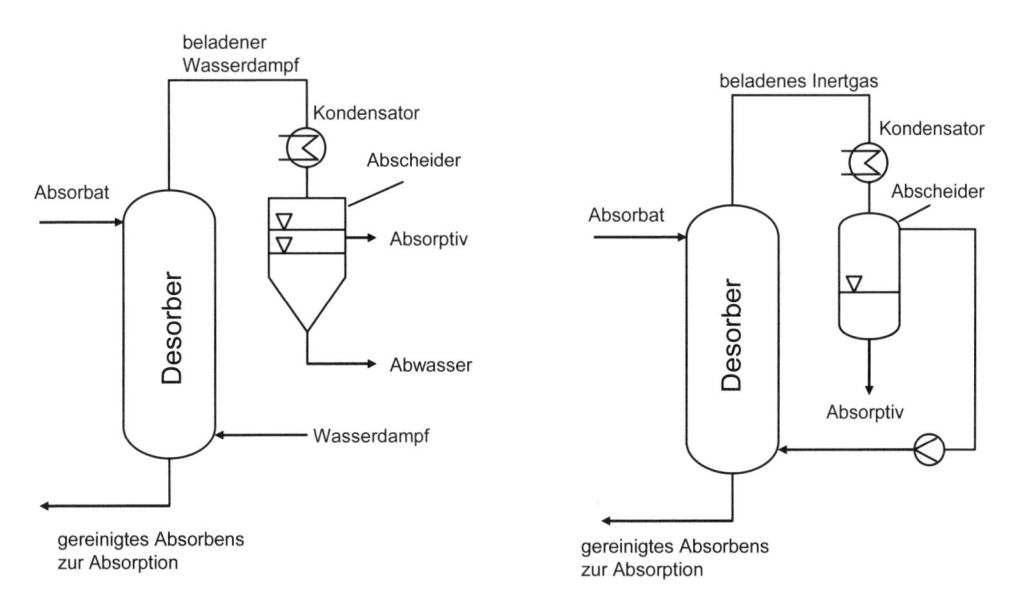

Abbildung 10.4: Regenerationsmöglichkeiten durch Strippung

Lösung: Abbildung 10.5 zeigt den Desorber mit den gegebenen Konzentrationen und Mengenströmen gemäß Beispielaufgabe.

Aus dem Raoultschen Gesetz (Gleichung (4-9)) folgt der Gleichgewichtszusammenhang (Gleichung (4-13))

$$y_i = \frac{p_i^0}{p} \cdot x_i \quad \text{(der Index i steht für die übergehende Komponente Benzol)}.$$

```
                    beladener Wasserdampf
                           ↑
                    ┌──────────────┐
 Absorbat      →    │              │
                    │  p = 1·10⁵ Pa│
 X_E = 0,1          │  ϑ = 130°C   │
 L̇_T = 6 kmol/h    │              │
                    │   Desorber   │
                    │              │
                    │              │  ← Strippgas: Wasserdampf
                    │              │      Y_E = 0
                    └──────────────┘
 X_A = 5·10⁻³              ↓
 L̇_T = 6 kmol/h    gereinigtes Absorbens
                    zum Absorber
```

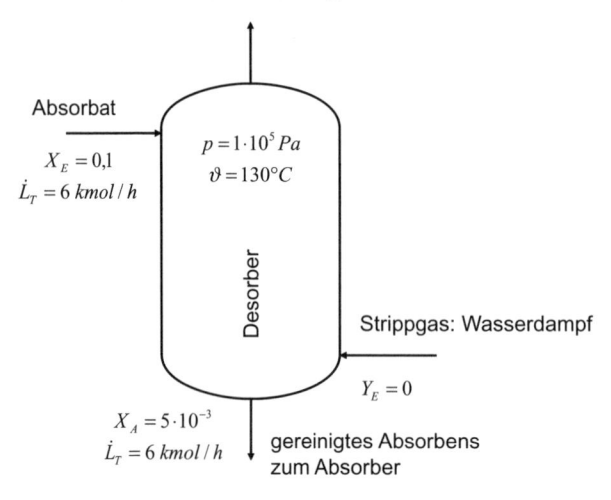

Abbildung 10.5: Desorption durch Strippung mit Dampf gemäß Beispielaufgabe

Einsetzen von Beladungen als Konzentrationsmaß liefert (siehe auch Gleichung (4-22) für das Henrysche Gesetz, gebildet mit Beladungen):

$$Y_i = \frac{X_i \cdot p_i^0}{p \cdot (1+X_i) - X_i \cdot p_i^0} \;, \quad X_i = \frac{p}{p_i^0 \cdot \left(1 + \dfrac{1}{Y_i}\right) - p} \;.$$

Der Dampfdruck berechnet sich bei den Desorptionsbedingungen zu

$$\log p_i^0 = 4{,}0306 - \frac{1211{,}033}{220{,}79 + \vartheta} = 4{,}0306 - \frac{1211{,}033}{220{,}79 + 130} = 3{,}787 \text{ bar}.$$

Da es sich beim Gleichgewicht um keine Gerade handelt, muss zur Bestimmung der Gleichgewichtslinie eine Wertetabelle erstellt werden:

X_i	0	0,01	0,02	0,03	0,04	0,05	0,06	0,07	0,08	0,09	0,1
Y_i	0	0,039	0,08	0,124	0,17	0,22	0,273	0,329	0,39	0,455	0,53

Die Gleichgewichtslinie ist in Abbildung 10.6 eingetragen.

Bestimmung des minimal erforderlichen Dampfstroms:

Die Vorgehensweise wurde in Abschnitt 6.4.4 diskutiert. Gemäß Gleichung (6-24) gilt für den minimal erforderlichen Dampfstrom:

$$\dot{G}_{T,\min} = \frac{(X_E - X_A) \cdot \dot{L}_T}{Y_{A,\max} - Y_E} \;.$$

10.1 Absorption

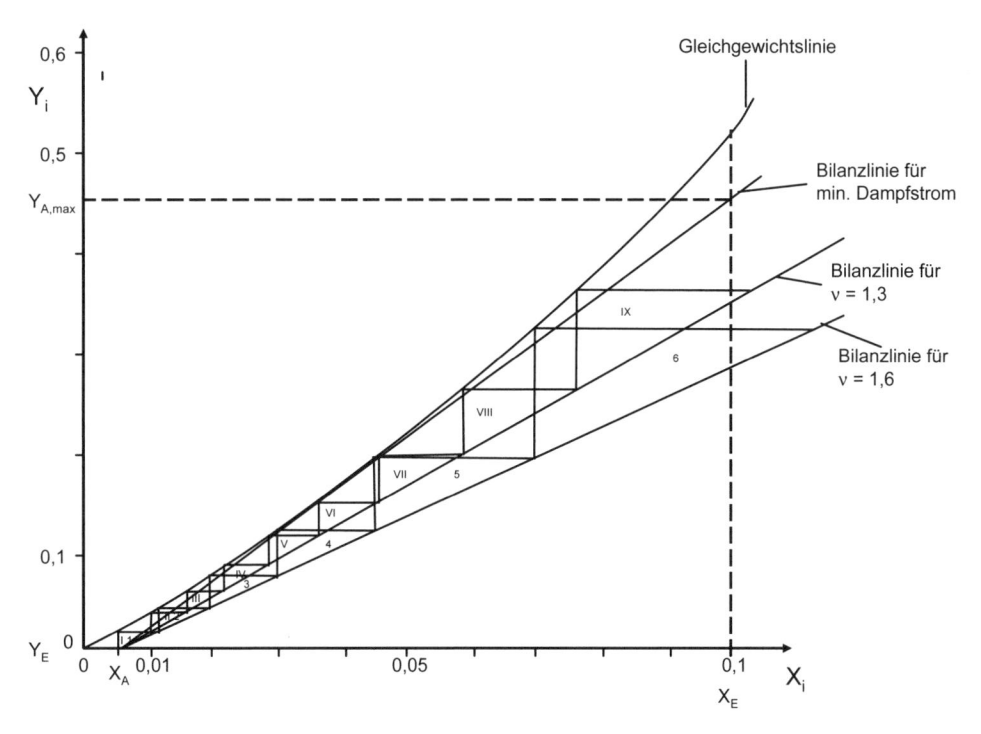

Abbildung 10.6: Y,X-Beladungsdiagramm gemäß Beispielaufgabe Desorption mit Wasserdampf

Die unbekannte Konzentration $Y_{A,max}$ wird aus dem Y,X-Beladungsdiagramm abgelesen. Die Bilanzlinie ist die Tangente an die gekrümmte Gleichgewichtslinie. Es folgt: $Y_{A,max} = 0{,}457$ (siehe Abbildung 10.6). Der minimal erforderliche Gasstrom berechnet sich damit zu:

$$\dot{G}_{T,min} = \frac{(X_E - X_A) \cdot \dot{L}_T}{Y_{A,max} - Y_E} = \frac{(0{,}1 - 5 \cdot 10^{-3}) \cdot 6}{0{,}457 - 0} = 1{,}247 \text{ kmol/h}.$$

Das Mindestdampfstromverhältnis beträgt

$$\upsilon_{min} = \frac{\dot{G}_{T,min}}{\dot{L}_T} = \frac{1{,}247}{6} = 0{,}208.$$

Gearbeitet werden soll entweder mit dem 1,3fachen oder dem 1,6fachen Mindestdampfstromverhältnis:

$$\upsilon_{1,3} = 1{,}3 \cdot \upsilon_{min} = 1{,}3 \cdot 0{,}208 = 0{,}27,$$

$$\upsilon_{1,6} = 1{,}6 \cdot \upsilon_{min} = 1{,}6 \cdot 0{,}208 = 0{,}33.$$

Da υ gegeben ist, stehen zur Konstruktion der tatsächlichen Bilanzlinie die Steigung sowie der Punkt (X_A / Y_E) zur Verfügung. Die Bestimmung der Bilanzlinie aus 2 Punkten ist i. d. R.

einfacher und genauer. Dazu muss die Konzentration Y_A des zweiten Punkts (X_E/Y_A) bestimmt werden. Aus der Gesamtbilanz um den Desorber folgt (siehe Gleichung (6-20)):

$$Y_A = Y_E + \frac{\dot{L}_T}{\dot{G}_T} \cdot (X_E - X_A).$$

Die Konzentration Y_A ergibt sich dadurch zu:

$$Y_{A,\upsilon=1,3} = 0 + \frac{1}{0,27} \cdot (0,1 - 5 \cdot 10^{-3}) = 0,352,$$

$$Y_{A,\upsilon=1,6} = 0 + \frac{1}{0,33} \cdot (0,1 - 5 \cdot 10^{-3}) = 0,288.$$

Beide Bilanzlinien sind in Abbildung 10.6 eingetragen. Die Bilanzlinie für den größeren Dampfstrom ($\upsilon = 1,6$) verläuft flacher als die entsprechende Bilanzlinie für $\upsilon = 1,3$. Das bedeutet, dass bei Verwendung eines größeren Dampfstroms weniger theoretische Stufen erforderlich sind, die erforderliche stoffaustauschende Höhe des Desorbers wird verringert. Gleichzeitig wird aber der Durchmesser sowie der Energieeintrag in den Desorber vergrößert.

Die Stufenkonstruktion kann Abbildung 10.6 entnommen werden. Es ergeben sich folgende theoretische Trennstufenzahlen (es werden nur ganze Stufen angegeben):

$N_{t,\upsilon=1,3} = 9$,

$N_{t,\upsilon=1,6} = 6$.

10.1.4 Regeneration durch Fällung

Um das Absorptiv durch Fällung zu regenerieren, ist ein Zusatzstoff als Regenerierhilfsstoff erforderlich. Der Zusatzstoff reagiert in einem geeigneten Reaktor mit dem Absorpt zu einer neuen unlöslichen Verbindung (Abbildung 10.2). Im Eindicker fällt der gebildete Feststoff aus. In dem nachgeschalteten Filter wird der Feststoff entwässert. Das vom Feststoff befreite Absorbens wird in den Absorber zurückgeführt. Durch diese Verfahrensweise wird ein neuer Stoff erzeugt, der als Nebenprodukt in diesem Prozess anfällt.

10.1.5 Keine Regeneration des Absorbats

Wird keine Kreislauffahrweise des Absorbens angestrebt, entfällt die kostenintensive Regeneration. Gleichzeitig entstehen Kosten für das Absorbens, da dieses verbraucht und der Absorption jeweils neu zugeführt werden muss.

Erfolgt die Absorption durch **chemisch wirkende Absorbentien**, ist eine Regeneration des durch die Chemisorption erzeugten Produkts in den meisten Fällen nicht möglich, teilweise aber auch nicht angestrebt. Im Bereich der chemischen Industrie wird bei Gas/Flüssig-Reaktionen die Absorption zur Erzeugung von Endprodukten eingesetzt. Der Übergang von

10.1 Absorption

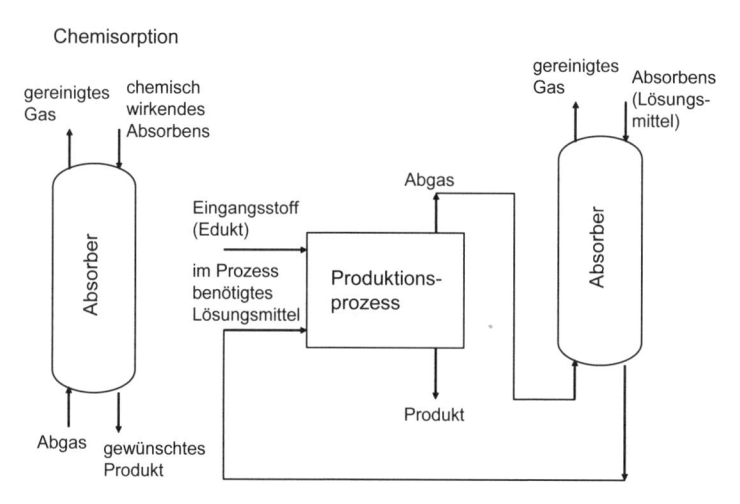

Abbildung 10.7: Verzicht auf Kreislaufführung des Absorbens

der Absorption zur chemischen Reaktion ist somit fließend. **Verfahren, bei denen das Absorptiv zusammen mit dem Absorbens unmittelbar das gewünschte Produkt bildet, sind besonders vorteilhaft, da die aufwendige Regeneration entfällt** (siehe Abbildung 10.7).

Wird ein Nebenprodukt erzeugt, das nicht verkauft werden kann, muss es deponiert oder, falls der Heizwert groß genug ist, verbrannt werden. Dies führt teilweise zu erheblichen Kosten, besonders wenn der Verbrauch an Absorbens mitberücksichtigt wird. Auf diese Verfahrensvariante sollte daher nach Möglichkeit verzichtet werden.

Besonders wirtschaftlich sind Verfahren, bei denen das Absorptiv in einem Absorbens gelöst wird, das im Produktionsprozess z. B. als Lösungsmittel benötigt wird, so dass das Lösungsmittel/Absorpt-Gemisch ohne Regeneration wieder in den Prozess eingespeist werden kann (siehe Abbildung 10.7).

10.1.6 Kombination von Regenerationsmöglichkeiten

Häufig werden mehrere der beschriebenen Regenerationsmöglichkeiten miteinander kombiniert, um optimale Ergebnisse bezüglich der Reinheit des Absorbens sowie der durch die Regeneration entstehenden Kosten zu erzielen.

Als Beispiel sei die Trocknung von Erdgas angeführt. Um die entsprechenden Normen einzuhalten, darf Erdgas nur eine bestimmte geringe Menge an Feuchtigkeit enthalten. Wird Erdgas importiert oder aus Kavernenspeichern entnommen, kann die Feuchtigkeit höher als erlaubt sein. Das Erdgas muss getrocknet werden. Die Trocknung erfolgt durch Absorption mit Triethylenglykol als Absorbens. Die Absorption wird bei den Drücken betrieben, mit denen das Erdgas vorliegt (in der Regel größer $40 \cdot 10^5$ Pa). Das Triethylenglykol muss regeneriert werden, um es erneut in die Absorption einspeisen zu können. Da die Regeneration bei Umgebungsdruck erfolgt, wird als erster Regenerationsschritt das Absorbat entspannt. Da die Reinheit des Absorbens noch nicht ausreicht, folgt als zweiter Regenerationsschritt eine

Rektifikation. Das Absorbens wird weitestgehend vom Absorpt befreit und im Kreislauf zur Absorption zurückgeleitet. Sollte aus bestimmten Gründen (kurzzeitiger großer Gasvolumenstrom, höhere Feuchte) eine weitergehende Reinheit des Absorbens benötigt werden, um den geforderten Taupunkt des Erdgases zu erreichen, kann das Triethylenglykol in einem dritten Regenerationsschritt mit getrocknetem Erdgas gestrippt werden. Der Wasserdampfpartialdruck im Triethylenglykol wird somit bis auf geringste Werte abgesenkt. Das in der Regeneration freiwerdende Abgas muss ordnungsgemäß, z. B. durch Verbrennung, entsorgt werden, da es nicht nur aus Wasserdampf, sondern auch aus höhersiedenden, teils schwefelhaltigen Kohlenwasserstoffen besteht, die vom Triethylenglykol bei höheren Drücken mit aus dem Erdgasstrom absorbiert werden.

> **Zusammenfassung:** Die Regeneration des Absorbats stellt i. d. R. den kostenintensiveren Schritt im Vergleich zur Absorption dar. Der Auswahl des geeigneten Regenerationsverfahrens kommt daher eine große Bedeutung zu. Auf eine Kreislaufführung des Absorbens wird verzichtet, wenn bei der Absorption ein neues verkaufsfähiges Produkt erzeugt wird oder das Absorbat direkt ohne Regeneration in den Produktionsprozess zurückgeführt werden kann.

10.2 Extraktion

Auch bei der Extraktion sind zusätzliche Trennprozesse erforderlich, um Extraktionsmittel und Übergangskomponente voneinander zu trennen. **Die Wahl des Extraktionsmittels wird in erheblichem Maße durch die Möglichkeit der Extraktaufbereitung mitbestimmt, da sie oft der teuerste Teil des gesamten Verfahrens ist und daher besonderer Beachtung bedarf.** Als Regenerationsmöglichkeiten kommen (siehe Abbildung 10.8)

- Rektifikation,
- Reextraktion,
- Kristallisation,
- Membrantrennverfahren sowie die
- Extraktion ohne Regeneration durch
  - direkte Rückführung in den Prozess oder
  - Verbrennung

in Frage.

10.2.1 Rektifikation

Die am häufigsten angewandte Regenerationsmethode ist die Rektifikation. **Voraussetzung zur Anwendung dieses Verfahrens ist, dass die einzelnen Komponenten flüchtig und die Dampfdruckunterschiede groß genug sind.** Die Bindungskräfte zwischen Extraktionsmittel und Übergangskomponente dürfen nicht zu stark sein, damit die Siedetemperatur des Sumpfgemischs unter der Zersetzungstemperatur liegt. Dies ist für unpolare Komponenten i. d. R. der Fall.

10.2 Extraktion

Rektifikation

Reextraktion

Kristallisation

Membrantrennverfahren

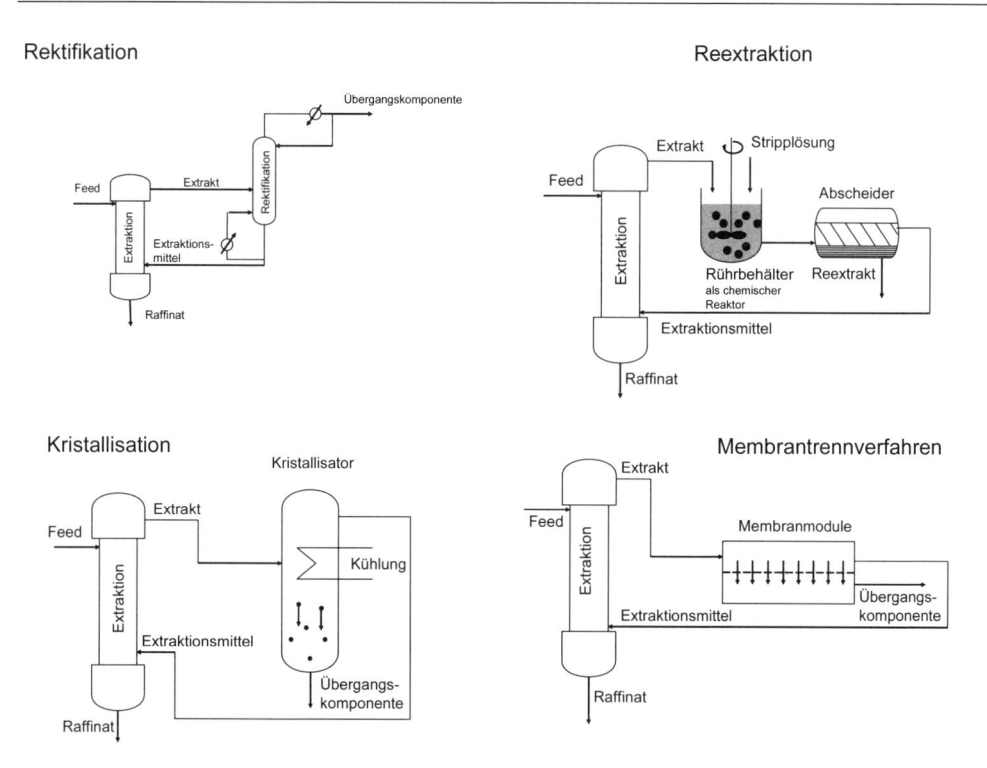

Abbildung 10.8: Regenerationsmöglichkeiten bei der Extraktion

Wird die Rektifikation eingesetzt, muss immer die Frage gestellt werden, ob es nicht günstiger ist, auf die Extraktion zu verzichten und ausschließlich die Rektifikation zu verwenden. Die Extraktion mit Extraktaufbereitung durch Rektifikation ist der reinen Rektifikation in den folgenden Fällen vorzuziehen:

- Eine Komponente liegt in sehr geringer Konzentration vor. Durch Aufkonzentrierung mittels Extraktion arbeitet die nachfolgende Rektifikation wirtschaftlicher.
- Es muss vorwiegend Wasser abdestilliert werden. Auf Grund der hohen Verdampfungsenthalpie ist die reine Rektifikation teurer als eine Extraktion mit nachgeschalteter Rektifikation des organischen Extraktionsmittels.
- Es muss eine thermisch schonende Produktbehandlung gewährleistet sein.
- Hochsiedende Übergangskomponenten müssen aus salzhaltigen Lösungen abgetrennt werden.

Je nachdem, ob die Siedetemperatur des Extraktionsmittels höher oder niedriger liegt als die der Übergangskomponente, müssen zwei Konzepte unterschieden werden (siehe Abbildung 10.9). Ist das Extraktionsmittel (z. B. Toluol) gegenüber der Übergangskomponente (z. B. Aceton) schwersiedend, wird das Extraktionsmittel im Sumpf der Rektifikationskolonne und die leichtersiedende Übergangskomponente am Kopf der Kolonne abgezogen. Da das schwerflüchtige Extraktionsmittel den Hauptbestandteil der Extraktphase darstellt, ist der Wärmebedarf für die Rektifikation relativ gering.

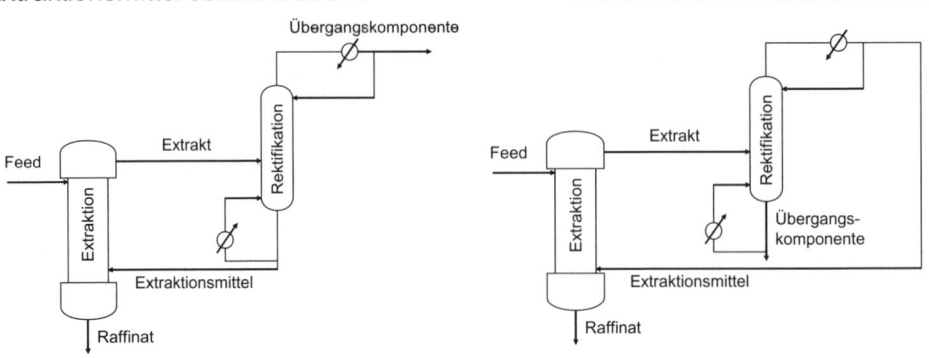

Abbildung 10.9: Regeneration durch Rektifikation

Ist das Extraktionsmittel (Toluol) die leichtersiedende Komponente, wird die schwersiedende Übergangskomponente (z. B. Caprolactam) im Sumpf, das leichtersiedende Extraktionsmittel im Kopf der Rektifikationskolonne abgezogen. Um den Wärmebedarf auch für diesen Fall gering zu halten, ist eine kleine Verdampfungswärme des Extraktionsmittels anzustreben.

10.2.2 Rektifikation mit anschließender Strippung

Bei der Extraktion ist zu beachten, dass die Raffinatphase noch Reste an Extraktionsmittel enthalten kann, wenn dieses im Trägerstoff löslich ist. Soll das Raffinat direkt in den Vorfluter eingeleitet werden oder wird der nachfolgende Produktionsprozess hiervon beeinträchtigt, muss nach der Extraktion eine zusätzliche Strippung vorgesehen werden, um das Raffinat vom Extraktionsmittel zu reinigen, wie Abbildung 10.10 zeigt. Das Raffinat

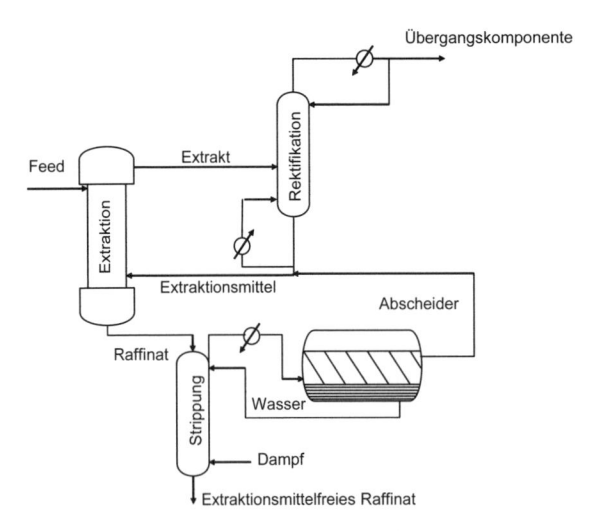

Abbildung 10.10: Rektifikation mit nachgeschalteter Strippung

wird mit Dampf gestrippt, das Extraktionsmittel geht in die Dampfphase über. Das Ergebnis ist ein extraktionsmittelfreies Raffinat sowie der mit Extraktionsmittel beladene Dampfstrom. Dieser wird kondensiert und einem Abscheider zugeführt. Das Extraktionsmittel wird in den Extraktionsprozess zurückgeleitet, die mit Extraktionsmittelresten beladene wässrige Phase wird der Strippkolonne im Kopf zugegeben und von Extraktionsmittelresten befreit.

10.2.3 Reextraktion

Übergangskomponente und Extraktionsmittel können getrennt werden, indem eine der beiden Komponenten in einem zweiten Extraktionsmittel (Stripplösung) gelöst wird (Abbildung 10.8). Die dadurch entstehende Lösung wird einem weiteren Trennprozess (hier Abscheider) unterzogen, um Extraktionsmittel und Reextrakt (neues Produkt) voneinander zu trennen. Die Reextraktion mit Hilfe einer Stripplösung ist vor allem dann sinnvoll, wenn die Reextraktion mit einer chemischen Reaktion, häufig einer Neutralisation, verbunden ist. Durch die Chemisorption lässt sich die Übergangskomponente in der Stripplösung hoch aufkonzentrieren. Beispiele zum Einsatz der Reextraktion zur Aufbereitung des Extraktionsmittels sind:

- Extraktion von Metallen mit flüssigen Ionenaustauschern als Extraktionsmittel und nachfolgende Reextraktion mit Säuren oder Laugen unter Bildung von Metallsalzen.
- Extraktion organischer Säuren (z. B. Phenol) mit flüssigen Extraktionsmitteln (z. B. Xylol) und Reextraktion mit Laugen (z. B. NaOH) unter Bildung neuer Produkte (z. B. Phenolat).

10.2.4 Kristallisation

Eine weitere Möglichkeit der Trennung und Reindarstellung von Extraktionsmittel und Übergangskomponente ist die Kristallisation, siehe Abbildung 10.8. Das Extrakt wird im Kristallisator abgekühlt. Beim Überschreiten der Löslichkeitsgrenze kristallisiert die Übergangskomponente, fällt als Feststoff aus und wird aus dem Kristallisator ausgeschleust. Die Kristallisation der Übergangskomponente sollte bei nicht zu tiefen Temperaturen erfolgen, damit die Kristallisation als wirtschaftliches Trennverfahren zum Einsatz kommt.

10.2.5 Membrantrennverfahren

Bei der Auftrennung mit Hilfe der Membrantrennverfahren wird das Extrakt den Membranmodulen zugeleitet (siehe Abbildung 10.8). Die Membran ist vorzugsweise für die Übergangskomponente durchlässig, da diese in geringerer Konzentration vorliegt. Nachteilig bei diesem Verfahren ist, dass das Extraktionsmittel lediglich aufkonzentriert wird, Reste an Übergangskomponente verbleiben im Extraktionsmittel.

10.2.6 Extraktion ohne Regeneration

Soll die Extraktion ohne Regeneration betrieben werden, bedeutet dies auf den ersten Blick einen Kostenvorteil, da auf die kostenintensive Regeneration verzichtet werden kann. Im Gegenzug bedeutet es aber auch, dass eine Kreislauffahrweise des Extraktionsmittels nicht möglich ist. Das Extraktionsmittel muss jeweils frisch zugeführt, das Extrakt entsorgt werden. **Die günstigste Fahrweise ergibt sich wie bei der Absorption, wenn als Extraktionsmittel ein Lösungsmittel aus dem Produktionsprozess verwendet werden kann.** Da auch die Übergangskomponente in dem Produktionsprozess anfällt, kann das die Extraktion verlassende Extrakt direkt wieder in den Produktionsprozess eingespeist werden (siehe Abbildung 10.7).

Ist dies nicht möglich, muss das Extrakt entsorgt werden, was i. d. R. mit hohen Kosten verbunden ist. Als Alternative bietet sich die **Verbrennung des Extrakts** an. Dies kann dann sinnvoll sein, wenn das Extraktionsmittel billig ist und die Zusammensetzung des Extrakts einen direkten Einsatz zur Energieerzeugung ermöglicht (Abbildung 10.11). Dies ist z. B. der Fall, wenn als Extraktionsmittel benzin- oder ölartige Gemische benutzt werden. Das Extrakt wird der Brennkammer zugeführt, mit Luft vermischt und verbrannt. Eventuell ist die Zugabe von Zusatzbrennstoff erforderlich. Sowohl das Extraktionsmittel als auch die Übergangskomponente sollten so verbrennen, das keine zusätzlichen Abgasreinigungsmaßnahmen ergriffen werden müssen.

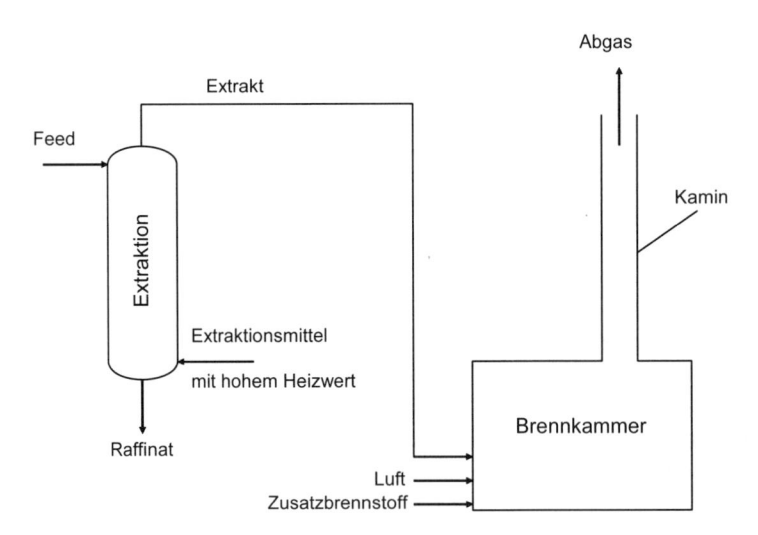

Abbildung 10.11: Verbrennung des Extrakts

Zusammenfassung: Wie bei der Absorption kommt der Regeneration des eingesetzten Hilfsstoffs (Extraktionsmittel) eine entscheidende Bedeutung zu, da hiervon die Investitions- und Betriebskosten der Anlage maßgeblich beeinflusst werden. Bei der Extraktion ist zu beachten, dass sich Extraktionsmittel im Raffinat lösen kann. Dies macht zusätzliche Reinigungsmaßnahmen erforderlich.

10.3 Adsorption

Nach abgeschlossenem Adsorptionsvorgang muss das beladene Adsorbens regeneriert werden, um einen erneuten Adsorptionszyklus durchlaufen zu können. **Da auch die Adsorption durch erhöhten Druck und tiefe Temperatur begünstigt wird, ist beim Umkehrvorgang der Desorption bei niedrigem Druck und erhöhter Temperatur zu arbeiten.** Bei der Regeneration sind Bedingungen einzustellen, die zu einem Beladungsgleichgewicht in der Nähe der Beladung null führen, um eine möglichst hohe Zusatzbeladung für den erneuten Adsorptionszyklus zu gewährleisten. Dieser Zustand wird praktisch nie erreicht, da die Stoffaustauschgeschwindigkeit gegen null geht und der Desorptionsvorgang damit sehr lang und unwirtschaftlich würde. Da mit Adsorbentien gearbeitet wird, die bezüglich des Adsorptionsvorgangs günstige Isothermen aufweisen, ist die Regeneration durch die für die Desorption ungünstigen Isothermen der Schritt bei der Adsorption, der die Zeit eines Zyklusses bzw. die Anzahl der parallel anzuordnenden Adsorber bestimmt.

Zur Desorption können unterschiedliche Verfahren eingesetzt werden, die sich wie folgt einteilen lassen:

- Spülen mit unbeladenem Fluid,
- Temperaturwechselverfahren, bei dem das Adsorpt bei erhöhter Temperatur desorbiert wird,
- Druckwechselverfahren, bei dem das Adsorpt durch Druckerniedrigung von der Adsorbensoberfläche entfernt wird,
- Verdrängungsdesorption durch Verdrängung des Adsorpts durch eine andere Komponente, häufig Wasserdampf, aber auch Inertgase,
- Extraktion mit einem Lösungsmittel,
- thermische Reaktivierung.

10.3.1 Spülen mit unbeladenem Fluid

In technischen Anlagen bildet das Spülen mit unbeladenem Fluid nur einen Teilschritt zusammen mit einer Druck- oder Temperaturänderung (siehe Abschnitte 10.3.2 und 10.3.3), da der Spülvorgang allein zu langsam für technische Erfordernisse abläuft und die desorbierten Komponenten lediglich in geringer Konzentration im Spülfluid anfallen. Eine niedrige Restbeladung des Adsorbens ist nur mit sehr langen Regenerationszeiten und großer Spülmenge erreichbar.

Der Spülvorgang (Desorption) erfolgt in entgegengesetzter Richtung zur Beladung des Adsorbensfestbetts, wie Abbildung 10.12 verdeutlicht. Dies hat den Vorteil, dass der unbeladene Teil des Festbetts (LUB) nicht durch die desorbierten Komponenten zunächst beladen und dann wieder desorbiert werden muss.

Ein Verfahren, bei dem die Regeneration dennoch ausschließlich mit Spülluft ohne Temperaturänderung durch reine Verdrängungsdesorption erfolgt, zeigt Abbildung 10.13. Der dargestellte Aktivkohleadsorber wird in Kraftfahrzeugen in die Belüftungsleitung von Kraftstofftanks eingebaut, um den Austritt leichtflüchtiger Kohlenwasserstoffe aus dem Tank zu

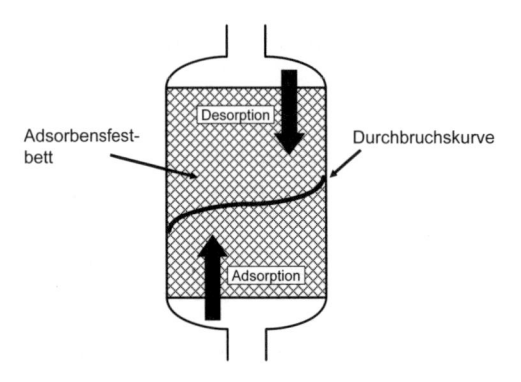

Abbildung 10.12: Durchströmungsrichtungen für Ad- und Desorption

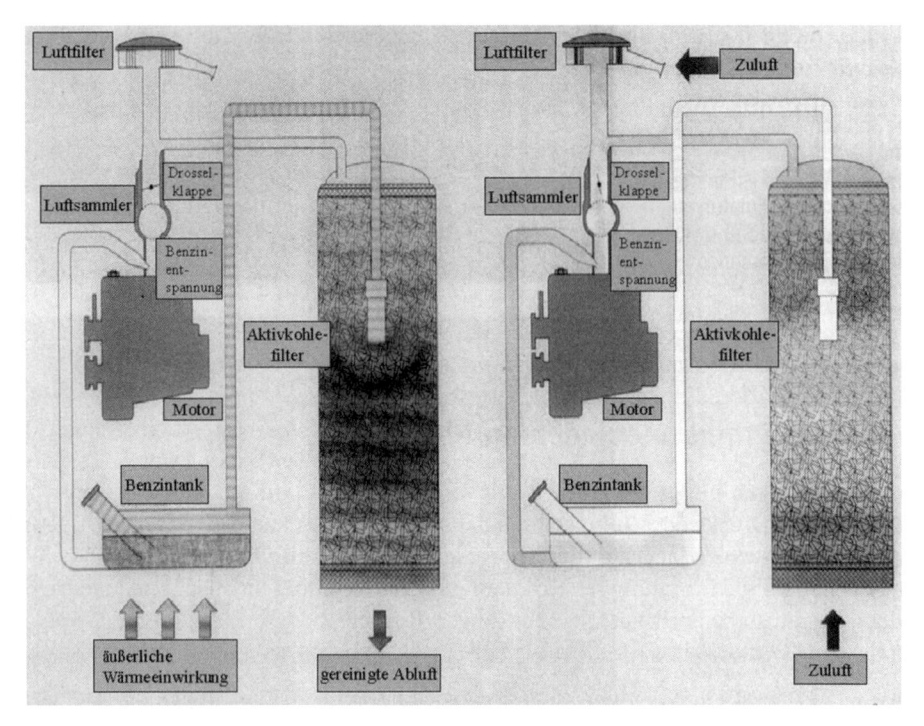

Abbildung 10.13: Adsorptive Reinigung von Gasen aus der Tankbelüftung von Kraftfahrzeugen

verhindern. Der Adsorber wird so in das Kraftstoffversorgungssystem integriert, dass die Be- und Entlüftung des Tanks nur über den Adsorber möglich ist. Die linke Seite des Bildes zeigt, wie die mit Kohlenwasserstoffen beladene Verdunstungsluft, die durch äußere Wärmeeinwirkung beim Stehen des Fahrzeugs oder beim Betanken aus dem Tank austritt, durch die Aktivkohle adsorbiert wird. Die rechte Seite der Abbildung zeigt die Regeneration des Adsorbens. Dazu wird beim Betrieb des Motors ein Teil der Verbrennungsluft als Spülluft über den Adsorber angesaugt. Auf Grund des Partialdruckgefälles desorbieren die leichtflüchtigen Kohlenwasserstoffe bis zum Gleichgewichtspartialdruck von der Aktivkohleoberfläche und werden dem Motor zur Verbrennung zugeführt. Der Adsorber steht für einen erneuten Beladevorgang zur Verfügung.

10.3.2 Temperaturwechselverfahren

Durch Temperaturerhöhung wird das Beladungsgleichgewicht zu niedrigeren Werten verschoben (siehe Abbildung 10.14). Die Beladungsdifferenz ($X_{Ads} - X_{Des}$) wird in den Fluidraum abgegeben und muss aus der Adsorbensschüttung ausgetragen werden. Für den erneuten Adsorptionsvorgang besitzt das Bett die Vorbeladung X_{Des}. Durch Spülen mit adsorbensfreiem Fluid (siehe Abschnitt 10.3.1) kann die Beladung weiter verringert werden.

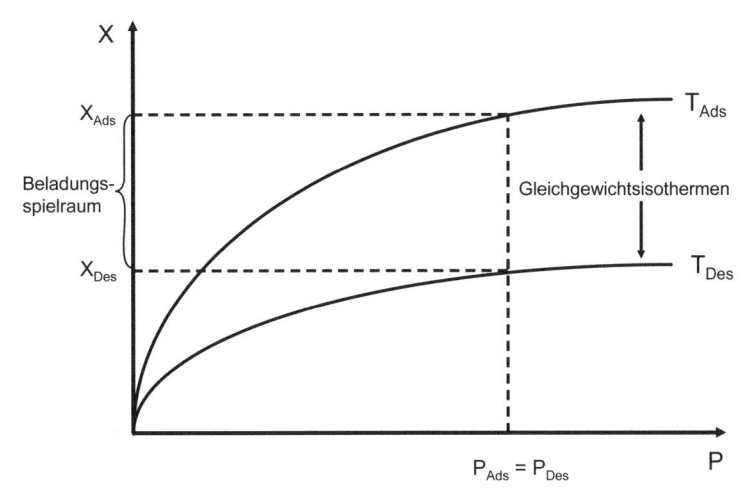

Abbildung 10.14: Temperaturabhängigkeit der Beladung

Die erforderliche Temperaturerhöhung des Adsorbensbetts kann indirekt über

- **Heizflächen oder**
- **Ultraschallwellen**

sowie direkt durch Kontakt mit

- **Heißgas**

erfolgen. Meistens wird die direkte Aufheizung mit Heißgas bevorzugt, da das Gas gleichzeitig als Spülgas zum Ausspülen des Adsorpts (siehe Abschnitt 10.3.1) dient.

Wird das Desorptionsgas auch zur Aufheizung verwendet (Temperaturerhöhung durch direkten Kontakt mit Heißgas), wird zwischen folgenden Verfahren unterschieden (Abbildung 10.15):

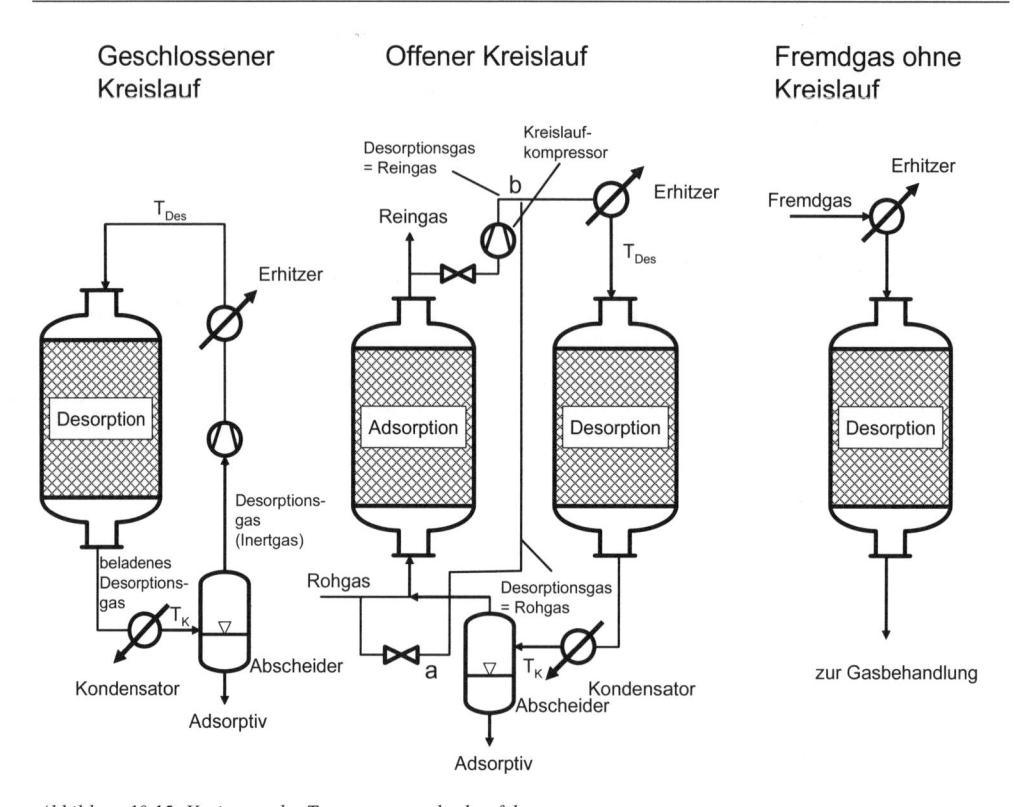

Abbildung 10.15: Varianten des Temperaturwechselverfahrens

- geschlossener Kreislauf des Desorptionsgases,
- offener Kreislauf des Desorptionsgases,
- Regeneration mit Fremdgas ohne Kreislauf.

Bei der Desorption mit Heißgas hängt das erreichbare Beladungsspiel des Adsorbers von zwei Betriebsgrößen ab (siehe Abbildung 10.16 und Abbildung 10.17):

- Die Temperatur nach dem Aufheizvorgang T_{Des} (Erhitzer in Abbildung 10.15) legt die Restbeladung des Adsorbens fest (Anfangsbeladung für die Adsorption).
- Die Kondensationstemperatur T_K nach dem Kondensator in Abbildung 10.15 bestimmt die Restkonzentration an Adsorptiv im Desorptionsgasstrom.

Geschlossener Kreislauf des Desorptionsgases

Als **Desorptionsgas wird Inertgas** verwendet (häufig Stickstoff), das im Kreislauf durch den im Regenerationszyklus befindlichen Adsorber geleitet wird. Das mit desorbierter Komponente (Adsorptiv) beladene Desorptionsgas wird im Kondensator auf die Kondensationstemperatur des Adsorptivs abgekühlt. Das Adsorptiv kondensiert aus und kann rein abgezogen werden (siehe Abbildung 10.15). Das vom Adsorptiv befreite Desorptionsgas wird auf Desorptionstemperatur aufgeheizt und im Kreislauf einem erneuten Desorptionszyklus zugeleitet.

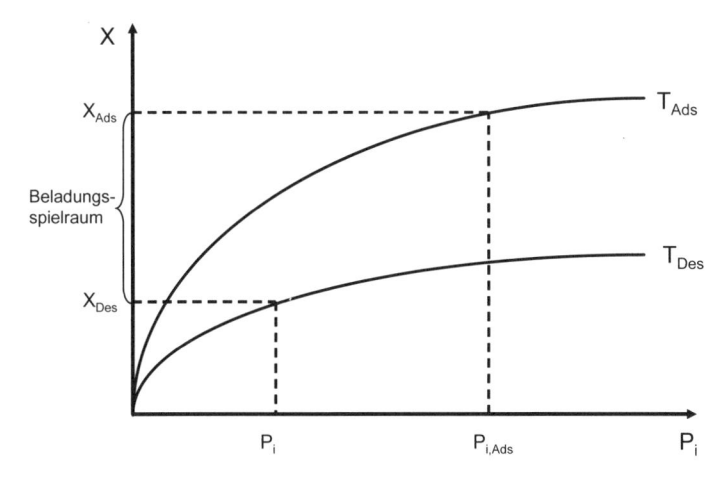

Abbildung 10.16: Beladungsänderung bei der Inertgasdesorption mit anschließender Kondensation

Die verbleibende Restbeladung X_{Des} hängt neben der Temperatur nach dem Aufheizvorgang (T_{Des}) und der sich dadurch einstellenden Desorptionsisothermen vom Dampfdruck des Adsorptivs bei der Kondensationstemperatur ab. Der Dampfdruck entspricht dem Partialdruck p_i des Adsorptivs im Desorptionsgas beim Eintritt in den Desorber, wie Abbildung 10.16 verdeutlicht. Der Beladungsspielraum ($X_{Ads} - X_{Des}$) bei Verwendung von Inertgas erhöht sich daher gegenüber der reinen Temperaturerhöhung (Abbildung 10.14).

Gegenüber der Desorption mit Wasserdampf (siehe unten) hat dieses Verfahren die Nachteile

- aufwendige und energieintensive Kondensation aus dem Inertgasstrom sowie
- längere Desorptionszeiten, hervorgerufen durch die geringere Wärmekapazität und Kondensationsenthalpie der Inertgase.

Die Vorteile sind:

- keine Belastung des Adsorptivs mit Restwasser sowie
- das Fehlen weiterer Aufbereitungsschritte des Adsorbens (Trocknung, Kühlung) vor dem erneuten Adsorptionsvorgang.

Offener Kreislauf des Desorptionsgases
Wird bezüglich des Desorptionsgases mit einem offenen Kreislauf gearbeitet, muss das zur Desorption benötigte Gas aus dem Roh- oder Reingasstrom entnommen werden (Abbildung 10.15). Wird als Desorptionsgas Rohgas verwendet (Strömungsführung a in Abbildung 10.15, Mitte), wird das ungereinigte Gas erwärmt und von oben durch den zur Regeneration bereitstehenden Adsorber geleitet. In einem nachfolgenden Kondensator wird das Gas gekühlt. Das dabei auskondensierende Adsorptiv wird abgeschieden und rein zurückgewonnen. Das Desorptionsgas wird dem Rohgas beigemischt und strömt der Adsorption zu.

Die erreichbare Restbeladung ist durch den Dampfdruck des Rohgases $p_{i,Ads}$ auf der Desorptionsisothermen gegeben (Abbildung 10.17). Die erreichbare Restbeladung $X_{Des,a}$ kann dabei noch recht hoch sein. Der Beladungsspielraum ΔX_a ist dementsprechend klein.

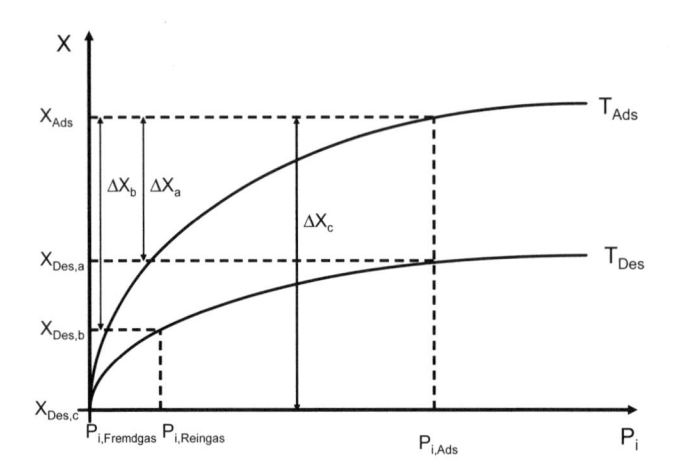

Abbildung 10.17: Beladungsänderung durch offene Kreislauffahrweise bei der Desorption

Soll die Restbeladung weiter reduziert werden, muss als Desorptionsgas Reingas verwendet werden (Fahrweise b in Abbildung 10.15). Die erreichbare Restbeladung $X_{Des,b}$ wird ähnlich wie bei der Desorption mit Inertgas durch den Dampfdruck im Reingasstrom $p_{i,Reingas}$ bestimmt und ist ebenfalls in Abbildung 10.17 gezeigt. Der Beladungsspielraum ist für Reingas als Desorptionsgas wesentlich größer als für den Fall der direkten Nutzung des Rohgases

$$\Delta X_b > \Delta X_a. \tag{10-1}$$

Wird Reingas als Desorptionsgas verwendet, ist ein Kreislaufkompressor erforderlich, um das Regenerationsgas durch den Erhitzer, den zu regenerierenden Adsorber, den Kondensator und den Abscheider zu fördern und dem Rohgasstrom erneut beizumischen.

Regeneration mit Fremdgas ohne Kreislauf
Lassen sich die desorbierten Komponenten nicht durch Kondensation aus dem Gasstrom entfernen, führen die bisher durchgesprochenen Varianten nicht zum Erfolg. Für diesen Fall kann mit einem Fremdgas regeneriert werden (Abbildung 10.15, rechts). **Strömt das Fremdgas dem Desorber völlig unbeladen zu, ist die sehr geringe Restbeladung $X_{Des,c}$ erreichbar** (Abbildung 10.17). Der Beladungsspielraum wird dementsprechend groß

$$\Delta X_c > \Delta X_b. \tag{10-2}$$

Der große Nachteil dieser Fahrweise ist die erforderliche Nachbehandlung des mit Adsorptiv beladenen Fremdgases, da dieses i. d. R. nicht direkt an die Umwelt abgegeben werden darf. Um die Fremdgasmenge klein zu halten und hohe Adsorptivkonzentrationen zu erreichen, kann das Aufheizen auf Desorptionstemperatur wie beim Einsatz von Inertgas in einem geschlossenen Kreislauf erfolgen. Anschließend wird mit einer kleinen Fremdgasmenge gespült.

10.3.3 Druckwechselverfahren

**Bei dem als Druckwechselverfahren oder auch PSA („Pressure Swing Adsorption")
bezeichneten Verfahren wird durch Absenken des Gesamtdrucks der Partialdruck
proportional abgesenkt und damit die Beladung des Adsorbens verringert.** Geeignet ist
dieses Verfahren speziell bei schwach adsorbierenden Stoffen. Druckwechselverfahren haben
daher ihr Hauptanwendungsgebiet bei der Adsorption leichtflüchtiger Gase, der Trennung
und Reinigung von Gasen (z. B. Luftzerlegung oder Reinigung von Erdgas und Biogas) sowie der Trocknung von Luft in Druckluftanlagen.

Druckwechselverfahren arbeiten in der Regel mit mehreren (2 oder 4) zyklisch geschalteten
Adsorbern. Abbildung 10.18 zeigt die Verfahrensweise der Druckwechseladsorption in idealisierter Betrachtungsweise, wenn mit zwei Adsorbern gearbeitet wird. Im Zeitintervall [1]
wird das Abgas bei hohem Druck (p_{Ads}) in Adsorber 1 vom Adsorptiv gereinigt. Adsorber 2
wird während dieser Zeit bei geringem Druck (p_{Des}) regeneriert. Ist Adsorber 1 beladen, muss
er auf Regenerationsbetrieb umgeschaltet werden, während Adsorber 2 auf Adsorption geschaltet wird. Dazu muss Adsorber 1 entspannt und Adsorber 2 auf den zur Adsorption erforderlichen höheren Druck bespannt werden. Um die Energie bestmöglich zu nutzen, findet ein
Druckausgleich zwischen den beiden Adsorbern statt (Zeitintervall [2]). Zeitintervall [3]
dient zur Regeneration von Adsorber 1, während Adsorber 2 adsorbiert. Nach erfolgter Desorption wird der Druck zum erneuten Adsorptionszyklus wieder erhöht. Diese Zyklen finden im Wechsel statt.

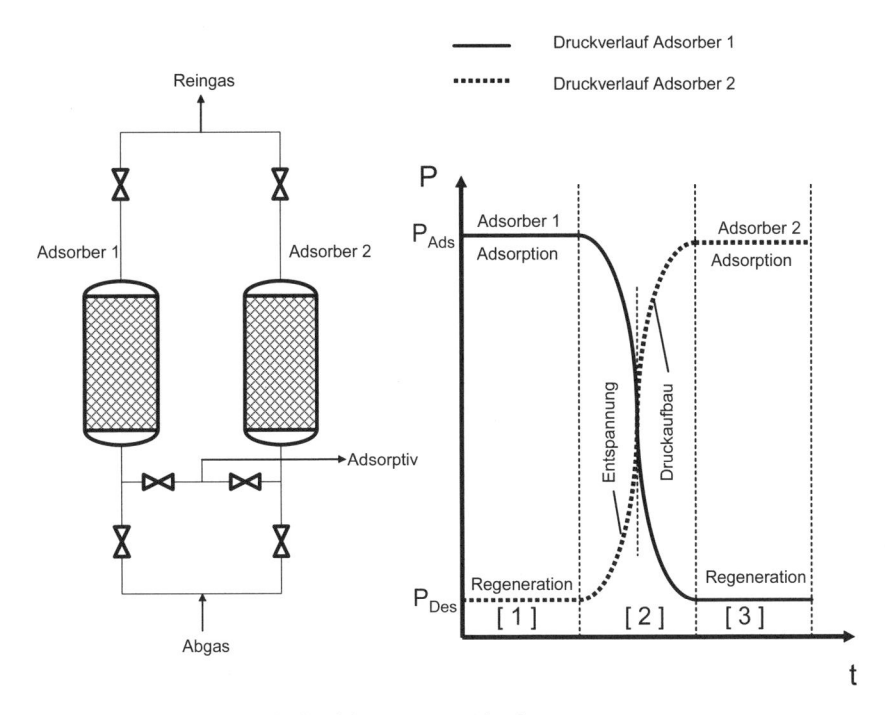

Abbildung 10.18: Druckwechselverfahren mit zwei Adsorbern

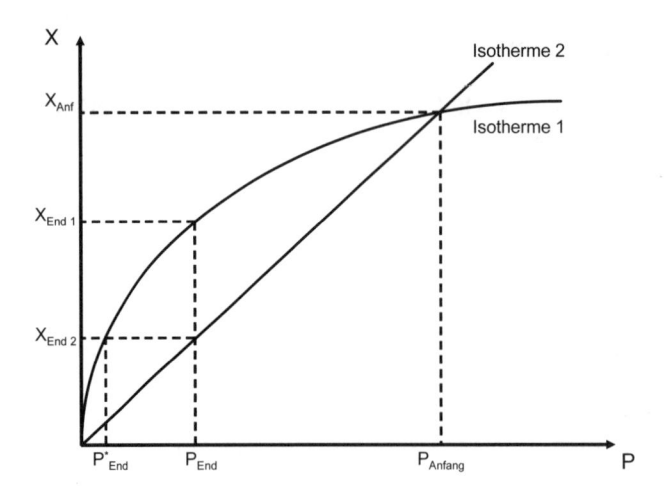

Abbildung 10.19: Abhängigkeit der Beladung von Druck und Krümmung der Isothermen

Die Krümmung der Isothermen sollte bei Anwendung dieses Verfahrens so klein wie möglich sein, wie Abbildung 10.19 an Hand zweier Desorptionsisothermen verdeutlicht. Der Druck wird vom Anfangsdruck $p_{Anfang} = p_{Ads}$ auf den Enddruck $p_{End} = p_{Des}$ reduziert. Dabei verringert sich die Beladung je nach Isothermentyp von X_{Anfang} auf X_{End1} bzw. die geringere Endbeladung X_{End2}. Um für die stark gekrümmte Isotherme 1 die Endkonzentration X_{End2} zu erreichen, muss der Druck in der Desorption weiter auf p_{End}^* verringert werden.

10.3.4 Verdrängungsdesorption

Bei der Verdrängungsdesorption wird das Adsorpt durch eine Zusatzkomponente verdrängt. **Die Verdrängungsdesorption wird in der Regel mit einer gleichzeitig stattfindenden Temperaturerhöhung kombiniert. Als klassische Zusatzkomponente speziell für die Desorption organischer Komponenten von Aktivkohle wird Wasserdampf bevorzugt**.

Abbildung 10.20 zeigt die Anlagenschaltung, aus der die erforderlichen Verfahrensschritte ersichtlich werden. Adsorber 1 befindet sich in der Adsorptionsphase, Adsorber 2 wird mit Dampf beaufschlagt und desorbiert. Die Dampfdesorption erfolgt dabei von oben nach unten, so dass bereits Anteile des Adsorpts durch Extraktion von der Adsorbensoberfläche entfernt werden, bevor das Adsorbens die zur Regeneration erforderliche Endtemperatur (i. d. R. 120°C bis 140°C) erreicht hat. Der Desorptionsvorgang mit Wasserdampf dauert in der Praxis ca. 60 Minuten. Der Dampfverbrauch liegt je nach Desorptionsgrad zwischen 1,7 kg bis zu 4 kg Dampf pro kg Adsorpt.

Das ausgetriebene Adsorpt wird zusammen mit dem Wasserdampf kondensiert und in der flüssigen Phase voneinander getrennt. Besonders einfach ist die Trennung, wenn das Desorbat nicht mit Wasser mischbar ist und somit durch einfache Phasentrennung abgetrennt werden kann, wie dies in Abbildung 10.20 gezeigt ist. Sind die beiden Phasen vollständig oder teilweise mischbar, kann z. B. die Destillation als Trennverfahren angewendet werden.

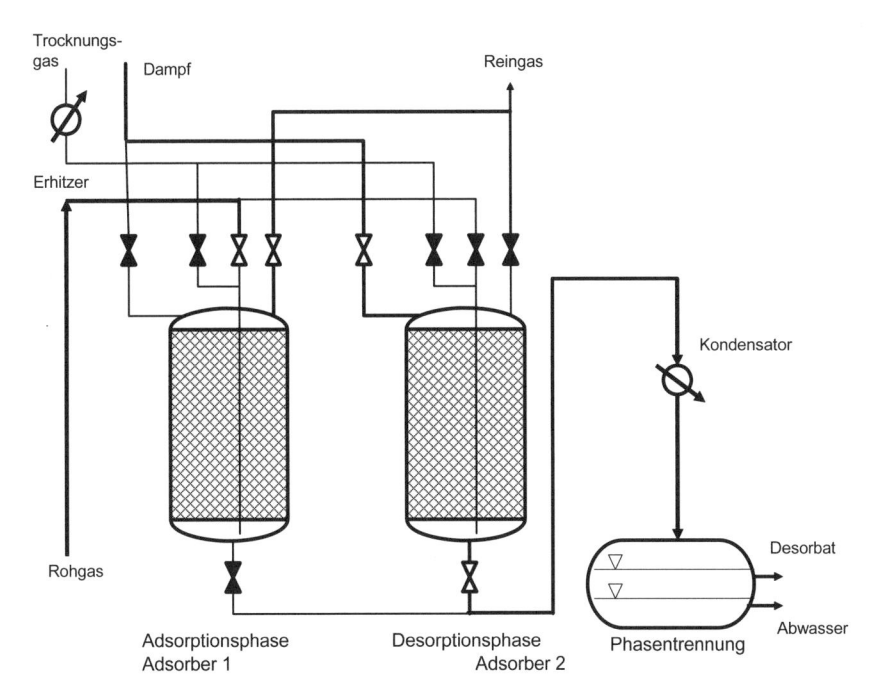

Abbildung 10.20: Verdrängungsdesorption mit Wasserdampf

Bei Abschluss der Dampfdesorption sind die Poren des Adsorbens sowie das Zwischenkornvolumen der Schüttung wasserdampfgesättigt. Hierdurch würde bei der nachfolgenden Adsorption die Adsorptionsfähigkeit herabgesetzt. Das Adsorbens wird daher in einem nachfolgenden Schritt **mit vorgewärmter Luft getrocknet**. **Nach der Trocknung muss das Adsorbensbett mit Kühlluft gekühlt werden**, um das Beladungspiel zu verbessern und im Extremfall eine mögliche Selbstentzündung der Adsorbensschüttung zu verhindern. Der Kühlluftbedarf liegt bei 50 m^3 bis 200 m^3 pro Tonne Adsorbensschüttung.

10.3.5 Extraktion mit Lösungsmitteln

Bei der Reinigung von Flüssigkeiten durch Adsorption werden häufig hochsiedende Moleküle aus der Flüssigkeit adsorbiert. Diese Moleküle lassen sich durch die bisher besprochenen Regenerationsverfahren nur schwer desorbieren. Eine Möglichkeit ist in diesem Fall die Extraktion des Adsorpts von der Adsorbensoberfläche mit einem geeigneten Lösungsmittel, das ein deutlich höheres Lösungsvermögen für die adsorbierten Stoffe aufweist als die zu reinigende Trägerflüssigkeit. Die Aufarbeitung des Desorbats erfordert eine zusätzliche Trenneinrichtung (i. d. R. Rektifikation).

10.3.6 Thermische Reaktivierung

Gehen Stoffe z. B. durch Polymerisation eine irreversible Bindung mit dem Adsorbens ein, stellt die thermische Reaktivierung häufig die einzige, wenn auch kostenintensive Regenerationsmöglichkeit dar. Die Regeneration muss außerhalb des Adsorbers erfolgen. Mit Wasserdampf als Reduktionsmittel wird das Adsorpt bei Temperaturen von 700°C bis 900°C zunächst verkohlt und der gebildete Pyrolysekoks anschließend vergast. Die irreversibel adsorbierten Verunreinigungen müssen eine höhere Reaktionsfähigkeit gegenüber dem Wasserdampf aufweisen als die Aktivkohle, um das Aktivkohlegerüst und damit die innere Oberfläche nicht nachteilig zu verändern. Neben den hohen apparativen und energetischen Aufwendungen treten Kohleverluste von bis zu 15 % pro Reaktivierungsvorgang auf. Aktivkohlelieferanten bieten das Reaktivieren im Lohnauftrag an.

10.3.7 Entsorgung des beladenen Adsorpts

Ist die Regeneration unwirtschaftlich oder nicht möglich, muss das beladene Adsorbens entsorgt werden. Dies ist durch Deponierung oder Verbrennung möglich. Stehen geeignete Verbrennungsanlagen zur Verfügung, wird der Verbrennung der Vorzug gegeben, da neben der Einsparung der Deponiekosten das Adsorbens zur Energiegewinnung genutzt werden kann.

> **Zusammenfassung:** Die Desorption des beladenen Adsorbens ist ein besonders aufwendiger und energieintensiver Prozess, der den Einsatz der Adsorption in erheblichem Maße mitbestimmt. Es stehen mehrere Regenerationsmöglichkeiten zur Verfügung. Die Verdrängungsdesorption mit Wasserdampf findet häufig Anwendung. Lassen sich Wasser und Adsorptiv schlecht voneinander trennen, wird aus Kostengründen mit Inertgas als Desorptionsgas gearbeitet. Bei leicht zu desorbierendem Adsorpt eignet sich das Druckwechselverfahren.

Formelzeichen

A	Fläche	m²
a	volumenbezogene Phasengrenzfläche	m²/m³
B	Berieselungsdichte, Kolonnenbelastung	m³/m²·h
$\dot{B}$	Sumpfstrom (bottom)	m³/s, kmol/s
b	Zentrifugalbeschleunigung	m/s²
c	molare Konzentration	mol/m³
c_P	spezifische Wärme	kJ/kg·K
c_W	Widerstandsbeiwert	–
D	Diffusionskoeffizient	m²/s
D_{ax}	axialer Dispersionskoeffizient	m²/s
$\dot{D}$	Destillat	m³/s, kmol/s
d	Durchmesser	m
E	Energie	kJ
E	Stufenaustauschgrad, Murphree-Efficiency	–
E_F	Enhancement-Faktor	–
F	Kraft	N/m²
F	Belastungsfaktor	Pa$^{1/2}$
$\dot{F}$	Fluidstrom, Feedstrom	kmol/s, kg/s
$\dot{F}_T$	Trägerfluidstrom	kmol/s, kg/s
$\dot{G}$	Gasstrom	kmol/s
$\dot{G}_T$	Trägergasstrom	kmol/s
g	Erdbeschleunigung	m/s²
H	Höhe	m
HETS, HETP	äquivalente Packungshöhe	m
h	spezifische Enthalpie	kJ/kg, kJ/kmol
J	Flux	m³/m²·s

j	flächenbezogener Molenstrom	mol/m²·s
K_i	Verteilungs- oder Gleichgewichtskoeffizient	–
K_C	chem. Gleichgewichtskonstante	–
k	Stoffdurchgangskoeffizient	m/s
$\dot{L}$	Liquidstrom	kmol/s
$\dot{L}_T$	Trägerstrom (flüssig)	kmol/s
L	Permeabilitätskoeffizient	m²/s·Pa
l	Länge	m
M	Molmasse	kg/kmol
m	Masse	kg
$\dot{m}$	Massenstrom	kg/s
N_t	theoretische Stufenzahl	–
N_p	praktische Stufenzahl	–
n	Stoffmenge	mol
n_t	Wertungszahl für Füllkörper, Packungen	1/m
$\dot{n}$	Stoffmengenstrom	mol/s
p	Druck	Pa
p_i	Partialdruck	Pa
p^0	Dampfdruck	Pa
Q	Wärme	kJ
$\dot{Q}$	Wärmestrom	kJ/h
R_i	individuelle (spezielle) Gaskonstante	kJ/kg·K
$\tilde{R}$	allgemeine oder universelle Gaskonstante	kJ/kmol·K
r	Radius	m
r	Rücklaufverhältnis bei Rektifikation	–
r'	Rücklaufverhältnis Abtriebsteil bei Rektifikation	–
$\dot{S}$	Feststoffstrom	kg/s
$\dot{S}$	Seitenstrom bei Rektifikation	kmol/s
$\dot{S}_T$	fester Trägerstrom	kg/s
T	Temperatur	K
t	Zeit	s
U	Umfang	m
V	Volumen	m³

v	spezifisches Volumen	m³/kg
w	Geschwindigkeit	m/s
w_S	Sinkgeschwindigkeit	m/s
w_i	Massenbruch	kg/kg
X_i	Molbeladung schwere Phase	mol/mol
$X_{m,i}$	Massenbeladung schwere Phase	kg/kg
x_i	Molenbruch schwere Phase	mol/mol
Y_i	Molbeladung leichte Phase	mol/mol
$Y_{m,i}$	Massenbeladung leichte Phase	kg/kg
y_i	Molenbruch leichte Phase	mol/mol
z	variable Länge, variable Höhe	m
α_{12}	relative Flüchtigkeit	–
β	Stoffübergangskoeffizient	m/s
γ	Aktivitätskoeffizient	–
γ_∞	Grenzaktivitätskoeffizient	–
δ	Grenzschichtdicke	m
ϑ	Temperatur	°C
ε	Lückengrad	–
ε_G	Gasgehalt	–
ε_L	Hold-up-Tropfen	–
λ	Phasenverhältnis	–
σ	Oberflächenspannung	N/m
σ_G	Grenzflächenspannung	N/m
ρ	Dichte	kg/m³
$\tilde{\rho}$	molare Dichte	kmol/m³
φ	Fugazitätskoeffizient	–
ν	kinematische Viskosität	m²/s
η	dynamische Viskosität	Pa·s
μ	chemisches Potential	kJ/kmol
ω	Winkelbeschleunigung	s^{-1}
Φ	relative Feuchte	–
Δ	Differenz	–

Indizes

A	Austritt, Ende bei diskontinuierlichen Verfahren
A	Abtriebsteil bei Rektifikation
B	Boden, Sumpfstrom
Bl	Blase
D	Destillat
Des	Desorption
d	dispers
E	Eintritt, Anfang bei diskontinuierlichen Verfahren
Einb	Einbauten
eff	effektiv
F	Fluid, Feed
Fk	Füllkörper
Fl	Flutpunkt
f	frei
G	Gas
Gr	Grenzfläche
G,T	Trägergas
ges	gesamt
h	hydraulisch
i	Komponente i
K	Kolonne
K	Kern bei Stofftransportvorgängen
KM	Kühlmittel
k	kohärent
k	kennzeichnend bei Füllkörpern
L	Liquid
Lo	Loch
LP	leichte Phase
LS	leichtsiedende Komponente
L,T	Trägerflüssigkeit
M	Membran

Mü	Massenübergangszone
max	maximal
P	Partikel
Po	Pore
Pk	Packung
Q	Querschnitt
R	Rücklauf
rel	relativ
S	Solid, Solvent bei Extraktion
SP	schwere Phase
SS	schwersiedende Komponente
SZ	Sprudelzone
Sch	Schüttung
T	Träger
Tr	Tropfen
TS	Tropfenschwarm
tats	tatsächlich
V	Verstärkungsteil bei Rektifikation
W	Wehr

Literaturverzeichnis

/1/ GVC, VDI-Gesellschaft Verfahrenstechnik und Chemieingenieurwesen (Herausgeber): Verfahrenstechnik/Chemieingenieurwesen. Berufs- und Studieninformation für Schüler und Lehrer. 3. Auflage 1997

/2/ Heizkraftwerk Heilbronn: Informationsbroschüre Heizkraftwerk Heilbronn

/3/ Bockhardt, Güntzschel, Poetschukat: Grundlagen der Verfahrenstechnik für Ingenieure. Deutscher Verlag für Grundstoffindustrie, 4. Auflage 1997

/4/ GKM: Informationsbroschüre Großkraftwerk Mannheim AG

/5/ Ullmanns Enzyklopädie der technischen Chemie, Band 2. Verlag Chemie, 4. Auflage

/6/ Pschyrembel. Klinisches Wörterbuch. de Gruyter Verlag

/7/ The Whisky Store: Katalog Herbst 2004/Winter 2005

/8/ QVF Glastechnik GmbH: Dokumentation Verfahren und Anlagen

/9/ Südzucker, Werk Offenau: Informationsbroschüre Zucker: Kristall mit Geschmack

/10/ CT Umwelttechnik: Informationsbroschüre Verdampfung und Kristallisation

/11/ Windisch: Thermodynamik. Oldenbourg Verlag, 2. Auflage 2006

/12/ Grassmann, Widmer, Sinn: Einführung in die thermische Verfahrenstechnik. Verlag de Gruyter, 3. Auflage

/13/ Dransfeld, Kienle, Kalvius: Physik I. Oldenbourg Verlag, 10. Auflage 2005

/14/ Schlünder, Thurner: Destillation, Absorption, Extraktion. Vieweg Verlag 1995

/15/ Brunauer et al.: On a Theory of Van der Waals Adsorption of Gases. J. American Chem. Society 62 (1940) 1723–1732

/16/ Sattler: Thermische Trennverfahren. VCH Verlagsgesellschaft 1988

/17/ Lohrengel: Untersuchungen zur Fluiddynamik zwei- und dreiphasig betriebener Schlaufenreaktoren. Dissertation TU Clausthal 1990

/18/ VFF: Prospekt Ihr kompetenter Kolonnenausrüster und Berater

/19/ Montz: Prospekt Ihr Partner in der Verfahrenstechnik

/20/ Rauschert: Prospekt Füllkörper

/21/ Sulzer: Prospekt Nutter Ring

/22/ Raschig: Produktinformation Füllkörper/Kolonneneinbauten

/23/ Sulzer: Prospekt Strukturierte Packungen für Destillation, Absorption und Reaktivdestillation

/24/ Schott Engineering: Produktinformation Nr. 60045/2

/25/ Raschig: Produktinformation

/26/ Brandt, Reissinger, Schröter: CIT 50 (1978) 5, 345–354

/27/ Rautenbach, Albrecht: Membrantrennverfahren. Verlag Salle + Sauerländer

/28/ Gmehling, Brehm: Grundoperationen. Georg Thieme Verlag

/29/ Mulder, Marcel: Basic Principles of Membrane Technology. Kluwer Academic Publishers 1991

/30/ Schultes, Michael: Abgasreinigung. Springer Verlag 1996

/31/ Souders, M., Brown, G.: Ind. Eng. Chem. 26 (1934), 98–103

/32/ Stichlmair, J.: Dissertation TU München 1971

/33/ Mersmann, A. : Chem.-Ing.-Techn. 37 (1965) 3, 218–226

/34/ Mackowiak, J. : Fluiddynamik von Kolonnen mit modernen Füllkörpern und Packungen für Gas/Flüssigkeitssysteme. Verlag Salle + Sauerländer

/35/ Lorenz, Markus: Untersuchungen zum fluiddynamischen Verhalten von pulsierten Siebboden-Extraktionskolonnen. Dissertation TU Clausthal 1990

/36/ Kast, Werner: Adsorption aus der Gasphase. VCH Verlagsgesellschaft 1988

/37/ Sulzer: Informationsbroschüre Trays for any Application

/38/ Rauschert: Informationsbroschüre Stoffaustauschböden

/38/ Weimann M.: Beih. Z. Verein Deutscher Chemiker 6 (1933)

/39/ Künzi: Produktinformation

/40/ Sulzer: Prospekt Strukturierte Packungen für Destillation und Absorption

/41/ Koch-Glitsch: Informationsbroschüre Intalox, IMTP High Performance Packing

/42/ Schönbucher, Axel: Thermische Verfahrenstechnik. Springer 2002

/43/ Lohrengel, Burkhard: Vorlesungsskript Abgasreinigung. HS Heilbronn

/44/ Billet, Reinhard: Packed Towers. VCH-Verlag 1995

/45/ Sulzer: Prospekt Flüssig/Flüssig-Extraktion mit strukturierten Packungen

/46/ www.abwa-tec.de

/47/ Mersmann, A.: Thermische Verfahrenstechnik. Springer Verlag

/48/ Bohl, Willi: Technische Strömungslehre. Vogel Verlag

/49/ Brauer, H.: Grundlagen der Einphasen- und Mehrphasenströmungen. Verlag Salle + Sauerländer

/50/ Ergun,S.: Chem. Eng. Progr. 48(1952)2, S. 89–94

/51/ VDI-Wärmeatlas. VDI-Verlag

/52/ Vogelpohl, A, Gaddis, E.: Vorlesungsskript Mehrphasenströmungen I. TU Clausthal

/53/ GEA Wiegand: Informationsbroschüre „Anlagen in der Brauindustrie"

/54/ Linde: Informationsbroschüre „Luftzerlegung. Das Linde-Verfahren"

/55/ GEA Wiegand: Informationsbroschüre „Destillationstechnik"

/56/ www.suewa.com

Lehrbücher Thermische Verfahrenstechnik (deutschsprachig, ohne Anspruch auf Vollständigkeit)

Gmehling, J., Brehm, A.: Grundoperationen. Georg Thieme Verlag

Gnielinski, V., Mersmann, A., Thurner, F.: Verdampfung, Kristallisation, Trocknung. Vieweg Verlag

Grassmann, P., Widmer, F., Sinn, H.: Einführung in die thermische Verfahrenstechnik. Verlag Walter de Gruyter

Mersmann, A.: Thermische Verfahrenstechnik. Springer Verlag

Sattler, K.: Thermische Trennverfahren. VCH-Verlag

Schlünder, E.-U., Thurner, F.: Destillation, Absorption, Extraktion. Vieweg Verlag

Schönbucher, A.: Thermische Verfahrenstechnik. Springer Verlag

Stichwortverzeichnis

A
Abgasentschwefelung 8
Ablaufschacht 136
Ablaufwehr 136
Absorbat 11
Absorbens 11
Absorbensverhältnis 182
Absorber 11
Absorpt 11
Absorption 11
Absorptiv 11
Abtriebsgerade 216
Abtriebssäule 212
Abtriebsteil 56
Abtriebsverhältnis 217
Adsorbat 30
Adsorbens 30
Adsorbensschüttung 315
Adsorbensverhältnis 187
Adsorpt 30
Adsorption 30
Adsorptionsisotherme 115
Adsorptionskinetik 316
Adsorptiv 30
Aggregatzustand 4
Aktivitätskoeffizient 86
Aktivkohle 30
Antoine-Gleichung 71
Arbeitsbereich 343, 372
Arbeitslinie 213
Ausbeute 233
Austragungspunkt 385
azeotroper Punkt 102, 249

B
Beharrungslinie 259

Beladung 76
Belastungsfaktor 262
Belastungskennfeld 342
Belastungswert 348
Benetzungsfaktor 287
Berieselungsdichte 343
   dimensionslose 350
Bernoulli-Gleichung 340
BET-Gleichung 119
Bilanzen 165
Bilanzgerade 181
Bilanzgleichung 165
Bilanzierung 165
Bilanzlinie 172
Binodalkurve 110
Bioreaktor 134
Blasen 133
Blasendurchmesser
   minimaler 133
Blasengröße 135
Blasensäule 134
Blasensäulenkaskade 134
Bodenabstand 349
Bodenkolonne 135
Bodenquerschnitt
   relativer freier 154
Bodenwirkungsgrad 261
Bodenzahl
   praktische 259
Brüden 212

C
Chemisorption 11, 93
Chromatographie 37
Clausius-Clapeyronsche-Beziehung 66
Cut 210

D
Dalton 85
Dampfdruck 70
Dampfdruckkurve 65, 69
Dephlegmator 246
Desorber 17
Desorption 11, 17, 391
Desorptionsgas 405
Destillat 58, 207, 212
Destillation 48
 diskontinuierliche einfache 207
 diskontinuierliche einfache offene 50
 fraktionierte 51
 offene 52
 Rayleigh 50
DestillationEntspannung 54
Destillationszeit 207
Destillatmengenstrom 213
Dialyse 44
Diffusion 271
Diffusionskoeffizient 273
Diffusivität 325
Dispergiereinrichtung 132
Dispergierung 130, 360
disperse Phase
 Wahl der 361
Dispersionsbereich 372
Dispersionseinheit 289
Dispersionsfluten 373
Dreiecksdiagramm 106
Druckdiagramm 98
Druckverlust 338, 340
 trockener 351
Dual-Flow-Boden 136
Dünnlösung 228
Durchbruchskurve 315
Durchbruchspunkt 315
Durchmesser
 hydraulischer 339
 kennzeichnender 338
Durchregengrenze 344

E
Elektrodialyse 46
Energiebilanz 169

Enhancement-Faktor 307
Enthalpiebilanz 170
Entnetzungsgrenze 346
Entspannungsdestillation 54
Erhaltungssatz 166
Extraktaufbereitung 398
Extraktion 19
 Fest-Flüssig 24, 121
 Flüssig-Flüssig 22
 Hochdruck 27
Extraktionsausbeute 194
Extraktionskolonne
 gerührte 154
Extraktionsmittel 19
Extraktionsmittelverhältnis 205
Extraktivrektifikation 251
Extraktor 147

F
Fest/Fluid-Stoffaustauschapparat 157
Festbett 158
Festbettadsorber 158, 314
Fest-Flüssig-Extraktion 24, 121
F-Faktor 343
Ficksches Gesetz 274
Filmdiffusion 311
Flachmembranmodul 163
Flüchtigkeit
 relative 87
Flugstromverfahren 159
Fluid 9
 überkritisch 27
Flüssig/Flüssig-Stoffaustauschapparat 147
Flüssig-Flüssig-Extraktion 22
Flüssigkeitsinhalt 356
Flüssigkeitssammler 143
Flüssigkeitsverteiler 143, 363
Flüssigphasenadsorption 311
Flutbelastung 371
Flutgrenze 343
Flutpunkt 336, 370
Flux 322
Fraktionen 6
Freundlich-Gleichung 118
Fugazitätskoeffizient 85

Füllkörper 140
Füllkörperkolonne 138

G
Galileizahl 303
Gasdurchdringgrenze 345
Gasgehalt 135
Gasgeschwindigkeit
  zulässige 342
Gaskonstante
  individuelle 68
  spezielle 68
  universelle 68
Gasleerrohrgeschwindigkeit 302
Gaspermeation 44
Gasphasenadsorption 311
Gegenstrom 126
Gegenstromextraktionskolonne 201
Gegenstromprinzip 180
Gemisch
  azeotropes 249
  heterogen 4
  homogen 4
gerührte Kolonne 148
Gesamtmassenbilanz 167
Gibbssche Phasenregel 84
Gleichgewicht 81
Gleichgewichtsdiagramm 101, 213
Gleichgewichtskoeffizient 87
Gleichstrom 126
Gleichstromoperation 174
Grenzflächenspannung 71, 360
Grenzschichtdicke 280
Großraumwirbel 265

H
Halbwertszeit 320
Hatta-Zahl 307
Hebelgesetz 192
Heizdampfstrom 227
Henry 85
Heteroazeotroprektifikation 251
HETP-Wert 263
Hochdruckextraktion 27
Hohlfasermodul 162

Hold-up 369
HTU/NTU-Modell 285
HTU-Wert 299
hydraulischer Durchmesser 339

I
ideales Gas 67
ideales Gasgesetz 67
Ionenaustausch 35
Isothermengleichung von Dubinin 120

K
kalorischer Faktor k 221
Kapillarkondensation 117
Kapillarmodul 162
Keimbildung 122
Keimbildungsgrenze 122
kennzeichnender Durchmesser 338
Knudsen-Diffusion 312
Koaleszenz 364
Kohlekraftwerk 1
Kolonne
  gerührte 148
  pulsierte 148, 152
Kolonnendurchmesser 342
Kolonnenquerschnitt 342, 349
Komponenten 6
Komponentenbilanz 167
Kondensator 213
Konjugatlinie 111
Konode 111
Kontinuitätsgleichung 333
Konvektion 271
Konzentration
  molare 74
Konzentrationsgefälle
  treibendes 172
Kopfprodukt 55
Korndiffusion 311
Kreuzstrom 126
Kreuzstromboden 136
Kreuzstromextraktion 196
Kreuzstromführung 178
Kristall 228
Kristallisat 228

Kristallisatertrag 231, 233
Kristallisation 60, 121
Kristallisation durch Lösungseindampfung 160
Kristallisationskeim 122
Kristallisator 228
kritischer Punkt 110
Kühlmittelmassenstrom 226
Kühlungskristallisation 60, 233

L

Länge des ungenutzten Betts 317
Langmuir-Gleichung 119
Leerrohrgeschwindigkeit 334
Lohschmidsche Zahl 68
Löslichkeit 325
Löslichkeitskurve 60, 121
Lösungs-Diffusions-Modell 325
Lösungseindampfung 228
LUB-Modell 320
Lückengrad 142, 338

M

Marangoni-Effekt 363
Massenanteil 75
Massenübergangszone 314
Massenwirkungsgesetz 94
McCabe-Thiele-Diagramm 213
Meerwasserentsalzung 42
Mehrphasensystem 4
Membran 38
Membranmodul 161
Membranverfahren 38
Mikrofiltration 40
Mikroporendiffusion 313
Mindestextraktionsmittelverhältnis 190
Mischphase 4, 74
Mischungsgerade 108
Mischungspunkt 193
Mitreißgrenze 344
Mixer/Settler-Bereich 372
Mixer-Settler 148
molare Konzentration 74
Murphree-Efficiency 259
Mutterlauge 228

N

Nanofiltration 41
Nassdampfgebiet 98
Nernstscher Verteilungssatz 103
Normzustand 68
NTU-Wert 291

O

Oberflächendiffusion 313
Oberflächenerneuerungstheorie 278
Oberflächenspannung 71

P

p,T-Diagramm 65
Packung 142
Packungskolonne 138
Partialdruck 85
Partikelbett 314
Penetrationstheorie 277
Permeabilitätskoeffizient 327
Permeat 38
Pervaporation 43
Phase 4
Phasengrenzfläche
    volumenbezogene (spezifische) 128
Phasentrennung 154, 375
Physisorption 11
Plattenmodul 163
Polstrahl 205
Polstrom 202
Porenmembranen 324
Porosität 324
praktische Bodenzahl 259
praktische Stufe 258
Pulsator 152
pulsierte Kolonne 148, 152

R

Randgängigkeit 143
Raoult 85
Rauchgasentschwefelung 13
Rauchgasentschwefelungsanlage 3
Rauchgasreinigung 4
Rayleigh-Destillation 50
Rayleigh-Gleichung 208

Regeneration 11, 389
Rektifikation 55, 212
Rektifikationskolonne 212
relative Flüchtigkeit 87
Relativgeschwindigkeit 361, 369
Retentat 38
Reynoldszahl 302, 332
Rieselfilm-Gas-Schubspannungsmodell 350
Rohrmodul 161
Rückhaltung 323
Rücklauf 212
Rücklaufverhältnis 214
  minimales 224
Rückvermischung 264
  axiale 266
Rührreaktor 133

S
Sättigungszustand 60
Schachtstaugrenze 344
Schlaufenreaktor 134
Schleppströmung 264
Schmelzdruckkurve 65
Schmidtzahl 302
Schnitt 210
Schnittpunktgerade 222
Schüttschicht 384
Seitenstrom 228
Selektivität 323
Sherwoodzahl 305
Siededigramm 99
Siedelinie 98
Sinkgeschwindigkeit 72
Sorptionsisotherme 94
Sprudelzone 136
Sprühkolonne 131, 132, 150
Sprühzone 136
Staupunkt 335, 381
Stefansches Gesetz 276
Stoffaustausch 127
Stoffaustauschapparat 127
  Fest/Fluid 157
Stoffaustauschapparat mit rotierenden Einbauten 131
Stoffaustauschrichtung 190

Stoffbilanz 167
Stoffdurchgang 280
Stoffdurchgangskoeffizient 128, 283
Stoffmengenanteil 75
Stoffstrom 128
Stofftransport 128, 271
Stoffübergang 279
Stoffübergangskoeffizient 280, 302
Strippgas 17, 391
Strippung 391
Stufenaustauschgrad 259
Stufenkonstruktion im Dreiecksdiagramm 255
Stufenkonzentration im Y,X-Beladungs-
  diagramm 237
Sublimationsdruckkurve 65
Sumpfprodukt 56, 58, 212
Sumpfproduktstrom 213

T
Taulinie 98
theoretische Trennstufe 236
  Theorie 235
Theorie der theoretischen Trennstufen 235
Trennfaktor 323
Trennverfahren
  mechanische 5
  physikalisch-chemische 6, 8
  thermische 5, 6
Triebkraft 81, 127
Tropfen 130
Tropfenerzeugung 363
Tropfenschwarm 355
Tropfen-Schwebebett-Modell 355
Turbulenz 128, 132

U
Ultrafiltration 40
Umkehrosmose 41
Underwood-Gleichung 225
Unit Operations 1

V
Vakuumkristallisatoren 160
Venturiwäscher 131, 132
Verdampfer 213

Verdampfung 48
Verdampfungskristallisation 60
Verstärkungsgerade 214
Verstärkungssäule 212
Verstärkungsteil 55
Verstärkungsverhältnis 259
Verteilungsdiagramm 113
Volumenanteil 77

W

Wanderbettverfahren 159
Wehrüberlaufgrenze 344
Wertungszahl 262
Whisky-Herstellung 50
Wickelmodul 163
Widerstandsbeiwert 74, 341, 351
Widerstandskraft 333

Wirbelpunkt 385
Wirbelschicht 385
Wirbelschichtverfahren 159

Z

Zentrifugalextraktor 148, 150
zulässige Gasgeschwindigkeit 342
Zulaufboden 246
Zulaufquerschnitt 212, 219
Zulaufschacht 136
Zulaufstrom 212
Zustandsdiagramm 210
Zustandspunkt 194
Zweidruckrektifikation 249
Zweifilmtheorie 277, 280
Zweiphasengebiet 193
Zweischicht-Modell 368